"十二五"普通高等教育本科国家级规划教材

包装印刷技术

（包装印刷与印后加工）（第二版）

许文才　主　编

赵秀萍　霍李江　王　强　副主编

许文才　赵秀萍　霍李江　王　强
智　川　左光申　王　梅　陈邦设
赵志强　张改梅　刘　壮　焦利勇　编　著

中国轻工业出版社

图书在版编目（CIP）数据

包装印刷技术/许文才主编. —2版. —北京：中国
轻工业出版社，2022.1

"十二五"普通高等教育"本科"国家级规划教材

ISBN 978-7-5184-0054-6

Ⅰ.① 包… Ⅱ.① 许… Ⅲ.① 装潢包装印刷 - 高
等学校 - 教材 Ⅳ.① TS851

中国版本图书馆 CIP 数据核字（2014）第 266079 号

内容提要

《包装印刷技术》（包装印刷与印后加工）（第二版）是按照教育部《普通高等学校包装工程本科专业规范》、专业核心课程"包装印刷技术"专业教育知识体系和课程描述的要求编写的规划教材。对于学习、了解和掌握各类包装材料和容器的印刷方法、工艺和相关技术，对于正确设计、印制和评价包装印刷品质量尤为重要。

本教材共分十一章，在介绍包装印刷基本概念、颜色复制原理、印前图文处理、油墨传递原理基础知识的基础上，详细介绍了平版印刷、凹版印刷、柔性版印刷、丝网印刷、数字印刷、特种印刷（全息、喷码、立体、移印）的原理与工艺；在介绍上光、覆膜、烫印、模切压痕、分切、复卷、涂布、复合等包装印后加工技术的基础上，还介绍了 UV 冷烫印、LED - UV 印刷与 EB 固化技术、UV 模压成型技术、无溶剂复合技术等最新工艺；重点介绍了各类印刷方式在标签、折叠纸盒、纸箱、塑料软包装、金属与玻璃包装容器的应用工艺及相关技术，在强调工艺应用特点的基础上，还介绍了承印材料和油墨的特性、制版技术、包装印刷质量控制等内容。

本书强调基础理论的系统性、专业知识的实用性和包装印刷技术的新颖性，方便教学和学生自学，有利于学生分析问题和解决实际问题能力的培养。

责任编辑：杜宇芳

策划编辑：林　媛　杜宇芳　　责任终审：劳国强　　封面设计：锋尚设计

版式设计：宋振全　　　　　　责任校对：晋　洁　　责任监印：张　可

出版发行：中国轻工业出版社（北京东长安街 6 号，邮编：100740）

印　　刷：北京君升印刷有限公司

经　　销：各地新华书店

版　　次：2022 年 1 月第 2 版第 6 次印刷

开　　本：787×1092　1/16　　印张：28.25

字　　数：675 千字

书　　号：ISBN 978-7-5184-0054-6　　定价：59.00 元

邮购电话：010-65241695

发行电话：010-85119835　传真：85113293

网　　址：http://www.chlip.com.cn

Email：club@chlip.com.cn

如发现图书残缺请与我社邮购联系调换

211670J1C206ZBW

前　言

经教指委和学校推荐，教育部专家组评审，本书入选"十二五"普通高等教育本科国家级规划教材。

包装是实现商品价值和使用价值的手段，是商品生产与消费之间的桥梁，而包装印刷是提高商品附加值、增强商品竞争力、开拓市场的重要手段和途径。因此，学习、了解和掌握各类包装材料和容器的印刷方法、工艺和相关技术，对于正确设计、印制和评价包装容器的质量尤为重要。

许文才主编的普通高等教育"十五"国家级规划教材《包装印刷与印后加工》获北京市高等教育精品教材和中国包装总公司科学技术奖二等奖；"十一五"国家级规划教材《包装印刷技术》获国家级精品教材。为配合教育部《普通高等学校包装工程专业规范》和本科院校包装工程专业相关课程名称，经教育部同意，将"十二五"普通高等教育本科国家级规划教材书名《包装印刷与印后加工》修改为《包装印刷技术》。本书在吸收前两本规划教材内容精华的基础上，补充了近年来国内外包装印刷的新技术和新工艺，并针对大部分高校包装工程本科专业的教学计划和条件，突出了包装印刷技术相关内容（制版、设备、工艺及应用）。在编写过程中，参考了来自印刷一线和印刷设备器材销售商的工程技术人员提供的经验和专业资料。

本书是按照教育部《普通高等学校包装工程本科专业规范》、"包装印刷技术"专业教育知识体系和课程描述的要求编写的规划教材。内容上力求符合目前国内外现代包装工业发展的生产工艺，满足包装工程本科专业的人才培养目标。在介绍包装印刷基本概念、颜色复制原理、印前图文处理、油墨传递原理基础知识的基础上，详细介绍了平版印刷、凹版印刷、柔性版印刷、丝网印刷、数字印刷、特种印刷（全息、喷码、立体、移印）的原理与工艺；介绍了上光、覆膜、烫印、模切压痕、分切、复卷、涂布、复合等包装印后加工技术，以及 UV 冷烫印、LED-UV 印刷与 EB 固化技术、UV 模压成型技术、无溶剂复合技术等最新工艺；重点介绍了各类印刷方式在标签、折叠纸盒、纸箱、塑料软包装、金属与玻璃包装容器的应用工艺及相关技术。在强调工艺应用特点的基础上，还介绍了承印材料和油墨的特性、制版技术、包装印刷质量控制等内容。

本书由许文才教授主编并统稿，赵秀萍、霍李江、王强教授担任副主编。第一章由北京印刷学院许文才编写；第二、三章由杭州电子科技大学王强编写；第四章由天津科技大学赵秀萍编写；第五章第一、二、四节由许文才编写，第三节由哈尔滨商业大学刘壮编写；第六章第一、三节由许文才编写，第二节由许文才、广州通泽机械有限公司左光申编写；第七章第一、二、四节由赵秀萍编写，第三节由许文才、陕西北人印刷机械有限责任公司陈邦设编写；第八章第一、二节由大连工业大学霍李江、焦利勇编写，第三节由陕西科技大学智川编写；第九章第一、二、三节由王强编写，第四节由广东工业大学王梅编写，第五节由北京印刷学院赵志强编写；第十章第一、三节由赵志强编写，第二节由霍李

1

江编写，第四节由王梅编写；第十一章第一、二节由北京印刷学院张改梅编写，第三、四节由许文才编写，第五、六节由霍李江、焦利勇编写，第七、八节由许文才、陈邦设、左光申编写。第二、十一章为选修内容，各学校可根据实际教学情况灵活掌握。

本书内容系统新颖、重点突出、实用性强，适合于包装工程、印刷工程本科专业的学生使用，也可供从事包装印刷行业的工程技术人员参考。

由于包装印刷技术涉及的学科基础和专业知识较多，作者水平有限，书中还可能存在缺点、不足和遗漏，敬请读者批评指正。

许文才

2014 年 6 月

目　录

第一章 概 述

第一节 印刷的定义与分类

一、印刷的定义

所谓印刷是指使用印版或其他方式将原稿上的图文信息转移到承印物上的工艺技术。使用印版完成图文转移的工艺技术称为有版印刷；不使用印版完成图文转移的工艺技术称为无版印刷。

1. 印版

用于传递油墨至承印物上的印刷图文载体。通常划分为凹版、凸版、平版和孔版等。各类印版的表面特征如下：

（1）凹版 图文部分低于空白部分的印版。包括手工或机械雕刻凹版、照相凹版、电子雕刻凹版、激光雕刻凹版等。

（2）凸版 图文部分明显高于空白部分的印版。包括活字凸版、感光树脂版等。

（3）平版 图文部分与空白部分几乎处于同一平面的印版。包括 PS 版、平凹版、多层金属版等。

（4）孔版 图文部分为通孔的印版。包括誊写版、镂空版、丝网版等。

2. 承印物

能接受油墨或吸附色料并呈现图文的各种物质。主要包括纸张、纸板、各种塑料薄膜、铝箔等平面材料以及各种成型物等。

3. 印刷品的制作

一般包括印前处理（制版）、印刷、印后加工 3 个工艺过程。

二、印刷的分类

印刷有不同的分类方法，主要有以下几种。

1. 按传统印版方式分类

按所用印版版式不同可将印刷分为：平版印刷、凹版印刷、凸版印刷、孔版印刷等。

（1）平版印刷 印版的图文部分和非图文部分几乎处于同一平面的印刷方式。平版印刷是利用油、水不相溶的自然规律，平印版上图文部分和非图文部分几乎处于同一平面，通过化学处理使图文部分具有亲油性，空白部分具有亲水性。如图 1-1 所示，印刷时，先用润湿液润湿印版的非图文部分，使其形成有一定厚度的均匀抗拒油墨浸润的水膜；然后再用油墨润湿印版的图文部分，使其形成有一定厚度的均匀墨膜；在印刷压力的作用下，印版将图文油墨先压印到橡皮滚筒上，然后经橡皮滚筒将图文油墨转印到承印物上。

（2）凹版印刷　印版的图文部分低于非图文部分的印刷方式。凹印版上图文部分凹下，空白部分凸起并在同一平面或同一半径的弧面上。如图1-2所示，印刷时，先使整个印版表面涂满油墨，然后用特制的刮墨机构，把空白部分的油墨去除干净，使油墨只存留在图文部分的"孔穴"之中，再在较大的压力作用下，将油墨转移到承印物表面。

（3）凸版印刷　用图文部分高于非图文部分的印版进行印刷的方式。分为直接凸版印刷和间接凸版印刷。凸印版上空白部分凹下，图文部分凸起并且在同一平面或同一半径的弧面上。如图1-3所示，印刷时，墨辊首先滚过印版表面，

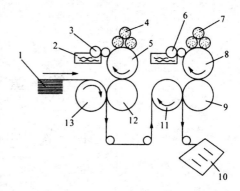

图1-1　平版印刷示意图

1—纸张　2—水槽　3、6—水辊
4、7—墨辊　5、8—印版滚筒　9、12—橡皮滚筒
10—印品　11、13—压印滚筒

使油墨黏附在凸起的图文部分，然后承印物和印版上的油墨相接触，在压力的作用下，图文部分的油墨转移到承印物表面。

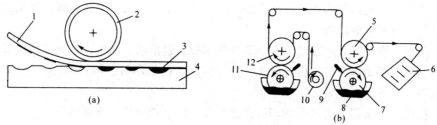

图1-2　凹版印刷原理和示意图

（a）凹版印刷原理图　　（b）凹版印刷示意图

1—承印材料　2—压印滚筒　3—油墨　4—印版
5、12—压印滚筒　6—印品　7、11—印版滚筒　8—墨槽　9—刮墨刀　10—纸张

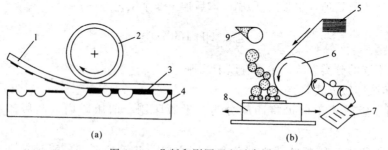

图1-3　凸版印刷原理和示意图

（a）凸版印刷原理图　　（b）凸版印刷示意图

1—承印材料　2—压印滚筒　3—油墨　4—印版　5—纸张　6—压印滚筒　7—印品　8—装版台　9—墨槽

柔性版印刷。用弹性凸印版将油墨转移到承印物表面的印刷方式。

（4）孔版印刷　印版在图文区域漏墨而非图文区域不漏墨的印刷方式。孔版印刷的印版图文部分由可以将油墨漏印至承印物上的孔洞组成，而空白部分则不能透过油墨。如图1-4所示，印刷时，先把油墨堆积在印版的一侧，然后用刮板或压辊边移动边刮压或滚

压，使油墨透过印版的孔洞或网眼，漏印到承印物表面。孔版印刷包括誊写版印刷、镂空版印刷和丝网印刷。

① 誊写版印刷。俗称油印，用铁笔或其他方法在蜡纸上制出图文，随后在蜡纸面上施墨印刷。

② 镂空版印刷。在木板、纸板、金属或塑料等片材上刻画出图文，并挖空制成镂空版，通过刷涂或喷涂方法使油墨透过通孔附着于承印物上。

③ 网版印刷。印版在图文部分呈筛网状开孔的孔版印刷方式。印刷时油墨在刮墨板的挤压下从版面通孔部分漏印在承印物上。

对于平丝网印版而言，将丝织物、合成纤维或金属丝网绷紧在网框上，采用手工刻漆膜或涂感光胶等光化学制版法，使丝网印版上图文部分可漏印着墨，而将非图文部分的网孔堵死。如图 1-5 所示，印刷时将印墨倒在网框内，然后用橡皮刮板在丝网版面上进行刮压运动，使油墨透过网孔漏在承印物上，形成所需的图文。

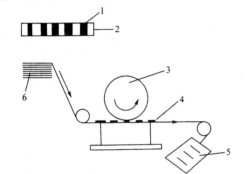

图 1-4　孔版印刷示意图

1—油墨　2—过滤版　3—传墨辊

4—印版　5—印品　6—纸张

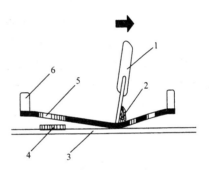

图 1-5　平压平丝网印刷示意图

1—刮墨刀　2—油墨　3—承印材料

4—图文　5—丝网印版　6—网框

圆形丝网印版采用 100% 的镍材料、电铸成型，其网孔呈六角形。如图 1-6 所示，卷筒纸轮转丝网印刷使用镍金属圆丝网印版，内置刮墨刀和自动供墨系统，刮墨刀将印刷油墨从圆丝网版上转移到由压印滚筒支承的承印物表面。整个印刷过程从进纸、供墨、印色套准、UV 干燥等均由计算机自动控制。

丝网印刷是孔版印刷中应用最广泛的工艺方法，占孔版印刷的 98% 以上，卷筒纸轮转圆压圆丝网印刷原理如图 1-6 所示。

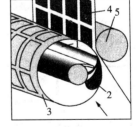

图 1-6　卷筒纸轮转圆压
圆丝网印刷原理

1—刮墨装置　2—油墨

3—圆形丝网印版　4—承印材料　5—压印滚筒

将两种或两种以上的印刷方式组合在一条生产线上的印刷方式称为组合印刷。

2. 按数字印刷方式分类

数字印刷是指使用数据文件控制相应设备，将呈色剂或色料（如油墨）直接转移到承印物上的复制过程。传统印刷虽然能实现全自动数字化控制，提高印品质量和印刷速度，但数字印刷更适应于可变信息印刷和个性化印刷。

（1）数字印刷的定义 数字印刷是指利用数字技术对文件、资料进行个性化处理，利用印前系统将图文信息直接通过网络传输到数字印刷机上印刷出产品的一种印刷技术。它涵盖了印刷、电子、计算机、网络、通信等多种技术领域，体现了印量灵活、印品多样化与个性化、方便存储、可多次调用电子文件进行印刷的印刷方式。

（2）数字印刷的特征 数字印刷的主要特点是按需性、及时性和可变性。具体说来，它有以下特征：

① 印刷过程。将数字文件/页面转换成印刷品；

② 影像形成过程。为数字式，不需要任何中介模拟过程或载体的介入；

③ 印品信息。100%可变信息，可以选择不同的版式、不同的内容、不同的尺寸，甚至可以选择不同材质的承印物。

（3）数字印刷的主要形式 数字印刷有静电照相式数字印刷、喷墨式数字印刷、电凝聚数字印刷、热成像数字印刷、磁记录数字印刷等形式。其中，静电式数字印刷和喷墨式数字印刷是数字印刷的主要形式。

① 静电式数字印刷。目前应用于数字印刷领域的静电成像技术，一般由光导体表面的静电荷组成。基本原理是用激光扫描的方法在光导体上形成静电潜影，再利用带电色粉（符号与静电潜影正好相反）与静电潜影之间的库仑作用力实现潜影的可视化（显影），最后将色粉影像转移到承印物上完成印刷。其成像过程如图 1-7 所示。

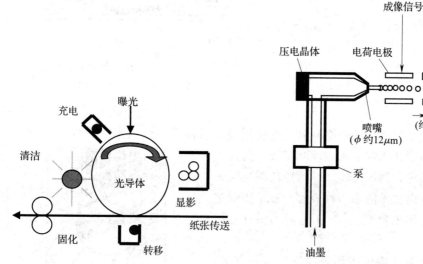
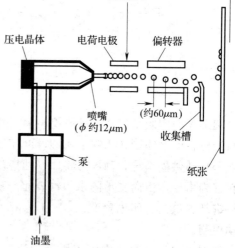

图 1-7　静电式数字印刷系统　　　　图 1-8　喷墨式数字印刷系统

a. 充电。使光导体表面带电的过程，也称系统的"敏化"过程。目前静电成像技术大都采用电晕放电的方法在光导体表面产生分布均匀电荷。

b. 曝光。通过曝光，激光扫描形成分离的图文与非图文区域，即潜影。如在 P 型光导体中，当激光照射到光导体表面时，有足够能量的光子被光导体所吸收时，电子就从价带激发到导带，并留下空穴。电子中和了表面的正电荷，残留的正电荷通过为电场所驱动的空穴的迁移而流动，经光导体表层下移。表面形成了视觉不可见的潜影。

c. 显影。将曝光后形成的潜影转变成可见影像的过程，目前主采用的显影方法有干粉显影方式和液体显影方式。

d. 转移。显影后的影像必须转移到承印物上，多数情况下采用异电相吸的静电转移法。

e. 定影。影像转移到纸上后仅仅保留了相当弱的静电力，很容易被除去，因此影像需要固定。针对不同的显影方法，定影方法也不同。如干粉通常采用加热方法，而湿粉则多用蒸发的方法。

f. 清洁。剩余的色粉要清除，然后重曝光，这次接受数字信息完全不受前次的影响，开始新的成像过程。这也是静电成像的无版特征的重要体现，真正实现了可变信息的印刷。

② 喷墨式数字印刷（简称喷墨印刷）。如图 1-8 所示，喷墨印刷，是指由计算机控制，通过喷墨器件使液体油墨形成高速微细墨滴组成的墨流，将细墨流有控制地从喷嘴射在承印物上，通过油墨与承印物的相互作用，实现油墨影像的再现。喷墨式数字印刷的成像类型如图 1-9 所示，其主要特点有：

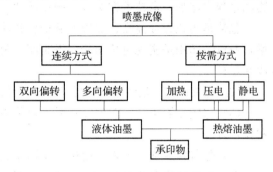

图 1-9　喷墨式数字印刷的成像类型

a. 喷墨头与承印物不接触，通过喷射的形式将油墨转移到承印物上。因此可以在各种形状、各种表面、各种材质的承印物上印刷。既可以在水平表面上印刷，也可在垂直表面上印刷。特别对于表面凹凸不平的承印物，更能显示出它的优越性。

b. 工艺简单，生产周期短。只要将图像、文字及版式要求编制成程序，并把这些信息存入计算机即可进行印刷。印刷时只要将启动喷墨印刷装置，即可印出所需要的图文。

c. 成本低、无污染。喷墨印刷设备造价低，省去了制版过程，所用的油墨又是水性油墨，所以印刷成本较低；由于油墨无毒，机器噪声很小，不会造成印刷环境的污染。

3. 按印刷品用途分类

按用途不同可将印刷分为以下几种类型。

（1）书刊印刷　以书籍、期刊等为主要产品的印刷。

（2）报纸印刷　以报纸等信息媒介为产品的印刷。

（3）包装印刷　以包装材料、包装制品、标签等为产品的印刷。

（4）表格印刷　以商业表格和票据等为产品的印刷。

（5）证券印刷　以钞票、邮票、股票、债券等有价证券为产品的印刷。

（6）地图印刷　以地形图、地矿图、交通图、航测图、军用图等为产品的印刷。

4. 按承印物分类

按所印刷的承印物不同可将印刷分为：纸及纸板印刷、塑料薄膜印刷、皮革印刷、金属印刷、玻璃印刷等。

5. 按印刷色数分类

在一个印刷过程中，按所完成的印刷色数不同可分为以下三种。

（1）单色印刷　一个印刷过程中，只在承印物上印刷一种墨色的印刷。

（2）双色印刷　一个印刷过程中，在承印物上完成两种墨色的印刷。

（3）多色印刷　一个印刷过程中，在承印物上印刷两种以上墨色的印刷。

第二节 包 装 印 刷

一、包装与包装印刷

（1）包装 包装是为在流通过程中保护产品、方便储运、促进销售，按一定技术方法而采用的容器、材料及辅助物等的总称；也指为了达到上述目的而采用容器、材料和辅助物的过程中施加一定技术方法等的操作活动。

包装是美化宣传商品、实现商品价值和使用价值的手段，是商品生产与消费之间的桥梁，而包装印刷是实现包装功能、提高商品附加值、增强商品竞争力、开拓市场的重要手段和途径。

（2）包装印刷 包装印刷是指以包装材料、包装制品、标签材料等为承印对象的印刷。

（3）包装印刷工艺 在包装材料、包装制品、标签材料上实现印刷的各种规范、程序和操作方法。

（4）包装印后加工工艺 使包装印刷品获得所要求的形状和使用性能的生产工序。

有关包装印刷及相关工艺的术语，详见标准 GB/T 4122.6—2010 包装术语 第六部分：印刷。

二、绿色包装印刷

1. 绿色包装印刷的基本内涵

"绿色"泛指环境保护，体现"环境友好""健康有益"、可持续发展理念。

"绿色包装印刷"指采用环保性版材和承印及辅助材料、印制工艺符合环保及节能减排要求、包装物废弃后易于回收再生的包装印刷方式。

绿色包装印刷既包括环保印刷材料与辅料的使用、节材节能与环保的印刷与制作工艺过程，又包括包装制品在流通销售以及使用过程中的安全性、包装材料及容器的回收处理与可循环利用。

绿色包装印刷产业链指包装装潢与结构设计、图文处理与制版、印刷制作原辅材料、印刷工艺及设备、印后加工工艺及设备以及包装物废弃物回收与再利用等整个过程都应体现先进科技水平和可持续发展理念。绿色包装印刷是印刷及加工实现节能减排与低碳经济的重要手段。通过绿色包装印刷的实施，可使包括材料、加工、应用和消费在内的整个供应链系统步入良性循环状态。

绿色包装印刷强调对设计、印前、印刷和加工整个过程的评价与环境行为的控制，即在包装设计、原材料选择、印刷与制作、包装制品使用与回收等整个生命周期均应符合环保要求。

"绿色包装"——指包装材料与制品在生产、使用和回收过程中对人体和环境无危害，包装废弃物能够循环再生利用或能自然降解的适度包装。

绿色包装以环境和资源为核心，不仅考虑包装的质量、功能、寿命和成本，还要考虑从原材料的生产到包装制品的加工、使用以及废弃物的回收、利用全过程中包装对环境的影响。

2. 绿色包装印刷的主要特征

一般而言，绿色包装印刷具有以下基本特征。

（1）节约材料、工艺适度 包装制品在满足方便流通与销售、保护产品、使用等功能条件下，在整个过程中使用最少的原辅材料和适度的印刷加工工艺。

（2）节能减排、减少危害 原辅材料生产、设备制造、印刷加工、包装制品使用与废弃物回收处理等过程中，使用最少的能源、最少的 VOC 排放。

（3）环保生产、保障安全 原辅材料的生产与使用、设备的制备与使用、包装制品的印制加工与流通、产品的使用及废弃物回收处理等整个过程不会对人和环境造成影响，保障人身安全和食品包装安全。

绿色包装印刷产业与民生关系紧密，在企业改型和产业结构调整中发挥重要作用。只有坚持政府在实施绿色印刷和绿色包装战略中的主导作用，重视市场机制作用，实现市场资源的合理配置和优化组合，才是发展绿色包装印刷产业的路径。

三、包装印刷的分类

包装印刷的分类方法较多，常用的分类方法主要有以下几种。

（1）按有无印版分类 传统印刷［如凹版印刷、凸版印刷（柔性版印刷）、平版印刷（胶版印刷）、丝网印刷、其他印刷等］、数字印刷（如喷墨印刷等）。

（2）按所承印的包装材料分类 纸与纸板印刷、塑料薄膜印刷、塑料板材印刷、金属印刷、玻璃印刷、陶瓷印刷、织物印刷、其他印刷。

（3）按包装制品及用途分类 纸包装制品印刷（包括纸盒、纸箱、纸袋、纸罐、纸杯、纸筒印刷等）、塑料包装制品印刷（包括以塑料薄膜和复合薄膜为主的软包装袋印刷以及硬质塑料容器印刷等）、金属包装制品印刷（包括金属罐、金属盒、金属筒、金属箱印刷等）、玻璃包装制品印刷、陶瓷容器印刷、标签印刷等。

① 纸包装制品印刷。纸包装制品主要有纸盒、纸箱、纸袋、纸桶（罐）和纸杯等，纸箱是最主要的运输包装形式，而纸盒广泛用做食品、医药、电子等各种产品的销售包装。

在纸包装印刷领域，平版胶印、凸版柔印、凹版印刷、网版印刷等多种印刷并存，并在相互竞争中发展。单张纸印刷中大都采用胶印方式，也有使用单张纸凹印和平压平网版印刷方式。而在卷筒纸印刷中，大都采用凹印和柔印方式，也有少量采用胶印或网版印刷方式。而且配套的后加工形式多样，使得纸包装产品的印刷工艺非常灵活多变。

纸盒使用的材料有单层纸板，有双层或 3 层纸板，也有 4～7 层复合纸板。由于纸盒使用的领域在不断扩大，质量和性能要求越来越高，导致多层材料的用量有增加的趋势。常见的烟盒、药盒、化妆品盒和部分食品盒等大都采用单层纸板材料；而酒盒和食品盒大多采用 2～3 层复合纸板材料；以纸张为基材的多层材料（4～7 层）在阻隔性要求较高的纸包装（如饮料纸盒）得到了越来越广泛的应用。单层纸板定量一般为 $220～450g/m^2$；常见的 2～3 层复合纸板材料定量为 $500～600g/m^2$，其主要结构有纸板（印刷面）/细瓦楞、薄膜/纸板/纸板、薄膜/纸板（印刷面）/细瓦楞等形式；多层复合纸板的制作常采用涂布和复合等工艺，有的纸板定量可达 $600g/m^2$ 以上，最高达 $1000g/m^2$。

从目前纸盒印刷市场来看，当普通纸板盒向中高档纸板盒调整时，印刷纸板一般都会采用非吸收性的复合纸板而取代普通纤维纸板。对于香烟包装纸盒而言，常用的复合纸板有铝箔复合卡纸和激光膜复合卡纸（由激光膜同玻璃卡纸复合）等两种纸板。在激光膜复合卡纸上进行印刷时，为提高油墨的附着力，一般使用 UV 油墨；为保证成型效果和香烟包装速度，常使用 $12\mu m$ 的 PET 激光膜。

纸箱一般采用 $4\sim6$ 色印刷，纸盒一般采用 $6\sim8$ 色印刷，纸袋一般采用 $4\sim6$ 色印刷。单张纸印刷机一般采用为 $4\sim6$ 个色组；而多色卷筒纸印刷机（包括凹印、柔印和丝网印刷）多采用 $8\sim10$ 个色组，往往还配备了多个表面整饰和成型加工单元，如上光、复合、分切、制袋、烫印、全息烫印、横切、模切、软标裁切、收卷等。

② 塑料包装制品印刷。塑料包装印刷是指以塑料薄膜、塑料板及塑料制品等为承印物的印刷工艺。按材质可分为硬质塑料包装制品（也称塑料包装容器或塑料容器）和塑料软包装制品；按塑料包装容器的成型方法可分为吹塑、注塑、挤出、模压、热成型、旋转、缠绕成型容器等；按容器形状和用途，塑料包装容器可分为箱盒类、瓶罐类、袋类、软管类、薄壁包装容器类（盘、杯、盒、碗、半壳状等）。以塑料薄膜为主的软包装材料具有质轻、透明、防潮、抗氧化、耐酸、耐碱、气密性好、易于印刷精美图文的优点，广泛用于方便食品、生活用品、超级市场小商品的包装。普通玻璃纸、聚偏氯乙烯涂层玻璃纸、聚乙烯、聚丙烯、尼龙、聚酯、聚二氯乙烯、铝箔、纸等薄膜状材料，经过复合或涂料加工后，做成袋状，将内装物密封。

为了提高塑料薄膜等承印材料的印刷适性，改善印刷表面油墨的转移性能和附着力，必须对不易直接印刷的承印材料进行表面处理。常用的表面处理方法主要有等离子体、电晕处理、化学处理法、光化学处理涂层处理法、防静电处理等。

软包装印刷工艺主要有凹版印刷、柔性版印刷和丝网印刷等。一般情况下，应根据承印材料、单位面积的着墨量、印刷质量要求、图案式样、产品批量、印刷色数、墨层厚度、换版频率、成本预算等多种因素加以选择。塑料软包装印刷以凹版印刷为主，而柔性版印刷是软包装印刷的后起之秀。软包装印刷主要是在卷筒状的承印物表面进行印刷，有透明或不透明薄膜，有表面印刷和里面印刷之分，其中透明塑料膜的里印工艺是软包装印刷工艺的主要印刷方式。

刚性塑料包装容器的印刷方法主要有移印、丝网印刷、贴花纸印刷等。

③ 金属包装制品印刷。金属包装制品印刷是指以金属板或金属制品为承印物的印刷工艺，其承印材料主要有马口铁（镀锡钢板）、无锡薄钢板（TFS）、锌铁板、黑钢板、铝板、铝冲压容器以及铝、白铁皮复合材料等。金属罐是一种典型的金属制品，按结构加工工艺分有三片罐和两片罐等，主要用于罐头和饮料的容器。金属软管是一种用金属材料制成的圆柱形包装容器，主要用于膏状物品的包装，如牙膏、鞋油及医用药膏等的特殊容器。

金属印刷材料不能采用硬质金属印版与硬质承印物直接压印的直接印刷方式，往往采用间接印刷方式。金属印刷方式因承印物的形态不同而异，目前主要有平版胶印、无水平版胶印、凹版胶印及凸版干胶印等四种印刷方式。单张金属板印刷主要采用平版胶印和凸版干胶印两种印刷方式。马口铁、铝材质地坚硬、没有弹性，因此，多采用平版胶印工艺；成型罐多采用凸版干胶印工艺，即印版图文部分的油墨经过橡皮滚筒清晰地转印到金属罐表面。

金属板印刷主要采用平版胶印和凸版干胶印两种印刷方式。根据制品要求，可采用不同的金属板印制工艺。典型的印刷工艺为除尘、去皱处理—印前涂布—印刷—印后涂布—加工。金属板印刷机主要有平台式平版胶印机和轮转式平版胶印机两种机型。

金属三片罐常采用凸版干胶印刷方式，即采用感光树脂凸版或金属凸版，通过橡皮滚筒转印的印刷方式。铝质两片罐的印刷多采用典型的曲面凸版印刷方式。

软管印刷是指利用弹性橡皮层转印图像原理，以软管为承印物的印刷工艺。软管印刷属曲面印刷，与金属铝质两片罐印刷方式相同，多采用凸版胶印工艺，印版为铜版和感光树脂版。

④ 玻璃包装制品印刷。玻璃包装制品印刷是指以玻璃板或玻璃制品为承印物的印刷工艺。由于玻璃制品大多为透明的，且表面平滑、坚硬，印后一般要进行烧结处理，需要具有一定的墨层厚度，因此，适于采用印刷压力小、印版柔软的丝网印刷方式完成彩色印刷。

玻璃印刷多采用丝网印版，是使用玻璃釉料，在玻璃制品上进行装饰的一种印刷工艺，印刷后的玻璃制品要放入火炉中，以 $520\sim600℃$ 的温度进行烧制，印刷到玻璃表面上的釉料才能固结在玻璃上，形成绚丽多彩的装饰图案。

根据玻璃制品承印物形状的不同，可以通过圆柱形曲面丝网印刷机和圆锥形曲面丝网印刷机来完成印刷。玻璃制品特殊效果印刷方式主要有蚀刻丝网印刷、冰花丝网印刷、蒙砂丝网印刷、消光丝网印刷。

⑤ 陶瓷容器印刷。陶瓷容器印刷是指以陶瓷制品为承印物的印刷工艺。丝网印刷陶瓷装饰主要有直接装饰法、间接装饰法和直间装饰法（综合装饰法）三类。

陶瓷贴花纸采用的印刷方法主要有平版印刷、凹版印刷和凸版印刷，印花膜厚只能达到 $5\sim10\mu m$。在陶瓷上，要达到图案纹样有立体感、色泽鲜艳、经久耐用不脱色，采用丝网印刷方法是非常适宜的。丝网印刷设备比较简单，操作技术很容易掌握。陶瓷贴花纸印刷工艺根据贴花和上釉先后顺序及烧结方式不同，分为陶瓷釉上贴花纸丝印和陶瓷釉下贴花纸丝印。

⑥ 标签印刷。标签是用来表示商品的名称、标志、材质、生产厂家、生产日期及属性的特殊印刷品。标签印刷是指以标签材料为承印物的印刷工艺，涵盖了凸印、柔性版印刷、胶印、凹印、丝网印刷、数字印刷等多种印刷方式。

按标签材料不同可分为纸标签和不干胶标签；按贴标工艺不同可分为普通纸标签、不干胶标签和模内标签。除此之外，还有热收缩标签、直接丝网印刷标签和电子标签等。不干胶标签也叫自黏标签、及时贴、即时贴、压敏纸等，是以纸张、薄膜或特种材料为面材，背面涂有黏合剂，以涂硅保护纸为底纸的一种复合材料，并经印刷、模切等加工后成为成品标签。应用时只需从底纸上剥离，轻轻一按，即可贴到各种基材的表面，也可使用贴标机在生产线上自动贴标。与传统纸张类标签相比，不干胶标签不需刷胶、刷糨糊，使用方便、节省时间。因此，越来越多的商品使用不干胶标签来代替普通标签。

从目前国际标签印刷市场来看，不干胶标签的印刷方式主要有凸版和柔性版印刷方式。从输纸方式来看，不干胶标签的印刷方式主要有单张纸印刷和卷筒纸印刷。a. 单张纸印刷以胶印为主，兼有凸版印刷、丝网印刷等。印刷后的单张纸在单独的机器上完成模切、烫印、切断等印后加工。单张纸胶印网目调印刷质量好，但实地印刷受印刷色数的局限，不如机组式标签印刷机。b. 卷筒纸印刷标签，既可印刷简单的文字线条，又可印刷复杂的网目调图成像，品标签既可切成单张手工贴标，又可复卷成卷用于自动贴标机或各类打印设备。由于标签机可采用多工位印刷，可以将彩色部分和实地部分分别印刷，因此，印刷过的标签层次分明、色彩丰富。随着多功能轮转凸印标签机和机组式柔印机的普及和应用，卷筒纸印刷不干胶标签的比例越来越大。

（4）按承印物的表面形态分类　平面印刷、曲面印刷（包括移印、软管印刷、玻璃及陶瓷容器印刷等）、球面印刷。

四、包装印刷工艺流程

按传统印刷方式，包装印刷工艺流程如图1-10所示。

图1-10　包装印刷工艺流程

包装设计主要有包装装潢设计和包装结构设计，对于运输包装容器，还要进行缓冲包装设计与物流包装设计。

不同印刷方式，其制版方法也不一样。传统胶印用PS版（阳图型）制版工艺流程如图1-11所示，现代胶印制版多采用CTP（计算机直接制版）方法。凹印制版工艺流程如图1-12所示。传统柔性制版工艺流程如图1-13所示，现代柔性制版多采用CTP或CDI（数字成像制版系统）方法，也有采用激光雕刻制版方法。传统丝印制版工艺流程如图1-14所示，现代丝印制版多采用CTP方法，圆型丝网印刷单元一般采用镍金属圆丝网印版，内置刮墨刀和自动供墨系统，刮墨刀将印刷油墨从圆丝网版上转移到由压印滚筒支承的承印物表面。

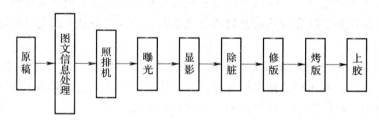

图1-11　胶印用PS版（阳图型）制版工艺流程

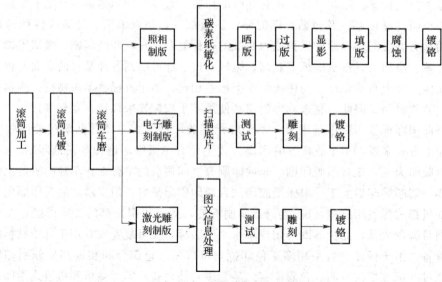

图1-12　凹印制版工艺流程

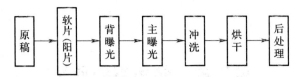

图 1-13 柔性版制版工艺流程

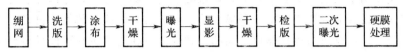

图 1-14 丝印感光胶制版工艺流程

纸包装印刷后加工一般包括表面整饰和成型加工。常用的表面整饰方法主要有覆膜、上光、烫印等工艺；常用的成型加工方法主要有压凹凸、模切压痕、折叠粘合等工艺。

软包装印后加工一般包括复合、分切、复卷等工艺。

第三节 包装印刷研究的对象

包装印刷是研究不同包装材料的印刷适性、不同承印表面、不同用途的印刷方式的基本原理、制版工艺、印刷材料、印刷设备及印后加工处理的技术问题，它涉及印刷、材料、机、光、电等基本知识及应用技术。

掌握包装印刷与印后加工的基本原理，熟悉包装印刷的工艺过程，合理选择印刷方式和包装材料，对提高包装印刷质量、扩大包装印刷的应用范围等具有重要意义。

本书研究的主要内容为平版胶印、凹版印刷、柔性版印刷、丝网印刷、数字印刷、特种印刷（全息印刷、喷码印刷、立体印刷、移印技术）以及各印刷方式在纸制品、塑料制品、金属包装、玻璃包装、陶瓷容器中的应用；包装印后加工部分主要介绍上光、覆膜、烫印、模切压痕、分切、复卷、涂布、复合等内容。

习 题

1. 平、凹、凸、孔等印版有何表面特征？
2. 印刷和包装印刷常用的分类形式有哪些？
3. 何谓绿色包装印刷？绿色包装印刷有何特征？
4. 举例说明纸包装和塑料软包装的印刷方式。
5. 简述标签的分类形式。
6. 包装印刷研究的主要对象和主要内容是什么？

第二章 颜色复制原理

颜色是光作用于人的视觉系统时的客观世界表达。颜色复制是指以颜色的表达与转换为核心，在视觉或机器判读环境下实现颜色信息在分解、转换、传播、再现与表达过程中的控制与匹配，目标颜色与再现颜色之间的一致性以及建立颜色在不同呈色环境下的再现机制、处理模型、工程方法及其工业应用。

第一节 颜色及其描述

一、颜色的含义

颜色是客观世界对象在光波作用于人的视觉系统后所形成的心理物理反应，是光与视觉相互作用的结果。在国家标准 GB/T 5698—2001 中，颜色的定义是"光作用于人眼引起的除空间属性以外的视觉特性"。客观世界颜色的呈色模式分为光源色、反射色和透射色三类。在实际应用中分为孔色、表面色、透膜色、透体色、镜面色、光泽、光源色七类。广义上的印刷颜色复制涉及在印刷承印物上由油墨或色料所呈现的颜色、光源呈色以及显示器呈色，狭义上的印刷颜色复制则是指在特定光源的照明条件下，油墨或色料在印刷承印物上的呈色。因此，在印刷工业中颜色重点研究的对象包括：

（1）表面色 表面色（Surface color）是指观察不透明物体表面的颜色，是最常见的颜色。表面色受照明光照条件和物体表面反射特性的共同影响。

（2）光源色 光源色（Light source color）是指自发光体的颜色。

二、颜色的描述

颜色的描述随应用领域与应用目的的不同，而采用不同的科学标定方法，如物理学根据电磁波来研究颜色，用波长或频率来描述颜色；艺术家用色相、明度、饱和度来描述颜色；而印刷工业用密度、色度来描述颜色。从本质上讲，颜色的描述就是采用一定的体系给颜色一种适当的命名或定量标识，既可以基于源于物体对能量的辐射，吸收或反射的颜色标定，也可以基于人们对颜色感知的人眼视觉的生理机制和心理反应。

1. 颜色的三属性

牛顿最早从物理学上发现颜色是由某种固定波长或两种及以上多种波长混合所形成的客观规律，从而建立了颜色混合的基本规律。从人类对颜色视觉特性来看，颜色包括彩色（如红、橙、黄、绿、青、蓝、紫）和中性色（如黑、白、灰）两部分，人眼不仅能够识别可见光光谱区中的红、橙、黄、绿、青、蓝、紫，还能够识别颜色 3~5nm 波长增减的变化。颜色科学的研究发现彩色具有色相、明度（亮度）和饱和度三个基本属性，而中性色只有明度（亮度）属性。

（1）色相（Hue） 色相是颜色的重要基本特征。人眼视觉对色相的感觉与光波刺激中的光谱组分及分布直接相关，不同波长的单色光能够产生不同的色调感觉。对于复色光来说，色相感觉取决于光刺激中占主要成分波长的比例。

（2）明度（Brightness）　明度是人眼对颜色明亮程度的感觉。对于非彩色，人眼可以感受到由白色、浅灰、暗灰、黑色的变化。对于彩色同样也有明度变化的感觉，一般来说，所形成的光刺激越强烈，明亮感觉越高。通常采用物体的反射率或者透射率来表示物体表面的明暗感知属性。

（3）饱和度（Saturation）　饱和度也称为彩度，是描述颜色感觉中彩色成分多少的属性，即颜色的鲜艳程度或纯度。在人眼可见光范围内，单色光能够产生最强烈的颜色刺激，饱和度最高。颜色的饱和度取决于光谱反射或透射特性。

2. 颜色测量

众所周知，要了解颜色对象之间的联系，研究表达这些对象之间有关量的关系是基础。只有采用科学、准确、严密的颜色测量方法，才能实现颜色信息的科学定义、正确表达、准确识别、数字变换和普及应用。

颜色测量是指通过专业颜色测量工具和仪器，测量目标颜色的颜色属性与数据的过程和方法。颜色测量是现代颜色应用的基础，颜色描述的准确度既与测量目标的分光特性性质有关，又与照明条件，观察条件等其他因素相关。因此，颜色测量是一种在上述多因素基础之上的颜色定量表达。

目前，颜色测量包括目视测色法（主观测色法）和物理测色法（客观测量法）两类，目视测色法是以人的视觉为基础，通过比较测量颜色。但由于受视觉、经验和心理状态影响，无法定量描述，也不易标准化和数据化。而物理测色法主要有分光测色法，刺激值直读法和彩色密度法三种，它是采用光电物理器件，模拟人眼测量过程测色，其测量原理如图 2-1 所示。

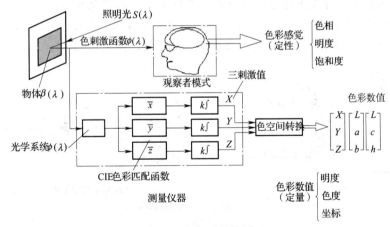

图 2-1　颜色测量的原理

（1）目视测色法　眼睛是人类最早和最便利的颜色测量仪器。目视测色法是以人的视觉为基础，通过比较测量颜色。尽管眼睛不能直接定量测出颜色数据，却能非常敏锐地鉴别颜色的变化和差别，但由于受视觉、经验和心理状态影响，无法定量描述，也不易标准化和数据化。但基于一定条件和统计分类方法，能够建立符合一定规则的标准色样及其色样组合而成的颜色分类体系，通过色样与标准色样的对比来确定颜色的数据特征或属性特征，如孟塞尔颜色体系。

（2）物理测色法　物理测色法是以三原色混合形成的颜色和被测颜色等同为基础。它是采用光电物理器件，模拟人眼测量过程来测色，通过测量颜色某些特性的数据来建立相应的坐标体系，并通过这些色度坐标来分析或确定颜色的变化与差异。主要有分光测色法，刺激值直读法和彩色密度法三种。

物理测色法的基础是如式（2-1）所示的颜色三刺激值的测色公式：

$$X = k\int_{\lambda_1}^{\lambda_2} S(\lambda) \cdot \rho(\lambda) \cdot \bar{x}(\lambda) \cdot d\lambda$$

$$Y = k\int_{\lambda_1}^{\lambda_2} S(\lambda) \cdot \rho(\lambda) \cdot \bar{y}(\lambda) \cdot d\lambda$$

$$Z = k\int_{\lambda_1}^{\lambda_2} S(\lambda) \cdot \rho(\lambda) \cdot \bar{z}(\lambda) \cdot d\lambda$$

$$k = \frac{100}{\int_{\lambda_1}^{\lambda_2} S(\lambda) \cdot \bar{y}(\lambda) \cdot d\lambda} \qquad (2-1)$$

式中　　X、Y、Z——颜色三刺激值

　　　　$S(\lambda)$——光源色的相对光谱功率分布

　　　　k——调整因子，目的是使 Y 值为确定常数 100

从式（2-1）可知，只要测得光源色的相对光谱功率分布 $S(\lambda)$，反射色的光谱反射比 $\rho(\lambda)$ 或透射色的光谱 $\tau(\lambda)$ 以及反射色，透射色的光谱辐亮度因数，就可求得相应的颜色特征值。其中，分光测色法是通过测量各个光谱波长的光谱功率与标准色相比较而得，测量精度最高，是目前色彩管理及其工业应用的技术基础；而刺激值读法是求出测量波段范围内的积分结果；彩色密度法是测量色样在标准光源下，光透过滤色片的减色效果，其结果只能给出颜色测量的近似值，但却能较直观、较准确地测定颜色的变化和色差，已广泛用于生产质量控制。

① 分光测色法。分光测色法也称为光谱光度测量。它是把从光源发出的光散射成单色，并在可见光范围内选取几十至上千个波长点测量一定波长间隔内的光通量，从而获得色刺激 $\beta(\lambda)$，并可进一步计算出所测颜色的三刺激值，如图 2-2 所示。

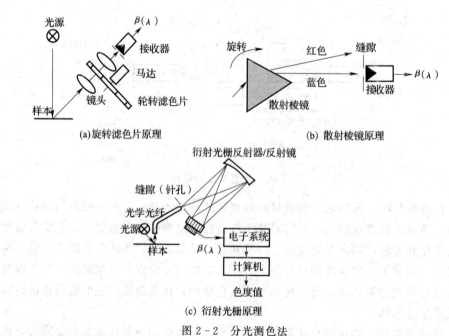

(a) 旋转滤色片原理　　　　(b) 散射棱镜原理

(c) 衍射光栅原理

图 2-2 分光测色法

② 刺激值直读法。刺激值直读法是通过测色器件的光电响应直接获得颜色三刺激值，即获取测量波段内的积分值。刺激值直读法所用仪器和校正滤色片必须满足卢瑟条件，如图 2-3 所示。

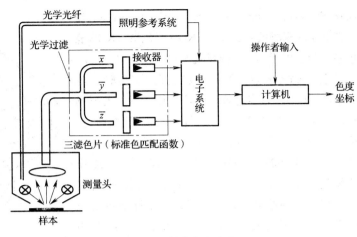

图 2-3　刺激值直读法

③ 密度测色法。密度测色法是采用彩色密度计测量所测目标通过 R、G、B 滤色片后的三色光密度，并以此色光密度来标定颜色，由于三色光密度值与标准观察者光谱三刺激值无严格的对应关系，所以只能给出颜色测量的近似值，但能够较准确地测定颜色的变化和色差，如图 2-4 所示。

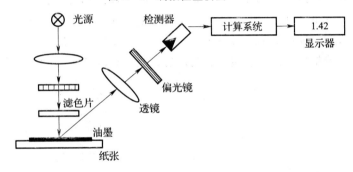

图 2-4　密度测色法

3. 颜色的表达

颜色的表达主要通过表示颜色的系统描述来实现。由于颜色具有三个独立的变量，因此每种颜色都必须通过三个独立量来描述，各种表色系都是三维的。由表达颜色三维变量构成的三维空间称为颜色空间。各个表色系都定义有各自的颜色空间，客观物体所具有的颜色，一般不能完全充满所定义的颜色空间，而只能占据颜色空间的一部分。在实际生产工艺中，系统或设备能够实现的颜色范围称为色域。目前，表色系有显色表色系、混色表色系和均匀表色系三类。

（1）显色表色系　显色表色系是一个基于颜色三属性（色相、饱和度、明度），是指在特别观察条件下，采用标准色卡来根据视觉特性的统计分类，按照在视觉上均匀刻度的标尺，对颜色标准样品进行分类和标定所建立的标准色卡系统。它主要描述表面色，适用于视觉颜色比较，主要应用于根据视觉直接观察某些物体表面所产生心理感觉的表面色研究领域，如印刷、纺织、染色、油漆、绘画与艺术用色，其中最典型、最常用的是 Munsell 表色系。

Munsell 表色系是一种由美国画家 H. H. Munsell 1905 年创立，经美国国家标准局（NBS）和美国光学会（DSA）修订，采用颜色立体模型表示颜色的方法。如图 2-5 所示，它是根据颜色的视觉特性，对各种表面色的三种基本属性色相（H）、明度（V）、饱和度（C）进行分类和标定系统，立体模型的每个部分代表一种特定的颜色，并给予一定的标号。最新 Munsell 表色系包括无光泽和有光泽两类，共 1488 个彩色色块和 37 块中性色块。

（2）混色表色系　混色表色系是指 CIE（国际照明委员会）根据颜色加色法混合的格拉斯曼（Grassmann）定律，在颜色匹配实验基础上，建立的 CIE 标准表色系或 CIE 标准色度系统

（CIE Standard. Colorimetric System），包括：a. 建立在 2°实验视场的 CIE1931—RGB 表色系（RGB 表色系）与适用于≤4°小视场观测的 CIE1931 - XYZ 表色系（XYZ 表色系）；b. 建立在 10°实验视场的 1964 $R_{10}G_{10}B_{10}$ 表色系，以及适用于＞4°大视场观测 CIE1964 - $X_{10}Y_{10}Z_{10}$。它表示了心理物理色，适用于颜色测量。常用的混色表色系包括：

① CIE1931 - RGB 系统。CIE1931 - RGB 系统是根据 W. D. Wright 和 J. Cuild 两组实验数据综合的结果规定的，CIE1931 标准色度观察者光谱三刺激值，如图 2 - 6 所示，系统采用基本刺激的等能光谱（等能白光），波长分别为 700nm、546.1nm，435.8nm 单色光的参照色刺激，亮度系数 $L_r : L_g : L_b = 72.0966 : 1.3791 : 1.0000$ 以及 2°实验视场等主要描述参数，并可根据光谱三刺激值、光谱色品坐标以及式（2 - 2）计算出单色光的色品坐标。

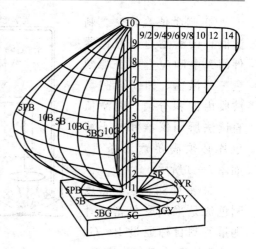

图 2 - 5 Munsell 颜色立体

$$r = \frac{R}{R+G+B}$$
$$g = \frac{G}{R+G+B}$$
$$b = \frac{B}{R+G+B}$$

(2 - 2)

② 1931CIE - XYZ 系统。1931CIE - XYZ 系统是建立在 RGB 系统基础上，改用三个假想原色 XYZ 建立的表色系统，其指导思想是：XYZ 表色系的基本刺激为等能光谱；选取非真实色光作为三参考色刺激，使 XYZ 表色系中所有刺激的三刺激值全为正，并使光谱的轨迹内的真实颜色尽量位于 XYZ 三角形内较大部分的空间，从而减少虚色范围；把 $(X)(Z)$ 参照色刺激放在无亮度线上，使 XZ 刺激值只表示色度，不表示亮度。Y 刺激值既表示色度，又表示亮度，即在 RGB 刺激空间的无亮度平面内。基于颜色加色法混合是线性叠加，采用线性变换进行数学变换，如图 2 - 7 所示，使 XY 连线与 $540 \sim 700nm$ 光谱轨迹直线部分重合，YZ 连线在 504nm 与光谱轨迹相切。

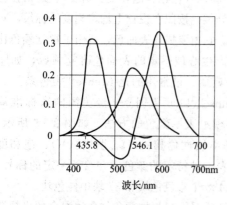

图 2 - 6 三刺激值 $r(\lambda)$、
$g(\lambda)$、$b(\lambda)$ 的曲线

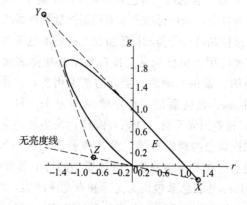

图 2 - 7 (r, g) 色品图
上的 X、Y、Z、E 点

（3）均匀表色系　均匀表色系是指在上述两个表色系的研究基础上，解决了两者不足的表色方法，能够更好地对颜色进行表达。在 CIE 色度图上，每一个点代表着某一个由一定数量 RGB 相加混合确定的颜色。但对人眼视觉则在颜色宽容度的范围内是等能的。由于在亮度相同条件下，人眼对不同的单色光的存在波长差别阈，如图 2-8 所示，而且人眼也存在如图 2-9 所示的颜色差别阈。因此，需要消除 CIE XYZ 色品图各区域的不均匀性，建立更接近人眼视觉的均匀表色系。CIE1976 $L^*a^*b^*$ 颜色空间是最常用的均匀表色系。

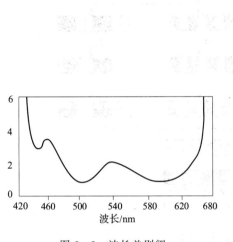

图 2-8　波长差别阈

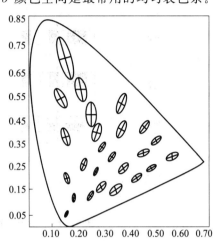

图 2-9　颜色差别阈

CIE1976 $L^*a^*b^*$ 颜色空间是 CIE 针对均匀色空间的多样性带来色差评定而统一化的颜色空间，主要应用于印刷、染料、颜料工业，常用的直角坐标表达式是：

$$L^* = 116Y^* - 16$$
$$a^* = 500（X^* - Y^*）$$
$$b^* = 200（Y^* - Z^*）$$

(2-3)

其色差采用式（2-4）计算：

$$\Delta E'_{a,b} = \left[（\Delta L'）^2 + （\Delta a'）^2 + （\Delta b'）^2\right]^{1/2}$$

(2-4)

第二节　分色原理

在颜色复制中，无论颜色复制采用何种技术实现方式，分色是实现颜色复制的前提条件。即颜色无论采用何种表达形式复制，都必须在色分解过程中采用加色法三原色或减色法三原色进行描述，并在色还原过程中通过原色的空间混合或叠合，在不同颜色再现介质中进行复现。因此，颜色复制或复现的关键是通过颜色信息的色分解，获得其原色信息的分色技术。

一、颜色复制

任何颜色复制都是通过颜色分解（分色）与颜色合成（原色叠印）来实现的，即采用颜色分解—颜色传递—颜色合成的工艺过程。但不同技术工艺条件下的颜色复制，会在分色方法、实现手段和过程控制上有所不同，会在颜色再现精度与品质以及应用可靠性与易用性有所差异。图 2-10 描述了基于纸媒体印刷颜色的复制过程。

从图 2-10 可知，在颜色的复制过程中，颜色通过分色及其半色调处理后形成青、品红和黄的半色调分色信息，再转移到印版上，最终在印刷机上将分色半色调信息相互叠印而形成彩色复制品。因此，在所选择的材料、设备以及实际应用环境下，依据所建立的颜色基准来正确实现颜色的识别与分色，使实际样本对象和标准之间的差异或匹配误差最小是颜色复制的关键。

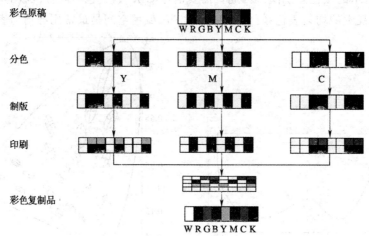

图 2-10　基于纸媒体印刷颜色的复制过程

二、颜 色 识 别

大千世界颜色缤纷万千，颜色数量高达数百万种之多。分色是指根据三色或四色呈色机制以及颜色的基本属性特征，通过分色器件对混合在颜色中的原色进行识别来获取各种不同颜色中原色信息构成的过程。目前，颜色识别的方法主要有以下三种：

1. 密度识别法

在采用减色法呈色机制的颜色应用领域中，密度识别法是分色中最经典的颜色识别方法。它采用模拟人眼视觉的颜色识别方式，通过滤色片分光及其光电转换来获取目标颜色的三原色积分光谱特征，即原色的分色密度值 D_b、D_g、D_r，并通过三原色之间密度值的比较来识别颜色及其分色信息。图 2-11 是根据减色法原理测得所测区域颜色的三原色分色密度值 D_b、D_g、D_r，并依据 D_b、D_g、D_r 的关系来获得颜色基本属性的识别过程，主要颜色的识别状况，如表 2-1 所示。

表 2-1　　　　　　　　　　　　　　　基本颜色的识别

$D_b/D_g/D_r$	H_1	H_2	S_1	S_2	L
$D_b>D_g>D_r$	Y	M	D_b-D_g	D_g-D_r	D_r
$D_b>D_r>D_g$	Y	C	D_b-D_r	D_r-D_g	D_g
$D_g>D_b>D_r$	M	Y	D_g-D_b	D_b-D_r	D_r
$D_g>D_r>D_b$	M	C	D_g-D_r	D_r-D_b	D_b
$D_r>D_b>D_g$	C	Y	D_r-D_b	D_b-D_g	D_g
$D_r>D_g>D_b$	C	M	D_r-D_g	D_g-D_b	D_b
$D_b=D_g>D_r$	R	R	D_g/D_b	D_g-D_r	D_r
$D_b=D_r>D_g$	G	G	D_b/D_r	D_r-D_g	D_g
$D_g=D_r>D_b$	B	B	D_g/D_r	D_r-D_b	D_b
$D_b=D_g=D_r$					$D_b/D_g/D_r$

注：其中 R=Y+M　B=M+C　G=Y+C

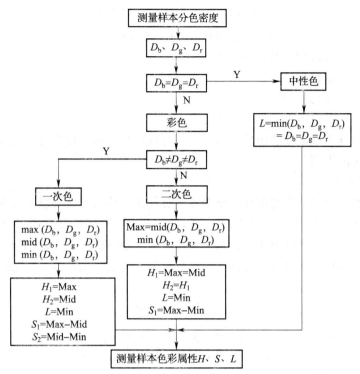

图 2-11 密度法颜色识别流程

其中：H_1——一次色的色相 H_2——二次色的色相 L——明度（亮度）

S_1——一次色的饱和度 S_2——二次色的饱和度

综上解析可知，根据所测颜色的三原色密度 D_b、D_g、D_r，可以确定任何一种颜色的性质，并能反映出 Y、M、C、R、G、B 六种纯色的性质。其一是所测量色光密度值中最大值采用滤色片的补色，其饱和度正比于二个较大的色光密度之差。其二是测量中色光密度最小值所用滤色片的颜色，其饱和度正比于二个最小值之差，而且最小色光密度值反映了颜色中性灰（亮度）的大小即"底色大小"。对于中性灰色，由于 $D_b = D_g = D_r$，因此 D_b、D_g、D_r 值越大，则其亮度越低，反之则其亮度越高。

2．色度识别法

色度识别法是指采用色度计，根据直接测量获得的被测颜色三刺激值 XYZ，通过直接比较或转换到其他各种颜色空间后比较来确定所识别的颜色。色度计是模拟人眼的感色原理制成，色度计采用了类似三原色（RGB）色觉的光敏元件及其满足卢瑟条件（Luther condition），将各自感受的光电流放大处理后，获得各个原色信号，其计算公式如下：

$$I_x = \int S(\lambda)\rho(\lambda)\tau_x(\lambda)\gamma_x(\lambda)\mathrm{d}\lambda$$

$$I_y = \int S(\lambda)\rho(\lambda)\tau_y(\lambda)\gamma_y(\lambda)\mathrm{d}\lambda \qquad (2-5)$$

$$I_z = \int S(\lambda)\rho(\lambda)\tau_z(\lambda)\gamma_z(\lambda)\mathrm{d}\lambda$$

且满足卢瑟条件，即：

$$S(\lambda)\ \tau_x(\lambda)\ \gamma_x(\lambda) = S(\lambda)\ \overline{X}(\lambda)$$

$$S(\lambda)\tau_y(\lambda)\gamma_y(\lambda) = S(\lambda)\bar{Y}(\lambda) \qquad (2-6)$$

$$S(\lambda)\tau_z(\lambda)\gamma_z(\lambda) = S(\lambda)\bar{Z}(\lambda)$$

式中　$S(\lambda)$ ——光源的光谱功率分布

$\qquad\rho(\lambda)$ ——被测色的光谱反射、透射曲线

$\qquad\tau(\lambda)$ ——滤色片的光谱透射率

$\qquad\gamma(\lambda)$ ——光电器件的光谱灵敏度

色度计能够准确确定颜色的色度坐标，并可以比较目标和样本之间的颜色差异，适合于特定目标分类的识别与分类。

3. 光谱识别法

光谱识别法是采用分光光度计，根据直接测量获得特定光谱波段范围内，多个波段的被测颜色的三刺激值 XYZ 或色度坐标 x、y，即一定波长间距（5、10、20nm）逐点测量被测颜色的反射率，并绘制出各个波长光反射率值与各波长之间关系的分光光谱曲线，如图 2-12 所示。也可将测得转换为其它表色系统值，每条分光光谱曲线能够唯一地表达一种颜色，其计算公式如下。

$$X = k\sum\lambda S(\lambda)\rho(\lambda)\bar{X}(\lambda)$$

$$Y = k\sum\lambda S(\lambda)\rho(\lambda)\bar{Y}(\lambda) \qquad (2-7)$$

$$Z = k\sum\lambda S(\lambda)\rho(\lambda)\bar{Z}(\lambda)$$

式中　$S(\lambda)$ ——光源的光谱功率分布

$\qquad\rho(\lambda)$ ——样品的光谱反射、透射曲线

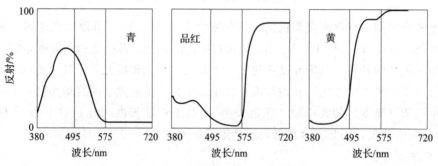

图 2-12　三原色的分光光谱曲线

由于分光光谱曲线能够唯一表达一种颜色，而且能够从分光光谱的各个光谱中，分析提取对特定研究对象或样本具有关键作用的特征光谱，还能够根据分光光谱建立各种设备器件的颜色特征文件。因此，它是目前颜色测量和色彩管理精度最好，最客观的颜色测量和识别方法。

三、分色技术

从技术层面上来看，分色是指在颜色分解＋颜色传递＋颜色合成的颜色复制过程中，以特定硬拷贝或软拷贝为目的，将彩色原稿分解成各个单色版的过程。而分色技术则是指能够按照软硬拷贝的复制要求，正确实现颜色分解的技术方法与工艺。分色技术可分为模

拟照相分色技术、模数电子分色技术和数字分色技术三个技术发展阶段。

1. 模拟照相分色技术

模拟照相分色是指根据互补色原理，采用照相感光成像的技术方法，通过彩色滤色片将彩色原稿分解成青（C）、品红（M）、黄（Y）、黑（K）四个单色版的过程。模拟照相分色也称互补分色，采用互补色滤色片将彩色原稿各部位反射或透射的三色混合色光分离成三种基本色光，并记录于感光材料或介质上。图 2 - 13 描述了典型模拟照相分色的原理，即采用红（R）、绿（G）、蓝（B）三色滤色片进行色光分解，使其互补色青（C）、品红（M）、黄（Y）分别在三张感光片上感光，获得只反映原稿图像中一种颜色成分，对其他颜色成分不反映的分色片，从而实现了基于颜色理论的分色技术实现。在 1930—1990 年中，广泛应用于彩色印刷工业的照相制版就是模拟照相分色技术的范例。

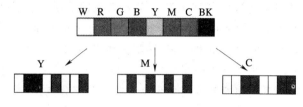

图 2 - 13　模拟照相分色技术

2. 模数电子分色技术

模数电子分色是指采用电子扫描的方式将彩色原稿分解成各个单色版的过程，如图 2 - 14 所示。它在设备上通过电子分色机取代制版照相机，在技术上应用电子技术取代了光学技术，在方法上应用各种模拟电子控制手段取代了复杂光化学作业控制手段。模数电子分色开始使印刷制版工艺广泛采用精密光学器件和电子电路，突破彩色制版中分色与加网两大关键技术瓶颈，也使分色技术的实现在工艺控制上更简单、在作业手段上更优化、在颜色信息处理上更准确以及在制版印刷质量上更优异，生成效率和品质显著提升。

模数电子分色技术采用扫描方式将彩色原稿分解成规则排列的像素，并将每个像素颜色分色后转换成 CMYK 的电信号，其后用电子电路来实现对图像的校正，用计算机进行图像校正后的图像加网，最终将电信号转换成光信号后再记录在胶片上，获得 CMYK 四色分色片。应用模数电子分色技术的电子分色制版系统历经了电子分色制版、电分高端联网和 DTP（桌面出版系统）三个典型工艺阶段，不仅集成了彩色图像信息采集、传输、处理和记录等专业颜色复制的制版功能，而且应用数字控制方式实现了模拟照相分色技术中最复杂的图像分色、校正和加网过程，形成了图像输入、图像处理和图像输出三大部分构成的现代分色制版体系的基本范式。在 1980—1999 年广泛应用于彩色印刷工业的电子分色制版系统就是模数电子分色技术的范例。

3. 数字分色技术

数字分色是指采用数字颜色识别方式将彩色原稿信息分解成各个单色版数字信息的过程。数字分色技术是指通过图像源颜色空间和复制目标颜色空间的构建以及各个颜色空间之间的颜色数据变换或映射来实现原色或基色获取的方法。数字分色技术的核心与依赖于光学系统和滤色片的模拟照相分色技术和模数电子分色技术不同，是以 Grassman 色光混

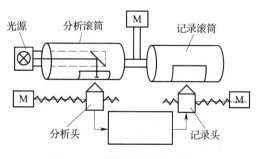

图 2 - 14　模拟电子分色技术

合定律为基础，根据各种传感体系所获得的图像光谱、多光谱或高谱来导出的彩色数字图像输出显色的数学模型，建立满足对 RGB、CMYK、HLS、$L^* a^* b^*$ 等多颜色空间和不同设备颜色输出与管理的分色机制及其分色图像信息，实现各种输入、输出设备基于分色图像信息在不同颜色空间的转换。在 2000 年后开始广泛应用于彩色印刷工业数字印前系统的色彩管理就是数字分色技术的范例。

（1）基于色度的数字分色技术　纽介堡方程（Neugebaur Equations）是基于色度的数字分色技术中最具代表的数学模型，如式 2-8 所示。它通过承印介质的白色和三原色之间显色的 8 或 16 种组合关系来表达采用三色复制彩色时各种颜色的三刺激值 XYZ 的变换关系。但采用这种数学模型的数字分色技术必须预先设置各个颜色空间的基本参数，比如颜色的呈色条件，技术方法和控制参数，并采用一个与设备无关的颜色空间（Lab/XYZ）来建立不同属性颜色空间之间的连接，即建立一个分色参数表，从而实现不同属性颜色空间的颜色模式变换。这种数字分色技术不仅能够实现不同颜色属性颜色空间之间的颜色变换，而且能够简化颜色控制参数，实现颜色应用中"所见即所得"的目标。

$$\begin{bmatrix} X \\ Y \\ Z \end{bmatrix} = \sum_{I=1}^{N} f_n \begin{bmatrix} X_n \\ Y_n \\ Z_N \end{bmatrix} \tag{2-8}$$

基于色度的数字分色技术需要先建立在设定颜色复制条件下的与设备相关颜色空间和与设备无关色彩空间的变换关系，如式 2-9 所示的 RGB 空间与 CIEXYZ 空间的转换，并将所要复制的颜色信息在输出前通过能够精确控制颜色再现准确性和重复性的设备无关颜色空间进行中间变换来消除所存在的色差，从而实现颜色复制和复现的高精度、高可靠性和高易用性。

$$\begin{aligned} X &= (0.176464r + 0.124249g + 0.071150b) / 255^{0.8} \\ Y &= (0.095990r + 0.264028g + 0.032132b) / 255^{0.8} \\ Z &= (0.009882r + 0.055468g + 0.355752b) / 255^{0.8} \end{aligned} \tag{2-9}$$

（2）基于基色的数字分色技术　以 GMG、CGS 为代表的闭环式颜色复制过程控制是基于基色的数字分色技术中最具代表的数学模型，如式 2-10 所示。它先通过所设定的印刷工艺条件来建立源基色和目标基色的灰平衡关系、黑版与三原色的关系以及 UCR/GCR 与三原色和黑版的关系，再采用逐段逼近的算法模型来建立源基色和目标基色之间色差最小的最优化数学变换，即建立一个源基色和目标基色的分色参数表，从而实现不同基色颜色空间之间的颜色模式变换。这种数字分色技术不仅能够实现不同基色颜色空间之间的颜色变换，还能够紧贴实际生产工艺，简化颜色控制参数以及颜色校正方法，实现颜色复制的高精度和易用性，但优化周期较长。

$$\begin{aligned} \begin{bmatrix} R' \\ G' \\ B' \end{bmatrix} &= \begin{bmatrix} a_{11} a_{12} a_{13} \\ a_{21} a_{22} a_{23} \\ a_{31} a_{32} a_{33} \end{bmatrix} \begin{bmatrix} R \\ G \\ B \end{bmatrix} \\ \begin{bmatrix} C' \\ M' \\ Y' \end{bmatrix} &= \begin{bmatrix} a_{11} a_{12} a_{13} \\ a_{21} a_{22} a_{23} \\ a_{31} a_{32} a_{33} \end{bmatrix} \begin{bmatrix} C \\ M \\ Y \end{bmatrix} \end{aligned} \tag{2-10}$$

基于基色的数字分色技术直接通过分色系数的确定来获得正确分色信息，具有算法简单、处理速度快的特点。但需要确定所应用的颜色空间，适用于彩色印刷和彩色打印的颜色复制领域。

第三节 加 网 原 理

在颜色复制中，复制或复现颜色的二值或多值输出技术是无法直接再现颜色所具有的连续变化特性的。技术上只能采用将连续调转变为网目半色调的加网技术，才能够根据空间视觉混合原理，通过网点来再现丰富的颜色阶调与细腻的层次效果，如图 2-15 所示。

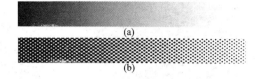

图 2-15 连续调与半色调的比较

(a) 连续调   (b) 半色调

一、网点及其构成

1. 网点

网点是颜色复制中表达颜色连续变化的基本单元。网点通过网点状态（大小和形状）及其传递特征的变化来再现颜色变化的浓淡效果。

2. 网点的构成

目前，网点的构成主要有调幅加网、调频加网和混合加网三种方式，其构成要素分述如下：

（1）调幅加网   调幅加网是一种采用点聚集态网点技术的加网方式，也是最经典的网点构成方法，其构成要素包括：

① 网点形状。网点形状是指网目半色调图像中 50% 处网点的外观形状。常见的网点形状有圆形网点、方形网点和链形网点。网点形状不同对阶调层次细节再现的效果会有所差异，网点扩大规律也不相同，如图 2-16 所示。

② 加网角度。加网角度是指网点排列方向中心点的连线与图像水平边缘或垂直边缘的夹角，如图 2-17 所示。常用的四色加网角度是 0°、15°、45°、75°，45°网角的对视觉干扰最小，视觉效果最好。在多色印刷时，各色版之间的加网角度必须大于 22.5°，才能避免如图 2-18 所示的龟纹产生。

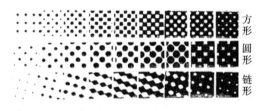

图 2-16 网点形状

图 2-17 加网角度（0°、45°、15°/75°）

③ 加网线数。加网线数是指单位长度内线对数或半色调图像中单位长度内黑白网点的对数。常用线/厘米或线/英寸来表示。加网线数表示了网点基本单元的精细程度，加网线数越高，网点越精细，能够表示的细节更多，层次的表现越丰富，反之层次就差，如图 2-19 所示。

④ 网点百分比。网点百分比是指加网单位面积内网点面积所占的百分比，通常采用麦瑞-戴维斯公式（式 2-11）来计算。在调幅加网中，由于所有相邻网点间的距离相同，

图 2-18　龟纹

图 2-19　不同加网线数的图像层次比较

而网点大小不同，网点百分比直接表示了加网图像层次的深浅，网点百分比越大，图像层次越深，网点百分比 100％ 就是印刷中的"实地"，网点百分比 0％ 就是印刷中的"绝网"。

$$F=\frac{1-10^{-D_R/n}}{1-10^{-D_V/n}}\times100\%　　　　　　　　　　　(2-11)$$

式中　F_0——测量样本空白密度

　　　D_V——实地密度

　　　D_R——样本网点密度

　　　n——纸张系数

（2）调频加网　调频加网是一种采用点离散态网点技术的加网方式，是由直径相同的网点，以随机分布的频率来表示不同的网点百分比或灰度，即通过单位面积内网点的数量来表现层次细节，如图 2-20 所示。其构成要素包括：网点形状、网点百分比以及网点直径。其中，网点直径是反映加网精细度的重要指标，网点直径越小，加网质量越高。目前，印刷工业应用的最小的网点直径是 $10\mu m$。

调频加网的最突出优点是消除了加网角度对图文质量及其细节表达的影响，特别是龟纹、玫瑰斑等诸多制约印刷品质的因素。

（3）混合加网　混合加网是一种结合调幅加网和调频加网两种技术优势的新型加网技术，如图 2-21 所示。这种新型加网既有效调幅加网存在的龟纹、玫瑰斑等难题，又解决了调频加网对印版分辨率、版面清洁度、水墨平衡等对印刷过程的苛刻要求以及印刷的不确定性，还有效控制了网点扩大对印刷品质的影响。

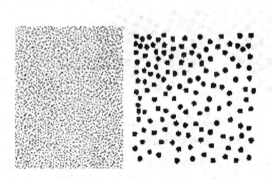
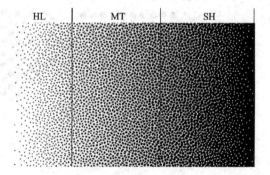

图 2-20　调频加网（大小相同、距离不同）　　　　图 2-21　调幅加网

二、加 网 技 术

加网是指将图像离散化为不同疏密或面积的网点的过程。加网技术（半色调技术 halftoning）则是指通过二值或多值信息所构成的网点来模拟表达图像浓淡色调变化的方法。加网技术主要采用点聚集态技术、点离散态技术和点连续态技术来实现对连续调彩色图文的模拟。目前，主流加网技术有调幅加网技术、调频加网技术以及混合加网技术。

1. 调幅加网技术

调幅加网技术是指利用一定的技术手段来实现调幅加网的网点形状、网点角度、加网线数和网点百分比等构成要素的方法，所构成的网点具有单个网点等距离分布，但直径不同（或面积不同，由网点形状决定）。调幅加网历经了玻璃网屏加网、接触网屏加网、激光电子加网和数字加网等四个阶段。目前，调幅加网主要采用数字加网算法的 RIP（栅格图像处理器）来实现，其主要算法包括：有理正切加网、无理正切加网、超细胞结构等，目标都是使加网角度更接近 0°、15°、45°、75°，而且算法效率最高。结果是超细胞结构优于无理正切加网，无理正切加网优于有理正切加网。

（1）有理正切加网　通常，数字加网的基本网目调单元是由 $n \times n$ 个记录栅格组成。若基本网目调单元的四个角点和记录栅格的角点重合，则相同网点百分比的网点轮廓形状完全相同，并包含相同数量的曝光点数，加网角度的正切则为两个整数之比（如图 2-22 所示），即有理数。因此，将采用加网角度正切值为有理数的加网技术称之为有理正切加网。

有理正切加网是数字加网的网点技术基础，具有每个基本网目调单元角点与栅格输出设备格网（记录网格）角点重合，每个基本网目调单元的形状和大小相同（同样网点形状在记录网格上可复制），所获得网点角度正切值为有理数（两个整数的比值）等三个典型特征。但有理正切加网由于网点排列角度的正切值必须为两个整数之比，而导致存在无法获得传统加网的 15°和 75°网角，而以近似的 ±18.4°（tan18.4°＝1/3）来替代不足。

（2）无理正切加网　为了更好地获得传统加网的 15°和 75°网角，则需要让基本网目调单元的四个角点和记录栅格的角点不完全重合，即让基本网目调单元只有一个角点（左下角）与记录栅格的角点重合（如图 2-23 所示），其他三个角点都不能与记录栅格的角点重合，则加网角度的正切值不是两个整数之比，而是一个无理数。因此，将采用加网角度正切值为无理数的加网技术称之为无理正切加网。

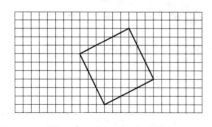

图 2-22　有理正切加网

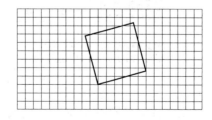

图 2-23　无理正切加网

（3）超细胞结构　超细胞结构是指在有理正切加网技术的基础上，通过将基本网目调单元作为一个细胞点，将多个细胞点组合成一个超细胞结构（如图 2-24 所示），则可使得 arctan1/3＝18.4°逐步扩展为 arctan3/11＝15.255°、arctan9/34＝14.826°、arctan15/56＝14.995°、直至 arctan41/153＝15.001°与理想 15°网角一致。在实际应用中，为了保证算法效率和精度的合理平衡，多采用由 3×3（9 个基本网目调单元）的超细胞结构，这也是基于 PostScript 数字加网技术设计的最经典方法。但需要注意的是采用超细胞结构数字加网的各个网角的加网线数会略有差异，这种加网线数的差异对防止龟纹产生具有很好的效果。通常加网角度 0°、18.4°和 45°的加网线数之比为 $f_0 : f_{\pm 18.4} : f_{45} = \sqrt{9} : \sqrt{10} : \sqrt{8}$，如图 2-25 所示。

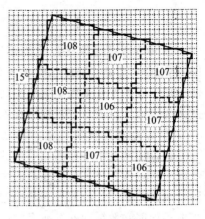

图 2-24　超细胞结构

2. 调频加网

调频加网技术是指采用具有相同直径的单个网点以及随机分布的网点排列来获得图像颜色和阶调变化的加网技术（如图 2-26 所示）。调频加网通过单位面积内排列相同大小网点的数量来模拟表达图像浓淡色调变化，由于每个网点是随机分布的，因此不同色版相互叠印时不会产生龟纹。调频加网是采用点离散态网点技术来实现的，其网点的随机分布主要采用以下两种算法模型。

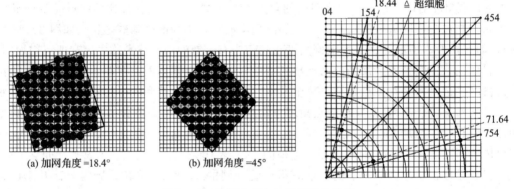

(a) 加网角度 =18.4°　　　　(b) 加网角度 =45°

图 2-25　加网角度与加网线数的关系

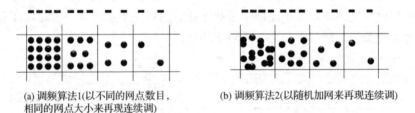

(a) 调频算法1(以不同的网点数目，相同的网点大小来再现连续调)　　(b) 调频算法2(以随机加网来再现连续调)

图 2-26　调频加网（FM）

（1）模式抖动加网算法模型　模式抖动加网算法模型主要应用于数字图像分辨率与二值设备分辨率相同的情况下，如图 2-27 所示，即选择一个 $m×n$ 伪随机抖动矩阵或伪随机阈值矩阵 D_{ij}，对于数字图像中坐标为 (x, y) 的某点，则其在抖动矩阵中的对应位置 (i, j) 设定

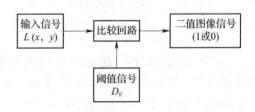

图 2-27　模式抖动加网算法模型

为 $i = x \bmod m$，$j = y \bmod n$（mod 表示取模运算）。若像素点 (x, y) 的亮度值 $L(x, y)$ 满足 $L(x, y) > D_{ij}$，则该点亮度值为 1（白），反之为 0（黑）。对灰色/单色图像而言只需一次抖动过程，对彩色图像而言则需要对各个基色分别进行一次抖动过程。

（2）误差扩散抖动加网算法模型 误差扩散抖动加网算法模型是先将数字图像中像素点灰度值进行归一化处理后作为误差扩散抖动处理器的输入信号 I_{xy}，并加入误差过滤器的输出值 E_{xy}，由此获得实际比较的输入信号 T_{xy}。再将 T_{xy} 进行阈值处理来获得最终输出二值信号（1 或 0）。其中 E_{xy} 是与当前像素相关各点的误差扩散的加权平均值，由误差过滤器产生。

采用误差扩散抖动技术加网算法模型，能够将噪声成分降至最低，并产生更高的细节分辨率。

3. 混合加网

混合加网是指将调频调幅加网技术集成在同一个加网过程中的新加网技术，如图 2-28 所示。混合加网技术主要有两种加网方法：

① 规则分布的单元网格中网点由数目随机、大小随机、位置随机的子网点组成，即子网点在一定范围内随机产生。

② 在不同的阶调层次区域采用不同的加网方法，但所有网点的位置是随机的。比如在高光、暗调区域采用调频加网，在中间调区域采用调幅加网。

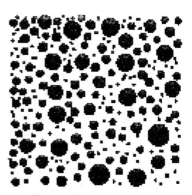

图 2-28 混合加网（网点大小和网点距离都不同）

第四节 颜色合成原理

任何颜色复制都是源于光的可叠加性与可分解性所决定颜色感觉的可叠加性和可分解性，即由颜色刺激的"分解"和"合成"来通过不同的设备与手段建立颜色复制的"分解"和"合成"。其中前述的分色技术就是颜色的"分解"，而将颜色"分解"获得的三原色或多基色，通过一定的方式叠加起来，形成面向各种目的的颜色复制的颜色刺激就是颜色合成。在印刷工业中，颜色合成是在选择的照明光下，将叠印在承印物上的油墨网点来形成颜色刺激，实现颜色混合，还原出万千色彩。

一、网点呈色机理

颜色合成都是通过原色或基色网点的叠印来形成各种复杂的网点组合关系，而形成所需要的各种颜色与色调。从网点空间拓扑关系来看，网点呈色仅仅通过网点叠合与网点并列两种基本方式来实现。

（1）网点叠合 网点叠合是指在空间拓扑关系上，不同网点之间呈现出相交、重合或包含的状态，如图 2-29 所示。若一个黄色网点与一个品红色网点叠合，在白光照射下，黄色网点所反射出红光与绿光中的绿光会被品红网点吸收，而只反射出红光，即人眼所看到的颜色。

（2）网点并列　网点并列是指在空间拓扑关系上，不同网点之间呈现出相离或相切的状态，如图 2-30 所示。若一个黄色网点与一个品红色网点并列，在白光照射下，黄色网点所反射出红光与绿光，而品红网点反射出蓝光和红光，由于等量的红光、绿光和蓝光混合出白色，且网点之间距离很小，人眼最终看到的颜色就是混合后的红光，即红色。

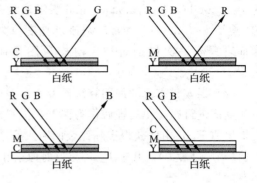

图 2-29　网点叠合呈色示意图

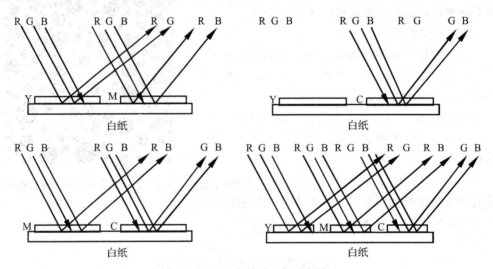

图 2-30　网点并列呈色示意图

二、印刷呈色原理

印刷颜色复制都是经过分色、加网、制版和印刷来完成的，简言之就是将原稿的颜色信息转换为在承印物上可以还原出原稿颜色的印刷油墨网点值。印刷颜色合成的呈色过程如图 2-31 所示。

事实上印刷呈色过程非常复杂。在二值印刷墨层厚度不变的状态下，光线穿过的墨层厚度相同，吸收和反射的光量相同，墨层对光的吸收只能产生吸收和不吸收两种状态。因此，在网点对照明光吸收的减色过程中，共产生了一次色的纸张白色（W）；黄（Y）、品红（M）、青（C），二次色的红（R）、绿（G）、蓝（B）以及三次色的黑色（K）等 8 种（2^3 种）颜色，如图 2-32 所示。

在照明光作用下，由油墨网点形成的这 8 种颜色色斑的基本颜色刺激，由于这些色斑在正常视距下小于眼睛可分辨的能力，致使这些色斑形成的颜色刺激在眼睛中进行混色，形成了各种各样的颜色感觉。因此，印刷的最终颜色感觉是由油墨网点的减色混色和加色混色共同完成的。对于使用 n 种基色油墨的二值印刷来说，它们可以在承印物上组合出 2^n 种不同的色斑，即纽介堡基色。通过这 2^n 种纽介堡基色的加色混色就可形成印刷的千变万化颜色。

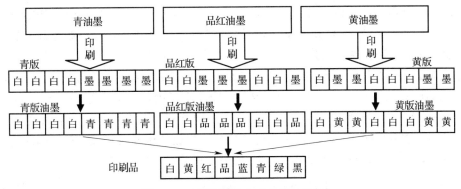

图 2-31　印刷颜色合成的呈色过程

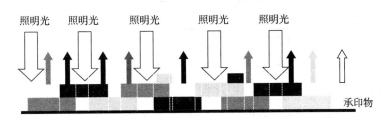

图 2-32　油墨网点形成的 8 种减色法颜色刺激

三、彩色印刷的实现

彩色印刷的实现主要有多色套印、改变墨层厚度和网目半色调印刷等三种方式。

（1）多色套印　多色套印是指采用专色来实现彩色印刷的方法。这种印刷方法各颜色油墨不发生叠印，只印在相互分离或相切的各自特定区域。但这种方法存在着有多少种颜色，就需要多少块印版和多少种油墨印刷的不足，常用于地图印刷、标签印刷以及木刻水印中。

（2）改变墨层厚度　改变墨层厚度是指在印刷承印物上通过油墨厚度的变化来实现颜色的连续变化，印刷颜色数量取决于油墨墨层厚度变化的等级，如珂罗版印刷。

（3）网目半色调印刷　网目半色调印刷是指印刷墨层厚度不变，通过油墨网点百分比的变化控制印刷到承印物上的各基色油墨的比例、实现图像阶调变化和颜色混合的印刷方法，如胶印。

第五节　色彩管理

色彩管理是彩色复制技术以"所见即所得"为目标而创建的一种开放式、数字化的颜色复制与过程控制方法。其目标是解决图像处理和彩色印刷中相同数据在不同设备上无法获得相同颜色再现，软硬拷贝之间颜色复现的一致性以及数字化地控制与管理印刷过程中颜色传递的一致性等瓶颈问题。

一、色彩管理的基本原理

随着数字化彩色图像采集、处理、显示与输出设备在印刷工业的广泛应用，传统与设备相关的一对一直接进行颜色转换的封闭式色彩转换方案已无法完成 RGB 与 RGB、RGB

与 CMYK、CMYK 与 CMYK 之间颜色转换。若要建立 m 个设备与 n 个设备的颜色转换关系，就需要建立 $m \times n$ 个转换关系，如图 2-33 所示，显然任何设备制造商、软件开发商和印刷企业都无法实现这个目标。

为了满足开放式色彩转换需求，1993 年 Adobe、AGFA、Apple、Kodak、Microsoft、SGI、Sun、Taligent 以及 FOGRA 共同建立了国际色彩联盟 International Color Consortium（ICC），提出了以与设备无关色彩空间为标准颜色空间，以各种色彩输出设备的色彩特征描述为标准格式，以色差为精度控制参数的色域映射或颜色空间匹配为不同色彩空间色彩转换方案的开放式 ICC 色彩管理框架，如图 2-34 所示。

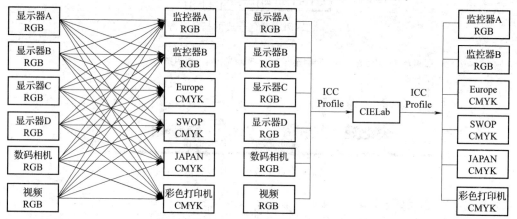

图 2-33　与设备相关色彩转换方案　　　图 2-34　开放式 ICC 色彩管理框架

二、色彩管理的实现方法

色彩管理的主要目标是实现不同输入设备（扫描仪、数字照相机、Photo CD 等）、不同显示设备（CRT、LED 等）以及不同输出设备（彩色打印机、数字印刷机、传统印刷机等）之间的颜色匹配，实现彩色图像从输入到输出的高质量颜色复制和颜色的一致性匹配，达到"所见即所得"的颜色复制目标。

1. 色彩管理的实现步骤

印刷颜色复制所涉及的彩色设备有输入设备、显示设备和输出设备，色彩管理实现的步骤分为设备校准（Calibration）、色彩特征化（Characterization）、色彩转换（Conversion）以及色彩评测（Color Check）等四个步骤，简称为 4C。

（1）设备校准　设备校正是指通过对印刷复制系统所有设备的调校，使之达到标准显色效果，包括最佳颜色再现范围、最佳阶调再现范围和状态稳定性。

设备校正既要单独调校各单台设备，使之达到颜色表达的标准效果，又要综合调校相关设备，使各设备之间的显色效果一致。

（2）色彩特征化　色彩特征是指各个图像输入、显示、输出设备以及彩色显色材料所具有的色彩再现范围或色彩表达能力。

色彩特征化是指以数字方式来表达图像设备或显色材料的颜色表达范围和特征，目标是创建色彩特征文件，即 ICC Profile。色彩特征文件的建立需要先向进行色彩特征化的设备发送一组可以重构颜色空间的标准颜色值（色彩特征化标版，如图 2-35 所示），并通过分光光度计从设备上或设备输出的样张上测量出设备由输入标准颜色值所产生的颜色复现值，从而建立设备值与 CIE 颜色测量值之间的对应关系，即建立设备颜色与 PCS 颜色之间的转换关系，并将这个转换关系记录在特性文件中。因此，色彩特征文件记录的是所测量设备再现标准颜色值的状态，只有在使用过程中保持这个状态不变，才能确保设备间色彩转换的一致。

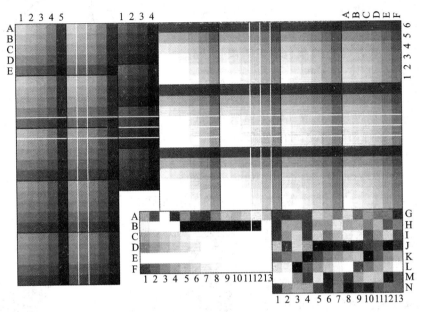

图 2-35　色彩特征化标版 IT8.7/3

（3）色彩转换　色彩转换是指通过色彩特征化文件来建立不同设备之间色彩的匹配或对应关系，包括从源设备颜色空间向 PCS 的转换以及从 PCS 颜色空间到目标设备颜色空间转换两个步骤。

色彩转换的实施主要有计算机操作系统或应用软件来完成，在色彩转换之前必须由操作者指定转换方式及其设置，即指定源色彩特征文件和目标色彩特征文件，选择色彩再现意图及其相关设置，以使不同设备或输出软硬拷贝的色彩差异最小，如图 2-36 所示。

（4）色彩评测　色彩评测是指采用数字化的定量方法对色彩管理前后，色彩复制或复现的质量进行测试与评价。色彩评测的内容包括中性灰评测、色差评测、色域评测以及标准原稿复制评测等五项内容。

色彩管理评测的内容常常与印刷质量认证或印刷色彩复制认证相结合，通过对印刷过程的定量描述来评测色彩管理的结果。

2. 色彩管理中色彩再现意图的选择

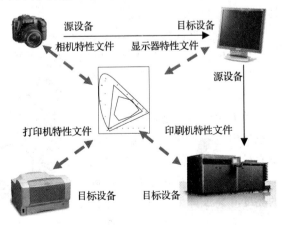

图 2-36　色彩转换

31

在实际印刷生产中，由于不同设备或复制方法再现的色域范围不同，目标色域与源色域是无法完全匹配的，如图2-37所示。因此，当目标色域与源色域不一致时，不重叠色域范围内的颜色就不能准确转换，只能根据印刷复制的内容和要求，对复制颜色进行一定的取舍，使转换后的颜色效果符合使用的要求。目前，ICC色彩管理系统供用户实际应用选择的颜色再现意图（Color rendering intents）有4种。

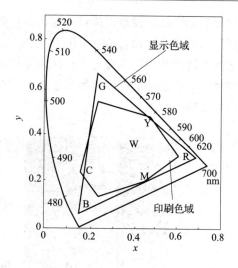

图2-37 不同设备或复制方法的色域比较

（1）色觉匹配法（Perceptual） 色觉匹配法是一种将源色域所有颜色等比例压缩映射到目标色域中，并保持两色域之间的色彩对应（映射）关系的色域映射方法。色觉匹配法是使明度、彩度、色相等均匹配，并重视心理知觉的色域匹配方法，即在Lab空间上保持色差最小的色域匹配方法，如图2-38所示。

这种匹配方法的特点是：① 色域压缩，色域外的色彩投影到色域的边缘，其他在色域中的所有色彩均匀压缩，色相角不变但饱和度降低；② 阶调压缩，两色空间的最大亮度相互重叠，其他亮度动态调节，即进行均匀压缩；③ 白点映射，输入色彩空间的色调值相对于纸白被变换成新的值。

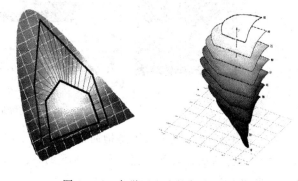

图2-38 色觉匹配法的色域映射

色觉匹配法重视色彩的相对位置关系，保持图像色彩整体的自然印象，适合于以视觉观察为主的影像与照片类的连续图像。但存在即使是能够再现的色彩，也会从整体平衡的角度用其他色彩进行替代的问题，不适合重视测色一致性的图像。

（2）绝对色度匹配法（Absolute Colorimetry） 绝对色度匹配法是指输入输出设备重叠的色域内，色彩绝对准确地再现，而在不重叠色域内的色彩采用输出设备的边缘色彩值来代替，而失真严重，如图2-39所示。

这种方法的特点是：① 色域压缩，色域内色彩不变，色域外色彩由离它最近的色彩代替；② 阶调压缩，色域内的亮度精确再现，色域外的亮度升高或降低，直至正好在色域上，会产生在高光或者暗调处的反差损失；③ 白点映射，输入色

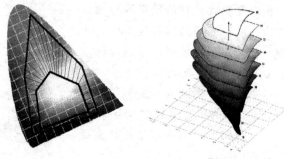

图2-39 绝对色度匹配法的色域映射

空间的色调值恰好均匀地投影到输出色空间，使源色空间与标准观察者（光源 D50、视场 2°）的白点重合。

这种色域匹配方法不适合色彩丰富的影像、照片类连续调图像的色域匹配。

（3）相对色域匹配法（Relative Colorimetry）　相对色域匹配法是指在色彩空间中，以亮度轴为基准，保持亮度效果不变的色度坐标匹配，其色彩匹配是相对于纸白（即中性灰部分的 a^* 和 b^* 的值不为0），具有与白纸相同的彩色偏差，能够将色彩均匀、精确地被复制，如图 2-40 所示。

这种匹配方法的特点是：① 色域压缩，色域内的颜色不变，色域外的颜色由离它最近的颜色代替；② 阶调压缩，两色空间的最大亮度相互重叠，其他亮度动态调节，即进行均匀压缩；③ 白点映射，输入色空间的色调值相对于纸白被转换成新的值。

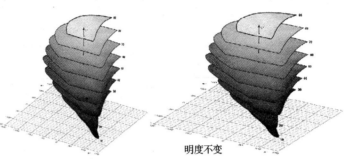

明度不变

图 2-40　相对色度匹配法的色域映射

相对色域匹配法适用于重视亮度表现和灰度分布效果的图像。

（4）饱和度匹配法（Saturation）　饱和度匹配法是指在饱和度能够再现的范围内，尽量保持饱和度不变，而不能再现饱和度的色彩，将用再现色域边缘上的饱和度来代替的色域匹配方法，如图 2-41 所示。

这种匹配方法的特点是：① 色域压缩，色域内的色彩不变，而色域外的色彩（即使色相角偏离）尽可能高饱和度的色彩复制；② 阶调压缩，两色空间保持最大亮度的重叠，其他亮度动态调节（均匀压缩）；③ 白点映射，输入色彩空间的色调值相对于纸白来变换成新值。

饱和度匹配法更重视饱和度再现，适用于影像实地色调中高彩度图像的色彩再现。特别是在高色彩饱和度和亮度的商业版画中，实现饱和度再现及其精确色彩复制。

三、色彩管理的发展

随着跨媒体颜色应用的普及，色彩管理正在从基于 ICC 管理系统向基于色貌模型的色彩管理系统发展，如图 2-42 所示的 Microsoft 的 WCS 系统。

WCS 色彩管理以基于色貌模型作为 PCS 颜色空间的跨媒体管理平台，通过 CIECAM02 色貌模型为 PCS 连接空间，既兼容 ICC 色彩管理系统，又满足 XML

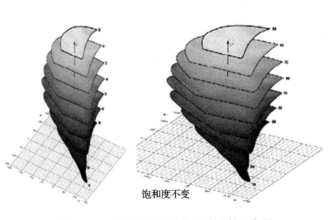

饱和度不变

图 2-41　饱和度优先法的色域映射示意图

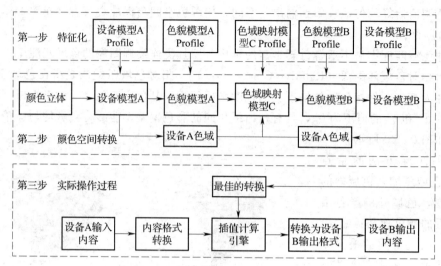

图 2-42　WCS 色彩管理的基本框架

为特征文件的格式要求，易于特征文件的编辑、检验、理解和第三方扩展。

　　WCS 的设备模型文件不仅解决了 CIE 色度值转换到色貌模型颜色空间的转换关系，还通过色域映射模型文件完成了输入设备和输出设备颜色空间映射的计算，为扩展新的映射算法提供了可能。WCS 色彩管理与 ICC 色彩转换的实际操作过程类似，通过合适的映射意图选择就能够完成颜色空间的转换，正在成为未来技术发展的主流方向。

习　　题

1. 简述印刷工业颜色研究重点对象的特点。
2. 什么是色彩三属性？
3. 图示说明颜色测量的原理。
4. 试比较表色系中显色表色系、混色表色系和均匀表色系的异同。
5. 简述颜色识别中密度识别法的特点。
6. 简述调幅加网的构成要素。
7. 试述色彩管理的实现方法。

第三章　印前图文处理

图文是印刷工业传播与应用人类知识、思想和信息的基本要素。印前图文处理是依托一定的技术平台和手段，将单个图文要素组合成满足大众需求版面并符合印刷生产要求页面与印版的技术体系。在当今印刷数字化发展的环境下，印前图文处理是指以计算机及其网络为作业平台，采用数字图文处理技术来完成印刷图文信息的采集、处理、排版、拼大版、数码打样和加网输出，制作适用于各种印刷机或印刷复制系统复制的页面文件，并实现对整个印刷系统实施色彩管理的印版制作体系。

第一节　印前系统与设备

随着数字技术的广泛应用，印前技术全面采用数字化工作流程来实现图文信息的处理，印前系统与设备以"图文信息数字化采集、数字化处理、数字页面描述以及数字输出"为目标，不断集成先进传感技术、自动控制技术和色彩管理技术来推陈出新，满足印刷跨媒体发展的新目标。

一、印前系统

印前系统是指将印刷所承载信息的文字、图形、图像等三大要素，按照设计的版式、数据格式以及尺寸规格统一编排成页面信息，并制作出满足印刷要求印版的生产系统。

1. 印前系统的构成

一套完整的印前系统包括硬件设备、软件系统、作业流程和品质控制等四大组件，如图 3-1 所示。其中，硬件设备主要包括：用于图文信息数字化的扫描仪、数码相机以及其他数字成像设备；用于图文信息处理的计算机、服务器以及相关网络设备；用于输出的打样设备、CTF/CTP 设备；用于品质控制的色彩测量设备。软件系统主要包括：计算机操作系统、图像处理软件、文字处理软件、排版软件、拼大版软件、RIP 软件、数码打样软件、色彩管理软件以及数字化生产流程软件。作业流程包括：生产作业工艺单和作业指导书。品质控制包括：印前过程控制标准和作业控制参数。

2. 印前图文处理系统的构成

图文处理是印前系统的核心和关键。从印前作业技术流程来看，印前图文处理系统包括：输入、处理、打样和输出共四个子系统，如图 3-2 所示，其中，输入子系统主要完成各种类型的文字、图形和图像的信息数字化采集。处理子系统主要通过各种图文处理软件来完成图文信息的编辑与设计、排版与拼大版

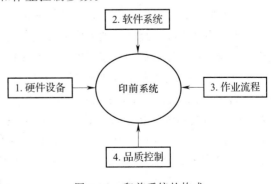

图 3-1　印前系统的构成

以及数字加网，使页面所有的图文信息按照制版要求和印刷要求形成能够直接输出至胶片或印版的页面文件。打样子系统主要通过数码打样软件和色彩管理软件来完成各种校样和合同样的制作。输出子系统通过输出控制软件来支持多种输出方式，包

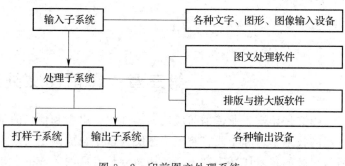

图 3-2　印前图文处理系统

括用于直接打印输出、网络传播或跨媒体出版的电子文件或多媒体文件，用于晒版的胶片输出、直接制成印版的 CTP 输出以及直接制成印刷品的数字印刷机输出。

二、印　前　设　备

在印前系统中，硬件设备是印前生产的技术基础和质量前提。目前，印前系统的主要设备有完成图文信息数字化的扫描仪、数码相机以及其他数字成像等设备、完成图文信息处理的计算机、服务器及其网络设备、完成各种样张和印版输出的打样设备、CTF/CTP以及数字印刷设备以及完成印前质量控制和管理的各种测试仪器和色彩测量设备。

（一）图文信息数字化设备

现代印前系统的图文处理都是采用数字化方法来完成的，其图文信息的数字化采集分为连续调图像和二值或多值的图形、文字两种不同类型。因此，需要根据图文信息各自的不同特征，分别采取不同的数字化采集方法。其中，连续调图像主要采用将图像分解成离散像素点，并以各离散点量化的灰度级表示的扫描输入法；图形主要采用提取图形节点数字化信息的轨迹追踪法；而文字主要采用键盘直接录入、OCR 光学文字识别来获取文字信息编码的编码录入与识别法。

图像数字化采集是指二维或三维的连续调模拟图像转变为印前图文信息处理系统可接受和处理的数字图像的过程。

1. 图像数字化采集的原理

图像数字化采集就是将模拟图像转变成数字图像的图像数字化，如图 3-3 所示。图像数字化包括采样和量化两个过程，其中采样是指将一幅连续的画面转化成离散点集的过程，量化是指将离散各像素的灰度值用整数值来表示的过程。

（1）采样　采样是图像数字化最关键的环节，直接决定了数字图像再现原始模拟图像的质量水平。在使空间连续变化的图像离散化，并用空间上部分点的灰度值来表示图像的采样过程中，需要在采样定理的约束下来获取不失真地正确地重建原稿的离散像素的数字。

采样定理是指若某图像采样时其 x 方向上的像素数为 M，y 方向的像素数为 N，则该图像用离散的 $M \times N$ 个像素来表示，M 和 N 的取值需要满足如下条件，即若某一维信号 $g(t)$ 的空间频率限制在 ω 以下，则根据式（3-1），采用 $T \leqslant 1/2\omega$ 间隔对其采样的采样值 $g(iT)$（其中 $i = \cdots, -2, -1, 0, 1, 2\cdots$），能将 $g(t)$ 真实地恢复（重构）。采样间隔若小于 T，图像容易失真，无法通过离散像素模拟出连续调图像；采样间隔若大于 T，则会产生冗余数据，甚至出现混叠效应，降低数字图像质量。

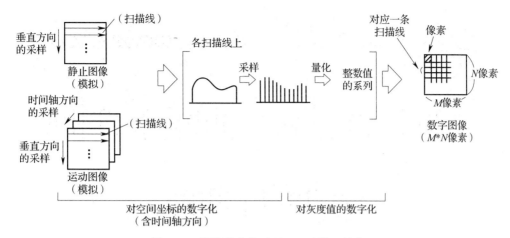

图 3-3　图像数字化过程——采样和量化

$$g(t) = \sum_{t=-\infty}^{\infty} g(iT)S(t-iT) \tag{3-1}$$

其中　$S(t) = \sin(2\pi\omega t)/(2\pi\omega t)$ 为采样函数

采样通常通过扫描来实现。最常用的方法是在二维平面上按一定间隔从上到下有顺序地沿水平方向或垂直方向直线扫描，从而获得图像的离散灰度值阵列信号。其中，采样孔径和采样方式是影响图像分辨率和清晰度的重要因素。常用的采样孔径如图 3-4 所示，采样孔径确定了像素的形状，直接影响到输入图像信号的质量，采样孔径的畸变会造成边缘出现模糊，降低输入图像信噪比。采样方式是采样间隔确定后，相邻像素间的位置关系。常用的采样方式，如图 3-5、图 3-6 所示。从像素相邻关系来看，包括不重复采样的相邻像素相离 [图 3-5 (a)、(b)] 相邻像素相切 [图 3-5 (b)] 和重复采样的相邻像素 [图 3-5 (c)] 相交。从点阵排列方式看，包括正交点阵 [图 3-6 (a)] 和三角点阵两种 [图 3-6 (b)]。

图 3-4　采样孔径　　　　　　　　　图 3-5　采样方式

不同采样方式或导致相同图像所获取图像信号不同的结果。图 3-7 描述了相同图像信号采样不同采样方式的输入图像信号的差异，其中 (a) 是原始图像信号，(b) 是几种采样方式，图中实线为不重复采样，虚线为重复采样，(c)、(d) 为不同采样方式的图像输入信号。从图中可知，重复采样比不重复采样能更忠实原始图像即图像分辨率提高，但整体形状产生失真。(e) 是采样孔径缩小一半而不重复采样的输入图像信号，与 (d) 相比，采样孔径缩小比重复采样的分辨率提高更为显著。

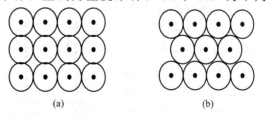

图 3-6　像素点阵排列方式
(a) 正交点阵的采样　　(b) 三角点阵的采样

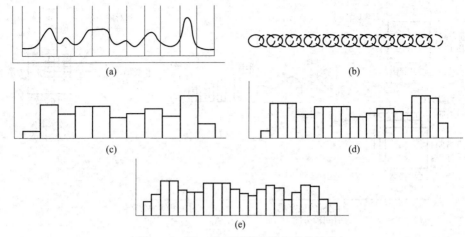

图 3-7 同一图像不同采样方式的输出

（a）原图像 　（b）采样方式 　（c）不重复采样 　（d）重复采样 　（e）采样孔径缩小一半且不重复采样的情况

（2）量化 量化是指对采样点的灰度级值的离散化，即指把图像中连续变化的灰度值变成离散值（整数值）的过程，即将经过采样后图像已被分解成在时间和空间上离散像素的像素值（连续量）转变为整数值的过程，如图 3-8 所示。量化是指根据所设定的灰度等级或灰度标度 $Q=2^b$（b 为正整数），将图像存在的 $D_i \leqslant D \leqslant D_{i+1}$ 量化后成为整数值 q_i，数值 q_i 称之为灰度值或灰度级（Gray Level）。量化要求真实值 D 与量化值 q_i 的量化误差（Quantization Error）最小化，以确保重建图像失真最小。人眼对灰度分辨能力有限，通常人眼观察的图像，采用 3-8 比特量化即可。

图像量化主要有将采样值的灰度范围进行等间隔分割的等间隔量化以及将采样值的灰度范围进行非等间隔分割的非等间隔量化两种方法。非等间隔量化需要根据目标要求、灰度值概率密度函数以及量化误差来设定或选择非等间隔的分级方式。通常，文字和图形等二值图像的量化各个像素只需"0"与"1"（1bite 比特），而风景、人物照片的量化各个像素则需要 256 个灰度级。

2. 图像数字化采集设备

印前系统的图像数字化采集设备主要是扫描仪、数码相机和数字摄像机等三类。

（1）图像数字化采集设备的关键参数 图像采集设备的目标是将模拟图像通过高质量的图像数字化扫描后，输入到计算机中。其关键参数主要有：扫描分辨率、颜色位数、动态密

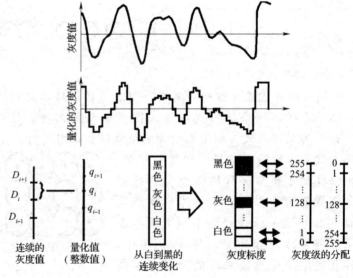

图 3-8 量化过程

度范围、扫描幅面等。

① 扫描分辨率。扫描分辨率是指在扫描过程中扫描仪对图像细节的分辨能力，常用单位是 dpi（每英寸的点数）和 ppi（每英寸的像素数）。数字化设备的最高输入分辨率分为光学分辨率和插值分辨率两种。在选择设备时，应以设备光学系统采样的实际物理分辨率或光学分辨率为准，而不是插值分辨率。光学分辨率随数字化设备的类型不同而不同。

a. 滚筒扫描仪的光学分辨率。滚筒扫描仪的光学分辨率由扫描仪的旋转速度、光源的亮度、步进电机节距、镜头孔径的尺寸等因素综合确定，分为由沿滚筒轴向主扫描方向的主分辨率和沿滚筒横向副扫描方向的副分辨率。其中，主分辨率 γ_m 取决于扫描光斑尺寸，由式（3-2）计算。而副分辨率 γ_n 由水平方向扫描线数 L 确定，$\gamma_n = L$。

滚筒扫描仪采用螺旋式扫描方式，滚筒旋转一周形成一条扫描线，扫描仪将该扫描线分割成一个个像素，逐点分析记录。扫描仪扫描方向力，即

$$\gamma_m = \frac{1}{\alpha} \tag{3-2}$$

式中　γ_m——主分辨率

α——扫描光斑尺寸

b. 线阵 CCD 的光学分辨率。平板式扫描仪采用线阵 CCD 通过线扫描来进行图像的数字化，其光学分辨率由水平分辨率和垂直分辨率组合而成。其中，水平方向的光学分辨率取决于 CCD 单元的集成度，由式（3-3）计算。而垂直分辨力由扫描仪步进电机步长确定。

$$f = \frac{1}{(L+d)} \tag{3-3}$$

式中　L——CCD 单元尺寸

d——CCD 单元间距

平板扫描仪制造商通常采用扫描仪传动机构的"半步"方式，即一次前进半个像素来提升垂直分辨率，如 600×1200dpi。在实际扫描时为了使图像不变形，常采用改变步长或像素内插的方法来使垂直分辨力与水平分辨力保持一致。

c. 面阵 CCD 的光学分辨率。数码相机、数字摄像机以及某些透明介质扫描仪通常采用一个面阵 CCD 阵列，以面扫描方式来进行图像的数字化，其在任何方向可捕获的像素总数固定，如 Kodak DSC 410，其分辨率固定为 1524×1012 像素。面阵扫描采用增大成像芯片有效尺寸的方式来提升成像品质，而不是仅仅只限于提升 CCD 光学分辨率。

d. 插值分辨率。插值分辨率是指根据一个设备获得的最高分辨率，在处理器或软件算法中采用内插算法来提高图像分辨率的方法。但插值分辨率不会增加图像新的细节。常用的图像灰度内插有最近邻域法、线性内插法和三次内插法等三种方法供选择。其中，最近邻域法运算速度最快，但其精度最低，内插后会产生轻微的马赛克效果，应尽量不用。线性内插法的计算量适中，基本上能满足数字图像处理的精度要求，但会导致边界稍稍模糊，整个图像清晰下降。三次内插法精度最高，质量最好，所获得的图像较平滑，但计算过程复杂，耗时长，效率低。

e. 分辨率与文件大小、图像处理的关系。扫描分辨率与图像文件大小的计算关系如式（3-4）所示：

$$IS = W \times L \times PPI^2 \times CO \div 8 \div 1024^2 \tag{3-4}$$

式中　IS——图像文件大小

　　　W——图像的宽度，inch

　　　L——图像的长度，inch

　　PPI——图像的分辨率，ppi

　　CO——颜色位数，bit

扫描分辨率是影响图像文件大小的最主要因素，增加图像分辨率会导致图像文件大小的成倍增加。

高分辨率扫描会大量占用系统资源、主机内存与存储空间，还会消耗更多时间。在确保图像不失真还原的前提下，选择输入分辨率时，输入分辨率应不大于设备最大光学分辨率，并尽可能采用设备最大光学分辨率整除的分辨率进行扫描，如 2400 dpi 的扫描仪最好用 2400、1200、600、300、200、150、100dpi。同时，输入分辨率应与最终印刷参数相匹配，根据不同的输出要求来选择合适的扫描分辨率。

当采用调幅加网方式输出时，扫描分辨率按照式（3-5）计算。

$$ppi = Lpi \times Q \times K \tag{3-5}$$

式中　ppi——需要的扫描分辨率

　　　Lpi——输出时所设定的加网线数

　　　Q——加网质量因子（1.4~2.0）

　　　K——缩放系数

式（3-5）的质量因子 Q 是弥补加网 0°、15°、45°、75°四个网角的扫描点与加网网点矩阵之间的角度差所导致的水平方向上线条长度缩短到原长度的 1.41 倍问题。故 Q 取值 1.41，实际应用中 Q 常取 2。

当采用调频加网方式输出时，扫描分辨率采用式（3-6）计算。

$$ppi = Lpi \times K \tag{3-6}$$

式中　ppi——需要的扫描分辨率

　　　Lpi——所设定的加网线数

　　　K——缩放系数

当采用连续色调（热升华、喷墨）打印机输出时，扫描分辨率采用式（3-7）计算。

$$ppi = Dpi \times K \tag{3-7}$$

式中　ppi——需要的扫描分辨率

　　　Dpi——打印机的分辨率

　　　K——缩放系数

当采用线条图输出时，扫描分辨率采用式（3-8）计算。

$$ppi = Dpi \times K \tag{3-8}$$

式中　ppi——需要的扫描分辨率

　　　Dpi——输出设备的分辨率

　　　K——缩放系数

线条图扫描需要通过内插增加像素来平滑图像和增强细节，分辨率最高选择 1200dpi，分辨率再高对外观改善不大。

当采用显示设备输出时，扫描分辨率采用式（3-9）计算。

$$ppi = \frac{pixel}{L_m} \qquad (3-9)$$

式中　ppi——需要的扫描分辨率

　　　$pixel$——显示器的垂直分辨率（按像素计）

　　　L_m——原图最窄边的尺寸

当采用视频输出时，扫描分辨率采用式（3-10）计算。

$$ppi = \frac{pixel}{L_m} \qquad (3-10)$$

式中　ppi——需要的扫描分辨率

　　　$pixel$——视频帧的垂直尺寸（按像素计）

　　　L_m——原图最窄边的尺寸

当采用胶片记录仪输出时，扫描分辨率采用式（3-11）计算。

$$ppi = \frac{pixel}{L_m} \qquad (3-11)$$

式中　ppi——需要的扫描分辨率

　　　$pixel$——输出介质最宽尺寸处的宽度（按像素计）

　　　L_m——原图最窄边的尺寸

② 颜色位数。颜色位数是指扫描设备能够从所捕获的每个像素上获得的最大颜色级数或灰度级数，包括"位深度"和"色深度"两种不同含义。从理论上来看，扫描设备的颜色位数越高，则表明其捕捉的细节数量越多。目前，输入、显示和输出设备主要支持 8 位的灰度或彩色图像，实际应用时，尽量不用 10 位、12 位、14 位或 16 位等每个通道较高颜色位数。

③ 扫描动态范围。扫描动态范围是指扫描仪在正常状态下识别原稿信号的最大值与最小值及其扫描信号的线性范围（有效扫描动态范围），如图 3-9 所示。它决定了扫描仪对原稿图像密度的识别范围以及对原稿图像层次的还原能力，是图像再现的基础与关键。扫描仪的扫描动态范围越大，扫描仪的质量越好。

④ 扫描幅面。扫描幅面又称为"成像面积"，是指数字化设备能够扫描原始图像的最大尺寸。

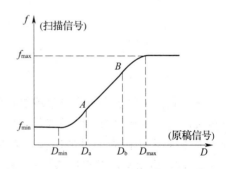

图 3-9　扫描动态范围

滚筒扫描仪的扫描幅面在（8×11）～（20×25）in，平板式扫描仪的扫描幅面在（8.5×11）～（11×17）in。

（2）扫描仪　扫描仪是印前图像数字化采集中品质最高的设备，分为滚筒式扫描仪和平台式扫描仪两类，目标都是将二维或三维的模拟图像信息转变为图文信息处理软件的数字化信息。

① 扫描仪的构成。扫描仪无论何种形式，其系统构成方式如图 3-10 所示，主要由照明系统、同步信号发生系统、扫描系统、光电变换系统和 A/D 系统等构成。

② 滚筒式扫描仪。滚筒式扫描仪是以高灵敏度光电倍增管技术为基础，通过氙灯或卤素钨丝灯光源、光导纤维和会聚透镜将光线聚焦到原稿的一个微小区域上，扫描原

稿反射或透射的光线至光电倍增管，并将光线分解成红、绿、蓝（RGB）三原色，经过光电转换和模数转换成数字信号的专业图像数字化采集设备，如图 3-11 所示。通常，滚筒扫描仪由主机、电气设备及计算机、光学系统及其他附件等组成，其主机的主要功能是通过各种传动机构来完成光学系统、电子系统及计算机的支撑和机械扫描与传动。主要有机架、横向扫描系统、纵向扫描系统、光学扫描头、记录曝光头、照明系统、卷片系统等。计算机及电气设备主要由完成各种图像校正功能的计算机硬件、电子电路、

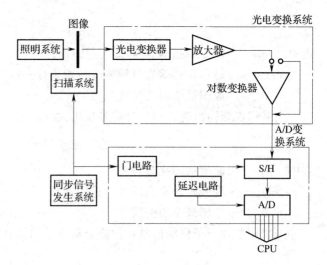

图 3-10　扫描仪的构成

控制电路、数据存储设备和供电保护设备等组成。光学器件及其他附件包括有：几个直径不同的玻璃钢扫描滚筒、激光光源、光导纤维束、扫描镜头、原稿上稿架、自动冲洗机、标准光源、各种控制梯尺、透射密度计、反射密度计和标准原稿等。

图 3-11　滚筒式扫描仪

　　滚筒式扫描仪多采用光电倍增管作为光电转换器件，在扫描过程中，随着贴有原稿的分析滚筒的转动和照明光学系统与分析头的横向移动形成螺旋式扫描线，每根扫描线在圆周方向上又被分解为大量的图像信息单元——像素，具有采样光学分辨率高达 2500～8000dpi，扫描动态范围高达 $D4.5$，颜色位数高达 36～48bit，能表现出图像丰富的暗调细微层次的特点，如图 3-12 所示。从实际生产作业来看，滚筒式扫描仪的输入图像尺寸大、扫描速度快、缩放倍率高、图像质量精细，能够根据印刷质量要求对输入图像进行黑白场、灰平衡、反差、色相、色饱和度、颜色校正、细微层次强调、底色去除或底色增益的校正，输出图像完全满足高端印刷的制版要求。

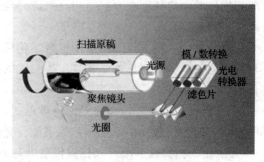

　　③平板式扫描仪。平板式扫描仪是指采用线阵 CCD（电荷耦合器件）为光电转换器件，在原图不动的状态下，通过扫描系

图 3-12　滚筒式扫描仪的构成

统传动机构的水平移动，将发
射出的光线照在原图上，并经
反射或透射后在接收系统的
CCD 上生成模拟信号，再通过
模数转换器转换成数字信号后，
直接传送到计算机中，最终由
计算机进行相应处理后完成扫
描过程，如图 3 - 13 所示。

图 3 - 13　平板式扫描仪的工作原理

　　平板扫描仪主要扫描反射
稿件，扫描幅面为 A4～A3。平板扫描仪的扫描操作控制需要通过与之相连的计算机和扫
描软件来完成，扫描软件的主要功能包括：能适应不同输出介质的印刷适性、能适应原稿
的性能（如扫描相片、通过"消网功能"扫描加网图像）、具有"预扫描"功能、具有系
统的图像扫描控制指令（如图像种类、图像质量、图像大小、输出分辨率、色彩校正、层
次校正和清晰度校正）以及 256 以上的扫描灰度级。

　　平板扫描仪与滚筒扫描仪相比，扫描质量适中，无论
是采样精度和分辨率，还是阶调范围和、暗调细微层次都
低于滚筒扫描仪，适合中低档产品的扫描作业。

　　④ 数码相机。数码相机是指采用较大幅面矩形
CCD 阵列芯片直接对实物实景成像来获得数字化图像
的数字化设备，如图 3 - 14 所示。

　　数码相机将传统相机高品质的光学成像系统与现
代高品质 CCD 成像器件集成，不仅承袭了传统相机
高品质实时拍摄的优势，还直接将成像信息通过 CCD

图 3 - 14　数码相机

及其相关软件转变为数字图像，既减少了二次扫描成像带来的图像质量损失，又能够与计
算机互联并进行远程数据传输，正在成为现代印刷图像数字化采集的主流设备。

　　⑤ 数字摄像机。数字摄像机是指采用 CCD 或 CMOS 成像器件，连续记录动态影像
的数字化设备。随着高清摄像设备 HDTV 的普及，从动态摄像记录影像中通过视频图像
采集卡，把摄像机摄录的动态图像或其他类型的视频信息提取并转换成数字静态影像，已
经成为报纸、期刊等出版物和直邮类产品图像获取的主要方法之一。

　　（3）图形数字化采集设备　图形数字化采集设备即图形输入设备是指将用户图形数据
及各种命令等转换成电信号，并传递给计算机的设备，如图 3 - 15 所示。图形信息的采集
设备随输入方式的不同而分为基于光电扫描方式的图形扫描仪、基于电磁感应技术的数字
化仪和基于光电倍增管将光信号转换成电信号
的光笔追踪仪。无论何种图形数字化采集设备
都具有定位、笔划、送值、选择、拾取及字符
串等六种功能，所采集的图形信号都是图形的
x，y 坐标值以及字符或字符串的编码。

　　（4）文字信息采集设备　文字信息采集设备主
要有计算机键盘、字符阅读器和语音识别器等三

图 3 - 15　图形数字化采集设备

类。其中，计算机键盘是根据文字编码规范，将文字信息变换成一定的编码，并记录到计算机中来完成文字信息的数字化采集。字符阅读器则是通过扫描方式输入印刷或书写在纸上的汉字，并用计算机进行自动辨识后将文字转变为对应的文字编码，文字识别流程如图3-16所示。语音识别器是采用匹配判断的方法，通过样本语音与标准语音的比较，并按照一定规则来判别被测语音的样本字，同时转换为相应的文字编码，语音识别流程如图3-17所示。

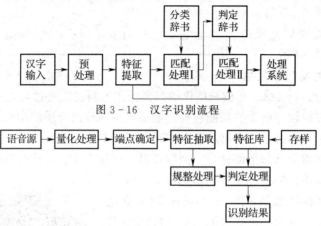

图3-16 汉字识别流程

图3-17 语音识别流程

（二）图像扫描仪的应用

印前图像扫描仪尽管类繁多，但目标都是获取高质量扫描图像，图3-18是扫描作业的基本流程。

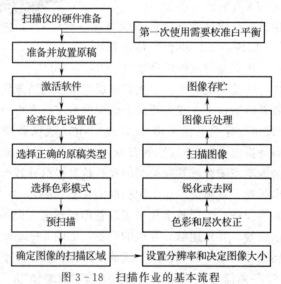

图3-18 扫描作业的基本流程

第二节 印前图像及其处理

印前图像处理是指用一定的技术手段对所采集的图像信息进行某些分析与变换，从而获取所需信息的过程，即对图像的灰度进行某些变换，增强其中的有用信息，抑制无用信息，并以适当方式输出，使图像的视觉质量改善，便于人眼观察理解和进一步处理的图像质量的改善（简称像质改善）。

一、印前图像及其特征

印前图像是指在印刷复制中采用摄影或类似技术所获得的连续调影像，包括模拟图像和数字图像两类。常见的印前图像有照片、电脑制作的连续调影像以及各种连续调绘画稿。

1. 模拟图像

模拟图像是指采用模拟成像或绘画方式制作的各种连续调影像。如自然景物影像、绘画、摄影的底片及照片。模拟图像具有空间上连续性以及灰度值连续性的特征。对于印刷复制而言，反差适中、层次丰富、颗粒细腻、清晰度高的图像能够确保图像印刷复制的效果。

2. 数字图像

数字图像是指采用数字成像或电脑绘画制作，具有视觉连续性的各种数字影像。如数码照片、电脑绘画作品以及模拟图像数字化后的作品。数字图像具有空间上的离散以及灰度值的整数值特征。对于印刷复制来说，反差适中、分辨率≥300dpi、颜色位数≥8、颗粒细腻、清晰度好的图像能够确保图像印刷复制的效果。

二、印前图像处理

印前图像处理是以图像质量改善为目标，根据印刷复制工艺的要求，对其颜色、层次及清晰度三个要素的综合变换。

1. 印前图像处理的基本原理

目前，印前图像处理主要采用数字处理方式，即采用计算机对其存储器中将图像离散量化后的数字编码进行各种变换，而且这些变换是由编制的程序和软件来完成的。印前图像处理尽管法多种多样，但其基本构成是相同的，都是对所获得图像的数字化信息 $[g(I_i)]$，按照印刷要求进行色彩、层次、清晰度以及几何尺寸的处理，使之变换成为符合图像输出系统输出要求的 $[g'(I_i)]$，供印前图像处理用户使用，如图3-19所示。

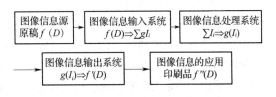

图 3-19 印前图像处理的基本原理

2. 印前图像处理的数理基础

在印刷数字化、规范化、标准化引领印刷工业发展的环境下，剖析印前图像处理从照相制版、电子分色制版到数字印前处理的本质和规律，不难归纳出如图3-20所示的物理模型和式3-12所示的数学模型，从而发现印前图像处理的核心就是对印前图像所包含的密度/色度信息以及平面位置的处理或变换。只要通过一定的方法来分别对印前图像的色彩、层次、清晰度以及几何尺寸等基本要素进行处理，就能够使印前图像满足不同印刷复制的应用需求。

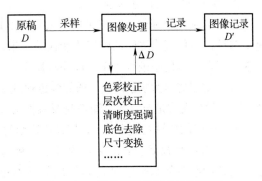

图 3-20 图像模拟处理的物理模型

$$f'(x, y, D) = f(x, y, D) + F(D) \qquad (3-12)$$

从印刷技术专业视角，依据彩色复制理论，特别是人眼识别颜色的三色和四色基制，采用数学分析方法来剖析印前图像基本像素的内涵，就能够进一步发现基于密度或分光光谱就能够获得印前图像处理中色彩、层次和清晰度校正的基本变量 HLS/La*b*，如图3-21所示，进而获取色彩校正、层次校正和清晰度校正的校正参数值。只要建立密度—色度的对应关系，就能够采用数字图像处理中点处理、邻域处理、迭代处理、跟踪处理以及空间映射等方法来实现印前图像色彩、层次与清晰度的校正或匹配。

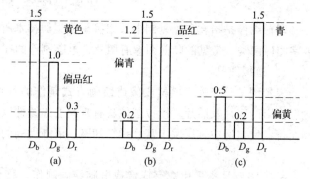

图3-21 基于 D_r、D_g、D_b 的色彩属性识别

三、印前图像处理的内容与方法

从本质上讲，印前图像处理是图像数字化处理方法为手段，以图像质量改善为目标，以图像的色彩、层次、清晰度和几何尺寸处理为内容来消除源图像或源图像数字化后的图像中的各种噪声和畸变，达到满足印刷图像复制及其良好视觉效果的目的。

（一）色彩校正

色彩校正又称颜色变换，是指根据复制目的，对原稿及其复制过程中的色彩偏差进行纠正，即纠正色差，实现正确的色彩再现。色彩校正的方式取决于图像采集系统及色彩识别方式。

1. 色彩校正的必要性

在印刷色彩复制过程中，色彩复制不仅要通过"色分解"从原稿中分解出 Y、M、C 减色法三原色的色版，还要通过"色还原"，将采用图像变换处理后的 Y、M、C 减色法三原色的分色图像在同一承印物上叠合，再现出原稿图像的色彩和阶调。由于实际复制过程各种条件的不理想，必然存在一定的色差。这些色差既有来自于原稿自身因摄影过程及材料所造成的色偏，也有色分解过程中光源、镜头、滤色片、光电倍增管带来的色差，还有色还原过程中纸张和油墨带来的色差。因而，采用必要的色彩校正是确保色彩复制准确性必不可少的手段。

2. 颜色模型与颜色变换

在印前图像处理的色彩校正中，色彩校正其一是通过建立颜色标准版原稿颜色模式与颜色复制目标颜色模式之间的映射或变换关系来建立颜色复制工艺基准，其二是对实际原稿与标准原稿存在的色差进行校正，确保所建立的颜色复制工艺基准能够稳定、可靠地实现。

（1）常用的图像颜色模式　图像颜色模式是图像颜色范围的表达，即图像所具有的颜色数。图像颜色模式是定义数字图像色彩属性的基本要素，是不同色彩模式图像相互变换的基础。每种图像颜色模式都指明了该图像所适用的范围及其目的，常用的颜色模式包括：

① Lab 颜色模式。Lab 颜色模式是一种与设备无关的颜色模式，是独立于各种输出、输入设备的颜色体系。它是色彩管理的基本色彩空间，任何设备上相同的 Lab 所获得的颜色结果相同。

② RGB 颜色模式。RGB 颜色模式是以色光三原色红（R）、绿（G）、蓝（B）为基础建立的颜色模式。主要用于数字成像设备颜色信息采集以及投影仪、计算机屏幕显示中。RGB 颜色模式的图像必须通过分色处理转换成 CMYK 图像后，才能供印刷颜色复制使用。

③ CMYK 颜色模式。CMYK 颜色模式是以色料减色法 CMY 为基础建立的颜色模式。主要用于印刷以及彩色打印等输出设备的颜色复制中，是印刷颜色复制的基本颜色模式。

④ 灰度模式（Greyscale）。灰度模式是一种中性灰的颜色模式，主要用于黑白图片的复制或再现。当采用黑白单色来复制彩色图像时，需要将彩色图像模式转变为灰度图模式。

⑤ 位图模式（bitmap）。位图模式是一种黑白二值图像的模式。位图模式的图像只有 0 和 1（黑和白）二值，即像素非黑即白，主要用于图标和条码等线条稿。位图只能通过灰度图转换而来，RGB 图或 CMYK 图必须先转成灰度图后，才能再转换成位图。

⑥ 索引色模式（Indexed Color）。索引色是一种颜色数 $\leqslant 2^8$（256）种的颜色模式。主要用于网页设计与应用中，不能用于常规印刷。

⑦ 双色模式（Duotone）。双色模式是一种从彩色图像来生成双色或三色专色图像的颜色模式。主要用于海报和绘画等特殊设计的产品印刷复制。

⑧ 多通道模式（Multichannel）。多通道模式是指将彩色图像转变为符合特殊打印或印刷复制需求的专色通道的颜色模式。彩色图像转换为"多通道"模式的规则是：a. 任何由 ＞1 通道合成的图像可转换为多通道图像，原来通道被转换为专色通道；b. 彩色图像转换为多通道时，所获得的灰度信息依据每个通道中像素的颜色值；c. CMYK 图像转换为多通道时，可创建青、品红、黄和黑的专色通道；d. RGB 图像转换为多通道时，可创建青、品红和黄的专色通道；e. 从 RGB、CMYK 或 Lab 图像中删除一个通道会自动将图像转换为多通道模式。

（2）颜色模式之间的转换　不同颜色模式表示颜色的适用范围不同，适用范围的改变，颜色模式也必须改变。如 HSB 模式采用计算机显示时就必须转换成 RGB 模式，采用打印输出时就必须转换成 CMYK 模式。

CMYK 颜色模式和 RGB 颜色模式是与设备相关的颜色空间，无法进行直接转换，必须以 CIEXYZ 作为转换桥梁。RGB 颜色模式与 CMYK 颜色模式的相互转换可描述如下：

$$CMY\ 色空间 \Leftrightarrow CIEXYZ\ 色空间 \Leftrightarrow RGB\ 色空间$$

① RGB 与 CIEXYZ 的相互转换关系。RGB 与 CIEXYZ 之间的相互转换可通过式（3-13）、式（3-14）来完成，即确定各个矩阵的系数。

$$\begin{bmatrix} X \\ Y \\ Z \end{bmatrix} = \begin{bmatrix} X(R) & X(G) & X(B) \\ Y(R) & Y(G) & Y(B) \\ Z(R) & Z(G) & Z(B) \end{bmatrix} \begin{bmatrix} R \\ G \\ B \end{bmatrix} \tag{3-13}$$

$$\begin{bmatrix} R \\ G \\ B \end{bmatrix} = \begin{bmatrix} R(X) & R(Y) & R(Z) \\ G(X) & G(Y) & G(Z) \\ B(X) & B(Y) & B(Z) \end{bmatrix} \begin{bmatrix} X \\ Y \\ Z \end{bmatrix} \tag{3-14}$$

② CMYK 与 CIEXYZ 的相互转换。CMYK 与 CIEXYZ 的相互转换关系可采用 Neugebauer 方程来建立数学变换模型，如式（3-15）所示：

$$\begin{bmatrix} X \\ Y \\ Z \end{bmatrix} = \sum_{n=1}^{8} F_n \cdot \begin{bmatrix} X_n \\ Y_n \\ Z_n \end{bmatrix} \tag{3-15}$$

式中　X_n、Y_n、Z_n——叠印色 n 的三刺激值

F_n——叠印色 n 所占的面积率

3. 数字校色的实现

数字校色的实现分为选择与确定彩色印刷复制的工艺技术条件，建立标准原稿颜色模式与印刷颜色复制品颜色模式之间映射关系，即 Photoshop 中的"颜色设置"以及根据实际原稿与标准原稿的色差进行色彩校正，即 Photoshop 中的"整体校色"与"选择性校色"。

（1）颜色设置　在数字校色中，颜色设置既要选择与确定印刷复制工艺条件，又要在所设定的印刷复制工艺条件下，根据 IT8.7.3/4 或 ECM2002 等标准色版来建立标准原稿的色彩特征文件以及印刷复制品的色彩特征文件来建立两者之间的映射关系。具体关键内容包括：

① 黑版计算。黑版是彩色复制印刷中为弥补 C、M、Y 三原色油墨存在无法有效还原暗调区域高密度而专门设计的一个特殊工艺，如图 3 - 22 所示。黑版的目的是用中性色黑来增强 CMY 三色暗调中性密度不足，并改善和增强图像画面轮廓实地感。黑版有起轮廓和骨架作用轮廓黑版或短调黑版，以及强调全阶调层次或采用底色去除的长调黑版。

a. 常规黑版

常规黑版是指彩色印刷复制工艺中没有采用底色去除工艺所获得的黑版。其黑版计算的原理如图 3 - 23 所示，计算公式如式（3 - 16）所示。

$$BK_i = S_i - (L_i - S_i)/K \tag{3-16}$$

式中　BK_i——计算出的黑版量

L_i——C、M、Y 中最大油墨量

S_i——C、M、Y 中最小油墨量

K——比例系数

若令 $\Delta_i = L_i - S_i$，则

$$BK_i = S_i - \Delta_i/K \tag{3-17}$$

由式（3 - 16）和式（3 - 17）可得出如下结论：① 黑版量的大小等于 C、M、Y 三色墨中的最小值减去一定比例的最大值与最小值之差。② C、M、Y 三色油墨量中的最小值 S 是黑版产生的识别标志，即当 $S \leq 0$ 时，其为纯色无黑版；$S > 0$ 时其为复合色，则产生相应黑版。③ $\Delta_i = L_i - S_i$ 能够表示复合色之饱和度的大小，当 $\Delta_i = 0$ 时，则其为中性灰，黑版量最大。当 Δ_i 增大时，其饱和度增大，黑版量减少，当 Δ_i 减小时，其饱和度减少，黑版量增大。④ K 值确定着饱和度对黑版的影响程度。K 值越大，则其饱和度对黑版影响的程度越小，反之亦然。K 值通常取 $10 \sim 15$。

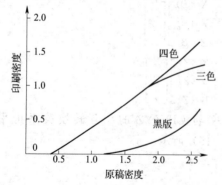

图 3 - 22　三色印刷与四色印刷的关系

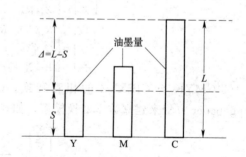

图 3 - 23　黑版计算的原理

b. 长调黑版

长调黑版是指采用底色去除和非彩色结构的黑版，其计算如式（3-18）所示。

$$BK_{输出} = BK_i + BK_{UCR/GCR} \qquad (3-18)$$

且

$$BK_{UCR/GCR} = S_i - (L_i - S_i)/K = S_i - \Delta_i/K \qquad (3-19)$$

② UCR、GCR 与 UCA

a. UCR 的工作原理。UCR（Under Color Remove 底色去除）是指把印刷品复合色区域中性灰所含 C、M、Y 的油墨量适当减少而代之以黑色油墨的一种工艺。

UCR 是为满足现代高速印刷机四色湿压湿印刷和原稿暗调层次再现要求而产生的，其原理如图 3-24 所示。UCR 具有有利于快速套印，节省价格较贵的彩色油墨（即通过去除一定量 C、M、Y 的油墨量代之以少量黑墨）和有利于中性灰平衡及中性灰再现等特点。

在现代高速印刷中，底色去除具有提高印刷适性和油墨的干燥性、降低生产成本、色偏补偿、强调纯色以及保持中性灰平衡稳定的优点。

b. 底色去除的计算方法。底色去除实质上是对复合色区域的中性灰进行某种变换，以黑色替代彩色，减少三色油墨量，其计算方法同黑版计算相似，但更注重色彩的饱和

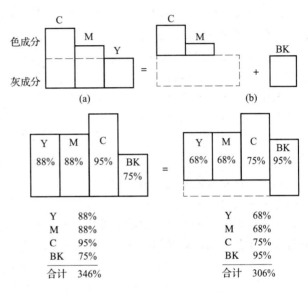

图 3-24　UCR 的基本原理

度大小，通常底色去除仅限于饱和度小的图像复合区域，其计算公式为（3-20）：

$$UCR_i = S_i - (L_i - S_i)/K = S_i - \Delta_i/K \qquad (3-20)$$

式中　UCR_i——计算出的黑版量

L_i——C、M、Y 中最大油墨量

S_i——C、M、Y 中最小油墨量

K——比例系数

在 UCR 的实际使用中，需同时兼顾底色去除范围和底色去除量，其值域由实际工作来测定。在 UCR 计算中，通常 K 值取 5，从而使 Δ 对 UCR 量的影响增强，且使 UCR 作用显著区域位于原稿接近中性灰的部位，而饱和色或纯色区域 UCR 很小，甚至没有，从而保证了原稿画画的明快和鲜艳，避免由于黑版量的增加而产生发暗或发脏的现象，而确定 UCR 量的同时，还需选择合适的 UCR 起始点。

c. GCR。GCR 是指在彩色印刷复制中，任何以三原色油墨构成彩色区域的中性灰全部用"非彩色"的黑墨来代替的工艺，即任何彩色仅由二种原色和黑色来构成的工艺。与 UCR 相比，GCR 在更大的阶调范围内用黑墨替代 CMY 油墨，涵盖全部阶调范围。其计算公式为：

$$GCR_i = S_i \qquad (3-21)$$

式中　GCR_i——计算出的黑版量

　　　S_i——C、M、Y中最小油墨量

GCR 一个意在改善印刷适性、提高复制质量的新工艺技术具有灰平衡稳定性高、输墨宽容度大、油墨接受性高、干燥快、易于控制、油墨消耗低、色彩再现程度好的优点。但也存在复制密度和光泽度下降，在较为鲜明的彩色区域，彩墨与黑墨相接时，在套准出现偏差时会出现白边等不足。

d. 底色增益。底色增益 UCA（Under Color Addition）是指在暗调复合色区域利用底色去除功能来适当增加各色版的油墨量以得到合适的中性灰成分使其颜色构成变化的一种工艺。

底色增益是沿着色空间的灰色轴线进行，即对中性灰作用最大，而且仅限于中性灰成分。底色增益由底色增益起始点和底色增益强度共同控制。如图 3-25 所示，它既能用于调整图像暗调区域灰平衡，又能适应暗调区域色彩的特殊要求，从而起到了增加中性灰区域黑版阶调的作用。

底色增益是彩色复制中消除图像中深暗处，由于原稿中

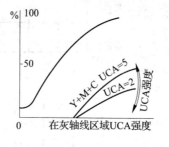
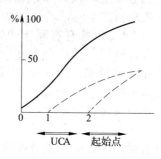

图 3-25　底色增益强度和底色增益起始点

三原色之一的密度不足而引起的色偏的一种有效手段。目的是使三种颜色达到平衡，其效果相反于底色去除，即增加暗调部位的彩色油墨量，克服原稿中暗调色偏对图像复制的影响，底色增益由底色去除演化而来，仅对中性灰区域作用，对彩色无效。

e. 总墨量限定。总墨量限定是指根据所选择的印刷条件和印刷材料，在保证暗调复合色区域印刷油墨总网点量过大而导致纸张拉毛、脱粉、剥纸、印墨干燥不良以及印品背面"粘脏"的方法。通常，涂布纸总墨量限定在 320%～360%，胶版纸在 280%～310%，新闻纸在 240%～280%。

4. 颜色设置的实现

在印前图像处理软件 Photoshop 中，应用菜单"编辑—颜色设置—CMYK"中，通过所选择"自定 CMYK"，并调整对话框中的数值来调整，如图 3-26 所示。

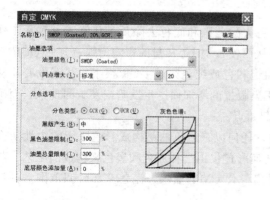
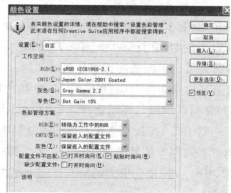

图 3-26　Photoshop 中颜色设置的实现

（二）层次校正

层次校正又称灰度变换，是指印刷复制要求对图像灰度（网点）值分布进行的调整。

1. 层次与层次曲线

层次又称阶调是对一幅图像而言，是指图像中视觉可分辨的密度级次或灰度分布。

印刷层次是指印刷复制明暗范围内，视觉可识别的明度（亮度）级别，级次数越多，层次越丰富。

制版层次是指印版上图像网点面积递变的状态，递变级差越小，层次越丰富。

层次曲线是指印刷图像复制中原稿、印版、印刷品之间的相互关系曲线，如图 3-27 所示。

2. 层次校正的必要性

印刷图像复制从原稿到印刷品受到工艺过程中多种条件的限制和影响，还要满足视觉对原稿层次再现的需要，因而层次变化是客观存在的，必须进行校正来弥补层次损失与畸变。在彩色复制中影响层次再现的因素有：

（1）原稿密度范围的压缩　印刷图像复制的原稿种类繁多，密度范围相差甚异，密度范围与印刷复制的密度范围往往不一致，如图 3-28 所示。因此，印刷复制过程中，为了适合印刷工艺的要求，必须对原稿的层次进行压缩。

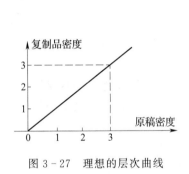

图 3-27　理想的层次曲线

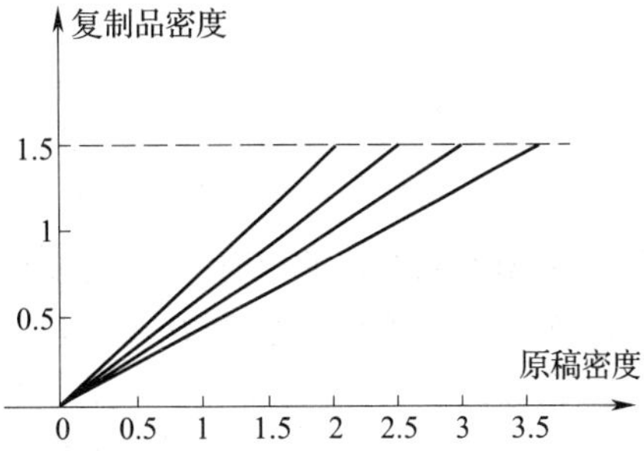

图 3-28　原稿密度范围的压缩

（2）印刷工艺过程对层次再现的非线性影响　印刷图像复制涉及图像数字化采集、数字加网、印版制作和印刷，层次再现的非线性化几乎渗透于每个工序中，版材特性、印版冲洗、印刷压力、网点扩大、油墨特性、纸张特性都会对层次产生非线性影响，如图 3-29 所示。

（3）人们对层次再现的主观要求及其艺术加工的需要　研究表明，人眼视觉灵敏度与网点百分比变化值之间呈非线性关系。才能只有使层次再现符合视觉响应的要求，满足视觉层次的理想再现。同时，彩色

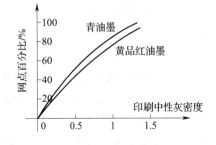

图 3-29　灰平衡再现中的非线性影响

复制为了保持和强调原稿的主体和艺术再现性，有时还需要损失图像次要部分层次来满足艺术再现的需要。

在一幅图像中，具有不同灰度值的图像面积（对连续图像而言）或像素数目（对数字图像而言）一般是不同的。若图像偏亮，则图像中灰度值大的图像面积或像素数目必然就小，反之则多。

3. 层次校正的方法

在印前图像处理中，层次校正主要有灰度直方图法和灰度变换法两种。

（1）灰度直方图 灰度直方图是一个用来表示图像灰度分布状态的统计图表，横坐标表示灰度值，纵坐标表示各个灰度值的图像面积或像素数目占整幅图像面积或像素数目的比例，如图3-30、图3-31所示。灰度直方图反映图像各个灰度级的概率分布，与图像中各像素的位置及图像形状无关。

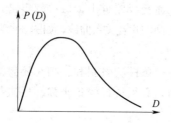

图3-30 连续调图像灰度直方图

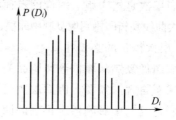

图3-31 数字图像灰度直方图

① 连续图像的灰度直方图。对灰度值连续变化的连续图像 $f(x, y)$，其某灰度值 D 在整个图像中的概率 $P(D)$，可由式3-22来计算，则其连续图像的灰度直方图如图3-30所示。

$$P(D) = \lim_{\Delta D \to 0} [A(D+\Delta D) - A(D)] / \Delta D \qquad (3-22)$$

且

$$\int_{D_{\min}}^{D_{\max}} P(D)\mathrm{d}D = 1$$

② 数字图像的灰度直方图。对灰度值呈离散分布的 $M \times N$ 个像素的数字图像，其某灰度值 D_i 在整个图像中的概率 $P(D_i)$，可由公式3-23来计算，则其数字图像的灰度直方图如图3-31所示。

$$P(D_i) = \frac{\sum D_i}{M \times N} \quad (i = 0、1、2、\cdots, k-1) \qquad (3-23)$$

且

$$\sum_{i=0}^{k-1} P(D_i) = 1$$

在印前图像处理软件 Photoshop 中，应用菜单"图像-调整-色阶"中的灰度直方图，通过所选择的"通道"，并调整对话框中的数值或三角形句柄就能够对图像层次进行校正，如图3-32所示。但这种基于灰度直方图的层次校正，无法控制对层次高调、中间调和暗调的校正量的大小，只能依据经验和显示图像来判断，无法保证校正的可靠性和可重复性。

③ 灰度变换。灰度变换是指根据某目标的要求，按一定的变换关系逐点改变原图像中某个像素的灰度值，而获得所需图像的方法，即：

$$f'(x, y) = G[f(x, y)] \qquad (3-24)$$

式中函数 $G[f(x, y)]$ 可以是线性函数，也可以是非线性函数，即灰度变换可分为线性变换和非线性变换。

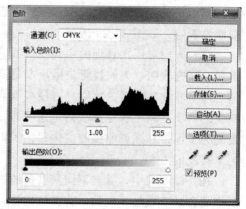

图3-32 基于灰度直方图的层次校正

a. 灰度线性变换。灰度线性变换是指采用式 3-25 或式 3-26 所进行的图像灰度变换，即反差扩大或反差压缩，如图 3-33 所示。

$$g（x，y）=\frac{D'_{\max}-D'_{\min}}{D_{\max}-D_{\min}}\left[f（x，y）-D_{\min}\right]+D'_{\min} \tag{3-25}$$

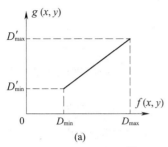
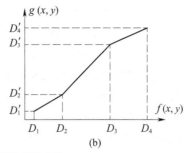

图 3-33　线性灰度变换曲线

或

$$g（x，y）=\begin{cases}\dfrac{D'_2-D'_1}{D_2-D_1}\left[f（x，y）-D_1\right]+D'_1 & f（x，y）\in\left[D_1，D_2\right]\\[2mm]\dfrac{D'_3-D'_2}{D_3-D_2}\left[f（x，y）-D_2\right]+D'_2 & f（x，y）\in\left[D_2，D_3\right]\\[2mm]\dfrac{D'_4-D'_3}{D_4-D_3}\left[f（x，y）-D_3\right]+D'_3 & f（x，y）\in\left[D_3，D_4\right]\end{cases} \tag{3-26}$$

b. 灰度非线性变换。灰度非线性变换是指采用非线性函数来实现图像的灰度变换。常用非线性变换有对数变换式（3-27）和指数变换式（3-28）。

$$g（x，y）=a+\frac{\ln\left[f（x，y）+1\right]}{b\ln c} \tag{3-27}$$

对数变换通过改变常数值 a、b、c，可调整变换曲线的位置和形状。通过对数变换后，会较大地扩展图像低灰度区域，一定程度地压缩高灰度区域。

$$g（x，y）=b^{c[f(x,y)-a]}-1 \tag{3-28}$$

指数变换通过改变常数值 a、b、c，可调整变换曲线的形状和位置。指数变换与对数变换相反，会较大地扩展图像高灰度区域，一定程度地压缩低灰度区域。

在印前图像处理软件 Photoshop 中，应用菜单"图像-调整-曲线"中的曲线，通过所选择的"通道"，并调整对话框中的数值或控制句柄就能够对图像层次进行校正，如图 3-34 所示。但这种基于曲线的层次校正，能够控制对层次高调、中间调和暗调的校正量的大小，无需依据经验和显示图像来判断，能够保证校正的可靠性和可重复性。

（2）灰度级压缩　通常，在获取图像信息时，会采用尽可能多的灰度级数来记录图像像素，以获得画面精细、反差适中、层次分明、细节丰富的图像效果。但由于受到人眼视觉对灰度分辨阈限以及输出设备对灰度分辨力的限制，输出时需要采用一定的方法适当降低图像像素的灰度级数，即灰度级

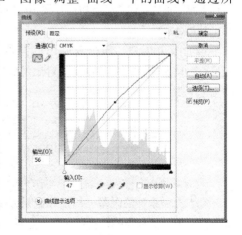

图 3-34　基于层次曲线的层次校正

压缩，如式 3-29。

$$G(i, j) = \text{Int}[g(i, j)/g_{\max}(n-1) + 0.5]$$
$$i \in [0, I], j \in [0, J] \tag{3-29}$$

式中　$g(i, j)$——压缩前图像像素的灰度值

$\quad\quad G(i, j)$——压缩后图像像素的灰度值

$\quad\quad g_{\max}$——$g(i, j)$ 中的最大灰度值

$\quad\quad n$——压缩的灰度级数

需要注意的是尽管输出图像的灰度级数并非越多越好，但灰度级压缩必然会损失图像信息，压缩量应以人眼觉察不到为宜。

（三）清晰度校正

印刷复制图像的清晰度是判断图像复制质量和效果的重要指标之一。所谓清晰度是指图像细节的清晰程度，包括① 分辨出图像线条间的区别，也即图像层次对景物质点的分辨率或细微层次质感的精细程度。即分辨率越高，景物质点的表现越细致，清晰度越高。② 衡量线条边缘轮廓是否清晰，即图像层次轮廓边界的虚实程度，用锐度表示。其实质是指层次边界渐变密度的变化宽度。若变化宽度小，则边界清晰，反之变化宽度大则边界发虚。③ 是指图像明暗之间的层次，尤其是细小层次间的明暗对比或细微反差是否清晰。

1. 印前图像处理中影响清晰度的主要因素

（1）扫描过程　印前图像主要采用滚筒扫描方式，即扫描是通过滚筒的转动和扫描头的横向进给的组合来完成。扫描线是数学上的一根螺旋线，一条垂直于扫描方向黑线的扫描过程如图 3-35 所示。不难发现当扫描光孔位于图中 a、g 位置时，扫描光孔位于线条之外，则输出图像信号为 1；当扫描光孔位于图中 b、f 位置时，扫描光孔位于线条边缘且黑白各半，则输出信号为 1/2；当扫描光孔位于图中 c、d、e 位置时，扫描光孔位于线条之内，则输出图像信号为 0。由此可见，扫描过程必产生与之相关的两个基本效应，其一是在原稿密度阶跃处，通过点采样方式扫描必会失去其清晰的边缘；其二是原稿上垂直于扫描方向上的黑线条，经扫描和记录后，线条会变粗，且变粗的程度等于分析光孔直径和记录光点直径之和。

（2）反差压缩　印刷复制出的图像反差通常都低于原稿反差，反差的压缩会导致视觉对比灵敏度的降低，而使图像清晰度下降。如图 3-36 所示。

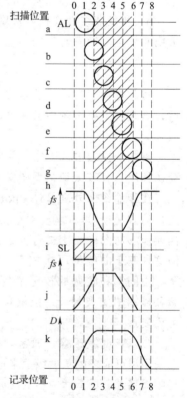

图 3-35　一根黑线扫描与记录的过程

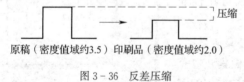

原稿（密度值域约3.5）印刷品（密度值域约2.0）

图 3-36　反差压缩

（3）光学系统的误差　扫描和记录光学系统的各种光学镜头，其解象力是有限的，且存在着一定的色差和其他光学误差，也会导致复制图像清晰度降低。

（4）图像网点化　印刷图像的层次变化、颜色改变都是通过网点的变化来实现的。网点化后图像解象力会从 60～70 线/mm 降至 6～8 线/mm，致使图像细节边缘糙化，图像清晰度降低。

（5）印刷材料　在印刷过程中油墨在纸张中的渗透，纸张变形和套印不准亦会造成图像边界清晰度下降。

2．提高印刷复制图像清晰度的方法

清晰度是一种图像在人眼中的视觉心理反映。通过研究发现，应用视觉现象的原理，能使视觉上产生良好的"清晰"效果，主要视觉现象有：

（1）奥布莱恩效应　奥布莱恩效应（O′brien Effect）是指在一定密度部位上，使密度逐渐产生变化，此时尽管图像左右密度相同，但给人以左右存在一定密度差的视觉感受，如图 3 - 37 所示。

（2）马赫范得效应　马赫范得效应（Mach Band Effect）是指有一定反差的图像临界部位，在视觉上给人以特别白或特别黑的感觉，如图 3 - 38 所示。

图 3 - 37　奥布莱恩效应　　　　　　　图 3 - 38　马赫范得效应

（3）图像密度阶越窄，图像层次边界的反差越大，则图像视觉的清晰度越好，亦即图像边界密度阶跃宽度越窄，视觉清晰度越高，如图 3 - 39 所示。

（4）视觉 MTF 特性　视觉 MTF（Modulation Transfer Function）是指视觉 MTF 特性和印前系统信息传输 MTF 特性的组合构成输出图像的 MTF 特性，如图 3 - 40 所示。它反映了人的视觉对图像频谱信号的响应，因而在进行细微层次强调时需保证人的视觉响应敏感频谱区域图像信号具有良好的传输特性。

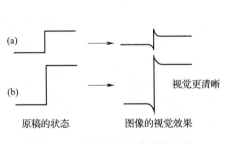

图 3 - 39　反差与清晰度的关系

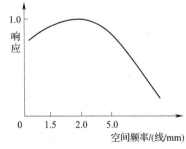

图 3 - 40　视觉 MTF 特性

3．印前数字图像的锐化与平滑

（1）图像锐化　印前数字图像图像锐化是指增强图像中景物的边缘和轮廓，消除轮廓模糊。常用的图像锐化算法有微分算子和拉普拉斯算子。

① 微分算子。微分算子是图像锐化中最基本的算法，如式 3 - 30 所示。

$$G\left[f\left(x,\,y\right)\right]=\begin{bmatrix}\dfrac{\partial f}{\partial x}\\[2mm]\dfrac{\partial f}{\partial y}\end{bmatrix} \tag{3-30}$$

$$GM\left[f\left(x,\,y\right)\right]=\sqrt{\left(\dfrac{\partial f}{\partial x}\right)^{2}+\left(\dfrac{\partial f}{\partial y}\right)^{2}} \tag{3-31}$$

$$\theta = \tan^{-1} \left[\frac{\partial f}{\partial y} \Big/ \frac{\partial f}{\partial x} \right] \tag{3-32}$$

② 拉普拉斯算子。拉普拉斯算子是图像锐化中最经典的算法，如式 3-33 所示。

a. 连续函数 $f(x, y)$ 的拉普拉斯算子：

$$\nabla^2 f = \frac{\partial^2 f}{\partial x^2} + \frac{\partial^2 f}{\partial y^2} \tag{3-33}$$

b. 数字图像的拉普拉斯算子

$$g(i, j) = 4f(i, j) - f(i+1, j) - f(i-1, j) - f(i, j+1) - f(i, j-1) \tag{3-34}$$

或

$$g(i,j) = \sum_{r=-k}^{k} \sum_{s=-l}^{l} f(i-r, j-s) H(r,s) \tag{3-35}$$

其中，$H(r, s)$ 为滤波因子（$r, s = -1, 0, 1$），且

$$[H(r, s)] = \begin{bmatrix} H(-1, -1) & H(-1, 0) & H(-1, 1) \\ H(0, -1) & H(0, 0) & H(0, 1) \\ H(1, -1) & H(1, 0) & H(1, 1) \end{bmatrix} = H1 = \begin{bmatrix} 0 & -1 & 0 \\ -1 & 4 & -1 \\ 0 & -1 & 0 \end{bmatrix} \tag{3-36}$$

在印前图像处理软件 Photoshop 中，应用菜单"图像-滤镜-锐化-USM 锐化"中的对话框，通过调整对话框中数量、半径、阈值三个控制句柄或数值就能够对图像进行锐化，如图 3-41 所示。锐化程度需要根据经验和显示图像来判断。

（2）图像平滑　印前数字图像图像平滑是指消除图像噪声及满足彩色复制质感的特殊需要。常用的图像平滑算法是邻域平均法。

邻域平均法是一种在空间域上对图像进行平滑处理的最常用算法，即求出图像中以某点为中心的一个邻域范围内的图像像素之平均值，并以此平均值作为该中心点的灰度值，其算法如式 3-37 所示。

图 3-41　基于 USM 的图像锐化

$$g(i,j) = \frac{1}{N} \sum_{i,j \in s} \sum f'(i,j) = \frac{1}{N} \sum_{i,j \in s} \sum f(i,j) + \frac{1}{N} \sum_{i,j \in s} \sum \eta(i,j) \tag{3-37}$$

式 3-37 中，s 是点 (i, j) 邻域内的点集，如图 3-42 所示。

在印前图像处理软件 Photoshop 中，应用菜单"图像-滤镜-模糊-（高斯模糊）"中的对话框，通过调整对话框中半径的控制句柄或数值就能够对图像进行模糊，如图 3-43 所示。模糊程度需要根据经验和显示图像来判断。

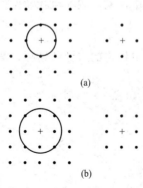

图 3-42　(i, j) 点的两种邻域

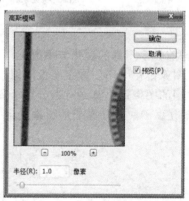

图 3-43　基于高斯模糊的图像平滑

第三节　文字及其处理

印前文字处理是指应用文字信息处理软件对文字进行的编辑处理，以及根据版面设计的要求，应用排版软件将文字组织成规定版式的过程。

一、文　字　属　性

在印前文字处理中，文字属性主要有编码与字库、字体与字号以及字距与行距。

1. 文字的编码与字库

文字在计算机中的存储和管理是通过按一定的规则为文字赋予唯一数字代码来完成的。常用文字编码有《GB 18030—2000 信息技术　信息交换用汉字编码字符集　基本集的扩充》、《ISO/IEC 10646.1—1993 通用多八位编码字符集（UCS）》以及 TCA－CNS 11643 编码标准等。

文字输出是通过字库来完成，即采用字库技术在计算机环境下描述每个文字的形状来实现文字的显示与输出。目前，字库可分为基于图像描述的点阵字库和基于图形描述的曲线字库。其中，点阵字库具有易组织、管理以及还原速度快的优点，但也存在数据量大、质量不高以及不适于缩放、旋转等操作的不足。曲线字库主要有 TrueType 字库、CID 字库和 PS 字库，具有跨平台应用、支持 Unicode 标准定义的国际字符集、易扩充、速度快、兼容性好、支持高级印刷控制以及生成文件尺寸更小的优点。

2. 字体与字号

字体是指具有相同形态风格的文字或图形符号的集合。不同的字体代表不同的风格，印刷复制中常常选用不同字体的字体进行排版，已达到美化印刷品版面和提升产品质量的作用。文字字体多达数百种，常用的有宋体、黑体、楷体、仿宋体、隶书体、魏碑体、姚体和美术体等，如图 3-44 所示。

字号是指印刷文字的规格和大小。文字排版中字号的选择主要根据内容、版式来设定。文字字号的常用计量方法有国际通用的点数制，中国的号数制，还有地图专用的级数制。中文书刊正文字号通常采用五号字，图 3-45 所示。

图 3-44　字体

图 3-45　字号

3. 行距与字距

行距是指两行印刷文字之间的间距。行距根据版式设计和排版规则来设定，有密排和疏排两种，如图 3-46（a）所示。字距是指两个字符之间的间距。字符及其标点符号有全角、半角和开明三种方式。字距与字体字号相关，如图 3-46（b）所示。

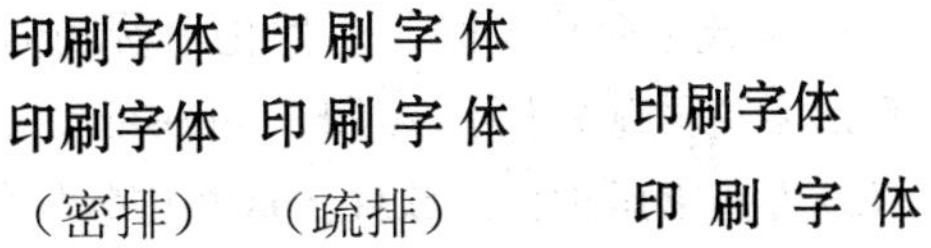

（a）密排与疏排　　　　（b）不同字距的比较

图 3-46　行距与字距

二、版式与排版

无论是书刊出版物，还是包装与标签，在未成型加工之前都通过印刷要素的基本组成单位版面或页面来表达的。应用版面构成要素，采用先进排版工具，艺术化创意地进行版面配置是使页面浓缩文化、渗透艺术、符合时尚的基础。

1. 版式

版式即版面格式是指在单页页面上图、文、表三要素的排列方法。包装印刷品的版式相对比较简单，需要按照产品成型加工的要求进行图文表的正确排列。出版物的版式内容广泛，包括开本、版心（包括书眉及页码）和周围空白的尺寸，正文的字体、字号、排版形（横排或竖排，通栏或分栏等），字数、排列地位（包括占行和行距），还有目录和标题、注释、表格、图名、图注、标点符号、书眉、页码以及版面装饰等项的排法，如图 3-47 所示。无论印刷产品何种类型，都是在既定印刷幅面上对原稿的体例、结构、标题的层次和图表、注释等进行艺术的科学设计。

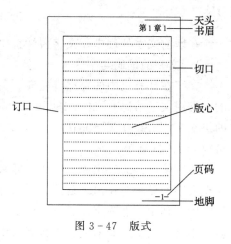

图 3-47　版式

2. 排版

排版又称组版，是指按照印刷产品设计的版式将图文要素组合形成单页文件的过程。即在二维平面上通过一个排版软件将预处理完成的文字、图形以及图像等素材按用户的意图进行有效配置，并正确处理其相互间的空间拓扑关系。

（1）排版的内容　排版的内容包括对录入文字的检查、定义所需排版文字的文本框尺寸与位置、字体字号、文字颜色、标题、图注标注、注文、书眉、页码、标点符号以及中西文混排、数字文字混排的规则，还要处理文字与图形、图像三要素在规定页面上混排组合的拓扑关系。

（2）排版软件及其应用　排版软件是一种实现版式设计目标的工具，不仅要具有在页面上正确、有效处理文字、图像以及图形的能力，还必须符合新闻出版行业长期形成的规范和标准，符合不同文化和语言习惯的要求。必须能正确处理文字排版中不同文字排版中的各项要求，如字体和字号的变化，英文换行时的拆音节处理，各种禁排处理（如标点符号不能在行首等），在页面合成中保持版面美观、时尚的前提下，正确处理文字、图像、图形相互位置关系，相互交叠关系。在适应纸质媒体、电子媒体和网络媒体等不同输出要求时，还必须具有高保真前提下的多种数据格式、颜色模式、内容链接以及远程传输的能力，以适应数字时代实时，个性化消费的需要。

目前主流排版软件有 Aodbe InDesign、方正飞腾（Fit）、Quark Xpress 等交互式排版软件，以及方正书版批处理软件。这些排版软件的主要对象都是文字、图像和图形。其中，文字是页面信息的最基本和中心内容，以符号编码方式生成，通常既可采用专用录入软件录入，又可在排版软件中直接录入，最后再导入排版软件。图像是页面信息的重要内容，以点阵描述方式生成，通常由扫描仪、数码相机、数码摄影机采集并用专用软件处理，由排版软件置于页面指定区域。图形，可由专用软件生成，也可由排版功能中的图形软件生成，由排版软件置入指定排版区域。图3-48是典型包装和书刊排版后的单页文件示例。

图3-48　典型包装和书刊排版后的单页文件示例

第四节　拼　大　版

　　拼大版是指根据印刷生产工艺、印刷机的印刷幅面以及印后加工的成型要求，将多个单页文件或单页胶片组合成大版文件或大版胶片的过程。目的是正确地应用拼大版软件的各种工具，充分利用设备及其承印材料的印刷幅面，提升产品生产的效率。

一、拼大版的内容

　　无论是传统拼大版，还是数字拼大版，目标都是按照产品特点和印刷幅面要求将多个单页文件整合成符合印刷与印后加工要求的大版原版或大版文件，如图3-49所示，拼大版的内容包括：

　　1. 印刷方式

　　根据印刷机的不同，印刷方式分为单面印刷和双面印刷两类。对于单面印刷而言，为了节省原版与作业过程，拼大版又分为正反版、自翻和滚翻三种印刷方式，如图3-50所示。

　　（1）正反版　正反版是指采用两张独立的印版来印刷印张两面的印刷方式。

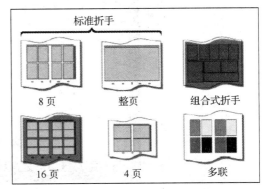

图3-49　拼大版的类型

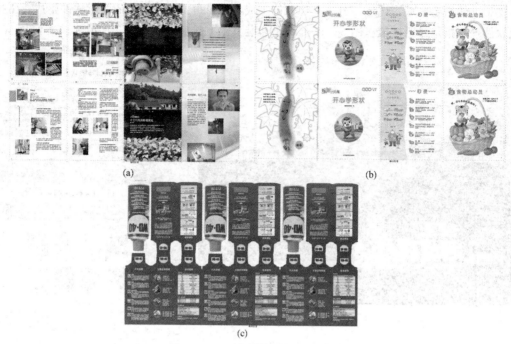

(a)　　　　　　　　　　　　　　　　(b)

(c)

图 3-50　三种拼大版方式的示例

（a）正反版　（b）自翻　（c）滚翻

（2）自翻　自翻是指采用同一块版印刷印张的两面。第一面印刷后左右翻转纸张，保持纸张的咬口位置不变，第二次印刷时，印刷内容左右对称翻转。

（3）滚翻　滚翻与自翻类似，也是采用同一块版印刷印张的两面。但第一面印刷后上下翻转纸张，第二次印刷时，纸张的咬口与拖梢的位置互换，印刷内容先下翻转。

2. 控制要素

拼大版是后工序无错误结果的信息集合点，其控制要素直接决定了印刷及其印后加工的品质与效率，包括印刷作业控制要素和印刷质量控制要素，如图 3-51 所示。

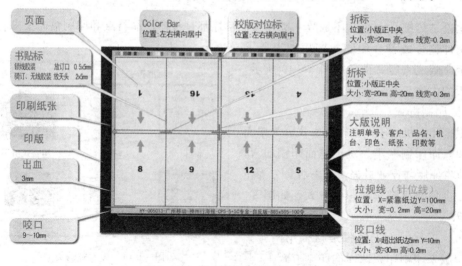

图 3-51　拼大版控制要素的示例

（1）印刷作业控制要素 印刷作业控制要素主要有：咬口线、色版标记、套准标记、裁切标记、折页标记、书帖折标以及作业注释等。

（2）印刷质量控制要素 印刷质量控制要素主要有：印刷控制条、出血线以及爬移控制。

二、传统拼大版

传统拼大版是指按照印刷工艺要求及其规定的拼大版参数，通过手工方式将单页小版分色胶片黏贴在透明片基上组合成满足印刷要求的大版母版的过程，如图 3-52 所示。传统拼大版包括作业准备、台纸制作、单页小版整理、大版拼贴以及套合检查等环节。

图 3-52 传统拼大版

1. 作业准备

传统拼大版涉及众多单页小版分色胶片以及多种拼大版作业方式，作业准备十分重要。作业准备的内容包括：理解和判读工艺与作业指令、按照大版要求对小版分色胶片归类、小版胶片预处理、台纸选择与检查、各种印刷作业标记的准备、裁切与套准工具的选择、透明片基的准备等。

2. 选择拼版台、台纸以及大版片基

拼大版作业需要在一张台面是一块玻璃板，台面下可透射或散射出照明白光的拼版台上进行，要求拼版台的幅面大于大版幅面，以便于生产作业。台纸是指采用尺寸稳定的透明材料/纸张制成，与印张幅面相同，并印制有坐标网格以及相应单页页面框线的大版母版或模板。大版片基是指用于承载单页分色胶片的聚酯薄膜，厚度为 0.15～0.30mm。

3. 小版分色胶片的整理

小版分色胶片的整理首先是按照色版和大版所需小版胶片的编号，将其归类为各个大版所包含的各分色版小版胶片；其次是采用专用剪刀或刀片裁切掉多余的非图文的胶片；其三是检查并清除掉胶片四周残余的胶片片基毛边或毛刺。

4. 大版拼贴

拼大版就是将小版粘贴成符合印刷要求的大版母版，作业的主要内容包括：

（1）选择与固定定位销 定位销是一种与套准系统打孔机配套的外径允差很小的套准销钉（圆孔和扁孔的组合）如图 3-53 所示。拼大版首先是在选择好的拼版台上固定好与打孔定位装置配套的定位销，通过定位销及其透明片基上的定位孔，可以精确地固定拼版软片，确保其在 x 和 y

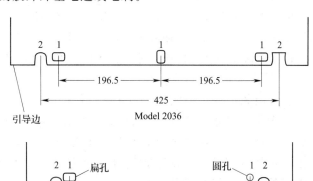

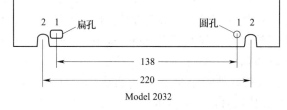

图 3-53 定位销

方向的位置不变，从而使得各个分色版胶片能够准确套合。

（2）固定台纸和透明片基　将通过打孔定位装置打孔后的台纸和白片基，按照套准定位销的空洞形状嵌入定位销上，并用胶带纸固定在拼大版台上。叠放次序是台纸位于最底层，其上是白片基。

（3）粘贴各种印刷标记　根据作业指令和印刷要求将印刷所需的咬口线、十字套准线、色标、信号条、帖标、出血线、裁切线、折线、产品编号、作业编号等印刷标记药膜面向上，依次粘贴到对应位置。

（4）粘贴小版分色胶片　根据作业指令和版面小版排列要求，将小版胶片药膜面向上用胶带纸或液体胶粘贴固定在对应的位置，粘贴时要求拼版各胶片不重叠，图片边缘与胶纸带边缘之间至少应保留5mm的距离。各个色版之间套合准确。

5．内容检查与套合检查

在完成大版拼贴后，需要首先检查大版所粘贴的内容是否正确、位置是否正确，有无错贴和漏贴现象，有无脏污，有无重叠和边缘翘起等问题。其次是检查各个分色版套合是否准确，是否存在局部套合不准或遗失某个色版及其标记等。

三、数字拼大版

数字拼大版是指通过专用拼大版软件将小版文件，按照印刷工艺要求及其印刷设备、印后加工设备的特性集成为大版文件的过程。数字拼大版能够通过软件及其数字指令高精度、高效率和高可靠地实现与印刷机幅面、印刷方式、折页方式、装订方式以及其他成型加工方式的最佳匹配，还能够自动完成或添加印刷控制标记和作业控制标记。目前，数字拼大版分为RIP前拼大版和RIP拼大版。

1．RIP前拼大版

RIP前拼大版是指在RIP前将单个小版文件组合成大版，对大版文件实施RIP作业，此方法适合印刷标准化水平较高的企业，在欧美比较流行。其优点是拼大版作业数据量小，传输快捷，但不适合文件反复修改的非标准印刷作业环境。

2．RIP后拼大版

RIP拼大版方式是指先将单个小版文件分别进行RIP，在进行单个小版文件组合成大版的作业，此方法在亚太地区和国内比较流行。其优点是可以重复修改单个文件，适合包装、标签类修改频繁的作业任务，但RIP后的数据量巨大，不适合远程传输。

3．主流拼大版软件

拼大版软件是指以实现在不同印后加工要求、规定印刷幅面及其印刷工艺环境下，将多个单页小版页面正确配置成印刷大版页面为目的的专用计算机软件。拼大版软件能够定义印刷方式（正反版、自翻版、滚翻版）、定义页数、印张页数、出血大小、裁切标记、十字线、控制条、装订方式、爬移等全部大版参数。目前，主流拼大版软件有：海德堡的SignaStation、Ultimate的Impostrip及Impress、方正文合以及崭新印通等。

拼大版软件无论是RIP前拼大版，还是RIP后拼大版都能够支持主流PDF、PS、CFF2等数据格式，也能够支持1bite TIFF输出，数据之间的兼容性较高，还能够支持CIP3/4的输出。其作业的主要控制参数如图3-54所示。

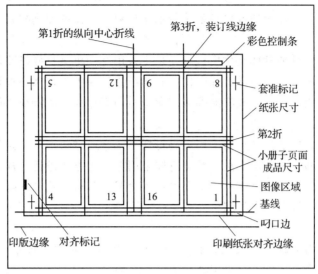

图 3-54　拼大版主要控制参数的示例

第五节　打　样

打样是印刷生产流程中联系制版与印刷的关键环节，是印刷生产流程中进行质量控制和管理的一种重要手段，对控制印刷质量、减少印刷风险与成本极其重要。打样既作为制版的后工序来对制版效果进行检验，又作为印刷的前工序来模拟印刷进行试生产，为印刷寻求最佳匹配条件和提供墨色的标准。

一、打样的作用

在实际印刷生产中，在印刷前与客户达成印刷成品最终效果的验收标准，对避免内容的印刷错误，减小印刷的风险与成本，保证印刷质量意义重大。打样的作用可归纳为：

（1）产品及其验收的标准　样张是一个专业制版公司的成品，客户签样则标志着整个制版环节的完成。样张也是一个印刷企业与印刷客户进行产品验收的样品，客户签样则标志着印刷企业付印标准的确定以及最终产品质量判别的便准。

（2）印刷生产作业的依据　在印刷行业中，"只有客户签样后，才可以上机印刷"是作业法规。样张不仅为印刷提供了基本控制数据和标准彩色样张，以确保印刷内容和质量的准确，样张还作为区分双方责任的原则，也是印刷作业人员对印刷环境进行调整的依据。

（3）检查错误　通过样张能够全面检查从原稿到胶片/印版各工艺环节的质量，发现已存在或可能在印刷中出现的错误，以便对出现的错误进行校正，降低生产的风险。

因此，打样具有为用户和承印单位发现制版作业中的错误、指导印刷作业以及作为印刷前同客户达成合约的依据等功能。

二、打样的类型

目前，印刷工业所采用的打样分为硬打样和软打样两类。

1．硬打样

硬打样是指采用打样设备或打样系统在承印材料上制作的印刷样张。主要有机械打样和数字打样两类。

（1）机械打样　机械打样又称模拟打样是指采用专用机械打样机或印刷机，在与印刷条件基本相似的环境下，采用与实际印刷相同的纸张和油墨来印制小批量样张的方法。机械打样采用模拟印刷的方式，能够准确再现印版与印刷过程中的特征，样张与印刷品一致性好。

（2）数字打样　数字打样是指采用数码打样系统，通过数字打印设备或数字印刷机来模拟实际印刷结果的样张制作方法。数码打样采用数字化方式进行打样，无需制版，具有速度快、成本低的优势。数字打样的主要设备有喷墨打印机、热升华打印机、热蜡转移打印机、静电数字印刷机和激光打印机。

2．软打样

软打样是指采用数码打样系统，通过专业显示器来模拟显示印刷样张图文效果的打样。软打样通过色彩管理技术，采用数字和显示器来进行打样，无需制版和输出介质，具有速度快、成本低、传输速度快、可远程控制以及可重复修改的优势。软打样的主要设备是专业显示器，主要用于中高质量的报纸、书刊和商业印刷中。

三、打样的实现

打样是检查设计、制作、制版版等过程中可能出现的错误，为印刷提供生产依据，作为用户验收标准的关键环节，有校样、版式样和合同样三种。目前，打样的实现主要有传统机械打样和现代数码打样等两种途径。

1．传统机械打样

传统机械打样是指将印前制版作业中，制作好的页面图文信息制作制作成印版后，通过机械打样机或印刷机按照印刷的色序、纸张与油墨印制各种分色或彩色样张的过程。

传统打样采用与印刷原理相同的工作原理，是通过网点来再现彩色图文信息的。传统打样工艺配置较复杂，需要配有专用的设备、检测仪器和具有一定印刷经验的人员。所制作的样张墨色厚实、颜色饱和度高，与印刷样张接近。

2．现代数码打样

现代数字打样是指以印前制版作业所制作好的页面图文数据为基础，按照印刷生产标准与规范，通过数字化打印或印刷设备直接输出制作彩色样稿的过程。

数字打样的工作原理与印刷工作原理不同，是以页面图文的 RIP 数据为基础，采用彩色打印较大的色域范围匹配与再现印刷较小色域范围的。这种方法能够满足平、凹、凸、柔、网等各种印刷方式的要求，并能根据用户实际印刷状况来制作样张，解决打样与后续实际印刷工艺不能匹配，给印刷带来困难的问题。

目前数字打样系统由数字打样输出设备和数字打样软件两个部分组成，采用数字色彩管理与颜色控制技术来实现印刷色域同数字打样色域的一致匹配。任何能够以数字方式输出的彩色打印机，如彩色喷墨打印机、彩色热升华打印机、彩色热蜡打印机等都可以作为数字打样输出设备。数字打样控制软件主要包括 RIP 以及色彩管理软件，主要完成页面的数字加网、印刷色域与打印墨水色域的匹配、不同印刷方式与工艺的数据保存、各种设备间数据的交换等。

数字打样采用数字控制，设备体积小、价钱低廉，对打样人员知识及经验的要求比传统打样工艺低，易于普及和推广。

第六节 制 版

制版是指将印前处理的图文信息，通过 RIP 加网后制作出满足印刷要求印版的过程。目前制版主要采用 CTF 制版和 CTP 制版两种方式，如图 3-55 所示。

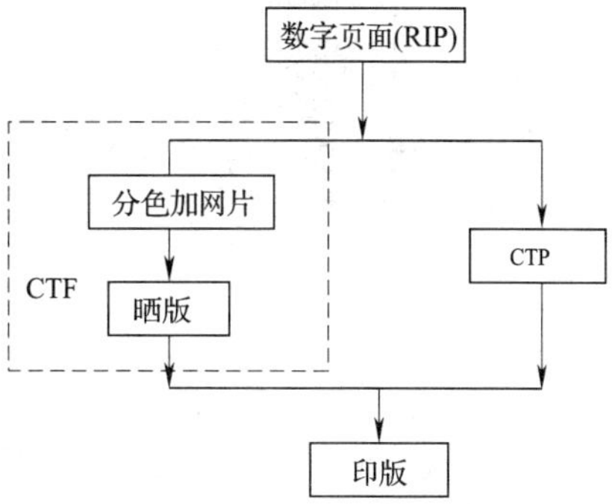

一、CTF 制 版

CTF 制版是指将数字页面经 RIP 后的加网信息，通过激光照排机输出成分色加网胶片，再将胶片上的网点通过晒版机来制作印版的工艺技术流程。

图 3-55 制版流程

1. CTF 制版设备

CTF 制版设备主要包括激光照排机、晒版机以及冲洗设备。激光照排机又称图文记录机，是一种通过印前 RIP 传送来的版面点阵黑白位图，在感光胶片上输出高精度、高分辨率图文的单色或 4 色供制版印刷用分色片的硬拷贝设备。激光照排机的前端是将版面信息按照激光照排机相应输出分辨率转换成加网位图的 RIP，后端是将曝光软片进行显影、定影、水洗和干燥等处理的自动冲片机，输出结果是加网分色片。

激光照排机按记录机构设计方式 可分为平面式和滚筒式两类。其中，平面式激光照排机有绞盘式和平台式两种，滚筒式激光照排机有外鼓式和内鼓式两种。

① 平面式激光照排机。平面式激光照排机是指感光材料平铺在平台上的激光照排机，主要有绞盘式和平台式两种，如图 3-56 所示。其中，绞盘式激光照排机由供片系统、光学扫描系统，收片系统，控制面板等部分组成。在曝光时感光材料由摩擦传动辊带动，从记录头扫描光束下方通过，记录下光栅图像，要求胶片走动速度和曝光速度严格一致。主流绞盘式激光照排机有 ECRM、SCREEN 3050 以及 Agfa 的 Accuset 等。平台式激光照排机则是在曝光时感光材料静止不动而由记录头移动来记录图像，适合厚度较大的感光材料，如柔版。

② 滚筒式激光照排机。鼓式激光照排机是指感光材料卷绕在滚筒上曝光的激光照排机，主要有内鼓式和外鼓式两种，如图 3-57 所示。其中，内鼓式激光照排机在曝光时感光材料卷绕在静止滚筒内壁静止不动，靠记录头在滚筒的中心轴上边旋转边做轴向运动，在感光材料上记录成像，具有结构最好、记录精度高、幅面大、自动化程度高、操作简便、速度快等特点。常见机型有 Agfa Avantura 和 ScitexDolev PS。外鼓式激光照排机在曝光时记录胶片卷绕在滚筒外表，随滚筒旋转，而曝光头横向移动来实现输出记录过程。外鼓式激光照排机的优点是记录精度和套准精度高，结构简单，工作稳定，记录幅面大。常见机型时各种高端联网系统。

③ 激光照排机的主要性能参数。激光照排机的主要性能参数包括：输出分辨率、重复精度、输出幅面、记录速度和激光波长等，其中输出分辨力和重复精度是最重要的指标。

65

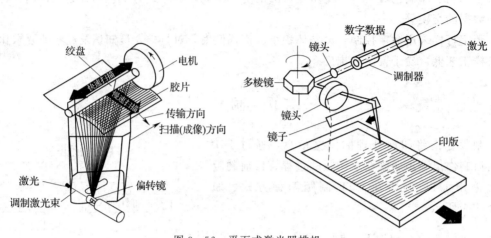

图 3-56　平面式激光照排机

a. 输出分辨率。输出分辨率又称为记录分辨率或记录精度，是指激光照排机在单位长度内可以记录的光点数量，以每英寸的点数（dpi）或每厘米的点数（dpcm）来表示，输出分辨率分为 1200dpi、1800dpi、2400dpi 和 3600dpi。

b. 重复精度。重复精度指版面上某个点在两次输出时在同一位置精确对准的能力，描述了各分色版上图像位置的准确程度。激光照排机的重复精度直接决定了 4 张分色片相互套准的精度。通常外鼓式的重复精度是 $\pm 2\mu m$、内鼓式的重复精度是 $\pm 5\mu m$、绞盘式的重复精度为 $15\sim 20\mu m$。

④ 激光照排机的定标。激光照排机安装完成后，需要通过对激光照排机激光束光强调节和软片线性化来保证输出软片的网点值与软件数据值一致。

激光束光强调节的目的首先是使激光强度与感光片适配，能在不同软片上产生最大密度值 D_{max}。其次是补偿激光器老化导致的光强衰退，保证激光束光强值稳定。软片线性化是指使软片上生成的网点值与软件数据的网点值保持一致。软片线性化通过调整感光、显影时间、显影温度以及显影液的浓度等因素来完成，包括：实地色块、1％～100％（增量 5％或 10％）的各级网点以及 6～25 磅不同字体的文字，要求实地最大密度值 D_{max}。在 3.30～4.00，网点百分比偏差在 ± 2％以内，如图 3-58 所示。

⑤ 分色片检查。当获得分色片后，必须检查各个内容要素的是否正确，主要内容有：各种控制标志是否齐全，如色标、梯尺、套准线、切线；各个色版版面是否有错，如折痕、网点不均匀、漏白；各个色版之间是否套印准确，如四角套准线是否吻合，有无漏白；各个控制参数是否合格，如密度、网点与网点扩大。

2. PS 版

PS 版是一种预涂型感光印版，其板材由专业的 PS 版生产厂家制作完成，制成的 PS 版材可存放较长时间，晒版时可直接对 PS 版进行曝光等处理，其工艺较简单，但印版质量很高。

（1）PS 版的组成　PS 版材主要由感光层、亲水层和版基三部分组成，如图 3-59 所示。

（2）PS 版的种类　PS 版分为采用阳像分色片晒版的阳图型 PS 版和采用阴像底片晒版的阴图型 PS 版两种。

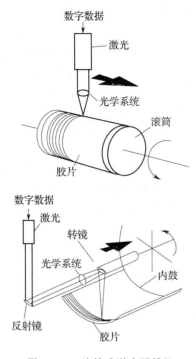

图 3-57　滚筒式激光照排机

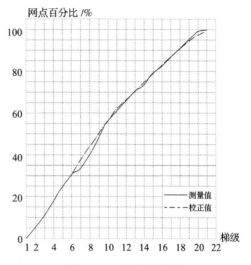

图 3-58　软片线性化

① 阳图型 PS 版。阳图型 PS 版采用光分解型重氮化合物为感光剂，晒版底片为阳像底片。如图 3-60 所示，晒版时感光物质见光后分解，生成极易溶于稀碱溶液的化学物质，被显影的稀碱溶液溶解，露出铝版基，形成印版的空白部分，而未见光部分的感光层未发生任何变化，也不被稀碱溶液所溶解，仍留在版面上，构成印版的图文部分，可直接亲油墨。

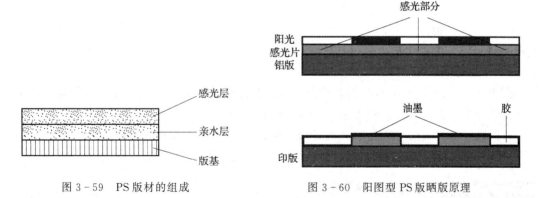

图 3-59　PS 版材的组成　　　　　　　　　图 3-60　阳图型 PS 版晒版原理

② 阴图型 PS 版。阴图型 PS 版采用光聚合或光交联型重氮化合物为感光剂，晒版底片为阴像底片。晒版时感光物质见光后产生交联或聚合反应，成为不溶于显影液中的物质，而未见光部分的感光剂保持原有可溶性，可溶于显影液，曝光后通过显影，除去未感光层，露出版基，构成亲水性的空白部分，而见光部分的不溶性物质具有亲油性，成为图文基础。

（3）PS 版质量检测　PS 版是一种成熟的商品化版材，可直接用来晒版，晒版前在黄色光源下对印版质量进行检查的主要内容有感光版的平整度、感光涂层的均匀度、感光版四边

67

厚度和厚度误差、感光度和显影性能、网点分辨力和再现能力以及生产日期和保存期。

3. 晒版流程

CTF 制版的主要工艺流程是基于 PS 版的晒版工艺，主要包括晒版准备、曝光成像、建立亲油性图文基础和建立亲水性空白基础，及印版质量检查，其基本工艺流程如图 3-61 所示。

图 3-61 晒版工艺流程

（1）阳图型 PS 版的晒版工艺 阳图型 PS 版晒版是利用阳像原版，通过一定的物理化学方法，将印版上的图文部分的感光层变成稳定的亲油基础，而使空白部分露出亲水版基的制版工艺。基本工艺流程如图 3-62 所示。

（2）阴图型 PS 版的晒版工艺 阴图型 PS 版晒版是指直接采用阴图分色片晒版，分色片图文部位透过光线，使感光版感光层曝光硬化、在显影时保留下来构成亲油性图文基础；未曝光部位的感光层在显影时被溶解掉，露出版基金属构成空白基础。具有制版速度快、版面干净、耐印力高、节省制版材料等特点，特别适用于书报刊类产品的印刷。基本工艺流程如图 3-63 所示。

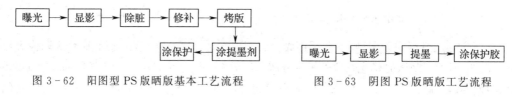

图 3-62 阳图型 PS 版晒版基本工艺流程　　　　图 3-63 阴图 PS 版晒版工艺流程

二、CTP 制 版

CTP 制版是指将数字页面经 RIP 后的加网信息，通过计算机直接直板机在 CTP 印版上直接输出网点来制作印版的工艺技术流程。

1. CTP 设备

CTP（computer-to-plate）制版设备主要包括计算机直接制版机以及冲洗设备。具有制版速度快、不需要胶片、制版速度、网点清晰度和印刷质量高的特点。

计算机直接制版机与激光照排机类似，从结构上分为内鼓式、外鼓式和平台式三种，如图 3-64 所示。从版材特性上主要有热敏型 CTP 和光敏型 CTP 两类。

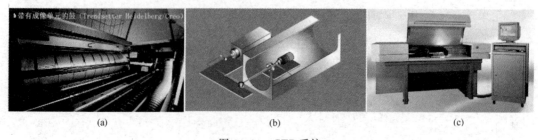

图 3-64 CTP 系统
（a）外鼓式 （b）内鼓式 （c）平台式

　　① 内鼓式直接制版机。内鼓式直接制版机是指在转鼓内部安装 CTP 印版，通过安装在沿鼓轴线方向运动的旋转反射镜，将扫描激光束以 90°角反射到真空吸附于转鼓内壁的 CTP 版材上的设备。激光束的光点大小可根据成像版材的分辨率来改变，具有版材表面与转镜之间的距离保持恒定不变，光点大小和聚焦在成像版材的各部位相同，无需复杂的光学系统的特点。

　　② 外鼓式直接制版机。外鼓式直接制版机是指版材安装在圆柱滚筒的外侧，曝光时滚筒转动，激光头横向移动，单束或多束的激光束垂直于圆柱滚筒轴线在圆柱滚筒外面的版材上曝光成像的设备。

　　③ 平台式直接制版机。平台式直接制版机是指将版材装在平台之上，通过曝光时平台板向前水平移动以及激光头与平台保持垂直方向水平移动来完成曝光成像的设备。

　　2. CTP 版材

　　CTP 版材是一种通过计算机直接制版机的激光，以点曝光的扫描方式在印版上直接记录影像的预涂型印版。

　　(1) CTP 版材的要求　　目前，CTP 板材主要有光敏型和热敏型两大类。CTP 版材不仅要满足激光扫描记录信息要求，而且要具备传统 PS 版材的制版适性和印刷适性，即具有高感光度、高耐印率、制版后处理简单的特点。版材的总体要求如下。

　　① 感光度高。CTP 版材是通过点曝光的扫描方式来完成制版成像，不仅曝光速度比常规 PS 版高万倍，曝光能量多在 $100mJ/cm^2$ 以下。因此，要求感光波长位于特定的波长范围，而且必须满足激光在短时间内曝光的过程控制要求，同时，激光器还要经济耐用。

　　② 分辨率与网点再现性。CTP 制版机的输出分辨率都大于 2000dpi，图像阶调再现范围在 1%～99%，主要用于加网线数 175lpi 以上的高质量彩色印刷。因此，版材要求感光度高、反差高、分辨率好、网点再现能力强以及耐印刷率高。

　　③ 操作性与印刷特性。CTP 制版自动化程度高，多采用数字化控制，要求版材的印刷适性、耐印力等符合印刷要求，显影液符合有关排放标准。

　　(2) CTP 版材的分类

　　① 光敏型 CTP 版。光敏型 CTP 版是指带有光敏涂层，采用低功率紫外光及可见光谱激光进行曝光的版材。根据所用光敏材料的不同，还可细分为银盐扩散型、复合型、感光树脂型等。

　　银盐 CTP 版是利用银盐扩散转移原理，其版材基本结构是在经粗化与阳极氧化处理的铝基板上依次涂布物理显影核层和感光卤化银乳剂层。曝光后版材上曝光部分的卤化银产生光化学反应，经过显影还原为银而留在乳剂层中，形成致密的银影像，再经固版液亲油化处理后便可上机印刷。具有感光度好，曝光速度快，反差适中，可使用强度低，耗能少的激光的特点。

　　光聚合 CTP 版与传统的 PS 版接近，其基本结构是在粗化后的铝版上涂加有染料的光敏树脂层，并用 PVA 作为保护层以防止氧气保护曝光区。激光使曝光部位感光树脂的亲水性分子发生链结或聚合，形成不溶于小的聚合物，再经热处理形成固化的聚合物，即不溶于碱性显影液，留在版面上形成亲油墨的图文。

　　② 热敏型 CTP 版。热敏型 CTP 版是指不具有光敏层，利用热而不是光成像的版材，具有耐印力高，网点再现性好以及可明室操作等优点，热敏版材正在向无需化学处理的方

向发展。根据成像机理，热敏型 CTP 版可以分为热交联型、热烧蚀型、热熔融型、热致极性转化型及热升华型等。具有可不经过化学处理、无环境污染问题，耐印力高，网点再现性好，以及可明室操作等优点。

目前，主要的热敏 CTP 技术包括感热固化技术、感热分解技术和免处理热敏技术等。其中，感热固化技术是采用热交联感应型印版，激光扫描的热能使印版聚合物中的酸性引发剂聚合形成潜影，再在高温处理室烘烤后潜影部分充分聚合，形成固化在铝基版上的不溶于碱显影的交联体，即曝光部分的图文。感热分解技术是在亲水的版基上涂覆不溶于碱溶液，且具有亲油性能的感热物资，红外激光的曝光热能使印版上感热物资因受热而发生物理或化学变化，变成可溶于碱液的物资，即亲水的非图文部分，而未曝光部分的感热物资保留再印版上，形成亲油的图文部分。免处理热敏技术是在印版版基上涂布亲水性涂层，经扫描曝光后，曝光区的涂层发生物理或化学变化，而变成亲油的图文部分，印版也无需再进行显影处理。

（3）CTP 版质量检测　CTP 版是一种成熟的商品化版材，可直接用来制版，制版前需要对印版质量进行检查，主要内容有 CTP 版材平整度、感光涂层的均匀度、版材四边厚度和厚度误差、感光度和显影性能、网点分辨力和再现能力以及生产日期和保存期。

CTP 制版对印版版材的要求主要包括观平整、干净、无划伤、无折痕、无氧化斑点以及无污脏，厚度在 $0.15\sim0.30\text{mm}$、厚薄均匀、同一版材上的厚度误差小于 0.03mm、砂目深度为 $0.05\sim1.0\mu\text{m}$、砂目深度误差小于 $0.2\mu\text{m}$ 以及网点再现范围为 $0.5\%\sim99.5\%$，耐印力高，着墨性能好，感光范围稳定。

3．CTP 制版流程

CTP 制版流程是将原版胶片输出和晒版两个工艺合二为一，只有数据检查、曝光模板选择、曝光成像、印版冲洗及印版质量检查等简单步骤，基本制版流程如图 3-65 所示。

图 3-65　CTP 制版的基本流程

（1）数据准备与检查　CTP 制版采用计算机直接曝光，数据内容与控制要素以及曝光数据的正确与否极其重要。做好数据的准备与检查，是保证输出数据质量的关键。

（2）CTP 参数设置　在 CTP 制版中，必须正确设置 CTP 设备包括曝光条件、加网方式、版式模板等各项参数。

（3）曝光成像　在 CTP 中曝光系统对 CTP 版曝光，使感光版诸如溶解性、黏着性、亲和性及颜色等性能发生变化，并利用这种性能变化在 CTP 版上形成成像的图文信息和未成像的非图文信息以及可见或不可见的影像。

（4）显影冲洗　采用湿式化学处理或干式处理等方式对版面上曝光形成的图文部位和非图文部位进行表面性能处理，建立亲油性图文基础和亲水性空白基础，即显影除去版面上空白部位的感光膜露出版基原有亲水层，保留图文部位的亲油性感光膜，使版面达到满足印刷要求的稳定二相结构表面。

（5）质量检查　根据对印版的质量要求，仔细检查 CTP 印版的质量，对存在的脏点、污点或白点进行修补处理。

第七节 印前质量控制

彩色图像复制中平版制版印刷印后加工的各个工序环节是相互关联、互为影响，每个环节技术参数的波动都会影响最终印刷品的质量。但是由用户提供的原稿和对最终印刷品的质量要求则是稳定的。从而要求平版制版图像处理工艺实施中对各工序进行系统控制，使各工序相互匹配，相互协调，相互补偿，消除偶然误差对产品质量的影响，满足用户要求。

平版制版图像处理工艺系统控制最合理有效的方法是：① 将复制总体方案数据化、指令化，即根据用户原稿和质量要求，确定版面设计中各要素的内容、指令和参数，确定拼版、制版、折叠、装订方式、使用材料、设备和控制参数，最后形成如图 3-66 所示的复制工艺指令单。② 根据原稿和印刷品的印刷复制曲线、各工序特性、原稿条件和用户要求、逆工艺流程推导，求解出扫描仪及其软件的工作曲线——层次传递曲线（图 3-67）和复制工艺指令单。

复制工艺指令单

印件名称				工号		委印单位	
原稿种类数量				成品尺寸		复制级别与要求	
印刷材料	纸张	类别		白度	平滑度	吸收性	
		光泽度		表面效率		处理要求	
	油墨	油墨牌号		色偏	灰度	色效率	黏度
		黄					流动度
		品红					辅助剂
		青					
		黑					
印刷部分	机种		印速（张/h）		压力		色序	
	橡皮布		包衬性质		室温		相对密度	
	网点扩大值（%）		墨层刻度		印刷 K 值		叠印效率	
	黄							
	品红							
	青							
	黑							
打样	网点扩大值（50%）	墨层厚度	K 值	叠印效率	油墨	纸张
	黄					
	品红					
	青					
	黑					

续表

印件名称			工号		委印单位	
原稿种类数量			成品尺寸		复制级别与要求	
晒版	版材		存放时间（d）		光源	显影时间/s
	曝光时间（s）	晒度		网点阶调	细点	晒版方式（套，拼，连）
	印刷版					
	打样版					
分色	色数		线数（L/in）		点型	角度 YM C BK
	工艺方法	图片分色		网点阶调范围		复制重点
		文字录入		放网		要求
		组版		线性化		网点扩大
质量评价		打样			印刷	
	颜色					
	阶调					
	灰平衡					
备注						

图 3-66 复制工艺指令单

扫描分色的工艺曲线是复制质量优劣的关键，在此以制作网点阴图分色片的制版工艺流程来解析，如图 3-67 所示的扫描分色工作曲线循环制作法。

第 I 象限是印刷复制曲线，其根据原稿状况和用户对复制品的要求确定，其中 $D_{作品}$ 是印刷品密度，D_0 是原稿密度。

第 II 象限是灰平衡曲线，由承印厂的印刷设备、印刷材料和技术水平共同确定。其中指由 Y、M、C 油墨叠印出的"等效中性灰密度"实际印刷在纸上的网点面积。

第 III 象限是印刷过程中网点传递曲线。其中是指印版上网点面积率。

第 IV 象限是印版层次传递曲线。

第 V 象限是晒版过程的网点传递曲线。其中是网点阴图版的网点面积率。

第 VI 象限是网点阳图片的层次曲线。在"原稿→网点分色阳图片"工艺

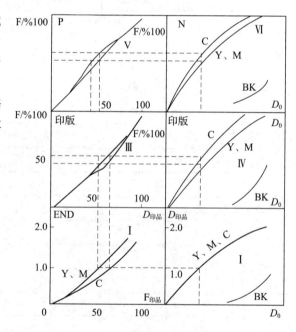

图 3-67 层次传递曲线

I—印刷复制层次曲线 II—灰平衡曲线
III—印刷网点传递曲线 IV—印版层次传递曲线
V—晒版网点曲线 VI—网点阴图层次曲线

中该曲线为扫描仪的工作曲线。

由循环图可知左侧一列的第Ⅱ、Ⅲ、Ⅴ象限内的任何曲线的变化都会影响印刷品的质量，即必须对扫描仪工作曲线作相应补偿。若各工序环节频繁波动，而扫描仪工作曲线又没有正确补偿时，则印刷品的质量下降，难于满足用户要求。而对其进行系统控制则可依据控制数据，保持各工艺环节技术参数的相对稳定，保证印刷品质量波动位于一定阈限内。

而复制工艺指令单是国内电分工作者多年经验之结晶。其用表的形式再现了图像平版制版电子分色中所需解决的各种参数，它由工艺设计人员根据原稿条件、客户要求及后工序特点，将工艺种类，各种校正功能的作用范围及相关参数设计并填于工艺卡内，指导扫描仪操作人员的扫描工作，是一种系统、高效、数据化的质量控制方法。

习　题

1. 简述印前系统的构成要素及其要求。
2. 试述比较图文数字化中三种采样方式的异同。
3. 如何实现等间隔量化？
4. 如何根据输出分辨率来确定扫描分辨率？
5. 简述色彩校正的必要性。
6. 简述层次校正的特点。
7. 为什么要进行图像的清晰度校正？
8. 试比较拼大版中自翻与滚翻的异同。
9. 简述 CTP 制版流程及其质量控制方法。

第四章　油墨传递原理

印刷过程是油墨从印版向承印物表面转移的过程。始终保持油墨传输和转移的稳定、均匀和适量，是获得高质量印刷品的保证。影响油墨转移的因素很多，包括承印材料的表面特性和状况、印刷油墨的流变特性、印版的材质和图文形式、印刷机的类型和结构、印刷的压力和速度等。

第一节　油墨转移原理

一、油墨转移方程

油墨转移方程是对油墨转移过程进行定量分析的解析表达式，它建立了转移墨量与印版墨量之间的数量关系，并且通过方程中的参数，将墨量转移与纸张、油墨的印刷适性及印刷条件联系起来。很多年来，许多学者致力于油墨转移方程的研究，建立的油墨转移方程有十几种形式，其中，应用较为广泛、受到普遍认可的，为美国人沃尔克（W·C·Walke）和费茨科（J·W·Fetsko）于 1955 年提出的油墨转移方程，叫 W·F 油墨转移方程。

以纸张作为承印材料，由于纸张表面的凹凸不平，致使油墨转移过程中，纸张表面不可能与油墨完全接触。在印刷压力的作用下，纸张与印版表面的油墨相接处，一部分油墨填充到纸张凹陷处，剩余大部分油墨称为自由墨量。自由墨量以一定的比例转移到承印物表面，成为转移墨量的一部分，另一部分则残留在印版上。设印版上供墨量为 x，转移到纸张的墨量为 y，则印刷一次转移到纸张上的墨量为

$$y = (1-e^{-kx}) \{ b(1-e^{-x/b}) + f[x-b(1-e^{-x/b})] \}$$

方程中 b 为极限容墨量，f 为自由墨量的分裂率，表示自由墨量转移到纸张上的比例，k 为印刷平滑度，表示在印刷压力作用下纸与油墨接触的平滑程度。这三个参数需要在特定的印刷条件下赋值。

W·F 油墨转移方程表明，在供墨量 x 一定时，油墨转移量 y 将随着参数 b、k、f 的增加而增加，而 b、k、f 的大小又受到纸张、油墨的印刷适性的影响。

b 值主要与纸张的平滑度、油墨的塑性黏度以及印刷压力、印刷速度有关，一般规律是：纸张平滑度越低，油墨塑性黏度越小，印刷压力越大，印刷速度越低，b 值越大。

k 值的大小主要与纸张的平滑度和可压缩性有关，纸张平滑度越高，可压缩性越大，k 值越大。

f 值的大小与油墨的屈服值、塑性黏度、拉丝短度以及油墨连结料的黏度有关，当上述各量减小时，f 值将增大。

由此可见，在一定印刷条件下，为了提高油墨转移量，必须改善和提高承印物、油墨及其他材料的印刷适性。

二、印刷过程中的润湿

表面上的一种流体被另一种流体取代的过程即为润湿。印刷中，油墨转移到墨辊上，从墨辊转移到印版上，从印版转移到橡皮布上或直接转移到承印物上；润湿液转移到水辊上，从水辊转移到印版上，这些过程是润湿过程。

在一般的生产实践中，润湿是指固体表面上的气体被液体所取代的过程。固体的表面被液体润湿后，便形成了"气-液"、"气-固"、"液-固"三个界面，通常把有气相组成的界面叫做表面，把"气-液"界面叫做液体表面，"气-固"界面叫做固体表面。

印刷中，油墨或润湿液必须取代各个印刷面上的空气，将固体表面转变为稳定的液-固界面。改善油墨和印刷面的润湿性能，优化油墨传输，增强润湿液对印版空白部分的润湿性，防止版面沾脏，是润湿的主要任务。

润湿是固体表面结构与性质、固-液两相分子间相互作用等微观特性的宏观表现。润湿作用是油墨传输和转移的理论基础，是提高印刷材料的印刷适性、进行印刷新材料、新工艺研究的理论依据。

1. 表面张力与表面过剩自由能

表面张力与表面过剩自由能是描述物体表面状态的物理量。

液体表面或固体表面的分子与其内部分子的受力情况是不相同的，因而所具有的能量也是不同的。如图 4-1 所示，液体内部分子被同类分子包围，分子的引力是对称的，合力为零。液体表面分子受内部分子引力和外部气相分子引力，因为液相的分子引力远大于气相的分子引力，合力不为零，且指向液相的内侧。

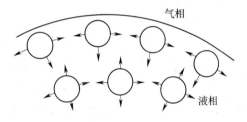

图 4-1　液体分子能量

液体表面分子受到的拉力形成了液体的表面张力。相对于液体内部所多余的能量，就是液体的表面过剩自由能。由于表面张力或表面过剩自由能的存在，没有外力作用时，液体都具有自动收缩其表面成为球形的趋势。

表面张力的量纲是（力/长度），常用的单位是 N/m（牛顿/米）。对于某一种液体，在一定的温度和压力下，有一定的表面张力。随着温度的升高，液体分子间的引力减少，共存的气相蒸汽密度加大，所以表面张力总是随着温度的升高而降低。所以，测定表面张力时，必须固定温度，否则会造成较大的测量误差。

在恒温恒湿条件下，增加单位表面积表面所引起的体系自由能的增量，也就是单位表面积上的分子比相同数量的内部分子过剩的自由能，因此，也称为比表面过剩自由能，常简称为比表面能，单位是 J/m² （焦耳/米²）。因为 1J＝1N·m，所以，一种物质的比表面能与表面张力数值上完全一样，量纲也一样，但物理意义有所不同，所用的单位也不同。

固体表面与其内部分子之间的关系和液体的完全相似，只是固体表面的形状是一定的，其表面不能收缩，因此固体没有表面张力而只有表面自由能。

常用液体的表面张力和固体的表面自由能如表 4-1 和表 4-2 所示。

表 4-1　　　　　　　　　　　　　　常用液体的表面张力

液体名称	表面张力 σ/ $(10^{-3} N/m)$	液体名称	表面张力 σ/ $(10^{-3} N/m)$
乙醚	16.9	聚醋酸乙烯乳液	38
乙醇	22.8	蓖麻油	39
硝化纤维素胶	26	乙二醇	48.2
甲苯	28.4	甘油	64.5
液体石蜡	30.7	水	72.8
油酸	32.5	酸固化酚醛胶	78
棉籽油	35.4		

表 4-2　　　　　　　　　　　　　　固体的表面自由能

商品中文名称	表面自由能 E/ $(10^{-3} N/m)$	商品中文名称	表面自由能 E/ $(10^{-3} N/m)$
聚四氟乙烯	18.4	聚苯乙烯	42
聚丙烯	31.4	玻璃纸	45
聚乙烯	33.1	聚酯	46
聚甲基丙烯酸甲酯	39	印刷用纸	72
聚氯乙烯	41.1	石蜡	

当油墨的表面张力小于承印物的表面能时，油墨能够润湿承印物，为印刷创造了必要的条件；反之，在低表面能的表面印刷，例如塑料，油墨不容易润湿承印物，这时需要对承印物表面进行处理或改性后才能够正常印刷。

2. 液体在固体表面的润湿条件

当液-固两相接触后，体系自由能的降低即为润湿，也就是指液体分子被吸引向固体表面的现象。液体完全润湿固体必须满足一定的热力学条件，如果在一个水平的固体表面上放一滴液体，除了重力之外，还有表面张力的作用。1805 年 T·Young 提出了润湿方程：

$$\gamma_S - \gamma_{SL} = \gamma_L \cdot \cos\theta$$

式中 γ_S、γ_{SL}、γ_L 分别表示固体表面、固-液界面、液体表面的表面张力。在液滴接触物体表面处画出液滴表面的切线，这条线和物体表面所成的角叫做接触角，用 θ 表示，如图 4-2 所示。

任何物体表面对于液体的润湿情况都可以用接触角进行衡量。由上式导出式

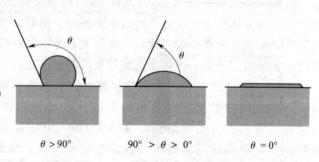

$\theta > 90°$　　　$90° > \theta > 0°$　　　$\theta = 0°$

图 4-2　液体在固体表面的润湿

$$\cos\theta = \frac{\gamma_S - \gamma_{SL}}{\gamma_L}$$

若 $\theta = 0$，即 $\cos\theta = 1$，则 $\gamma_S + \gamma_L = \gamma_{SL}$，则液体能在固体表面铺展。通常我们将 $\theta =$

90°作为润湿与否的界限，当 $\theta>90°$ 时，叫做不润湿；当 $\theta<90°$ 时，叫做润湿，θ 角越小，润湿性能越好；当 $\theta=0$ 时，固体被完全润湿。

第二节　承印材料对油墨转移的影响

承印物是能够接受油墨或吸附色料并呈现图文的各种物质的总称。印刷中使用的承印物包括纸张、塑料薄膜、纤维织物、金属、陶瓷、玻璃等。用量最大的是纸张和塑料薄膜。

一、纸　　张

1. 纸张的组成

纸张是由纤维、填料、胶料和色料等组成的。

纤维是纸张的基本成分，以植物纤维为主。常用的植物纤维有棉、麻、木材、芦苇、稻草、麦草等。

填料可以填充纤维间的空隙，使纸张平滑，同时提高纸张的不透明度和白度。常用的填充料有：滑石粉、硫酸钡、碳酸钡、钛白等。

胶料的作用，是使纸张获得抗拒流体渗透及流体在纸面扩散的能力。常用的胶料有松香、聚乙烯醇、淀粉等。

色料的加入能够校正或改变纸张的颜色。如加入群青、品蓝可以获得更加洁白的纸张。

2. 纸张的规格

（1）纸张的尺寸　印刷纸张的尺寸规格分为平板纸和卷筒纸两种。

平板纸的幅面尺寸包括 A 系列和 B 系列。其中 A 系列：890mm × 1240mm 、900mm× 1280mm；

B 系列：1000mm×1400mm。卷筒纸的长度一般为 6000m ，宽度尺寸有 880mm、890mm、889mm、1562mm、1572mm 等。

（2）纸张的重量　纸张的重量用定量和令重来表示。定量又称克重，是单位面积纸张的重量，单位为 g/m^2 （克/米^2）。常用的纸张定量有 50、60、70、80、100、120、150g/m^2等。定量越大，纸张越厚。一般情况下，定量在 250g/m^2 以下的为纸张，超过 250g/m^2 的为纸板。

令重是每令纸张的总重量，单位是 kg。1 令纸为 500 张，每张纸的大小为标准规定的尺寸，即全张纸。

根据纸张的定量和幅面尺寸，可以用下面的共识计算令重。

$$令重 = \frac{纸张的幅面（m^2）\times 500 \times 定量（g/m^2）}{1000}$$

卷筒纸的计量是以重量表示的，卷筒纸的净重可由下式计算：

$$卷筒纸净重（kg）= \frac{定量（g/m^2）\times 卷筒纸长（m）\times 卷筒纸宽（m）}{1000}$$

3. 纸张的印刷适性

纸张的印刷适性是指纸张与印刷条件相匹配，适合于印刷作业的性能。主要包括纸张的丝缕、表面强度、含水量、吸墨性、酸碱性等。

（1）**纸张的丝缕**　指纸张大多数纤维排列的方向。一般把纤维排列方向与平板纸（全张纸）长边平行的称为纵丝缕纸，把纤维排列方向与平板纸垂直的称为横丝缕纸，如图4-3所示。纸张是一种对水分很敏感的物质，由于温、湿度的变化，纸张朝着与丝缕成直角方向的伸缩率要比平行方向的伸缩率大得多。因此，印刷或印后加工中，应考虑纸张丝缕对印刷品质量的影响，如图4-4所示。

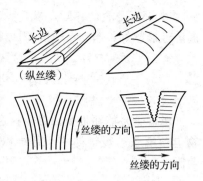

图4-3　纸张的丝缕

（2）**纸张的表面强度**　纸张的表面强度指在印刷过程中，纸张受到油墨剥离张力作用，具有的抗掉粉、掉毛、起泡以及撕裂的性能，用拉毛速度表示，单位是m/s或cm/s。高速印刷机印刷或高黏度油墨印刷时，要选用表面强度大的纸张，否则容易发生纸张掉毛、掉粉的故障，从纸面上脱落的细小纤维、填料、涂料粒子，易堵塞印版上图像的网纹或堆积在橡皮布上，引起堵版，使印版耐印率下降。

（3）**纸张的含水量**　纸张的含水量指纸样在规定的烘干温度下，烘至恒重时，所减少的质量与原纸样质量之比，用百分率表示。一般纸的含水量在6％～8％。纸张中含水量的大小直接影响印刷产品的质量，同时也给印刷工艺操作带来较大的难度。纸张含水量的变化会引起纸张的变形，造成纸张的"纸病"。如"荷叶边"、"紧边"、"卷曲"等形式。荷叶边是因为纸张吸湿造成的，紧边是纸张脱湿造成的，卷曲是由于纸张正反面的含水量不同而造成的。纸张的变形如图4-5所示。

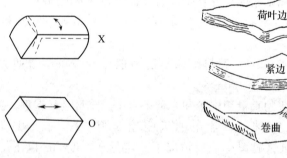

图4-4　适合包装的丝缕　　　　　图4-5　纸张的变形

由于纸张的这些伸缩变形，造成印刷过程中套印不准等问题，从而影响印刷质量。纸张中含水量过高时，纸张的抗张能力、表面强度就会降低，塑性增强，印迹干燥速度变慢。纸张的含水量过低，纸张脆硬，在印刷过程中，会发生静电吸附现象，导致输纸困难、印刷品背面蹭脏等故障。

（4）**纸张的吸墨性**　指纸张对油墨的吸收能力。纸张吸墨性的强弱，主要取决于纸张纤维的种类、配比和纤维间的间隙。此外，与印刷过程中印刷压力的大小、压印时间的长短、油墨的黏着性和渗透性有着密切的关系。纸张吸墨过快，会使印迹无光泽，印迹粉化，印刷网点增大，造成透印等故障。纸张吸墨过慢，使油墨的干燥速度减慢，引起印刷品背面蹭脏，严重时发生印张粘连。

（5）**纸张的酸碱性**　纸张在制浆和造纸过程中，由于处理不当，可能使纸张呈现酸性或碱性。例如，在造纸过程中进行施胶时，浆料存在着残氯与有机酸，如处理不当，造出的纸张呈酸性；又如，造纸时用的碱性填料和色料，浆料中存在残碱液等，造出的纸呈碱性。纸张的酸碱性一般用 pH 来表示。在胶印的过程中，纸张酸碱性对印迹的氧化结膜干燥速度有着直接的影响。酸性纸张将影响油墨氧化结膜，使油墨干燥减慢；纸张呈碱性，则加快油墨氧化结膜干燥的速度。纸张的酸碱性还影响油墨的乳化，造成印版表面空白部分浮脏。此外，纸张中含有游离酸，印刷品存放的过程中，由于空气中湿度的影响，长年累月就会造成纸张被侵蚀，降低印刷品的耐久性。

二、软塑包装材料

目前应用较为广泛的软塑包装材料，主要有塑料薄膜、铝箔、真空镀铝薄膜和复合薄膜等。

塑料薄膜是以合成树脂为基本成分的高分子有机化合物，塑料薄膜是除纸张以外，用量最大的一类承印物。常用的塑料薄膜有：聚乙烯（PE）、聚丙烯（PP）、聚氯乙烯（PVC）、聚苯乙烯（PS）、聚乙烯醇（PVA）、聚碳酸酯（PC）、聚酯（PET）、醋酸酯（CA）、尼龙薄膜（NY）、玻璃纸（PT）等。

1. 软塑包装材料的印刷特性

（1）塑料薄膜　塑料薄膜的特点是：

① 塑料薄膜属非极性高分子化合物，对印刷油墨的黏附能力很差，为了使塑料薄膜表面具有良好的油墨附着能力，增强印品的牢固性，必须在印刷前进行表面的活化处理。

② 吸湿性大。受周围空气的相对湿度影响，产生伸缩变形，导致套印不准。

③ 受张力伸长。薄膜在印刷过程中，在强度允许的范围内，伸长率随张力的加大而升高，给彩色印刷套印的准确性带来困难。

④ 表面光滑，无毛细孔存在。油墨层不易固着或固着不牢固。第一色印完后，容易被下一色叠印的油墨粘掉，使图文不完整。

⑤ 表面油层渗出。掺入添加剂制成的薄膜，在印刷过程中添加剂部分极易渗出，在薄膜表面形成一层油质层。油墨层、涂料或其他黏合剂不易在这类薄膜表面牢固地粘结。

⑥ 由于塑料薄膜属非吸收性材料，没有毛细孔存在，油墨不易干燥。

这些特点都不利于印刷，所以必须在印制前对塑料薄膜进行表面处理。

（2）玻璃纸（PT）　玻璃纸的特点是：

① 透明度高、光泽度强，印刷图文后色泽格外鲜艳，这是塑料薄膜所不能达到的。

② 印刷适性好，印刷前不需要经过任何处理。

③ 具有抗静电性能，不易吸附灰尘，避免了图文上脏等印刷故障的发生。

④ 防潮性差，薄膜受温湿度的影响易变形，导致印刷时图文不易套准。

（3）铝箔（Al）　铝箔的特点是：

① 质轻，具有金属光泽，遮光性好，对热和光有较高的反射能力。金属光泽和反射能力可以提高印刷色彩的亮度。

② 隔绝性好，保护性强。不透气体和水汽，防止内装物吸潮、氧化。不易受细菌、霉菌和昆虫的侵害。

③ 形状稳定性好，不受温度变化的影响。

④ 易于加工，可对铝箔进行印刷、着色、压花、表面涂布、上胶、上漆等。

⑤ 不能受力，无封缄性，有针孔和易起皱，故一般不单独使用。通常与纸、塑料薄膜加工成复合材料，克服了无封缄性的缺点，其隔绝性等优点也得到了充分的发挥。

铝箔在食品和医药等包装领域中应用很广。铝箔与塑料薄膜复合，有效地利用了耐高温蒸煮和完全遮光的特性，制成蒸煮袋，可包装烹调过的食品。多层复合薄膜也用于饼干、点心、巧克力、奶制品、调味料、饮料等小食品包装。

（4）真空镀铝薄膜（VMAl）　真空镀膜的主要作用是代替铝箔复合，使软塑包装同样具有银白色的美丽光泽，提高软塑包装膜袋的阻隔性、遮光性，从而降低成本。

真空镀铝的被镀基材膜是熔点比较高的聚丙烯膜（包括 CPP、IPP、BOPP）、聚酯膜（PET）、尼龙膜（NY）、纸在采用预处理或后调湿处理后也可直接真空镀铝，聚乙烯膜（PE）、玻璃纸（PT）可以采用间接镀铝工艺。

为了提高镀铝的牢度，国外需要在被镀基材膜上涂布底层。而国内普遍无底涂，仅在涂面进行电晕处理。

薄膜的真空镀铝方式有两种，可以在薄膜的面膜上进行反像印刷（里印），然后真空镀铝，再同底膜复合；也可以在面膜上反像印刷，再同已真空镀铝的底膜进行干式复合。后者的底膜必须是耐热性较好且可以热封的 CPP（未拉伸聚丙烯膜）或 IPP（吹胀聚丙烯膜）。

应当指出的是，在印刷了的面膜上进行真空镀铝时，虽然是"里印"，但却不必使用里印油墨，只需是耐热性优良的油墨即可。如果真空镀铝后印刷品发暗，失去光泽，这是因为油墨的耐热性差。在印刷面上进行真空镀铝，由于油墨中的黏结性树脂是一个良好的底涂层，镀铝层的牢度比较好，尤其是印刷满版实地时，镀铝层的牢度更好。

真空镀铝膜与铝箔相比，大大节约了用铝量，前者仅为后者的 1/200～1/100，但却具有与铝箔相差不多的性能，同样具有金属的光泽性和隔绝性。由于真空镀铝层的厚度比较薄，仅为 $0.4～0.6\mu rn$，不能用于代替需要高阻隔性的铝箔复合膜，例如：抽真空包装和高温蒸煮袋。由于真空镀铝膜成本比铝箔低，在食品、商标等领域将得到大幅度发展。近年真空镀铝纸的出现，在香烟、冷餐纸盒、口香糖等包装方面正在逐渐取代铝箔。

（5）复合薄膜　当我们走进商店看到那琳琅满目的软塑包装食品，如轻便的软塑包装饮料、保鲜保味的快餐食品，便于储存的速冻食品等，这些均采用多层复合薄膜制成。

复合薄膜既可保持单层薄膜的优良特性，又可克服各自的不足，复合后具有新的特性，满足商品对薄膜的不同要求，如食品包装要求薄膜具有防潮、防气、防光、耐热、耐油、耐高温、热封性等优良性质，同时还要具有良好的印刷适性和装饰艺术效果。这些性能和要求是单一薄膜难以达到的。就拿用得最广的 PE 薄膜来说，虽然具有极好的透明性、防潮性、耐热性、化学稳定性，但它的耐油性差、抗氧性有限、印刷造性差。PET、PA 薄膜有较高的抗张强度和疲劳强度，但前者防潮性差，后者热封性和抗化学性差。PT（玻璃纸）透明度极好，不带静电，不易污染，易粘合，但韧性、耐水性与防潮性都差。铝箔具有闪烁的金属光泽和热导性能。阻隔潮气、蒸汽、光射、油脂性能好，但存在着易破裂、缺乏柔软性、无热粘合性等缺点，多层薄膜复合在一起，同时具有防潮、防气、防光、耐热、耐油、耐高温、热封性好等优良性质，成为比较理想的包装材料。

复合薄膜的种类很多，常见的有玻璃纸与塑料薄膜的复合；塑料薄膜与塑料薄膜的复合；铝箔与塑料薄膜的复合；铝箔、玻璃纸与塑料薄膜的复合；各种纸张及其印刷品与各种塑料薄膜的复合等，有 30～40 种之多。复合层数一般为 4～5 层。

各种复合薄膜的基本结构，是以玻璃纸（PT）、拉伸聚丙烯（BOPP）、尼龙（NY）、聚酯（PET）等非热塑性或高熔点薄膜为外层，以聚丙烯（PP）、聚乙烯（P）为内层进行综合应用。

表 4-3 列举了常用商品使用的复合薄膜，在选择复合薄膜的同时，还要考虑到印刷性能，以便获得精美的商标图案，引起顾客的购买欲望。

表 4-3 常见商品使用的复合薄膜

商品名称	结　　构
膨化食品	双向拉伸聚丙烯/聚乙烯（BOPP/PE）；双向拉伸聚丙烯/聚偏二氯乙烯/未拉伸聚丙烯（BOPP/PVDC/CPP）
快速面	改性聚酯/聚乙烯（PET/PE）
草莓酱	双向拉伸尼龙/未拉伸聚丙烯（ON/CPP）
橘子汁	聚酯/双向拉伸尼龙/铝箔/未拉伸聚丙烯（PET/ON/Al Foil/CPP）
榨菜	聚酯/铝箔/未拉伸聚丙烯（PET/Al Foil/CPP）
巧克力、药品包装	铝箔/聚乙烯（Al Foil /PE）
茶叶	玻璃纸/聚乙烯/铝箔/纸/聚乙烯（PT/PE/Al Foil/Paper/PE）
蒸煮食品	聚酯/铝箔/聚烯烃（PET/Al Foil/聚烯烃）
粉末食品	玻璃纸/聚乙烯/铝箔/聚乙烯（PT/PE/Al Foil/PE）

2. 印刷适性处理

软塑包装与纸制品包装相比有许多优点，特别是软塑包装的防潮性和阻气性是纸制印刷品所不能比拟的，但塑料薄膜在印迹的附着性上，油墨的干燥速度和印材本身变形等方面，远不如纸张，易出现墨层脱落、粘连、套印不准等问题。

（1）印迹附着性差的问题

① 塑料薄膜表面极性分析。如前所述，常用于印刷的塑料薄膜主要有：PP、PE、PVC、PS、PET、PT 等，而在其表面印刷的塑料油墨则主要是以聚酰胺、氯化聚丙烯或聚氨酯树酯为连结料的油墨。塑料油墨中的聚酰胺、氯化聚丙烯和聚氨酯等都是具有极性基团或具有极性的高分子化合物。根据"相似者相溶"的原理，只有塑料薄膜表面也具有极性时二者才能较好吸附，获得较好的附着牢度。

PVC、PS、PT 的分子中都含有极性基团，因而薄膜表面具有极性，印刷前无需对其表面作任何处理，即可得到牢固的印刷图文。而 PP、PE 和 PET 分子中无极性基团，是非极性物质，化学稳定性极高，导致这种薄膜表面对其他物质的吸附能力极差，墨层不易固着，印刷墨层在其表面干燥后形成图文的牢固性差，给印刷作业带来困难。如不对这类薄膜作改性处理，印刷质量很难保证。为了使聚烯烃类薄膜（如 PP、PE 等）也能具有较好的印刷适性，就要对其表面进行处理。表面处理的目的在于使塑料薄膜表面活化，生成新的化学键使表面粗糙，从而提高油墨与塑料薄膜表面的结合牢度。

② 处理方法——电晕处理法。塑料表面处理常用的方法中火焰处理、化学处理、溶

剂处理和电晕处理等,其中电晕处理且适合于塑料薄膜,已被广泛应用。

电晕处理,也称电火花处理。塑料薄膜在两个电极中间穿过。利用高频振荡脉冲,使空气电离,产生放电现象,使薄膜表面生成极性集团和肉眼看不见的密集微小凹陷,有利于印刷油墨的附着。电晕处理具有处理时间短、速度快、污染小、操作简单、方便等优点,但与其他处理方法相比,存在着处理后效果极不稳定的弱点。

塑料薄膜经电晕处理后,其处理面的表面张力显著提高,但很不稳定,随着存放时间的增长而逐渐下降,下降速度逐渐减慢。图 4-6 为 PP 膜处理面一面张力随时间下降的曲线。

电晕处理工艺路线有三种。第一种是在薄膜生产中进行处理;第二种是在印刷、复合中进行处理;第三种是在薄膜生产中进行第一次处理,再在印刷、复合中进行第二次处理。对后两种工艺

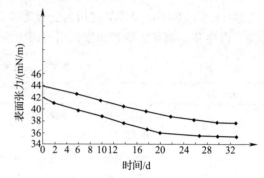

图 4-6　聚丙烯薄膜处理面表面张力随时间变化图

路线,由于是处理后立即印刷、复合,因此,不存在处理后放置过久,效果不稳定,表面张力下降的问题。但对第一种工艺路线,可能会相隔较长时间才印刷、复合,由于处理效果变差,出现印刷、复合质量问题。所以要求电晕处理与印刷的间隔时间应尽量短,最好是薄膜生产、电晕处理和印刷操作连续化。原则上从吹塑到印刷时间不超过 15 天,否则,随着时间的延长,处理面的表面张力逐渐下降,不能达到应有的效果。另外处理后的表面也易吸尘而污染。对于不能马上印刷、复合的薄膜,在电晕处理时,就必须加大处理强度,使薄膜处理过头。例如某薄膜厂生产的 PP 薄膜,大约需要 18 天运输时间才能到达印刷厂印刷,印刷厂要求印刷时薄膜的表面张力为 40mN/m。查图可知,18 天后表面张力大约下降了 4mN/m,现在该薄膜实际的表面张力是 36mN/m。

③ 常用的电晕处理机

a. LF-Ⅱ型介质表面电子处理机(与平挤平吹机配套用)。该机适用于小规格(宽 300mm 以下)薄膜吹塑时的表面电晕处理,此机投资少、耗能低。

b. GBDC-1 型介质表面电子处理机(与平挤上吹机配套用)。该机功率大,可对宽幅薄膜(1000mm)进行单面电晕处理,对电晕失效后的薄膜或冷膜也能作电晕复打处理,但速度在 8~15m/min,价格较高。

以上两种电晕处理机,必须用碘钨红外线灯升温后,再进行电晕处理,就是将电晕处理机刀具装置在凹版或凸版轮转印刷机放料架与第一套印刷滚筒之间适当的部位上,当薄膜进入电晕机处理前,必须通过碘钨红外线灯的辐照,薄膜受热后即速进行电晕处理,这样就可以进行追补电晕处理,达到应有的效果。

④ 处理效果的检验。塑料薄膜经印前处理后,是否达到印刷要求,可用下述方法检验其效果。

a. 可湿性。让水流过塑料薄膜表面,未处理的表面排斥水,已处理的表面保留水分达几分钟之久。处理不完全的表面则出现黏着力有好有坏的不同区域。

b. 透明带检验。在已印过油墨的薄膜图文表面,牢固地贴上胶带,然后再迅速扯

下，记录胶带粘定的油墨量，合乎要求的是油墨不被粘走。

c. 黏着力剥离检验。用辊把指定的压敏胶带贴压在薄膜表面上，用张力计测其剥离强度。薄膜处理的效果越好，其剥离强度越大。

d. 揉搓检验。用手折皱和搓揉一会儿印过的薄膜，如果油墨没有出现龟裂或脱落现象，说明黏着力是合乎要求的。

（2）印迹干燥问题　由于塑料薄膜表面结构紧密，油墨转移到塑料薄膜表面，其吸收能力差，油墨层依靠溶剂的挥发，使色料层黏着干固。由于印刷速度快，在极短的时间内，色料中的溶剂挥发不足，即使溶剂全部挥发掉，色料本身尚未全部干燥。因此套印叠色时，往往后色将前色还没有全部干固的墨层粘掉一部分，使后者的墨层不能彻底地转移到薄膜表面，造成复制的图文不柔和、色调不一致。

解决办法：热风干燥法或红外线干燥法催干。印刷机上的干燥系统是机器的一个重要组成部分。

无论采用哪种干燥方式，油墨层都有一个干燥过程。这个干燥过程可以分为中间干燥和最终干燥。各个印刷机组之间的干燥，称为中间干燥。如印完一色，尚未印第二色之前，使油墨层表面的溶剂挥发。在印刷过程中，中间干燥的时间很短，因此，油墨层不可能完全干燥。图文所有的颜色全部套印完毕的油墨层，其综合性的干燥过程，称为最终干燥。最终干燥的时间比中间干燥的时间充足，经过的路程也较长，因此，可以通过干燥装置使油墨层的溶剂充分挥发掉。

若中间干燥或最终干燥不够完全，则会产生薄膜反面粘脏的现象。

解决油墨干燥问题的另一个办法是调整油墨的配比，通常向油墨中加入适量的溶剂，以调节油墨的干燥速度。

（3）承印材料本身的变形问题　塑料薄膜在展开、导料、压印过程中，由于张力的作用而伸长。在强度允许的范围内，张力越大，伸长率越高，影响图文套印的准确性。特别指出的是玻璃纸，这种薄膜的吸湿能力强，受周围环境的温度和相对湿度影响而产生伸缩变形。含增塑剂的薄膜质软、伸缩率更大。承印材料幅面的收缩和膨胀，同样影响图文的套印准确，给印刷加工带来很大困难。

解决办法：制成复合薄膜。例如，普通玻璃纸变形率很大，图文不易套准。玻璃纸与聚乙烯薄膜复合后，就成为防湿玻璃纸。防湿玻璃纸的印刷适性，如对油墨的粘附力，受温湿度影响后的变形率，套色叠印的准确性都得到了改善，为提高印刷质量提供了有利条件。

三、金　属　箔

金属是平滑度很高的承印材料，油墨的附着只能依靠分子间的二次结合力。但是，金属表面是高能表面，比表面能比油墨的表面张力高得多，油墨附着时能大大降低金属的表面自由能，使油墨的附着效果较好。

金属印刷的主体是马口铁印刷，但由于锡产量少、价格高，近年来多用镀铬或锡的薄钢板代替；装饰性建材则以镀锌铁板为主。铝材作为薄板、箔和冲压罐、拉拔罐等成型品进行印刷。

金属与其他印刷材料相比，其突出的特点是表面光滑、质地坚硬、木吸油墨，因此印铁油墨必须是快干性的或紫外线固化的光敏油墨；同时，由于印刷后的金属承印物需经过机械加工处理，又要求干透了的涂膜及油墨膜有足够强固性；若要制成食品罐头，则尤其要注意杀菌时的高温及其他因素的影响。故印铁油墨应具备与普通胶印木同的特性；印铁油墨的墨膜加热干燥固化后，不能变色、褪色或泛黄；应有良好的耐溶剂性，防止上光时产生渗色现象；印铁制品大多要经过冲压、打孔、折曲、封口等工序的加工，墨膜应具有良好的附着力、柔韧性、表面硬度和抗冲击强度；作为日常用品，印铁油墨不能因光的照射或气候变化而褪色和老化等。

由于金属材料无吸湿性，漆底、印刷及上光后均为湿润状态，所以必须进行干燥处理；而且不能进行湿压湿多色印刷，只能对重叠较少的画面进行双色印刷。若采用紫外线干燥油墨，可使用四色铁皮印刷机进行多色印刷。铁皮胶印中，应采用硬性橡皮市及硬性衬垫，否则会使网点再现不良。

由于金属承印材料表面不能渗透，容易产生网点增大现象。与纸张印刷油墨相比，金属印刷平版胶印应使用高黏度的油墨。金属表面属于非吸收性表面，版面上的润湿水过多容易产生油墨的乳化，因此，应通过控制版面上的水膜厚度和着墨量来达到版面上的水、墨平衡。

金属印刷中，为提高印后加工的适应性，并使印件表面具有一定的光泽度，在印刷油墨未完全干燥之前应进行上光处理（印后涂布），以形成均匀、平滑的涂膜，避免产生渗色现象。同时，金属印刷油墨应具有一定的硬度和韧性，在反复加热时不能改变其性质，底色涂层和上光油应具有良好的附着性。

第三节　印刷油墨及其影响

一、油墨的组成

油墨是由色料、连结料、辅助剂等成分均匀分散混合而成的浆状胶体，如表4-4所示。色料赋予印刷品丰富多彩的色调；连结料作为色料的载体，也作为黏合剂使色料固着在承印物表面上；辅助剂赋予油墨适当的性质，使得油墨满足各种印刷过程的印刷适性。

表4-4　　　　　　　　　　　　油墨的主要成分

油墨	主剂	颜料	有机颜料、色淀性颜料、无机颜料
		连结料	油型连结料、树脂型连结料、有机溶剂
	辅助剂	流动性调整剂	黏度调整剂、黏着性调整剂、防脏剂
		干燥性调整剂	干燥剂、干燥抑制剂
		色调调整剂	冲淡剂、提色剂

（1）色料　印刷油墨的色料是由颜料或染料配制而成的。颜料以微粒状态着色，均匀地分散在连结料中；染料在使用时需要配制成溶液，呈分子状态着色。目前，油墨中多使用颜料。颜料是以微粒状态着色，因此其颗粒的大小、形状、分布、表面性质等对油墨性能有直接影响。油墨颜色的饱和度、着色力、透明度等性能和颜料的性能有着密切的关系。此外，根据使用目的不同，还要求色料具有不同的耐抗性。常用颜料的耐光、耐水和耐溶剂性能如表4-5所示。

表 4 - 5　　　　　　　　　　　　　　　各种颜料的牢固性

颜料	代表性颜料	牢固性			颜料	代表性颜料	牢固性		
		耐光	耐溶剂	耐水			耐光	耐溶剂	耐水
红	金光红	差	良	优	紫	盐基青莲色淀	良	差	良
黄	耐晒黄	优	良	优	黑	炭黑	优	优	优
	耐苯胺黄	差	优	优	白	钛白	优	优	优
绿	酞菁绿	优	优	优	无色	碳酸钙	优	优	优
蓝	酞菁蓝	优	优	优		碳酸钡	优	优	优

（2）连结料　连结料是一种胶粘状的流体。它是由少量的天然树脂、合成树脂、纤维素衍生物、橡胶衍生物溶在干性油或溶剂中制成的。

连结料在油墨中的作用是使颜料颗粒均匀分散，使油墨具有一定的流动性，并使油墨能够在印刷后形成均匀的薄层，干燥后形成有一定强度的油墨膜。在印刷过程中，连结料携带着颜料的粒子，从印刷机的墨辊、印版、辗转至承印物上形成墨膜，固着、干燥并粘附在承印物上。墨膜的光泽、干燥性、机械强度等性能和连结料的性能有关。连结料应具有成膜作用，使颜料固着于印刷面上，并对颜料起保护作用，使颜料不致从承印物上粉化脱落，连结料所用的原料也不同，如表 4 - 6 所示。

表 4 - 6　　　　　　　　　　　　　　　连结料用原料

油墨类型＼类别	树脂	干性油	溶剂
干性油型油墨	松香改性酚醛树脂 石油系醇酸树脂	亚麻籽油 合成干性油	高沸点石油系列溶剂
溶剂型油墨	聚酰胺树脂 乙烯系硝酸纤维素	—	脂类、甲苯 酮类、醇类
水型油墨	马来酸系、醇酸系、紫胶	—	水、醇、乙二醇

油墨的配置工艺比较复杂，一般是将颜料、连结料以及各种添加剂，按照一定的比例，先在调墨机中混合成油状膏剂，再在辊式研磨机或中反复辗磨，使颜料以微细的粒子，均匀的分散在连结料中而制成的。

二、油墨的印刷适性

在印刷过程中，印刷机输墨系统将油墨从墨斗经墨辊、印版转移到承印物表面，形成墨膜，再经固化干燥黏结于承印物表皮面，致使油墨顺利地完成从印刷机到达承印物表面的转移，并牢固附着，油墨必须具备相应的印刷适性。油墨的印刷适性，指油墨与印刷条件相匹配，适合于印刷作业的性能。主要有黏度、黏着性、触变性、干燥性等。

1. 油墨的黏度

油墨在流动中表现出来的内摩擦特性，叫做油墨的黏滞性，量度油墨黏滞性的物理量，叫做油墨的黏度。油墨的黏度，可以用调墨油或油墨稀释剂进行调整。

油墨的黏度可以用黏度计来测量，常用的黏度计有平行板黏度计，旋转黏度计，拉雷黏度计等。印刷机的速度越快，要求油墨的流动性越大，黏度越小。

2. 油墨的黏着性

油墨从墨斗向墨辊、印版、承印物表面转移时，油墨薄膜先是分裂，而后转移，墨膜在这一动态过程中表现出来的阻止墨膜破裂的能力，叫做油墨的黏着性。量度油墨黏着性的物理量，叫做油墨的 Tack 值。油墨的黏着性，可以用撤黏剂或 ZY 油墨添加剂进行调整。油墨的 Tack 值可以用油墨黏着性仪来测量。

印刷过程中，如果油墨的黏着性和承印物的性能、印刷条件不匹配，则会发生纸张的掉粉、掉毛、油墨叠印不良、印刷版脏污等印刷故障。

3. 油墨的触变性

在一定的温度下，油墨经搅拌或施加机械外力后，流动性得到改善，黏度下降；静置后，流动性又变得不好，黏度上升，这种性质叫做油墨的触变性。

印刷过程中，如果油墨的触变性不良，则会发生"下墨不畅"，传墨不均匀，网点严重扩大等印刷故障。为了防止上述故障的发生，需用墨铲经常搅拌墨斗中的油墨或在墨斗中安装油墨搅拌器不时搅拌油墨。

4. 油墨的干燥

油墨的干燥比较复杂，主要有以下几种形式。

（1）渗透干燥　油墨中的连结料，有一部分渗透到承印物里，另一部分与颜料一起固着在承印物表面而干燥。高速卷筒纸印刷机使用的非热固性轮转油墨，一般以渗透干燥为主，主要印刷报纸、期刊。

（2）氧化聚合干燥　油墨中的连结料和空气中的氧气发生聚合反应，在承印物表面成膜而干燥。胶印亮光树脂油墨，颜色鲜艳，光泽性好，主要以氧化聚合干燥为主，用于印刷高档精细的胶印产品。

（3）挥发干燥　油墨中的部分连结料，挥发到空气中，剩余的连结料连同颜料固着在承印物表面而干燥。凹版印刷油墨是用挥发型溶剂为连结料的，所用的连结料是对人体有危害的苯、二甲苯。目前，水性油墨用于凹印和柔性版印刷，减少了对环境的污染，很有发展前途。挥发干燥的油墨特别适合印刷没有吸收性的薄膜材料，如塑料薄膜、金属箔等。

（4）辐射固化干燥　辐射干燥指油墨依靠射线的能量，使油墨连结料的分子产生聚合而从液体变成固体的干燥方式。射线的形式有紫外线、红外线、微波、电子束等。在辐射射线的照射下，油墨连结料的有机分子吸收能量，分子中的原子或集团振动或转动，增加了分子内部的能量，诱导有机分子产生物理变化和化学变化，促使不饱和碳链产生交联作用生成成型聚合物，或通过油墨中过氧化物与连结料分子发生聚合。目前紫外线干燥油墨在包装印刷中应用非常广泛，这种油墨固化时间短，干燥后结膜结实，油墨中无溶剂，无大气污染，可在各种承印物上印刷，具有较好的耐抗性，适合联线加工的印刷方式。从高速印刷、环境保护以及能源等方面考虑，紫外线干燥油墨具有明显的优势。

许多油墨的干燥，常常是两种干燥形式相结合来完成墨膜干燥的。例如，单张纸的快固着胶印油墨，适用于印刷一般的胶印产品，它是利用渗透和氧化聚合相结合的方式进行干燥的。印刷过程中，如果油墨的干燥不良，将会引起印张背面蹭脏、粘页、墨膜无光泽、油墨"晶化"等印刷故障。

为了加快油墨的干燥速度，可以在油墨中加入催干剂。常用的催干剂有：钴燥油、锰燥油、铅燥油等。为了降低油墨的干燥速度，可以在油墨中加入干燥抑制剂。

第四节　油墨的叠印

一、油墨叠印的方式

在彩色印刷中，后一色油墨在前一色油墨膜层上的附着，叫做油墨的叠印，也叫油墨的乘载转移。彩色印刷品上的颜色，一般是通过面积大小不同的黄、品红、青、黑等色的网点叠合或并列而呈现的。因此，印刷品的色彩再现效果，不仅牵涉到油墨的光学性质，而且也与油墨叠印的先后和油墨叠印的多少有关。

在各种不同的印刷中，油墨叠印方式分为干式印刷和湿式印刷的叠印。

1. 干式印刷的油墨叠印

先印的油墨固着在承印物上在接近干燥时，后一色油墨才印刷并附于其上，称之为干式印刷。用单色胶印机进行多色印刷以及使用多色凹印机、多色柔性版印刷机的印刷，均为干式印刷。油墨的叠印是以湿压干的方式进行的。

承印物上附着上油墨以后，表面原有的性质因被油墨覆盖而改变，墨膜表面性质就成了影响油墨叠印的主要因素。

印刷过程是墨膜分裂并转移到相应物面上的过程。当油墨的内聚力（即油墨分子间的力）小于油墨与物面间的附着力时，墨膜在附着力的作用下，先是分裂而后转移，这是墨膜对附着力的一种动态响应。墨膜本身在此动态过程中表现出来的阻止墨膜破裂的能力，叫做油墨的黏着性。因此，黏着性的实质是油墨内聚力在附着力的作用下的一种表面。如果第一色油墨的黏着性大于第二色油墨的黏着性，第二色油墨能够很好地附着在第一色墨膜上，叠印效果良好。相反，如果第二色油墨的黏着性大于第一色油墨的黏着性，第二色油墨不仅能在第一色墨膜上很好地附着，而且还会把第一色油墨带走，叠印便无法实现。可见，油墨的黏着性对于油墨的叠印有着十分重要的意义。

在干式印刷中，若两色油墨的印刷间隔控制不当，先印的油墨已经干燥才印后一色油墨，则因干燥的墨膜已失去了黏着性，墨层的油墨很难附着上去，这便造成了所谓的"油墨晶化"现象，它是一种印刷故障。为了防止油墨晶化现象的发生，第一色油墨不宜加放燥油，有时为延缓油墨的干燥，还需要在油墨中添加抑制油墨干燥的助剂。

2. 湿式印刷的油墨叠印

使用多色胶印机印刷时，每色之间的印刷间隔极短，前面印刷的油墨在几分之一秒内就需要叠印新墨，先印上去的油墨来不及干燥，后一色油墨就要往上叠印，墨膜在湿的状态下相互附着，故称之为湿式印刷。油墨的叠印是以湿压湿的方式进行的。

用四色胶印机印刷时，先行印刷的油墨尚未固着时，就要接纳新的油墨。这时叠印能否进行，就要看先印的油墨与后印的油墨的黏着性哪一个大了。如果后者比前者大，则先印的油墨便被后印的油墨"剥走"，产生"逆叠印"，这样湿式印刷就无法正常进行。从叠印效果的角度来看，四色胶印机第一机组印版滚筒印在承印物上油墨的黏着性，必须高于第二机组印版滚筒上的油墨黏着性，否则第一机组印版滚筒印上去的油墨将被第二机组的印版滚筒粘走。因此，在四色胶印机上使用的油墨，往往是按照各机组滚筒的顺序，使油墨的黏着性逐渐降低。

油墨的黏度，对湿式印刷的叠印效果也有很大的影响。油墨的黏度大，墨层表现出较大的内聚力，如果先印的油墨的黏度比后印的油墨的黏度低，后印的油墨会依赖自身的内聚力，把先印的油墨剥走。因此，四色胶印机上使用的油墨，也应该是按照各机组滚筒的顺序，使油墨的黏度逐渐降低。

提高湿式印刷的油墨叠印率，除了需要控制油墨的黏着性、黏度以外，还要考虑印刷油墨的墨膜厚度和印刷色序。

明度是表示油墨性能的一项重要指标。明度高的油墨，颜色鲜艳。把明度高的油墨放在最后一色印刷，能使整个画面色彩鲜艳明亮。而明度最低，作为画面轮廓用色较浓重的油墨，应该最先印。黄、品红、青、黑四色油墨，其中黄油墨的明度最大，黑油墨的明度最小。如果在四色胶印机上，第一色印黑油墨，最后一色印黄油墨，便能得到色泽艳丽的印刷品。从目前彩色印刷品的制版、印刷工艺条件和油墨呈色的性质来看，多色印刷采用逐渐增加墨膜厚度的黑→青→品红→黄的印刷色序，对提高多色印刷品的叠印效果是有利的。

综上所述，为了提高湿式印刷的叠印效果，多色胶印机油墨的黏着性和油墨的黏度，应按照印刷滚筒的排列顺序使第一色＞第二色＞第三色＞第四色，先印明度低的黑或青油墨，后印明度高的黄油墨。

近些年来，底色去除工艺在制版、印刷中逐渐得到应用。这样，黑版在彩色印刷品的复制中，就不只是起到弥补墨色相误差和提高图像轮廓再现性的作用，由原来的辅助印版转变成对图像阶调色彩再现具有重要作用的印版，黑墨的用量增加。因此，如果以黑版为主，底色去除量又较大时，从叠印的角度分析，四色胶色机采用青→品红→黄→黑的印刷顺序较好。

但是油墨的黏着性、黏度、墨膜厚度的变化，应符合多色胶印机湿式印刷所应具备的基本要求。遇到这种情况，需要在油墨中加入某种助剂，调节油墨的黏着性、黏度，控制墨膜厚度，使叠印顺利进行。

二、叠印率及其测定

叠印率，也叫油墨的受墨力，是度量油墨叠印程度的物理量。叠印率的数值越高，叠印效果越好。

叠印率可以通过测定各色油墨的密度和油墨叠印的密度值来计算，在研究油墨叠印现象时，常把第二色油墨在第一色油墨膜层上的叠印作为讨论的重点，故用油墨密度表示的叠印率定义为：

$$f_{D(2/1)} = \frac{D_{2,1}}{D_2} \times 100\% \qquad\qquad (1-1a)$$

式中　$f_{D(2/1)}$——用油墨密度表示的第二色墨在第一色油墨上的油墨印率

D_2——印在纸张上的第二色油墨的密度

$D_{2,1}$——叠印在第一色油墨上的第二色油墨的密度在图 4-7 中，除 D_2、$D_{2,1}$ 外，D_1 表示印在纸张上的第一色油墨的密度，D_{1+2} 表示两色油墨叠印的墨层的总密度：

$$D_{1+2} = D_1 + D_{2,1}$$
$$D_{2,1} = D_{1+2} - D_1$$

式（1-1a）可改写为

$$f_{D(2/1)} = \frac{D_{1+2} - D_1}{D_2} \times 100\% \tag{1-1b}$$

彩色印刷品的颜色，一般由黄（Y）、品红（M）、青（C）3 色油墨中的 2 色或 3 色叠印而成。测定某一单色油墨的密度时，利用减色法在密度计中安装一只滤色镜，滤色镜的颜色通常和所测油墨的颜色成补色。如，测黄油墨的密度用蓝滤色镜，测品红油墨的密度用绿滤色镜，测青油墨的密度用红滤色镜。

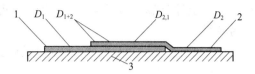

图 4-7　用密度表示的油墨叠印率
1—第一色油墨　2—第二色油墨　3—纸张

为了按式（1-1b）计算油墨叠印率，要用密度计测定式中的 D_1、D_2、D_{1+2}。为了使用上的需要，通常选用和第二色成补色的滤色镜。例如，第一色用黄油墨，第二色用品红油墨，叠印出来的墨层则呈红色。若按式（1-1b）计算 $f_{D(M/Y)}$ 时，测各墨层的密度 D_Y、D_M、D_{Y+M}，就要使用品红色的补色-绿滤色镜。这样做的理由是，品红油墨反射的品红光是由红光（R）和蓝光（B）混合而成的，全部被绿滤色镜所吸收；黄油墨所反射的黄光是由红光（R）和绿光（G）混合而成的，其中的红光亦被绿滤色镜所吸收，如图 4-7 所示。所以，密度计测得的 D_{Y+M}（即品红、黄两色油墨叠印起来的墨层的密度）也包含了黄油墨中被绿滤色镜吸收的红光的密度，这个密度值的大小就等于用绿滤色镜测得的直接印在纸张上的黄墨层的密度 D_Y、$D_{Y+M} - D_Y$ 即是消除了黄油墨的干扰，是附着在黄墨层上的品红墨层的密度，即式（1-1a）中 D_{1+2} 了。同样的道理，用红、绿、蓝滤色镜可以分别测得下列计算油墨叠印率公式中的各个密度。

使用红滤色片可测：

$$f_{D(C/M)} = \frac{D_{M+C} - D_M}{D_C} \times 100\%$$

$$f_{D(C/Y)} = \frac{D_{Y+C} - D_Y}{D_C} \times 100\%$$

使用绿滤色片可测：

$$f_{D(M/Y)} = \frac{D_{Y+M} - D_Y}{D_M} \times 100\%$$

$$f_{D(M/C)} = \frac{D_{C+M} - D_C}{D_M} \times 100\%$$

使用蓝滤色片可测：

$$f_{D(Y/M)} = \frac{D_{M+Y} - D_M}{D_Y} \times 100\%$$

$$f_{D(Y/C)} = \frac{D_{C+Y} - D_C}{D_Y} \times 100\%$$

上述密度法检测油墨叠印率的公式是由 Preucil 在 1958 年第一个提出的，他称此为"表观叠印率"（apparent trapping），并且指明该计算结果并非实际的油墨转移量。

使用 Preucil 公式计算出的叠印率，并非附着在第一色墨层上第二色油墨的绝对墨量值。同时，该叠印率还取决于色序。尽管叠印时转移的墨量可能一样，但由于各色油墨的透明度存在差异，更由于选择的颜色通道不同，计算出的叠印率也会是不同的。

二色油墨叠印并不依从密度加法规则，故用密度法计算的叠印率不可能是绝对值。此外，从密度检测的特点来看，印刷用油墨的透明度、油墨干燥后的光泽度、油墨的流变特性（主要是黏性、黏度及温度变化）、印刷过程中的水墨平衡等问题，都将影响上述计算公式中参数的检测精度。因此，密度检测法只能相对地来评价叠印的效果。

有人曾经根据式（1-1b）推导出三种颜色油墨叠印率的计算公式：

$$f_{D(3/1+2)} = \frac{D_{1+2+3} - D_{1+2}}{D_3} \times 100\% \tag{1-1c}$$

式（1-1c）纯系从理论上进行推导，它把前面两次叠印的颜色当作第一色，把第三次叠印的颜色当作第二色。

然而，特别应当指出，用密度法检测叠印率仅限于由两种原色油墨叠印产生的第一级混合色。由于黑色油墨在可见光谱范围内有较强的吸收性，与黑墨叠印去检测叠印率是没有意义的。同样，继续用第三种原色油墨叠印所形成的第二级混合色也是无法测定的。因此，式（1-1c）没有实际意义。

在 Preucil 提出密度法检测油墨叠印率之后，有许多人进行了深入的研究，试图寻找更加完善的途径。比较著名的有 Childers（1980）、Brunner（1983）、Hamilton（1986）和 Ritz（1996），他们分别对 Preucil 公式进行了修正，给出了不同的修正系数。不过，这些修正或多或少地都存在着如油墨透明度及选择通道等方面造成的缺欠。

基于 Murry-Davies 公式，Ritz 于 1996 年推导出一个新的检测油墨叠印率的公式，见式（1-1d）。

$$T\% = \frac{1 - 10^{-(D_{2,1} - D_1)}}{1 - 10^{-D_2}} \times 100\% \tag{1-1d}$$

Ritz 认为油墨的承载性与其表面特性有关，叠印后墨膜表面的平滑性、表面张力及形态对于叠印颜色的形成比转移的墨量更重要。Ritz 在公式（1-1d）中是将油墨叠印密度视为网目调密度，来体现墨膜表面不平滑和不一致性，以期更加接近印刷的实际状况对密度值的影。Ritz 的主张受到后来研究人的广泛关注。

应当说，Ritz 的研究对评价不同条件下以网点复制为基础的印刷品，还是比较接近人眼对色差的视觉感受，如用于比较印张和样张之间的色差时。

以上叠印率检测法都是基于密度测量这样一个事实，但是用密度计检测油墨叠印很难直接反映印刷品的色彩质量。其实，确切地说，色彩是一种视觉感受，它以物理—生理—心理学规律为基础，仅用物理学的测量方法是不可能完全准确进行测定的。用物理学方法，测量密度只能相对评价印刷品的色质量。

习　题

1. 写出 W·F 油墨转移方程，并说明油墨转移量与油墨转移系数的关系。
2. 阐述纸张的印刷适性与油墨转移量的关系。

3. 阐述油墨的印刷适性与油墨转移量的关系。

4. 什么叫润湿？印刷中的润湿过程表现在哪几个方面？

5. 描述液体在固体表面的润湿情况有几种？

6. 纸张的重量用什么来表示？一令纸等于多少张？

7. 描述纸张的荷叶边和紧边产生的原因。

8. 软塑包装材料的种类主要有哪几种？

9. 真空镀铝薄膜的印刷适性如何？

10. 怎样提高塑料薄膜对油墨的附着性？通常采用什么方法？

11. 通常油墨是由哪几种物质构成的？油墨的印刷适性表现在哪几个方面？

12. 油墨的叠印率计算公式？测量时应该用什么滤色片来测量？

13. 请根据油墨的黏度和透明度，说明印刷色序的排列原则。

第五章 平版印刷

第一节 概 述

一、平版印刷

平版印刷是由石版印刷演变而来的。1796年德国发明了石版印刷原理，并于1798年制造出第一台木制石印机，将石版版面先着水、后着墨，然后放上印刷纸张加压进行印刷，把印版图文上的油墨直接印在纸张上，这就是所说的直接平印法。德国人 Alors Senefelder 发明了手动平压平及圆压平平版印刷机。1817年，用金属薄版代替了石版，并采用圆压圆印刷机的结构形式进行印刷。

1905年，美国的鲁贝尔（W. Rubel）发明了间接印刷方法，先将油墨转移到橡皮布上，即为第一次转移（off），然后再转印到承印物上（set），故将平版印刷一般称为胶印（offset）。由于橡皮布具有弹性，通过它的传递，不但能提高印刷速度，减少印版磨损，延长印版的使用寿命，而且可以在较粗糙的纸张上印出细小的网点和线条，比直接印刷更为清晰，所以，从直接印刷的石版印刷发展到胶印是印刷史上的一大进步。

二、胶印原理与特点

胶印是按照间接印刷的原理，将印版上的图文，通过橡皮布滚筒转印到承印物上进行印刷的一种平版印刷（又称平版胶印）。它区别于其他印刷方式，就是设有润湿装置和橡皮滚筒。印刷时先在印版上涂润湿液（水溶液），然后再涂上油墨，利用油水相斥原理，图文部分附着油墨，而空白部分不附着油墨，再将图文印到包覆在橡皮滚筒的橡皮布上，经过压印，转印到承印物上。

胶印的特点是利用油、水不相溶的客观规律进行的印刷，除油墨之外，还有润湿液，水墨平衡是保证胶印质量的关键。

胶印工艺流程包括：印刷前准备、安装印版、试印刷、正式印刷，印后加工处理等。

三、胶印技术的发展趋势

现代单张纸胶印机印刷速度快、印刷质量好、自动化程度高，具备了水墨平衡自动控制、印刷质量自动控制，纸张尺寸预置控制、快速上版定位装置、自动清洗墨辊、橡皮布和压印滚筒、不停机输纸和收纸，具有对机器随时进行控制、监测和诊断的全数字化电子显示系统，不仅自动化程度高，大大缩短了印前准备及调节时间，而且保证了良好的印品质量。CIP3协议将印前、印中、印后连接在一起，加速了整个印刷一体化的进程。CIP3协议提供的数字打样与墨色预设置和检测反馈控制之间的连接，使单张纸胶印机对印样的色彩控制更加方便，更加规范化和数据化，大大缩短了辅助和开印准备时间，减少了纸张的浪费和操作人员对印品色彩评价的影响。

随着先进技术的应用和结构的优化设计，单张纸平版胶印机正向着高速度、高精度、高自动化程度，多色组、多功能，缩短转换时间、准备时间和停机时间等方向发展。印刷速度超过 15000 张/h，套印精度≤±0.01mm，印刷机预设和印刷机调整均能达到很高自动化水平，如前规、侧规、递纸牙、印刷压力、墨量的预设置，快速套准和快速墨色的自动调整，自动装版、调节压力、清洗橡皮、清洗墨辊，不停机上纸、卸纸的自动辅助功能。根据用户需求进行多色印刷、翻转、联机上光、打号码、打垄线、打孔、干燥及冷却，以满足多功能需求，扩大了机器的使用范围。

卷筒纸胶印机以纸带形式连续供纸，能够一次完成印刷、折页、裁切等工艺，适合报刊、杂志、商业印刷，具有生产效率高、经济效益好等特点。在卷筒纸胶印领域，无缝和窄缝滚筒技术、独立驱动技术发展迅速，直接成像技术成功应用到单张纸胶印和卷筒纸胶印上。

胶印机设计中的环保要求越来越受到制造商和使用者的重视。在胶印机设计中，应该注意到油墨、酒精、喷粉、紫外线、噪声等对操作者身心健康和环境的影响，环保与设备的稳定性、可靠性同样重要，将会成为衡量胶印机优劣的条件之一。随着绿色环保与节能减排的压力不断增大，无水胶印技术受到了国内外印刷行业的重视，高宝公司推广的无水 UV 胶印机，为平版印刷绿色化树立了典范。

第二节　单张纸胶印机

胶印机分单张纸胶印机和卷筒纸胶印机两大类。其规格一般按印刷幅面大小划分，所承印的材料有纸张、纸板、金属薄板等。单张纸胶印有单面和双面印刷，卷筒纸胶印大都采用双面印刷。

一、类型及滚筒排列

1. 组成

单张纸胶印机由输纸、定位、递纸、印刷、润湿、输墨、收纸及辅助装置组成。先由自动输纸机一张一张把纸分开并输送到前规、侧规处定位，再由递纸牙将纸张传给压印滚筒。压印滚筒叼着纸，经过橡皮滚筒和压印滚筒之间的挤压，将印版传给橡皮滚筒的图文再次转印到纸张上。完成印刷后的纸张由压印滚筒再交给收纸滚筒，经链条传送，再经过整纸机构，收齐整纸，即完成印刷工作。从以上印刷过程可以看出，各种类型单张纸胶印机的主要组成部分都是相同的，只是单色机有一组输墨润湿装置和一次压印过程；单面双色机有二组输墨润湿装置和两次压印过程，而其余工作过程全部相同。

2. 分类

① 按纸张幅面大小分类。可分为全张胶印机、对开胶印机、四开胶印机和八开胶印机。

② 按印刷色数分类。可分为单色胶印机、双色胶印机、四色、五色、六色胶印机等。

③ 按用途分类。可分为书刊胶印机、名片胶印机等。

④ 按印品印刷面的情况分类。可分为单面胶印机和双面胶印机。

⑤ 按自动化程度分类。可分为半自动胶印机和自动胶印机。

单张纸胶印机的印刷方式有单色和多色、单面和双面以及带翻转机构的单双面等多种类型。不同类型的印刷机，其印刷滚筒的排列也不相同。

3．滚筒排列

（1）单色胶印机 单张纸胶印机印刷装置的印版滚筒、橡皮滚筒和压印滚筒（简称三滚筒）的排列方式有四种，如图5-1所示。其中（a）为垂直排列；（b）为水平排列；（c）为直角排列；（d）为钝角排列。从印版、橡皮布、衬垫的更换与调整，滚筒的离合压，润湿和输墨装置的使用和维修是否方便以及从占地面积、受力的均匀性和操作的稳定性等方面来考虑，垂直排列和水平排列现已不采用。直角排列形式占地面积较小，且易于更换印版、橡皮布及衬垫，便于清洗和调压。钝角排列形式除具有直角排列的一些优点外，还有利于布置前规定位部件，既能保证操作方便又占有较小空间，因而被广泛采用。

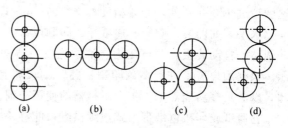

图5-1 三滚筒排列方式

三滚筒单色胶印机的基本形式如图5-2所示，印版滚筒P、橡皮滚筒B和压印滚筒I采用钝角排列，且直径相等。其特点是结构比较简单、印刷速度高。

（2）单面多色胶印机

① 五滚筒双色胶印机。滚筒排列如图5-3所示，两个色组共用一个压印滚筒，且滚筒直径相等。按滚筒的排列形式有横V型和正V型两种，由于横V型滚筒排列结构紧凑、简单、套印准确、占地面积小，易于操作和维修，因而被广泛采用。图5-4为五滚筒双色胶印机的基本形式。

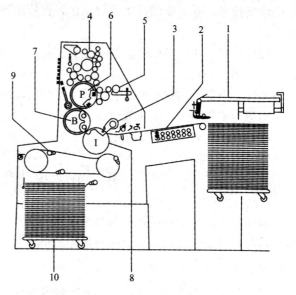

图5-2 三滚筒单色胶印机示意图

1—输纸机 2—输纸板 3—递纸牙 4—输墨装置
5—润湿装置 6—印版滚筒 7—橡皮滚筒
8—压印滚筒 9—收纸牙排 10—收纸台

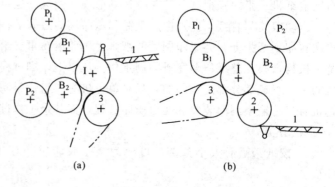

图5-3 五滚筒双色胶印机滚筒排列形式

（a）横V型 （b）正V型

1—输纸板 2—传纸滚筒 3—收纸滚筒

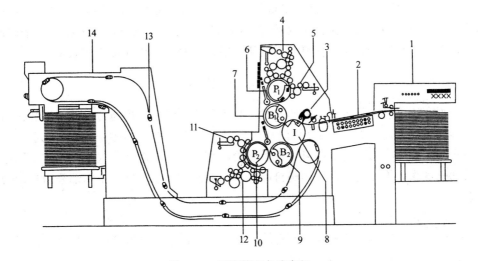

图 5-4 五滚筒双色胶印机

1—输纸机 2—输纸板 3—递纸牙 4、12—输墨装置

5、11—润湿装置 6、10—印版滚筒 7、9—橡皮滚筒

8—压印滚筒 13—收纸牙排 14—高收纸台

② 机组式多色胶印机。由多个结构相同的单机组三滚筒单色胶印机或五滚筒双色胶印机组成，并在各机组中间加上传纸滚筒。

a. 机组式三滚筒多色胶印机。国产和进口胶印机一般采用三滚筒等径机组式，罗兰700、900 胶印机、海德堡 Speedmaster CD 型胶印机均采用双倍径压印滚筒机组式。

b. 机组式五滚筒多色胶印机。

机组式多色胶印机结构简单、便于制造、生产效率高、印品质量好，适于各种印刷。

③ 卫星式多色胶印机。图 5-5 为卫星式四色胶印机滚筒排列示意图，在一个共用的压印滚筒 I 周围配置四色组印版滚筒和橡皮滚筒（各设润湿、输墨装置），纸张经过一次交接，压印滚筒转一周，即完成四色印刷。因此，这种机型套印准确，但其机械结构庞大。

（3）双面胶印机

① B—B 型双面印刷胶印机。B—B 型（对滚式）胶印机为四滚筒型，如图 5-6 所示，上下各设一个印版滚筒和橡皮滚筒，设有专用压印滚筒，印刷时由两橡皮滚筒加压接触对滚，纸张从两滚筒之间通过，完成双面印刷，这种机型定位准确、成本较低，如国产JS2102 对开双面胶印机就采用这种形式。

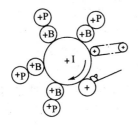

图 5-5 卫星式四色胶印机滚筒排列

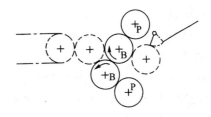

图 5-6 B—B 型双面印刷胶印机滚筒排列

② 机组式可翻转双面胶印机。多机组单色胶印机之间加上纸张翻转机构，可进行双面印刷。由于纸张的传送完全由滚筒传递，因而纸张传送时噪声小、平稳，且套印准确。纸张翻面时由一种吸气机构吸住纸张的拖梢，将纸张拉平，以保证套印效果。

二、给 纸 装 置

单张纸印刷机的给纸装置是指印刷机上将单张纸连续、准确地传送给印刷装置的给纸机，也称"飞达"（Feeder）。给纸机的作用是完成给纸台上单张纸的分离和输送。

按自动化程度不同，给纸机可分为手工给纸和自动给纸两种形式。由于手工给纸效率低、劳动强度大，不能适应现代印刷机的要求。因此，现代印刷机基本都采用自动给纸与输纸装置。

1. 自动给纸的类型

一般将自动给纸与输纸装置称为自动给纸机。自动给纸机按纸张的分离形式不同可分为两种，即摩擦式给纸和气动式给纸。

（1）摩擦式给纸 摩擦式给纸是依靠摩擦力的作用把纸张从纸堆中分离出来，并输送给主机进行印刷。这种给纸机结构虽然比较简单，但由于靠摩擦力进行分纸，容易使印迹擦糊或出现蹭脏故障，分纸效果比较差，分纸速度受到很大限制，因此，除了在低速印刷机上可以采用外，一般很少使用。

（2）气动式给纸 气动式给纸是依靠吹风和吸气装置将纸堆最上面的一张纸分离出来，并输送给主机进行印刷。根据纸张的输送形式不同，气动式给纸机可分为间隔式和连续式两种。

a. 间隔式输纸装置。间隔式输纸装置是指单张纸印刷机输纸过程中每张纸之间有一定距离的输纸装置，纸张的定位过程必须在后一张纸到达前一张纸的后边缘之前完成，这样，其定位时间较短，也会影响印刷速度的提高。因此，这种输纸方式不适于高速印刷，仅在小幅面印刷机上还有使用。

b. 连续式输纸装置。单张纸印刷机上在输纸过程中各张纸之间相互搭接一部分的输纸装置。即在输纸中，后一张纸的前边缘重叠在前一张纸后边缘的下面，相邻纸张前后重叠在一起向前输送。如图 5-7 所示，在给纸堆的后侧设置松纸吹嘴和松纸刷，先将纸堆上面的数十张纸吹松，然后分纸吸嘴下降吸起最上面一张纸。

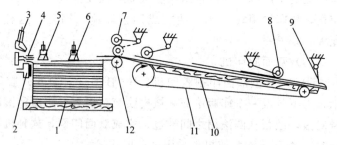

图 5-7 连续式输纸装置

1—给纸台 2—松纸吹嘴 3—压纸脚 4—松纸刷
5—分纸吸嘴 6—送纸吸嘴 7—导纸点轮
8—压纸轮 9—前规矩 10—输纸板
11—传纸线带 12—导纸轴

当分纸吸嘴抬起时，压纸脚伸入被吸起纸张的下面将下面纸张压住并吹风，使之与纸堆分离。在分纸吸嘴抬至最高位置时，送纸吸嘴将纸张吸住，分纸吸嘴则放开纸张，由送纸吸嘴把纸张送到导纸位置，最后经输纸板和压纸轮送至前规矩处进行定位。

由于连续式输纸装置中纸张的输送是重叠进行的，相对间隔式输纸装置而言有足够的定位时间,因此,定位比较准确,并有利于提高印刷速度。

2. 气动式给纸机

气动式给纸机是利用气动原理,自动地将待印纸张逐页进行分离,并连续地输送至套准装置的机构。自动给纸机主要有两大功能,即纸张的分离和纸张的输送。

(1) 纸张的分离装置 纸张的分离装置是将单张纸从纸堆上分离出来并将其送往送纸轴的装置,如图5-8所示。设在给纸堆右侧上部的松纸吹嘴,将纸堆上部的纸张吹松,以便于纸张的正确分离。根据纸张的定量和印刷速度等因素调整其高低、前后和左右的位置;设在给纸堆的右部上方的分纸吸嘴将纸堆最上面的一张纸吸起分离纸张;当分纸吸嘴将最上面的一张纸吸起后,设在给纸堆右侧中央的右上方的压纸吹嘴从右上方插入,一方面将下面的纸张压住,另一方面接通吹气气路,将最上面一张纸吹起,以利于纸张的分离。同时,它还

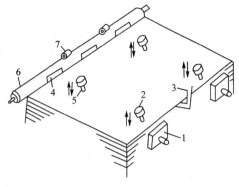

图5-8 纸张分离装置的基本构成
1—松纸吹嘴 2—分纸吸嘴 3—压纸吹嘴
4—齐纸板 5—送纸吸嘴 6—送纸轴 7—送纸轮

起检测纸堆高度的作用,一旦纸堆高度过低便自动接通纸堆自动上升机构,使纸堆自动上升;当松纸吹嘴吹风时,为防止上面纸张向左面移动,设在给纸堆左侧的齐纸板将纸张挡住齐纸,一旦压纸吹嘴压住下面的纸张,齐纸板在凸轮机构的控制下向左摆动让纸;设在纸堆左部上方的送纸吸嘴,将分纸吸嘴吸起的最上面一张纸接过来,并将其送往送纸轴处。由于送纸轴不停地旋转,当送纸吸嘴吸住纸张向左输送时,送纸轮应抬起让纸,以便使纸张从送纸轮下方通过,尔后随即将接纸轮放下,靠送纸轮与送纸轴的摩擦力将纸张送往输纸板。

(2) 纸张的分离过程 对于一般中等速度的单张纸印刷机,纸张的分离过程均由分纸器轴上的凸轮机构分别控制。松纸吹嘴首先将给纸堆上层的数十张吹松,以利于纸张的分离;分纸吸嘴向下移动,吸住最上面一张纸,上抬并后翘(约25°),以防止吸住双张并有利于压纸吹嘴插入;压纸吹嘴插入,压住下面的纸并打开吹气气路吹风,使上、下两张纸分开,同时探测纸堆高度;送纸吸嘴向右运动,吸住纸张,此时,分纸吸嘴与送纸吸嘴同时控制纸张,进行纸张的交接,即由分纸吸嘴交给送纸吸嘴;分纸吸嘴切断吸气气路放纸此时,完成纸张交接,并随即上升,此时,压纸吹嘴停止吹气离开纸堆,这时,送纸吸嘴向左运动将纸张输出。

(3) 纸张的输送装置 纸张的输送装置是将送纸吸嘴送来的纸张通过送纸轴和送纸轮送至输纸板上,然后再由输纸板将其送往套准部的装置,主要由送纸轴、送纸轮和输纸板组成。纸张通过送纸轴后便进入输纸板,输纸板上面除设有输纸线带装置外,还有压纸轮、压纸毛刷、压纸球等重要机件。

纸张的传送速度除取决于送纸轴的转速外,还与送纸轮对纸张的压力大小有关。压力大,摩擦力也大,送纸轮对纸张的滑移就小,送纸速度就快;反之,送纸速度就慢。因此,两个送纸轮的压力应保持一致,否则会造成纸张的偏斜。

(4) 双、多张检测装置 为了防止双张或多张纸同时送入输纸板,特在纸张分离装置

和纸张输送装置之间安装检测装置，如有双张或多张纸传到送纸轴上，由双张控制器接通电磁铁电路，使给纸机停止给纸，印刷滚筒也随即离压。

（5）不停机续纸装置 印刷过程中，需要补充新的纸堆。为了提高效率，减少停机时间，现代单张纸印刷机往往采用不停机续纸装置。在堆纸板上设有数条沟槽，当需要续纸时，将铁杆插入沟槽内，以支承正在处于印刷状态的纸堆，并将给纸堆的自动上升动作转换成辅助的提升机构动作，以保证印刷工作持续进行。这时，堆纸板快速下降续上新的纸堆，待抽出铁杆后，续纸工作结束，恢复原来的工作状态。铁杆的抽出动作可为手动，也可为自动。

三、定位与传递装置

为保证纸张在进入印刷滚筒时有一确定位置，以满足套准精度的基本要求，特在给纸与印刷装置之间设有定位装置，包括纸张的定位、传递和检测等。对于单张纸印刷机而言，套准精度取决于纸张在输纸板前端的定位精度、纸张的交接精度（也称递纸精度）和检测精度。

定位与递纸装置主要包括定位、检测和传递装置。

1. 定位装置

定位装置也称规矩部件，以保证纸张在进入印刷装置前相对印版有一个正确的位置。定位装置一般包括前规、侧规和前挡规。

（1）前规 前规是指确定纸张在走纸方向上前后位置的规矩。

① 前规的类型。按其摆动中心的部位不同，主要有上置式前规与下置式前规。上置式前规的摆动中心设在输纸板上部位置，下置式前规的摆动中心设在输纸板下部位置。表 5-1 为上置式与下置式前规工作性能的比较。

表 5-1　　　　　　　　　　　前规工作性能对比

上　置　式	下　置　式
压印滚筒上最大纸张的包角小时采用	压印滚筒上最大纸张的包角大时采用
越过一定长度的纸张不能采用	对纸张长度限制小
调整比较方便	不便于调整
设计时应考虑部件的稳定性，不能有较大的振动	使用中与输纸板接触的稳定性较好，但要注意前端的精度
纸张从前规定位板下通过，不需设专门的导向装置	应有导向装置，以防止脱纸

② 前规应具备的功能：递纸牙咬住纸张后，前规应迅速让纸；一旦出现双张、空张以及纸张早到、晚到或歪斜等故障时，除主机应停机外，前规不能让纸；前规应设置必要的调整部位，如前规单独的前后调整，整体的前后调整，以及前规导向面与输纸板的间隙调整等。

（2）侧规 侧规是指确定纸张与走纸方向垂直位置的规矩。侧规设置两个，工作时只用一个。

① 按纸张的形式不同，侧规主要有拉条式和滚轮式。两种侧规的工作性能对比如表5-2所示，现代单张纸印刷机一般采用滚轮式侧规。

表 5－2　　　　　　　　　　　　　　　　两种侧规工作性能对比

拉　条　式	滚　轮　式
可选择不同的拉纸速度	拉纸速度一定
开始拉纸时与纸面的相对速度较小	与纸面的相对速度较大
对同一规格的纸张，拉纸位置一定，对拉纸条容易产生局部磨损	因拉纸轮连续旋转，不会产生局部磨损
拉纸定位精度容易受制造误差的影响	定位精度受制造误差的影响较小

② 侧规的应具备的功能：对不同规格的纸张，在横向任何位置都能使用；沿横向微调方便；根据纸张定量不同，可调整拉纸球与拉纸轮之间压力的大小。

③ 侧规的应用：由于上述两种侧规工作时，拉纸球必须直接与纸张的印刷面接触，这不仅会给纸张表面带来损伤，而且当印刷速度较高时，还会在定位瞬间使纸张产生反弹现象，影响定位精度。因此，曼罗兰公司开发了如图 5－9 所示的气动式侧规。

将吸气板与滑板连接在一起，在滑槽内可左右滑动，当吸气板与吸气气路接通后便吸住纸张，然后，滑板向右滑动，使纸张右侧边与定位板的定位面接触，完成纸张的横向定位。

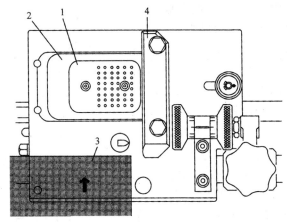

图 5－9　气动式侧规基本原理
1—吸气板　2—滑板　3—纸张　4—定位板

当纸张被递纸牙咬住后，吸气板切断吸气气路，滑板则向左滑动，准备吸取下一张纸。

气动式侧规的主要特点：纸张在输纸板上与吸气板的接触面积较大，能在平伏的状态下靠近侧规定位面，不会产生反弹现象，故提高了定位的可靠性；在定位过程中，纸张表面不与任何机件接触，不会损伤纸张表面；采用气动传动，提高了运动的平稳性。

（3）前挡规　对于大型单张纸印刷机，由于纸张尺寸较大，在高速印刷的条件下，纸张在输纸板上输送的速度较快，不利于纸张纵向定位的可靠性与稳定性，故采用前挡规，以提高其工作性能。

前挡规的主要功能：

① 纵向预定位。纸张在到达前规之前，先由前挡规接取，并对其进行纵向预定位。

② 减速作用。前挡规完成纸张预定位后将其送往前规处，在达前规处之前对纸张进行减速，以利于提高纵向定位的可靠性。

③ 导向作用。前挡规引导纸张进入前规处，可起导向作用，对于下置式前规，前挡规的设置尤其必要。

2. 检测装置

纸张在输纸板前端必须保证有确定的位置，不能发生歪斜、折角、早到、超越和双张等故障，为此，特在输纸板前端设置必要的检测装置。

（1）检测装置的类型　按其作用不同，检测装置主要包括以下三种类型。

① 套准检测器。检测纸张在纵向（走纸方向）与横向（与走纸方向垂直）位置是否准确，特在前规与侧规的定位处设置套准检测器。

② 双张检测器。当双张纸重叠进入定位位置时，应立即发出停机信号。

③ 纸张超越检测器。纸张还未经前规进行定位直接送往印刷装置时，应由越超检测器发出停机信号。

（2）检测方式及其性能特点　根据检测原理，检测方式主要有以下 3 种，即透射式、反射式和接触式。各种检测方式的检测原理如图 5－10 所示。

① 透射式。其检测原理为光电检测装置，即用感光元件来检测透过纸张的光量大小。能检测纸张厚度，可用于双张、空张、纸歪斜和纸超越等故障的检测。但受纸粉等异物的影响较大，对厚纸或深色纸的检测能力较差。

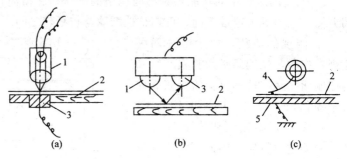

图 5－10　检测方式的原理与构成

（a）透射式　（b）反射式　（c）接触式

1—发光器　2—纸张　3—受光器　4—接触片　5—触点

② 反射式。其检测原理为光电检测装置，即用反射光量的大小变化来进行检测。由于光源与受光器为一体，因此，结构紧凑，使用方便，可用于套准检测和空张、超越检测。但受异物的影响较大，不能检测纸张厚度。

③ 接触式。其检测原理为机械式检测装置测，即通过电阻值的变化进行检，一般将其称为电牙。可用于前规与超越检测，由于接触片直接与纸张印刷面接触，容易沾油墨失灵，不能检测纸厚，目前很少采用。

3. 传递装置

传递装置既包括从输纸台将纸张传递到前传纸滚筒或压印滚筒上的递纸装置，也包括将纸张从一个机组传递到另外一个机组之间的传递装置。根据运动特点和递纸方式不同，传纸装置有直接传纸、间接递纸和超越续纸等。

（1）直接传纸　压印滚筒设在输纸板的前端，由压印滚筒上的咬纸牙直接在输纸板的前端接取纸张的传纸方式，如图 5－11 所示。图5－11（a）为前规定位时间，即当压印滚筒的空档处转到输纸板前端时，前规才能摆下对纸张进行定位。图 5－11（b）为压印滚咬纸牙转到输纸板前端时闭牙咬纸后，前规立即抬起让纸。

（2）间接递纸　间接递纸是指由专用递纸装置将在输纸台已被定位的纸张高速传递给压印滚筒进行印刷。间接递纸主要有摆动式递纸牙和递纸滚筒等方式。

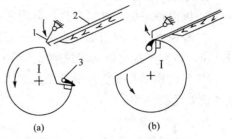

图 5－11　直接进纸方式

1—前规　2—纸张　3—压印滚筒咬纸

① 摆动式递纸牙。按递纸牙摆动中心的位置不同可分为下摆式递纸牙和上摆式递纸牙两种形式，下摆式递纸牙一般用于卫星型单张纸印刷机。上摆式递纸牙主要有定心摆动式和偏心摆动式。定心摆动式主要用于小规

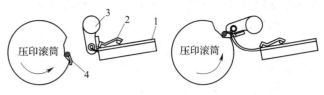

图 5 - 12 上摆式递纸牙传纸
1—纸张 2—前规 3—递纸牙 4—压印滚筒咬纸牙

格、中低速印刷机，偏心摆动式递纸牙也称旋转摆动式，运动比较平稳，应用较为广泛，适用于中等速度的印刷机。如图 5 - 12 所示为上摆式递纸装置传递纸张过程。

② 递纸滚筒。由递纸滚筒代替摆动式递纸牙，在输纸板前端接取纸张，然后传给压印滚筒的机构。按递纸滚筒的运动形式不同，主要有间歇旋转式和连续旋转式两种形式。

a. 间歇旋转式递纸滚筒。递纸滚筒设在输纸板的下方，递纸滚筒做间歇旋转。当递纸滚筒停止转动时，在静止的状态下在输纸板前端接取纸张；当其旋转并加速到与压印滚筒的表面线速度相等时，将纸张交给压印滚筒。这种递纸滚筒在现代高速印刷机中已很少采用。但是，对于中速以下的特种印刷机还有应用价值。

b. 连续旋转式递纸滚筒。如图 5 - 13 所示，压印滚筒与递纸滚筒等速旋转，在递纸滚筒上设有摆动式递纸牙，在凸轮控制下绕 O 点摆动。当递纸牙旋转到输纸板前端时，其绝对速度为零，此时咬住纸张；当递纸牙旋转到与压印滚筒上的咬纸牙相遇时，在等速下完成纸张的交接。

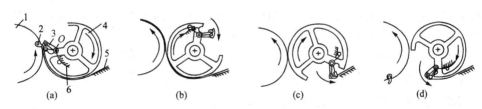

图 5 - 13 连续回转式递纸滚筒工作过程
1—压印滚筒 2—压印滚筒咬纸牙 3—递纸牙
4—递纸滚筒 5—纸张 6—凸轮

如图 5 - 13（a）所示，递纸牙咬住纸张旋转到与压印滚筒咬纸牙相遇的位置，在等速下咬纸牙闭牙，递纸牙开牙，完成纸张的交接。如图 5 - 13（b）所示，递纸牙在凸轮的作用下绕 O 点顺时针方向摆动，摆到最大角度时停止摆动，为其反向摆动做好准备。如图 5 - 13（c）所示，递纸牙反向（逆时针）摆动，当摆动到输纸板前端时，其摆动速度等于递纸滚筒的表面线速度，此时，递纸牙的绝对速度为零，开始闭牙咬纸。如图 5 - 13（d）所示，递纸牙咬住纸张继续减速摆动，直至停止摆动。接着递纸牙又旋转到图 5 - 13（a）所示位置向压印滚筒交接纸张。这种进纸装置工作平稳，套准精度较高，主要适用于高速印刷机。

（3）超越续纸 超越续纸装置取消了递纸牙，纸张在输纸板前端先进行预定位，然后由加速机构将纸张直接传给压印滚筒进行最后定位。

四、印刷装置

印刷装置是印刷机上直接完成图像转移，它的结构性能直接影响印刷质量。印刷装置

主要包括滚筒部件，离合压、调压机构，套准调节机构以及纸张翻转机构等组成部分。

1. 滚筒部件

（1）基本构成　单张纸胶印机的滚筒部件主要有印版滚筒、橡皮滚筒和压印滚筒。各滚筒的结构基本相同，即由轴颈、滚枕和筒体构成，如图 5-14 所示。

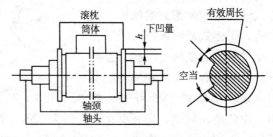

图 5-14　滚筒体结构

① 轴颈。轴颈是滚筒的支承部分，对保证滚筒匀速运转及印刷品质量起重要作用。

② 滚枕（也称肩铁）。滚枕是滚筒两端用以确定滚筒间隙的凸起铁环，也是调节滚筒中心距和确定包衬厚度的依据。现代平版胶印机滚筒两端都有十分精确的滚枕，可分接触滚枕和不接触滚枕两种类型。

a. 接触滚枕方式：滚枕作为印刷基准，即在滚筒合压印刷中，印版滚筒与橡皮滚筒两端滚枕在接触状态下进行印刷。因此，可以减小振动，保证滚筒运转的平稳性，有利于提高印刷质量。另外，滚枕以轻压力接触，滚筒齿轮在标准中心距的啮合位置，有利于滚筒齿轮工作。接触滚枕要求滚筒的中心距固定不变，一般只在印版滚筒和橡皮滚筒间采用。

b. 不接触滚枕方式：滚枕作为安装和调试基准，滚筒在合压印刷中两滚筒的滚枕不相接触。通过测量滚筒两端滚枕的间隙可推算两滚筒的中心距和齿侧间隙。滚枕间隙同时也是测量滚筒中心线是否平行及确定滚筒包衬尺寸的重要依据。一般来说，印版滚筒和橡皮滚筒滚枕之间可以接触也可以不接触. 但是橡皮滚筒和压印滚筒滚枕之间都不接触。这是由于当增加纸张厚度时，为保证印刷压力一致，需从橡皮滚筒上拆下部分包衬衬垫加到印版下面，而在橡皮滚筒和压印滚筒间只能调节它们的中心距。因此，橡皮滚筒和压印滚筒滚枕间留有间隙，以便改变纸张厚度时加以调整。

③ 筒体。滚筒的筒体外包有衬垫，它是直接转印印刷图文印的工作部位。筒体由有效印刷面积和空档（缺口）两部分组成，有效面积用以进行印刷或转印图文，空挡（缺口）部分主要用以安装咬纸牙、橡皮布张紧机构、印版装夹及调节机构。有效印刷面积通常用滚筒利用系数 K 来表示，即

$$K = \frac{360° - \alpha}{360°}$$

式中　K——滚筒利用系数

　　　　α——滚筒空档角

滚筒筒体与滚枕外圆间有一距离 h，称为滚筒的下凹量，三种滚筒的下凹量是不一致的。利用下凹量可以计算出滚筒的包衬厚度。

（2）印版滚筒　印版滚筒的作用是安装印版，主要包括印版的装夹机构和印版位置的调整装置。印版滚筒筒体的下凹量一般取 0.5mm 左右。滚筒齿轮上设有长孔，用于调节印版滚筒与橡皮滚筒在圆周方向的相对位置。

印版滚筒的筒体直径介于压印滚筒和橡皮滚筒筒体直径之间。固定在滚筒筒体表面的印版，在每转一周的工作循环时间内，使印版空白部分先获得水分后，再与墨辊接触，图

文部分接受油墨，最后又与橡皮滚筒接触，将印版上的墨迹转印到橡皮布表面上。印版滚筒的缺口部分设有印版装夹和版位调节机构。

（3）橡皮滚筒 橡皮滚筒的作用是利用橡皮布将印版上的图文信息转印到压印滚筒上的承印材料上。为了安装橡皮布与衬垫，橡皮滚筒的筒体下凹量一般取 2~3.5mm。在滚筒齿轮上也设有长孔，用以调节橡皮滚筒与印版滚筒和压印滚筒在圆周方向的相对位置。橡皮滚筒的空档部分装有橡皮布的装夹和张紧机构。

对于双面胶印机，橡皮滚筒的空挡部除装夹、张紧机构外，在靠近滚筒咬口的空档部位还装有一套咬牙机构。

（4）压印滚筒 压印滚筒是带纸印刷装置，主要包括叼纸牙、开闭牙咬牙压力调节装置。压印滚筒不仅是其他滚筒的调节基准，而且还是各运动部件运动关系的调节基准。因此，压印滚筒的筒体表面精度要求高，筒体表面应具有良好的耐磨性和耐腐蚀性，而且滚筒齿轮及轴套配合的精度也要求很高。

（5）传纸滚筒 在印刷过程中起传送、交接纸张作用的滚筒，传纸滚筒和压印滚筒的结构基本相似，咬纸牙的结构及调节方法和压印滚筒的咬纸牙相同。在多色印刷中，压印滚筒和传纸滚筒的直径往往大于印版滚筒和橡皮滚筒的直径。如海德堡 Speedmaster CD 型四色胶印机和三菱 DAIYA3F—4 四色胶印机的压印滚筒和传纸滚筒的直径是印版滚筒和橡皮滚筒直径的 2 倍，其转速为印版滚筒转速的 1/2。因此，倍径滚筒转速低，有利于纸张的平稳传递，当印刷后下一个滚筒再叼纸时，纸张所承受的冲击可达到最低限度，适合于高速运转和厚纸印刷。

2. 离合压与调压

根据印刷工艺过程及印刷机机构操作控制程序要求，凡是依靠压力实现图像转移的压印装置均有合压和离压两个状态。在正常印刷时，纸张进入压印装置，压印体与印版应处于合压状态，以完成图像转移；而当出现输纸等工艺和机构故障或进行调机空运转时，压印体与印版应处于离压状态。同时，停机后也应撤除印刷压力，防止滚筒长久接触造成印版损坏和橡皮布的永久变形。印刷装置从无压状态变成有压状态的过程称为合压，从有压状态变成无压状态的过程称为离压，离合压是离压和合压的总称。

实现离合压的方法有多种形式，但都是通过改变印刷滚筒中心距来实现印刷装置的离合压的。常用的离合压机构有偏心套、偏心轴承、三点支承（悬浮）式等机构。

印刷压力调节机构简称调压机构，其工作原理如图 5-15 所示，上面一组为印版滚筒的调压器，下面一组为橡皮滚筒的调压器，结构基本相同。调节时，转动轴 1 经螺杆 2 使斜齿轮 3 转动，并带动扇形齿轮 4 转动。齿轮 4 与偏心套 5 固定在一起转动，从而达到了调节滚筒中心距（即调节压力）的作用。

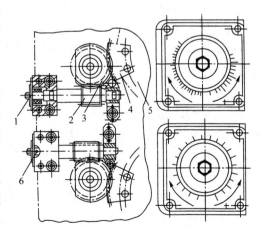

图 5-15 齿轮传动式调压器

（a）调压机构 （b）调压指示

1—调节轴 2—螺杆 3—斜齿轮
4—扇形齿轮 5—偏心轴承 6—锁紧螺钉

为提高调节的精确度，必须尽可能地减少啮合齿轮的齿隙。锁紧螺钉 6 在调节前应松开，调节后应锁紧。调节刻度指示盘上（－）方向表示中心距增大，（＋）方向则表示中心距减小。

需要强调的是，滚筒合压的位置必须在印版滚筒和橡皮滚筒的咬口即将接触之前，而离压位置必须使橡皮滚筒上的印迹能全部转印到包在压印滚筒表面的纸张上，同时不让印版上的墨迹又开始转印到橡皮滚筒上。换句话说，橡皮滚筒与印版滚筒、橡皮滚筒与压印滚筒离压、合压都应在滚筒空档位置进行。

单张纸胶印机的离合压机构一般由控制装置、传动机构、执行机构和互锁机构等部分组成。常用的传动机构有机械传动和气动传动两种形式。

3. 套准调节装置

彩色印刷中，影响印品质量的原因除墨色外，很重要的一个因素就是套印精度。对于多色胶印机，通常以第一色印版为基准来调节其余印版或印版滚筒的周向和轴向位置，以保证套印准确。

（1）印版位置的调节（拉版方法）　印版滚筒装夹印版的装置有用螺钉固定的版夹装置和用偏心轴装夹的快速装版装置。在现代高速胶印机上多数采用快速并有定位销的装夹装置。印版滚筒的空挡部分装有两副版夹，印版被夹在版夹中，并用螺钉对印版的位置进行调节和紧固。若需调节印版在圆周上的位置时，可将一个版夹的拉紧螺钉松开，然后将另一版夹的螺钉拧紧。若需调节印版在滚筒轴向的位置时，可通过调节版夹两端头的螺钉来实现。印版位置的调节量可在"前后"刻度和"左右"刻度上读出。

为了缩短校版时间，提高印版定位精度，许多单张纸胶印机上设有印版定位装置。事先按规定尺寸用打孔机在印版上打出两个定位孔，作为晒版和装版时的定位基准。装版时先将滚筒咬口边版夹的中线调到印版滚筒中线位置，周向位置调到版夹侧面与定位垫片相接触，然后将印版插入版夹，并使工具定位销插入印版与版夹的定位孔中，印版即能准确定位，夹紧印版后把定位销拔出。

（2）印版滚筒周向位置的调节　印版滚筒周向位置的调节俗称借滚筒，它是通过调整印版滚筒体及其上面的印版相对于其传动齿轮圆周方向上的装配位置，调整印版滚筒及其印版相对于橡皮滚筒、压印滚筒的周向位置，实现图文上、下方向的等量调节。这种调节适合于以下情况。

由于制版误差，造成图文在印版上位置上、下偏移过大，或者印版装夹偏上，偏下的值较大（即咬口边过大或过小），用拉版方法已无法调节时。

虽然印张两边规矩线的上下位置已经一致，但还需要改变印版图文与纸张的相对位置，即需要平行调节图文在印张上的位置且量值过大时。

在调节印版滚筒的周向位置之前，必须弄清咬口尺寸大小与印版滚筒借动方向的关系。如果要使咬口尺寸增大，则松开印版滚筒齿轮固定螺钉，使齿轮顺着印刷时的转向转动，而印版连同印版滚筒不动，橡皮滚筒相对于印版滚筒向前移动了一段距离，印版相对于橡皮滚筒向后移动相应距离，同理纸上的图文印迹也向后移动了同样距离；反之，如果使齿轮逆印刷转向移动一段距离，纸上的图文必然向咬口方向移动．使咬口尺寸减小。

（3）印版滚筒的周向、轴向微调机构　双色及多色胶印机的各个印版滚筒上均设有周向和轴向位置微调机构。校版时，如果发现第一色规矩线与第二色规矩线在上下方向或左右方向套印不准，且印张两边规矩线的误差一致，这个误差又在该机印版滚筒微调机构允许可调范围内，则可以通过微调机构分别调节印版滚筒的周向和轴向位置，保证各色套印准确。

（4）滚筒咬纸牙的时间调节 对于机组式多色胶印机，其滚筒咬纸牙交接时间的正确调节是保证套印准确的关键。为保证套印准确，要求纸张在交接瞬间不能处于失控状态。因此，纸张在交接时，从理论上讲最好是交纸滚筒（如压印滚筒）咬纸牙与接纸滚筒（如传纸滚筒）咬纸牙同时开闭，但实际操作上是不可能的。为此，在两个滚筒的圆周上要有3～5mm长度的交接时间，在此交接时间内，两个滚筒的咬纸牙同时咬住纸张。

4．纸张翻转机构

现代多色单张纸胶印机带有纸张翻转机构，可使原来只能单面印刷的多色机进行单、双面印刷。

海德堡 Speedmaster 系列胶印机采用钳形咬纸牙翻转机构．工作原理如图 5-16 所示。图 5-16（a）为单面印刷时的传纸过程：传纸滚筒Ⅰ的咬纸牙从前一机组的压印滚筒上接过纸张，传给两倍径传纸滚筒Ⅱ，然后由滚筒Ⅱ把印张交给传纸滚筒Ⅲ的钳形咬纸牙，再由钳形咬纸牙将印张传给下一机组的压印滚筒，进行下一色印刷。图 5-16（b）为双面印刷时的传纸过程：从前一色组压印滚筒到两倍径传纸滚筒的传纸过程与单面印刷相同，但当滚筒Ⅱ的咬纸牙旋转到与传纸滚筒Ⅲ的切点位置时，咬纸牙与钳形咬纸牙并不进行交接，而要待滚筒Ⅱ转到印张后边沿（拖梢边）处于切点位置，才将印张交给钳形咬纸牙。所以单、双面印刷时传纸不同点在于：单面印刷时所有滚筒咬纸牙都咬在印张的咬口边。变成双面印刷时．纸张翻转之前咬在咬口边，但从翻转印张的传纸滚筒开始，各咬纸牙均咬在印张的拖梢边。

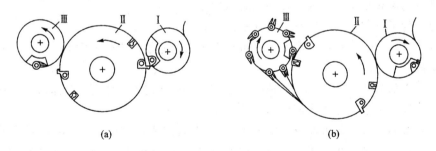

(a)   (b)

图 5-16 钳形咬纸牙翻转机构

传纸滚筒Ⅲ上的钳形咬纸牙是翻转纸张的机构。它在翻转过程中应使印张与滚筒Ⅱ平稳地分离，即钳形咬纸牙牙尖部位的速度和加速度应与印张拖梢边的速度和加速度相对应，因此，钳形咬纸牙的运动是由随传纸滚筒Ⅲ转动和自身翻转180°两方面合成的一种比较复杂的运动。

为了使翻转滚筒的钳形咬纸牙能咬准纸张，保证正反面套印准确，必须使印张在交接前处于绷紧状态，平整地附在滚筒表面，在两倍径滚筒Ⅱ上对应印张拖梢边的部位，配有一套能转动的吸嘴且分成两部分朝不同方向转动，以便在周向和轴向展平纸张。

由单面印刷变成双面印刷时，两倍径传纸滚筒Ⅱ与传纸滚筒Ⅲ的周向配合位置要求不同．两者之间相差一张纸长度的弧长。因此，需要改变滚筒Ⅱ传动齿轮与滚筒Ⅲ传动齿轮的周向相对位置，才能实现由单面印刷转到双面印刷。

五、润 湿 装 置

平版印刷是利用油和水互相排斥的原理完成油墨转移的，所以装在胶印机上的润湿装置，向印版涂布润湿液，将版面非印刷图文部分（空白部分）保护起来，使之不沾油墨正确地控制向印版涂布的润湿液量，保持良好的水墨平衡是获得高质量印刷品的重要条件。给水量不足，会产生脏版现象；给水量过多，不仅会增加纸张伸缩，影响套准，而且还会加剧油票的乳化。因此，如何保证供给足够而均匀的水量，并使印刷质量达到最佳效果而把供水量控制在最小程度，是胶印技术中的一个关键问题。也就是说，在保证印品质量的前提下，尽可能减少润湿液用量。胶印机的润湿装置必须在印刷过程中稳定、均匀地向印版涂布以适量的润湿液液膜，并能根据印版、印刷材料、版面图文分布，方便地对版面润湿液膜厚薄进行调节。

1. 润湿装置的基本组成与作用

胶印机常规润湿装置的基本组成如图 5-17 所示，Ⅰ为供水部分，Ⅱ为匀水部分，Ⅲ为着水部分。主要有水斗 1、水斗辊 2、传水辊 3、串水辊 6 和着水辊 4 等部件。

（1）供水部分Ⅰ　由水斗 1、水斗辊 2 和传水辊 3 组成，主要作用是保证润湿系统获得定量的润版液。水斗中存储润版液，水斗辊 2 浸在润版液中，水斗辊在转动过程中带出润版液，传水辊的摆动或匀速转动将润版液从传递到着水辊或串水辊上。为了控制传出的水量，水斗辊的转速

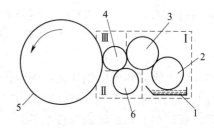

图 5-17　常规润湿装置

Ⅰ—供水部分　Ⅱ—匀水部分　Ⅲ—着水部分
1—水斗　2—水斗辊　3—传水辊
4—着水辊　5—印版滚筒　6—串水辊

可调。水斗 1 用于储存和供给润湿液；水斗辊 2 用于从水斗内输出润湿液；传水辊 3 用于传递润湿液。

（2）匀水部分Ⅱ　串水辊 6 为轴向串动的传水辊，起匀水作用。传水辊将润版液传递给串水辊，经串水辊 6 延压成薄而均匀的水膜。

（3）着水部分Ⅲ　着水部分通常采用 1～3 个着水辊，使用 2 个着水辊最为常见。着水辊 4 与串水辊接触，在滚压中打匀并获得均匀的润版液，并将润版液传递给印版的非图文部分。

2. 润湿装置的分类与特点

按润湿装置的上水路线可分为接触式和非接触式两大类型，接触式又可以分为间歇式和连续式，非接触式可分为弹射式和喷淋式。

（1）接触式润湿装置

① 间歇式润湿装置。间歇式润湿装置是接触式润湿装置的一种，是指供水装置向匀水装置提供的水量是间歇的，不连续的，如图 5-18 就是一种常规使用的间歇式润湿装置。其中，水斗辊 2 间歇转动，传水辊 3 往

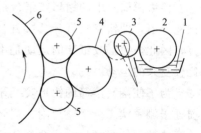

图 5-18　间歇式润湿装置

1—水斗　2—水斗辊　3—传水辊
4—串水辊　5—着水辊　6—印版

复摆动，通过连续转动的串水辊 4 和着水辊 5，使润版液定时、定量地传递到印版 6 上。

间歇式润湿装置一般应用在中、低速及小型胶印机上。

② 连续式润湿装置

连续式酒精润湿装置目前在国外应用比较广泛，如图 5 - 19 所示的海德堡自动控制连续润版装置，水斗辊 1 直接由电机驱动，并由电子控制电路的速度补偿加以调节，计量辊 2 由水斗辊 1 的轴端齿轮传动并与其同速转动。水斗辊 1 和计量辊 2 之间所形成极薄的润湿膜的薄厚由无级调速来控

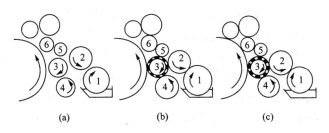

图 5 - 19　海德堡连续润版装置
1—水斗辊　2—计量辊　3—着水辊　4—串水辊
5—中间辊　6—着墨辊

制。串水辊 4 和着水辊 3 由印版滚筒带动而旋转。由于着水辊 3 的转速比计量辊 2 快，两者接触时使润湿膜拉长而变薄，并能渗入到着水辊上的油墨内，然后给印版着水。

该装置为非工作位置［图 5 - 19 （a）］时，计量辊 2 和着水辊 3 脱开，水与墨都与印版脱离；当为预润湿位置［图 5 - 19 （b）］时，计量辊 2 与着水辊 3 接触传水，中间辊 5 与着墨辊 6 接触，并开始预润湿印版和着墨辊，使润湿薄膜通过着水辊 3 进入印版，并经中间辊 5 使水在着墨辊上达到平衡。正式印刷时，着水辊 3 和着墨辊给印版输水、输墨。由于经过预润湿阶段，水、墨在印版上很快达到了平衡状态，墨辊上的吹风杆会使过量的润湿液挥发掉。

上述操作用预编程序自动控制，且与纸张的输送、印刷、空转、停机等自动控制相联系，并同步进行。

（2）非接触式润湿装置　非接触润湿装置设有着水辊、匀水辊和串水辊，供水部分与着水部分不接触，通过喷射或其它方法使润湿液洒落或附着到印版表面。

图 5 - 20 为海德堡 speedmaster 胶印机所采用的气流喷雾式润湿装置。水斗辊由直流调速电机单独驱动，多孔圆柱网筒 5 套有细网编织的外套并由水斗辊 1 利用摩擦带动旋转。压缩空气室 6 的一侧沿轴向开有一排喷口，将水斗辊传给编织外套 5 的水喷成雾状射到辊子 7 上，再由串水辊 8 经着水辊 9 向印版润湿。通过调节喷射角度以及橡皮刮刀 3 与水斗辊 1 的间隙，来控制沿水斗辊轴向各区段的给水量。这种装置由于供水部分和着水部分不直接接触、润湿液不会倒流，供水量可通过改变水斗辊的转速来调节。

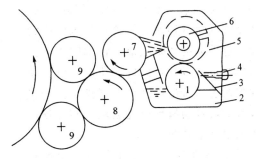

图 5 - 20　海德堡喷水润湿装置
1—水斗辊　2—水槽　3—橡皮刮刀
4—调节螺钉　5—网筒　6—压缩空气室
7—水辊　8—串水辊　9—着水辊

3. 辅助装置

在润湿装置中，还有一些辅助装置，如润湿液冷却装置、自动供水装置等。

（1）润湿液冷却装置　冷却液使其温度保持 5～15℃ 范围内。其目的在于保持印版上油墨的流动性的稳定，减少油墨乳化。可用冷却空气或冷水加以冷却。常在水槽的底部或四周侧壁铺设冷却管进行冷却。

（2）自动供水装置　用水泵自水箱将润湿液输送到水槽中去，当润版液液面高于一定水位时，多余的溶液由溢流管流回水箱，并且用过滤器进行过滤。这种水泵式自动加水器循环加液，不仅能使水斗润湿液的成分均匀一致，还可以保持水斗中润湿液的温度恒定和清洁度，适用于高速胶印机。国外一些单张纸多色胶印机的润湿装置采用了酒精润湿集中循环加水器。为了使润湿液有较低的温度并保持恒温，水箱还附有冷却设备。同时还装有酒精浓度自动补偿装置。印刷过程中，由于水和酒精的消耗，蒸发比例不同，润湿液内酒精的浓度开始下降，造成润湿能力降低，印版容易起脏。为此，在水箱内设有比重计，随酒精含量的变化而上下浮动。当酒精百分比降至限定值时，触动开关让酒精从储水槽自动流入水箱，直至达到所需百分比含量为止。另外，在水箱内设置 pH 测定电极，当 pH 超过限定值时，会自动输入 pH 调整添加剂，使水箱 pH 基本恒定。

当中小幅面较低速度的胶印机用液量较小时，可采用高悬封闭式小水箱，利用液体压力与封闭容器上部低气压之合压等于大气压原理，自动补充和保持水槽液面的高度。

六、输墨装置

1. 概述

（1）输墨装置的组成　单张纸胶印机输墨装置的基本形式如图 5-21 所示，按其功能由供墨部分（Ⅰ）、匀墨部分（Ⅱ）和着墨（Ⅲ）部分组成。

① 供墨部分（Ⅰ）。由墨斗、间歇转动的墨斗辊 4 和摆动的传墨辊 5 组成，其作用是向输墨装置供给印刷所需的油墨，完成品分区墨量控制。传统的分区墨量调整是通过手动旋转螺丝墨斗辊轴向不同位置传出墨量的多少，而现代印刷机设有墨量遥控系统，通过控制台上键盘操作来驱动伺服电机带动机械机构运动，实现各色组不同墨区墨量的调节。

② 匀墨部分（Ⅱ）。由作轴向串动和周向转动的串墨辊 1、2、3 和匀墨辊 6、8

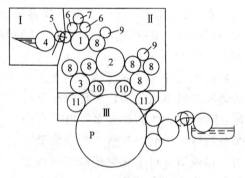

图 5-21　输墨装置的组成

1、2、3—串墨辊　4—墨斗辊　5—传墨辊
6、8—匀墨辊　7、9—重辊　10、11—着墨辊

以及重辊 7、9 组成，其作用是将油墨辗压、拉薄、打匀，以达到工艺所要求的墨层厚度、并沿着一定的传输路线把油墨传给着墨辊。串墨辊是匀墨系统的核心，而匀墨辊数量最多，匀墨辊的数量、直径、排列方式不同，会有各式各样的输墨系统。

③ 墨部分（Ⅲ）。由四根着墨辊 10、11 组成，其作用是向印版图文部分涂布油墨。

由于在印刷过程中墨辊都要与带有酸性的润湿液和油墨接触，所以墨辊的材料必须具有耐腐蚀性和耐油性。同时还应有良好的亲油性，以保证其表面能均匀地吸附油墨，而不易沾上润湿液。串墨辊一般用钢材或铜材制成，为了提高亲油性，在钢质辊表面喷涂硬塑料或尼龙。输墨装置中的匀墨辊、串墨辊、着墨辊等都起输墨和匀墨的作用，在互相配合的墨辊表面，要求有良好的接触，为此，在所有胶印机的输墨装置中，硬质墨辊与软质墨辊都相间设置。在一定的接触压力下，通过软质墨辊的弹性变形，使软、硬墨辊间接触良好，传动平稳。串墨辊转动由齿轮传动；而重辊、着墨辊和匀墨辊的转动，则靠表面摩擦力传动。

（2）墨路与墨辊排列 墨斗输出的油墨，从传墨辊开始到着墨辊，所经过的最短传递路线，称为墨路。在确保输墨装置各性能指标的条件下，一定数量的匀墨辊、着墨辊采用不同的结构排列，直接影响到油墨的传递路线（墨路）、油墨的分配比例以及各着墨辊着墨率的大小。有对称排列、不对称排列、长短墨路，着墨"前重后轻"等不同方案。墨路、墨流及着墨率设计是否合理直接关系到向印版着墨的均匀程度和印品质量。

图 5-22 为罗兰 R700 胶印机输墨装置，图 5-23 为高宝 KBA105 胶印机输墨装置。

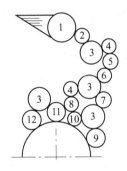
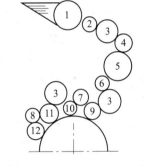

图 5-22　罗兰 R700 胶印机输墨装置　　　　图 5-23　高宝 KBA105 胶印机输墨装置

在印刷过程中，墨路过长，传墨辊至着墨辊之间墨辊上的墨层厚度差大，下墨较慢，并使过多的墨量聚积在上部墨辊上。在印刷过程中，当输纸发生故障或其他原因需要滚筒离压时，着墨辊脱离印版空转，墨辊墨层厚度差减小而趋向均匀，着墨辊墨层厚度比正常印刷时增加；当再次合压印刷时，印版图文部分受墨过多，会造成糊版或墨色过深现象。

墨路过短，下墨速度快，串墨辊不能及时将油墨轴向串匀，必然使传递到图文上的墨色不匀。但下墨速度快，能减少因油墨滞留时间长而引起的不良现象。彩色印刷品对墨层均匀性要求高，墨路应适当长些，以文字、线条为主的书刊印刷，需墨量大，墨路可短些。供墨组的墨路较短，受墨组的墨路较长。

海德堡在 Drupa2012 所展示的网纹辊短墨路胶印机，引起了同行和参观者的极大兴趣。

2. 供墨装置

（1）间歇式供墨装置

① 供墨装置的组成。供墨装置由墨斗、墨斗辊、墨刀、传墨辊及其相应的传动机构、

调墨装置组成。除此之外，现代胶印机还备有油墨补充、液位高度调节及供墨控制装置等。

② 墨斗结构。墨斗的作用是储存油墨和调节供墨量的大小，其基本构件是墨斗辊和墨刀片以及调节墨量的螺钉、搅拌器等。

③ 供墨装置的传动机构。供墨装置的传动机构包括墨斗和传墨辊两组机构。墨斗辊有间歇旋转和匀速连续旋转两种形式，间歇旋转的墨斗辊由曲柄、棘爪、棘轮或单向离合器机构驱动，而匀速旋转的墨斗辊可由匀墨组或单独电机驱动。改变间歇旋转角度或连续旋转速度即可调节整体出墨量。传墨辊一般在墨斗辊和串墨辊之间做往复摆动以传递油墨。其摆动可由装在串墨辊轴端经减速的凸轮或装在做匀速旋转的墨斗辊轴头的凸轮控制机构来实现，也可以由偏心轮、气动或液压系统驱动。

上述供墨装置中，墨量既要能整体调节，又要能局部调节。整体调节墨量的常用方法有：改变墨斗辊的转角（采用棘轮棘爪机构或单向离合器）；改变墨斗辊的旋转速度；改变传墨辊与墨斗辊接触停靠时间；改变一个周期中传墨辊摆动次数；等量调节墨斗辊与墨刀的间隙。局部调墨的常用方法有：用螺钉调节整体墨刀的局部区段与墨斗辊的间隙；手动或由伺服电机驱动调节装置来改变分段量墨辊或分段墨刀与墨斗辊的间隙。

（2）连续旋转式供墨装置　以连续不断的形式向输墨装置输送定量油墨。常用的方法有借助螺旋线沟槽辊和采用弹性螺旋线辊传递两种。

（3）自动控制供墨装置　自动控制供墨装置是计算机墨色控制的执行机构，是实现印刷机输墨装置集中控制、远距离遥控和计算机自动控制的基础。其供墨装置结构区别于手动调节墨斗结构，进口胶印机所采用的自动控制供墨装置墨斗结构尽管各不相同，但整体式墨斗刀片和分段式墨斗刀片较为常见。

① 整体式墨斗供墨装置。整体式墨斗刀片形式是在传统的墨斗基础上将手动调墨螺丝改为由单独微电机经减速机构来带动，调节整体墨斗刀片上的局部墨区和墨斗辊之间的间隙。由于整体墨斗刀片弹性大，要求电机驱动力矩大，因此，部分胶印机输墨装置的墨斗量调节机构采用两个小电机。整体式墨斗墨区墨量调节结构简单，易于装配和使用，但由于调节时墨斗刀片易变形，会影响相邻墨区的墨量，因此，整体式墨斗刀片结构的墨区墨量调节精度不高。

② 分段式墨斗供墨装置。与整体式墨斗相比，分段墨斗的每个墨区量调节为独立装置，具有墨区墨量调节精确、易于实现自动控制。整个版面供墨的墨量由尺寸相同的系列墨斗刀片条控制，每段刀片尺寸有 30mm、32mm 和 35mm 等几种规格，根据印刷幅面，在整个供墨区相应有 32 块、48 块等一定数量的分段墨斗刀片组成。每块刀片由单独的小伺服电机驱动，改变刀片与墨斗辊之间的间隙，即可实现调节该墨区的给墨量的目的。

如图 5-24 所示为海德堡对开印刷机油墨自动控制供墨装置，在轴向分成 32 个墨区，每个墨区的宽度为 32.5mm，分段墨斗刀片 4 组成的墨斗底面上衬有一张涤纶片 5，好似薄墨刀片，能灵敏地反映各刀片墨量调节，同时涤纶片可防止油墨渗入分段墨斗刀片缝隙而影响墨量调节，且清洗更换非常方便。分段偏心计量墨辊 8 的两端为圆柱形，用以架在半圆环托架上，计量墨辊 8 的中间部分铣成偏圆形，刀片 4 架在偏心计量墨辊 8 上，弹簧

6 经分段刀片 4 使计量墨辊 8 的两端圆柱面将涤纶片 5 靠紧墨斗辊 7。调节墨斗辊轴向局部墨量时，伺服电机 11 接受 CPC 控制台的指令信号后转动。并通过旋转副 9 及连杆机构使相应墨区的偏心计量墨辊转动一个角度，以改变计量墨辊 8 和墨斗辊 7 之间的间隙，从而调节了该区域的出墨量。电位计 10 与伺服电机 11 同轴，把相应的转角变为电信号再反馈到控制台显示装置上。

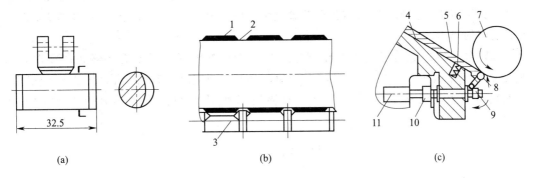

(a)　　　　　　　　　　(b)　　　　　　　　　　(c)

图 5 - 24　海德堡胶印机遥控调节供墨装置

1—墨层（厚）　2—墨层（薄）　3、8—偏心计量墨辊

4—刀片　5—涤纶片　6—弹簧　7—墨斗辊

9—旋转副　10—电位计　11—伺服电机

目前，高速单张纸胶印机几乎都采用计算机遥控调节供墨装置，通过操作控制台调节各墨区的墨量大小。图 5 - 25 为罗兰 R700 单张纸胶印机的遥控调节供墨装置，图 5 - 26 为高宝 KBA105 单张纸胶印机的遥控调节供墨装置。

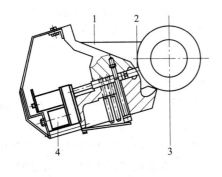

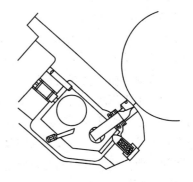

图 5 - 25　罗兰 R700 胶印机供墨装置　　　　图 5 - 26　高宝 KBA105 胶印机供墨装置

1—墨斗片　2—墨斗刀　3—墨斗辊

4—伺服电机

3．匀墨装置

串墨辊轴向串动的主要作用是将油墨打匀。上串墨辊尽快地将供墨装置所供给的不均匀的油墨层拉开、拉薄、拉匀；中串墨辊承担着储墨、打匀和分配墨流作用，下串墨辊负责打匀着墨辊向印版上墨后在其辊上残存的与印版上印刷图文和空白相对应的不均匀油墨。

串墨辊的传动装置有机械式、液压式和气动式。而常用的机械式串墨机构有曲柄摆杆式、槽凸轮式、凸轮摆杆式和蜗轮蜗杆式等。

4. 着墨装置

（1）压力调节机构 着墨辊是在印版滚筒和下串墨辊之间依靠两者接触摩擦力带动其旋转，向印版涂布油墨。为了使着墨辊将下串墨辊传来的油墨均匀地涂布在印版表面并减少对印版的过量磨损，着墨辊与串墨辊和印版之间必须有合适的压力，为此，输墨装置必须有压力调节机构。调节时，首先调节着墨辊与串墨辊之间的压力，然后再调节着墨辊与印版之间的压力。

（2）着墨辊的起落机构 在印刷过程中，当输纸出现故障或需要停止印刷时，着墨辊必须与印版脱开，停止供墨，以避免印版图文上墨层增厚。当合压进行印刷时，着墨辊与印版滚筒接触给墨。因此，着墨辊必须具有与滚筒离合压相配合的起落机构。

七、收 纸 装 置

1. 基本构成

单张纸印刷机收纸装置的作用是收集单张印张并将其整齐地堆积在收纸台上。其基本构成如图 5-27 所示，1 为收纸滚筒，在印刷过程中，起传递、交接印张作用的滚筒，通过收纸滚筒将印张输出；2 为收纸链条及其咬纸牙，在收纸滚筒上，通过收纸链条上的咬纸牙接取印张，然后由收纸链条输出；3 为链条导轨，对收纸链条起导向作用；4 为喷粉装置，在印刷机收纸过程中，为防止印张背面蹭脏和粘页向印刷品表面喷撒防黏剂的装置；5 为吸纸辊，设在收纸堆右侧上方部位，当印张送到收纸堆上面时，由吸纸辊控制印张，使印张平整地落在收纸台上；6 为齐纸板，设在吸纸堆上部侧面，当收纸咬纸牙开牙放纸后，由齐纸板控制印张，以保证印张的横向位置；7 为挡纸块，设在收纸堆左侧上方，以控制印张的纵向位置；8 为收纸堆自动下降机构，与给纸堆自动上升联动，即给纸堆自动上升，而收纸堆自动下降，以保证收纸堆纸面的一定高度。

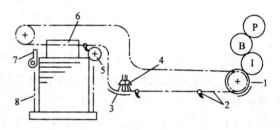

图 5-27 收纸系统的构成
1—收纸滚筒 2—收纸链条与咬纸牙
3—链条导轨 4—喷粉装置 5—吸纸辊
6—齐纸辊 7—挡纸块 8—纸堆下降机构

2. 收纸滚筒

收纸滚筒与压印滚筒同速旋转。在收纸滚筒的轴端固定有收纸链轮，由链轮驱动收纸链条，完成印张的传送。

在收纸链条上装有咬纸牙轴，将收纸咬纸牙装在牙轴上。当收纸咬纸牙与压印滚筒咬纸牙在空档处相遇时，完成印张的交接，如图 5-28 所示。

收纸滚筒为圆筒形带筋铝制结构，并设有空档，在空档处交接印张。由于印张在交接过程中，其印刷面朝向收纸滚筒表面，为防止印刷面蹭脏，在收纸滚筒表面应设有防污装置。常用的防污装置有骨架式收纸滚筒、星形轮收纸滚筒、气垫防蹭脏收纸滚筒等。

如图5-29所示为罗兰公司开发的气垫式收纸滚筒,该装置的收纸滚筒为带筋铝质滚筒,外层包有透气罩,空气经吹送通过透气罩在滚筒表面与印张之间形成气垫区,靠空气的浮力支承印张,使印张印刷面不与滚筒表面接触。这种形式的防污效果优良,但结构比较复杂,主要用于高速印刷。

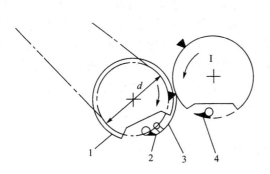

图5-28 印张的交接

1—收纸滚筒 2—收纸咬纸牙 3—印张
4—压印滚筒咬纸牙 d—直径

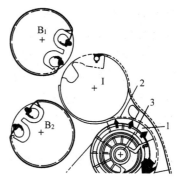

图5-29 气垫式收纸滚筒

1—气势区 2—印张 3—透气罩

3. 收纸链条与链条导轨

在链条脱离链轮的切点处,为减小冲击应设置链条导轨,对收纸链条的运动进行导向。为了将力的急剧变化缓和下来,特在链轮的圆周运动与直线运动之间设置链条导轨。

链条导轨由直线部分与缓和曲线两部分组成,可以有效减小冲击,提高运动的平稳性。

当印张由压印滚筒咬纸牙向收纸咬纸牙交接时,为保证交接的准确性和平稳性,应使压印滚筒咬纸牙与收纸咬纸牙垫在a点同速下进行交接,如图5-30所示。

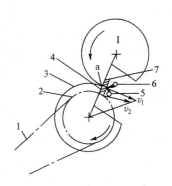

图5-30 印张输送中的减速

1—收纸链条 2—收纸链轮
3—收纸滚筒 4—收纸咬纸牙垫
5—收纸咬纸牙 6—压印滚筒咬纸牙
7—压印滚筒咬纸牙垫

链条的运动速度发v_2一般应比印刷速度v_1降低10%~20%。同时,印张的交接一般应放在链条圆弧部分的中间。

4. 印张收纸台

收纸咬纸牙咬住印张传送到收纸堆上方开牙放纸时,由于印张惯性及空气的浮力作用,会使印张滑空,致使印张不能顺利地落在收纸堆中央位置,因此,对于高速印刷机,应设置一些辅助部件。如:在收纸堆右侧上部位置设置吸纸辊;或在收纸堆上方设置风扇,形成使印张下落的气流,以加速印张落下;或通过双向齐纸板的摆动,将印张沿纵向与横向准确堆积。

不同规格的印刷机应采用不同的收纸形式,对于小型印刷机,可采用链条收纸形式,收纸堆低于收纸滚筒。对于大型印刷机,一般将收纸堆高度调整到尽量高的位置,以保证印张的正常堆积,并有合理的落差。所谓落差是指收纸咬纸牙开牙放纸时的纸面高度到收纸堆纸面的距离，用 s 表示。落差不能过大，否则不利于印张的顺利下落与堆积；落差也不能太小，否则会使印张表面产生摩擦。落差的合理数值是印张不出现摩擦的最小 s 值。

另外，在印刷过程中，应使摩擦的最小 s 值保持一定。当收纸堆纸面高度增加到一定程度时，由于 s 值将超出其合理范围，这时，收纸堆应自动下降。为此，应设光电传感器等检测装置来检测收纸堆纸面高度增加到一定程度时，由于 s 值将超出其合理范围，这时，收纸堆应自动下降。为此，应设光电传感器等检测装置来检测收堆纸面高度，当落差减小到一定值时即发出收纸台自动下降信号，通过执行机构完成收纸台的下降。一般情况下，印刷机给纸台的自动上升与收纸台的自动下降动作是联动的。

5. 喷粉与干燥装置

为了避免印张背面蹭脏和粘页故障，特意设置一些附属装置，如喷粉与干燥装置。

（1）喷粉装置　喷粉装置是将粉末剂喷撒在印张的印刷面上的专用机构，一般设在印张传送过程中某一合理部位。根据喷粉形式不同，主要有以下几种。

① 空气喷粉装置。将粉状粒子物质随压缩空气一起喷撒在印刷面上。这种装置价格较低，但是，因其粉末四处飞散，污染印刷环境，所以，目前很少采用。

② 静电喷粉装置。带有电荷的辊子表面上吸附有粉末粒子，当印张从辊子下通过时进行放电，使粒子落在印刷面上。这种装置成本较高，其应用受到限制。

③ 液体喷粉装置。将粉末粒子混入水中成为雾状，由喷嘴直接喷出射向印刷表面。这种装置用于特殊场合，但要注意设备应有防锈措施。

上述喷粉装置固化的粉末都会残留在印张面上，不仅会影响印品光泽，而且，若还需要继续印刷时，将会影响印刷适性，这是造成印刷故障的重要原因之一。因此，不用喷粉而采用光固化干燥装置是目前的主流。

（2）干燥装置　当印品的质量要求较高，或进行高速印刷时，应设置专用干燥装置。

目前应用较为普遍的干燥装置是紫外线干燥装置。所谓紫外线干燥（简称 UV 干燥）是指承印物上的紫外线油墨或亮光油通过紫外线照射，能迅速聚合固化的干燥方式。这种干燥装置具有固化速度快、印品质量好等特点，所以，在平版胶印、柔性版印刷和丝网印刷等印刷方式中已得到推广和使用。

UV 干燥装置可在印刷机中单独使用，也可与涂布机组配合使用。在印刷机组后面设置涂布机组（即在线涂布装置），经涂布后由 UV 干燥装置进行干燥。UV 干燥装置也可用红外线（IR）干燥装置代替。UV 干燥装置和红外线装置目前均已商品化，采用插入式安装法，选配使用非常方便。

（3）多层收纸台　为了减小收纸台的堆纸高度，减轻印张自重，即使不用喷粉装置或不用干燥装置，也可在很大程度上防止背面蹭脏和粘页故障，为此，可设置多层收纸台。将高度为 20cm 左右的 L 型纸台（也称隔角）置于收纸板的四角位置，把收纸板按顺序多层放置，这样，每层印张厚度较小，印张之间不会承受很大压力，对减轻粘页故障有较好的效果。

第三节　胶印工艺及应用

一、胶印工艺流程

胶印工艺流程和其他印刷方式一样，在完成印刷品的生产过程中要经历三个阶段的工艺，即印前处理、印刷和印后加工。通常把原稿的设计、图文信息处理、制版统称为印前处理；把印版上的油墨向承印物上转移的过程叫做印刷；把后续的使印刷品获得所要求的形状和使用性能的生产工序称为印后加工。传统的印前处理主要包括设计、制作、排版、输出胶片、打样等；印刷主要指通过印刷机印刷出成品的过程；印后则包括了印刷后期的工作，如覆膜、UV上光、烫印、压凹凸、装裱、装订、裁切等。

传统的胶印生产工艺过程包括：印刷工艺单→明确印刷任务→设计印刷工艺→准备印刷材料→装版、墨斗辊上墨、上纸→印刷机检查与试运行→开机→输水输墨→停机擦版→开机→水辊上水→墨辊上墨→观察水墨平衡状态→输纸→前规→合压→校版纸送出→走纸→停机→取样→校版、套准、调墨（调色）→重复开机过程→签样→正式印刷→监控印品质量→印刷完毕→印后工艺。

1. 印刷前准备工作

正式印刷前，根据客户要求结合产品性能及胶印工艺特征，必须充分做好各项印刷前的准备工作。包括阅读产品工艺单、准备各项生产及辅助材料、按所印产品的特点对机器各部件进行调节试印。

（1）印刷工艺单　根据印品原稿的特点，结合印刷工艺，将产品及原材料的规格和技术要求以及客户的意见制成的表格，称为印刷工艺施工单。工艺单的内容有：产品设计的规格和技术要求；原材料加工成产品的工艺方法；原材料性质、质量及规格型号规定；对加工产品质量的要求等。

（2）印版的准备　印版质量的好坏直接决定产品的印刷质量。所以，印刷前认真对印版质量进行一系列的检查，对提高生产效率、保证印刷质量具有重要意义。

① PS版的规格尺寸检查。按照产品规格要求，认真核对印版规格及印版图文的位置，避免盲目装版开机印刷。

② 印版版面清洁度和平整度检查。主要是对印版的正反面外观上的检查，观察有无不洁净的脏点、硬化膜和制版过程中残存的异物杂质。同时还应对印版厚薄的均匀程度进行测验，即印版的四边角的厚度误差不应超过±0.05mm，否则容易导致压力不均匀，造成印版破裂。此外，印版表面如有划伤痕迹、折痕、裂痕以及凹坑等无法补救的缺陷，必需重新制版。

③ 印版色标、色别、规矩线等检查。为了便于鉴别各色印品墨色与样稿是否一致，各色印版适当的位置上均应晒制一小块色标，且各色色标依次排列在印版靠身或朝外边的下方。印版色别检查方法：根据版面图文特征和色调深浅进行识别，因为不同画面，其图像结构与色调层次不尽相同。可对色调反差较大的部位进行对照识别。以风景画面为例，树木叶子层次较深而天空也有深浅层次的为青色版，叶子层次较深，而天空较淡的是黄版。也可利用网点角度辨别色版，即根据工艺制定的网点角度进行鉴别。规矩线是印品套

印和成品裁切的依据，位置的合适与否不可忽视。对印版规矩线的检查，主要看版面上的十字线、角线的位置是否放得准确。如有晒版控制条，应检查贴放位置是否准确。

④ 版面网点与色调层次检查。一般用高倍放大镜观察网点，其外形应是光洁，圆方分明，且网点边缘无毛刺和缺损迹象。网点无变形现象，点心无白点。对印版层次色调的检查，选取高调、中间调和低调这三个不同层次部位。一般而言，印版上的网点比样稿相对区部位的网点略小，印刷后由于各种客观因素（如网点扩大等）的影响，对印刷品整体质量的影响较小。若发现亮调部分网点丢失，表明印版图文太淡；如果暗调部分版面上的小白点发糊，以及方网点 50％（圆网点 75％）的搭角过多，则说明印版图文颜色过深。

⑤ 版面文字和线条检查。文字检查主要看有无缺笔断划或漏字漏标点符号等情况，发现问题可及时修正或采取补救措施。对线条的检查，要看版面线条是否断续、残缺、多点及线条粗细与样稿是否一致。

安装印版时，将印版连同印版下的衬垫材料，按照印版的定位要求，安装并固定在印版滚筒上。同时，要校对版的位置是否正确，不能歪斜。

（3）纸张的准备　纸张是最常用的印刷承印物。按照工艺单要求，准备印刷所需纸张，要按照纸张品种、规格尺寸进行裁切，然后进行必要的调湿处理，使之具有良好的印刷适性，以保证印刷的顺利进行。

纸张的调湿平衡处理是吸水或脱水的物理过程。在常温、常压和一定的相对湿度条件下，使纸张含水量与车间的相对湿度相平衡的过程，称为纸张的调湿平衡处理。胶印用纸在印刷前进行适应性调湿处理的目的是：使纸张与环境相对湿度平衡，确保多色套准精度；使调湿平衡后的纸张，对环境湿度及版面水分的敏感程度大大降低，减少纸张的伸缩形变。

纸张含水量的变化是造成纸张伸缩和加压变形以及产生静电等引起套印不准的主要原因。多色印品要保证套印准确，上机前的纸张，其含水量必须均匀，而且要与环境温湿度相适应。

（4）润湿液的准备　胶印过程中，润版液的作用是在印版表面的空白部分形成水膜阻止油墨的粘附和扩散，防止空白部分上墨起脏。胶印中印版空白部分的水膜要始终保持一定的厚度，即可不过薄也不能太厚，而且要十分均匀。水分过大，印品出现花白现象，实地部分产生所谓的"水迹"，使印迹发虚，墨色深淡不匀；水分过小，引起脏版、糊版等故障。润版液使用是否得当对网点的扩大及墨色深浅及产品质量都有直接的影响。除此之外，润版液可以降低墨辊之间、墨辊和印版辊之间高速运转所产生的高温，可以清洁印刷过程中产生的纸粉、纸毛，可以在印版空白部分发生磨损后与铝版反应生成新的亲水盐层保持空白部分良好的润湿性。

目前常见的润版液主要有普通润版液和酒精润版液两种。前者是在水中加入润湿粉剂及少量封版胶配置而成；后者则是在水中加酒精、润版原液配置而成。润版液中常用的亲水性胶体为阿拉伯胶进而羧基甲基纤维素（CMC）。

（5）油墨的准备　生产前领取并与施工单和付印样张核对，了解油墨中添加的辅助材料，避免重复添加。一般情况下，应在印刷前通过添加相应助剂调节油墨印刷适性，如需调节油墨黏度，可选择调墨油或者撤粘剂；如需调节油墨干燥性，可选择红燥油或白燥油，红燥油对油墨表面的催干效果较好，白燥油对油墨内部的催干效果较好；如需调节油墨黏性，可选择去黏剂。

（6）印刷色序的安排　印刷色序是指多色印刷中油墨叠印的次序。胶印的色序是个复杂的问题，应根据印刷机、油墨、纸张的性能以及印刷工艺的要求综合考虑。一般遵循以下原则：

① 三原色油墨的明度，反映在实际三原色油墨的分光光度曲线上，反射率越高，油墨亮度越高。所以三原色油墨的明度是：黄＞青＞品红＞黑。黄油墨反射率最高，色偏和灰度最小，青、品次之。因此，色序安排为：暗色先印，亮色后印。

② 根据三原色油墨的透明度和遮盖力排列色序。油墨的透明度和遮盖力，取决于颜料和连结料的折射率差异。透明性好的油墨，两色相叠后，下面墨层的色光能够透过上面的墨膜面，达到较好的混色效果，显示出正确的新色彩。遮盖性较强的油墨，对叠色后的色彩影响较大，达不到较好的混色效果。因此，一般色序排列为：透明性差的油墨先印，透明性强的后印。

③ 根据网点面积占有率排列色序。网点面积少的先印，网点面积多的后印。

④ 根据原稿特点排列色序。以暖调为主的先印黑、青，后印品、黄；以冷调为主的先印品红，后印青色。

⑤ 根据机型排列色序。单色或双色印刷色序一般为：明暗色墨相互交替；四色印刷机印刷时，考虑灰色平衡，一般以墨色叠印关系来确定，暗色先印，亮色后印。

⑥ 根据油墨干燥性质排列色序。亮光油墨干燥方法是渗透与氧化结膜相结合。但又因纸张平滑度和吸收性而异。为了防止玻璃化，干性慢的油墨先印，干性快的油墨后印，以利迅速结膜干燥，具有光泽，不粘脏。

此外，印刷色序还应考虑墨层的厚度、油墨的黏度与黏性。

2. 印刷作业

（1）试印　由于油墨和润版液在试印阶段还没有完全处于平衡状态，输纸部分也尚未完全正常，印刷品的质量存在较大的问题，因此，这个阶段必须频繁地抽取印张进行认真的检验。对样张应该做以下几项检查。

① 印张颜色的检查。抽取印张，从印张的叼口开始向两旁并朝拖梢方向全面检查，观察是否存在墨色深浅不一、版面起脏等现象。观察时应涉及整个版面。

② 规格尺寸的检查。在观察完颜色后，应迅速观察印张图文套印情况，看纵、横向十字线是否符合工艺单要求，两边十字线是否套准。

③ 图文印迹的检查。印迹可能会出现着墨不良的现象，主要原因有橡皮布或印版有凹陷、晒版质量不好、或润版液过多发生墨辊脱墨现象等。印迹还会出现图文扩大或模糊不清，主要原因有：水小墨大易产生图文模糊，水大墨小则使得图文颜色浅淡；印刷压力太大，印版衬垫厚，橡皮布包衬不合适，易造成网点的严重增大；水、墨辊压力不合适，使图文不清晰。

（2）正式印刷　正式印刷过程中，需要控制的参数因素很多，其中较为重要的是输墨量的控制和水墨平衡的控制。

① 输墨量的控制。输墨量的控制通过输墨装置完成。输墨装置的作用就是将墨斗出墨辊输出的条状油墨从周向和轴向两个方向把油墨迅速打匀，使传到印版上的油墨是全面均匀和适量的。其结构概括起来分为供墨、匀墨和着墨三个部分，运行过程中需要具备以

下特点：a. 给印版上墨时稳定、均匀、适量；b. 整个输墨装置所需的动力要小；c. 结构简单，工作可靠，操作方便；d. 能灵敏地调整、改变给墨量，给墨能实现无级调整；e. 有手动或自动的独立操作按钮。在调试或开机过程中，输墨装置达到稳定所需时间最短。

墨量调节分为局部调节和整体调节。局部调节是通过改变墨斗片与墨斗间隙大小来控制；整体调节是通过改变墨斗辊转角或转速来控制。调节的方法包括手工调节和自动控制。现在多色机中大多装有油墨自动控制系统，可实现油墨的初始化快速预调及印刷过程中的自动控制。步进电机通过电脑控制，实现远距离遥控操作，取代手工调节。

② 水墨平衡的控制。胶印生产水墨平衡控制不好会产生一系列的印刷故障。其中印版水量过大产生的危害主要有以下几个方面：a. 印品墨色暗淡、无光泽，饱和度下降，颜色浅淡。b. 油墨过度乳化，导致花版。c. 印迹干燥速度减慢，产生印品背面蹭脏现象。d. 由于水的阻滞作用，油墨不能正常传递、转移，导致供墨不良。e. 印张发软，收纸不齐，滚筒两边有水渍，长期下去会使机器局部生锈等。

印版水量过小则会有以下危害：a. 印品墨色变深供水，网点增大，易糊版。b. 印版和印张的空白部分起脏。

正常印刷条件下，印版图文部分的墨层厚度为 $2\sim3\mu m$ 时，空白部分水膜厚度为 $0.5\sim1\mu m$，油墨中所含润版液的体积分数为 $15\%\sim26\%$（最好为 21%，最大不超过 30%），可基本实现水墨平衡。但在实际印刷中，由于操作人员没有足够的时间用仪器去进行测定，而且影响水墨平衡的因素复杂，且不断变化，所以在实际工作中，操作人员主要是凭经验进行水墨平衡的判断和控制。

传统输水装置的水量控制原理与油墨量控制原理相同，即通过水斗辊的转角或转速大小实现整体水量调节。鉴别及控制水量大小的方法主要有如下几种：

a. 单张纸印刷机可根据版面反光强弱来初步估计水量大小。在观看版面时，操作人员可借助于自然光或灯光观察印版表面的水分。水墨平衡正确时，版面有微弱亮度，感觉像毛玻璃的反光。若印版表面呈暗黑色，没有反光的感觉惠普，说明印版表面水分过小；如果版面反光十分明亮，有水汪汪的感觉，则说明印版表面水分过大。

判断水量是否合适还可观察样张。如果样张墨色浅淡，且加墨后墨色仍浅，则水大；样张柔软，抖动声音不脆，则水大；样张浮脏，停机较久版面仍不干，则水大；若印品无光泽、花版，或出现印张卷曲、收纸不齐等现象，说明版面水分可能过大。此外墨辊上、墨槽内有水珠出现，也是水大的特征。

b. 印刷中轻微水干的判断及控制。判断水干最有效的办法是用放大镜观察印刷品上墨量大的图文区有无糊版。糊版严重时，用肉眼就很容易看到；糊版轻微，则需借助放大镜，看图案边缘是否光滑，网点是否清晰。

印刷中要勤抽样张进行观察，根据观察情况进行水墨平衡控制，而且不能急于求成检测系统及仪器，加减水、墨量要做到心中有数，对调节效果要有一定的预见性，以免反复调节。

c. 印刷速度对水墨平衡的影响。印刷速度快，油墨转移率下降，墨色变浅，同时因版面温度有所升高，水分挥发快，对水的需求量会加大，这一点高速轮转机表现得尤为明显。

3．印刷结束后的工作

（1）印张的保管　针对不同的印刷机，保管主要包括成品的保管和半成品的保管。

（2）清洗工作　印刷机的各装置必须进行很好的清洁，对附有油墨的墨斗、墨辊、橡皮布、压印滚筒和水辊等部件应进行良好的维护和保养。

4．印后加工

纸包装的印后加工主要包括表面整饰与成型、期刊装订等。表面整饰与成型是指在纸或纸板表面所进行的各种加工，主要包括：覆膜、上光、烫印、压凹凸、模切压痕等；期刊装订是指把单张装订成册的工艺，主要有平装、精装等，工序为折页、配页、订书、上封面和裁切。

二、胶印油墨的印刷适性

1．胶印油墨的成分及分类

胶印油墨由颜料、连结料、填料、助剂等成分组成。其中颜料赋予油墨颜色特性，并影响流动及干燥性能；连结料则提供油墨必要的流动传递性能和干燥性能。

（1）颜料　一般来说，颜料是细微粉末状的固体有色物质，在油墨中起着显色作用。另外，颜料的分散状态直接影响油墨的流动性、稳定性和干燥性。根据颜料的来源与化学组成，可分为有机颜料和无机颜料两大类。对于有色颜料而言：① 无机颜料是有色金属的氧化物，或金属不溶性的金属盐，又分为天然无机颜料和人造无机颜料，天然无机颜料是矿物颜料。② 有机颜料是有色的有机化合物，也分为天然和合成的两大类。现在常用的是合成有机颜料，有机颜料的品种多，色彩比较齐全，性能优于无机颜料。

印刷油墨对颜料要求很高，特别是在分散度、着色力、遮盖力、吸油量、密度和耐抗性等理化性能参数上，都有严格的要求。比如彩色颜料的色调接近光谱颜色，饱和度应尽可能大，三原色油墨所用的品红、青、黄色颜料透明度一定要高，所有颜料不仅要耐水性，而且要迅速而均匀地和连接料形成稳定的分散体系，颜料的吸油能力不应太大，颜料最好具有耐碱、耐酸、耐有机溶剂等性能。

（2）连结料　连结料是颜料的分散介质，是油墨的另一主要组成成分。它主要给予油墨以适当的黏性、流动性性能以及印刷后通过成膜使颜料干燥于承印物表面的作用。

根据构成连结料的介质材料不同可以分为干性油型连结料、矿物油型连结料和溶剂型连结料；根据其干燥形式还可以分为挥发干燥型连结料、渗透干燥型连结料和氧化结膜型连结料等。

从组成上看，连结料一般由植物油、矿物油、有机溶剂、各种天然和合成树脂及少量的蜡质构成。

油墨的流变性、黏度、中性、酸值、色泽、抗水性以及印刷性能等主要取决于连结料，同一种颜料，使用不同的连结料，可制成不同类型的油墨；而同一种连结料，使用不同的颜料，所制成的仍为同一类型的油墨，所以油墨的质量好坏，除与颜料有关外，主要取决于连结料。

此外，油墨中常加入填料起充填作用，又可减少颜料用量，降低成本。为改善油墨本身的性能还要附加一些材料，如：干燥剂、防干燥剂、冲淡剂、撤黏剂、增塑剂等。

2．胶印油墨的印刷适性

　　油墨的印刷适性可以分为运行适性和质量适性。运行适性指的是油墨适应印刷机运行的要求而使印刷顺利完成的性能；质量适性则指的是使油墨获得在承印物表面最佳印刷效果的性能。

　　胶印过程中，油墨的传递过程是从墨槽到墨斗，从墨斗到墨辊，再到印版、橡皮布，最终转移到承印物上而完成固着干燥。在整个过程中，油墨一方面在高速旋转的墨辊的剪切作用下做黏性流动，这时油墨呈现液体行为，表现出粘滞性流动特征；另一方面是在磨辊之间的非常短暂的冲击力作用下，变形及断裂，表现为固体的弹性特征。油墨所具有的这种固液双重行为即粘弹性特征对于油墨的稳定性、传递转移和固着干燥等印刷适性都有重要的作用。

　　（1）黏度　黏度是阻止流体流动的一种性质，是流体分子间相互作用而产生阻碍其分子间相对运动能力的量度，即流体流动的阻力。这种阻力（或称内摩擦力）通常以每单位面积所受的力——剪力应力来计算。

　　① 绝对黏度。黏度系数 η 是剪切应力与剪切速率的比。

　　② 运动黏度。运动黏度（动黏度，动力黏度）就是流体的绝对黏度（泊）与流体的密度（g/cm^3）之比。

　　③ 相对黏度。是流体的绝对黏度与同条件下标准液体（例如水）的绝对黏度之比。

　　④ 条件黏度。是指一定量的流体，在一定的温度下从规定直径的小孔中所流出的时间，以秒表示。

　　黏度的测量通过黏度计完成，黏度计是一种用来测定液体稳态黏度的仪器常见的有以下几种：

　　① 毛细管式黏度仪。根据一定温度下，一定容积的流体通过毛细管所用时间确定流体黏度。

　　② 气泡式黏度仪。气泡式黏度仪就是一种利用管子中被测流体的气泡上升的速度来测定它的黏度的仪器。它也是一种测定运动黏度的仪器。

　　③ 落球式黏度仪。以落球式黏度仪测定流体的黏度时，是基于测定一个球落下通过被测流体的速度。测定比较简便，通过适当的数学处理后，也可得到比较准确的黏度数据。

　　④ 小孔（单孔）式黏度仪。小孔式黏度仪测定流体从黏度杯中流出的全部时间（秒）来作为该流体的条件黏度。

　　⑤ 旋转同心圆筒式黏度仪。旋转式黏度仪测定流体的黏度时，以仪器的旋转速度和力矩来表达的。一般设计都是一个圆筒静止，另一个圆筒旋转。力矩的数值一般通过测量弹簧的压缩量来获得。

　　⑥ 旋转椎板黏度仪。黏度仪由圆锥和圆板组成。圆板固定，圆锥以一定角速度旋转，椎板间隙装填待测流体，通过测定扭矩来计算黏度。

　　对胶印油墨来说，测定黏度的常用仪器有锥板黏度计、落球黏度计和平行板黏度计，最理想的是锥板黏度计，但由于测定简便和仪器价格便宜，后两者在国内应用较普遍。用于单张纸胶印的油墨，其黏度在 20～80Pa·s（200～800P/25℃）范围内，卷筒纸胶印墨的黏度则在 10～40Pa·s/25℃。

　　油墨黏度的大小与印刷质量密切有关，在油墨黏性合适的前提下，黏度大一点对油墨的转印和网点都有好处。当然，这里也会有矛盾的，油墨黏度太高，印实地时易产生气泡针孔；黏度过低，网点的扩大严重。另外，黏度过低常易在高速印刷时产生起脏和油墨过度乳化。

（2）屈服值　屈服值是指使油墨产生流动所需要的最小剪切应力。采用上面提到的三种黏度计来测定油墨的黏度时，一般都可以同时计算出受测油墨的屈服值。油墨的屈服值过大会影响流动性以及触变性，并且使油墨显得过硬。但在打样或印刷时时必须保证油墨有足够的屈服值，这样才能使印刷时实地均匀和网点清晰（即具较小的网点扩大）。对于单张纸胶印油墨而言，经验的屈服值在 0.1N/cm 左右，而卷筒纸用的胶印墨一般都低于此数，因为它比单张纸胶印墨相对地软一点。

（3）黏性　油墨的黏性是油墨内聚能的体现，黏性大小与印刷品质量有密切联系。油墨的黏性往往与黏度一起考虑，油墨具有相对高的黏度与相对低的黏性，可使实地和网点达到良好的印刷效果。黏性大小与纸张的拉毛现象相关，纸张表面强度差，油墨黏性要低一点。以油墨黏着性仪测量数据来讲，单张纸胶印油墨合理的黏性在 8~14，而卷筒纸胶印油墨在 3~6 范围内。此外对于多色印刷，油墨在印刷时是湿叠印，为了避免逆叠印的发生，安排色序时应该考虑不同颜色油墨的黏性，黏性大的颜色应该先印刷，依此减小油墨的黏性，减小的量在 0.5~1 的范围内。

（4）触变性　油墨的触变性是指在温湿度恒定的情况下，作用于油墨剪切速率保持不变，切应力和表观黏度随着时间延长而减小，剪切作用停止后，表观黏度又随静止时间的持续而上升。印刷给墨过程中，如果油墨触变性太大，油墨发生触变效应而黏度降低所需剪切力较大，容易造成堵墨现象。因此，适当的油墨触变性对于油墨的传递至关重要。印刷机的墨斗都配有搅拌装置，用以使油墨发生触变现象，降低表观黏度，使油墨顺畅进入分配行程。在分配行程中，油墨在墨辊见延展和剪切，黏度明显下降，有助于油墨迅速均匀化和转移传递。当油墨从印版上转移到承印物上以后，外界的机械作用消失，由于触变性油墨的表观黏度重新回升，保证油墨不想四周流溢，固着在承印物表面，使网点清晰。

（5）转印性　油墨从墨斗转移到版面（通过一系列传墨辊筒），由版面转移到橡皮布，再由橡皮布转移到纸上的传递性能。常用印刷适性试验机研究油墨从印版到纸上的转印量，并以此来比较油墨的转移性能好坏，虽然同实际相差甚远，但作为参考还是可行的。

油墨的墨性除上述用流变学知识结合仪器来加以控制外，目前在生产和换料打样工作中，工人师傅还常根据经验性检验方法来判断油墨的墨性好坏，方法如下：

① 油墨的流动性。取少量油墨放在玻璃板上，用小墨刀来回调动十多次后，将油墨堆在一起观察油墨流平的情况，即以流平的速度和流平后接触角的大小来判断。流平快的和接触角小一点的油墨流动性较好，反之较差。油墨流动性还要考虑到不同类型的油墨。

② 油墨的丝头长短。检验流动性的同时，用小墨刀的头部轻按油墨后拉起，观察其油墨丝头流下时的情况，如油墨丝头流到最后仍成细丝而连绵不断，则表明油墨的丝头较长。如果油墨丝头流下时，断开较快，其最后的细丝是断断续续的，则表明油墨的丝头较短。

③ 油墨的硬度。硬度，俗称身骨，是油墨软硬、松紧、稀稠和弹性的综合特性体现。油墨身骨好，指的是油墨硬、紧、稠、弹性好，反之则差。方法是在检验流动性以后，用小墨刀把油墨刮起，重新放在玻璃板上，放下时用小墨刀头部在墨面上轻按

一下后向上拉起约 1cm，重复一按一拉。辨别时，小墨刀将油墨放回玻璃板上时油墨是否容易流动来区别油墨的稀稠；下按时是否费力区别油墨的软硬；拉起时是否费力和油墨拉起时的情况区别油墨的松紧；按拉的用力大小和向上拉时油墨有没有自动回缩的感觉区别油墨的弹性。

三、纸与纸板胶印技术

纸包装主要指用于商品外包装的纸箱、纸盒和纸袋。用于商品包装的纸张应具有强度大、含水率低、透气性小的特性，并且不含对包装产品有破坏性、腐蚀性的物质，而且必须具备良好的印刷性能。为了满足不同的包装产品要求，需要对原纸进行加工，制成各种特殊性能的包装纸。常用的纸包装用纸包括：白卡纸、铸涂纸、铸涂白板纸、瓦楞纸板等。

1. 纸盒胶印工艺

包装纸盒可以用不同材料制作，包括瓦楞纸、白板纸、白卡纸等。纸盒印刷加工的方式已经从原先单一的印刷方式转化为多种不同的印刷方式的组合。目前纸盒印刷生产的工艺流程大致为：

纸盒设计→印前处理→制版→印刷→表面整饰→模切压痕→糊盒成型。

其中印刷时根据包装产品的品质及要求，一般采用单张纸胶印、卷筒纸胶印以及组合印刷。例如，单张胶印时多采用白板纸材料，用于低档的包装纸盒；而组合印刷多用于中高档包装纸盒的生产加工。

单张纸板的印刷大多采用胶印，而目前胶印技术自动化、数字化程度较高，质量控制技术先进，在色彩，网点再现等方面都有突出表现，但墨膜的厚实饱满程度有所欠缺，并且色组数相对较少，而纸盒印刷一般多为专色。因此，纸盒胶印发展受到一定的制约，尤其是随着卷筒纸柔印技术的发展，这一问题愈加突出。

将经过印刷的盒片加工成为人们所需要的形式或复合使用性能的生产加工过程，称为纸盒的印后加工。包括纸盒的表面整饰、模切压痕和折叠粘合。

纸盒作为产品的外包装，印后往往需要进行整饰加工，以提高产品的性能和外观质量。印后整饰加工方式有多种多样，覆膜、上光、压纹、凹凸、烫印等。压纹工艺通常较适合于精装彩盒。其工艺要注意的是：对覆膜的产品最好不要加温压纹，以免出现起泡现象。凹凸工艺的设计一般较适合于彩盒产品，由于经过凹凸合压后的图文具有较强的浮雕感，使产品质量水平得到一定程度的提升。对于需要裱贴的纸箱，最好不要设计凹凸工艺。如果产品特点需要设计凹凸工艺，可设计在细瓦楞彩盒上应用，同时要注意凹凸面积不要太大，以免影响瓦楞纸板裱贴质量。而上光、磨光和覆膜工艺，既适合于瓦楞纸箱的生产，也适合于彩盒产品。根据产品的质量档次，销售和物流等特点综合考虑，采用相应的加工工艺。烫印工艺适合于精装的瓦楞彩盒或以纸板为承印物的彩盒产品的表面整饰。电化铝烫印工艺的彩盒产品，印刷过程中要注意控制油墨层合适的涂布量和干燥性，以免造成烫印不上或烫印版面发花等质量弊病。

（1）覆膜

① 覆膜的原理与作用。覆膜工艺实际上属复合工艺中的纸/塑复合工艺。覆膜工艺按照所采用的原料及设备的不同，可以分为即涂型覆膜工艺与预涂型覆膜工艺。即涂型覆膜工艺是指在工艺操作时先在薄膜上涂布黏合剂，然后再热压，完成纸塑合一的工艺个过

程。预涂型覆膜工艺是将黏合剂预先涂布在塑料薄膜上，经烘干收卷后，在无粘合装置的设备上进行热压，完成覆膜的工艺过程。

② 覆膜工艺。即涂型覆膜的工艺流程：

备料→放料→涂黏合剂→烘干→复合→复卷→存放→分切→成品
　　　　↑
包装纸盒输送

预涂型覆膜的工艺流程：

备料→覆膜放料→热压合→收卷→存放→分切→成品
　　　　　　↑
包装纸盒输送

（2）烫印技术　冷烫印不需使用加热后的金属印版，而是利用印刷黏合剂的方法转移金属箔。工艺成本低，节省能源，生产效率高，是一种很有发展前途的新工艺。

凹凸烫印（也称三维烫印），是利用现代雕刻技术制作上下配合的阴模和阳模，烫印和压凹凸工艺一次完成。电雕刻制作的模具可以曲面过渡，达到一般腐蚀法制作的模具难以实现的立体浮雕效果。凹凸烫印的出现，使烫印与压凹凸工艺同时完成，减少了工序和因套印不准而产生的废品。

（3）模切压痕　模切是用模切刀根据产品设计要求的图样组合成模切版，在压力作用下，将纸盒或其他板状坯料轧切成所需形状和切痕的成型工艺。压痕则是使用压线刀或压线模，通过压力在板料上压出线痕，或利用滚线轮在板料上滚出线痕，以便板料能按照预定的位置进行弯折成型。

模压前，需根据产品设计要求，用模切刀和压线刀排成模切压痕版，简称模压版。折叠纸盒按其加工成型的特点，可以分为折叠纸盒和粘贴纸盒两大类。折叠纸盒是用各类纸板或彩色小瓦楞纸作成，粘贴纸盒是用贴面材料将基材版纸粘贴裱合而成。制作瓦楞纸箱的原材料，是用瓦楞纸板，加工时多采用圆盘式分纸刀进行裁切，用压线轮滚出折叠线。但是模切压痕也是一种有效的生产方法，尤其是对一些非直线的异形外廓和功能性结构，如内外摇盖不等高以及开有手提孔、通风孔、开窗孔等，只有采用模压方法，才方便成型。

2. 瓦楞纸板胶印工艺

目前瓦楞纸板的印刷主要以柔性版印刷和胶印为主，以下主要介绍传统 瓦楞纸板胶印工艺、微型瓦楞纸板直接胶印工艺和瓦楞纸板预印工艺。

（1）传统瓦楞纸板胶印工艺　传统瓦楞纸板胶印工艺的生产流程为：单面瓦楞纸板（单张）＋胶印彩色印刷面纸（单张）→对裱粘合成纸板模切开槽→粘合订箱。

这种工艺优点是设备简单、印刷效果较好。但是传统瓦楞纸板胶印工工艺工序复杂；印刷到裱贴工序间干燥待料时间长；印刷过程污染大、能耗大。裱贴过程中，瓦楞受压变形，会减少纸箱至少 10% 的抗压强度。为了弥补强度损失，只能通过提高定量来弥补。与目前低定量，高强度的要求不符。

（2）微型瓦楞纸板直接胶印工艺　直接胶印主要用于微型瓦楞纸板的印刷，其工艺流程为：微型瓦楞纸板生产→微型纸板直接胶印→膜切开槽→粘合钉箱。

瓦楞纸板直接胶印工艺相对于柔性版印刷具有印刷质量高，可以印刷细小文字和复杂网目调图案，成本低等优点。另一方面，由于印刷压力作用，纸板强度会产生一定的下降，胶印工艺还无法像柔性设备那样实现联动生产，效率相对较低，且受印刷幅面和材料种类的限制较大。目前胶印直接印刷纸板主要为微型瓦楞纸板，定量较大的厚瓦楞纸板一般不采用胶印方式。

（3）预印工艺　预印工艺流程为：预印刷面纸与生产线生产的瓦楞复合粘合→纵切→横切→膜切开槽→粘合钉箱。

瓦楞纸板的预印方法有多种形式，包括胶印预印、凹印预印和柔印预印。

胶印预印工艺流程为：胶印的单张纸和单面机辊制的单面瓦楞纸板→贴面机复合粘合→模切开槽→粘合钉箱。胶印预印可以获得图案精美的纸箱，但存在工艺繁复、生产成本高、生产周期长、纸箱强度低、印刷材料受限制、印刷幅面有限、纸箱废品率高、生产场地大、劳动强度高等弱点，不适合大批量印刷。从国外包装工业的发展趋势看，胶印预印的方法将会在瓦楞纸板的生产中逐步减少。

预印工艺与直接印刷工艺相比，不仅能获得更高的印刷质量，适应性更广泛，而且预印可以进行层次更丰富的印刷，印刷质量稳定可靠。另外，预印刷不用在纸板形成后对其压印，可以避免瓦楞变形和减弱纸板强度，采用直接印刷时，由于每一色印刷都会使瓦楞纸板产生或多或少的变形，色数越多，对瓦楞纸板的变形影响会越大。因此，预印刷已成为瓦楞纸板印刷的一个重要发展趋势，特别是高档精美纸箱，包括大型和重型纸箱更适合采用预印刷。

总之，为了满足各种包装的要求，瓦楞纸板的印刷方式有很多，这些印刷方式都有其各自的优缺点，适用于不同的要求和用途。瓦楞纸箱生产厂家应根据生产纸箱的特点和用途选择合适的印刷方式。

四、金属板胶印技术

常见的金属包装如奶粉罐、饮料罐、颜料桶等。金属印刷是以金属板、金属成型制品及金属箔等硬质材料为承印物的印刷方式。金属承印物表面光滑、坚硬、吸墨性差。金属印刷主要有丝网印刷、胶印等形式，特别在胶印的高保真领域，其印刷质量能与纸张印刷媲美。

金属包装印刷的产品一般应具有如下特点：① 色彩鲜艳，层次丰富，视觉效果良好。镀锡钢板具有闪光的色彩效果，经过底色印刷后印刷图文则更加鲜艳。② 承印材料良好的加工性和造型设计的多样性。金属承印材料具有良好的力学性能和加工、成型性能，金属包装容器可实现新颖、独特的造型设计，制造出各种异形筒、罐、盒等包装容器，达到美化商品提高商品的竞争能力之目的。③ 有利于实现商品的使用价值和艺术性的统一。金属材料的良好性能和印刷油墨的良好的耐磨性、耐久性，不仅为实现独特的造型设计和精美印刷创造了条件，而且提高了商品的耐久性和可保持性，可更好地体现商品的使用价值与艺术性的统一。

1. 金属印刷承印材料

目前金属承印材料主要有马口铁、无锡薄钢板、锌铁板、黑钢板、铝板，铝冲压容器以及铝、白铁皮复合材料等。金属印刷一般不是最终制品的印刷，而是各种容器、盖类、建材、家用电器制品、家具、铭牌以及各种杂用品等加工工艺过程的组成部分。

2. 金属印刷油墨

金属印刷与纸和塑料印刷不同，有其自身的适印特点，对油墨及涂料也有一定要求。

（1）金属印刷涂料 涂料是保证金属包装印刷产品具有良好的牢固度、色彩、白度、光泽度以及加工适性的前提，是影响金属印刷产品质量的关键。根据用途不同，金属印刷涂料可以分为打底涂料、白色涂料、上光油、内壁涂料、边缝涂料等。边缝涂料可分为内边缝涂料和外边缝涂料，用于食品包装印刷的内边缝涂料干燥后要求符合食品卫生要求。

（2）金属印刷油墨 金属印刷油墨是一种印刷在马口铁及其他金属薄板上的一种特殊油墨，主要由颜料、连结料、填充料和辅助剂组成。除具备一般胶印油墨的印刷适性外，金属印刷油墨还应具有如下特点：

① 流动性。由于金属表面的非吸收性表面，印刷时网点尤其是在高光区容易发虚，网点很容易丢失，且印铁车间设有大型烘干装置，车间的温度较高且变化较大，油墨的流动性变化也较大，常常造成油墨的乳化及网点变粗。因此，胶印印铁油墨黏度要求比普通纸张胶印油墨要高，应使用高黏度油墨。

② 附着力（连结料的要求）。金属表面为非吸收性表面，虽然在印刷前经过适当表面处理，但如果对油墨的连结料选择不当，或者对金属表面的黏附性考虑不足，仍然会遇到油墨附着力不能满足金属表面印刷要求的问题。因此，金属胶印油墨连结料的选择应当根据承印物的特点进行选择，如选用胺基树脂和环氧树脂等作为连结料；同时，连结料中应少含或不含矿油之类的溶剂，以免影响油墨墨膜的硬度。

③ 对润湿液的适应性（抗水性）。在非吸收性表面承印物（金属薄板）的印刷过程中，如果版面上润湿液过多，会使油墨产生乳化现象；同时版面温度上升会降低油墨的黏度。因此，要求胶印印铁油墨有较强的抗水性能，并且在颜料和连结料的选择上充分考虑这一因素。同时还应控制版面上的水量和着墨量来保证油墨对润湿液的适应性。

④ 干燥性及耐热性胶印印铁油墨属于热固型油墨，金属薄板在印刷过程中要经过烘干装置加热干燥，使油墨形成一层坚韧的墨膜。只有油墨完全彻底干燥，形成的墨膜才有充足的硬度和良好的加工性能，才能使印后成型加工正常进行。因此，胶印印铁油墨应当有良好的干燥性能，并且在高温下干燥时能够耐热而不褪色或变色。

⑤ 耐溶剂性及湿压湿涂布性。为了增加金属印刷后的表面光泽，并且保护印刷图案，提高后序加工及处理的适应性。一般在印刷完油墨后立即涂布上光油，即湿压湿涂布。由于上光油中含有苯、酯、醇、酮类强溶剂，所以要求油墨具有良好的耐溶剂性（油墨不溶于上层涂料），并且上光油能够均匀地在墨膜上铺张开而形成平滑的涂层。同时，应保证干燥后能继续保持平滑状态，不产生起皱、裂纹等现象。因此，应选择不溶于溶剂的颜料，并使油墨保持与上光油相适应的相容性及界面张力。

⑥ 耐光性。金属印刷品经过成型加工后形成的包装容器，一般用于较长保质期产品的包装，在货架陈列的时间也较长，因此，要经受自然光和照明光的长时间照射。如果印刷图文不能经受长时间光线的照射而发生退色或变色现象，将会使产品的包装不能很好地完成销售功能。因此，要求油墨（尤其是其中的颜料）应当有较好的耐光性。

⑦ 耐加工性。金属印刷品需要经过各种成型加工（如弯曲、冲击、拉伸、卷边等），才能制成所需的容器或产品，因此，要求油墨连结料经热固干燥后应具有一定的交联聚合度，使墨膜具备优良的机械性能（包括附着力、柔韧性、表面硬度和抗冲击性等），以

保证经过机械加工后的墨膜和其他涂层不被破坏。

⑧ 耐蒸馏性。胶印印铁油墨还应当具有耐沸水和蒸汽杀菌性。如金属罐头包装过程中，一般要经过高温（蒸汽或沸水）杀菌，因此，要求胶印印铁油墨在这一过程中不能产生水泡（水分进入墨层或颜料中含有溶于水的盐类，均可产生水泡），也不能产生变色或褪色现象。

⑨ 耐腐蚀性。金属包装容器，尤其是食品罐头等，对胶印印铁油墨的耐腐蚀性要求较高，这是因为其内装物常常是酸性或碱性很强的物质，容易对金属包装容器表面（尤其是内表面）产生腐蚀作用。

3. 金属板印刷工艺

下面以常见的金属印刷产品为例，介绍金属包装产品的胶印工艺流程。

（1）金属软管印刷　日用品包装中，使用最多的金属软管为铝制软管，铝软管在印刷图像之前要对内侧表面进行涂装处理，一方面避免铝材被腐蚀，另一方面也可以防止内装物因与铝材直接接触而变质。目前一般内面涂料主要有环氧、环氧酚、环氧氨基等。涂装应满足一次涂装或双次涂装以及有关涂膜适性的检测，如膜厚测定、砂眼测定、耐溶剂性测定、蒸煮试验和粗度测定等。再在表面印上白墨或其他底色油墨进行打底，然后才能开始进行正式图像印刷，底色油墨应有柔软性、耐光性、附着性以及遮盖力等。为此，所用的油墨必须满足硬度、光泽度、平整性、耐药品性、耐热性以及对油墨的附着性等基本要求。其工作原理是将软管装在回转圆板的心轴上，当回转圆板转动时，软管表面与涂布辊直接接触，即可完成涂装过程。

金属软管的印刷工艺为：内侧面涂漆→干燥→底色涂漆→干燥→印刷→干燥→表面涂装→干燥→压盖→检查→装箱

（2）金属罐印刷　金属罐主要是镀锡铁皮和铝制品的喷雾罐和杂罐。各种金属罐的生产从罐体到印刷成品均由自动流水线进行，因此，金属罐印刷机的涂装和印刷常常与金属罐生产线组成一个整体。由于金属罐印刷机的印刷速度比较高，涂装和印刷速度一般为200～400 个/min，因此，绝大多数不采用平版胶印方式而是选用凸版胶印方式，即干胶印，通过橡皮滚筒来转印图像的印刷方式。

成型的金属罐体在经过净化、表面处理后即可准备印刷。为了在印刷表面产生一定光泽，可先涂布白色漆为底色，然后再在金属罐印刷机上进行印刷。金属罐多为曲面印刷，而且速度比较高、印刷压力又不能太高，为了保证有足够的印刷压力，应选用低黏度的油墨和干燥性能良好的连结料。

金属承印物印后一般要经过上光处理和成型加工两道工序。上亮光油是为了保护墨膜，增加印刷品的光泽，并增强对制罐加工时的弯曲和机构冲击的承受能力。

按结构加工工艺，金属罐可分为二片罐和三片罐，两者在印刷工艺上的异同如下。

① 二片罐印刷。二片罐罐底和罐身由整块金属板冲压拉拔而成，罐盖由另一薄板单独成型，罐身没有接缝，形状多为圆柱体。这种罐有两种成型方法：冲压—变薄拉伸法（即冲拔法）和冲压—再冲压法（即深冲法）。其加工流程大致分为成型、表面处理、涂装和印刷，具体流程为：金属板坯→罐身成型→罐口切缝→洗罐→烘干→底色印刷→烘干→彩色印刷→罐身上光→底部上光→烘干→内部喷涂→烘干→收颈翻边→检查。

② 三片罐印刷。三片罐由罐盖、罐身和罐底三部分组成，由三块金属板分别加工，

先将铁皮平板坯料裁成长方块，然后将坯料卷成圆筒（即筒体）再将所形成的纵向接合线锡焊起来，形成侧封口，圆筒的一个端头（即罐底）和圆形端盖用机械方法形成凸缘并滚压封口（此即双重卷边接缝），从而形成罐身；另一端在装入产品后再封上罐盖。由于容器是由罐底、罐身、罐盖三部分组成，故称三片罐。通常采用成型前印刷，即在金属板上印刷之后再加工成金属罐。其工艺流程为：马口铁去皱→印前涂布→干燥→印刷→干燥→印后涂布→干燥→裁切→罐身连接→内喷涂→翻边→上盖→检查。

五、胶印质量控制

1. 印刷品质量的概念

一般认为，印刷品质量是印刷品各种外观特性的综合效果。影响平版印刷质量的主要印刷变量有：网点增大、印刷反差、网点变形、叠印、墨层厚度、油墨性能、纸张性能、橡皮布特性、环境、印刷速度、印刷压力等。胶印过程中印品质量的检测与控制是较为复杂困难的工作。

2. 影响印品质量的主要变量

（1）墨层厚度　印品图像的阶调与色彩再现的好坏在某种程度上取决于墨层厚度控制的是否合理。印刷过程中，一般采用密度计通过测量实地密度控制墨层厚度，这是因为墨层厚度与实地密度有密切的关系。

（2）网点覆盖率　除墨层厚度外，网点覆盖率是印刷质量一个重要参数。网点覆盖率的变化既可能是在制版过程中产生的，也可能是在印刷中产生的，网点覆盖率变化将影响阶调的再现。多色胶印过程中，即使只有一色出现网点增大，也将会影响印品的整体色相再现的正确性，尤其对叠印色影响甚大。胶印传递网点过程中，网点增大是非常常见的现象。其他如网点缩小、网点变形、重影、滑版变形都属于网点覆盖率变化的范畴。

（3）油墨叠印率和色序　影响印品质量的第三个主要变量是油墨叠印率和色序。根据叠印率的计算公式，不同的色序将会有不同的叠印率。油墨叠印的质量可以通过主观视觉检查和评判，其方法是观察较大的二色、三色叠印实地块或印刷控制条上的叠印块，如果二色叠印块能够得到黑色和灰色，那么可以认为油墨叠印效果是良好的。油墨叠印的客观评价可用密度与色度方法测量，即使用光学密度计与分光光度计测量。

3. 印刷测控条

印刷控制条由实地块、不同的网点块及为了进行视觉检测用的信号数值组成，种类非常之多。在欧洲，Brunner 系统和 FOGRA 系统应用最广，我国也制订了印刷控制条系统。

为了根据测量数据控制四色、五色、六色印刷，德国海德堡公司出售 FOGRA OMS 和 Brunner 系统 CPC 印刷控制条。这些控制条与 CPC 系统的特殊要求相适应，专门应用于海德堡印刷机中的分割墨区。

表 5-3 列出了一个基于密度测量原理的多色印刷控制条可以检测的内容。随着印刷色数的增加，可检测的项目在减少，这是因为除了测量主要的评判参数外，附加的颜色在控制条上也要占一定的位置。因此，所用的控制条必须跟要印刷的色数正确对应。

表 5 - 3 　　　　　　　　　　　　　　常用印刷控制条

系统名称		CPC/FOGRA			CPC/Brunner		
色数		4	5	6	4	5	6
印版曝光	视觉检测	○	○	—	○	○*	○*
高光控制	视觉检测	○	○	○*	○	○	—
实地密度	测量	○	○	○	○	○	○
中调网点增大	测量	○	○	○	○	○	○
3/4 调网点增大	测量	○	○	○	○	○	○
粗、细网比较	测量	—	—	—	○	○	○
3/4 调相对反差	测量	—	—	—	○	○	○
重影及滑版	测量	○	—	—	○	—	○
重影及滑版	视觉	○	○	○	○	○	○
灰平衡	视觉	○	○	○	○	○	○
叠印率	测量	○	—	—	○	—	—

* 只适合于 Y、M、C、BK 四色

　　1973 年，瑞士的费利克斯·布鲁纳尔发明了布鲁纳尔测控条，并始终致力于研究和改善他发明的彩色控制系统。多年来，他和他的同事研究了欧洲和美国数千种印刷机，他们建立了一个庞大的数据库，用这个数据库比较印刷条件并得出有用的结论。

　　布鲁纳尔认为：色彩控制的内容应包括色彩再现的精度、层次和清晰度的控制，印刷品对原稿的复制的色彩存在一个允许的偏差范围，偏差部分取决于纸张等材料的特性变化，部分取决于整个印刷工艺流程状态的变化。色彩的色相、明度和饱和度都可能发生变化，亮度或暗度可能因叠印色相和黑墨量的改变而改变；色相则因黄、品红、青油墨量的变化而变化。理论上，当这三种原色油墨增大相同的量时，印品颜色复制结果可能是在肉眼区分上是在允许范围之内的。若三者之间在网点增大的量上存在±2％的差别，在视觉上就容易觉察出来。如果这个差别达到 4％，那么就达到了色相允许偏差的极限。

　　布鲁纳尔印刷控制条由许多色块组成，但用于控制和显示网点增大的微线标是该系统的主要基础。

　　超微测量元素是布鲁纳尔系统的核心（图 5 - 31），该元素与一个 150 线/in 的网点块（50％）等效。它由覆盖率为 0.5％ 到 99.5％ 的圆网点、50％ 的方网点、50％ 的水平细线和垂直细线、细小的正、负十字线组成。该元素中的每对网点的平均网点覆盖率和每个部位的网点覆盖率都为 50％；因为滑版是一种有方向性的网点增大，所以平行线是滑版的检测标志。

　　在超微测量元素旁边是一块 25 线/in、50％ 的粗网目线（图 5 - 32），采用旧式密度计测量其网点覆盖率是困难的，但有了这个粗网块使得用任何的反射密度计测量网点覆盖率都变得十分方便，粗网点的网点增大率是很小的，而 150 线/in 的网点块有很大的网点增大。通过用补色滤色片测量粗细两网点块的密度，即可得到密度差值，此差值再加上 0.05，即可得到近似的网点增大值。

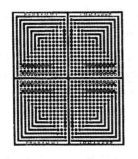

图 5-31　超微测量元素图

图 5-32　Brunner 系统

这种测量控制方法只能指示 150 线/in 网点的增大量，对其他线数的网点是不适用的，网点光学增大是网线越细，光学增大越大，因为单位面积内有更多的网点，网点数越多周边越长、网点增大量就越大，布鲁纳尔称之为边区理论。光学增大是网点周长的函数。超微测量元素还可以用来评价印版的分辨力，用专用 25 倍布鲁纳尔刻度放大镜观察正负十字线，若它们具有相等的尺寸，则说明印版曝光是合适的。

利用微线块（图 5-33）可以判断印版曝光的正确性。与多年使用的梯尺相比，微线块可以精确指示印版和软片的曝光情况，但布鲁纳尔提示说，这不适用于分辨力低的印版。当采用微线块的时候，一个曝光正确的阴图片版反应呈现 $11\mu m$ 的细线块，失去 $8\mu m$ 的细线块。根据 FOGRA 的研究，若采用微线块比较法，人眼能识别出 $3\mu m$ 的变化。

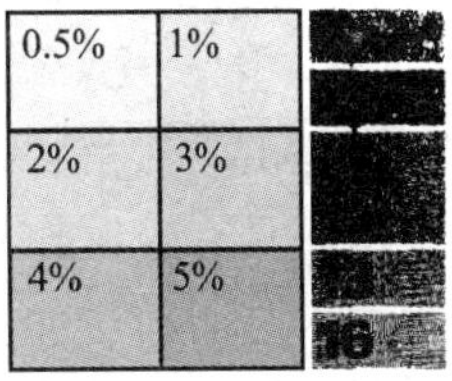

0.5%	1%	
2%	3%	
4%	5%	16

图 5-33　印版曝光监测条

布鲁纳尔系统还没有 25% 和 5% 网点块，这样就可以与 50% 网点块联合绘出网点增大曲线并限布鲁纳尔和杜邦的样本曲线进行比较。

为了得到一个中间调的中性灰，布鲁纳尔系统包括一个由 50% 的青、41% 的品红和 41% 的黄构成的灰平衡块，还有一个 50% 的黑网点块紧靠在灰平衡块的旁边，当用不同性质的油墨印刷时，应对网点覆盖率稍加调整。

布鲁纳尔系统还包括红、绿、蓝实地叠印块，用以检查油墨叠印情况。

布鲁纳尔系统试验印版是一个全张纸大小的试验印版（原版软片），用来评价任何一个印刷机的印刷特性，印版上除了印刷控制条外，还有灰平衡表、胶印信息指南、公差范围和视觉比较用的信号条。布鲁纳尔为具有自动控制系统的印刷机设计了专门的印刷机控制条，例如海德堡 CPC 和罗兰 CCI。

现代印刷机都可以对试验印版优化，购买印刷机时可用实验印版对印刷机进行检验验收。这都是通过实验版的印刷样本对比分析得出的结论。

测量布鲁纳尔系统使用的密度计是窄带密度计，规定光圈为直径 4mm，MacBeth 手动密度计和 MacBeth 扫描密度计都可用于对布鲁纳尔系统进行测量。密度计外设的荧光屏可以显示时间、日期、标准值、实地密度、网点增大和叠印。可用于印刷机控制的系统有多种，但只有布鲁纳尔系统备受称赞，他指出了与网点增大有关的最重要的控制变量。

六、常见胶印故障及其排除

胶印故障是指在胶版印刷生产过程中产生的影响印品质量的非正常的现象，胶印故障是极为复杂的。胶印机是由输纸、定位、输墨、输水、压印、收纸等机构构成的，而印刷过程是通过各机构的配合与交接，使原稿的图文转移至承印物表面的过程。工艺过程中，问题随时可在某个机构或进程中产生，或者在机构与工艺的配合关系之间产生，这就决定了胶印故障的综合性和复杂性。尽管复杂，胶印故障也有一定的规律性，胶印故障所遵循的规律实质上就是胶印工艺原理和质量监测与控制的技术规律。

1. 印刷工艺中纸张故障及排除

（1）纸张的方向性　纸张的方向性是由于纸张在抄造过程中纤维的排列方向顺向抄纸机运行方向而产生的。通常在印刷厂里，纸张的纤维排列方向是以纸张纤维与滚筒轴线的方向为基准而确定的。印刷的纸张，其纤维排列方向与滚筒轴线平行者，则称为纵向纸张，而纤维排列方向与滚筒轴线相垂直的纸张，称为横向纸张。

一般来说，在胶印中应采用纵向张进行印刷。从输纸方面来看，纵向纸张在轴向方向挺度较高，沿径向撕裂度较高，便于吹松和输送；从套印方面来看，天然植物纤维，完全润湿后，其直径可能增加30%，而长度方向增加1%～2%。所以，横向纸张比纵向纸张轴向伸长较多，直接影响套印精度。而纵向纸张径向伸长较多，但通过拉版、调整包衬或其他方法可使套印准确。因此，裁切的单张纸时要考虑到印刷工艺，将纵、横向的纸张分开。

纸张是由天然植物纤维组成的片材，天然纤维由于化学结构以及纤维之间交错而成的毛细结构而具有吸湿作用。当周围环境中空气湿度高于纸张所含的湿度时，纸张就会吸收空气中的水分而膨胀伸长，反之，当周围环境中空气湿度低于纸张本身所含的湿度时，纸张就会释放出水分而收缩变短，以达到与环境湿度的平衡。印刷中常见的纸张的紧边、荷叶边现象均与纸张的含水量有关。为了防止因纸张伸缩引起的图像套印不准，尽量采用纵向纸张并通过强制调湿而控制纸张的含水量。

（2）纸张的掉毛、掉粉及表面强度　纸张的掉粉、掉毛主要是纸张的质量和印刷条件等原因造成的。纸张的质量是指纸张的表面强度，即度量纸张表面的纤维、细小填料、胶料间结合力大小的物理量，一般是指单位纸面上垂直于纸面的抗水层抗撕裂的能力。表面强度大的纸张，印刷过程中掉粉掉毛就比较少。实际应用中，纸张的表面强度也叫做纸张的抗拉毛强度。

纸张的掉毛又分为干掉毛和湿掉毛。在单色胶印机中，纸张的掉毛大部分为干掉毛，是由于纤维或颜料之间的结合力小于油墨分离的黏着力而发生的。湿掉毛发生于多色胶印过程。除第一色组滚筒第一色油墨外，其余几个色组的油墨，都要印在已经印过的油墨或纸张表面，而这个纸张表面是经过润湿液润湿的。纸张的表面强度与纸张吸湿量的多上及吸湿的时间有关。显然，最后一色的纸张含水量最多、吸湿时间最长，纸表面强度最弱，湿掉毛现象最为严重。

纸张上脱落的纤维，涂料粒子与堆积在橡皮布上，容易产生橡皮布堆墨的故障。多色胶印机根据印刷图文的不同，堆墨的程度也有所不同。一般来讲，第一色组橡皮布滚筒上不容易发生堆墨故障，往往是在第二色或以后各色组发生，这是因为纸张产生堆墨的主要原因是润湿液的润湿引起的湿掉毛。因此，越是靠后面的滚筒，堆墨越容易发生。堆墨开始形成时，首先图像变得不够细腻，严重花版现象出现，这是由于脱落的纤维，填料及胶料粒子随同油墨一起剥落，并在橡皮布上形成堆墨，因而使凸起部分的油墨转移不良。

减少纸张掉毛的最根本的方法，是选择高表面强度的纸张印刷。然而，实际中未必都使用这类纸张，那么从工艺角度考虑，首先润湿液应控制在最少量的范围；其次，降低印刷速度以及油墨在印刷过程中的黏性，缓解纸张的掉毛现象。对于较严重的掉毛纸张，必需进行强制调湿。

(3) 纸张静电 纸张带静电影响输纸和印刷，一是上机前纸张就有静电，出现输纸不良；二是纸张印刷之前静电并不明显，压印后静电骤然加重，使收纸不齐。胶印过程有润湿液，因此，经过印刷后反而增加静电者并不多见。

消除静电常用的方法有：利用加湿器增加吊晾纸张的室内和车间的相对湿度，以提高纸张的含水量；提前将纸张放到印刷车间，以适应印刷车间的温、湿度。若输纸机输纸尚可，但印出的产品却在收纸部位不齐，此时，可略微加大版面水分是有一定效果的。另外，还可采用静电消除器或抗静电剂消除纸张带静电的现象。

2. 印刷工艺中油墨故障及排除

(1) 起脏 起脏是指印刷品的非图文区出现许多油墨污点，是胶版印刷中常见而有代表性的故障。这种现象多由油墨、纸张、印版、润版液等多种因素影响而产生，从油墨角度说，通常是在油墨黏度较低、骨架软、屈服值太高、黏性不足的情况下出现，要改善油墨的性能，加入适量黏度较大的树脂调墨油或填料，有助于克服起脏现象。其次，印版砂目不均匀，有研磨材料残渣，非感脂化不足，版面部分氧化，或显影不足等，也是造成起脏的重要因素。另外，印机辊筒排列不良，水辊污脏、墨辊橡胶老化，橡皮布松弛，也会造成起脏。

(2) 堆版 堆版是指颜料从油墨中分离出来，堆积在版和橡皮布上，结果造成印品网点糊死。一般情况下，油墨的抗水性不良，易乳化时常出现这种现象。通过加适量高黏度树脂调墨油、亮光浆或印刷型罩光油，提高油墨的黏性、传递性和抗水性，同时增大印刷药水的 pH，减少给水量，减少给墨量，可改善或克服此故障。

(3) 蹭脏 蹭脏，又称"沾脏"，主要是油墨的干燥不良引起的故障。印刷速度太快，印在纸张上的油墨固着时间不够或纸堆压力过大时，墨层尚未干燥，发生油墨再转移现象。这种现象在高速四色、双色印刷时易出现，最根本的措施是采用快固亮光、快固着油墨印刷并采用喷粉，调整控制喷粉量，在油墨颜色、浓度允许的情况下，减少供墨量，减轻印品堆积的压力，降低给水量，有助于克服蹭脏现象。

(4) 糊版 糊版是指在印刷过程中，油墨以很淡的颜色，大面积的出现在版面的空白处，擦去后又会在别的地方很快出现的现象。造成糊版现象的原因是：油墨中颜料的耐水性差、油墨配方调整不当、去黏剂或低黏度调墨油用量过多；油墨调配得过软或过稀而造成糊版。要解决此问题，一是选用抗水性好的油墨，二是调整各种印刷助剂的用量，保证油墨的抗水性、水墨平衡性。

(5) 晶化 晶化亦称玻璃化，现象为先印刷的油墨干燥后，再印刷时油墨印不上或者即使印上，干后墨层也容易脱落，油墨树脂化后的快固亮光油墨、树脂胶印油墨此类问题较少见，在印刷大实地或墨层太厚的印品时，偶有此现象出现。解决的办法主要是合理掌握好下一色的叠印时间，在前一色没有彻底干燥时叠印，其次是控制好燥油的调配量，燥油加入过多是促使晶化的主要因素。

(6) 飞墨 飞墨是指印刷过程中，油墨在旋转的墨辊之间，当分离时拉断的墨丝由于表面张力的关系变成带电的小颗粒而被运转着的印刷机所逐出在空间飞散的现象。

飞墨现象随着辊筒墨层的增厚，印机速度加快而明显增加，严重时污染设备和印刷环境甚至影响印品的质量。发生这类现象的主要原因是油墨的黏性和印刷机的速度不相适应，是由于油墨的黏性大、丝头长、墨又较软所造成。油墨的抗水性差，易乳化时也会发生飞墨现象。解决方法主要是以去黏剂适当降低油墨黏性，改进油墨的抗水性。选用较硬而浓度高的油墨，减少给墨量，辊筒的墨层薄，飞墨现象会有所改善。

（7）网点扩大　网点扩大分为机械网点扩大与光学网点扩大，前者主要表现在版上的网点，不能忠实的再现，结果造成网点变形或相连，反差不足，影响印品质量，后者是不可避免的光学现象。

网点的机械扩大除了由于印刷时压力这一因素外，由于油墨调配不当、油墨过稀过软、浓度不足均可造成该故障。油墨调配时应加适量去黏剂，不用较稀的调墨油去黏；或采用浓度较高的油墨，减少给墨量，此现象可以克服。其次，印刷机墨辊的硬度不适合，辊压过大，橡皮布松弛，辊筒排列不良也是造成此问题的重要原因。

3. 墨杠

（1）齿轮墨杠

① 故障现象。整个版面都分布着杠子，一般是墨杠，形似搓衣板，每条杠子之间的距离为印刷滚筒传动齿轮的节距。

② 故障原因。齿轮制造及安装精度不够，齿面磨损，齿间距过大，或个别齿的损坏致使齿轮在传动时轮齿啮合不准而产生振动，使相互接触的滚筒表面发生滑动摩擦，导致印版版面的网点变形，呈椭圆形或因辗挤而增大，转印到印刷品上产生条痕。这种故障不但使印刷品出现杠子，还会加剧齿轮磨损。

如果齿轮有一个齿损坏或齿间有异物，在印刷品上就会有一条杠子，且固定在某一个位置上。如果把一对啮合齿轮的其中一个旋转90°，杠子的位置就会相应发生变化，则就可断定是该齿轮的问题；如果杠子的位置不变，再把另一个齿轮旋转90°，若两个齿轮分别旋转后杠子的位置仍无变化，则可断定不是齿轮的原因。

③ 解决方法：适当减小齿轮中心距或齿侧间隙，将滚筒包衬改为软性衬垫，以增加包衬的弹性。情况严重时，必须更换一副新齿轮。

（2）振动墨杠

① 故障现象。印张的局部位置有杠子，且位置固定，出现杠子的部位与某规则振动有关。

② 故障原因。胶印机在运转过程中存在着许多不平衡的因素，难以直接辨别是由何种振动造成的，需要分析振动源。滚筒空档进入滚压时引起的冲击和振动；压印滚筒叼牙开闭时产生的冲击和振动；滚筒离合压时产生的振动；滚筒体本身不平衡，高速转动时由于惯性作用而产生的振动；往复运动的递纸牙机构因惯性力而产生的冲击和振动；收纸链排叼纸牙板开闭时产生的振动。

③ 解决方法：根据杠子的具体情况，逐一检查上述机构的运动状况或更换不合格的零件。

（3）辊杠子

① 故障现象。杠子较宽且位置不固定，印刷品前后墨色轻重不一。

② 故障原因。辊杠子分墨杠和水杠两种，多数是由匀墨装置设计不合理或胶辊压力调节不当，使匀墨装置补充不足造成的。胶辊的直径、支撑点、圆柱度、辊头与支撑孔的配合间隙以及胶辊的表面硬度等对辊杠子都有影响。

（4）其他原因引起的杠子

① 橡皮布。橡皮布松弛后会隆起，在压印时产生滑移，形成杠子。这种滑移是间断性的，印版滚筒与橡皮滚筒间的压力越大，滑移现象就越严重。因此，必须及时解决橡皮布松弛问题，否则不仅形成杠子，还会引起一系列的相关故障。要避免墨杠产生，应选择伸缩性小、弹性合适、吸墨性好、厚度均匀且表面平整的橡皮布，目前气垫橡皮布最好。

② 衬垫。如果使用硬性衬垫，虽然印刷出来的网点清晰、层次丰富，但其对机器的精度反应灵敏，容易形成杠子，所以中、软性衬垫较好。而橡皮滚筒与印版滚筒之间的压力太小，也容易出现墨杠。

③ 印版。网目调版的摩擦力大，不容易出现墨杠；实地版、细线版的摩擦力小，易滑动，网点增大容易显现。

④ 纸张。白板纸对墨杠的反应较为敏感；铜版纸比胶版纸光滑，也容易出现墨杠。

⑤ 油墨。黏度大的油墨内聚力大，不容易出现墨杠，稀薄的、透明度大的油墨，墨杠就会很明显。另外，墨色与墨杠的产生也有关系，黑色墨容易显现墨杠，黄色墨与纸张的颜色相对接近，墨杠则不明显。

印刷过程中的故障较多，据统计印刷过程中变量有 270 多个，因此，印刷过程的控制、印品质量的控制较为复杂。

第四节　无水胶印技术

由前面的章节可知，平版胶印所采取的是水墨相斥的原理，在同一块金属平版上，既有水又有墨，这样，影响印品质量的关键因素就是水与墨的平衡，若版面水分过大，会产生油墨乳化现象，使墨色冲淡，着色力降低，油墨内聚力差，产生浮脏和墨辊脱墨现象；若版面水分过小，会引起印版的空白部分起脏，图文部分糊版，墨色变得过深。

与现在的有水胶印相比，无水胶印不使用润版液，大大减少了有机挥发性气体的排出，它是一种采用特殊的硅橡胶涂层印版和油墨进行印刷的平版胶印方式，不需要传统平版胶印中所必需的异丙基乙醇或其他化学润版液。无水胶印过程操作简单，不用调节水墨平衡关系，在一定温度范围内把油墨转移到印版上。

一、无水胶印及其特点

20 世纪 70 年代初期，由美国 3M 公司最先推出干胶印技术（Driography）。与普通的胶印不同，无水印刷采用硅胶拒油取代水斥墨功能，消除了水的干扰。由于当时制出的印版易划伤，空白部分不稳定，印刷时的温度升高现象难以控制，加之油墨的配套开发和印刷的成本较高，使 3M 公司停止了无水胶印版的生产。此后世界印刷行业的技术研究人员根据这一思路不断地进行探索和研究，使无水胶印技术不断成熟，并取得了很大进步，1972 年从事合成材料开发和制造的日本东丽公司（Toray）购买了 3M 公司的 Driography 技术专利和 Scott 纸业公司干胶印的相关专利，成功研制出了阳图型无水胶印版，并于 70 年代中期就开始正式销售其研发的无水胶印印版，实现了无水胶印印版的产业化。为了开发北美市场，1982 年东丽公司又研制出阴图型无水胶印版和制版工艺，实现了单张纸和卷筒纸无水胶印工艺。20 世纪 80 年代至 90 年代，日本文祥堂株式会社在公司内部大幅度改普通平版胶印为无水胶印，该公司无水胶印的印量达到 85% 左右，且实现了生产调度控制的计算机管理，印品质量水平和经济效益有了大幅度提高。

通过与印刷机、纸张和无水胶印油墨供应商的通力合作，无水胶印技术在全世界得到了快速发展，成为一套完全可行的印刷解决方案。概括起来，无水胶印在以下几个方面具有明显优势。

(1) 印品质量高　由于取消了润版液，不需再考虑较难掌握的水墨平衡问题，同时也解决了油墨的乳化问题，加快了油墨的干燥速度。因此，无水胶印具备印刷更为稳定的网点、更高的网目线数和获得色彩稳定性的能力，可以印刷出更加清晰、亮丽的图像。

① 颜色更鲜艳，暗调部件更黑，高光部分更亮，可印刷出传统印刷达不到的印刷质量。

② 色彩还原更真实。硅橡胶印版具有类似的蜂窝结构，可以在印版上保持更多的油墨，因此，四色印刷的油墨密度比 SWOP 标准（卷筒纸胶印规范）高 20% 左右，有较高的饱和度；印品反差大，层次丰富，细节表现能力更强。所以在同样加网线数下，无水胶印印品比传统印刷印品层次更丰富、更真实。

③ 分辨率好、印刷反差大。无水胶印用 300 线/in 加网线数，可消除传统胶印在 175 线/in 或 150 线/in 情况下所产生的龟纹。

④ 更大的色域空间。无水胶印印品上的油墨密度大，可扩大色域空间，印出更饱和的色彩。使用高加网线数印刷，可以向承印物上转移更多油墨，还可增大色域空间。油墨密度高、网点增大小、图片反差则大，自然比传统印刷的印品质量要好，如图 5-34 所示。

⑤ 网点增大小，色彩一致。传统印刷方式中，由于润版液稀释了油墨，使网点产生扩大。为了使印刷品更加接近于原稿，各色印刷密度高于原来设定的密度，在制版过程中修改阶调曲线或在晒版过程中控制曝光时间，从而使印版网点稍有缩小，以控制网点增大。而无水胶印版是平凹版结构，它可以复制从高光 2%~3% 到暗调 97%~98% 的网点，网点再现范围为 95%。在无水平版印刷中，由于不存在润版液的影响，网点增大量较小，可以清晰地表现暗调部分的细节。目前中间调的网点增大量为 7%~8%。这个量即使在油墨厚度加大的情况下也不会发生大的变化。层次复制曲线无水胶印版和 PS 版相比，可以获得近似于原版软片的复制效果，说明无水胶印在控制网点增大方面，明显优于有水胶印。

应用调频加网，印品质量更加稳定，如图 5-35 所示，其特点为：更稳定的网点重现，更小的套印偏差，没有明显的网线结构，更好的细节分辨力，阴图边界更加清晰，更大的色调空间，更广泛的色彩光谱。调频网还可以避免网线问题，如无波纹、更好的图像重现。

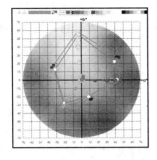

图 5-34　色调空间对比图

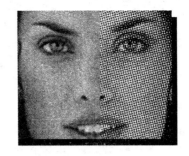

图 5-35　印刷效果对比

（2）承印材料广　无水胶印不仅可承印纸张、金属板，还可以印刷塑料等承印材料。对于非吸收性承印物，如金属板、合成纸等，若采用普通胶印，由于不吸收润版液，润版液只能沿着墨路重新回到墨斗中，引起油墨严重乳化，对于印刷色彩造成很大的影响；而若采用无水胶印，可有效保证印品质量。

（3）降低消耗、提高生产效率　传统胶印中水墨平衡的变化，可引起油墨乳化，操作人员需要有丰富的经验，不仅要熟悉胶印工艺，还需了解印刷机的结构、水的硬度、pH、传导性、酒精含量及承印物的吸水性等，以便正确控制水墨平衡。而无水胶印不存在水墨平衡问题，将印刷过程简单化，同时也消除了许多过程中引起变化因素。可使印品的网点油墨饱满、图文色彩鲜艳光亮。消除了润版液造成的印品墨色不均匀、油墨乳化、水点、反面沾脏、水辊杠印等质量问题，缩短了开机前准备时间，大大减少润版液引起的停机时间，节约了承印物的消耗，从而降低了印刷成本。

（4）操作简单　由于无水胶印明显比普通胶印简单，所以便于操作人员掌握技术，有利于保证和稳定印品质量，同时减小了工人的劳动强度和操作人员的数量。

（5）绿色环保　无水胶印不再使用润版液中的挥发性有机物，无润版液、无墨雾、少量清洗剂，减少了挥发性有机物的排放量，低浪费、低纸张消耗、低排放制版，减小了对环境的污染。

（6）适合采用调频网新技术　调频网的网点大小是一致的，印刷密度是凭网点的数量来表现。由于无水胶印网点再现性好，网点增大小，因此，调频网技术适合于无水胶印。

采用无水胶印，操作人员能够集中关注油墨的使用情况及其色彩质量，而不必考虑令人困惑的润版液的应用，印刷机的操作就变得更容易、更安全，整个印刷过程也会更顺利。因此，从使用者的角度来看，无水胶印技术是一种朝阳技术，它使印刷工作过程更简化。

据有关报道，目前欧洲无水胶印市场占有率为 6%～7%；美国为 5%～6%。无水胶印之所以没有得到广泛的推广，主要原因有以下几点。

① 无水胶印的印版过于昂贵，明显高于传统版材。

② 无水胶印所用油墨的黏度很高，从而对印刷纸张的表面质量要求过高。因为如果纸张的表面涂料或纸张纤维不够稳固，或者纸张表面有灰尘，再加上无水胶印没有传统印刷中润版液的自动清洁效应，很容易很快脏版或造成灰尘纸屑等在橡皮布上的堆积，这时，静电现象也很容易出现，从而使印刷质量受到影响，甚至需要停机清洗。

③ 无水胶印还要求印刷单元处于严格的温控条件下，相对于传统胶印来说，其允许

的温度变化范围极窄，而且不同颜色的油墨对温度变化的反应是不同的，还需要控制不同印刷色组的温度。但这并不是妨碍无水胶印广泛使用的主要原因，当今的印刷机制造商已经将具有温控功能的供墨装置作为标准机器部件供应。

④ 无水胶印版版面易受机械损伤、磨损或撕裂等，所以要求在整个生产过程中，必须小心地操纵印版。对于无水印版版面的缺陷或残留的涂层部分，可涂布专用的去脏液，可以借助形成的新的硅胶膜消除缺陷。这种去脏液是借空气中的水分得到加水分解的缩聚交联型的硅胶液体，为了兼具保存过程中的稳定和涂布后的特干性，必须使用专用的涂布工具；另外在涂布即"除脏"中还必须掌握好涂布硅胶液的厚度，薄了除不掉脏或经印刷加压后很快就被磨擦掉；厚了使涂布层过高，高于非图像部的原版硅胶层，引起刮墨起脏，背离了涂布原意。因此，开发新型材料、涂层也是无水胶印的发展潜力之一。

二、无水胶印原理

无水胶印的印版是在感光层上再涂了一层硅橡胶层，曝光前感光层与硅橡胶层牢固地黏附在一起，感光后感光处（非图文部分）产生光聚交合反应，使上层的硅橡胶层粘附而固定下来，具有硅胶斥油特性，如图 5-36 所示。

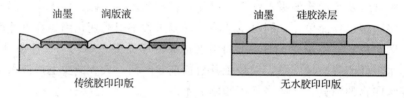

图 5-36 无水胶印的原理

无水胶印印版是一种平凹版（版面的图文部分低于印版的表面），采用阳图型无水平版或阴图型无水平版印刷，不仅提高了印品的光泽度，同时有利于墨层的干燥。无水胶印具有操作容易、图像再现性好、印刷密度高、色彩绚丽、印品质量好等优点。

无水胶印版显影的关键是除去图文部分的硅胶层。硅胶层和感光层界面的黏附力减弱，便可以除去图文部分的硅胶层。采用适当的 P. P. G（聚丙烯二醇）和 P. E. G（聚乙二醇），会使图文部分（未曝光部分）的感光层膨润，硅橡胶层浮起，在两层间的黏附力大大地减弱之后，使用尼龙刷均匀地除去界面的硅胶层，就可完成无水印版的制作。

三、无水胶印系统

无水印版、无水油墨以及印刷设备温度控制是无水胶印技术的关键，直接影响着无水胶印的发展速度。随着技术的不断进步，版材和油墨的成本会有所下降。

1. 无水胶印印版

目前应用无水胶印印版的主要有日本 Toray 公司为主导的传统光敏性无水胶印印版和以美国 Presstek 公司为代表的数字无水胶印印版。日本 Toray 公司生产的版材有两种：一种是需胶片曝光、晒版处理的感光无水胶印印版，另一种是计算机直接制版用印版。美国 Presstek 公司研制的无水胶印印版 PearlDry 是热敏版，不需晒版处理和化学显影。"Pearldry"是第一张无需化学显影的印版，专为无水胶印设计，在成像后，还需要进行清洗，擦洗掉印版表面被烧蚀的颗粒。Pearldry 无水印版可以在直接制版机上直接成像，印版的最大幅面为102cm，最大加网线数为240线/in（90线/cm）。图5-37依次显示了传统胶印铝版、Toray无水胶印硅层涂布版、Presstek热敏版的显微象。

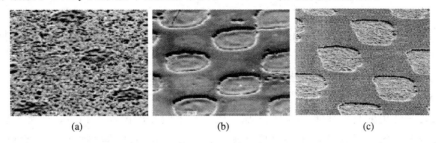

（a）　　　　　　　　　　（b）　　　　　　　　　（c）

图5-37　无水胶印印版的显微影像（网目调网点）

（a）传统胶印铝版　　（b）无水胶印硅层涂布版 Toray

（c）Pearldry 热敏版 Presstek

（1）Toray无水印版　Toray无水印版可分三层。最下面为铝基层、感光树脂层、两微米厚的硅橡胶涂层。

传统无水印版（Toray印版）是用阳图底片曝光，其晒版装置、光源与普通 PS 版制版一样，曝光控制也没有太大的差异。

在曝光时，通过胶片控制的紫外光，穿透硅橡胶层，到达感光树脂层。图文部分的感光树脂吸收紫外光而发生反应，并在硅橡胶层连接处脱落。曝光结束后，还必须采用特殊的化学和机械方法对印版进行加工处理。处理好的无水印版上的非图文区域是斥墨的硅橡胶层，而图文区域上，硅橡胶层被除去，留下吸墨的感光树脂层。这种印版设计可以保证印版不使用水、酒精等润版液，同样达到有选择性地吸墨或斥墨，从而避免了由润湿液引起的许多印刷故障。这种光反应十分精细，印版也容易得到很高的分辨率，在加网线数为175线/in时，可再现0.5％～99.5％的网点。

无水印版上非图文部分有时会被轻易划伤硅橡胶层，而露出其下吸墨的感光树脂层。这时，需用特制的修版液（一种液体硅橡胶）来修复划伤的部分。

根据Toray无水印版的类型不同，耐印力可达15万～60万印。印量的多少还取决于所用纸张类型。像传统 PS 版一样，Toray无水印版可以再生。Toray无水印版可用于单张纸印刷机和卷筒纸印刷机。

（2）Presstek无水印版　Pearldry无水印版由四层组成：斥墨的硅橡胶层、吸光成像层、吸墨层、铝基层或聚酯基层。Pearldry无水印版成像，不需用胶片、不需曝光、不需处理。其成像主要使用一种烧蚀技术。利用基于红外线的高能激光照射在印版上，激光快速地加热成像层，来记录图文。成像层被蒸发，上面的硅橡胶涂层从印版上剥离，最后暴露出的吸墨层用以着墨，形成图文部分。在数字无水胶印的印前设计阶段，它是先将所要印刷的图像和文字部分用计算机进行处理，处理好的图像通过 RIP 进行转换，利用转换解释后的数据加上红外线激光头的驱动来控制红外线激光头阵列，然后对印版进行"曝光"。印版的整个制作过程类似于目前计算机直接制版（CTP）技术。经过照射后的印版，图像形成层的物质迅速升温变成气体，气体膨胀使其上而的硅胶层从印版上脱离，然后经过除尘后就露出了印版的吸墨层。印版成像后，须经过简单清洗，并自动安装在印版滚筒上。

Pearldry 无水印版最大耐印力为 50000 印。若印量少于 10000 印的话，对印刷机上的温度没有影响啊。只有长版活才需用温度控制系统。PEARLdry 无水印版，也可再生，最大幅面尺寸为四开。

Pearldry 无水印版主要用于在机成像制版，如海德堡公司的 QM - DI、阿达斯特公司的 OmniAdastDI、高宝公司的 Karat74DI 印刷机。这些印刷机占领了大部分的彩色短版活按需印刷市场。这类印刷机所提供的加网线数是 150～200 线/in。

2. 无水胶印油墨

无水胶印使用的是专用油墨，它的基本成分与平版胶印的油墨相似，但无水胶印油墨需加入特殊连结料，以达到特定的黏度和流变性，比常用胶印油墨黏度高，以确保不出现脏版（即空白部分不带墨），还要求油墨中不含粗糙的颗粒，以防划伤印版表面的保护膜，同时，避免颗粒摩擦产生热量而降低油墨的黏度。

无水胶印油墨的连结料主要成分是高黏度的改性酚醛树脂及高沸点的非芳香族溶剂，遇热易分解，故在印刷时环境温度一般保持在 23～25℃。

同时由于输墨装置的运转碾压，着墨辊温度会升至很高（可高达 50℃）；加之又没有润版液的冷却作用，容易造成糊版。因此，必须在印刷机上安装温度控制系统，以便精确地控制温度。

3. 温控系统

可以采用串墨辊内的水流降温或吹风散热降温（通常与印版滚筒的冷却装置相连）来实现温度的控制。

最常用的温度控制系统是冷却串墨辊，冷却液在串墨辊中间进行循环，如图 5-38 所示。这种温度控制系统在高速卷筒纸印刷机上，已使用多年。目前，这项技术被经过修改，应用在单张纸印刷机上。几乎所有的单张纸印刷机生产厂家都使用中空的串墨辊，可以安装这种温度控制系统。温度控制系统的功能是在串墨辊中循环足够的冷却液，来带走印刷单元机械作用所产生的热量。着墨辊的温度应该不超过 28～30℃。

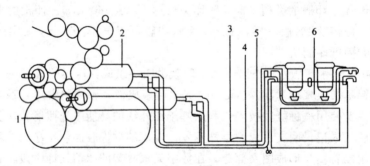

图 5-38 印刷机温度控制系统

1—印版滚筒 2—串墨辊 3—水阀 4—串墨辊用水管（输入）
5—串墨辊用水管（输出） 6—水泵

无水胶印的打样，并不能使用传统打样机进行。因为传统打样机上，网点增大比无水胶印要大。许多无水胶印厂家都使用数字打样系统：如 Iris 的喷墨打样和 3M 公司的 Rainbow 打样系统。

四、无水胶印的应用与发展

无水胶印与数字直接成像技术、所用的油墨和所用的版材都有很大的关系。下面主要从版材、油墨、设备三方面介绍一下近年来出现的新技术及其应用。

1. 无水胶印版材的发展

2000 年，Toray 向热敏 CTP 发展，推出了可对 830nm 红外激光感光的 CTP 无水胶印版材，并且是免处理无水版材。Toray 的其免处理"CG"版材除用水漂洗外，不需要任何化学处理药品。

KPG 公司也推出了热敏 CTP 无水胶印版，耐印力达 20 万印。这种版材使用硅层作为斥油材料。

2. 无水胶印油墨的发展

无水胶印油墨具有高黏度、触变性大、性能稳定特点。无水胶印专用油墨的研究是一个技术难点。研制无水胶印油墨的过程也比研制有水胶印油墨的过程更复杂。目前国际上比较通用的无水胶印油墨是德国 K＋E 的油墨。

太阳化学制品公司发明了一种新型的油墨技术 DriLithW2，DrilithW2 具有更突出的特点，其中最重要的一点是，这种油墨溶于水，所以可以用水来清洗。传统的基于溶剂的清洗橡皮布和印刷机的清洗剂，会发出大量的挥发性有机成分，而清洗 DrilithW2 油墨的清洗剂成分中有 93％的水和 7％的无毒表面活性剂。该油墨其他各项性能和光学特征可与目前的无水油墨产品相比拟，而且这种油墨可印刷出比传统胶印油墨更高的密度，其干燥速度很快，光泽度绝不比标准无水墨差。

3. 无水胶印机的发展

经过多年的发展，无水胶印已基本实现产业化，并可应用于早先设计成利用传统润湿装置印刷的印刷机上。近年来，激光在机直接制版系统的应用、数字无水胶印版材的出现促使制造商在设计中结合考虑无水胶印的印刷性能，以下是无水胶印机的发展过程中出现的典型机型。

（1）GTO‐DI/Sparc 印刷机　1991 年海德堡公司推出的基于无水胶印而设计的计算机直接成像（DI）印刷机 GTO‐DI/Sparc 的每个印刷单元都装有在机直接制版的数字化控制系统；用成像装置替代了润湿装置。如图 5‐39 所示，在高压范围，成像头电极使印版发生足够的变化，烧蚀掉表面斥墨层，露出下面的吸墨层。

这种直接成像技术的分辨率可达到 1016dqi，四个版的成像大概需要 12min，一个印刷作业的成像（包括必要的烧蚀后的清洗过程）大概需 20min。

（2）GENIUS52UV 印刷机　高宝公司研制的 GENIUS52UV 单张纸 5 色无水 UV 胶印机，采用低乙醇用量的墨辊，紧凑、环保、经济，印刷速度为 8000 张/h。可承印塑料薄膜、纸张、

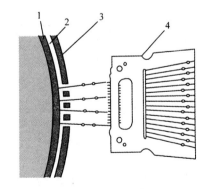

图 5‐39　成像过程示意图

1—吸墨层　2—反向电极
3—斥墨层　4—成像电极

纸板等。使用 UV 油墨和 UV 上光单元，消除了溶剂的使用，获 PIA/GATF 评选的 2006 Intertech 技术创新奖。高宝公司研制的 Cortina 无水胶印机于 2007 年帮助比利时生态印刷中心荣获了由 Groen（绿色）组织颁发的生态技术奖，所推出的无水胶印设备曾获 2009 年度环保奖（Freiburg's）。

习　题

1. 简述胶印的特点和工艺流程。
2. 无水胶印印版有何特点？
3. 单张纸胶印机滚筒排列方式有哪几种？
4. 简述气动式自动给纸机纸张的分离和输送过程。
5. 常用的套准装置有哪些？为何要设置两个侧规？
6. 如何调节印版滚筒的位置？
7. 常用的润湿装置有哪些？
8. 单张纸胶印机输墨装置的组成有哪些？
9. 气垫式收纸滚筒有何特点？收纸部位有何要设置喷粉装置？
10. 举例说明供墨装置的特点和墨量控制方法？
11. 胶印对纸张、油墨、润版液有什么要求？
12. 常见的胶印故障有哪些？如何排除？
13. 平版胶印质量控制的方法有哪些？
14. 金属板印刷彩色油墨与一般胶印墨相比有何特点？
15. 两片罐印刷工艺常采用什么印刷方式？
16. 简述印刷机构和对版仪对版装置的工作原理。
17. 简述软管容器的分类和印刷方式。

第六章 凹 版 印 刷

第一节 概 述

凹版印刷具有墨层厚实、层次清晰、工艺稳定、耐印力高、适用范围广等特点，在包装印刷、有价证券和装饰材料等领域得到了广泛应用，在包装印刷领域有着其他印刷方式不可替代的独特优势，在我国包装印刷领域占据相当重要的地位。

凹版印刷在国外的主要应用领域有包装印刷、出版印刷、有价证券和装饰材料等。德国 GFK 市场研究机构的研究表明：由于凹印具有较高的印刷质量稳定性和油墨光泽度，大约 80% 的名牌商品都选择了凹印工艺，凹印在名牌商品包装印刷领域占据主导地位。为了在激烈的市场竞争中脱颖而出，食品包装领域的名牌商家对设计和印刷图像提出了更高的要求，凹印恰恰能确保最佳印刷质量。

随着市场经济的不断发展，特别是食品、饮料、卷烟、医药、保健品、化妆品、洗涤用品以及服装等工业的迅猛发展，对凹版印刷品的需求越来越多，在质量要求越来越高的趋势下，我国凹版印刷得到了迅速发展。特别是近年来，随着雕刻制版技术、CTP 技术、独立驱动技术、环保型凹印油墨和控制技术的应用、印后联线加工多样化以及制版成本的降低，使凹版印刷在包装印刷中具备了更强的竞争力。在我国印刷总产值中，凹版印刷是仅次于平版胶印的第二大印刷方式。尽管软包装的印刷方式有多种，但凹版印刷仍然是中国目前最为流行的软包装印刷方式，制版技术成熟、制版费用便宜、制版时间短，质量稳定，满足了中国市场对软包装图案印刷精美的特定要求。

一、凹版印刷原理与特点

1. 凹版印刷原理

印版的图文部分低于非图文部分的印刷方式，称为凹版印刷，即印版上图文部分凹下，空白部分凸起并在同一平面或同一半径的弧面上，涂有油墨的印版表面，经刮墨刀刮掉空白部分油墨后，在压力作用下将存留在图文部分"孔穴"的油墨转移到承印物表面。凹版印刷原理如图 1-2 所示。

2. 凹版印刷的特点

（1）色彩复制质量优异 凹印可复制色调的范围宽，整批产品的色彩一致性好。印版滚筒与承印材料的直接接触保证了油墨更牢固的附着，从而具有更好的色彩再现。

（2）灵活性大、适用范围广 凹版印刷灵活性大，可适用于不同的承印材料；不仅可以广泛使用溶剂性油墨，也可以使用水性油墨和各种涂料。

（3）生产效率高 目前世界上凹印机的最大幅宽已达 4m 多，最高速度已达到 1000m/min。

（4）耐印力高，相对成本低 凹版滚筒使用寿命长，可适合长版印刷，平均耐印力在重新镀铬之前可达到 100～300 万印。对于许多大批量活件，凹印的相对成本较低。

由于凹版印刷工艺技术比较复杂、工序相对较多、整条生产线的投资也比较大，因此，它适合作为较长期的投资。

二、凹版印刷技术的发展

1. 凹版印刷的发展历史

凹版印刷大约产生于 15 世纪中叶，现存于柏林的《基督的笞刑图》是 1446 年采用凹版印刷工艺完成的。1460 年，意大利的金匠 Finiguerra 发明了金属雕刻凹版印刷法。1513 年，德国的 W. Craf 发明了腐蚀凹版印刷。18～19 世纪期间多项技术的发明和应用，给凹版制版工艺的巨大变革奠定了坚实的基础。如 1838 年俄国的 Taevlui 和英国的 Tandan 完成了电铸凹版的复制制版，1890 年奥地利的 Klietsch 发明了照相凹版。

照相凹版法采用照相法制作胶片，利用碳素纸作为中间体，彻底代替了手工雕刻，极大地提高了制版的质量和速度，但由于工艺特点的限制，使得当时的凹版印刷仍然只能印刷较低档次的印件，随后出现的布美兰制版法也未能从根本上提高凹印的质量。直到出现电子雕刻凹版工艺，从而使凹印版上不再单纯依靠一维变化来反映浓淡深浅的层次（照相凹版法是依靠网穴深度的变化，布美兰制版法是依靠网穴表面积的变化），电子雕刻凹版依靠网穴的表面积和深度同时变化来反映图像浓淡深浅的层次，使得用凹印工艺复制以层次为主的高档活件变为可能。

1917 年，照相凹版印品传入我国，1923 年，上海商务印书馆请德国照相凹版技师海尼格来我国传授凹印技术，1924 年，上海英美烟草公司印刷厂派照相师奥斯丁等 3 人赴荷兰学习彩色版照相凹版技术，并购买了所需要的凹印设备，1925 年，奥斯丁等人回到上海后，因上海英美烟草公司营业衰退，没有力量建立彩色照相凹版车间，将带回的照相凹印设备转卖给了上海商务印书馆总厂。20 世纪 50～60 年代，凹版印刷主要用于《人民画报》等印刷品出版，其中，黑白图片采用传统照相凹版（当时称为影写版），到 20 世纪 50 年代末开始印制一部分彩色图片。

改革开放后，凹版印刷在包装、有价证券和装饰材料领域得到广泛应用。随着市场经济的迅速发展，我国凹版印刷行业从小到大，技术快速提高。软包装材料的印刷是以卷筒料凹印方式发展起来的，主要用于纸袋、瓦楞纸板、聚乙烯复合纸印刷等，后来出现了玻璃纸印刷材料。20 世纪 60 年代，玻璃纸凹印技术得到了很大发展，之后，尼龙薄膜、聚酯膜、未拉伸聚丙烯（CPP）和双向拉伸聚酯得到了应用和普及。同时，聚酰脂、聚酯、聚丙烯等合成树脂的应用，促进了凹印油墨制造技术的进步，照相凹版印刷机的不断改进和完善，也为软包装材料印刷技术的发展创造了条件。1981 年，我国从意大利引进第一台机组式凹版印刷机，后来又先后从瑞士、意大利、法国、德国、日本、韩国、澳大利亚、美国、中国台湾省等国家和地区引进了数百条凹版印刷生产线。

20 世纪 70 年代初期，我国开始研制和生产软包装凹印机，当时的机型只限于低速卫星式和一回转机型。20 世纪 80 年代以来，我国凹版印刷行业取得了长足的发展，国产凹印机制造业迅速崛起，从无到有，从满足内需到扩大出口，凹印机的功能不断完整，自动化程度不断提高，使得国产设备性能价格比较高，竞争优势日益明显，新技术和系统的采用明显缩短了与发达国家之间的差距。1997年陕西北人推出的AZJ601050H型国产首台机组式凹印机，填补了国内中高档机组式凹印设备生产的空白。2003年，陕西北人、中山松德先后推出了速度为300m/min的电子轴传动高速凹印机，2003年以来，安全、环保、节能、人性化等功能性技术取得突破，独立驱动传动技术得到广泛应用，实现了国产机的全面升级换代，标志着我国印刷设备融入了国际凹印技术新潮流。陕西北人、中山松德、西安航天华阳、宁波欣达等国产凹印机制造龙头企业十分重视技术创新和新产品的开发，如陕西北人通过与加铝集团等国际知名企业的技术交流与合作，产品在设计思路、制造理念、性能特点、安全环保等方面，加快了与国际先进技术接轨的步伐。在新产品研发方面，推出了印刷速度为400m/min、幅宽为2200mm的高速宽幅凹印机（出口美国），300m/min纵横向自动套色薄膜印刷机等新产品，不仅进一步调整了产品结构、更为企业快速发展、抵抗市场风险提供了有力的技术支持和保障。所开发的生产管理、LEL控制装置及系统、刚性刮刀三方位显示等得到用户广泛认可。目前，我国包装印刷行业已投入市场的各类国产凹印机有数千台。

凹版制版技术也经历了多个发展阶段，从最早出现的手工雕刻凹版、照相凹版制版、照相直接加网凹版、发展到电子雕刻凹版、激光直接雕刻凹版、激光刻膜腐蚀凹版等多种制版技术。计算机技术被广泛采用以后，凹版制版技术得到了快速发展。凹版制作率先实现了无软片制版，CTP就是最先在凹印领域采用，已经成功地得到普及。其次是成功地运用了数码打样技术，如今数码打样技术已经被凹印领域所广泛接受，并在生产中发挥着不可或缺的作用。计算机的应用已经将凹版印刷机控制和管理提高了前所未有的水平，网络技术正成为凹版印刷企业、凹版制版企业和最终用户之间交流的新平台。

凹印设备、凹版制版、油墨、承印材料等供应链日趋完善，新材料、新工艺层出不穷，并朝着高档次、绿色环保方向发展，凹印产品质量越来越高。随着人们环保意识的增强和《食品安全法》的实施，软包装印刷厂已认识到环保、食品安全和卫生健康的重要性，大部分凹印企业已经按照食品公司的要求，开始使用无苯油墨，部分凹印龙头企业已开始使用环保性凹印油墨和无溶剂复合工艺。因此，大力推广应用环保性凹印油墨和无溶剂复合工艺是提高凹印市场占有率、满足食品和药品包装印刷要求的必需之路。

随着激光雕刻技术、CTP技术、独立驱动技术、环保型凹印油墨和控制技术的应用、无溶剂复合工艺的推广应用，使凹版印刷在包装印刷中具备了更强的竞争力。

2. 凹印在包装领域的应用

在纸包装领域，凹印主要应用于折叠纸盒、软包装、标贴、包装纸以及复合罐的印刷。

（1）折叠纸盒 在折叠纸盒印刷方式中，胶印和凸印所占的比例在减少，而凹印和柔性版印刷的应用领域在增加。凹印在不同国家和地区折叠纸盒印刷中使用的比例不尽相同。在我国，目前使用最大的是烟包印刷。

（2）软包装 软包装材料是指纸张、塑料薄膜、铝箔复合材料以及用这些材料复合成的非刚性材料。软包装具有成本低、便于携带、产品直观等优点。在软包装印刷领域，主要采用凹印和柔性版印刷方式，在我国，目前软包装印刷中凹印占主导地位。

（3）包装纸和标签 除卷筒纸和单张纸标签外，还有不干胶标签，大多数采用纸张，也有采用复合材料和铝箔印刷的。

3. 凹印技术的发展趋势

（1）超精细雕刻与直接制版是保障高质凹印品的前提　数字化、远程化是凹印制版技术的发展趋势，制版过程、设计制作生产与客户之间的链接和管理是实现数字化凹印制版的关键，印前制版设备是实现制版过程数字化的前提。HELL 公司推出的超精细雕刻技术对文字和图像使用不同的分辨率，不仅可实现超高分辨率的文字和线条的雕刻效果，而且其速度最高可达 16000Hz/s。激光直接制版技术使凹印制版可以制造出高清晰度的边缘效果（尤其针对细小的文字）和任意的深度，同时又不需要化学腐蚀等不易人工控制的工艺过程。超高速电子雕刻技术的雕刻速度可达 12800Hz/s，是传统雕刻速度的 3 倍，大大缩短了电雕制版的周期，使凹印印刷更具有竞争力。

（2）独立驱动技术是衡量凹印机水平的重要标志　独立驱动技术在凹印机牵引、涂布、复合和横切等单元上已经使用多年，从最近两届 Drupa 展览和欧洲印刷工业的发展来看，独立驱动凹印机的应用已相当普遍，即每个印刷单元中，都采用一个独立电机驱动。由电机直接带动印版滚筒，在压印过程中实现纵向套准，并依靠一个步进电机移动来控制横向套准。独立驱动凹印机最主要的优点是机械零部件减少（不需要机械传动轴和套准补偿辊机构等），料带长度缩短，有利于提高印刷质量和印刷速度。

基于电子轴的工作原理，其套印精度和套印速度都优于传统机械轴凹印机，机身穿料长度也要比机械轴的短，为此，电子轴凹印机相对来讲，应该是更为理想的、较为符合环保 3R 要求的印刷设备。电子轴凹印机不是简单的传动方式的改变，而是设备性能的整体提高，烘箱、压辊、刮墨刀、印版滚筒驱动、套色软件、操作习惯等方面均有改进和优化。

凹印机独立驱动技术和以电子轴传动为技术平台实现了凹印机的全面升级换代，各种用途的凹印机都将采用电子轴传动。目前电子轴传动和套准系统主要来自欧洲和日本，但它们只能使用在少量国产凹印机上。因此，开发国产系统将是国产凹印机全面升级换代的关键。陕西北人推出的 AZJ 系列（FR300 型）无轴传动机组式凹版印刷机，采用全伺服无轴传动系统和独特的双张力控制系统，最高印刷速度 300m/min；收料和放料采用独立双工位圆盘大齿轮回转式结构，可实现高速自动裁切、不停机换料。

（3）环境保护与食品包装安全是软包装行业发展的必然之路　随着人们生活水平的不断提高和环保意识的增强，国内市场开始关注环保和健康问题。对于包装行业，要实现低碳经济，就要通过技术创新等多种手段，减少温室气体排放，达到经济社会发展与生态环境保护双赢。

① 食品包装安全型聚乙烯和聚丙烯软包装材料。小分子化学物质残留（或溶剂残留）严重危害消费者的身体健康，引起世界各国食品安全管理机构的重视，开发无小分子化学物质的迁移的食品包装材料成为各国学者研究的热点。近几年全国各地食品包装袋的抽样合格率普遍偏低，合格率只有 50%，时常出现包装材料的溶剂残留污染食品的事件，据央视记者的一项调查显示，甘肃、青海、浙江、江苏 4 省中十几家塑料彩印企业将甲苯作为油墨的稀释剂，其中有 5 类产品被检出苯残留超标，涉及牛肉干、奶粉、糖果、卤豆干、薯片 5 种食品，最严重甲苯残留竟超出国家标准 10 倍。据国家质检总局抽检报告（2012－13812－0264040）显示，我国食品包装用塑料复合膜（袋）合格率仅为 69%，存

在的主要问题之一是食品包装袋中残留溶剂值超标，GB/T 10004—1998 规定溶剂残留上限为 10mg/m²；为了提高包装材料的食品安全，我国又推出了 GB/T 10004—2008 新标准，规定总溶剂残留量≤5mg/m²，其中苯类不得检出；对于小分子化学污染物的迁移，国家标准 GB 5009.60 规定了聚乙烯、聚丙烯软包装材料浸渍液的蒸发残渣标准，这给食品软包装企业设置了一个很高的门槛。目前新标准无法顺利实施的主要原因是目前使用的软包装用原材料薄膜对溶剂的吸附性较高，即使严格控制生产工艺仍不可避免出现溶剂残留偏高问题，因此，溶剂残留问题已经成为制约我国软包装行业发展的瓶颈之一。

聚烯烃树脂薄膜在使用过程中突出的问题是印刷、复合后薄膜的溶剂残留值高，残留溶剂会污染食品，给消费者的健康带来威胁，因此，推广应用低溶剂残留、食品包装安全型软包装材料势在必行。北京印刷学院软包装材料研究室研发的纳米改性聚乙烯和聚丙烯软包装材料，有效降低了复合软包装薄膜的溶剂残留值。

② 水性、UV、EB 环保型凹印油墨。出于环保与卫生方面的原因，食品、药品、烟酒等行业越来越注重包装材料和印刷工艺的环保性，凹印企业更加关注印刷车间的环境条件雀巢、达能和卡夫等跨国食品公司已要求包装印刷厂使用无苯油墨，大部分烟盒印制企业也对包装物的 VOC 含量制定了新的标准，利乐包装在中国全面使用水性油墨，国内一些软包装龙头企业率先使用无苯环保油墨。

脂溶性或醇溶性油墨已取代了苯溶性油墨，环保型凹印油墨、光油能明显减少挥发性有机化合物（VOC）向大气中的排放量，从而减轻大气污染，改善印刷作业环境，因此，EB 油墨、UV 油墨、水溶性油墨将会成为食品软包装印刷材料的发展趋势。封闭式刮墨刀系统和快速更换装置会得到大力的推广使用，适应水性油墨印刷的凹印机将被更广泛地采用。

EB（电子束）固化技术具有明显特点：① 无需光引发剂、穿透力强；② 固化速度快、涂层与基材紧密结合、外表美观、色泽艳丽；③ 节能、环保，EB 固化能耗为 UV 固化的 5%，为传统热固化的 1%；④ 固化温度低，适用于热敏基材，尤其适用于食品包装印刷；⑤ 可控性强、精确性高，适用范围广泛。在 Drupa2012 展会上，西班牙 COMEX-IOFFSET 公司展出的 C18 卫星式 8 色塑料软包装胶印机，采用电子束（EB）固化技术，印刷速度达 300m/min。

③ 无溶剂复合技术。无溶剂复合技术是典型的"三无"（全过程无污染、产品无溶剂残留、生产过程无安全隐患）工艺，完全符合 EHS（环保、健康、安全）的发展要求，目前在国外已经得到了普遍应用。我国从 20 世纪 90 年代开始引进无溶剂复合技术，但推广速度十分缓慢。据不完全统计，无溶剂复合机仅占我国各类复合机总数不到 5%，远远低于发达国家 80%～90% 的水平。近年来，随着政府部门对食品安全监管力度的明显加大，人们环保、安全、健康意识的不断加强，绿色包装材料和无溶剂复合工艺备受青睐。广州通泽机械有限公司在无溶剂复合设备及相关技术研发方面也取得了新的突破，为无溶剂复合技术的推广提供了有利条件。因此，应当大力发展无溶剂复合技术，推广使用无溶剂复合设备及相关技术。

综上所述，应用环保型和食品安全型包装材料、凹印油墨和无溶剂复合技术是食品卫生安全的保障。

④ 实施节能减排是凹版印刷行业发展的重点

a. 排放系统的升级。部分国产凹印机的排放系统能耗约占整机能耗的 60% 以上（还没有包括 VOC 处理系统），存在设备烘干系统效率偏低、热风没有充分利用，导致废气排风总量增大，消耗过大的电机功率，而且增大了 VOC 处理量。

b. 减少 VOC 排放。一方面，要提高烘箱的效能，使用尽量低的烘箱温度，最小的排风量，达到溶剂挥发、油墨干燥，降低印刷基材的溶剂残留值的目的，在高速运作时溶剂残联值达标（满足非苯油墨的使用）；在保证 LEL 和薄膜溶剂残留值不超标前提下，达到最大的热风循环使用，最小的 VOC 排放，满足未来对环保的要求并节约能源，实现三要素之间的平衡。另一方面，要降低印刷或复合材料的溶剂残留值，使烘箱内的溶剂爆炸浓度接近允许的最低爆炸浓度极限，以获得最少的 VOC 排放量。

VOC 的处理方法主要有溶剂回收（冷凝法、吸收法、吸附法）、燃烧/热氧化法（直接燃烧、催化燃烧、RTO 蓄热式热氧化）等。RTO 蓄热式热氧化（RegenerativeThermalOxidizer），是利用可燃烧的有机物废气在 760～1000℃发生热氧化反应，生成二氧化碳和水。RTO 蓄热式热氧化是国外广泛采用的 VOC 尾气处理方式之一，尤其适用于混合溶剂，无法用吸附、解吸附法回收的 VOC 尾气。

（4）联线加工是凹印设备的未来发展方向　复合、涂布、上光、模切等工序一次完成，是凹印工艺的发展方向。与凹印设备相应的管理系统、远距离技术支持系统将被越来越多地采用。同时，为满足个性化的需要，从放卷、印刷、连线加工、收卷等各部分都将被模块化，先进的凹印生产线将采用智能化控制方式，具有远程诊断服务功能。

随着凹印工艺的发展和先进技术的应用，凹版印刷的优势更加明显，生产效率和印品质量会越来越高，生产成本也会不断降低。

（5）人性化设计与辅助设备　人性化设计方面，如烘箱设计，通过改善导辊的安装方法和烘箱门开闭设计，方便安装、清洁保养；更人性化的刮刀系统的设计，提高刮墨系统的刚性设计，减少刮墨刀振动和压力对版辊的影响，以较低的压辊压力，达到油墨转移，减少版辊在相位调整时对承印物张力造成的冲击；采用袖套式橡胶压辊，实现快速和自动定位。

陕西北人第二代电子轴凹印机通过个性化设计取得了明显效果，版辊相位移动指令采用"小步快跑"原则，通过减少和吸收消化版辊相位调整时对薄膜张力带来的冲击，减少了版辊相位每次的调整量，加密调整频率；对不同种类的承印材料，应使用不同的调整方案；使用带记忆功能软件，方便重复订单时调用。

使用全封闭的油墨小车和自动控制凹印油墨黏度。全封闭的油墨小车，不仅使用方便，而且有利于保洁印刷车间的环境。油墨黏度是油墨阻碍自身流动的一种属性，直接影响印刷质量和印刷成本。自动控制凹印油墨黏度，可以提高印刷质量，有效避免手动黏度控制导致的色彩不稳定问题、降低油墨消耗。

三、环境标志产品技术要求凹版印刷

为贯彻《中华人民共和国环境保护法》，减少凹版印刷对环境和人体健康的影响，改善环境质量，有效利用和节约资源，环境保护部环境发展中心和凹版印刷行业的专家代表起草了凹印环保标准，对凹版印刷原辅材料和印刷过程的环境保护要求做出了规定。主要内容如下：

1. 基本要求

① 凹版印刷产品质量应符合 GB/T 7707—2008、GB/T 18348、CY/T6 等标准要求；

② 用于药品、食品包装的产品应分别符合 YBB 00132002 或 GB 9683 的要求；③ 印刷企业污染物排放应符合国家或地方规定的污染物排放标准的要求；④ 印刷企业应加强清洁生产。

2. 印刷用原辅料的要求

① 油墨应符合 HJ/T 371 的要求；② 不得使用聚氯乙烯（PVC）为承印物；③ 油墨、胶黏剂、稀释剂和清洗剂不得为表 6-1 所列溶剂。

表 6-1

种类	禁用溶剂
苯类	苯、甲苯、二甲苯、乙苯
乙二醇醚及其酯类	乙二醇甲醚、乙二醇甲醚醋酸酯、乙二醇乙醚、乙二醇乙醚醋酸酯、二乙二醇丁醚醋酸酯
卤代烃类	二氯甲烷、二氯乙烷、三氯甲烷、三氯乙烷、四氯化碳、二溴甲烷、二溴乙烷、三溴甲烷、三溴乙烷、四溴化碳
醇类	甲醇
烷烃	正己烷
酮类	3，5，5-三甲基-2-环己烯基-1-酮（异佛尔酮）

3. 印刷采用表 6-2 所要求的原辅材料，其综合评价得分应超过 60

表 6-2

原材料种类		要求	分值分配	总分值
承印物	纸质	使用通过可持续森林认证的纸张	25	25
		使用无氯漂白的纸张	20	
		使用再生纸浆占 70% 的纸张	20	
	塑料及复合材料	使用单一类型的聚合物、共聚合物	25	
		使用共挤膜	25	
		使用可降解塑料	20	
印版	印版电镀	使用无氰电镀印版	10	10
	制版胶片	使用电子雕刻或激光雕刻印版	15	15
油墨		使用水性油墨	20	25
		使用不含有丙酮、丁酮、环己酮、四甲基二戊酮的油墨	15	
胶黏剂		使用无溶剂胶黏剂	25	25
		使用符合 HJ/T220 中水性包装用胶黏剂	20	

4. 印制过程采用表 6-3 所要求的环保措施，其综合评价得分应超过 60

表 6-3

指标	工序	要求	分值分配	总分值
资源节约	印前	优化版面设计，合理拼版，提高版面利用率	3	10
		建立并实施印刷工艺管理制度	3	
		建立并实施印版管理制度	4	
		制版阶段应通过清洁生产审计	2	
	印刷	根据印版着墨面积、网点线数和网点深度规定油墨的消耗量，降低校版套印、调色签样的基材	3	22
		采用集中配墨，提高调色准确率	3	
		采用印刷和印后联机生产	2	
		采用不停机自动接料的连续生产	2	
		控制印刷张力，达到高成品率	2	
		建有并运行油墨黏度自动控制装置	2	
		控制张力，调整合理的印刷速度	2	
		建有并运行印品在线检验设备	2	
		采用独立驱动设备	2	
		建立并实施校版节材制度	2	
		建立并实施易耗品管理制度	2	
	印后	复合工序不停机自动接料	2	6
		建立实施校版、成品签样和半成品消耗控制制度	1	
		建立实施各工序废品控制制度	3	
节能	印前	同规格同系列产品印版共用	2	3
		减少电晕处理	1	
	印刷	建立实施换版时间规定	2	11
		建立实施套印、签样时间规定	3	
		建立实施干燥温度、风量控制指标	3	
		印刷过程回收溶剂焚烧热量用于加热	4	
		干燥废弃余热回收利用	4	

续表

指标	工序		要求	分值分配	总分值
节能	印后	塑料及复合材料	干燥余热回收利用	3	13
			建立并实施印后更换产品时间制度	3	
			建立并实施印后调机、成品签样时间制度	2	
			根据复合版面与复合速度，调节干燥温度、控制风量	3	
			根据材料性能、热封面积及制袋速度，调节加工温度	2	
		纸质	干燥余热回收利用	4	
			建立并实施印后加工设备能耗考核制度	5	
			建立并实施印后工艺制度	4	
污染控制及废物回收、利用			建立并运行大气污染物控制设施	8	35
			建立并实施剩余油墨、胶黏剂的回收利用制度	6	
			建立并实施清洗印版、墨箱、墨盘、复合网线版、胶箱与胶盘的稀释剂回收利用制度	4	
			建立并运行废气回收再循环使用设施	6	
			建立并实施废物分类收集管理制度	5	
			建立并实施危险废物管理制度	6	

第二节 凹版印刷机

一、凹印机的种类

凹版印刷机的种类较多，其分类方法也不尽相同，主要有以下几种。① 按承印材料形式，可分为单张纸凹版印刷机和卷筒纸凹版印刷机。② 按应用领域和范围，可分为出版凹印机、包装凹印机、装饰凹印机和特殊凹印机等，在实际应用中，按产品可分为更多的种类，常用的如软包装凹印机、折叠纸盒凹印机、标签凹印机、木纹纸凹印机、壁纸凹印机、纺织品凹印机、纸箱预印凹印机等。③ 按印刷单元分布形式分类，可分为卫星型凹版印刷机和机组型凹版印刷机。④ 按色组数量，可分为单色凹印机、多色凹印机等。⑤ 按承印材料宽度，常将凹印机分为窄幅、宽幅和特宽幅凹印机。⑥ 按最高印刷速度不同，常分为低速、中速、高速、超高速凹印机。但不同厂家、不同时期对速度档次的界定有很大差异。目前实际生产中使用的凹印机速度在 $30\sim1000m/min$。⑦ 按传动方式，可分为机械传动凹印机和电子轴传动凹印机，有时也分别称为有轴传动凹印机和无轴传动凹印机。⑧ 按收卷放卷结构，可分为单放单收凹印机、双放双收凹印机等，其中双放双收凹印机在国外常叫"串联式凹印机"。⑨ 按连线配置方式，可分为卷—卷凹印机、卷—横切凹印机、卷—模切凹印机等。

二、凹印机的类型与组成

1. 单张纸凹版印刷机

(1) 基本组成　单张纸凹印机一般由输纸、定位、印刷、输墨、传纸、干燥、收纸等部分组成。

① 输纸部分。与单张纸胶印机的输纸部分基本相同，其输纸装置采用连续式气动自动输纸。

② 印刷单元。由印版滚筒、压印滚筒、刮墨刀和供墨装置（包括墨槽和上墨辊）等组成。单张纸凹印机可采用滚筒式印版或平板式印版，压印滚筒上留有空档，对应印版滚筒的圆周不可能全部当版面。因此，可采用滚筒体可装拆的活动式印版滚筒。

③ 供墨装置。印版滚筒直接浸在墨槽内，由刮墨刀将滚筒上多余的油墨刮净。

④ 干燥装置。干燥装置较为简单，依干燥热源不同而异。最常见的是利用进风机将热空气吹向输纸路径中，再通过排风机把混有溶剂的空气带走，以完成油墨的挥发性干燥。如今，还常将 IR、UV 等干燥装置单独或组合使用以完成干燥过程。

⑤ 静电辅助移墨装置（ESA）。用以减少网点细微层次的丢失，便于精细印刷。

⑥ 收纸装置。与单张纸胶印机相同，有收纸台、齐纸机构和收纸台自动升降机构等。

(2) 特点及应用　单张纸凹印机的特点：墨层厚实，简单灵活，适于小批量印刷、套印精度较高，质量易保证，但网点印刷效果不如卷筒纸凹印机，印刷速度比卷筒纸凹印机慢，制版费用比胶印用 PS 版高。

2. 卷筒式凹版印刷机

卷筒式凹印机主要有机组式凹版印刷机和卫星型凹版印刷机两种机型。

(1) 机组型凹版印刷机　机组式凹版印刷机的印刷单元按平行顺序排列，如图 6-1 所示。与卫星型凹印机相比，通用化程度好；机组间的空间位置较大，有利于安装干燥装置和自动控制装置，可实现高速、多色印刷。为提高套印精度，对张力控制装置的要求较高，其应用范围十分广泛。

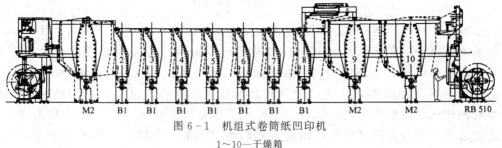

图 6-1　机组式卷筒纸凹印机

1~10—干燥箱

机组式凹版印刷机主要由放卷单元、预处理部分、进料单元、料带导向装置、印刷部分、出料单元、张力控制系统、套准控制系统、干燥和热风循环系统、在线检测系统、连线加工部分、收卷单元、传动系统以及印刷机管理系统等组成。

(2) 卫星型凹版印刷机　卫星型凹版印刷机的印刷单元在共用压印滚筒 I 周围按顺序排列，如图 6-2 所示。为扩大使用范围，特设置第一压印滚筒 I_1。第一压印滚筒有两个工作位置，当处于图示实线位置时，可进行 6 色印刷；当处于图示虚线位置时，可进行正面 5 色、背面 1 色印刷。

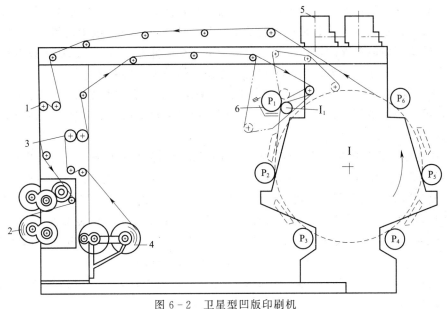

图 6-2 卫星型凹版印刷机

1—给料放卷部 2—收料复卷部 3—制动压辊 4—牵引压辊 5—干燥部 6—输墨部

卫星型凹印机有利于进行多色套印，有较高的套印精度，适用于印刷大批量、高质量的包装印刷制品，但机器结构庞大，价格较高，操作维修不够方便。

三、凹印机的基本结构

（一）放收卷与进出料装置

1. 放卷单元和收卷单元

凹印机的放卷和收卷单元与其他卷筒纸印刷机的放卷和收卷单元基本相同。

（1）放卷单元 在卷筒纸凹印机中，料带必须以一定的速度和张力连续进入印刷部分，才能保证料带正常输送。在实际印刷中，由于料卷直径不断变化以及料卷自身缺陷（如偏心、质量分布不匀）等原因都会使料带运动状态改变，从而导致其张力不断变化，套准无法准确地进行。因此，必须将料带张力的波动控制在合理的范围内。为此，在料带从料卷架到第一印刷单元之前必须有速度、张力、横向位置和交接纸等的控制装置。

① 放卷单元的结构。放卷单元由料卷固定机构、料卷支架、料卷横向调节机构、放卷张力控制单元、料带交接系统、机座和料带导向装置等部分组成。图 6-3 所示为双料卷放卷装置。

a. 料卷固定机构。料卷固定或安装方式有两种，即芯轴式和无轴式。芯轴式有固定型式和气胀轴等两种方式。芯轴式已基本被淘汰。而气

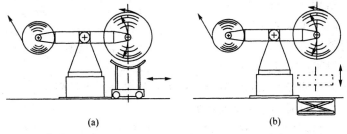

图 6-3 双料卷放卷装置

（a）运输小车上卷 （b）升降平台上卷

151

胀轴安装和拆卸方便，适用于各种直径的料卷，是目前最常用的安装方式。气胀轴在料卷架上都有安全锁紧装置。无芯轴式安装是使用两个位于同一中心线上的锥头来固定料卷。其中一个锥头可微调料卷的轴向位置，另一个可大幅度伸缩，锥头伸出后可以自锁，通过手轮夹紧料卷。采用这种方式料卷安装调节方便，但易损坏料卷芯管。

b. 料卷支架。现代凹印机的料卷支架大都采用双料卷的转塔式结构，其中一个为工作料卷，另一个是备用新料卷。在有限的宽幅高速机上常采用 4 个料卷，以适应宽度大幅度改变的要求。

c. 料卷横向调整机构。为保证新料卷与旧料带合适的相对位置（边缘或中心线），对料卷需要进行横向位置调整（一般通过手轮调整），调整范围一般为±（15～20）mm。

d. 放卷张力控制单元。现代凹印机张力控制系统都采用闭环控制方式，主要组成包括浮动辊（带有张力检测计）、气动张力设定系统、料带制动和牵引装置等。

e. 料带交接系统。其作用是将新旧料带粘接在一起，以保证凹印机生产的连续进行。料带交接方式有很多，不停机不减速交接是凹印机最常见的方式。

f. 料带导向装置。其作用是对料带的行进路线进行控制，保证其边缘或中心线始终在正确的位置上。料带导向装置采用自动控制系统。

② 不停机自动换卷装置。在高速凹印机上，一个料卷在很短时间内就可印完，料卷更换相当频繁。为提高生产效率，降低废品率，现代凹印机应设置不停机自动换卷装置。自动换卷过程如图 6-4 所示。

不停机接料已经成为现代卷筒纸凹印机的一种基本接料方式，具体结构有多种多样。这里特别介绍搭接和对接方式。

a. 搭接是指新旧料带的接头处有一定宽度的重叠，两者之间靠双面胶带粘接。它是目前最常见的一种料带粘接方式，适用于所有薄膜、铝箔、薄纸和厚度不大的复合材料。当材料达到一定厚度时（如 200g/m²），

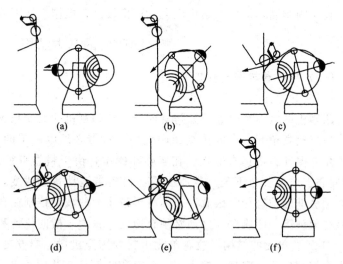

图 6-4　自动交接料过程

（a）接料摆臂和裁切机构处回缩位置　　（b）新卷转向交接位置

（c）支架回转到交接位置　　（d）裁切机构进入预备位置

（e）粘贴和裁断　　（f）新卷进入工作位置

搭接厚度会明显影响到印刷副的压力，使机器产生强烈振动，而且影响连线加工时材料的正常输送。这时必须采用对接方式。

b. 对接是指新旧料带的接头完全不重叠的接料方式。在实际应用中，根据料带速度不同又有两种型式：高速对接和"零速"对接。

高速对接是指新旧料带在高速运行中完成对接。

"零速"对接是指新旧料带在零速状态下完成对接。这种形式必须采用储纸器。储纸器上设置一组相互平行的导向辊，可存储一定长度的料带，使新旧料带在静止中对接。储纸器在折叠纸盒凹印机上经常使用。

（2）收卷单元　收卷单元的作用是将印刷料带复卷成松紧适度、外形规则的卷材，以便于后续加工或包装。收卷单元与放卷单元基本组成相同，包括料卷固定机构、料卷支架、料卷横向调节机构、收卷张力控制单元、料带交接系统、机座和料带导向装置等。

无论哪种机型，其收卷单元的作用相同，即牵引料带、调节张力、料带卷取等。与放卷轴不同，收卷轴在动力作用下主动旋转，旋转速度的改变可调节卷材印刷时的张力。同样，收卷张力控制单元也是整机张力控制系统中的重要组成部分。

收卷可以采用中心卷取式或表面卷取式。前者是卷取力矩施加在芯轴上，而后者是卷取力矩施加在料卷圆周上。中心卷取式通常用于小直径料卷的收卷，而表面卷取式通常用于较大直径料卷的收卷，它可以获得松紧适度的整齐料卷，且可降低功率消耗。

2．料带预处理单元

在料带从放卷单元经进料单元到达印刷部分之前，常采用多种方法来对不同材料进行处理，即预处理。预处理的目的是为印刷部分提供最平整的料带，或预先处理料带以防止其在通过整个印刷机时出现张力控制不良现象。预处理方法有很多，如机械方法、加热方法。材料不同，采用的预处理方法也有所不同。

（1）纸张预处理

① 纸带展平。纸带展平是消除卷筒纸板的弯曲使之平直的过程，主要用于厚度较大的纸板。纸带展平装置有辊式展平和杆式展平两种，都是在张力条件下通过使用弯曲力来实现的。

② 纸面清洁。纸面清洁也称为纸带除尘。任何对纸张表面的机械损伤都可产生松纸灰，纸灰可能来源于微小纤维的松动或涂层的脱落。当纸灰进入印刷区域时会迅速堆积并可能导致严重的印刷困难。纸面除尘装置有不同的形式，主要由毛刷组和大功率的排风装置（为真空除尘形式）组成，均是按设备的具体要求进行设计制造的。

③ 纸张预加热。纸张内总会含一定量的水分。同一纸卷内部、不同纸卷之间水分往往是不均匀的，很可能会带来纸带变形或因干燥热风作用产生不均匀的收缩，从而影响其平整度和正常套印。因此，需要对纸带进行预加热，使其水分含量均匀。一般情况下，预加热温度应该正好达到或超过后续的干燥温度。

常见的预加热装置形式有预加热滚筒、单边预加热箱、双边预加热箱。所安装的冷却滚筒是牵引系统的一个关键部件，由独立电机传动。

（2）薄膜预处理　薄膜预处理　主要包括加热处理和电晕处理。

① 加热处理。薄膜预加热采用的是滚筒结构，与前述预加热滚筒相似。不过，需对加热温度进行精确控制。

② 电晕处理。电晕处理是通过不同方式使薄膜表面极化，从而提高薄膜材料对油墨或涂料的附着力。电晕处理装置有多种形式，可以选择单面处理、正反面分别处理或正反面同时处理等。

3．进料和出料单元

进料单元和出料单元组成相同，都包含一个钢辊和橡胶压辊构成的牵引副，其中钢辊为主动辊由单独电机驱动，过去多用 DC 电机驱动，现在则多采用变频伺服电机驱动，而橡胶压辊离合及压力调节由气动系统完成。牵引副又与浮动辊构成高灵敏度的张力闭环控制系统。在这个单元中，短行程、高灵敏度浮动辊将信号反馈给相应的传动控制系统，由中央计算机分析料带的行为相应地调节马达转速，从而实现对张力的自动控制。

浮动辊一般是通过精密调压阀由气动施压的，但在要求较高的印刷机上，常采用机械配重式结构，特别是在进料单元中，因为进料单元处的张力控制是整机上最关键的部位。

在放卷交接纸过程中，进料牵引副控制张力，在放卷和印刷之间起到了隔离器的作用，可大大减少张力变化的影响。同样，出料牵引副也可在收卷和印刷之间起隔离器的作用。

由于印版滚筒直径可随产品而改变，而牵引辊直径是固定的，因此，进出料牵引都采用独立传动，可自动进行速度调节。

进料单元和出料单元必须协调工作，以保证在两个点之间印刷部分正常生产所需要的张力。相对而言，出料单元负荷较大。张力的大小选择随承印材料不同而异。

（二）凹印机的给墨装置

1. 基本组成与功能

凹版印刷机一般采用流动性较强的颜料油墨，给墨装置主要有滚筒浸泡式、墨斗辊式、喷墨式等三种型式，如图 6-5 所示。

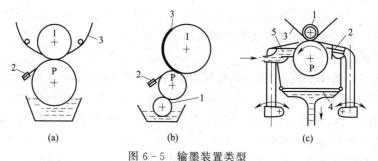

图 6-5 输墨装置类型

（a）滚筒浸泡式 （b）墨斗辊式 （c）喷墨式

1—着墨辊 2—刮墨刀 3—承印物 4—喷墨装置 5—辅助墨槽

墨斗由不锈钢材料制成，并保证有足够容积。刮墨刀一般由弹簧钢片经精密加工而成，保证刃口必须平直、光滑。刮墨刀的位置与角度应能在一定范围内进行调整，同时，设有轴向往复移动装置，以提高刮墨效果。

2. 结构原理与特点

（1）着墨方式

① 滚筒浸泡式给墨装置。印版滚筒的下部分直接浸在墨槽的油墨中，当印版滚筒转动时，油墨充满墨穴并覆盖整个滚筒表面。滚筒表面多余的油墨被刮墨刀刮掉。滚筒浸泡式为直接着墨方式，使用广泛。

② 墨斗辊式给墨装置。采用着墨辊先在墨槽中着墨，再将油墨转移到印版滚筒上，是一种间接着墨方式。着墨辊位于印版滚筒下方，但偏移其垂直中心线，与印版滚筒图文表面接触。该辊将油墨从墨槽中吸起，挤压到滚筒墨穴中。着墨辊转动有主动和从动两种方式。

③ 喷墨式给墨装置。通过细小窄缝和毛刷等工具，使油墨在进入墨槽前先直接喷淋到印版滚筒表面。浸泡式结构较简单，但高速印刷时易产生油墨飞溅。因此，在中低速凹印机上多采用浸泡式给墨结构，而在高速机（250～300m/min 以上）上宜采用墨斗辊式或喷

墨式。

（2）供墨方式 凹印机的供墨方式有手动供墨和自动循环供墨两种。现代凹印机都采用自动供墨方式和油墨循环系统。自动供墨的原理是：墨泵将储墨箱中的油墨抽出，通过管道和上墨器将油墨喷射入墨槽中或喷淋到滚筒上，使印版滚筒着墨，当墨槽中的油墨超过一定高度（墨位）时，通过回流管路返回到储墨箱。如此反复，循环进行。

自动供墨系统主要由储墨箱、墨泵、墨槽、上墨器、上墨和回流管件、防溅装置等组成。为了防止循环过程中灰尘和其他脏物对油墨、滚筒或刮墨刀的影响，有的凹印厂家在油墨循环系统中还安装了过滤装置。

为了使凹印机适用于水基油墨，所有与油墨接触的部件都应该使用不锈钢材料制作。一些高性能设备还配备了油墨黏度自动控制仪，可随时对油墨黏度进行测试和控制。

3. 使用与调节

（1）刮墨刀组件 刮墨刀组件是从印版表面未雕刻部分刮净油墨和从墨穴网墙部分去除多余油墨的装置。除要求有效地刮除所有多余的油墨外，还必须使其自身和印版滚筒的磨损最小；并能精确控制刮墨刀，使其振动最小。

① 刮墨刀技术规格。主要包括平直度、厚度、宽度、硬度和抗张强度等。

② 最佳刮墨角。最佳刮墨角可最大限度减少磨损，保证最清洁的印刷效果和最高印刷速度的角度，如图 6-6 所示，最佳刮墨角通常取 $10°\sim40°$。

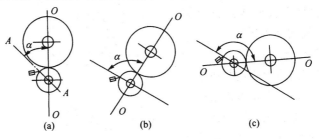

图 6-6 刮墨刀位置及其刮墨角 α

③ 接触角。在印刷机开始运转时，当向刮墨刀施加压力时，刮墨刀会产生变形弯曲。这时需要一定的力来平衡刮墨刀上墨膜的压力，补偿刮墨刀和滚筒之间各种不可避免的磨损。接触角是由刮墨刀横断面和印版滚筒在接触点的切线构成的角度。当压力增加时，接触角减小或变平。接触角是在运行条件下施加到刮墨刀上所有力综合作用的结果。刮墨刀制造商通常推荐优选的接触角，一般为 $60°$，如图 6-7 所示。

④ 刮墨刀压力及控制 刮墨刀压力必须保持在适当范围内，既要刮墨干净，又要磨损最小。刮墨刀压力可以采用手动控制，但更常见的是气动控制。压力施加方式因各个印刷机结构不同而异。刮墨刀既可上下、前后移动，又能往复移动、相对摆动。

（2）AKE 组合式刮墨刀的应用

刮墨系统是影响凹版印刷质量的重要因素，而刮墨刀片是整个刮墨系统的关键。刮墨刀宽度及厚度、刀口类型及角度、刀架结构及应用角度是刮墨刀系统

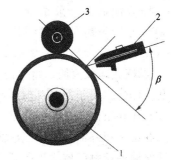

图 6-7 刮墨刀接触角 β

1—印版滚筒 2—刮墨刀 3—压印滚筒

的技术要点，而刮墨刀材质及耐磨性是选择刮墨刀的重要因素。对于传统刮墨刀，其宽度一般为 20～90mm。AKE 组合式刮墨刀由特制刀片夹、刮墨刀片和衬刀（撑板）组成。应用这种组合式刮墨刀，不需要改变传统刀架，就可以取代凹版印刷中应用已久的传统刮墨刀。

AKE 组合式刮墨刀的最大特点是刀身即刀口，宽度仅为 10mm。刀片厚度均匀一致且两端光滑。利用整个刀身作为刀锋来刮墨。当刮墨刀刀片用完时，只需换 10mm 宽的刀片，而衬刀和刀片夹可以长期使用。刀片最薄只有 0.065mm，相当于传统刀锋的厚度，能够保证最佳的刮墨效果且不损伤滚筒表面。AKE 组合式刮墨刀均由瑞典高质量弹簧钢制造，衬刀和刀片夹采用不锈钢。刮墨刀片作为耗材，使用时间较短，一般多选择碳钢刮墨刀片。对于有特殊要求的，可使用不锈钢刮墨刀片。

使用 AKE 组合式刮墨刀的最大优点是节约生产成本，只有 10mm 宽的组合刮墨刀，其价格要远远低于传统刮墨刀。

（三）凹印机的压印装置

1. 基本组成与功能

如图 6-8（a）所示为机组型凹印机印刷装置的基本构成，压印装置主要由印版滚筒和压印滚筒组成。

（1）印版滚筒　凹印机的印版滚筒有整体式、套筒式和卷绕式 3 种形式。

① 整体式印版滚筒。指芯轴与滚筒体为刚性整体的印版滚筒。凹版印刷所需要的印刷压力一般为 12～15MPa，为提高印版滚筒的刚性，多采用这种结构，主要特点是印刷准备时间较短，套准精度较高，应用较为广泛。

② 套筒式印版滚筒。指不与芯轴或轴头刚性联结的空心型印版滚筒。一般情况

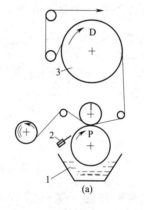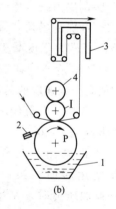

图 6-8　印刷装置的构成

（a）标准型　（b）顶压滚筒型

1—墨斗　2—刮墨刀　3—干燥装置　4—顶压滚筒

下，筒体与轴采用分离式结构，其制造成本较低，搬运与保管方便，但印刷时要将轴插入滚筒内，会增加辅助时间。

③ 卷绕式印版滚筒。将平面型凹版卷绕在印版滚筒上，主要特点是制版、电镀设备小型化，印版也便于保存，但装版不够方便、刚性较弱，不适于大型、高速印刷。

（2）压印滚筒　压印滚筒是一个在金属筒体上覆盖了橡胶层，由摩擦力驱动、将承印材料压在已涂布好油墨的印版滚筒上以实现一定量油墨转移的滚筒。压印滚筒、承印材料和印版滚筒的接触区域称为印刷副。压印滚筒不与主机传动相联，而是通过印刷副的摩擦力由印版滚筒所驱动。因此，压印滚筒的直径不需要与印版滚筒保持一定的比例关系，但应有较高的正圆度和圆柱度要求。为增加印刷压力，可在压印滚筒上方增设顶压滚筒［图

6-8（b）]。

压印滚筒的主要功能有：实现适当的油墨转移；在印刷单元之间使料带产生所需要的张力；牵引料带通过印刷机组。

按照滚筒结构不同，压印滚筒可分为整体式和套筒式压印滚筒。按照滚筒用途分，压印滚筒可分为普通压印滚筒和 ESA（静电辅助移墨）压印滚筒。

2. 结构原理与特点

（1）印版滚筒

① 整体式印版滚筒。整体式印版滚筒的凹版滚筒体是空心套筒结构，而套筒与两端轴头是通过冷缩和焊接在一起的。"冷缩"是指将套筒筒体加热，再将轴头插入其中，在筒体冷却收缩时而使两者成为一体。直径较小的印版滚筒使用一个细长芯轴，而直径较大的印版滚筒使用两个短粗的芯轴轴头。整体式印版滚筒的主要优点是精度高而且稳定。由于印版滚筒在加工、电镀、雕刻和印刷中，使用相同的基准，精度高，可用于任何宽度的印刷机；印版雕刻好后可直接安装到印刷机或小推车上，不需要版轴安装。但制造成本较高，较笨重，不便于储运，占用空间较大。

② 套筒式印版滚筒。根据滚筒的固定方式，套筒式印版滚筒有芯轴套筒式和无轴气顶套筒式两种。芯轴套筒式印版滚筒的刚性好，适合大压印力印刷。由于这种结构用一根芯轴可以配备多个印版滚筒，因此，可减少芯轴制作量，从而降低制作成本，也便于运输和储存，可立式存放，储存占用空间较小。但印版滚筒雕刻好后需要先与芯轴（也称通轴）固接好才能安装到印刷机或小推车上，可能会出现精度不稳定的情况。由于滚筒制备、雕刻和印刷使用不同的支撑轴，加工和使用的基准不同，与整体式相比，装版速度较低。

无轴气顶套筒式在制作技术、储运方式等方面与有芯轴的套筒式印版滚筒相同。虽然装版速度快，但需要采用气动夹紧机构，印版滚筒的支撑结构会比较复杂。此外，滚筒端面孔内的清洁程度可能影响安装精度，因此，无轴气顶套筒式印版滚筒只能用来印刷一定宽度和厚度范围内（即压印力在一定范围内）的承印材料。

（2）压印滚筒 压印滚筒由空心管（芯管）、橡胶表层和轴头组成。空心管最常用的是钢管，但由于空心管重量随宽度增加，可能会对印刷和滚筒制造产生影响，因此，也采用较轻的材料，如铝和镁等的合金材料。

① 整体式压印滚筒。如图 6-9 所示，套筒辊体、两端轴头通过冷缩和焊接在一起。一般从刚性和重量综合考虑，直径较小的压印滚筒使用一个芯轴，直径较大的压印滚筒使用两个芯轴轴头。整体式压印滚筒的优点是滚筒刚性好且稳定，可用于任何宽度、任何厚度承印材料的印刷机。但更换较复杂（如需要弄断料带），且储运不方便、占用空间较大。

② 套筒式压印滚筒。如图 6-10 所示，采用薄壁套管和芯轴组合的压印滚筒，由特殊的锥形芯轴和轻型的玻璃纤维套筒组成。套筒表面可覆盖一层橡胶。

当需要更换新的压印滚筒时，将高压气体施加到芯轴之内，旧套筒受压膨胀便可轻松被取出。当选定好新套筒后，将其滑动套在芯轴上，释放气压，套筒和橡胶层就可固定在需要的位置，即可开始印刷。

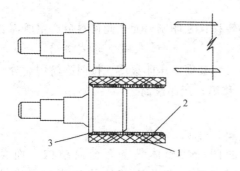

图 6-9　整体式压印滚筒

1—橡胶表层　2—钢质套筒　3—焊接部位

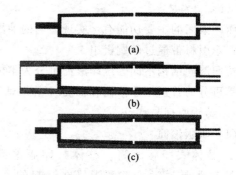

图 6-10　套筒式压印滚筒

(a) 带特殊锥度的芯轴　(b) 套筒部分装在芯轴上

(c) 套筒安装到工作位置

套筒式压印滚筒在欧美国家已用于各种用途的凹版印刷机中，包括出版、包装和特殊用途凹印机上，也可用于静电辅助移墨（ESA）印刷中。

（3）使用与调节　压印滚筒表层可以是单一材料，也可以由几层不同材料组成。橡胶层的主要成分是合成橡胶，一般来说，外层橡胶肖氏硬度 70～80 适用于薄膜印刷，肖氏硬度 80～90 适用于纸张印刷，肖氏硬度 90 以上适用于卡纸印刷。不同硬度的压印滚筒所产生的压力分布情况也有所不同。

压印滚筒的两个主要直径尺寸是芯管直径和滚筒外径。芯管直径是指空心管的外径，而滚筒外径是芯管覆盖橡胶层后并加工至印刷需要精度后的尺寸。芯管的壁厚由芯管直径、滚筒长度和预期载荷（总压印力）等决定，其厚度为 12～28mm；橡胶层的厚度一般为 10～20mm，在一些特殊用途可能更薄或更厚；包装凹印机的压印滚筒表层橡胶厚度为 10～50mm。

压印力是指施加到压印滚筒上的压力，用单位线性长度上的平均压力来表示，即 KLC（kg/cm）。一般来说，印刷压印力为 5～30kg/cm，印刷纸张时，印刷压印力为 10～20kg/cm。

四、凹印机的辅助装置

现代凹版印刷机一般应设有料带导向装置、张力自动控制装置、自动套准装置、视频同步观察装置、油墨黏度自动调节装置等。国外一些先进凹印机还设有 LEL（溶剂浓度）自动控制系统、故障诊断信息系统、自动印品缺陷检测系统和全面质量自动控制系统。

1. 料带导向装置

料带导向装置的作用是使料带保持在所需要的横向位置上。

（1）料带导向方式　料带的导向方式有移动料卷架和移动料带两种。

① 移动料卷架。即将料卷架安装在低摩擦的导轨上，通过移动料卷架达到上述纠偏的目的。这种方式对小型印刷机过于复杂，而且有可能因料卷移动而影响本身工作的稳定性。

② 移动料带。将传感器安装在合适的位置，利用回转机构的转动来横向移动料带。纠偏机构的转动可能影响料带张力但不至于传递到进料单元之后。凹印机和加工设备上大多数都是这种方式。

（2）导向装置的组成　料带导向装置主要由传感器、控制单元和执行（纠偏）机构等组成，如图 6-11 所示。一般情况下，只使用一个传感器来检测料带边缘或边线，但有时也需要采用双传感器导向装置。料带导向装置的执行机构由安装回转支架上一组平行过渡辊组成。支架可在垂直或水平面内回转，一般由机电系统驱动，有时也采用液压驱动，主要取决于料带厚度或张力的大小。

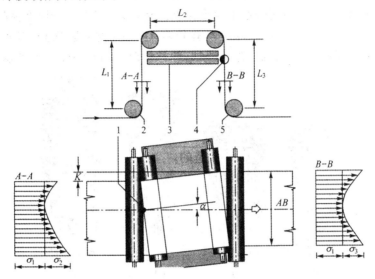

图 6-11 料带导向装置

1—旋转支点 2—导引辊 3—导正平台 4—传感器

5—固定辊 L_1—导引路径 L_2—传送路径 L_3—导出路径 AB—料带幅宽

$A-A$、$B-B$—分别为料带在进出导向辊的张力分布 K—料带正确传送位置 α—校正角度 $\pm5°$

σ_1—料带基本张力 σ_2—导正前的张力分布 σ_3—导正后张力分布

2. 张力控制装置

张力自动控制装置是实现准确套印的前提。卷筒料凹印机的张力控制装置应考虑速度改变、料卷直径改变、宽度变化、材质改变、交接纸干扰、料带加热影响等因素。现代中高速凹版印刷机的张力自动控制装置由张力设定部分、张力检测部分、控制单元和执行机构等部分组成。其工作原理是根据承印材料等多方面因素选择和设定料带张力，利用张力检测装置测定料带的实际张力并将相应信号反馈到主控单元，主控单元根据反馈信号进行计算，比较实际值与设定值的差异，向执行机构发出指令，由执行机构对料带张力进行调节。不断重复上述过程，就可保持张力实际值与设定值的一致。

在折叠纸盒凹印机上，由于纸板在张力作用下伸长量小，因此，在出料或收卷单元常采用张力检出器（即小位移张力传感器）来代替浮动辊机构。由于薄膜等承印材料易拉伸，对张力大小及波动很敏感，要求张力控制系统更灵敏。因此，软包装凹印机的张力控制系统更为重要。

3. 干燥装置

每个凹印色组上均设有干燥装置，称为色间干燥装置。色间干燥装置的作用是保证承印材料进入下一印刷色组前，前色油墨完全干燥，以免产生粘连，同时尽可能排除油墨中的溶剂。干燥装置由干燥箱、进风机、排风机、温度控制系统、冷却辊以及热源等部分组成。也有采用干燥滚筒方式进行干燥的。

（1）干燥箱　为满足不同材料、不同速度、不同工艺的要求，干燥箱的结构也有所不同。常用的干燥箱结构形式如图 6-12 所示。

按照干燥箱的布局，干燥箱可分为单边干燥箱和双边干燥箱两种，如图 6-12（a）、（b）所示；按照干燥通道长度可分为普通干燥箱和加长干燥箱；按照独立温度控制区域的数量，可分为单温区干燥、双温区干燥、多温区干燥箱等。按照对材料是否进行双面干燥，还可分为单面（正面）干燥和双面（正面/背面）干燥箱，如图 6-12（c）、（d）所示。

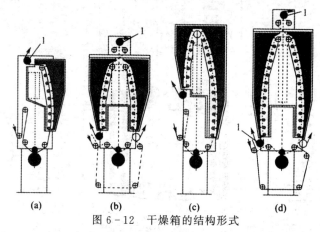

图 6-12　干燥箱的结构形式

（a）标准型单边干燥室　　（b）标准型双边干燥室

（c）加长型双边干燥室（单面印刷）　　（d）加长型双边干燥室（可单双面印刷）　　1—冷却辊

热风喷嘴的形状有多排平行的窄缝、多排圆孔或两者的组合形式。窄缝宽度约为 3mm，喷嘴与料带距离约为 10mm。每排窄缝或风孔都与过渡辊相对应。热风向料带两端流经背面抽出，可以保证不影响料带的运行。

干燥箱的设计和制造必须保证能量的高效交换（包括动能和热能）。内部形状应使喷嘴和喷嘴之间形成高速涡流，以延长干燥热风和料带之间的接触时间。干燥箱的主要参数包括独立干燥室数量、料带路径最大长度、最大进风量、喷嘴处热风最高温度、喷嘴空气最高速度、喷嘴数量和冷却辊数量等。

凹印机的各干燥室均采用独立的温度控制，在每个干燥室出口处都安装了一个冷却辊，保证受热承印材料的温度恢复到常温水平，加速油墨固化，避免料带受热变形。冷却辊一般采用双层结构，冷却水从传动侧进出，在冷却辊内部循环，端面有旋转接头。建议尽可能采用闭环式冷却水循环控制系统，以节约能源，同时保证水温恒定。

图 6-13 所示的热风干燥装置由发热装置、通风装置和排气口组成热风干燥室，印张从干燥室内通过进行干燥。通过调节风量来控制干燥速度。这

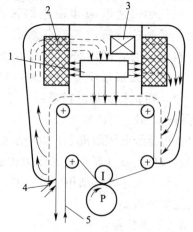

图 6-13　热风干燥装置原理

1—通风装置　2—发热装置　3—排气口

4—进气口　5—印张

种干燥装置印张变形小，有利于保证印刷质量。

（2）进风机和排风机 进风机的功能是将热风以高速形式通过喷嘴送到料带上，以便对油墨进行干燥。排风机的功能是将含有挥发性溶剂的热风以集中的方式排到指定的空间或容器中。一般是每个干燥室采用一台进风机，而整个凹印机采用一台或两台排风机。

（3）干燥热源 凹印常用的干燥热源有蒸汽、电、天然气、热油、气/油组合或焚烧炉的废热等，还有利用红外线灯进行干燥的装置。干燥时利用空气作为热传递媒介，将大量挥发气体带出。空气是最有效的传递媒介，可用于干燥各种油墨、涂料和液体。但有时由于干燥器长度和空气流量等条件的限制，促使越来越多地采用其他加热、干燥或固化方式。

热风循环比例调节有手动调节和自动调节两种。手动调节结构简单，但不能取得最佳的循环比例。如采用蒸汽加热或电加热方式使干燥滚筒表面辐射热能，印刷品直接与干燥滚筒表面接触使印迹固化。这种干燥装置干燥效果较好，应用较为广泛，但容易引起承印物变形。

4．自动套准控制系统

为了保证凹印质量，要求凹印机能实现纵向和横向的准确套印。对层次版印刷而言，其套准误差一般不超过 0.1mm。由于料带在运行过程中，纵向（沿行进方向）和横向（沿印版滚筒轴向）受力和变形状态完全不同，因此，这两个方向套准控制的方式和难度差异很大。

套准误差的调整有两种方式：一种是改变各机组之间纸带通路的长度以调整印刷位置，另一种是通过改变印版滚筒的回转角度来实现套准误差的调整。

（1）调整辊套准调整装置 如图 6-14 所示，在机组之间设套准调整辊，借改变套准调整辊的位置来调节两机组之间纸带的长度。这种装置在印刷机中得到广泛应用。

（2）差动齿轮套准调整装置 如图 6-15 所示，在印版滚筒的传动齿轮与主动轴之间用差动齿轮箱连接起来，通过差动齿轮使印版滚筒转动一定角度，以达到调整套准误差的目的。

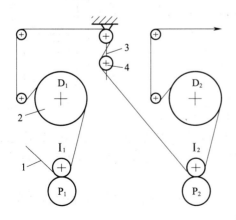

图 6-14 调整辊套准调整机构
1—承印物 2—干燥滚筒
3—摆动轴 4—套准调整辊

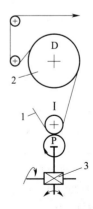

图 6-15 差动齿轮套准调整装置
1—承印物 2—干燥滚筒
3—差动齿轮箱

（3）套准调整自动控制系统　在多色、高速凹版印刷机中应设套准调整自动控制系统，以保证在印刷过程中能及时、自动地调整套准误差，图6-16为其控制系统原理图。

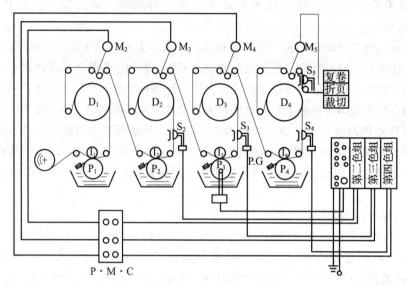

图6-16　套准调整自动控制系统原理

S—扫描头　P. G—脉冲发生器　M—调整电机　P. M. C—印刷机控制盒

① 套准检测标记。为了便于对套准误差进行及时检测，故在各色版的空白处印有套准检测标记，如图6-17所示。

② 套准误差检测装置。由扫描头、脉冲发生器及选择操纵板组成。

在第二色组以下各机组印刷后的纸带部位装有光电扫描头，以监视套准标记，并在某一色印版滚筒的轴端装有脉冲发生器，与印版滚筒同步转动。扫描头与脉冲发生器完成对套准误差的检测，然后由选择操纵板将检测出的套准误差脉冲信号送入电子控制系统主机。

③电子控制系统主机。主要由输入电路、输出电路及电源电路等三部分组成：a. 输入电路具有电脑作用，以

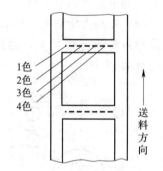

图6-17　纵向套准检测标志

判断套准误差的有无、大小及方向，并将套准误差信号传给输出电路；b. 输出电路为无接点的开闭线路，根据输入电量仅把时间信号传出；c. 电源电路为各电路和驱动电机提供正确、稳定的恒压电源。

④ 套准调整电机。一般选用步进电机作为套准调整电机，由输出电路得到驱动指令，启动步进电机回转，完成套准误差的自动调整。

横向套准误差的调整通过改变印版滚筒的轴向位置来实现。

5. 视频同步观察装置

由摄像机、频闪光源、可变焦距透镜和横向调节机构等组成的图像观测仪是目前最常

见的印品质量观测系统。这些图像可被连续地显示和观测，并可与一个参考图像进行比较，即可显示检测结果。

视频同步观察装置是为观察印刷过程中印品的色彩和套准的瞬间变化而设置的监测系统。其基本原理是利用与印刷滚筒同步运转的多面镜（装于镜鼓上），印刷工人可以从振动的镜面上看到由镜鼓反射的承印物上的静止图像，并可将图像放大，承印物上印刷的色彩及图文清晰可见，其构成原理如图 6-18 所示。

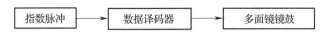

图 6-18　视频同步观察装置构成框图

将数据译码器装于印刷机主传动轴上，并通过指数脉冲以 1∶1 的比率显示印刷滚筒的转数，然后将印刷速度传给视频观察装置，控制镜鼓的转速，以达到同步观察的目的。

可将多面镜装在收料复卷部的前部位置，对印刷品进行观测。也可装在各机组印刷装置部位上观测各机组的印刷状况。

若采用集成电路扫描器，由微机进行控制，不论印刷速度如何变化，印刷工人都可连续地进行观测。

6. 油墨黏度自动控制系统

黏度是油墨流动能力或流动度的度量指标，对于印刷适性、干燥速度、套色印刷、光泽度、固着力和油墨渗透性都有一定影响，因此，在印刷机上必须检测和保持油墨的黏度值，只有对黏度进行控制才能保证在整个印刷过程中得到稳定的印品质量。

在高品质印刷中，为了保持质量稳定，必须保持恒定的油墨黏度。黏度自动控制系统可进行连续的检测和调节，保持油墨黏度值维持在设定的水平上。

控制油墨黏度时，在电动机转轴的一端固定一块圆盘或一个圆柱体，将其浸入油墨后测量它的扭矩。当油墨的黏滞性改变时，制动力将发生变化，从而引起电动机中电流大小的改变。传感器的测量脉冲不断地与控制单元的设定值进行比较，任何变动都可以被立即检测出来。电磁阀作为执行机构控制向储墨箱添加适量的溶剂，从而使黏度维持在设定水平上。

黏度自动控制的精度可达到 1/10s。黏度控制的电子控制器可以作为一个独立的单元，也可集成到凹印机的主控制台上。

由于传感器和电磁阀都是使用在有爆炸危险的区域内，因此，必须遵守相关的安全规定。

如图 6-19 所示为美国 NORCROSS 油墨黏度控制系统的工作原理，在注入阶段，如图 6-19（a）所示，活塞被气

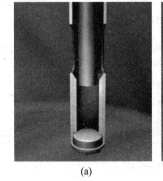

(a)　　　　　(b)

图 6-19　NORCROSS 黏度控制系统的工作原理
(a) 注入阶段　(b) 测量阶段

动提升设备周期地提起，被测油墨充满到活塞被提起后所形成的空间里；在测试阶段，如图 6-19（b）所示，停止气动提升动作，活塞和活塞杆随重力自由下落，将被测油墨由相同路径排出。活塞下落时间与黏度成正比。经比较可知，手动控制的精度为 18~25 s，NORCROSS 油墨黏度自动控制的精度为 19~20 s。使用油墨黏度控制系统不仅能有效提高印品质量，还可节省多达 30% 的油墨消耗量。

五、典型包装凹印机及其特点

Cerutti 公司所研制的新型纸张凹印、连线复合、模切生产线，专用于烟包和其他厚纸的印刷。Tachy's（快捷型）卫星式柔印机系列有多种配置方式，可以采用连线层叠式柔版印刷单元，进行上光、冷/热涂布、复合等加工。

ValmentRotomec 公司推出的 ROTOPAK4000-1 凹印机，采用了 ES（电子轴）系统，可以进行快速套准设定，增加了机器的稳定性，最高印刷速度可达 650 m/min。

陕西北人研发的 AZJ 系列（FR300 型）无轴传动机组式凹版印刷机，主要特点有：

（1）光电套准与无轴传动一体化控制系统、牵引双张力自动闭环控制系统，最高印刷速度 300 m/min（机械速度最高达 400 m/min），套印精度为 ±0.1mm，控制性能稳定、快捷和高效；

（2）全自动循环干燥装置能够有效地检测和控制残留溶剂含量，及时警示和采取措施预防。如图 6-20 所示，在印刷机烘干箱系统设置有 LEL（最低爆炸浓度）传感器，在线检测 LEL 的浓度值，并及时发出信号进行处理。当热风残留溶剂浓度在指标范围内，直接进入热风循环系统，可有效减小加热能耗；当残留溶剂超标，可完成超标气体的自动排放，将浓度数值控制在允许的范围内。所研制的 LEL 检测的循环干燥系统，可使整个系统节能 30% 以上，废气排量减少了 35%~40%，印品的残留溶剂量已控制在 5mg/m² 以内。通过对干燥系统的优化，解决凹印机管网及烘箱在使用过程中风阻大、风速低、回风不畅的缺陷，风嘴风速达到 35m/min 以上，提高了干燥效率。

（3）远程诊断技术支持系统、印品在线检测装置，印刷机生产管理系统能够通过以太网通讯方式直接连接凹版印刷机 PLC 控制系统、远程上位监控与管理计算机和生产现场的机台终端计算机，实现了 B/S 结构下的集实时网络监控、上位活件生产管理与分析统计等功能，下位机台任务管理与参数上报、质量检验等功能。

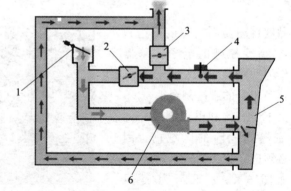

图 6-20　陕西北人全自动循环干燥装置
1—平衡风门　2、3—控制风门　4—LEL　5—烘箱　6—加热器

（4）独特实用的辅助装置，节约了准备时间，提高了生产效率。放料和收料均采用了独立双工位圆盘大齿轮回转式结构，提高了接料稳定性，降低了材料损耗；上墨小车机构、压印胶辊快换机构、刮墨刀的快换装置、三方位刮墨刀显示功能等新装置减少了印刷前的准备时间，更加高效、人性化。

第三节　凹印工艺及应用

一、凹印工艺流程

1. 生产工艺准备

生产工艺准备的目的是制定详细、合理的作业程序文件（产品生产工艺单）和质量标准。生产工艺规程是正常和稳定生产的前提，是获得高品质印刷产品的保证。这些准备对任何产品的印刷加工都是不可缺少的。生产工艺文件中至少应该包括产品名称、主要材料（包括品种、规格、供应商等）、主要工艺过程、各工序的主要质量标准、生产量要求等。

2. 印刷材料的准备

印刷材料准备主要包括承印材料、油墨和溶剂、刮墨刀等的准备，主要指在印刷机外的准备。

（1）承印材料　根据产品生产工艺单的要求准备相应的承印材料。首先，要求品种、规格（如厚度或定量、宽度等）、生产商等应与规定相符；其次，要认真检查这些材料的质量，如承印材料是否有破损、受潮、芯管变形等。

对于塑料薄膜类材料，由于外观相似性较大，要特别注意区分，防止错用。其次，还需要进行表面特性检测。有些薄膜，如 PE、PP 等，印刷前需要确认是否要进行电晕预处理，因此，需要进行表面张力的测试。尽管所有薄膜在出厂前均进行了表面处理，但可能因为存放时间过长或处理水平不够而需要在印刷机上进行再次处理。对于双面印刷，薄膜的双面都应进行电晕处理。

（2）油墨和溶剂　首先，根据生产工艺单选用指定厂家和相应型号的油墨，也可根据工艺单要求配制油墨。凹印中专色墨使用非常频繁，因此，油墨的配制尤其重要。专色墨的配制应遵循以下原则：① 尽可能选用与油墨厂生产的色相相同的定型油墨，以保证颜色调配所需的油墨饱和度；② 若要用几种颜色油墨配制，应尽量选用颜色接近定型油墨为主色；③ 尽量减少油墨的品种，因为油墨品种越多，消色比例越高，明度和饱和度则越低；④ 配制浅色墨时，应以白墨为主，少量加入原色油墨；⑤ 避免混合使用不同厂家、不同品种的油墨，以减少对油墨光泽度、纯度和干燥速度的影响；⑥用铜金粉、银粉和珠光粉配制时，其含量以不超过总量的 30% 为宜。

溶剂要根据所使用的油墨选用。油墨生产厂家一般都会提供其油墨的快干、中干、慢干等三种溶剂配比，印刷厂可根据车间温度、印刷速度等实际生产条件选用合适的溶剂配比。

（3）刮墨刀　凹印刮墨刀常用的宽度有 40mm、60mm 等几种，厚度有 0.1、0.15、0.2、0.25mm 等几种，在实际生产中一般采用 0.15mm 比较理想。

刮墨刀购买前为成卷安放，要裁成合适的长度。刮墨刀应比印版滚筒两头分别长 2cm

左右，这是因为在印刷过程中，刮墨刀架需要沿印版滚筒轴向来回移动。

3．印刷机的准备

（1）料卷和收卷轴的安装和穿料　① 将气胀轴穿在待印的料卷芯轴内并充气胀紧。并将料卷固定在气胀轴的居中位置。② 将料卷安放到放卷架上，并将气胀轴两端可靠地固定。适当调整料卷横向位置，使料卷尽量在机器的中心位置或与旧料卷边缘基本对齐。③ 在收卷架上安装好芯轴。④ 根据产品要求将料带从放卷架穿绕过凹印机到收卷或后加工单元。对于典型产品，制造商都提供了走料路径，穿料时应尽量参考。穿料应经过必要的印刷和加工单元，但最好不要绕过不必要的色组和滚筒，以缩短料带路径，减少料带张力的波动，保证料带运行的最大稳定性。薄膜张力的稳定性受滚筒数量影响比纸张更为明显，同时要注意检查以避免错穿和漏穿。

为了保证图像监视器的正常工作，在穿料时要注意里印和表印应有所区别。

（2）滚筒安装　印刷前，根据产品版号清单仔细校对印版滚筒。① 检查印版滚筒表面是否有碰伤、划伤、铬层脱落、露铜、锈斑等损坏。② 检查相应的锥孔和键槽是否清洁，并与规定标准一致。③ 确保印版滚筒与相应的色序一致。

（3）刮墨刀安装　刮墨刀在安装前，必须清洁支撑刀片和刀槽，以防止因墨块而影响刮墨刀的安装精度，并杜绝油墨间的污染。一般情况下，安装刮墨刀时，支撑刀片伸出刀架的长度为 15～25mm，刮墨刀比支撑刀片多伸出 5～8mm（两边）。

刮墨刀必须正确夹紧。在安装时，要将其放在支撑刀片下面装入刀槽内，然后旋紧刀背螺丝，旋螺丝时应从中间逐渐往外，两边轮流旋紧，使刀片平整无翘扭现象。同时，根据印版滚筒周长，对照刀架调节表，查出刀架标准高度和刮墨刀前伸尺寸，以及刮墨刀的角度，并按标准调节。如果刮墨刀采用的是偏心夹紧方式，则很容易保证平整度，操作简单快捷。

（4）选配压印滚筒

① 根据印刷材料种类选用对应硬度的压印滚筒。用于纸张印刷和薄膜印刷的压印滚筒其硬度是不同的。在使用 ESA 时，有相应的压印滚筒。② 选用合适的滚筒长度，一般要求压印滚筒比印版滚筒长 4～10cm，保证合压后，印版滚筒两边有 2～5cm 的余地来架挡墨的卡纸。③ 印刷前必须清洁压印滚筒，除去表面一切墨迹、碎膜、小胶带等杂物。有刮伤、洼道、变形的压印滚筒一律不可使用。

（5）供墨系统准备　所有墨槽在印刷前都要进行清洗。不管是什么样的墨槽，在倒入不同色相的油墨前，特别是深色改浅色，应尽量把墨槽清洗干净，避免油墨污染带来不必要的损失。当然，印刷结束时也要仔细清洁。墨槽高度要调整到适当高度，以保证滚筒有合适的浸墨深度。

油墨黏度要进行手动检测和控制，满足印刷工艺的要求。采用油墨黏度自动控制仪时，要先检测控制仪是否能正常工作。保持墨泵和导墨管的清洁十分重要，防止油墨还未循环就堵塞墨泵和导墨管，也可防止油墨污染。

4．凹印机调整

凹印机调整主要是进行印刷机功能选择和参数设定。功能选择包括：需要使用的印刷单元、电晕处理、翻转机构、单边干燥或双边干燥等，确定走纸路径并穿纸（穿膜）。参数设定包括：各段张力、各干燥室温度、冷却温度、压印力、材料直径、自动放卷直径、收卷张力锥度等。不同的产品有不同的参数。在印刷每个产品之前，根据每个产品的工艺要求，需要在印刷机上设定一系列的印刷参数。不同的凹印机设定参数种类和方式常常不同。不同传动方式（机械传动和独立传动的凹印机）设定也不同。

上述各项准备工作完成后，可按操作要求和步骤进行正常印刷。印刷生产结束时，还必须完成印刷作业存储、停机、卸料、清洗、保存印版滚筒、检验产品和包装等工作。

二、凹印制版

1．凹印制版的特点

（1）凹印制版方式　凹版的制作方法主要有照相腐蚀法和雕刻法两种，雕刻法包括手工雕刻、机械雕刻、电子雕刻和激光雕刻等方式。如按印版凹穴成型的方式，凹印制版方式大体可分为以下三种。① 腐蚀制版法，包括碳素纸腐蚀制版法和布美兰腐蚀制版法。② 电子雕刻制版法。③ 激光制版法，包括激光曝光腐蚀法、激光刻膜腐蚀法和激光直接雕刻制版法。

（2）凹印制版的特点　包装用凹印滚筒的幅宽为 0.3～1.2m，单/双通道；要求制版质量高，尤其对烟包类产品；信息变化量大；对精细文字和色彩要求较高。

（3）凹印制版新技术的特点

① 超精细雕刻技术对文字和图像使用了不同的分辨率，使文字和线条的再现达到了非常高的精度。

② 激光直接制版技术使凹印制版更灵活方便、更有效地制作高清晰度的边缘效果（尤其针对细小的文字），同时又不需要化学腐蚀等不易人为控制的工艺过程。

③ 电雕机速度的提升能对滚筒准备、工艺流程和数码打样等方面进行稳定的控制，大大缩短了电雕制版的周期，使凹印印刷更具有竞争力。

④ 多通道雕刻技术使凹印制版技术更加可靠、更具有价格竞争优势。

2．凹印层次的表现方式

凹版印刷画面的阶调层次主要有以下三种表现方式。

（1）墨层厚度　用墨层厚度表现的画面阶调呈连续调，墨色较厚实，阶调丰富，暗调部分的层次表现优越。凹版的表面结构特点来自墨穴的不同深度，墨层厚的部分网穴深，墨层薄的部分网穴浅。使用碳素纸法可制作这种凹版。

（2）网点的百分比　当墨层厚薄一致时，墨层的单位覆盖面积越大，网点的百分比就越高，表现的阶调就深；反之，墨层的覆盖面积越小，网点的百分比就越低，表现的阶调就浅，整个画面呈网目调。由于凹版上的网穴深度一致，印刷的画面显得单薄，反差不如影写版。可使用喷胶直接法制作加网凹版。

（3）墨层厚度和网点的百分比　印刷品画面暗调、颜色深的部分墨层厚，网点覆盖面积大；浅调部分的墨层薄，网点覆盖面积小，整个画面呈网目调，由于凹版网穴的深度不同，印刷品画面层次丰富，墨色厚实。高精度印刷品常用电子雕刻法制作凹版。

3．凹版滚筒的制作

从凹版滚筒的制作方法来分，凹版可以分为照相凹版和雕刻凹版两大类。雕刻凹版有手工或机械雕刻凹版、电子雕刻凹版、电子束雕刻制版、激光雕刻制版。

（1）凹版滚筒的制备　凹版滚筒有整体式和套筒式两类，套筒式又包括芯轴式和锥顶式两种结构。

① 滚筒的加工。凹版滚筒的基材多选用钢材，也可选用铝材。对于小型包装凹印滚筒，可采用一种新型复合材料替代钢管。这种套筒表面可以镀铜，重量很轻，便于运输和存储，制造和运输成本很低。铜是凹版滚筒表面材料的主导材料。

凹版滚筒的加工分为粗加工、半精加工、精加工。粗加工使滚筒的壁厚达到规定的要求，保证滚筒旋转时，各部分的重量相等，产生的离心力也相同。半精加工是使轴与滚筒保持同心。精加工是精车滚筒的外圆，达到规定尺寸。

滚筒体是镀铜及网穴的载体，滚筒的加工精度直接关系到滚筒的使用寿命、滚筒的电镀和电雕质量以及印刷品的质量。经过加工的滚筒，要求壁厚均匀，轴心和滚筒外圆中心的不同心度不能超过 $2\mu m$，滚筒表面粗糙度应达 $R_a=3.2\mu m$，外圆磨床加工后达到 $R_a=0.8\mu m$ 以上，直径精度误差为 $\pm0.01\mu m$。

② 滚筒的电镀与研磨。滚筒在镀铜之前要进行镀前处理。首先，用手工或电解的方法去除滚筒表面的油污，然后对滚筒进行酸洗，用化学药剂腐蚀掉滚筒表面的锈蚀产物氧化膜。其次，在滚筒表面镀一层底镍，再进行镀铜，镀铜层是凹版滚筒的制版层，在制版层进行腐蚀制版或电子雕刻制版。

镀铜溶液由硫酸铜、硫酸、添加剂等组成，电镀液温度为 20～35℃；铜层的质量标准：电镀的铜层厚度为 100～120μm；表面光亮细致，没有毛刺、道痕、麻点。

a. 镀铜层质量

ⅰ 外观要求：镀铜层应为橙红色，表面光洁，无氧化、毛刺、起泡、起皮、划伤、碰伤、砂眼等现象。ⅱ 端面要求：倒角圆弧光滑、过渡自然，光亮；端面平整，镀层结合力好，不起皮；堵孔光滑，无锈蚀、碰伤、腐蚀现象。ⅲ 厚度要求：铜层厚度 300～500μm，厚度偏差应小于 0.03mm。ⅳ 雕刻铜层应具有合适的硬度。

b. 镀铬层质量

ⅰ 外观要求：铬层无脱落、无损伤现象，铬层金属色泽一致，倒角、端面光洁。ⅱ 厚度要求：铬层厚度 6～10μm。ⅲ 硬度要求：镀铬层维氏硬度 850～1000HV。ⅳ 粗糙度要求：铬层粗糙度 $R_z\leqslant0.2～0.3$。ⅴ 表面光洁度要求：根据不同的承印物和印刷条件规范镀层光洁度，例如：OPP 膜印刷为▽5～▽6，纸张印刷为▽8，这样可避免印版滚筒在印刷过程中出现带墨或刀丝现象。

镀过铜的滚筒，需进行铜层表面研磨，使滚筒表面的粗糙度达到 $R_a=0.2～0.4\mu m$。

③ 印版滚筒的径向跳动允差及其测量。印版滚筒的加工精度和质量，直接影响印刷质量和印版的耐印力，因此，印刷前必须严格检查印版滚筒的质量。

a. 径向跳动及其测量　径向跳动是版辊绕基准轴线作无轴向移动旋转一周时，在任一测量面内的最大与最小读数差。径向跳动允差是指所允许的最大的径向圆跳动量。印版滚筒径向跳动的测量方向，应为印版滚筒被测表面的径向。

b. 产生径向跳动的原因　旋转表面的圆度和该表面的几何轴线相对于旋转轴线的偏摆，以及由于轴颈表面或孔不圆而引起的旋转轴线的偏移。

c. 版辊径向跳动误差 ≤0.03mm。

（2）照相腐蚀凹版　照相凹版有两种类型，即碳素纸腐蚀凹版和喷胶腐蚀凹版。

碳素纸腐蚀凹版也称影写版，是用连续调阳图底片和凹印网屏，经过晒版、碳素纸过版、腐蚀等过程制成的凹版。印品是利用墨层厚度的变化来再现原稿的明暗层次。

喷胶腐蚀凹版，是在凹印铜滚筒上直接喷涂感光胶，经晒版、腐蚀制成的凹版。印品是靠墨层厚度相同，利用不同的网点大小再现原稿的明暗层次。

（3）雕刻凹版 以雕刻方法制成的印版，称之为雕刻凹版，主要包括手工雕刻凹版、机械雕刻凹版、电子机械雕刻凹版、激光雕刻凹版和电子束雕刻凹版等。

① 手工雕刻凹版的制版。手工雕刻凹版是采用手工刻制和半机械加工相结合的方法，按照尺寸要求，把原稿刻制在印版上。印版使用的材料主要是钢板，但也有使用铜板和锌板的。这种制版方法主要用于有价证券（钞票、邮票等）的凹版印刷中。其制版工艺为：版材的处理→勾描原稿→手动雕刻→修版→过版。

手工雕刻凹版的特点是：手工雕刻凹版有其独特的效果，图案线条分明，墨层厚实，在纸面上少有凸起，极细的点线清晰可辨，色泽经久不变。作为一种艺术，手工雕刻凹版有很强的表现力，它的艺术性为手工雕刻凹版提供了独特的市场。

② 机械雕刻凹版的制作。机械雕刻凹版制版的基本原理是利用精密的雕刻机械，通过机械性的移动，刻制平行线、彩纹（由波状线、弧线、圆、曲线、椭圆等组合成的花纹）等几何花纹的凹版。雕刻机是钻石刻针或钢刻针与金属版材或涂布在版材上的防蚀膜接触刻绘的。主要雕刻机械有：平行线雕刻机、彩纹雕刻机、浮凸雕刻机和缩放雕刻机。

③ 电子雕刻凹版的制作。电子雕刻凹版是我国目前最常用的凹版制版方法。最初是利用照相底片为原稿，随着图文信息数字化，实现了数字化数据原稿，实现了无胶片电子雕刻工艺。在电子机械雕刻凹版中，都是利用电子电路的雕刻机，在铜印版滚筒表面上直接雕刻出满足印刷需要的网穴，从而制成凹版。由于是电子雕刻，层次再现稳定，同时，能制作任意的层次；另一方面，用电子雕刻机能得到完善的无接缝凹版。

电子雕刻凹版是用电信号驱动，将电能转化为机械能在铜辊表面进行雕刻的一种凹版制版方法。随着电子和计算机技术的飞速发展，电子雕刻凹版由有胶片发展到无胶片，由3000Hz发展到8000Hz甚至更高。有些电雕机同时可雕刻多个滚筒，或使用一台电雕机同时在一个滚筒上雕刻多个不同区带的内容。

电子雕刻使用的是钻石雕刻刀，对相同表面积的网点，使用不同的角度的雕刻刀，可以得到不同深度的网点，钻石雕刻刀的角度越小，网点的深度越深。目前常用的角度有110°、120°、130°。雕刻刀根据承印物、油墨、雕刻线数等条件来选择。一般来说，表面粗糙吸墨量大、雕刻线数高、转移性能差的油墨，需要选用小角度的雕刻刀，以得到相对大的墨量。

电子雕刻凹版的最大特点是以图像处理后的胶片为原稿，利用电子雕刻机在铜印版滚筒表面直接雕刻出网穴制成印版，不需要碳素纸晒印和化学腐蚀。电子雕刻凹版的画面细腻，层次丰富，质量容易控制。

a. 电子雕刻机的工作原理。电子雕刻机由原稿滚筒（或叫扫描滚筒）、印版滚筒、扫描头、雕刻头、传动系统、电子控制系统等组成。

电子雕刻机的工作原理是：扫描头对原稿进行扫描，从原稿上反射回来的强弱不同的光信号，经过光电转换器使光信号转换成电信号，再通过放大器和数据处理，使光的强弱转换为电流的大小，控制雕刻头在铜滚筒上进行雕刻。

电子雕刻机工作时，原稿滚筒和雕刻滚筒同步运转，同时，雕刻系统沿着滚筒轴向移动，用尖锐的钻石刀在雕刻滚筒上按信号雕刻出网穴，如图 6‑21 所示。雕刻系统由扫描系统通过计算机来控制，铜滚筒上形成的网穴，是计算机中附加信号生成的，此信号能使刻刀连续有规则地振动，网穴的大小及深度由原稿的密度来决定，被扫描原稿的密度和被刻出的网穴深度之间的数量关系，可以在计算机上调整。

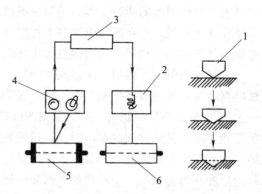

图 6‑21　电子雕刻机工作原理图
1—刻针　2—雕刻机　3—计算机　4—扫描头
5—扫描滚筒　6—凹版滚筒

b. 电子雕刻制版工艺。电子雕刻凹版的制作流程为：制扫描底片→安装印版滚筒→测试→雕刻→镀铬。

ⅰ制扫描底片。20 世纪 80 年代后，电子雕刻机加入电子转换组件，按设计好的程序进行胶凹转换，即用胶印加网底片制作雕刻凹版。因此，现在大多使用分色加网的底片制版。

ⅱ安装印版滚筒。用吊车将印版滚筒安装在电子雕刻机上，雕刻前需清除版面的油污、灰尘、氧化物，把扫描底片平服地粘贴在原稿滚筒上。

ⅲ测试。根据原稿（扫描片）的要求和油墨的色相，结合印刷产品制定试刻值。必要时，可调整雕刻放大器上的电流和电压。

ⅳ雕刻。扫描头对原稿进行扫描，雕刻头与扫描头同步运转，印版滚筒表面被雕刻出深浅不同的网穴。电子雕刻的网穴与腐蚀凹版的网点形状有所不同，它是一种菱形网穴，网穴的角度是通过改变穴点的长短轴的长度来实现的。网穴的角度范围为 $30°\sim60°$。新型电子雕刻机有方形、压扁形、拉长形网点角度，如图 6‑22 所示。可以在操作时任意选择，以免发生因套印不准而产生的龟纹。

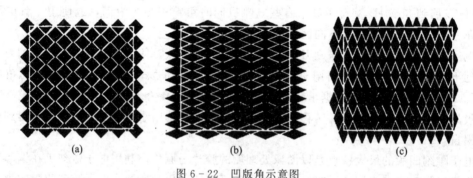

图 6‑22　凹版角示意图
（a）方形网点　（b）压扁形网点　（c）拉长形网点

在雕刻文字时，为了不丢失细微的笔道，必须选用细网线雕刻，如果用 100 线/cm，文字的雕刻可以达到十分理想的效果。多数情况，电子雕刻凹版多采用分体式电子雕刻系统制版，即扫描仪和电子雕刻机分离，分别和图像工作站的输入、输出接口相连。扫描仪能扫描阳图、阴图底片，既能扫描乳白片还能进行胶凹转换。工作站具有多种图像处理功能，对图像可进行整体、局部的色彩修正，剪切、组合和缩放以及色彩渐变等。同时还可使黄、品红、青图像与线条图像合二为一等。电子雕刻机的网线范围为 31.5～200 线/cm。与腐蚀凹版相比，电子雕刻具有重复性好、质量稳定性高及层次复制质量好等优点，但设备投入较大，而且技术含量较高，工艺技术较为复杂。

ⅴ 有胶片电雕工艺。电子雕刻系统通过其扫描部分将胶片上的黑白密度转换为电流信号，再通过电磁转换变为机械能，驱动雕刻刀在滚筒表面进行切割，从而雕刻出相应的网点。由于胶片是雕刻过程中的重要载体，胶片的质量将直接影响到雕刻滚筒的质量。用于雕刻的胶片是阳图分色片。其制作工艺基本与胶印印刷中使用的阳图胶片一致，即彩图经过扫描分色后经 DTP 系统，分别与各个色版的文字、图形按照要求拼合在一起形成客户所要求的版面，最后经照排机输出为四色胶片。对于电雕工艺来讲，阳图胶片只需要制作单个雕刻单元，然后利用电雕系统的连拼功能拼成大版。用于电雕的阳图胶片的制作工艺与胶印制版工艺基本相同，在此不再重复。有胶片电雕系统一般由扫描部分、数据输入部分、中央控制器、版辊转动控制器、步进驱动控制、雕刻部分及频率发生器等组成。

ⅵ 无胶片电雕工艺。无胶片电雕，也称计算机直接电子雕刻或数字直接雕刻。具有网点大小和深度同时发生变化，共同反映层次深浅的特点；避免了化学腐蚀；制版工艺大为简化，易于控制印版质量；具备多种功能，可实现无缝拼版，雕刻速度快等优点，在包装、印染行业中广泛使用。

20 世纪 90 年代，计算机加网技术和 RIP（光栅图像处理器）应用于凹印领域，实现了无胶片技术，用 0～255 间的任一数值表示图像灰度值，由 RIP 转化成不同形状、尺寸、位置的网点。无胶片电子雕刻凹版工艺简单，与原稿图像灰度值对应的数值可直接传给电子雕刻机，控制金刚雕刻针在铜层表面雕刻，雕刻网穴面积和深度都可改变。电子雕刻通过对阶调曲线进行简单调整可获得适合印刷条件（包括印刷机、油墨、纸张等）的高质量凹印版滚筒。用灰度值数据控制电雕针实现与凹印网目调图像的精确匹配，提高了工艺的可靠性和印版滚筒质量。

图 6-23 为计算机直接电子雕刻的工艺流程图。由计算机处理的图文信息通过工作站直接在电子雕刻系统上进行图文信息的转移。工作站部分除了与平版印前系统配备相同外，还可以根据产品的特点配备专用的专色分色软件；数字打样用于检验经扫描处理后的图像质量；版式打样用于对拼好的大版位置和内容做检查；滚筒粗加工主要有无缝钢管毛坯的车、磨（表面的粗糙度小于 0.5μm）、抛光；镀铜后各色版铜的厚度不同，硬度（HV）一般为 190～210；通过镀铬来提高印版的硬度，以提高印版滚筒的耐印力。

无胶片电雕系统一般由组版工作站、电子雕刻机、版式打样

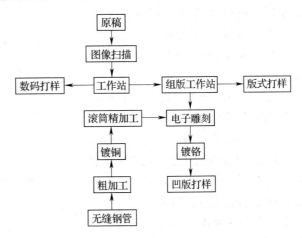

图 6-23 计算机直接雕刻系统工艺流程图

系统等三大部分组成。其中，电子雕刻机由机械和电气两部分组成。机械部分包括床身、版辊夹紧装置、雕刻小车等。电气部分由数据接口、频率发生器、版辊转动控制器、步进驱动控制器、雕刻部分和中央控制器及接口电脑组成。

（4）激光雕刻制版　激光直接雕刻系统是 1996 年由瑞士戴特威勒公司（Max Daetwyler Corporation）开发研制的，在国外已成为凹版雕刻制版的主导雕刻技术。主要优点为：① 质量高且重复性好；② 雕刻速度快（雕刻速度比目前的电雕设备快几十倍）；③ 提高了滚筒油墨转移率，降低了油墨消耗；④ 可以将生产过程根据需要分步进行或同步进行。由于可以动态地控制激光束的直径，网目中每个网穴的宽度和深度都可独立形成。这种精确控制的激光雕刻技术具有印刷质量完美、生产效率高、全自动化等优点。如果将两束激光集成在一个雕刻头上，网穴雕刻速度可达 140000 个/s 以上。网目设定分辨率为 70～400 线/cm。

激光直接雕刻凹版就是采用波长非常短的激光脉冲直接轰击印版滚筒表面并产生网穴。其雕刻原理是使用高能射线束作用于凹版滚筒表面的镀层，使镀层熔化和部分气化以形成下凹的网穴。一个网穴由一个或者两个脉冲形成，脉冲正好对准网穴的中心。由于镀铜层对光线有较强的反射能力，要达到镀铜层能量的吸收，因而用激光进行镀铜凹版的雕刻需要高强度激光的支持，另一个方面，由于凹版滚筒表面铜层对激光束有镜面反射作用。因此，在激光雕刻凹版系统中，大都采用锌作为凹版滚筒的表面金属。以便激光直接雕刻，选择锌是因为它的物理特性（熔点、沸点、硬度）和反射特性比铜更适合激光烧蚀。

目前市场应用的有 DLS（Direct - laser - system）系统，大功率的 YAG 脉冲激光以无接触的照射方式将镀锌辊的表面锌层气化而形成网点。DLS 系统支持通用的 PS、PDF、TIFF 数据格式，通过调整每一个激光脉冲点的能量和聚焦点直径来生成不同大小、不同深度的网点。激光束射向镀锌层表面，使其部分熔化成液滴，部分气化成金属蒸气而逸出。雕刻完成后，剩余的氧化锌用刮刀刮出，形成网穴。激光直接雕刻凹版的原理如图 6 - 24 所示。

雕刻过程中，激光发生器发出强度恒定的激光，并受调制器调制，而调制器受图像信号的控制，根据电信号值调节激光的通过强度。可以使雕刻每个网穴的能量随图像明暗的变化而不同，借此雕刻出深度不同的网穴。

目前，这种激光雕刻机只能雕刻出开口面积相同、深浅不同的网穴，还不能雕刻出开口面积和凹下深度同时可变的网穴，因为光学聚集透镜无法以很高的频率调节激光光斑的直径大小。激光直接雕刻凹版的网穴结构如图 6 - 25 所示。

激光雕刻的网线范围可扩展到 5～250lpc，加网角度范围为 0°～360°，能够更好地防止因网线角度错不开而造成

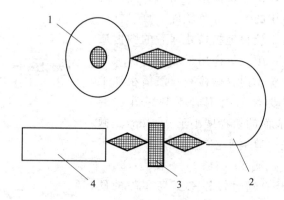

图 6 - 24　激光直接雕刻凹版的原理
1—镀锌滚筒　2—光导纤维　3—激光调制器　4—激光发生器

的龟纹现象，激光雕刻
凹版雕刻的最大网点开
口可达 $140\mu m$、深度可
达 $35\mu m$，主要适用烟包
和防伪印刷。激光烧蚀
技术在凹版广泛应用会
随着激光技术的发展而
迅速普及，它无需机械
调整、细纹和文字较清

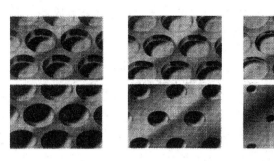

图 6-25 激光直接雕刻凹版的网穴结构

晰，比腐蚀更容易控制层次。

（5）激光腐蚀制版 1995 年开发的激光腐蚀制版是一种采用激光技术在感光性抗蚀膜上成像，再利用传统的化学腐蚀方法来制造凹版滚筒的方法。激光腐蚀制版将图像数字文件、激光技术和化学腐蚀组合起来，利用 YAG 激光技术对涂布在凹版滚筒表面的感光性抗蚀剂成像，然后将滚筒进行化学腐蚀，得到优质的印刷网穴。这一技术还可用于凹凸压滚的制作。

激光烧蚀是一种激光在滚筒上成像的技术。它利用激光将滚筒表面的感光性抗蚀层除掉，然后再对印版进行化学腐蚀。工艺流程为：

滚筒清洗→滚筒涂布→滚筒成像→滚筒腐蚀→滚筒清洗。

制版时，先由直接制版机图像发生器发出的红外激光将图文部分的黑色吸收层烧蚀掉，裸露出下面的感光树脂层。由于光聚合型感光层对红外线不敏感，因此，被激光烧蚀掉部分的感光乳剂层不受红外激光影响。烧蚀机的机械原理与电子雕刻机相似。滚筒转速可达 $2000r/min$，同心度小于 $1\mu m$，长度方向误差小于 $5\mu m$。

（6）电子束雕刻凹版制版 电子束雕刻凹版制版是采用高能电子束对镀铜的凹版滚筒表面进行直接雕刻的一种技术。其工作原理是：电子束雕刻凹版使用的电子束由热阴极产生，在 2.5 万～5 万 V 电场加速下，将电子束直接射向滚筒表面，电子束在电磁场装置下会受到会聚作用，在 $1\mu s$ 的时间内使电子束汇聚为所需要的直径，电磁场的汇聚作用又受到图文信息的控制，从而达到控制网穴直径大小的作用。电子束按所需网穴深度的大小在镀铜层上作用一定的时间，也即由电子束作用在铜滚筒表面的时间长短控制网穴的深浅。电子束雕刻凹版的每一个网穴的时间不长于 $6\mu s$，因此，电子束雕刻凹版的速度可达 15 万/μs 的高频率。电子束雕刻凹版的制版原理如图 6-26 所示。

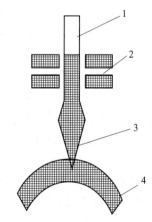

图 6-26 电子束雕刻凹版的制作原理
1—阴极 2—电场 3—会聚电磁场
4—凹版钢滚筒

在滚筒表面上，电子束的动能转化为热能，将滚筒表面的铜熔化和气化，残留在网穴边缘的熔化物，可以用刮刀刮去，电子束雕刻凹版雕刻出的网穴既有开口变化，也有深度变化。

由于空气中的粒子对电子束的能量会有损失，因此，电子束雕刻凹版技术必须在真空装置中来完成，使用电子束生产装置和真空仓，造成电子束雕刻凹版系统成本过高，致使这种凹版制版技术难以产业化。

三、凹 印 打 样

制版完成之后需要进行打样，以检查制版的质量。凹版打样样张是印刷企业验收印版的质量依据之一，也是作为印刷调节颜色的参考依据，主要用于检验稿件的颜色分色效果以及版辊在制版时一些基本参数的设置正确与否。凹版印刷打样工艺流程如图 6 - 27 所示。

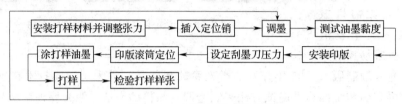

图 6 - 27　凹版打样工艺流程

凹印打样样张质量要求为：① 外观要求裁切整齐，无墨线、无图文缺失、无脏点；② 套印误差不大于 0.2mm；③ 颜色应尽量接近由供需双方确认的数字样张颜色。

凹印打样主要形式有：

（1）软打样　软打样是指从视频显示监视器上进行色彩复制，表现一个单色页面或合成彩页的工艺过程。软打样的图样可以从分色厂或印刷厂的终端进行观测，也可以作为数据传输到其他地方以便观看。由于这种打样方法在分辨率、图像尺寸、色彩范围、与实际印张效果之间的关系等方面存在一定的局限性，因此，它仅用来检测位置、印张颜色和顺序的正确性以及色彩纠正的程度等。目前软打样的精度还不能作为客户和印刷厂之间最后质量认可的手段。

（2）直接数字打样　直接数字打样也称为 DDCP（Direct Digital Color Proofs，直接数字彩色打样）利用数字直接成像，省掉了使用中间胶片的步骤。它采用喷墨和电子成像打印机在热转移材料上得到高分辨率的网目调样张。这种工艺速度快、细微层明显，但色彩有限。

（3）单张纸凹印机打样　单张纸凹印机打样近年来使用较常见，既用于单张纸凹印机，也用于卷筒纸凹印机印刷。

（4）卷筒纸凹印机打样　对于即将开始正式生产的新产品，有时可在卷筒纸凹印机上打样。

（5）凹印打样机打样　新型凹版打样机在不断地模拟实际印刷生产过程（压印形式、油墨、承印材料等），尽可能真实地反映滚筒质量、预期印刷效果。

四、凹印油墨的印刷适性

1. 凹印油墨的分类

（1）根据用途不同，可分为出版凹印油墨、包装凹印油墨和特种凹印油墨等。

① 出版凹印油墨。用于书刊、报纸等出版物的凹印油墨是一种以脂肪烃类为溶剂，并附加一些芳香烃类溶剂。另一种完全以芳香烃类溶剂，加入季戊四醇酯胶、沥青、松脂酸的金属盐类、乙基纤维素等树脂。

②包装凹印油墨。用于在流通过程中保护及识别、销售和方便使用产品的容器、材料及辅助物的凹版印刷，包括食品用凹印油墨、药品用凹印油墨、耐高温蒸煮油墨等。根据产品对包装材料的要求来确定油墨中树脂的种类、溶剂的配方等，如食品包装材料使用的凹印油墨可选用松香酯类、苹果酸松香等树脂，并配用异丙醇、丁醇等溶剂。

③ 特种凹印油墨。主要是指证券凹印油墨。证券是指在特定的防伪纸张上，经特定印刷方法印刷特殊纹路、图案与数字，而形成有价值或有面额的印刷品，该印刷品可在市面上流通，作为某种交易工具。证券印刷并非是单一印刷方式，而是几种印刷方式的综合使用。由于证券印刷所用凹版多为雕刻凹版，因此其油墨黏度较高，具有某些特定性能，如耐光性、耐磨性、耐热性、耐水性、耐醇性、耐化学剂和折光性等。根据证券的种类和应用范围不同，对油墨中颜料的要求也随之改变。同时油墨中的辅助剂所占含量较高，品种也很多，如高岭土、硫酸钡、碳酸钙、硫酸铅等。

（2）根据承印材料不同，可分为塑料薄膜凹印油墨、纸张凹印油墨和铝箔凹印油墨等。

① 塑料薄膜凹印油墨。主要分表印油墨和里印油墨（也称复合油墨）两大类。表印油墨以聚酰胺为主体树脂，其稀释溶剂是醇类、酯类、苯类这三类，一般不加入酮类及其他芳烃类的溶剂。里印油墨是以氯化聚丙烯系列树脂生产的，其稀释溶剂主要是酮类、酯类、苯类。

② 纸张凹印油墨。主要使用硝化纤维素系列树脂，以酯、醇为主要的混合溶剂。

③ 铝箔凹印油墨。采用氯乙烯醋酸乙烯共聚合树脂、丙烯酸树脂，以芳香烃、酮类、酯类为溶剂。

（3）根据连结料不同，可分为有机溶剂型凹印油墨和水基型凹印油墨。

① 有机溶剂型凹印油墨主要使用易挥发的低沸点有机溶剂，配以能溶解的树脂。

② 水基型凹印油墨采用的是丙烯酸类树脂，并配有水、氨水、乙醇等物质。

下面将主要介绍溶剂型凹印油墨和水基型凹印油墨。

2．溶剂型凹印油墨

溶剂型油墨采用低沸点有机溶剂作为连结料，能够迅速挥发干燥。溶剂型油墨黏度较低，流动性、转移率高。即使对非吸收性承印材料（如塑料薄膜、金属箔等），也可进行高速印刷。

（1）溶剂的作用和种类

① 溶剂的作用。溶剂的主要作用是溶解树脂、调节黏度，改善油墨的流动性，分散颜料，促进油墨转移。

② 溶剂的种类。凹印油墨主要使用有机溶剂，按化学结构分，溶剂大致可分为芳香族（如苯、甲苯、二甲苯等）、脂肪烃类（如石油醚、汽油、煤油、正己烷等）、酯系（如醋酸乙酯、醋酸丁酯等）、醇系（如乙醇、异丙醇、丁醇、乙二醇等）、酮系（如丙酮、环己酮等）、醚系（如乙二醇乙醚、乙二醇丁醚等）。

实际中常使用混合型溶剂。混合型溶剂既能很好地溶解树脂，又能通过改变其配比来调节油墨的干燥速度。但混合型溶剂具有不便于回收再用的缺点。因此，国外越来越多地使用单一溶剂。

（2）溶剂的选择和使用　凹印油墨常选用那些在常温或不高于沸点的条件下，能溶解分散固体和半固体物质，并能形成透明、色淡溶液的液体材料作为溶剂。一般而言，溶剂必须具有如下特点：① 沸点在 80～150℃；② 对选定的树脂能充分溶解；③ 能将残留在版面的干燥墨膜溶解；④ 不腐蚀印版滚筒和刮墨刀；⑤ 尽量无毒或微毒，无异常刺激气味；⑥ 有适当的挥发速度。

在选用溶剂时，应综合考虑以下几个方面。

① 溶剂与油墨相对应。各类凹印油墨都有其专用溶剂，不能混用。否则，有可能发生油墨凝胶、呈色不良以及印刷时出现脱落、堵版等现象。

② 使油墨干燥性能与生产速度相匹配。在印刷中，应根据需要的印刷速度、干燥系统的干燥能力、车间温湿度及图文面积大小等因素，选择适当溶剂类型和比例来调节油墨的干燥速度。凹印油墨一般使用标准溶剂，但在印刷速度高、实地多的情况下，可加入一定量的促干溶剂。在印刷速度低、出现调子再现性不好或堵版等现象时，可使用延干溶剂或并用标准溶剂。

③ 使油墨黏度调节到合适范围。随着黏度的增大，油墨转移率有所下降。当然，转移率还与树脂的种类、油墨的附着性、印刷速度、印刷压力、印刷材料以及温湿度、印版网穴深浅等因素有关。在使用凹印油墨时，必须将其稀释到合适的黏度。如聚酰胺类油墨在用二甲苯、异丙醇、丁醇作为混合溶剂时，当原始黏度在 50～70s（25℃，4 号杯测量）时，建议黑墨、白墨冲调 5%～15% 的溶剂，使之使用黏度达到 17～25s；建议红、黄、蓝、绿等色墨冲调 10%～15% 的溶剂，使之使用黏度达到 18～30s。对于纤维素类醇溶性油墨，用乙醇、醋酸丁酯作混合溶剂，当原始黏度在 30～70s 时，黑墨、白墨建议冲调 10%～15% 的溶剂，使之使用黏度达到 15～20s；红、黄、蓝、绿墨建议冲调 15%～25% 的溶剂，使之使用黏度达到 20～30s。

④ 协调其他印刷条件关系。如印满版实地时可适当地选用促干溶剂；印刷图文面积较小时，则应考虑使用延干溶剂。再如，印刷车间温湿度发生变化，冬季和夏季使用的溶剂应有所不同。

⑤ 保证安全性，最大限度降低毒性。首先凹印油墨应无味、低毒。其次，还必须安全可靠。油墨的安全性与溶剂的闪点、着火点有关。凹印油墨中的溶剂挥发以后，大多是可燃性气体，与空气混合后，在一定比例下会发生燃爆，因此，在采用热风循环的干燥系统中，使用凹印油墨存在安全隐患。

（3）溶剂性凹印油墨的毒性分析 溶剂型凹印油墨在使用过程中，甲苯、乙酸乙酯、异丙醇等污染环境，对人体的健康和安全造成危害，同时，在印刷品中的残留物对其内容物也将会造成一定程度的污染。毒性和可燃性主要来源于溶剂。表 6-4 是几种常用溶剂的允许浓度，允许浓度越大，说明溶剂毒性越低。

表 6-4　　　　　　　　　　　　几种常见溶剂的最高允许浓度

溶剂	空气中最高允许浓度/（mg/m³)	毒性级别
乙醇	1500	微毒
异丙醇	490	微毒
二甲苯	100	低毒
醋酸丁酯	300	微毒
200 号汽油	350	微毒

由于挥发性有机溶剂不仅会导致环境污染，对人体健康和安全造成危害，而且印品上

还会残留溶剂。因此，使用溶剂型凹印油墨有很大局限性。降低或消除溶剂型油墨挥发性有机化合物（VOC），一直是凹印油墨发展的目标。美国环保署（简称 EPA）专门制定了降低或消除溶剂型油墨所释放的挥发性有机物（VOC）量的相关标准，并被许多国家和地区参照采用，促使溶剂型凹印油墨迅速向水基型凹印油墨转变。

3. 水基型凹印油墨

上世纪 60 年代，国外先后有针对挥发性有机溶剂的环保条例出台，推动了水基型油墨技术的发展。水基型油墨成为凹印油墨的一个主要发展趋势。

（1）水基型油墨的配方　水基型油墨有两种主要的配方。一种是溶解系统的连结料包含主要的溶解成分。连结料有良好的溶解性，通常还有良好的耐久性和耐热性。第二种配方在连结料中使用乳液，其干燥速度较快，光泽度也可通过配方比例来改变。

水基型油墨的主要成分与溶剂型油墨相同，由色料、连结料和添加料组成，用水取代了溶剂部分。除了一些特殊用途外，所有颜色都可以采用水性系统。

水基型凹印油墨的色料主要为耐碱性强、在水中分散性较好的无机颜料和有机颜料。为确保油墨的稳定性，往往使用混合型颜料，且颜料的浓度比溶剂型凹印油墨大得多。常见的颜料有立索尔宝红、酞菁蓝、联苯胺黄、酞白粉和炭黑等。

水基型凹印油墨的连结料与溶剂型油墨有相当大的不同。对水基墨而言，它必须具备水溶性好或水分散性好，易交联固化等特性。连结料大致可分为三类，即水溶性、碱溶性和酸溶性等，如聚酰胺类树脂、聚酯类树脂、丙烯酸类树脂等。

纯水是水基型凹印油墨的主要溶剂。水基型凹印油墨的添加剂除了蜡和表面活性剂外，还包括乙醇、消泡剂、增溶剂等。如可加入少量（低于 3%）的乙醇和部分碱性物质如氨水、单乙醇胺（MEA）以及二乙胺基乙醇（DEA）或三乙醇胺（TEA）等。

（2）水基型油墨的使用

① pH。pH 的变化会直接影响油墨的黏度、溶解性和导电性，因此，应严格控制水基型油墨的 pH。一般而言，油墨的 pH 应控制在 7.5～8.5 范围内。在调节黏度之前，应该确定最佳黏度值的范围。由于水基型油墨系统的挥发速度很慢，只有保持合适的 pH，才能使黏度稳定。

② 滚筒雕刻。水基型油墨通常要求较细的网线数，雕刻深度较浅。细网屏和浅网墙减少了油墨流动的距离，便于油墨与相邻墨穴内油墨连接到一起，并形成连续的墨膜。滚筒抛光应该更光滑，以避免在滚筒非图文区域的加工交叉纹线内残存油墨。一般水基型油墨使用的雕刻凹版的网穴深度为 $15～25\mu m$。在 $25\mu m$ 以上时，可能出现水波纹现象。而溶剂型油墨印版的网穴深度为 $35～40\mu m$。

③ 印刷机。目前，大多数凹印机都可使用水基型油墨。提高热风速度和增加干燥通道长度可以避免印刷机速度下降。水基型油墨的干燥主要依赖于增加热风流量而不是增加热量。干燥箱出来的热风不能循环使用，以保证含水分的空气不再回到干燥箱内。水基型油墨要求使用更小的刮墨刀角度，刮墨压力也应更轻些。可增加一些添加剂来改进油墨的润滑性能。在使用前，应该对理想的刮墨刀角度、刮墨压力和刀片伸出量做一些试验。

④ 承印材料表面处理。由于水的表面张力与薄膜等材料的表面张力差距较大，会影响油墨在承印材料上的附着力，因此，除铝箔、真空镀铝膜、纸张外，所有的塑料薄膜在

进行水墨印刷前，需进行表面处理（如电火花处理）。

⑤ 清洁。使用水溶性油墨，滚筒和印刷部件的清洗很简单，可使用符合环境要求的洗涤剂、酒精或水即可。对于印刷机部件和雕刻滚筒，可以采用蒸汽、超声波技术或酸性溶剂进行清洗。

⑥ 保存。存储水基油墨时，应该避免凝结。很多水基油墨都会因为凝结而使性能变差。因此，应该向油墨生产商咨询关于防凝结和保存期等事宜。

4. 凹印油墨的印刷适性

凹印油墨的印刷适性应从油墨的黏度、着色力、细度、附着力、干燥性等方面加以考虑。

（1）油墨的黏度　黏度决定油墨的转移率，黏度越大，油墨转移率会有所下降。凹印油墨大多为挥发性溶剂，为了减少油墨对印版的亲和性，避免树脂大量析出，一般采用溶解力强、挥发快的溶剂。在印刷过程中，油墨中的溶剂不断挥发，将导致油墨黏度上升。因此，应随时注意油墨黏度的变化，并根据溶剂的损失情况适时补充溶剂，以保持黏度的稳定性。

照相凹印油墨的黏度通常在 $0.02 \sim 0.3 Pa \cdot s$；水性凹印油墨黏度一般控制在 $0.05 \sim 0.105 Pa \cdot s$（25℃，旋转黏度计）；雕刻凹印对油墨的要求与照相凹印油墨不同，雕刻凹印油墨的黏度为 $500 \sim 800 Pa \cdot s$。

（2）油墨的细度　如果油墨的颗粒太大（细度不够），有可能嵌在刮墨刀中或者损伤刮墨刀，从而造成刀线。因此，在选购油墨时要检测油墨的细度。油墨在使用中混入杂质，长期使用造成树脂因接触空气氧化交联形成较粗颗粒等。因此，对于长期使用的油墨，应定期过滤墨盘中的油墨或在油墨循环系统中插入金属丝网进行过滤。此外，可加入助溶剂并充分搅拌以使其颗粒分散均匀，如果条件允许，建议采用密闭式喷墨装置，可大大减少油墨与空气的接触。

（3）油墨的干燥性　如果使用的是溶剂型油墨，墨层干燥主要是靠溶剂挥发来完成的，因此，油墨干燥性主要依赖于溶剂的性能。油墨中树脂、色料对溶剂的挥发速率也有影响。单一溶剂的挥发速率是由其自身物理参数决定的。而混合溶剂的干燥性取决于各组分的百分比。此时，合理配制溶剂的混合比例是确定油墨干燥性能的关键。

油墨干燥性应符合印刷条件的要求，因为干燥速度对印品色泽和气味、印刷速度、收卷和堆积等均有决定性影响。干燥过快，会产生网点丢失和糊版等现象；而干燥过慢时，会因干燥不良产生粘脏、反粘等故障，影响套印和收卷。

（4）油墨的附着力　油墨附着力要适合承印材料的要求。对于薄膜印刷而言，油墨是先润湿后吸附。因此，油墨表面张力要小于承印材料表面张力，使油墨具有良好的润湿性。此外，油墨分子与薄膜分子之间的极性牵引力要尽可能大，使油墨具有良好的附着性。印刷后用胶带贴合，用钢辊以一定压力来回压贴数次，然后用手撕剥，印刷表面不应当有明显的油墨被胶带粘走现象。

（5）油墨的黏弹性　在动应力作用下，油墨会产生黏性和弹性反应，随着印刷速度的提高，弹性反应更加明显。油墨的黏弹性对于油墨的分离过程非常重要。

在油墨传递过程中，受周期性动应力作用，受压和受拉应力的作用产生拉丝、伸长，直到墨丝断裂后消失，动应力消失后，油墨回弹形成网点。凹版印刷速度快，油墨要求应力松弛时间长，在印刷时不易拉丝，即墨丝短，在瞬间内发生断裂，无法呈现黏性流动，而是在油墨内聚力下，表现出良好的回弹性。

（6）油墨的流变性和流平性　凹印油墨要保证良好的流变性和流平性，要求油墨黏度低，触变性小，屈服值小。

流动性是油墨的相对密度、黏度、凝结性、屈服值、触变性、墨丝长度等性能的综合反映。如果油墨的流动性不好，在印刷过程中油墨黏度不易控制、油墨输送不流畅、涂布不均可能引起糊版、"橘皮"及光泽度差等现象。因此，应该选择在溶剂中润湿性很好的颜料，以提高油墨的流动性。

为了保持好的流动性，颜料与连结料应具有良好的亲和力。连结料要有适当的黏度，对颜料要有适当的湿润性，并且使油墨尽量减少触变性和屈服值。油墨之所以具有触变性和屈服值，是由于油墨要有一定的颜色浓度，颜料含量不可能太低。

因此，配制凹印油墨时，要使油墨自由流畅，细腻均匀，并具有一定的内聚力。同时，介质对颜料浸润越好，触变性也越小。

测定油墨的流动性，除了用 4 号杯测定秒数外，还要看滞留杯壁上的油墨的多少与流出的毫升数的比例。在一定黏度下，滞留越少和流出量越大，则其流动性越好；反之则越差。

五、软包装凹版印刷

塑料软包装印刷与出版印刷、商业印刷相比有许多不同点，例如软包装印刷主要是在卷筒状的承印物表面进行印刷，有透明或不透明薄膜，有表面印刷和里面印刷之分，其中透明塑料膜的里印工艺是软包装印刷工艺的主要印刷方式。

1. 软包装与软包装材料

目前，我国软包装材料产量已达 600 万 t/年，产值占 GTP 的 2.67%，较发达国家7.5% 还有一定差距。我国软包装行业起步晚，基础薄弱，还存在溶剂残留量高、高阻隔原料膜生产技术落后、果蔬用功能保鲜材料短缺、熟食用功能保鲜材料种类少等问题，制约了包装行业发展。

（1）软包装的设计准则　软包装的设计准则主要有：阻隔性、挺度、摩擦系数、封口性能、折叠性和成型性、耐穿刺性能、印刷性能、光泽性、透光性、耐热性、机械性能、封口强度、耐腐蚀性、防静电性能、易撕性等。

（2）软包装材料的选择原则　软包装材料的选择原则主要有：采购的要求、产品的要求、包装机的要求、储运的要求、环保的要求等。

2. 透明塑料膜的里印工艺

"里印"是指运用反像图文的印版，将油墨转印到透明承印材料的内侧，从而在被印物的正面表现正像图文的一种特殊印刷方法。里印印刷品比表面印刷品光亮美观、色彩鲜艳、不褪色不掉色，且防潮耐磨、牢固实用、保存期长、不粘连、不破裂。由于油墨印在薄膜内侧（经复合后，墨层夹于两膜之间），不会污染包装物品，符合食品卫生要求，因此，国外塑料薄膜包装印刷大都采用这种工艺。

里印工艺的印刷色序与普通表面印刷相反，"表印"'印刷色序一般为：白—黄—品红—青—黑，而"里印"色序则一般为黑—青—品红—黄—白。

近年来，随着里印工艺的不断发展，新推出的专用里印油墨已逐渐代替了一般表面印刷的凹印及柔性版印刷油墨。因为里印产品大多用于复合包装,专用里印油墨能够满足印刷后的墨层与被复合材料的良好黏结,即使是大面积的墨层色块,经复合加工的黏结也很牢固。

里印工艺是塑料复合包装印刷所独有的工艺,除此之外,软包装印刷已趋向多样化、多功能化和系列化,各种塑料包装印刷生产线已将吹塑、印刷、复合、分切、制袋等多道工序实现联动化生产。

3. 塑料软包装凹印机

(1) 配置型式和组成 软包装凹印机采用的都是"卷—卷"型式,具体配置型式一般有以下三种。

① 放卷—印刷—收卷。即采用一个放卷架和一个收卷架,是最常见、最简单的配置型式。

② 放卷—印刷—涂布/复合—收卷。在"卷—卷"型式基础上增加了一个连线加工单元,连线加工为连线涂布或复合。连线涂布或复合既可在印刷色组之前,也可在印刷色组之后。此种配置有两个或多个放卷架(取决于需要复合的层数)和一个收卷架。

③ 双放卷—印刷—双收卷(串联式结构)。采用两个放卷架和两个收卷架,既可以当一台凹印机使用,也可以当两台凹印机使用,同时印刷两个色数之和不超过凹印机色组数量的产品,一般用于色组较多的凹印机。国外常称其为"串联式"凹印机,而国内惯称为"双放—双收"凹印机。

一般来讲,普通型软包装凹版印刷机的组成都包括放卷单元、预处理单元(包括单面或双面电晕处理器、预加热滚筒等)、纠偏机构、进料张力控制单元、多色组印刷单元、连线加工单元(如冷封涂布)、出料张力控制单元、收卷单元、印刷图像观测器、多色印刷纵向和横向自动套准设备、油墨黏度控制器、静电消除器、故障诊断信息系统、传动和控制设备、安全防护装置等。而一些较先进的印刷机还可以选择诸如地面排风系统、印版滚筒自动清洗系统和远距离技术支持系统等。

(2) 主要性能指标 不论具体用途如何,软包装凹印机的性能指标主要包括承印材料范围、最大料带宽度或印刷宽度、最高机械速度或最高生产速度、印版滚筒周长或图文重复长度范围、印刷色组数量、适用油墨范围、最大料卷直径和芯管内径、全宽张力范围、连线加工方式、套印精度和加工精度、电器标准和安全标准以及最大噪声标准、溶剂残留量标准等。

① 承印材料范围。软包装凹印机承印材料的种类和规格很多,其范围取决于所需要印刷加工的产品,它决定了印刷机的基本性能要求。软包装常用材料范围为:PP/OPP/BOPP:$18\sim60\mu m$;PET:$10\sim30\mu m$;CPA:$20\sim60\mu m$;BOPA:$12\sim20\mu m$;铝箔:$7\sim40\mu m$;纸张:$40\sim120g/m^2$;复合材料:不超过$120\ g/m^2$。但实际使用时并不完全局限在上述范围。

② 最大料带宽度。一般为$1000\sim1500mm$。虽然部分国产低速和特殊材料凹印机宽度在$1000mm$以下,但数量较少。目前国外软包装凹印机宽度已达$1700mm$。在选择和设计凹印机时,一般是根据需要印刷产品的尺寸来确定最大印刷宽度,进而确定承印材料的宽度。最大承印材料宽度通常比最大印刷宽度约$20mm$。

③ 最高机械速度。国产软包装凹印机最高生产速度目前多在$120\sim300m/min$间,国

外设备多数为 250～400m/min，最高已可达 500m/min 以上。

④ 印刷图文重复长度。即印版滚筒周长，一般印版滚筒直径为 130～300mm，即图文重复长度为 408～940mm，但各个具体机型多有不同。

⑤ 色组数量。软包装凹印机一般使用 6～12 个单元。由于包装印刷中使用专色越来越普遍，近年来凹印机色组数量有增加的趋势。市场上以 9～10 个色组最常见，但如果采用连线涂布和复合，单元可能更多。

⑥ 适用油墨范围。确定适用于溶剂性油墨还是水性油墨，如果使用水性油墨，一般在干燥系统要增强干燥能力，储墨箱、供墨系统要考虑采用防锈材料或进行必要处理。

⑦ 最大料卷直径。软包装凹印机最大料卷直径一般为 800～1000mm，但在低速机上常用 600mm，在连线复合凹印机中，收卷直径常采用 1250mm。

⑧ 全宽张力范围。对一般宽度的凹印机，张力范围大多在 30～300N 以内，如同时印刷薄纸，最大张力可达 400N 或 500N 等。

⑨ 连线加工方式。最常用的连线加工是复合（包括干法、湿法和无溶剂复合）和涂布（包括普通涂布、热溶胶、冷封），还可采用其他连线加工方式。

⑩ 套印精度。对于一般软包装材料，"色—色"套印误差一般可达±(0.1～0.2) mm。而对于拉伸性很大的材料（如 PE），一般只能达到±(0.3～0.5) mm。

⑪ 电器标准、安全标准和最大噪声标准。与其他凹印机一样，必须符合相关的行业标准、国家标准或国际标准。

⑫ 溶剂残留量标准。由于软包装经常用于接触食品和药品，必须满足越来越严格的卫生标准。其中最重要的衡量指标是溶剂残留量，各国甚至一些大公司都有自己的标准。应该指出，复合软包装溶剂残留量的影响因素不仅包括凹印工序，还包括复合工序。

此外，软包装凹印机使用多种干燥热源，但在连线涂布和复合凹印机中，一般要求温度较高，因此，蒸汽使用较少，而电和热油使用较多。

设计软包装凹印机时，除上述指标外，还需要确定下列技术规格，如墨槽容量、单面或双面印刷色组数量及其布置和干燥主要参数（包括独立干燥室数量、料带路径最大长度、最大送风量、喷嘴处热风最高温度、喷嘴处热风最高速度、喷嘴数量、冷却辊数量）等。干燥箱的设计对于热敏性材料尤为重要。在没有特定限制条件时，干燥箱应尽量采用单边干燥室，以减少相邻两个压印点之间料带的长度。

（3）主要结构特点　由于承印材料不同，与折叠纸盒凹印机相比，软包装凹印机在结构上有一些自身的特点。

① 张力控制系统要求更高。由于大多数为拉伸性材料，因此，张力较小，张力控制的精度、灵敏度、稳定性都要求更高，特别是进料部分张力控制必须有很高的精度，以保证进入印刷单元料带的稳定性。此外，张力检测必须采用行程较大的浮动辊。

② 走料路径布局更严格。由于大多数承印物是拉伸性材料，走料路径的布置要更严格（包括两个压印点之间的距离、料带包角等），过渡辊直径较小。对于可能使用铝箔和镀铝膜的凹印机，通常采用光辊，并尽量缩短路径。

③ 由于部分软包装材料是热敏性材料，干燥和冷却系统应尽量减少温度变化。

④ 由于材料厚度较小，料带交接一般采用搭接方式，而不需要采用对接方式。

⑤ 由于薄膜材料着墨力不如纸张类材料，因此，生产速度较低，材料表面处理就成为成功印刷的重要因素。所以，需要安装电晕处理器，以提高油墨和涂布胶的附着性能。尽管薄膜在出厂前一般都要进行电晕处理，在机处理的薄膜比例在逐渐减少，但对于处理不良或存放时间过长的薄膜，仍需要重新处理。

⑥ 由于压印力较小，使用套筒型印版滚筒的比例要多于折叠纸盒凹印机。

⑦ 由于大多数材料是透明薄膜，料带导向装置一般不采用光电传感器，而采用气动或超声波传感器；套准扫描头、图像观测仪系统等需要加装反射板。

⑧ 外形尺寸较小。由于材料厚度较小，料卷直径不大（有时可为600mm），有时放卷部分可与进料部分在一个单元上，而出料部分可与收卷部分在一个单元，因此，结构较紧凑。

⑨ 连线加工配置几乎完全不同，主要是涂布、复合等，不会采用连线横切、连线模切等纸张加工常用的单元。

⑩ 由于表面光滑，细微层次再现较好，因此，一般不使用静电辅助移墨（ESA）系统。有些软包装凹印机也安装此类装置，主要是针对特殊产品和满足可能进行纸张印刷的需要。

4．典型塑料薄膜凹印工艺

（1）卫星式凹版印刷　卫星式凹版印刷的最大特点是薄膜正面印刷采用卫星式，反面印刷部分采用组合式。这种混合工艺保证了每色印后的干燥时间，使各印版之间有一定的距离，利于套准。所以国内外卫星式多色凹印大都将正印和反印采用不同形式的印刷单元，如图6-28所示。

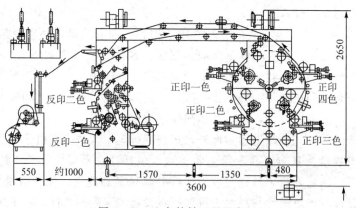

图6-28　六色轮转卫星凹印机

国产卷筒卫星式六色凹版印刷机适用于聚乙烯、聚丙烯、聚氯乙烯、玻璃纸等薄膜的印刷，具有设备结构简单、操作方便的特点。包括开料、调整、印刷、上墨、牵引、收料、通风干燥等工艺环节。

印刷作业操作时先将卷筒料安放在送料轴上，穿好薄膜，同时做好印版、油墨、刮墨刀等准备工作后启动机器。

印刷工艺流程为：放卷—张力系统—反印一色—干燥—反印二色—干燥—正印一色—干燥—正印二色—干燥—正印三色—干燥—正印四色—同速辊拉引—收卷。

印料上机后经张力系统的制动压辊和导向辊进入反印一色、反印二色，然后再牵引至压印滚筒进入正印一色、二色、三色和四色。干燥分别采用红外加热和冷风，当每一色印刷后立即受到冷、热风交替的吹风，促使印迹迅速结膜，以备进入下一色印刷。

印刷过程中，主要调节和控制料带部分的张力。在反印一色及二色之间，反面印刷后进入正面印刷前各有调节反印两色套印及反面印刷与正面印刷间的相对套印。

（2）组合式轮转凹版印刷 在现代印刷技术中，由于单元式印刷机的印刷工位依次安装在同一平面的生产线上，工位之间距离较大，每个单元各有单独的干燥系统，可加快印刷速度，可印刷更多的颜色，同时，换版辊换墨色都较方便。因此，凹版轮转式塑印工艺大都采用单元组合式凹印工艺，如图6-29所示。

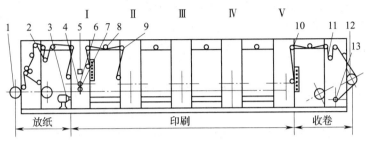

图6-29 五色轮转组合凹印机

Ⅰ、Ⅱ、Ⅲ、Ⅳ、Ⅴ—五个色组 1—开卷轴 2、11—浮动辊 3—版辊电机
4—版辊 5—套印检测装置 6—压印滚筒 7—干燥装置 8—套印调整辊
9—引导辊 10—承印物 12—收卷轴 13—同步电机

印刷工艺流程为：装版—调墨—装刮墨刀—开卷—调节张力辊—印一色—干燥—印二色—干燥—套准—牵引—收卷。

装版时要分清版辊前后顺序，使版辊上有光电记号的一端放在外端装版。

为使油墨保持恒定黏度，现代凹印机采用了油墨回流装置（如图6-30所示）和自动稀释装置，用黏度测试器进行监测。如黏度增大就通过阀门自动添加溶剂；如黏度变小，则由信号灯指示添加油墨，使黏度恢复到原来的黏度。可通过频率传感器来控制溶剂添加的快慢。

刮墨刀对印版的刮墨压力用气缸的加、减压力来实现。刮墨刀与版辊的接触点位置可以根据需要通过升降刀具的推

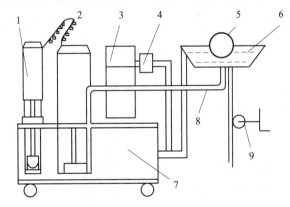

图6-30 自动供墨系统

1—黏度检测仪 2—墨泵 3—溶剂箱 4—阀 5—版辊
6—墨斗 7—油墨箱 8—输墨管 9—升降手柄

前、缩后来调节。刀片与接触点切线垂直线的夹角 α 越小越好，一般控制在 $15°\sim30°$。

送纸轴一端的磁粉离合器用来控制料卷的转动力矩，使料卷不随卷筒直径的缩小而发生料带张力的变化。磁粉离合器工作原理是依靠电磁作用使磁粉间的结合力与运转时的摩擦力使料卷匀速运转。其大小变化由调节输入电压来控制，一般是与张力辊同时工作，张力辊的张力控制在 $1.0\sim2.1\text{MPa}$。

如图6-31所示，料带边缘控制装置EPC主要是用来自动调节料带的横向位置偏移，

利用电眼的监视，使上面两根导辊一端前后移动（一端固定不动），从而使料带发生左右横向移动。

印刷机组前后两根夹送辊（放卷处是预热制动辊，收卷处是牵引辊）与每一组装置的同速辊（冷却辊）的转速相匹配保证拉紧料带，使料带在印刷过程中的移动速度保持恒定。

电热温度一般控制在 70～80℃（观察干燥箱温度表），压辊与版辊压力一般控制在 15～25MPa，印刷速度一般在 50～60m/min（根据车速指示表）。

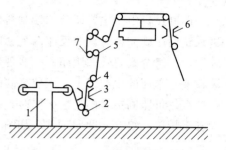

图 6-31　料带边缘控制原理
1—给纸架　2、5—压辊　3、6—检测电眼
4—张力辊　7—预热辊

印刷套准是由电子扫描控制器实现的，即通过每组光电扫描头监视示波器上的脉冲信号来自动调节前一色与后一色之间的套准偏差，使两色之间的光电色标距离不变。一般套色是否套准，可以根据误差表看出超前或落后，如果超过一定范围，就必须进行调节，直到调节到自动套准范围内，自动调整即可正常工作。套准的工作原理，就是通过套准马达的正反转来带动调节辊的前后摆动以改变色与色之间的距离。

收卷气胀轴与放纸轴相同，收卷卷取力由收卷马达控制，一般与放纸处的张力相同，使机台正常运转。当一根卷取轴卷完后，可切割后换卷到另一轴上。

5. 软包装凹版印刷机联机印后加工

除放卷单元、电晕预处理单元、纠偏机构、进料张力控制单元、多色组印刷单元、出料张力控制单元、收卷单元、印刷图像观测器、多色印刷纵向和横向自动套准设备、油墨黏度控制器、静电消除器、故障诊断信息系统、传动和控制设备、安全防护装置等外，软包装凹印生产线在印刷色组之前或之后增加一个连线涂布或连线复合单元。这种配置需要两个或多个放卷架（取决于需要复合的层数）和一个收卷架。

最常用的连线加工是复合（包括干法、湿法和无溶剂复合）和涂布（包括普通涂布、热溶胶、冷封），还可采用其他连线加工方式。

六、纸包装凹版印刷

随着电子和激光雕刻机的普及应用，凹版在纸包装印刷中会发挥更大的作用。现代凹版印刷技术为电子轴传动、印刷小车和套筒式滚筒。

1. 纸盒的印制工艺

应用凹印机（或凹印生产线）印制折叠纸盒的工艺主要有以下方式：

① 设计—制版—凹印—模切；

② 设计—制版—凹印—烫印—模切；

③ 设计—制版—凹印—烫印（UV）—模切；

④ 设计—制版—复合（纸塑）—凹印—烫印（UV）—模切；

⑤ 设计—制版—复合（纸塑）—剥离—凹印—UV 上光—模切。

纸盒的印后加工是所有印刷产品中最复杂和最重要的工序。如利乐包的四层塑料从外层、复合层、内层 1、内层 2 分别用不同厚度的聚乙烯或改性聚乙烯树脂为原料，经过四台挤出机挤出成型后的薄膜与纸张、铝箔黏合在一起。

2. 折叠纸盒凹印机

（1）配置型式和结构

① 放卷—印刷—收卷。适用于各种厚度的纸张和纸板印刷，是折叠纸盒印刷初期的基本型式，其后加工方式灵活性大，但生产周期长、工序分散而且控制难度大。由于连线加工的普及，这种型式现在使用比例较小。

② 放卷—印刷—连线横切。适用于各种厚度的纸张和纸板印刷，其后加工方式灵活性大，是目前使用比例最高的配置型式。

③ 放卷—印刷—连线平压平模切。适用于厚度较大的卡纸和纸板印刷，加工精度较高，但其产品要求批量较大。

④ 放卷—印刷—连线圆压圆模切。适用于厚度较大的卡纸和纸板印刷，加工精度较高，但其产品要求批量较大。相对而言，比配置（3）可获得的加工精度和效率更高，但产品批量和设备投资也要求更大。

⑤ 特殊凹印机，如连线复合（＋剥离）、烫金、全息模压（定位或不定位）等。适合一些对防伪、环保要求较高的纸盒印刷加工，近年来其应用有迅速增加的趋势。

一台典型的带连线横切机的折叠折盒凹版印刷机的组成主要有：放卷单元、纸张预处理单元、纸张导向装置（纠偏机构）、纸带展平装置、纸面清洁装置、进料张力控制单元、色组凹印部分、出料张力控制单元、连线横切单元、收卷单元、纵向和横向自动套准系统、图像观测仪、油墨黏度控制器、静电辅助移墨器（ESA）、静电消除器和故障诊断系统。

此外，还可以选用诸如辅助排风系统、预清洗系统、印刷机监管系统和远距离技术支持系统等。

（2）主要技术规格和应用　折叠纸盒凹印机与软包装凹印机在原理上相同，但主要技术规格有所区别。

① 承印材料。为各种厚度的纸张，最常见的纸板厚度为 $80\sim350\mathrm{g/m^2}$，最大纸板厚度可达 $650\ \mathrm{g/m^2}$。不同配置的机器适应纸张厚度范围不同。

② 最大料带宽度或印刷宽度。纸张宽度可采用从窄幅到宽幅的各种规格，主要有 22″（558mm）、26″（660mm）、32″（812mm）、40″（1016mm）、55″（1397mm），其中 26″（660mm）、32″（812mm）较为常用。

③ 最高机械速度或最高生产速度。一般折叠纸盒凹印机的印刷速度为 250～350m/min，但"放卷—印刷—收卷"型的凹印机速度可达 500～600m/min。

④ 印版滚筒周长或图文重复长度范围。常为 450～920mm，因具体设备而异。

⑤ 印刷色组数量 折叠纸盒凹印机过去常采用 5～6 个印刷单元，近年来以 7～8 色为最常见。

⑥ 适用油墨范围。现代凹印机一般都可使用溶剂性油墨或水性油墨。

⑦ 最大料卷直径和芯管内径。最大放/收卷直径与待印纸张厚度范围有关，一般最大卷径为 1250、1500、1800、2000mm 等。芯管内径常为 76、152 和 304mm。

⑧ 全宽张力范围。一般为 50～500N/全宽、60～600N/全宽，最大为 100～1000N/全宽。

⑨连线加工方式。形式多样，以适合不同产品、不同规模的需要，不同工序连线组合有增加的趋势。

（3）主要结构特点 折叠纸盒凹印机与软包装凹印机相比，有如下特点。

① 放卷单元一般采用对接装置。由于纸张厚度较大，采用常见的搭接方式将会对压印机构产生较大的冲击，并难以在印后连线加工如连线圆压圆模切时正常输纸。因此，绝大部分折叠纸盒凹印机采用无间隙对接放卷装置，其中较多采用"零速"对接方式。

② 通常在放卷部分出口处安装纸张预处理装置，主要包括以下部分。

a. 预处理室。用于纸带的温度和湿度控制，自动温度控制，并在预处理箱出口处安装冷却辊。根据实际需要可采用单面或双面处理。

b. 展平装置。用于纸带弯曲的消除和平整，以便正常输送和印刷。

c. 纸面清洁装置。用来对纸张表面进行清洁处理并排除纸灰及松散纤维，以避免印刷时可能出现"露白"等弊病。根据实际需要可采用单面或双面处理。

③ 连线加工工艺。折叠纸盒凹印机通常提供了许多连线加工作业，如：横切（亦称切大张）、平压平模切、圆压圆模切、压痕/凹凸、涂布、复合、冲压/打孔、定位烫金。除涂布和复合外，其他加工方式不会在软包装凹印机中采用。

④ 广泛使用静电辅助移墨装置（ESA）。

⑤ 自动套准控制系统除用于多色印刷外，还广泛用于连线加工单元（横切、平压平模切、圆压圆模切）。

3. 折叠纸盒凹印机联机印后加工

除放卷单元、纸张预处理单元、纸张导向装置（纠偏机构）、纸带展平装置、纸面清洁装置、进料张力控制单元、多色凹印色组单元、出料张力控制单元、收卷单元、纵/横向自动套准系统、图像观测仪、油墨黏度控制器、静电辅助移墨器（ESA）、静电消除器和故障诊断系统外，折叠纸盒凹印生产线在印刷色组之后增加一个或多个连线加工单元，包括涂布、复合、横切、模切（包括平压平模切和/圆压圆模切）、压凹凸、烫印、全息模压、冲压/打孔等单元。

4. 纸箱凹印预印工艺

先采用凹版印刷技术在宽幅卷筒纸上预先印刷好所需的精美图案，然后将印刷好的卷筒状面纸上瓦楞纸板生产线制成瓦楞箱板，再用模切机模切压痕成箱型。选用凹印预印的主要原因，一是凹印能够提供高质量的彩色印品；二是电子雕版技术使金属版辊的制作周期和成本大幅度下降。

卷筒纸凹版印刷预印工艺流程为：凹版印刷机印刷面层纸卷→纸板线生产裁切成三层（或五层）纸板→模切压痕成型→钉箱（粘箱）。

凹印预印有以下特点：

① 生产效率高。卷筒纸凹版印刷速度可达 150～200m/min，且与瓦楞纸板生产线配套使用，工序短，人工成本低，效率高。

② 可实现高质量印刷。凹版印刷套印精度高，可以将印刷和涂光油工序一次完成，印品墨层厚实，可进行大幅面多色彩色印刷。

③ 适合大批量的长版印刷。预印凹版均采用电子雕刻凹版，镀铬后其耐印力可高达300 万～400 万印。

七、凹印质量控制

1. 自动套准控制系统

为了保证凹印质量，要求凹印机能实现纵向和横向的准确套印。对层次版印刷而言，国际上普遍接受的套印标准，色－色套印的最大允许误差大约为 0.1mm。如果不借助于自动套准系统，任何凹印机都无法稳定持续地达到这一标准。

由于现代生产效率的提高和料带控制难度的不断增加，自动套准控制系统已成为凹印机的关键配置。

由于料带在运行过程中，纵向（沿行进方向）和横向（沿印版滚筒轴向）受力和变形状态完全不同，因此，在这两个方向套准控制的方式和难度差异很大。一般来说，纵向套准更为复杂和困难。在实际生产中，考虑到成本和印品质量等因素，凹印机纵向套准控制都采用自动方式，而横向可能为手动、半自动或自动套准方式。

（1）纵向自动套准控制

① 几个基本概念

a. 套准色标（mark）。也常称为马克线、规线等，它是不同颜色的相对位置参考基准。单纯用于纵向套准的色标通常是一根直线（可采用 1mm 宽×7mm 长），与料带行进的方向垂直。但线段长度可根据使用不同材料而有所不同。线段长度应该保证在料带横向摆动时控制系统仍能正常工作。

b. 扫描头。检测色标相对位置误差的传感器。扫描头一般采用双点光源，可将两束聚焦良好的光线投射到料带的表面，跟踪两个待比较的色标。扫描头接受从料带反射过来的图像信号，与前一色组的信号进行比较。扫描头内的光学系统能够区分套准色标颜色与材料本色之间的反射率差异。如果套准正确，两个色标应该与其光线位置一致。扫描头安装在压印区域的后面，尽可能地靠近压印区域。扫描头一般是固定在横杆上，位置可以在机器全宽范围内横向调整。对于纸张等不透明材料来说，料带可由过渡辊支撑。但对于透明材料则需要在扫描区域支撑一个表面微凸的镀铬反光板。

c. 补偿辊。是一个线性调节机构。控制装置驱动补偿辊由电机和滚珠丝杠来带动补偿辊上下移动，使得压印点之间的料带长度增加或减少，从而使套印色标相对位置向前或向后移动。补偿辊机构相当重要，必须无间隙运动，并与其他辊保持平行。执行电机必须对启动和停止指令极为灵敏。如图 6－32 所示。

d. 预套准。在机器低速

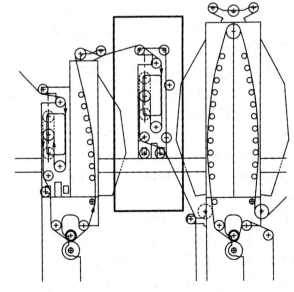

图 6－32 直线型套准补偿辊机构

时，通过按钮调整补偿辊位置，使所有补偿辊进入自动控制系统的工作范围内，再加速机器，补偿辊即转入自动工作模式。有些自动套准系统具有存储和调用补偿辊位置参数的功能，这样就可以缩短辅助时间，降低废品率。

e. 门。在自动套准控制系统中，扫描头在滚筒运转一周的大部分时间是不工作的，只在一段足够检测两个相关套准色标的短暂时间内处于激发状态，这一激活区间被称为"门"。当相关的套准色标处于"门"之内时，自动系统就可以进行控制，因此，"门"决定了自动套准系统的工作区间。

② 纵向自动套准原理。图6-33所示为四色组凹印机典型纵向套准系统，扫描头一般安装在紧靠压印区域出口处。第1色组无扫描头，从第2色组开始之后各色组均有扫描头。该系统的工作原理是：第2色组上的扫描头SH1检测第1和第2色组的套准色标时，利用补偿辊C1来改变第1和第2色组之间的料带长度，使色标2回到其目标位置上。依次地，用SH2、SH3分别检测第2和第3、第3和4色组的套准色标，通过C2、C3分别改变相应的料带长度，即可完成第3色和第4色套准控制。如果是在色组更多的凹印机，上述过程重复进行。

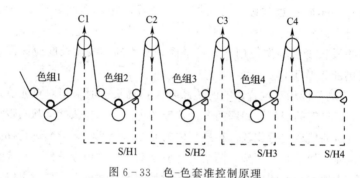

图6-33 色-色套准控制原理

C1、C2、C3、C4—套准补偿辊 S/H1、S/H2、S/H3、S/H4—扫描头

纵向套准误差的纠正方式有两种，即通过改变色组间料带长度或改变印版滚筒的相位来实现。电子轴传动凹印机，其纵向套准则不采用补偿辊机构，而是由独立驱动电机直接调节印版滚筒的圆周位置来修正误差。换言之，电子轴传动凹印机是通过改变印版滚筒相位来进行纵向套准的，印刷色组之间的料带长度是保持不变的。

（2）横向套准自动控制　横向套准自动控制的采用较晚，它的出现除了适应设备效率和印品质量提高的要求外，在一定程度上得益于扫描头性能的提高，使得纵向和横向可以组合套准。

用于横向和纵向套准的新色标已经取代了原来的直线色标。这种色标也可用于没有安装自动横向套准装置的旧式凹印机，仅用于纵向套准。

① 楔形套准色标。新色标是楔形色标或梯形色标。常用规格：窄边为1mm、宽边为4mm、长边7mm，其前边与印版滚筒轴线平行。扫描头安装在色标的中间，当色标经过扫描头时，任何横向偏差都可以由光电扫描头检测到宽窄变化的干扰信号，这个信号输送到控制单元，由控制单元直接操作纠正机构。

② 误差纠正方法。横向误差的纠正是通过马达驱动预加载螺杆移动滚筒轴承实现的。

③ 控制方式。与纵向套准一起，扫描头对两个相邻套准色标进行比较。第1色组色

标在到达第 2 色组时才被扫描并与第 2 色标进行比较。利用横向套准电机将色标 1 相对于色标 2 进行套准。同样地，色标 3 相对于色标 2 套准，色标 4 相对于色标 3 套准。

与纵向套准不同，第 2 色组始终是基色。一旦第 2 色印版滚筒移动，其他色组都要随着移动。因此，在初期手动调整时，所有调节都应该相对于第 2 色组进行。在新近出现的套准控制系统中，大多采用第 1 色组色标作为横向套准基色。

（3）套准色标和套准控制模式

① 套准色标及其应用。卷筒料凹印机上常见的套准色标有：a. 直线色标，仅用于纵向套准；b. 楔形色标（梯形色标）或三角形色标，适用于纵向和横向套准；c. 微型色标，适用于纵向和横向套准。

② 套准控制模式。根据凹印色标布局方式不同，套准控制系统有两种工作模式，即顺序色套印和基色套印。所谓顺序色套印是指所有色标依次顺序排列，扫描头通过相邻两色组色标的间距来检测套印误差（一般是后色相对于前色的误差），并依此来进行套准控制。这种模式的最大优点是套准误差修正迅速，因此，在实际生产中使用非常普遍。前述四色套准控制系统采用的就是这种模式。所谓基色套印是指所有其他色标都与基色色标相邻排列，扫描头通过各色组色标与基色色标之间的间距来检测套印误差（为各色相对于基色的误差），并依此来进行套准控制。这种模式正在推广使用中。一般情况下，基色为第 1 色。这种方式的最大优点是各色标检测基准相同，可以避免后一色相对于前一色带来的累积误差，因此，套准精度比前一种更高、更稳定。

在有些场合将这两种模式分别称为 A 模式和 B 模式。为了充分利用这两种模式的优点，有些自动套准控制系统可使用 A＋B 组合模式：在升降速阶段采用 A 模式，而在稳速运行阶段采用 B 模式。

根据获取误差信号方式的不同，自动套准也有两种控制模式：

a.“色标-色标”套准控制。所谓“色标-色标”套准方式是扫描头总是比较两个色标来检测套准误差。绝大多数套印都是采用这种方式。

b.“色标-脉冲”套准控制。所谓“色标-脉冲”套准方式是将一个套准色标与一个滚筒周向位置或裁切位置（脉冲信号）相比较。印版滚筒每转动一周，在版周某个位置产生一个脉冲，将该脉冲与前一色组色标在扫描头处进行比较。这种方式套准的检测和纠正都只使用一个色标，套准精度不如“色标-色标”高，因此，它只使用在印刷机的特殊单元上（“色标-脉冲”本身精度就稍低，因为脉冲信号是利用机械方式产生的，而机械本身就有微小误差）。一个典型例子是在印刷图案中定位涂布透明黏合剂。这种方式使用在最后一个色组上，由于没有颜色，扫描头无法进行检测。这就需将前色组套准色标与涂胶滚筒位置进行比较。最后一个印刷单元用于涂布是常见的情况。由于涂布通常是在料带背面进行的，因此，该色组需要可正面或反面印刷，这就意味着扫描头的位置需要移到色组的另一侧。

2. 在线检测系统

过去，印品质量的在线自动检测常采用频闪观测仪、摇摆观测镜和旋转观测器等三种方法来观测印品质量，这些装置虽然目前还在继续使用，但正在被新型观测和检测系统所取代。

现代印品质量观测和检测系统主要有 3 种，即图像观测仪、自动印品缺陷检测系统和全面质量自动控制系统。

（1）图像观测仪 图像观测仪是目前最常见的印品质量观测系统，由摄像机、频闪光源、可变焦距透镜和横向调节机构等组成，可提供高质量的图像。这些图像可被连续地显示和观测，并可与一个参考图像进行比较，即可显示检测结果。

（2）印品缺陷自动检测系统 自动印品缺陷检测系统是一个适时质量检测系统。其观测装置（数字摄像机）与计算机控制系统相连，不只是简单地进行观测，而且还可以将实际图像与参考图像进行比较，当套准和色彩出现较大偏差时，可以向操作者发出视听警示，并可在收卷时将相应的缺陷指示器（如小红旗）自动插入料卷的边缘。

这一系统可分辨的四种基本缺陷包括：刀丝、脏点、墨雾、结构缺陷等。当检测到某种缺陷超过其预先设定的标准时，该种缺陷及其警示信息（刀丝、套印不准、偏色、脏点、飞溅等）将显示在屏幕上。

数字摄像机的分辨率取决于分辨率、工作宽度和最高工作速度等因素。

一般情况下，印品缺陷自动检测系统的功能主要包括以下内容：① 对不同的缺陷设定不同的阈限；② 选择缺陷的不同显示模式（适时、累计或仅最后缺陷）；③ 检测缺陷警示信息并在屏幕上显示；④ 显示缺陷的排除处理方法；⑤ 与外部警示装置连接（视听警示）；f. 进行缺陷记录等。

（3）全面质量自动控制系统 上述自动印品缺陷检测系统通常是对印刷区域部分的检测，但全面质量自动控制系统不仅具有上述系统的全部功能，还可以 100％地对印品质量进行检测、比较、标示、警示、管理等。其优点是：① 对印品进行 100％监测（宽度上 100％、时间上 100％）；② 可以标注和分类所有的印品质量缺陷；③ 可以最大限度提高生产率、增加印刷机速度；④ 可以降低废品率，增加客户满意度；⑤ 使短版活印刷加工变得更容易，成本更低。

国外一些先进的凹印机已开始采用自动印品缺陷检测系统和全面质量自动控制系统。我国在印品质量自动检测方面研究起步虽然较晚，但在国家"做大做强高端制造业"的政策号召下近年来取得了显著的进步。2013 年国家重大科学仪器设备开发专项重点支持了"微米级高速视觉质量检测仪"项目，该项目是由北京凌云光技术公司牵头，中国科学院长春光学精密机械与物理研究所、清华大学、国防科技大学、北京印刷学院等共同参与研制的可用于印刷品在线质量检测的自动化设备。该设备最大检测精度可达到 $50\mu m$，检测速度达到 300m/min，色差检测精度达到 $\Delta E < 2$ 的人眼极限水平，达到国际领先水平。

3. 油墨黏度自动控制系统

黏度是油墨流动能力或流动度的度量指标，对于印刷适性、干燥速度、套色印刷、光泽度、固着力和油墨渗透性都有一定影响，因此，在印刷机上必须检测和保持油墨的黏度值，只有对黏度进行控制才能保证在整个印刷过程中得到稳定的印品质量。

在高品质印刷中，为了保持质量稳定，必须保持恒定的油墨黏度。黏度自动控制系统可进行连续的检测和调节，保持油墨黏度值维持在设定的水平上。

控制油墨黏度时，在电动机转轴的一端固定一块圆盘或一个圆柱体，将其浸入油墨后测量其扭矩。当油墨的黏滞性改变时，制动力将发生变化，从而引起电动机中电流大小的改变。传感器的测量脉冲不断地与控制单元的设定值进行比较，任何变动都可以被立即检测出来。电磁阀作为执行机构，控制向储墨箱添加适量的溶剂，从而使黏度维持在设定水平上。

黏度自动控制的精度可达到 1/10s。黏度控制的电子控制器可以作为一个独立的单元，也可集成到凹印机的主控制台上。

由于传感器和电磁阀都是使用在有爆炸危险的区域内，因此，必须遵守相关的安全规定。

4．LEL 溶剂浓度动控制系统

LEL 是英文 lower explosion limit 的简称，意为"溶剂浓度爆炸下限"。自动 LEL 控制系统即溶剂浓度自动控制系统。

在凹印过程中，当使用的挥发性溶剂在空气中的浓度达到一定水平时，就有可能发生爆炸，对操作人员和生产设施的安全构成严重危险。因此，溶剂浓度宜低不宜高。另一方面，由于现代高速凹印机干燥系统总是希望最大限度地进行热风循环，以降低能耗和成本，而热风循环比例越大，溶剂浓度增加就越迅速。因此，必须在安全和节能之间找到最佳平衡点，即在确保安全的前提下，使热风循环比例最大。另外，由于不同溶剂的爆炸下限值不同，实际使用的也不总是单一溶剂，因此，必须通过自动检测和调节才能实现目标。

LEL 自动控制系统已经广泛用于热风循环系统中溶剂浓度的自动控制和调节，其组成和功能主要包括浓度检测系统、浓度调节系统、安全防护系统。

5．故障诊断信息系统

故障诊断信息系统由各种传感器、程序逻辑控制器和显示装置等几部分组成。在凹印设备上安装了数量很多的不同传感元件，如光电传感器、接近开关、电位器、限位开关、温度传感器等，一旦设备出现故障，就会通过这些器件将信号传输给可编程序控制器（PLC），同时，在设备上工作的除 PLC 以外的电子装置，如调速装置等也会将马达的各种故障信号（如过流、过压、过速及过载等）及张力控制过程中的各种故障信号传输给PLC。

PLC 中有一套故障诊断程序，这套程序在接受了所有的故障信号后，会将其翻译成相应的一段文字，并通过通讯电缆将这段文字显示在终端屏幕上，操作/维修人员可根据显示出来的文字信息（如"英文字母—数字"的组合方式），迅速准确地找到相应的故障所在。

6．凹印机集成管理系统

凹印机集成管理也称凹印机监管系统，是的印刷机上采用的最先进一种控制和管理系统，其目的是为用户提供在单一系统上具有集中监视、印刷机控制和生产监控的有效方法。

包装凹印机监管系统，通常集成了故障诊断信息系统、速度和计数单元、集成化预设定装置、计算机主控制台和集成化干燥系统等功能。

普通的凹印机监管系统应具有如下功能。

（1）预设定　进行参数管理和印刷机预设定，一般控制点包括所有张力控制点、所有套准补偿辊和所有电子温度控制点。

（2）故障诊断显示　检测故障和印刷机停机原因，并以图形/文字方式进行显示，同时还可记录印刷机每个故障和停机时间。

（3）印刷机状态图 印刷机整体布局图，显示其在不同时刻的运行状态。

（4）印刷机管理 印刷机速度的数字和模拟显示，生产统计和分析，油墨、纸张的消耗数据和废品率的分析等。

其他非自动控制的参数值，也可存储在预设定数据库内，用户可查寻存储数据，进行手动设定，当然也可进行日常打印。

八、凹印常见故障原因及其排除

凹印生产过程中，由于机器、材料、操作人员、操作方法、环境等各方面因素的影响，会出现各种故障。下面主要介绍最常见的故障现象、产生原因及解决办法。

1. 刀丝

刀丝现象，也称为刮墨刀痕，是指出现在印刷品中图案空白部分圆周方向的线状痕迹。

主要原因：来自刮墨刀、印版、油墨等方面。如刮墨刀平直度太低；刮墨刀刀口损伤；油墨黏度过高；油墨颗粒度太大；铬层光洁度不好；铬层硬度不高；滚筒加工与安装精度低。

解决办法：调整刮墨刀角度、高低位置；刮墨刀与印版的角度和压力；及时打磨或更换新刀；向油墨中加入适量溶剂，以降低黏度，增加流动性；采用油墨添加剂；过滤油墨或清洗过滤装置；打磨滚筒，或重新镀铬并抛光；控制好印版滚筒加工精度与安装精度。

2. 溶剂残留超标

现象：印刷品中有机溶剂残留量大，并伴有臭味发生。

主要原因：油墨成分选择不当；油墨涂膜的干燥条件或干燥机效果不良；薄膜树脂成分和性质缺陷。

解决办法：选用溶剂类型和比例适当的油墨；适当调整干燥温度和机器速度；选择不同种类的薄膜。因此，应从薄膜生产厂取得有关残留倾向的预备知识。

3. 网点丢失

现象：也称小网点不足，指在层次版印刷中出现的小网点缺失现象，常见于纸张印刷。

主要原因：印版滚筒网穴堵塞；压印滚筒表面不光洁或硬度不合适；油墨内聚力偏大；纸张表面比较粗糙。

解决办法：加大印刷压力；使用硬度较低的压印滚筒；降低油墨黏度，同时提高印刷速度；选择一些对印版亲和性较弱对印刷基材亲和性较强的油墨；如有可能，可开启静电辅助移墨装置（ESA）；必要时，换掉表面粗糙度低的材料。

4. 脏污

现象一：油墨滴落或飞溅到承印物上。

主要原因：墨槽（滚筒）两端的密封不佳；印版滚筒的端面不光洁或倒角不合适，高速时甩出油墨；油墨流量过大。

解决办法：调整好密封装置挡墨片的位置；制作滚筒时要注意端面光洁，倒角适宜，或打磨印版滚筒端面；降低印刷速度；调整油墨流量。

现象二：印版非图文部分油墨未被刮净，转印到承印物上。

主要原因：刮墨刀未与印版滚筒紧密接触，油墨从刮墨刀与滚筒之间的间隙流出。

解决办法：提高印刷速度时，适当增加刮墨刀压力；保持刮墨刀压力均匀，如检查并调整刮墨刀的平直度和角度；横向局部出现脏污时，检查并排除刀口上的异物。

5. 纵向套印不准

现象：纵向套印无法稳定达到正常精度。

主要原因：料带张力变化所引起。如印刷机参数设定不当，主要是张力、干燥和冷却温度、压印力等；料卷质量状况差，平整度、同心度和均匀性太低；预处理装置未使用或不能正常工作；交接纸干扰；加速和减速，特别是在宽幅机上印刷窄幅材料时更为严重；滚筒尺寸不正确，比如尺寸误差大、偏心、椭圆、锥形、不平衡等，滚筒递增量不合适；压印故障，比如橡胶硬度不正确或弹性改变；压印滚筒宽度不合适，导致端面变形，使印刷压印区接触不良；压印滚筒气压不稳定；油墨黏度和刮墨状态改变；其他各种滚筒如过渡辊、冷却辊精度下降。

解决办法：正确设定印刷机各种参数，并根据实际情况进行适当调整；检查并规范原材料质量，必要时更换材料；检查并正确使用预处理装置，特别是纸张温湿度和薄膜表面处理；选择合适接纸方式，并注意相关机构（裁切机构）的状况；选择合适的加速度变化率（尽量选用低值），并尽量选用较大的料带宽度；严格控制印版滚筒各参数，特别是递增量；选择合适的压印滚筒材料和尺寸，检查并调整压印气缸状况和压印力；及时调整油墨黏度，尽量采用自动控制系统，检查并调整刮墨刀的状况；保持各滚筒表面清洁，严格按要求进行润滑，检查并及时调整其精度（如跳动）。

6. 横向套印不准

现象：横向套印无法稳定达到正常精度。

主要原因：由机械缺陷、材料性能或动态效应等因素引起的问题，如张力控制系统错误或设定不正确；纸张通过高温表面处理或干燥箱后因水分损失而收缩。滚筒递增量不合适；料带不能精确导向；滚筒偏差或位置精度不良使料带不断产生横向漂移；印刷副之前的导引辊（偏转辊）调整不当；反面印刷翻转杆装置产生横向摆动；料带和滚筒之间失去附着力。

相应的解决办法有：正确设定张力，检查张力控制系统状况或缺陷；正确设定纸张干燥和冷却温度等参数；在每个干燥箱之后利用低压蒸汽重新润湿，或用更好的方法即在印刷之前蒸汽加热，均匀去除纸张水分；增加张力以克服滚筒缺陷，如必要时须更换滚筒；检查并调整纠偏机构，如清洁传感器；精确调整导引辊；检查所有过渡辊和其他滚筒相对于印版滚筒的恒定误差；翻转杆装置输出端使用马达对角杆进行微调或增加牵引副；采用表面材质合适、尺寸正确（螺旋角、沟槽宽度和深度）的螺旋滚筒以在料带通过时排除空气。

7. 色差

现象：印刷过程中，同样产品卷与卷、批次与批次之间出现颜色差异现象。

主要原因：油墨批次不同在配制时产生的色差；油墨浓度改变；印版滚筒着墨量变化，包括印版滚筒磨损或多套印版滚筒参数（如雕刻的网线数、网角、深度、表层硬度等）不一致；重复印刷时工艺参数未保持一致；承印材料本身存在色彩差异。

解决办法：保证每次配墨配比一致，颜色稳定；严格控制好油墨的黏度，尽量采用自动溶剂添加装置；及时更换印版滚筒，严格控制新制作滚筒的参数；防止层次版因堵版引起的色差；稳定印刷速度；调整刮墨刀角度；防止旧油墨使用不当引起色差。

8. 导向辊粘脏

现象：料带经过干燥后导向辊上沾染所印油墨的颜色，使后面产品被脏污。

主要原因：直接原因是印刷油墨的干燥不良，而造成油墨干燥不良的原因是多方面的，如油墨干燥性能不佳，干燥系统能力不强，印刷速度过快等。

相应的解决办法有：检查并确定所使用的溶剂类型是否合适，如有必要更换成快干性溶剂；适当提高烘干温度；适当降低印刷速度；与油墨供应商研究改进油墨的干燥性能，特别是印刷非吸收性材料时。

9. 飞墨

现象：印刷时，不时有墨点飞溅到料带上，污染印刷表面。

主要原因：刮墨刀压力太大；刮墨刀破损、有缺口；印版滚筒防溅装置未密封好。

解决办法：适当减小刮墨刀压力；打磨或更换刮墨刀；调整好防溅装置。

10. 堵版

现象：在印刷品特定部位（往往是高调部分）着墨量不足、图文不能完全复制再现。

原因：大多由油墨干结堵塞网穴而引起。其原因主要在油墨方面，如油墨颗粒较粗、油墨中连结料再溶性差、黏度过高或干燥过快等。也可能与印版图文部分的网穴深度过浅有关。

解决方法：清洗印版；使用颗粒较细的油墨；适当降低干燥温度；控制印刷车间温湿度；尽量缩短刮墨刀与压印滚筒之间的距离；混合使用慢干溶剂，适当提高印刷速度；经常搅拌油墨，及时添加新油墨或更换新油墨；重新镀版或重新制版；及时清洗印版，或者把它们浸入墨槽中连续空转；避免溶剂误用，应使用正规的专用稀释溶剂。

11. 起皮

现象：墨槽中油墨表层部分干燥，形成一层皮膜。皮膜附着到滚筒上可造成凹凸不平、刀痕、污染等。

主要原因：油墨干燥过快，或流动性差；墨槽结构不好，油墨存在不流动的滞留部分；热风系统泄漏，加速了油墨表层干燥。

解决办法：降低油墨的干燥性，增加油墨的流动性；改进墨槽结构，使油墨能均匀流动；或采取临时性措施，如在墨槽中飘浮聚乙烯管；对干燥箱增大排风量或加强密封措施，也可改进或调整墨槽密封装置。

12. 干燥不彻底

现象：干燥太缓慢，导致析出、导辊污染、黏着、油墨过多地渗入纸张，或引起印品卷曲以及因残留溶剂量增加而发出臭味。

主要原因：溶剂干燥性不够；干燥系统能力不足；印刷速度太高；印版墨穴深度过大。

解决办法：使用专用溶剂或快干溶剂；调整印刷速度；调整干燥参数（如风量、风速或温度）；调整印版滚筒参数。

13. 静电障碍

现象：静电蓄积放电时在直线部位发生条状斑痕状的现象，破坏了图像的形成，并可能引起火灾（冬季更易发生）。

主要原因：高阻值薄膜或其他材料与电位差不同的其他物质接触、剥离、摩擦而发生。

解决办法：对于薄膜，可采用防静电剂等方法来减轻障碍，但如使用种类、分量不当则会发生黏合和层压障碍；淋水和使用加湿机或向印刷车间中导入水蒸气等以提高湿度；使用静电消除器，在印刷机上所有与材料接触的牵引副（进给部分、所有印刷单元、出料单元等）都安装静电消除器。

习　　题

1. 试说明凹版印刷的特点和分类。
2. 凹版印刷层次的表现方式有哪些？
3. 简述凹版滚筒的制作方法。
4. 什么是照相凹版？其主要特点是什么？
5. 电子雕刻制版、激光雕刻制版和激光腐蚀制版有何区别？
6. 凹印打样有哪几种方法？
7. 凹印机的分类方法有哪些？
8. 凹版印刷机的基本组成有哪些？印刷单元、放卷单元和收卷单元有何特点？
9. 试说明不停机自动换卷的工艺过程。
10. 简述料带导向装置主要的组成与作用。
11. 试简要说明凹印机的自动纵向套准原理。
12. 举例说明折叠纸盒凹印机和软包装凹印机的组成和特点。
13. 水基型凹印油墨有何特点？如何选择和使用？
14. 简述凹印油墨的主要性能指标及测试方法。
15. 如何考虑凹印油墨的印刷适性？
16. 常见凹印的故障主要有哪些？如何排除？
17. 塑料薄膜为什么在印刷前要进行表面处理？
18. 软包装印刷主要采用什么印刷工艺？
19. 什么是塑料薄膜的里印工艺？与一般印刷有何不同处？
20. 举例说明塑料包装容器的印刷方法。
21. 凹版印刷的印刷压力范围是多少？
22. 简述张力自动控制装置的工作原理。
23. 凹印设备的干燥方式有何特点？简述干燥箱的组成与作用？
24. 简述视频同步观察装置的组成？
25. 说明自动套准系统的基本构成及原理。
26. 黏度自动控制系统有何作用？

第七章　柔性版印刷

第一节　凸版印刷

　　凸版印刷是用凸版施印的一种印刷方式。

　　凸版印刷是出现最早，应用最广的一种印刷术，在激光照排技术出现以前，各种报纸、杂志、书籍、报表、单据以及说明书等印刷品，大部分是用凸版印刷的方式印制的。

　　凸版印刷的版面结构特点是：图文部分凸起，并且在同一平面或同一半径的弧面上，图文和空白部分高低差别悬殊，印刷时，表面涂有墨层的胶辊滚过印版表面，凸起的图文被均匀地墨层所覆盖；而凹下的空白部分则不沾油墨，通过压印机构加压后，印版图文上附着的油墨，被转印到承印物的表面，从而留下印迹。

　　凸版印刷，如图 7-1 所示，是一种直接加压印刷的方法，印刷品背面有轻微的凸痕，线划整齐，笔触有力，印刷过程中，油墨能挤入纸张表面的细微空隙内，即使纸张比较粗糙，印刷品仍能达到轮廓清晰，墨色鲜艳的效果。

　　过去常用的凸版印版有铅活字版、铅版、铜锌版以及橡胶凸版和感光树脂版等，现在的凸版印刷已基本被柔性版印刷所代替。

图 7-1　凸版印刷示意图
1、3—凸印版　2—印刷品

第二节　柔性版印刷

一、柔性版印刷概述

　　柔性版印刷（flexographic printing）是用弹性凸印版将油墨转移到承印物表面的印刷方式。柔性印版是由橡胶、感光性树脂等材料制成的凸版，所以，柔性版印刷属于凸版印刷的范畴，如图 7-2 所示。

　　柔性版印刷原名叫"苯胺印刷"，因使用苯胺染料制成的挥发性油墨印刷而得名。由于苯是有毒的，而当时的苯胺印刷主要用于印制食品包装袋，应用范围受到很大的局限。又因为传统的印刷方法（如凸版、平版、凹版印刷），都是根据印版的版面结构特点来命名的，只有苯胺印刷是以使用的油墨命名的，而且现在已不再使用苯胺染料，而改用不易退色、耐光性强的染料或颜料代替苯胺染料，所

图 7-2　感光树脂柔性版

196

以在 1952 年 10 月的第 14 届包装会议上将苯胺印刷改称为"Flexography"，意为可挠曲性印版印刷，我国也相应改称为柔性版印刷。

二、柔性版印刷原理

柔性版印刷（flexographic printing）使用柔性印版，通过网纹传墨辊传递油墨，其核心是简单而有效的供墨系统，如图 7-3 所示。墨斗中的油墨经墨斗辊传递给油墨定量辊（网纹辊），网纹辊上装有反向刮墨刀。网纹辊将适量油墨传递给印版滚筒上的印版，印版滚筒和压印滚筒进行压印，从而使油墨转移到承印材料上。可见，柔性版印刷的印版是直接通过网纹辊供墨的，因此墨路相对平版胶印短得多。

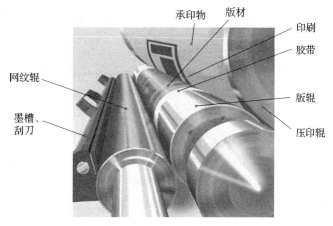

图 7-3　柔性版印刷装置

三、柔性版印刷的特点

柔性版印刷兼有凸印、胶印和凹印三者之特性。从印版结构来说，它图文部分凸起，高于空白，具有凸印的特性；从印刷适性来说，它是柔性的橡胶面与印刷纸张接触，具有胶印特性；从输墨机构来说，它的结构简单，与凹印相似，具有凹印特性。除此之外，柔性版印刷还具有如下特点：

（1）柔性印版使用高分子树脂材料，具有柔软可弯曲、富于弹性的特点。柔性印版肖氏硬度一般在 25～60。印版耐印力高，一般在几百万印以上。属于轻压力印刷（凸印压力 50kg/cm² 、凹印压力 40kg/cm² 、平印压力 4～10kg/cm² ，而柔印压力仅 1～3kg/cm² ），所以，柔性版印刷特别适用于瓦楞纸板等不能承受过大印刷压力的承印物的印刷。

（2）承印材料非常广泛，柔性版印刷工艺几乎不受承印材料的限制。光滑或粗糙表面、吸收性和非吸收性材料、厚与薄的承印物均可实现印刷。可承印不同厚度（28～450g/m² ）的纸张和纸板、瓦楞纸板、塑料薄膜、铝箔、不干胶纸、玻璃纸、金属箔等。承印材料的种类多于凹印，而胶印除纸张外，其余承印材料都不能印刷或印刷效果不好。

（3）应用范围广泛，可用于包装装潢产品的印刷。柔性版印刷既可印刷各种复合软包装产品、折叠纸盒、烟包、商标及标签，也可以印刷报纸、书籍、杂志和信封等。

（4）可使用无污染、干燥快的油墨。柔性版印刷生产线可使用水溶性或 UV 油墨，对环境无污染，对人体无危害。柔印水墨是目前所有油墨中唯一经美国食品药品协会认可的无毒油墨，因而，柔性版印刷又被人们称为绿色印刷，被广泛用于食品和药品包装。

每个印刷色组都设有红外线干燥系统，通过红外线热风干燥装置，墨层可在 0.2 ～ 0.4s 内干燥，不会影响下一色组的套印。

（5）柔印机可与上光、烫金、压痕、模切等印后加工设备相连接，形成连续化生产线。柔印机可与上光、烫金、压痕、模切等印后加工设备相连接，形成印后加工连续化生产线，设备综合加工能力强。因此，生产周期比其他印刷工艺短，节省后道工序的用工，避免了工序之间周转的浪费，实现了高速多色印刷。所以，人们将柔性版印刷机称为印刷加工生产线。

四、柔性版印刷的应用范围

近十几年来，柔性版印刷在世界范围内有较大发展，其印刷工艺也日趋成熟，使用范围越来越广泛，几乎可以应用于任何承印物的印刷。不仅在包装行业，而且在出版印刷领域也占有越来越大的比重。

(1) 软包装的印刷　随着我国超市的兴起，软包装得到迅速发展，其印刷产品有食品、化妆品、卫生品等塑料软包装。柔性版印刷正与传统的凹版印刷争夺市场。凹版印刷适合于印制大批量、层次丰富的产品，而柔性版印刷适合于印制中、低档的产品，加之由于柔印使用无污染、无公害的油墨，生产周期短，价格相对低廉，随着经济的发展，人们对环保意识的增强，柔印在软包装印刷中将会得到越来越广泛的应用。

(2) 瓦楞纸箱的印刷　柔印技术在瓦楞纸箱印刷行业占有绝对优势，不存在柔印与其他印刷工艺竞争的问题。印刷质量比通常的胶印和手工雕刻橡皮版的纸箱质量要好得多。随着人们的经济能力和审美意识的增强、对包装质量的要求的提高，瓦楞纸箱的作用也正由运输包装转向销售包装，这个潜力最大的市场将会逐步显示出来。

(3) 不干胶标签的印刷　不干胶标签是窄幅连线柔印机的主要产品，连线柔印机的印刷质量和生产效率远远优于凸印商标印刷机。

(4) 折叠纸盒的印刷　用组合式连线柔印机印制折叠纸盒，是当前国外柔印发展较快的一个领域，如食品、医药卫生用品等领域的折叠纸盒都是柔印的市场。柔印机配备上UV油墨干燥装置后，使用 UV 油墨印出的纸盒无论其亮度、墨色厚度、牢度都不亚于胶印的效果，而由于印后加工的联机操作，更显出优越性。目前，柔印折叠纸盒的产品质量已经基本上达到了大多数胶印相应产品的质量水平。

(5) 建筑装饰材料的印刷　柔性版印刷还特别适合于建筑装饰材料的印刷，可实现无间断的建材印刷。

柔性版印刷是一种简捷而高效的印刷技术，柔印还可以和其他印刷方式相结合，如与全息、烫金等防伪手段相结合，提高产品档次和防伪功能。

五、柔性版印刷的发展趋势

随着国内外对无毒绿色环保印刷——柔性版印刷需求量的渐增，这几年柔性版印刷有了迅速的发展，柔印领域的新技术新工艺主要表现在以下几个方面。

1. 高清网点柔版技术

柔性版弹性模量小，容易变形，因此柔性版印刷的网点扩大相对其他印刷方式更为严重，致使柔印对于从实地到绝网的渐变表现十分生硬，往往会出现我们所说的"硬口"现象。

为了解决"硬口"问题，业内相关领域的研究人员提出了高清网点柔版技术。高清晰柔性版印刷（High Definition – Flexo，简称 HD – Flexo），印品具有十分明显的"图像逼真"效果。这种技术的核心主要有两个部分：① 使用高分辨率的输出设备配合数字式柔印版制版，直接制版机的输出分辨率高达 4000dpi，突破了以往输出设备的限制，可以帮助我们得到边缘更为光滑的网点，对于印品上细微层次和细节的再现有极大帮助，为实现更高加网线数的制版提供了技术基础。② 使用调频和调幅混合加网技术，结合网点加固理念，在图像的高光区域的网点生成采用以"大网点为主，较小网点环绕周围"的办法，小网点较大网点的高度略低一些，为大网点提供支撑，大网点则可以更多承载来自网纹辊和承印物的冲击，保护小网点不受重压。这种工艺不仅可以提高版材的整体耐印力，还有助于我们表现更大的阶调范围。

（1）柔性版印刷制版最新发展动向

① LAMS-CTP 数字直接制版技术。有圆顶网点（Round-Top）印版和平顶网点（Flat-Top）印版两种。圆顶网点印版可通过"常规方法"和高清晰度制版技术（Esko）制作；平顶网点印版可通过排除空气中氧气成分的方法（如麦德美的 LUX、杜邦的 DigiCorr）制作，也可通过交联加速过程方法［如富林特的 NexT、在线-UV，或与 HD-Flexo（Esko）组合］制作。

② 柯达 Flexcel NX-制版技术。

③ 高分辨率激光-直接雕刻制版技术。如二极管-激光（柯达）、纤维-激光（Heliograph-）等制作方法。

以上三种方法都能制作高清晰度柔性印版。

（2）传统曝光"微型网点"与数字曝光"微型网点"比较　如图 7-4 所示，传统曝光网点，网点饱满，但凸形侧壁在被挤压时容易产生网点增大；而数字曝光网点，网点明显坚挺（网点缩小）、平顶和侧壁连接光滑、网点侧壁坚挺，在挤压时网点不易增大。

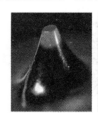

$250\mu m$　　　　$100\mu m$　　　　　　　　$250\mu m$　　　　$100\mu m$

传统曝光网点　　　　　　　　　　　　数字曝光网点

图 7-4　传统曝光"微型网点"与数字曝光"微型网点"比较

（3）"传统"树脂版聚合与"数字"树脂版聚合比较　如图 7-5 所示，传统树脂印版

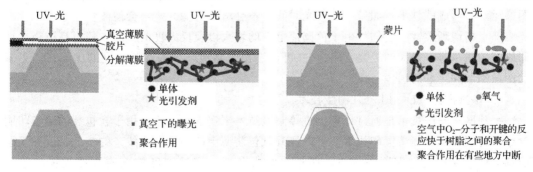

图 7-5　"传统"树脂版聚合与"数字"树脂版聚合比较

在真空情况下曝光，空气中的氧气不起作用，所得到的印版图像元素可以看成是平顶网点（Flat‒Top）形状；数字树脂印版曝光在一般条件下进行，所以空气中的氧气会对树脂版交联，产生圆顶网点（Round‒Top）形状。

（4）柔性树脂版 UV 数字曝光（正面曝光）　如图 7‒6 所示，通过抑制氧气，使得在曝光中生成的网点小于蒙片的开口，但实际正面曝光时间，与 UV 曝光强度以及温度都有关。

在现实工作中我们所得到的图像元素形状不仅仅是圆形的，而且是比较小的网点，使网点扩大得到很好改善，这样的图像元素形状及缩小网点，是制版工艺中所希望得到的效果。因此，平顶网点（Flat‒Top）形状慢慢被淘汰也是正确的。但是，圆顶网点（Round‒Top）还存在不少问题，例如一个图像元素形状的形成取决于曝光系统的 UV 光输出强度，至今我们也无法控制其输出强度，所以需要其它有效的措施来保证其曝光质量。

如图 7‒7 所示，曝光时间只决定交联度（Y‒方向），即只决定聚酯分子链的连接强度；曝光强度决定图像元素的色调值（X‒方向），曝光光强度越高，空气中氧气对交联的影响就越小，而形成的图像元素大于曝光光强度低的图像元素；曝光温度（Z‒方向）可以忽略不计。

图 7‒6　曝光网点

图 7‒7　UV‒曝光参数关系

如图 7‒8 所示为整个曝光周期，一个是在高光强度下的曝光周期，另外一个是低光强度下的曝光周期，可以看到二个光强度不同所得到的结果。在一定的时间和能量后，都能形成小于蒙片开口的图像元素。然而图像元素大小的形成和光强度有关，光强度越低，图像元素的形成就越小。如果延长曝光时间，不会增大图像元素，会使图像元素脆化。

（5）高清晰柔性版制作　由于色调值范围的增大以及反差度的提高，使得高清晰柔性印刷图像质量有了很大的提高。图 7‒9 可以看出，高清晰度柔性版印刷的优点在于更多的图像细节和更好的图像对比度。

2. 平顶网点（DigiFlow）制版技术

平顶网点制版技术是通过计算机直接制版技术来实现的。主要用于软包装的薄膜印刷领域，特别是配合高清柔印技术，可以提升软包装薄膜印刷实地和线条的实地密度和墨层的均匀性，在相同的印刷条件下，四色中的青色墨，实地密度较普通柔性版提高了近 0.4，非常接近于凹印的实地密度，这对我国柔印行业整体发展具有积极意义。

高强度曝光

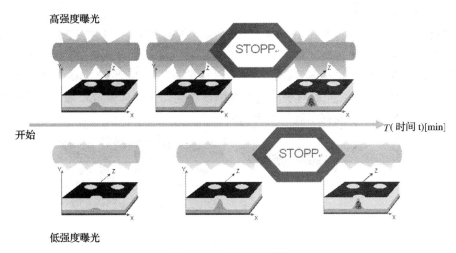

$T($ 时间 t$)$[min]

开始

低强度曝光

图 7 - 8 整个曝光周期

（1）圆顶网点与平顶网点的比较 圆顶网点（Round - Top）印版存在的主要问题有：① 无法精确定义印刷面（呈圆形）；② 数据测量技术有一定困难；③ 图像网点侧壁过于坚挺，导致图像元素不稳定；④ 网点形状与 UV 光输出强度有关；⑤ 在瓦楞纸直接印刷中有很强的"搓板现象"。为了促进油墨转移效果采用表面微结构，但是油墨层光滑度不够好。因此，上述缺陷需要

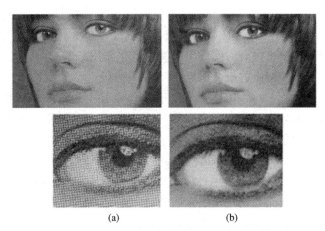

图 7 - 9 常规柔性版与高清晰柔性版印刷效果比较
（a）常规 Flexo Chp （b）HD Flexo

通过平顶网点技术加以改进，避免空气中的氧气对正面图像曝光的影响。

平顶网点（Flat - Top）技术的主要特点有：① 消除或减少空气中氧气对印版交联的影响；②"消除"氧气，如麦得美 LUX Membran 系统采用数字印版涂膜来阻拦氧气对印版的作用，杜邦 DigiCorr 系统用惰性气体驱逐空气中氧气；③ 加速交联过程，如富林特 NExT 系统采用高强度 UV 正面曝光技术，Esko 在线 UV 曝光系统采用高强度可控在线 UV 曝光。

麦德美 LUX 系统，采用数字感光树脂版，通过传统与数字印版的最佳组合来优化网点形状结构，如图 7 - 10 所示。

杜邦 DigiCorr 系统（用于瓦楞纸直接印刷），在树脂版印刷部分曲面形成过程中用惰性气体排除空气中的氧气，使用改良后的 UV - B 曝光

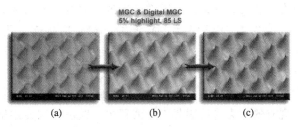

图 7 - 10 应用麦德美 LUX 系统制作的数字感光树脂印版
（a）平顶网点印版 （b）数字印版 （c）数字印版＋Lux

设备对氮气表面进行曝光。

富林特 nyloflex NExT 系统，如图 7-11 所示，采用 UV-A LEDs 和 UV-A 光源相结合进行曝光。第一步通过高效能 UV-LED 光源对版材表面进行扫描，使版材表面快速完成树脂版的交联过程，快于氧气的扩散（空气中的氧气根本没有时间对交联产生作用）。第二步，使用标准 UV-A 光源对表层进行高强度曝光，使底部形成浮雕。网点侧壁角度得以控制，以实现数字原稿到印版的精确复制。

(a)　　　　　　　　　　　　　(b)

图 7-11　富林特 nyloflex NExT 两部曝光法

(a) 第 1 阶段　(b) 第 2 阶段

Esko 在线 UV 曝光系统，高强度 UV 光源使树脂版正面快速实现交联过程，空气中的氧气根本没有时间对聚酯交联产生作用。通过对曝光强度控制，可以获得理想的圆顶网点和平顶网点的组合网点。

柯达 Flexcel NX 系统，分别在蒙片上进行数字成像，将蒙片复合在感光树脂版后进行正面曝光。表面微型结构（DigiCap）十分细腻，有利于提高油墨量，可获得高度饱和的印刷色彩。

柯达 Flexcel Direct 直接雕刻系统，使用多排激光二极管光源和特种柔性雕刻材料。

Heliograph 激光直接雕刻系统（Schepers und Hell），使用波长约为 1100nm 的高效率光纤激光系统对印版表面进行直接雕刻，分辨率通常为 2540 dpi，可获得高雕刻精度和精细图像元素，具有质量好、寿命长等特点。

（2）平顶网点柔印制版技术的实现方式和优点　富林特集团柔印产品事业部研发的平顶网点曝光技术 nyloflex® NExT，所精确制作的平顶网点表面，形成了独特的要素形状，扩大了色调范围，改善了油墨遮盖效果和实地颜色密度。

平顶网点印版制作的技术核心是在现有激光直接制版的工艺流程中消除空气中氧气在主曝光时对制版的影响，在曝光过程中避免空气和感光树脂层进行氧气交换，不用在版材表面覆盖阻隔胶片（或薄膜），使用惰性气体来代替氧气。

nyloflex® NExT 曝光技术，通过使用 LED-UV 高效能光源，先对印版基材进行第一次快速曝光，以加速图像区域的光聚合，使得来自氧气的聚合抑制竞争变得微不足道，然后再结合使用常规的 UV 光源进行二次曝光，获得更稳定的平顶网点结构，实现图像从黑膜到版材的 1:1 复制再现。使用 nyloflex® NExT 曝光技术制作的印版可以改善印刷压力的宽容度并减少印刷墨杠。

在标准数字工艺流程中，nyloflex® NExT 曝光技术无需软片或软片复合，容易集成到现有的激光直接制版工作流程中。既没有因使用惰性气体带来的风险，也不需要额外的昂贵耗材，避免了因额外操作而可能引起的废品和安全问题，大大降低了运行成本。

如图 7-12、图 7-13 所示，与传统印版和普通数字印版现有工艺相比，可以看出

nyloflex[@] NExT 曝光技术对网点肩部和网点直径的影响。

（3）平顶网点的印刷效果 平顶网点对印刷压力相对不敏感，在印刷厚度不均匀的承印材料，如瓦楞纸板时，能有效减少搓衣板现象。印刷高光网点时，以前使用的圆顶网点对印刷压力非常敏感且易于磨损，一段时间印刷后网点扩大值往往较大，而平顶网点则对印刷压力有比较好的抵抗力，更易于控制网点扩大，能获得更好的高光印刷效果。

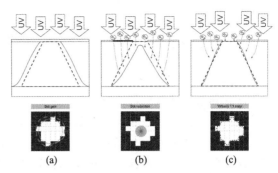

图 7 - 12 nyloflex[@] NExT 曝光技术对网点的影响

(a) 传统菲林制版 (b) 直接激光制版 (c) 平顶网点技术

如图 7 - 14 所示，如果配合一些特殊加网技术，在印版实地表面可以形成非常微小的网穴或线状结构，有利于提高实地油墨的转移和印刷密度、扩大高光部分复制的色域范围、缩小网点扩大的容差。特别是印刷薄膜类非吸收性材料时，能显著减少白点现象，大大提高油墨密度及覆盖均匀性。

如图 7 - 15 所示，使用 nyloflex® NExT 曝光技术的 ACE 114 数字印版，在实地表面进行了加网处理。

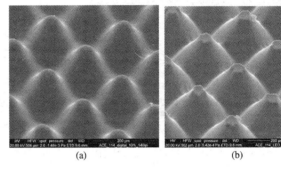

图 7 - 13 激光直接制版网点与平顶网点比较

(a) 激光直接制版网点 (b) 平顶网点

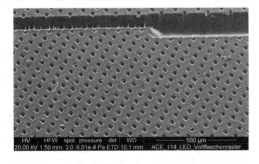

图 7 - 14 平顶网实地表面加网技术

图 7 - 15 nyloflex® NExT 技术的
ACE 114 数字印版

如图 7 - 16 所示，nyloflex® NExT 新曝光技术可实现精细图文再现。

（4）平顶网点技术的应用前景 平顶网点制版技术是未来柔性版制版的趋势，在国内的使用才刚刚起步，绝大多数客户对平顶网点技术的了解还停留在概念阶段，但部分高端标签印刷和塑料软包装印刷企业已大规模测试了平顶网点技术并获得了非常满意的印刷效果。

自柔性版直接激光制版技术问世以来，柔性版印刷本身固有的一些缺点并没有因为直接激光制版技术的应用而得到比较好的解决。平顶网点制版技术在直接激光制版技术的基础上进一步提高了柔性版制版及印刷质量，会解决柔性版印刷本身固有的一些缺点，有利于柔性版印刷市场竞争力的提高，为真正实现高质量的绿色柔性版印刷奠定了基础，应用前景广阔。

3. 无溶剂热敏干式洗版技术

无溶剂热敏干式洗版技术（Cyrel®FAST），由杜邦公司于 21 世纪初发明并向全球柔印行业推广。该技术以其快速、环保和高效带来了柔版制版行业的工业革命。

工作原理：曝光后版材装在印版滚筒上，印版滚筒和显影滚筒加热，熔化未曝光单体，无纺布吸收熔化的单体，与无纺布接触的滚筒每转 6～12 周，可以产生 1mm 的浮雕高度，如图 7-17 所示。

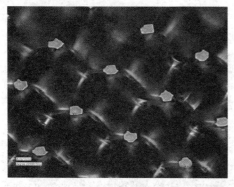
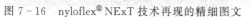
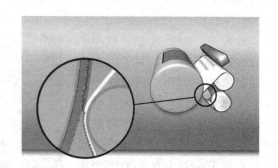

图 7-16　nyloflex® NExT 技术再现的精细图文　　图 7-17　Cyrel® FAST 工作原理示意图

技术特点：① 快速高效；② 更顺畅的工作流程；③ 大大减少停机时间；④ 免除对溶剂使用、储存和处理之苦，减少环境污染和健康危害；⑤ 节省空间；⑥ 印版尺寸稳定，厚度均一，不存在溶胀问题。

4. 套筒技术

传统的带轴式版辊存在效率低，装卸版费时费工、安全性差、储存不便、灵活性差、非标准化等缺点，与现代柔印产业安全、快速、高效的发展模式不相适应。柔印套筒技术以其装卸简单、安全性高、质量易于储存以及利于标准化等优点，良好地克服了传统版辊的技术局限。

套筒技术的优势主要体现在 4 个方面：① 套筒重量轻，装卸方便，手工就可以轻松完成套筒的更换，大大降低了操作人员的劳动强度；② 通过使用不同厚度的套筒就可以改变所需要的印刷周长，也就是说，仅用一种规格外径的气撑辊，就可以在很大范围内满足不同印刷周长的需要；③ 套筒占地面积小，储存简单；④ 采用套筒系统可以降低生产和运输费用，控制成产成本。

5. 全自动伺服驱动技术

自动伺服驱动技术利用多电机独立驱动技术建立无机械轴传动模型，取代复杂的机械传动机构，在印刷机上各单元配备了一个或多个电机，每个电机由各自的驱动器独立驱动，每个驱动器再由中央控制板 CLC 集中控制，保证所有电机能协调一致，同步运行。

具体说来，全自动伺服驱动技术的优势体现在 3 个方面：① 极短的预套准时间和套准的易操作性，大大降低了承印物的浪费；② 独特的再套印功能。有时同一承印物可能需要印刷两遍，两套印功能可在已印刷好的产品上再进行带套准的加印，从而使一台六色机也能印刷十二色或更多色的产品；③ 最突出的优势是高精度的套准和张力控制。伺服驱动系统由于使用闭环反馈，可以保证动态套准精度。同时，伺服驱动消除了压印滚筒和印版滚筒之间齿轮啮合产生的谐振和表面速度误差。

第三节 柔性版印刷机

一、概　　述

1. 柔性版印刷机的类型

柔性版印刷机是指使用柔性版，通过网纹传墨辊传递油墨完成印刷过程的机器。大多使用卷筒式承印材料，采用轮转式印刷方式。

按印刷幅面宽度来分，柔性版印刷机可分为窄幅柔印机和宽幅柔印机。一般而言，幅面宽度小于 600mm 的柔性版印刷机称为窄幅柔印机，幅面宽度大于 600mm 的柔性版印刷机称为宽幅柔印机。

按印刷机组的排列形式来分，柔性版印刷机可分为机组式、卫星式和层叠式三种机型。

2. 柔性版印刷机的组成

柔性版印刷机由开卷供料、印刷、干燥冷却、收卷与连线加工、控制系统等部分组成。

（1）开卷供料部　即柔性版印刷机的输纸部分，其作用是使卷筒纸开卷、平整地进入印刷机组。当印刷机转速减慢或停机时，其张力足以消除纸上的皱纹并防上卷筒纸拖到地面上。

（2）印刷部　各印刷机组主要由印版滚筒、压印滚筒和给墨装置组成。

（3）干燥冷却部　为了避免未干油墨产生的脏版和多色印刷时出现的混色现象，在各印刷机组之间和印后设有干燥装置，以干燥所有的墨色。

（4）收卷与连线加工部　柔性版印刷机的收卷部分，其作用和开卷部分相似。现代柔印机可根据产品需要配备连线复合、上光、烫印、压凸、贴磁条、模切、打孔、分切等印后加工装置。

（5）控制系统　在现代柔性版印刷机上，除以上基本结构和印后加工装置外，还有张力控制与横向纠偏装置、检测装置、自动调节和自动控制系统等。

二、柔印机的基本结构

1. 给墨装置

（1）基本组成与功能　柔性版印刷机的给墨装置主要由墨槽、墨斗辊、网纹传墨辊、刮墨刀等组成，如图 7-18 所示。

① 墨斗。柔性版印刷一般使用溶剂型油墨、水性油墨或 UV 油墨。为防止墨斗锈蚀，可选用不锈钢材料制作。

② 墨斗辊。墨斗辊在墨斗内转动将较多的油墨传给网纹传墨辊。为提高对网纹传墨辊网墙的刮墨效果，墨斗辊与网纹传墨辊在接触面上应产生一定速差，为此，应使墨斗辊的表面线速度低

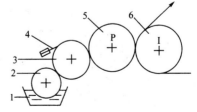

图 7-18 印刷机组的构成

1—墨斗　2—墨斗辊　3—网纹辊　4—刮墨刀
5—印版滚筒　6—压印滚筒

于网纹传墨辊的表面线速度。

③ 网纹传墨辊。也称油墨计量辊，简称网纹辊，即柔性版印刷用的传墨辊，其表面制有凹下的墨穴或网状槽线，控制印刷油墨的传送量。

④ 刮墨刀。刮墨刀设在网纹辊的左上方或右下方，用以刮掉网纹辊网墙上的油墨。

（2）结构原理与特点　柔性版印刷机采用网纹辊的给墨装置，因此，一般称为短墨路系统。通过网纹辊墨穴的不同形状、大小及深浅可以控制传墨量，达到所需的墨层厚度。当印版滚筒与压印滚筒离压时，给墨装置不应停止转动，否则，网纹辊上的油墨层就会固化。因此，当印刷滚筒一旦离压，给墨装置应继续处于回转状态，但网纹辊相对于印版滚筒来说，则应处于离压位置，为此，网纹辊应设置离合压装置。

① 给墨装置的主要类型。根据短墨路系统的基本构成和性能特点不同，柔性版印刷机的给墨装置主要有以下几种类型。

a. 胶辊-网纹辊给墨装置。胶辊—网纹辊给墨装置由墨斗、墨斗胶辊和网纹辊组成，如图 7-19 所示。墨斗胶辊是在钢辊表面包以一层天然或人造橡胶所制成。墨斗胶辊在墨斗内旋转，将较多的油墨传给网纹辊，并将多余的油墨从网纹辊表面刮掉。图 7-20 所示为 BHS F-IT-100 柔印机的给墨装置。

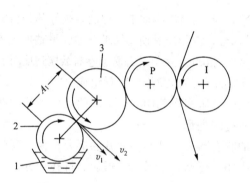

图 7-19　墨斗辊—网纹辊输墨系统

1—墨斗　2—胶辊　3—网纹辊

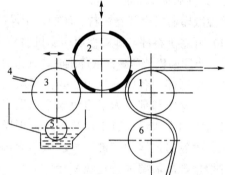

图 7-20　BHS F-IT-100 柔印机输墨系统

1—压印滚筒　2—印版滚筒　3—网纹辊
4—刮墨刀　5—胶辊　6—传纸辊

b. 正向刮刀型给墨装置。在网纹辊上方设置刮刀，刮刀的顶部朝向网纹辊的回转方向，如图 7-21（a）、（b）所示。网纹辊网墙上的油墨被刮刀刮下流回墨斗中。刮刀角度 α 可根据需要进行调整。

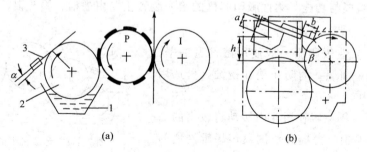

（a）　　　　　　　　　　　（b）

图 7-21　正向刮刀输墨系统

1—墨斗　2—网纹辊　3—刮刀

由于油墨具有一定黏度，在输墨过程中，刮刀与网纹辊表面之间会堆积一定量油墨，对刮刀刀片产生一向外的作用力，影响刮墨效果。此外，油墨中的异物也会沉积、堵塞在刮刀内侧，引起刮刀振动。因此，这种短墨路系统适于印刷一般质量要求的印品，其印刷速度也受到限制。

c. 逆向刮刀型给墨装置。在网纹辊左上侧或右下侧设置刮刀，刮刀的顶部背向网纹辊回转方向，如图 7-22（a）、（b）所示。由于刮刀顶部背向网纹辊回转方向，被刮刀刮下的油墨沿网纹辊表面流回墨斗内，不会堆积在刮刀内侧与网纹辊表面之间，因此，刮刀的工作条件得到改善，具有良好的刮墨效果。同样，刮刀角度 β 也应能进行调整，刮刀角度 β 一般为 $30°\sim35°$。

d. 封闭式单刮刀给墨装置。虽然柔印机中采用的两辊式、正向刮刀式、反向刮刀式结构可实现定量供墨，但由于这几种结构都属于敞开式供墨结构，均由墨槽储墨，墨辊上的油墨，一部分用于印刷，多余部分又返回墨槽。

封闭式给墨装置是将网纹辊、刮刀、墨斗、储墨器以及输墨管路等构件均置于密封的容器内，以保证油墨不受外界环境的影响，以维持油墨性能的稳定性和清洁性，其基本构成如图 7-23 所示。

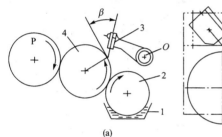

图 7-22　逆向刮刀型输墨系统
1—墨斗　2—墨斗胶辊　3—刮刀　4—网纹辊

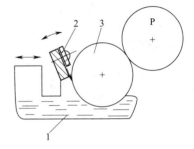

图 7-23　封闭式单刮刀给墨装置
1—墨斗　2—逆向刮刀　3—网纹辊

封闭式给墨装置一般采用逆向刮刀，逆向刮刀不仅可左右移动，而且还设有刮刀角度的调整装置和离合装置。当停机时，刮刀应及时离开网纹辊。除设有压力调整装置外，在停机时网纹辊由辅助电机驱动仍保持匀速转动，以防止网纹辊表面的墨层固化。为了提高清洗效果，应能实现给墨装置与自动清洗系统的快速对接。

封闭式给墨装置主要用于窄幅和宽幅的高速柔印机以及涂布、上光机。

e. 封闭式双刮刀给墨装置。封闭式双刮刀给墨装置是将正向刮刀与逆向刮刀组合在一起实现正向刮刀与逆向刮刀快速更换的给墨装置。

封闭式双刮刀给墨装置由陶瓷网纹辊、两把刮刀、密封条、储墨容器、墨泵、输墨软管等部件组成。在全封闭系统中，刮刀、封条、衬垫、压板均装在一个空腔式支架上，用机械方式（或气动式或液压式）把它们推向陶瓷网纹辊，并施加一定压力，再把输墨管和回流管分别接到墨泵和储墨容器上，排除了高速运行时的抛墨现象。油墨经墨口将柔印油墨喷到网纹辊表面储存在墨室中，经反向刮刀刮墨，正向刮刀起密封作用。根据流体力学原理，油墨或清洗剂在墨斗中处于流动状态，因而，即使注入少量的油墨也能循环使用，用少量的清洗剂可快速地清洗。由于封性好，对卫生与环境有很大好处。另外，采用双刮刀给墨装置不需要调整刮刀角度和位置，一次定位后，能快速安装刮墨系统。

图 7-24 为封闭式双刮刀给墨装置的典型结构，其定量供墨系统中采用反向刮刀结构，适合高速运转，减少了溶剂性油墨中溶剂的挥发和环境污染问题；解决了水性油墨使用过程中伴随出现的泡沫问题；排除了通常结构中采用的橡胶墨辊；该系统还可以与自动清洗系统快速对接，便于实现快速清洗，以减少换墨时间和停机时间。

如图 7-25 所示为另一种封闭式双刮刀给墨装置的原理图，主要由正向刮刀组件 A、逆向刮刀组件 B 以及刮刀支架等部分构成。图示逆向刮刀组件 B 与刮刀支架处于工作状态，即组成逆向刮刀给墨装置。当需要使用正向刮刀型给墨装置时，可将组件 B 卸下，而将正向刮刀组件 A 装在刮刀支架上即可，如图中点划线位置所示，即正向刮刀的工作位置应处于网纹辊左上方，逆向刮刀的工作位置处于网纹辊的左下方。正向刮刀和逆向刮刀一般选用金属刮刀，而塑料刮刀主要起密封作用。

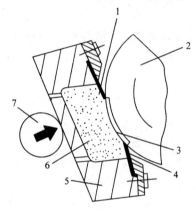

图 7-24　封闭式双刮刀装置结构图

1—反向刮刀　2—网纹辊　3—侧面密封
4—正向刮刀　5—墨室　6—油墨　7—施压装置

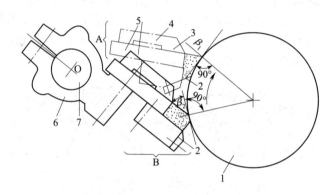

图 7-25　组合型给墨装置原理图

A—正向刮刀组件　B—逆向刮刀组件　1—网纹辊　2—塑料刮刀
3—正向刮刀　4—压板　5—支撑板　6—支架　7—支架轴

② 网纹辊。网纹辊，即网纹传墨辊的简称。其表面有无数个大小、形状、深浅相同的网穴（即凹孔），用于储存油墨。网纹辊的作用是向印版图文部分定量、均匀地传递所需要的油墨。

按网纹辊表面的镀层分类，网纹辊可分为金属网纹辊和陶瓷网纹辊两种。除此之外，有时也按网纹辊网穴的加工方法分类，如电子雕刻网纹辊、激光雕刻网纹辊等。

a. 金属网纹辊。金属网纹辊的加工包括辊体预加工、网穴加工、镀铬处理。

b. 陶瓷网纹辊。陶瓷网纹辊是在经过处理的基辊表面喷涂合金作为打底层，然后再用等离子高温喷涂陶瓷粉末，经金刚石研磨、抛光后，用高能量的激光束精确地雕刻出轮廓分明、陡直的网穴，最后进行精抛光。由于陶瓷网纹辊一般采用激光雕刻方法加工网穴，因此，通常称为激光雕刻陶瓷网纹辊。采用二氧化碳激光雕刻机雕刻的网纹辊网线可达 1000lpi，采用大功率、高精度 YAG 激光雕刻机，不仅可以雕刻出 1600lpi 的网纹辊，而且所加工的陶瓷网纹辊，网穴孔壁光滑、网墙整齐，光洁度高、传墨精确、刮刀损耗小，不仅陶瓷网纹辊的使用寿命长，还可延长印版的使用寿命。

激光雕刻陶瓷网纹辊有整体式和套筒式两种。

a. 整体式陶瓷网纹辊。结构简单，刚性好，适应范围广，但更换复杂。套筒式更换方便，但结构复杂，每个组件带有气动快速夹紧松开装置。

b．套筒式陶瓷网纹辊。由芯轴、气撑辊（空滚筒）和套筒组成，如图 7－26 所示，图（a）为网纹辊固定状态，图（b）为网纹辊更换过程。采用套筒式结构，更换网纹辊（或印版滚筒）时只要打开印刷机组上的气压开关，压缩空气输入到气撑辊后，从气撑辊的小孔中均匀排出，形成"空气垫"，使筒内径扩大而膨胀，原来所使用的网纹辊（或印版滚筒）套筒会自动弹出，更换产品所需的新网纹辊（或印版滚筒）套筒，并轻松而方便地在气撑辊上滑动到所要求的位置。关上气压开关，网纹辊（或印版滚筒）就会固定好。当切断压缩空气后，套筒会立即收缩，并与气撑辊紧固成为一体。套筒内径一般小于气撑辊外径，以保证其啮合。同一气撑辊上还可以装两个或更多的套筒。若需更换或卸下套筒，只要再次给气撑辊充气即可。

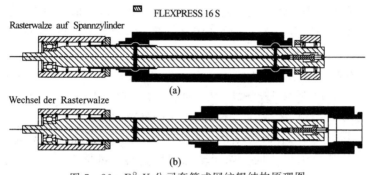

图 7－26　F&K 公司套筒式网纹辊结构原理图
(a) 网纹辊固定于支撑辊上　(b) 网纹辊的更换

网线数和网穴墨量是制作陶瓷网纹的最重要的参数。高网线数的网纹辊可以形成更薄更均匀的墨层，能满足印刷层次丰富的印品的要求，尤其是满足其高光部分的需要，在印刷时能减少网点的扩大，保持恒定均匀的传墨量。与金属网纹辊相比，同样线数的陶瓷网纹辊可增加 15%～25% 的载墨量。由于网穴壁光滑，在传墨过程中减少了网穴底部的弥留墨量，可达到快速传墨的效果，同时又便于网穴的清洗，特别是高网线数的网纹辊。

网纹辊的线数越来越高，意味着印刷墨层越来越薄，在柔印工艺中对墨层厚度进行控制更加方便，柔版印刷中的网点增大更小了。墨层薄虽然有利于减少网点增大和精细图像的复制，但不利于实地印刷。另外，灰尘的影响也更为明显，应引起注意。

目前，600～900 线/in 的网纹辊已十分普及，实际使用线数已超过 1200 线/in，国外也有少量的 2000 线/in 的网纹辊用于柔印生产；印版加网线数也提高到 175、200 线/in，甚至更高。

（3）使用与调节

① 网纹辊的选用与保养

a．网纹辊的选用。网纹辊是柔性版印刷的备用件，应根据不同的印品质量要求、承印材料种类、油墨类型和各色组传墨量的基本要求合理选用不同网线数的网纹辊，即各色组网纹辊的网线数应有所不同。

ⅰ．网目调印刷。网纹辊网线数的选择应满足再现原稿层次的基本要求，可根据各色版的加网线数来确定网纹辊的网线数，即按网纹辊的网纹线数与印版加网线数之比为（3.5～4.5）∶1 的关系确定之。网纹辊的网线数可参考各色版不同的要求决定。一般来说，对于黄版，网纹辊的网线数取最低；对于青版，网纹辊的网线数比较低，而对于品红版和黑版，网纹辊的网线数可取高限。

对于网目调或彩色印刷，由于在印版的高光区，网点的尺寸很小，如果采用低线数网纹辊，每个网穴的面积会大于印版上某些网点的面积，在印刷时，某些网点会正好与网纹辊的网穴相对，由于没有网墙的支撑，网点浸入网穴中，不仅网点表面被着墨，网点的侧壁也着了墨。这样的网点在承印材料上着墨所产生的色调值比周围网点增大；另外，由于柔性版油墨稀薄，黏度低，这种网点有时会与相邻网点黏连。所以在进行网目调或彩色印刷时，为了保证网穴的开口面积小于印版上最小网点的面积，应选用高网线网纹辊。

ⅱ. 实地、线条、文字等印刷。一般根据供墨量的大小来选择网纹辊线数。对于实地印刷，如果网纹辊的网线数过低，则供墨量过大，印边缘因积墨而造成印品边缘重影；如果网线数过高，供墨量不足，实地密度不够而发花。如果两实地叠印或印刷版面实地较小时可选择较高一些的网线数。文字、线条版可根据文字的大小、线条的精细选择合适的网纹辊。

常用陶瓷网纹辊的线数为：实地版 250～400 线/in；文字线条版 400～600 线/in；网纹版：550～800 线/in（适合 133～150 线/in）、700～1000 线/in（适合 175 线/in）。

ⅲ. 在选用网纹辊的网线数时，还应考虑承印材料的吸墨性，如纸的吸墨量大，塑料薄膜、金属几乎不吸收油墨，油墨的干燥主要靠挥发。一般情况下，针对不同承印材料，网纹辊网线数的选择范围也不同。如印刷瓦楞纸板时，可选 180～250 线/in；新闻纸，200～300 线/in；道林纸，220～250 线/in；不干胶纸，180～330 线/in；塑料、金属箔，220～350 线/in。

b. 网纹辊的维护与保养。网纹辊的维护与保养会直接影响网纹辊的使用寿命和油墨的传递及印品质量。网纹辊应存放在固定场所，防止其产生变形；注意保护网纹辊表面，防止表面划伤。

由于网纹辊是靠墨穴来传递油墨的，而墨穴往往很小，在使用中很容易被固化的油墨所堵塞，影响油墨的传送量，因此，加工质量再好的网纹辊，如不注意清洗也不能印出好的印品，清洗对网纹辊的合理使用十分重要。

网纹辊的清洗，采用擦洗和刷洗方法。刷洗的效果较好，但要选择和油墨相匹配的清洗剂和合适的刷子。如清洗镀铬辊，可选用鬃毛直径适合着墨孔大小的鬃毛刷；刷洗陶瓷网纹辊应选用坚硬的尼龙毛刷；对于已被油墨堵塞的网纹辊，使用专业清洗剂进行清洗，可以恢复原来的 BCM 值的传墨效果。

② 刮刀的选用。如果没有特殊要求，可不使用刮刀，以减少对网纹辊的磨损。如果需要使用刮墨刀，则选用正向刮刀要比逆向刮刀对网纹辊的磨损小一些，以提高网纹辊的使用寿命。如果是中、高速印刷，使用陶瓷网纹辊，可选用密闭式逆向刮刀。

若对三种不同给墨装置分别进行印刷试验可以发现，当改变印刷速度时，测定各给墨装置的传墨量，则可得到印刷速度与传墨量变化的关系曲线，如图 7-27 所示。分析其关系曲线可以得出如下结论：

采用胶辊—网纹辊型给墨装置，当印刷速度＜200m/min 时，印刷速度对传墨量的影响较小，当印刷速度由 200m/min 增加到 400m/min 时（印刷速度增加了 1 倍），传墨量则增大到 3 倍左右，这说明印刷速度对传墨量将产生很大影响，其输墨性能较差。

采用正向刮刀型给墨装置时，随着印刷速度的提高，对传墨量产生一定影响，当印刷速度小于 500m/min 时，其输墨性能较好。

采用逆向刮刀型给墨装置，无论印刷速度如何变化，其传墨量基本保持稳定，说明其输墨性能最佳。因此，对于网点印刷应采用逆向刮刀型给墨装置。

实际使用中还须注意刮刀的安装角度和网纹辊吻合压力，注意选择刮刀的厚度、刮刀刀口的形状以及刮刀的材质。柔版印刷中反向刮刀安装角度一般为切线的 30°～40°，角度的大小取决于网线数的高低和刮刀的压力。一般来说，网线数较高，角度略大，但相应地刮刀与网纹辊之间的

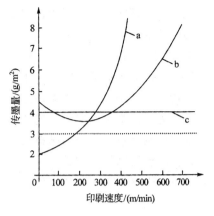

图 7 - 27　印刷速度与传墨量关系曲线
a—胶辊－网纹辊型　b—正向刮刀型
c—逆向刮刀型

压力要增大。刮刀与网纹辊之间的吻合压力，关系到刮刀是否能刮净多余的墨层，也直接影响到网纹辊的使用寿命和刮刀的消耗量，应合理调整。

常用的钢刮刀厚度有 0.1、0.15、0.2mm，一般选用 0.15mm。钢刮刀的刀口有平刀口、斜刀口、薄型刮刀口等形式。油墨黏度较大或采用较低网线数的网纹辊（400lpi 以下），应选用平刀口刮刀；高网线网纹辊应选用薄型刀口或斜刀口刮刀。一般在满版不干胶印刷中，多采用 0.15mm 平刀口钢刮刀。

塑料刮刀一般用在封闭式刮刀系统中，多用作具有密封作用的正向刮刀。塑料刮刀厚度一般都为 0.35、0.5mm，也有平刀口和斜刀口之分。塑料刮刀对网纹辊的磨损相应要小一些，但对网纹辊表面光洁度的要求较高，因此，只有使用高质量的网纹辊时，才选用塑料刮刀。

③ 调节内容与方法

a. 墨斗胶辊与网纹辊的转速差。为了得到良好的刮墨效果，墨斗胶辊与网纹辊在接触处的表面线速度方向一致，并具有一定的速差，即墨斗胶辊线速度 v_1 ＜网纹辊线速度 v_2，使两辊在接触范围内产生滑动摩擦，以将网纹辊网墙上的油墨刮掉。为此，墨斗胶辊的回转运动可通过齿轮传动由印版滚筒和网纹辊所驱动，也可由电机单独驱动。一般而言，随着印刷速度的提高，两辊的速差应相应增大。

b. 墨量压力。墨斗胶辊与网纹辊的转速确定后，应合理调整墨斗胶辊与网纹辊的接触压力，一般称为墨量压力。传墨量与墨量压力成反比，即墨量压力愈大（两辊的中心距愈小），传墨量则愈小。因此，给墨装置中应设置墨量压力的调控机构。

c. 油墨的黏度。水性油墨的黏度是柔性版印刷油墨的重要性能指标，它直接影响给墨装置油墨的转移特性和传墨量的稳定性，因此，应将油墨的黏度控制在合理范围内。

影响油墨黏度的因素主要包括温度和稀释剂的含量等。随着油墨温度的升高，油墨的黏度将相应下降，当温度低于 15℃ 时，温度对油墨黏度的影响更为明显。因此，将油墨的温度和印刷环境的温度控制在 20～23℃，对保持油墨黏度的稳定性和良好的传墨性能有明显效果。随着稀释剂添加量的增加，油墨黏度相应下降，因此，应特别注意控制稀释剂的含量。稀释剂含量过高，虽然可降低油墨黏度，但也会使印品墨色变淡，严重影响印

刷质量。实践证明，在油墨中适当加入一定量的稀释剂对保持油墨黏度的稳定性有较好效果，稀释剂的含量以 4%～5% 为宜。

d. 两辊受力后的偏斜。墨斗胶辊与网纹辊之间施以一定压力后，使胶辊产生变形，而胶辊中央部位的变形量明显大于两端部位的变形量，使印版中间部位传墨量增加，而两端部位传墨量减少，从而影响印品墨层厚度的均匀性，这种状况对于宽幅柔性版印刷机更为突出。为了提高印品墨层厚度的均匀性，可将墨斗胶辊加工成腰鼓形，以增加对网纹辊中央部位的刮墨量；或采用倾斜安装法，将其操作侧的轴承朝下调整，传动侧的轴承朝上调整，使胶辊与网纹辊的旋转中心交叉一定角度，以增大网纹辊中央部位的刮墨量；另外，减少两端部位的刮墨量，可以补偿胶辊偏斜所带来的误差。

2. 压印装置

（1）基本组成与功能　印版滚筒和压印滚筒是柔性版印刷机印刷机组的滚筒部件。为提高滚筒部件运动的平稳性，机组式和层叠式的滚筒传动齿轮一般采用小压力角的斜齿轮，并采用外侧传动方式。

机组式和层叠式柔印机的印刷机组由滚筒部件和给墨装置两部分组成，如图 7-28 所示。滚筒部件是指印版滚筒和压印滚筒。

卫星式柔印机的印刷部，由中心压印滚筒和分布在压印滚筒周围的各印刷色组的印版滚筒及输墨装置组成。印刷色组间距为 700～900mm。印版滚筒与料带、印版滚筒与网纹辊的离合压多采取在水平导轨上移动的方式来实现，这样，系统可保证最大的刚性，避免跳动和印品上出现墨杠。预套准、横向套准和纵向套准调节范围一般为 10～15mm，纵向套准调节范围可达 30mm。各印刷色组的印刷压力进行独立调节，使用测微计和步进电机操作，调节误差可达成 1.6μm。压印滚筒多采用双壁式结构，印版滚筒和网纹辊都有整体式和套筒式两种。

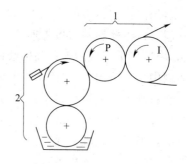

图 7-28　机组式印刷机
印刷机组的构成
1—滚筒部件　2—给墨装置

（2）结构原理与特点

① 印版滚筒。传统的印版滚筒由滚筒体、滚枕、滚筒传动齿轮等组成。滚筒体一般采用无缝钢管。根据滚筒体的结构特点不同，主要有整体式、磁性式和套筒式 3 种。机组式和层叠式柔印机的印版滚筒一般采用整体式结构，也有的采用磁性式和套筒式结构；卫星式柔印机过去多采用整体式印版滚筒，现代卫星式柔印机基本采用套筒式印版滚筒。

a. 整体式印版滚筒。对于卷筒纸柔性版印刷机，其滚筒体不设空当。装版时用双面胶带将印版黏贴在印版滚筒体表面。

b. 磁性式印版滚筒。滚筒体表面由磁性材料制成，而印版的版基层为金属材料，装版时将金属版基的印版靠磁性吸引力直接固定在印版滚筒体上。

c. 套筒式印版滚筒。套筒式印版滚筒由芯轴、气撑辊（空滚筒）和套筒组成，结构原理图与套筒式网纹辊相同。其安装原理如图 7-29 所示。

ⅰ接通气源，安装套筒。在气撑辊的一端设有进气孔，气撑辊的表面又设有精密的通气孔，如图 7-29（a）所示。这些小孔与进气孔相通。安装套筒时，先将套筒与气撑

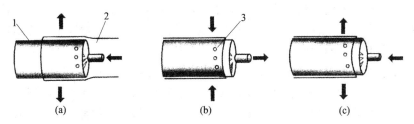

图 7 - 29　套筒式印版滚筒的装卸原理

1—气撑辊　2—套筒　3—通气孔

辊表面接触并接通气源，压缩空气通过进气孔进入，从辊体表面的小孔均匀排出，在气撑辊与套筒之间形成"气垫"，使套筒内径膨胀扩大，从而可使套筒轻松地在气撑辊上任意滑动（轴向或周向）。当套筒位置确定后，即可切断气源。

ⅱ 切断气源，完成套筒的安装。切断气源后，套筒立即收缩，与气撑辊紧固为一体，即完成套筒的安装，如图 7 - 29（b）所示。

ⅲ 再次接通气源，卸下套筒。当需要卸下套筒时，再次接通气源，利用气垫的作用，又使套筒内径膨胀扩大，便可将套筒轻松地卸下，如图 7 - 29（c）所示。

由于套筒式印版滚筒结构成本低，装卸容易，灵活性高，使用寿命长，储存方便，系统精度高，具有"快速换版"功能。

套筒式印版滚筒的最大优点就是可以重复使用，而且能随时在套筒上贴感光树脂印版。另外，套筒还可用于激光雕刻制版，采用无接缝柔版，印刷连续花纹或相同底色图案。若套筒系统允许的印刷周长变化范围为 150mm，说明印刷周长为 350~500mm 的套筒内径是相同的，仅需一根气撑辊。通过改变套筒壁厚，可以实现改变套筒的周长的目的。

② 压印滚筒。机组式柔印机的压印滚筒与印版滚筒基本相似。对压印滚筒的基本要求主要包括两个方面，一方面，压印滚筒的印刷直径应等于印版滚筒的印刷直径，这是消除重叠印、光晕和脏版等故障的基本措施。另一方面，应严格控制压印滚筒的加工精度，以实现理想的印刷压力。

卫星式柔性版印刷机的压印滚筒大多采用铸铁材料，少数由钢辊制成。过去一般采用单壁式，其径向跳动误差为 ±0.012mm。现代高速宽幅卫星式柔性版印刷机大多采用双壁式结构，双壁腔内与冷却水循环系统相连接，以调节和控制滚筒体的表面温度。压印滚筒的表面有一层镀镍保护层，镍层的厚度为 0.3mm 左右。有些系统还有超温保护功能，当温度超过某个最大值时，整个印刷机的电源将自动切断。

由于压印滚筒同时与各色印版滚筒接触完成印刷过程，因此，要求压印滚筒具有很高的尺寸精度、几何形状精度和位置精度。同时，在装配中，为得到高装配精度，滚筒轴承一般采用球面轴承或铜套滑动轴承，并采用分组选配装配法。

现代宽幅卫星式柔性版印刷机多采用温控式压印滚筒，具有高功率烘干/冷却功能，色间烘干装置以及桥式烘干装置均采用双回路循环空气，以减少对新鲜空气的需求量，从而降低对加热能源的消耗。

③ 直接驱动技术。直接驱动技术也称无齿轮传动技术。

老式柔印机的印版滚筒、网纹辊的转动是通过压印滚筒的齿轮带动印版滚筒的齿轮，印版滚筒的齿轮带动网纹辊的齿轮，形成同步转动。印刷品的重复长度取决于印版滚筒和印版滚筒的齿轮,而齿轮受到节距和模数的限制,因此,印刷品的重复周长与齿轮的节距相同。而新型柔印机网纹辊的转动是通过印版滚筒直接带动的,解决了柔印机印刷产品重复长度受齿轮节距限制的问题。

卫星式直接驱动柔印机的每一印刷机组由 7 个电机带动,4 只电机带动印版滚筒、网纹辊的前后移动,1 个电机控制印版滚筒的纵向套准和转动,一个电机控制印版滚筒的横向套准和印版滚筒的横向移动,1 只马达带动网纹辊的转动。装版后输入印版滚筒的印版滚筒周长,通过 PLC 控制,使印版滚筒和网纹辊达到预印刷、预套准位置,大大缩短了印刷压力和印刷套准时间,同时也节省了原材料。

由于采用了无齿轮传动,因此,更换不同周长的印刷产品时,不需要更换齿轮。无齿轮卫星式柔印机更换一个机组上的柔性版滚筒和网纹辊仅需 1min。大大缩短了更换产品时换版筒和网纹辊所花费的时间。

德国 EROMAC 公司推出的卫星式柔性版印刷机自动套准系统,采用一个套准探头,控制印刷机的全部印刷机组,而不是像凹版印刷机 7 色印刷需 6 套套准探头和辅助马达的问题。当印刷产品发生套印不准时,套准探头通过 PLC 直接驱动电机调整印版滚筒的纵、横向套印位置,而不是像凹版的纵向套准是通过辅助电机调整印版滚筒。采用 EROMAC 自动套准系统调整印版滚筒,调整所需时间短,消耗的印刷材料少。该系统可根据套准十字线自动套准,亦可根据人工设定进行套准,以便解决在制版和贴版时产生的印刷图案与套印十字线之间的误差。

(3) 使用与调节 柔性版印刷机的操作包括:上卷料→走纸→调整纠偏→装网纹辊→上版辊→调节三辊压力→用墨→压印→套准→张力控制→干燥→模切→分切→收卷。其中,走纸、调节压力、控制张力、调节油墨 pH 和黏度、模切成品是柔性版印刷机的操作要点。

① 走纸。承印材料按印刷走纸线路穿过各导纸辊、纠偏器、张力辊、压印滚筒、干燥箱、模切辊、分切辊等,由收卷轴卷料。穿纸后可开动机器,让承印材料走纸平稳,同时应调整张力,使承印材料承受一定的张力控制。调整纠偏,让承印材料边缘经过探头传感器的中心部位,调整时应使纠偏器保持其处于左右摆动的中间位置,以确保纠偏动作准确无误。

② 印刷压力的调节。柔性版印刷是一种轻压印刷工艺,其印刷压力远远小于平版印刷和凹版印刷。采用较小印刷压力是柔性版印刷的主要特征之一。一般而言,印刷压力愈小,印品的阶调与色彩的再现性则愈好。因此,柔性版印刷机除保证有关部位的零件加工精度与装配精度外,还应设置印刷压力的微调装置。柔性版印刷机与其他印刷机一样,滚筒部件应设有离合压装置。大多数柔性版印刷机的离合压机构采用偏心套机构,印版滚筒与压印滚筒的离压量一般为 0.80mm。对于高速柔性版印刷机,为保证滚筒部件的运动平稳性,印版滚筒与压印滚筒在加工过程中应进行严格的静平衡和动平衡调试。

调节陶瓷网纹辊、印版滚筒、压印滚筒之间的平行度和三滚筒之间的两端压力是调压的关键。每一次更换新产品都应调整陶瓷网纹辊与印版滚筒之间的压力和印版滚筒与压印滚筒之间的压力。

在柔印机慢速运转中,从第一色组开始合压,首先观察网纹辊对印版滚筒图文表面的传墨情况,通过微调网纹辊和印版滚筒两端的压力达到最佳传墨效果;观察印迹转印情况,承印材料表面印迹的清晰程度是转印压力正确与否的印证。通过印版滚筒微调螺杆进行压印力调节,两端由轻加重逐渐进行,直至印迹完全清晰为止。

　　为了正确传递油墨、保证图文印迹质量和网线版印刷的网点质量，预防印版受损，网纹辊对印版的传墨压力、印版对承印材料的压印力，都应以小为好。

　　在印刷过程中，为保证印版表面与承印物表面在接触范围内不产生滑动，处于纯滚动状态，应严格控制印版滚筒的直径，使印版表面的线速度与承印物的印刷速度相一致。

　　③ 张力控制。承印材料在印刷过程中受到外来的拉力和阻力可称为印刷张力。准确控制印刷过程中承印材料的张力是保证印刷品套印质量的关键。张力控制值的大小应视承印材料的厚薄、质地来决定。承印材料越厚，张力值越大，质地偏硬，张力值更大；反之，承印材料越薄、张力值越小。对于超薄型材料，为了预防承印材料起皱、拉伸，张力控制要求更高。如果发现在印刷过程中"十字线"套印不稳定，可适当调整放卷或收卷部分的张力，使各色"十字线"套准稳定为止。

　　印刷速度也是影响张力稳定的重要因素，低速、中速、高速情况下的张力控制不完全相同，建议在正常印刷速度的前提下调整张力控制为好。

　　图 7-30 为康可（COMCO）MSP 柔性版印刷机"S"型上走纸系统。在纸卷进入印刷单元之前设置一个带有动力的传动辊，带动纸带向前运动，既可保证纸卷在每一个印刷单元的恒定张力，又能保证纸卷不会受到纵向拉伸而变形。由于纸卷在压印滚筒上的包角较大，可避免纸张与压印滚筒间的打滑现象，进而保证套印精度。

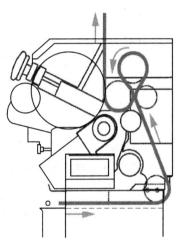

　　④ 油墨的 pH 和黏度。水性油墨的 pH 由专用测试表测定，一般要求 pH 在 8.5 左右，在此值内水性油墨相对比较稳定。随着温度的上升和水墨中氨类的挥发，pH 发生变化，会直接影响水性油墨的印刷适性。因此，可添加少量稳定剂来控制 pH。正常印刷过程中，通常要求每半小时加 5ml 的稳定剂，并将其搅拌均匀，使水性油墨保持较稳定的正常印刷适性。切记不可随意添加稳定剂，否则，会影响印品质量。

图 7-30　"S"型上走纸系统

　　不同品牌的水性油墨其黏度略有不同，通常在 25～30s 左右，印刷网点时黏度可稍高点。当黏度偏高时，可用少量净水进行调节或通过添加稳定剂来降低油墨黏度。在印刷过程中随着温度的上升、印刷速度的变化，水性油墨的黏度会改变，操作人员应经常检查墨斗中水性油墨黏度状况，给予适当调整。

　　⑤ 印版表面温度的控制。在高速印刷中，特别是对表面粗糙的承印物，版面温度的控制是一个重要问题。实践证明，当版面温度低于 40℃时，对印版的影响不大，但是，当印版表面温度超过 50℃时，印版的体积膨胀率高达 1%～3%，并使印版产生鼓胀现象，同时，还会使印版硬度下降，弹性降低，影响印版性能。为此，可在设计中加风冷装置，以控制版面温度。

三、机组式柔印机

　　机组式柔性版印刷机是指各色印刷机组按水平配置的柔性版印刷机，其基本构成如图 7-31 所示。

1. 特点

① 整机零件的标准化、部件的通用化、产品的系列化程度较高,在设计上具有先进性。

② 可实现多色印刷,通过变换承印物的传送路线还可实现双面印刷。

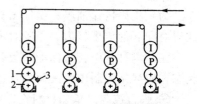

图 7-31 机组式柔性版印刷机
1—网纹传墨辊 2—墨斗辊 3—刮刀

③ 配置灵活,操作维修方便。可配置丝网印刷、胶印、凹印机组,实现组合印刷与印后连线加工。

④ 整机附设张力、边位、套准等自动控制系统以及印品质量检测系统,可实现高速、多色印刷。

⑤ 应用范围广,适合各种标签、纸盒、纸袋、礼品包装纸、不干胶纸等印刷。

2. 组成

窄幅机组式柔印机除开卷供料、印刷、干燥冷却、收卷、控制系统等部分外,往往还配有涂布、上光、烫印,模切、打孔、覆膜等后加工装置,形成柔性版印刷生产线,如图 7-32 所示的 AQUAFLEX LX 系列多功能柔性版印刷机,是进行标签、不干胶、表格票据、纸板以及各种包装印刷的典型设备。

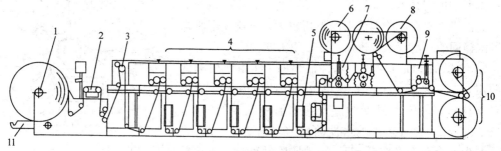

图 7-32 窄幅柔性版印刷机的基本构成
1—开卷供料单元 2—横向纠偏装置 3—变速进纸装置 4—印刷机组 5—烘干系统 6—覆膜装置
7—模切机组 8—废料复卷装置 9—打孔、分切装置 10—复卷装置 11—升降纸架

(1) 开卷供料单元 开卷供料单元主要由纸架电动升降装置、轴芯气动锁紧装置、末端探测器、张力控制器和张力补偿控制装置组成。

(2) 横向纠偏装置 当承印物从供纸系统输出在进入印刷部之前,或印刷后进入印后加工之前,应使其保持稳定的横向位置。为此,特在上述两个部位设置横向纠偏装置,承印物的横向位置一旦超出规定范围,应能自动予以纠正。

(3) 送纸辊 送纸辊由旋转的送纸辊和橡胶压纸辊组成,靠两辊的接触摩擦力由送纸辊带动承印物按所要求的速度将承印物送入印刷部,确保承印物保持在正确的纵向位置上。

(4) 印刷机组 印刷机组由若干印刷色组组成。印刷色组除印刷滚筒部件外,一般采用激光雕刻陶瓷网纹辊和逆向刮刀标准配置形式。

(5) 烘干系统 在各印刷色组之间和印刷部后面设有烘干系统,主要包括红外线短波灯管、冷热风吹送系统、空气抽吸系统。也可配置 UV 干燥系统,供选用 UV 油墨或 UV 上光时使用。此外,还可选用 UV 及红外线混合型干燥系统,以满足使用 UV 油墨和其他标准油墨的需要。

（6）涂布上光机组　印刷部的最后色组可进行最后一色套印，有的印品还需要进行涂布、上光。

（7）模切机组　现代柔性版印刷机的模切机组主要有平压平和圆压圆两种形式。

（8）层压覆膜装置　部分印品经印刷后，需要在印刷表面上进行层压覆膜，以保护印品表面、提高表面光泽性。

3. 典型机型及其特点

机组式柔印机，采用可选模块化单元、开放式接口结构，根据需要，可灵活选配全息防伪、UV上光、冷烫印、模压图案、压凸、打号、打孔、贴磁条、分切堆垛等在线后序加工功能。

Nilpeter（纽博泰）轮转式组合印刷机 MO－4，在胶印机组上增加了 UV 柔性版、凸印、凹印、丝网印刷单元，印刷幅宽为 406mm，具有热/冷烫金功能。

OMET（欧米特）Varyflex 柔印机，采用套筒和独立驱动技术、张力控制系统、热风干燥装置和大型水冷滚筒；可配备丝印及冷/热烫、模切、压凸等特殊印后加工单元。

Edale B250 机组式 6 色窄幅柔印机，配有参数存储、采样内容设定、图案分块及聚焦等各种功能。并可根据用户加工需要选择相应的配置，完成全息防伪、UV 上光、烫印、模压图案、贴磁条、模刀、纸带打孔、分切堆垛等在线后序加工功能。

Arsoma EM 系列机组式柔印机，采用可选模块化单元、开放式接口结构，根据需要，可灵活选配模切、烫印、打号、上光、覆膜、压凸、打孔等多种印后加工机组。

太阳机械 STF－340 型柔版印刷机，主要特点：① 全伺服驱动，保证高速稳定的印刷控制；② 独特的版滚筒设计，在不同厚薄材料变化间保证高品质印刷效果；③ 下沉式墨斗辊设计，带来超少墨量起印，适合客户可能遇到的短版业务或者试样印刷；④ 半封闭式结构，可稳定可靠供墨，而且不飞墨；⑤ 大直径水冷却金属压筒，模拟圆压平印刷效果，带来绝佳的网点还原性，保证在印刷薄膜材料时不变形；⑥ 超短纸路设计，让印刷过程高效、节能、稳定，减少材料的浪费；⑦ 通过与浮动辊的配合可以完成两色组不干胶胶面印刷；⑧ 全程可移动式冷烫金（覆膜）装置和轮转丝网工位可以在任意色组间移动，配合双圆压圆模切装置、切单张装置、背切分条装置，联机实现更多复杂工艺。

四、卫星式柔印机

卫星式柔性版印刷机是指在大的共用压印滚筒周围设置多色印版滚筒的柔性版印刷机，其基本构成如图 7－33 所示。

1. 特点

（1）各色印版滚筒在共用压印滚筒的周围，承印物在压印滚筒上通过一次可完成多色印刷。

（2）具有更高的套印精度和印刷速度，且机器的结构刚性好，使用性能更稳定。

（3）承印材料广泛，既可印刷纸张和纸板，又可印刷各种薄膜、铝箔等材料，特别适用于印刷产品图案固定、批量较大、精度要求高的伸缩性较大的承印材料。

（4）印刷速度高。卫星式柔印机的印刷速度一般可达 250～400m/min，最高已超过 600m/min，可实现大批量印刷。

（5）印刷单元之间距离较短，容易引起干燥不良故障。如使用 UV 固化柔印油墨，印刷后经紫外光照射实现瞬间干燥，基本上可解决蹭脏问题。

2. 组成

卫星式柔印机主要由放卷供料部、印刷部（CI 型）、干燥和冷却装置、连线印后加工、收卷部、控制和管理系统以及辅助装置组成，如图 7-34 所示。

（1）放卷供料部　放卷供料部由放卷架、不停机快速换卷装置和预处理器等组成。有些卫星式柔印机还配置了纸张展平系统和纸面清洁装置。

（2）横向纠偏装置　为了保证承印材料

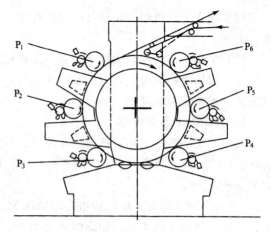

图 7-33　六色卫星式柔印机印刷部结构示意图

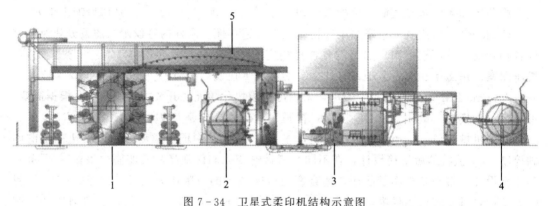

图 7-34　卫星式柔印机结构示意图

1—八色组印刷部　2—放卷部　3—冷却和牵引单元　4—收卷部　5—干燥装置

进入印刷部的边缘位置正确，在印刷部之前应安置横向纠偏装置。对于纸张等不透明材料，多采用光电扫描头或超声波传感器所构成的纠偏装置；对于薄膜等透明材料，则采用气动扫描头。

（3）张力控制单元　卫星式柔印机采用分段独立的张力控制系统，一般包括放卷、输入、输出和收卷 4 个控制单元，也有一些厂家将放卷和输入或输出和收卷控制单元合二为一，即采用 3 个张力控制单元。

（4）印刷部　卫星式柔印机的印刷部由中心压印滚筒和分布在压印滚筒周围的各印刷色组的印版滚筒及输墨装置组成。

（5）干燥和冷却部分

① 干燥系统。干燥系统一般包括色间干燥、主干燥和连线后干燥 3 部分。色间干燥指两个相邻印刷单元之间的干燥。主干燥（也称终干燥）指 CI 印刷之后的干燥，常采用桥式干燥箱干燥。而连线后干燥是指对连线复合、涂布或上光等印后工序的干燥。干燥热源可采用蒸气、电、热油及天然气 4 种，其中电热源使用最多。干燥系统控制有各色组分散控制和一体化控制两种方式，较先进的机型多采用一体化控制。大多数机型采用电子温控器。

② 冷却系统。除起冷却作用外，其冷却辊通常还担当牵引辊，成为张力控制系统的一部分。冷却辊由直流电机驱动，它提供从最后一个色组，经过桥式干燥通道到冷却辊区

间的精确张力控制。

（6）连线印后加工

① 横切部。适用 $50\sim450\mathrm{g/m^2}$ 的纸张，裁切误差为 $\pm0.2\mathrm{mm}$。

② 复合部。可采用干法、湿法或同时采用两种工艺。

③ 模切部。模切/压痕精度为 $\pm0.2\mathrm{mm}$。

（7）收卷部　收卷部主要由收卷架、张力控制单元、堆码单元（输送、堆码、计数、捆扎打包等）组成。

（8）控制与管理系统　现代宽幅卫星式柔印机设有模块化自动操作系统、智能化传动系统和定位系统、电子同步调节及计算机控制快进系统、机械手换辊系统、供墨及清洗系统、远程遥控系统等。

3. 典型机型及其特点

卫星式柔印设备的技术水平主要取决于最大印刷宽度、印刷色数、印刷速度、自动化控制水平、干燥方式、承印材料的适应性、油墨类型，以及在环保、安全、节能、人性化操作等功能。

W&H 公司生产的 ASTRAFLEX CCI 卫星式 8 色包装用柔印机，印刷幅宽 1570mm，最高印速为 470m/min；更换一个机组上的柔性版滚筒和网纹辊仅需 1min。

Tachy's（快捷型）卫星式柔印机系列有多种配置方式，可以采用连线层叠式柔版印刷单元，进行上光、冷/热涂布、复合等工艺加工。

陕西北人生产的 Y268 卫星式柔版印刷机，主要特点有：① 印刷单元采用全伺服无轴控制系统、整机采用新型低张力控制系统；② 印刷压力采用伺服电机调整，并具有记忆功能；③ 采用套筒式印版滚筒、套筒式陶瓷网纹辊、封闭刮刀供墨，操作侧门式抽拉结；④ 牵引辊可同时兼作冷却辊使用，新型结构增大了冷却效果；⑤ 收卷采用双工位圆盘机构；⑥ 整机采用模块化、智能化控制管理系统。

五、层叠式柔印机

层叠式柔性版印刷机是指各色印刷机组采用上、中、下配置的柔性版印刷机，每个印刷机组都有一个独立的印刷单元，包括压印滚筒、印版滚筒及输墨装置。其基本构成如图 7-35 所示。

层叠式柔性版印刷机可进行单面多色印刷，也可通过变换承印物的传送路线实现双面印刷，便于接近，便于调整，便于更换和清洗，具有良好的使用性能和操作性能，可与裁切机、制袋机、上光机等联机使用，以实现多工序加工，适用范围广泛，可印刷各种承印材料。

由于层叠式柔性版印刷机各机组之间的距离较大，故套准精度受到限制，一般为 $\pm0.8\mathrm{mm}$，适用于印刷一般精度要求的印品，不适合易伸缩或容易起皱的承印材料。

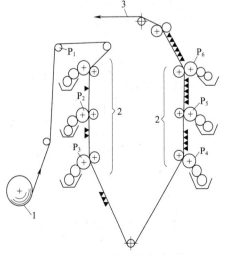

图 7-35　层叠式柔性版印刷机
1—给纸部　2—印刷部　3—收纸部

第四节　柔性版印刷工艺及应用

一、柔印工艺流程

目前柔版印刷设备的种类和型号较多，有机组式、卫星式、层叠式等多种。尽管它们的结构各不相同，但其印刷工艺流程却基本相同，即：

印前设计及图文处理—分色出片—印版制作—贴版、打样—印刷—模切等印后加工。

二、印　版　制　作

1. 传统感光树脂柔性版的制作工艺

传统的柔性版的制作工艺流程为：

阴图片准备→裁版→背面曝光→正面曝光→冲洗（显影）→干燥→去粘→后曝光

（1）阴图片准备　首先要检查阴图片的质量，对阴图片做清洁工作。

（2）裁版　裁切版材时要根据阴图尺寸，版边预留 12mm 夹持余量，正面朝上进行裁切。

（3）背面曝光　背面曝光是指从背面对印版进行均匀曝光，如图 7-36（a）图所示。版材背面曝光的主要目的是建立印版的浮雕深度和加强聚酯支撑膜和感光树脂层的黏着力。

采用长波（UV-A）光源，背面曝光时间的长短决定了版基的厚度，曝光时间越长，版基越厚，印版厚度越厚，曝光时间也应越长；所需印版硬度越大，曝光时间应越长。

（4）正面曝光　正面曝光也叫主曝光，是将阴图片（负片）上的图文信息转移到版材上的过程，如图 7-36（b）所示。

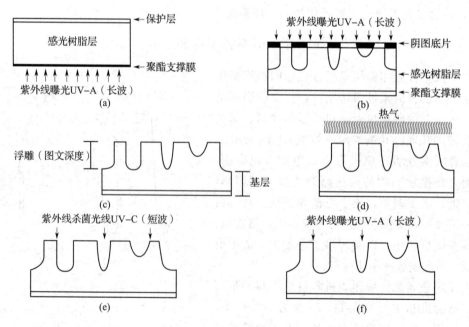

图 7-36　赛丽版制作工艺

感光原理：感光性树脂版材在紫外光的照射下，首先使引发剂分解产生游离基，游离基立即与不饱和单体的双键发生加成反应，引发聚合交联反应，从而使见光区域（图文部分）的高分子材料变为难溶甚至不溶性的物质，而未见光部位（非图文部分）仍保持原有的溶解性，可用相应的溶剂将非图文部分的感光树脂除去，使见光部位（图文部分）保留，形成浮雕图文。反应式为：

$$R\cdot + CH_2 = CH-X \rightarrow R-\overset{\overset{\displaystyle H}{|}}{\underset{\underset{\displaystyle X}{|}}{C}}-CH_2\cdot \xrightarrow{+(CH_2=CHX)_n} R(CH_2-CHX)_nCH_2-\overset{\overset{\displaystyle H}{|}}{\underset{\underset{\displaystyle X}{|}}{C}}\cdot$$

（游离基）（含乙烯基的单体）（游离基与双键合成）　　　　　（引发聚合）

曝光光源：柔性版制版应选用优质的紫外光源。因为有机化合物的化学键具有一定能量，只有吸收了超过其键能的光能，才有可能打开化学键，生成游离基。

常用的光源有紫外灯管（例如菲利浦黑光管）和高压水银灯。其优点是曝光效率高，时间短，能增加印版的层次，如要制作精细网线版，则需要采用 2～3kW 超高压水银灯，以保证有足够的层次再现。

曝光时间主要取决于版材的型号、阴图片上图文的面积大小，一般与图文面积成正比。细线条和网点需要的曝光量比实地阴文需要得多。

（5）冲洗显影　冲洗显影是指版面经曝光后，见光部分硬化，未硬化的部位需要用溶剂除去，称为显影，如图 7-36（c）所示。

显影的目的是，除去未见光部分（非图文部分）的感光树脂，形成凸起的浮雕图文。未曝光的部位在溶剂的作用下用刷子除去，刷下去的深度就是图文浮雕的高度。

柔性版冲洗是在专用的冲版机内完成的。显影溶剂多以氯化烃系溶剂（三氯乙烷等）作为主剂，显影时间通常为数几分钟到二十分钟左右。如果显影时间过短，容易出现浮雕浅、被显影的底面不平、表面出现浮渣等毛病；如果显影时间过长，容易出现图文破损、表面鼓起和版面高低不平等问题。

（6）干燥　干燥是指经冲洗后的印版吸收溶剂而膨胀，通过热风干燥排出所吸的溶剂，使印版恢复到原来的厚度。如图 7-36（d）所示。

印版从冲版机中取出来后，通常是膨胀的、粘而软，原来的直线看起来像波浪线，文字也会是歪扭的，需要在烘箱内进行干燥，排出所吸收的溶剂恢复原先版的厚度。可用50～70℃的温风将版干燥几分钟到三十分钟。

（7）去粘处理　去粘是指用光照或化学方法对版面进行去粘处理。目的是去掉版材表面的黏性，增强着墨能力。

通常采用光照法去粘，如图 7-36（e）所示，通过一个独特的去粘单元的短波辐射（UV-C 光源）来完成。光谱输出波长为 254nm，对版面进行短时间照射。光照的时间以能达到去粘为宜。光照时间过长，易导致印版开裂变脆。光照去粘时间的长短，取决于显影时间和干燥时间。

（8）后曝光　后曝光是对干燥好的印版进行全面的曝光。如图 7-36（f）所示，经后曝光使整个树脂版完全发生光聚合反应，版面树脂全面硬化，以达到所需的硬度，提高印版的耐印力，并提高印版的耐溶剂性。

柔性版制版全过程可在制版机上连续完成。在去粘和后曝光阶段，采用两种不同波长的紫外光，分次曝光。第一次曝光（UV－C 光源）用来消除印版的黏着性；第二次曝光（UV－A 光源）增加印版耐印率。

2. 计算机直接制柔版技术

计算机直接制取柔性版的方式有两种，一种是激光成像制柔印版，另一种是直接激光雕刻印版。

（1）激光成像制柔印版　使用计算机直接制版系统，用数字信号指挥 YAG 激光，产生红外线，在涂有黑色合成膜的光聚版上，通过激光将黑膜进行烧蚀而成阴图，然后进行与传统制版方法相同的曝光、冲洗、干燥、后曝光等加工步骤，制成柔性版。典型的机器是 Esko 公司的 CDI（Cyrel Digital Imager）计算机直接版系统，其工艺流程如图 7－37 所示。

图 7－37　计算机直接制版工艺流程

CDI 系统采用的版材是赛丽专用 DPS 或 DPH 型号的版材。这种版材是在普通的感光树脂柔性版表面复合了一层具有完整折光性能的黑色材料——水溶性涂层。以代替传统工艺中的阴图片，将成像载体直接合成到版材之中。通过激光将黑膜进行烧蚀而成阴图之后，需要进行与传统制版工艺相同的曝光、冲洗、干燥、后曝光等加工步骤，制成柔性版。与传统柔性版材相比，其成像网点更细小，图像更清晰，印刷中的网点变形也小。

（2）激光直接雕刻制版系统　激光直接雕刻制版系统以电子系统的图像信号控制激光直接在单张或套筒柔性版上进行雕刻，形成柔性印版。激光雕刻的柔性版制版是一种直接数字版（Direct－Digital－Form），制版过程全数字化。经雕刻完成的印版只需用温水清洗掉灰尘马上就可以上机印刷，体现了高精度简便快速制版过程的优势，具有良好的发展前景。

（3）无缝套筒印版制作技术（CTS）　无缝套筒印版制作技术，简称 CTS（Computer－To－Sleeve），是在涂有光聚合物的无缝印版套筒上进行激光曝光，需要使用特殊的直接制版机。

使用连续无缝的套筒滚筒并采用无软片的涂膜工艺具有以下一些优势：① 多联拼印的印件可以采用离散式或其他特殊方式的排列；② 铺有网纹的印件在印刷中不会产生类似凹印工艺中的那种断线或接缝的弊病；③ 可以印出连续不断的纤细线条的接线印件；④ 可以与柔印版预装版工艺相匹配使用。

人们一直期待着无缝光聚合物套筒印版制作技术能得到广泛使用。

三、贴版与打样

在柔性版印刷机上，印版需事先粘贴到印版滚筒表面，然后再实施印刷作业。

1. 贴版胶带

柔性版印刷需要一种专用的双面胶带将感光树脂柔性版粘贴在印版滚筒上，才能形成一个完整的印刷滚筒。目前普遍使用的是一种具有弹性的压敏性粘结材料，如图 7－38 所示。

双面胶带的选择会直接影响到印刷质量，

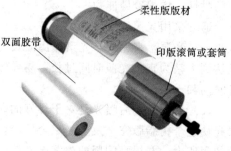

图 7－38　双面压敏胶带的使用

因而应有严格的性能要求：既要保证印版能够牢固的粘结，又要考虑成本、操作的方便性。同时厚度一致，弹性均匀，受压后不易变形。常用的双面胶带有德国 TESA 公司和美国 3M 公司的产品。

2. 贴版操作

在柔性版印刷机上，印版需事先粘贴到印版滚筒表面，然后再实施印刷作业。所以，印版在滚筒表面的位置直接影响到印刷品的套印精度。为了保证印版粘贴的准确性，一般采用贴版机。贴版机的作用主要是保证每张印版在印版滚筒上的位置准确，并保证同一套版中的所有印版在印版滚筒上的横向位置一致。

贴版操作时，可以将印版滚筒的横向位置固定，并将放大的左右十字线同时显示在一个屏幕上，当粘某一张印版时，只要左右十字线在屏幕上的水平高度一致，则这张版没有角度偏差。在粘一整套版时，既要保证每张版没有角度偏差，又要保证每张版的左右十字线在屏幕上的左右横向位置一致。这时，如果每个版滚筒在贴版机上经过精确定位，则每张版在版滚筒上的横向位置是一致的。

常用的贴版机分为三种类型：一种是最简单的，凭目测控制贴版精度；第二种是带有观察版边十字线的放大镜头的；第三种贴版机带有摄像头和显示屏，通过显示屏观察套准十字线的位置，从而精确控制贴版精度。如图 7 - 39 所示为 Aulcean 公司的 5S150AS 数控拼版贴版机。

3. 打样

用胶带纸把白色打样纸牢牢贴到压印滚筒上，印版加上油墨，然后使压印滚筒与印版滚筒轻轻接触，逐渐增加印刷压力，以最小的压力达到印出全部图文，以此类推对另外几色印版滚筒进行打样，并达到套准合格和印迹均匀一致。

图 7 - 39　5S150AS 数控拼版贴版机

四、柔印油墨的印刷适性

目前国内外普遍使用的柔性版印刷油墨主要有三种类型：溶剂型油墨、水性油墨和紫外线光固化（UV）油墨。溶剂型油墨主要用于塑料印刷；水性油墨主要适用于具有吸收性的瓦楞纸、包装纸、报纸印刷；而 UV 油墨为通用型油墨，纸张和塑料薄膜印刷均可使用，具体分类如图 7 - 40 所示。

本节主要介绍在柔印版印刷中使用最广泛的水性油墨及其印刷适性。

1. 水性油墨的组成

水性油墨是由水性高分子树脂和乳液、有机颜料、溶剂（主要是水）和相关助剂经物理化学过程混合而成的。

水性油墨具有不含挥发性有机溶剂、不易燃、不会损害印刷操作者的健康、对大气环境无污染等特性。水性油墨作为一种新型印刷油墨，消除了溶剂性油墨中的某些有毒、有害物质对人体的危害和对包装商品的污染，特别适用于食品、饮料、药品等卫生条件要求严格的包装印刷产品。改善了印刷作业的环境。随着人类环保意识的增强，水性油墨已在国内外的包装印刷和商业印刷中得到广泛应用，并取得了良好的效果。

水性油墨与溶剂型油墨的主要区别在于水性油墨中使用的溶剂不是有机溶剂而是水，也就是说水性油墨的连结料主要是由树脂和水组成。通常比例配置可参考图 7-41。

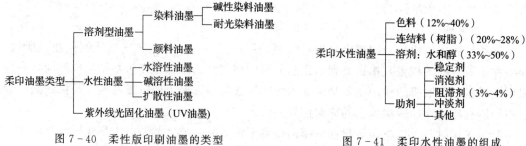

图 7-40　柔性版印刷油墨的类型　　　　　图 7-41　柔印水性油墨的组成

2. 水性油墨的印刷适性

（1）黏度　黏度是油墨内聚力的大小。黏度是水墨应用中最主要的控制指标。水墨的黏度过低，会造成色浅、网点扩大量大、高光点变形、传墨不均等弊端；水墨黏度过高，会影响网纹辊的转移性能，墨色不匀，颜色有时反而印不深，同时容易造成脏版、糊版、起泡、不干等弊病。

水墨的出厂黏度，因厂家或品种而异，一般控制在 30～60s/25℃ 范围内（用 4# 涂料杯）。使用时黏度调整到 40～50s 较好。

① 温度对水墨黏度的影响。温度对水墨黏度的影响很大，见表 7-1。

表 7-1　　　　　　　　　　温度对水墨黏度的影响

温度/℃	10	20	30	35
油墨黏度/s	60	41	41	28

② 触变性对黏度的影响。触变性是指油墨在外力搅动作用下流动性增大，停止搅动后流动性逐渐减小，恢复原状的性能。

水墨放置时间久了以后，有些稳定性差的油墨容易沉淀、分层，还有的出现假稠现象。这时，可充分搅拌，经过一定时间的搅拌后，以上问题自然消失。在使用新鲜水墨时，一定要提前搅拌均匀后，再作稀释调整。在印刷正常时，也要定时搅拌墨斗。

（2）pH 对油墨黏度和干燥性的影响　水墨应用中另一个需要控制的指标是 pH，其正常范围为 8.5～9.5，这时水性油墨的印刷性能最好，印品质量最稳定。由于氨在印刷过程中不断挥发，操作人员还会不时地向油墨中加入新墨和各种添加剂，所以油墨的 pH随时都可能发生变化。只需一台标准的 pH 计量仪，就可以方便地测出油墨的 pH。当 pH高于 9.5 时，碱性太强，水基油墨的黏度降低，干燥速度变慢，耐水性能变差；而当 pH低于 8.5 即碱性太弱时，水基油墨的黏度会升高，墨易干燥，堵到版及网纹辊上，引起版面上脏，并且产生气泡。

pH 对水性油墨印刷适性的影响主要表现在油墨的黏度和干燥性方面。pH 和水性油墨的黏度关系如图 7-42 所示。

图 7-42 中的黏度值是用 4# 涂料杯测试的，pH 是用 WS 型袖珍数字显示酸度计测试的。曲线表明，水性油墨的黏度随 pH 的上升而下降。

水性油墨的干燥性和 pH 的关系如图 7-43 所示。图中干燥性的测试方法是：将少许油墨放在刮板细度计 $100\mu m$ 处，用刮板迅速刮下并同时打开秒表，经 30s 后用一纸张的下端对准刮板零刻度处，平贴凹槽处，用手掌速压一下，揭下纸张，测量未粘墨迹的长度，用毫米表示，即为初干性（图 7-43 中的干燥性），未粘墨迹愈短，干燥愈慢。

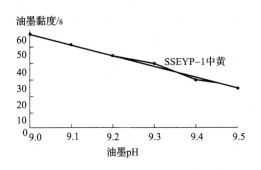

图 7-42　水性油墨的 pH
和黏度的关系

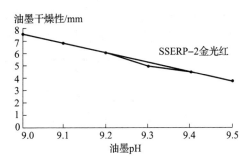

图 7-43　水性油墨的 pH
和干燥性的关系

曲线表明，随着 pH 的逐渐升高，水性油墨的干燥性降低。

如前所述，水性油墨的 pH 主要依靠氨类化合物来维持，但由于印刷过程中氨类物质的挥发，pH 下降，这将使油墨的黏度上升，转移性变差，同时油墨的干燥速度加快，堵塞网纹辊，出现糊版故障。若要保持油墨性能的稳定，一方面尽可能避免氨类物质外泄，例如盖好油墨槽的上盖。另一方面要定时、定量地向墨槽中添加稳定剂。

从某种意义上讲，pH 的控制甚至比黏度控制还重要。操作人员不仅要了解所用的各种油墨添加剂的 pH 及它们的变化情况，而且在印刷中应严格按照供应商提供的技术指标参数进行操作。

油墨厂生产的水性油墨，一般的性能如表 7-2 所示。

表 7-2　　　　　　　油墨厂生产的水性油墨的一般性能指标

颜色	黏度/s	细度/μm	黏着性（Tack）	pH
黄	40	35	3.5	9
红	75	15	3，3	9.5
黑	80	10	3	9.5
金	62		4.6	9.1

从表 7-2 的数据中可以看出水性油墨为弱碱性的，pH 约在 9 左右。

五、纸包装柔性版印刷

数字技术在柔版印前领域的应用，大大提高了柔版印刷品的质量，推动了柔版印刷技术的发展，尤其是卷筒纸盒的柔版印刷发展非常快，用机组式连线柔印机制如香烟、食品、医药卫生用品等的折叠纸盒产品，机组式连线柔印机带有连机上光、压痕、烫金、模切等工位，生产效率高，可使用水性油墨，保护环境，是当前国内外柔印发展较快的一个领域。

　　纸包装印刷常用的材料有白纸板、白卡纸、玻璃卡纸、铝箔（金、银）复合纸和镭射卡纸等。

　　柔印纸包装产品质量控制难点主要有两个：一个是套印精度；另一个是印后加工模切精度。

　　（1）拼版方式对套印精度的影响　柔印工艺对套印精度要求比较高，并且与柔印的拼版方式有关。如烟包印刷一般采用窄幅柔印机（幅宽约在 400～510mm），拼版形式一般有四拼式，有时为了节约纸张也会采用八拼连版，如图 7－44 所示。

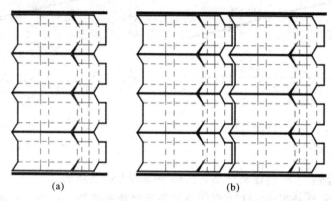

图 7－44　四拼和八拼版式

(a)　四拼版式　(b)　八拼版式

　　① 版面大小的影响。不同的拼版方式对套印精度有不同的影响。从理论上说，版面面积的大小能决定套准线与承印物实际偏差角度的大小，面积越大，版面的长宽距离也就越大。那么，相对于面积较小的版面来说，版辊以套准线为基础、以同样大小的角度进行调整时，版面较小者会有更多的调节回旋余地，而大面积版面因为长度和宽度大，容易造成调整时摆幅过大、偏差角度也大的情况。所以，在实际印刷中，不要单纯为节省承印材料而片面追求大版面，这样会给精确套印带来困难，也会给印后加工带来困难。

　　② 排版方式的影响。拼版时是采取同一方向排版的方式还是采取对称排版的方式也会对套印精度产生影响。如果采取对称的方式拼版（软烟包印刷中比较常见），很容易在印刷过程中出现套印不准的情况，因为图文方向不一致，尤其是渐变网渐变的方向不同，会造成对压力的需求不同，有微弱差异，导致印刷效果也不同。在硬包印刷中遇到这种情况，调试时会浪费纸张，对套准有影响。

　　（2）贴版工序对套印的影响　贴版工序对套印的影响也很大。目前柔印厂家所用的装版机一般是手动式的，通过摄像头放大后，在屏幕上观察版是否上正，如果不正，则手工进行调节。这种上版方式无法保证每一块版之间是绝对平等的，一般会有 0.05～0.10mm 的误差，于是在印刷时就会发现，左边的图案调整好了，而最右边的图案却可能过于偏上或偏下。

　　无论是机器本身的调整还是人工的手动调整，只有在保证调整精度达到某一个能够横向、纵向兼顾的平均位置之后，才能进一步讨论精确套印。

　　（3）工艺设计方案给套印精度带来的影响　由于柔性版印刷使用水性油墨，实地密度较低，色彩饱和度差，一次印刷无法达到要求，所以在实际印刷中一般采用底色实地印两遍的工艺。这时，如果烟包上有反白的小字或细小的图案，就增加了复制难度，对印刷的套印精度就提出了较高的要求。

（4）印后加工的精度要求给套印带来的影响　折叠纸盒生产不仅要求印刷精美，对产品尺寸的准确性（后加工精度）要求也高。特别是压凸和烫金对套印精度要求很高。柔印机都配有模切机组。模切、压痕、压凸可同步完成。后加工失败会使废品率成倍增加，柔印机正常速度可开到 120m/min，高速印刷出现废品时浪费相当严重。

为了提高套印精度，还需配置一些专业辅助设备，如自动套准、精确模切系统、利用机器进行自动控制，提高套准和模切精度，对生产全过程进行有效监控。

新型的全数字式卷筒联线加工多功能柔版生产线，大都配备了轮转裁切装置、压痕装置或收卷装置，速度快，换件快，因此，降低了劳动强度，减少了废品率，生产效率和产品质量得到很大的提高。

六、软包装柔性版印刷

软包装是指在充填或取出内装物后，容器形状可发生变化的包装。用纸、铝箔、塑料薄膜以及它们的复合物所制成的各种袋、盒、套、包封等进行的包装均为软包装。柔印在软包装中的应用近年来得到迅速发展，尤其在食品、药品、化妆品、日化产品等领域，今后还可能向具有蒸煮、杀菌功能的方向发展。

软包装的印刷方式以凹印和柔性版印刷为主，与凹印相比，卫星式柔印机的套印精度高于机组式凹印机，特别印刷很薄的易拉伸变形 PP 和 PE 薄膜，套印精度高于凹印。但是，柔印在连续调图像层次再现方面不如凹印。另外，柔性版印刷适合短、中长版活，而凹印更适合长版活。柔性版印刷油墨的安全性和成本优于凹印。

1. 软包装柔印印前工艺要点

（1）柔性版印塑料软包装分"里印"与"表印"，用于"里印"的输出胶片应是反向的；而用于"表印"的输出胶片应是正向的。另外，"里印"与"表印"网点扩大量也不一样，所以，网点扩大补偿曲线也应不同。

（2）塑料软包装彩色印刷品的加网线数一般在 120～133l/in。

（3）色数多但叠印少，多采用专色，专色是柔性版印刷的强项，色彩饱和度高。

（4）塑料薄膜尺寸变化的补偿。

补偿原因：塑料薄膜在印刷过程中被拉伸，在冷却后又回缩。特别是对于较薄的 CPP 和 PE 膜，这种变形更为严重，所以要考虑印刷前后尺寸变化补偿问题。

在实际生产中往往根据理论计算的一个同步周长为定值的产品，在印刷后其实际尺寸是纵向缩小了，横向放大了。纵向缩小明显，而横向放大不明显。

解决办法：在印前处理时，考虑印版弯曲补偿时，同时要考虑薄膜材料收缩所造成的误差。

2. 软包装彩印的印刷色序

塑料薄膜印刷，分"表印"与"里印"，两者的印刷工艺不尽相同，因此印刷色序的确定也有所差异。

（1）表印工艺的印刷色序　塑料软包装印刷，一般都是以白墨铺设底色，用以衬托其他色彩。其优点有：

① 塑料白墨与聚烯烃薄膜（PE、PP）亲和性最好，附着牢度最佳。

② 白色是全反射，使印品色彩更为鲜艳。

③ 增厚印刷墨层，使印刷层次更为丰富，更富有立体感。

"表印"彩色印刷色序一般为：白→黄→品红→青→黑。

（2）里印工艺的印刷色序　　"里印"制版工艺是指运用与表印反像图文的印版，将油墨转印到透明薄膜的内侧（反向图文），从而在薄膜正面表现正像图文的一种特殊印刷方法。

"里印"与"表印"的色序正好相反。例如表印一般先印底色，而里印则是最后印底色。因此，"里印"彩色印刷色序一般为：黑→青→品红→黄→白。

"里印"印刷品与"表印"印刷品比较，具有光亮美观，色彩鲜艳，不褪色，防潮耐磨，牢固耐用，保存期长，不粘连，不破裂等特点。由于油墨印在薄膜内侧，（经复合墨层夹于两膜之间）不会污染包装物品，符合食品卫生法要求。

近年来，随着"里印"工艺的不断发展，新推出的"里印"油墨逐渐代替了一般表印油墨，这是因为"里印"产品大都用作复合包装，专用"里印"油墨能满足印刷后的墨层与被复合材料的粘接，即使是大面积墨色色块，经复合加工，也能保证粘接牢固。

3. 软包装柔印工艺控制

（1）墨色控制　　目前塑料软包装柔印大多使用溶剂型油墨或水性油墨，目前仍以溶剂型油墨为主。控制溶剂型油墨的质量的参数主要有色浓度、黏度、细度和色相等。

① 色浓度。柔性版印刷在印精细产品时，由于配用高线数的网纹辊，使传墨量减少，这就需要高色强的油墨做支持，现在很多油墨公司在自己的产品系列中专门提供基墨（或称高色浓度的油墨），就是为了保证柔版印刷品的色彩鲜艳。但是，若正常生产中基墨加得过量，超过了一定的比例，油墨中的树脂少了，油墨同塑料薄膜的附着力必然下降。

选择并控制柔印油墨的色强，最有效的办法是测定实地密度的大小。若采用刮棒在薄膜上刮出的墨样与实际印刷工艺条件下的印样进行比较的办法，是有误差的。因为实际印样受网纹辊的线数、印刷速度及双面胶带种类的影响。

② 黏度对色相的影响。在塑料薄膜柔性版印刷工艺中，黏度不同的油墨其色相差距很大。按潘通（PANTON）色卡或客户提供的色标调配油墨，要注意调配到正常生产时需要的黏度，一般在 $20\sim35s$，白墨的黏度一般控制在 $35\sim45s$。为了在正常生产中保持恒定的油墨黏度，应强调每 $15\sim20min$ 测一次油墨黏度，并及时用溶剂加以调整。

常用的溶剂为乙醇、正丙醇、异丙醇、正丁醇、异丁醇等，有时也少量加入芳香烃和酯类溶剂。

根据印刷过程中溶剂平衡的理论，最好采用混合溶剂。混合溶剂的选配中，有的是对树脂有较强的溶解能力的真溶剂，也有仅仅是为了降低印刷黏度而加进去的假溶剂。真溶剂配合比例的确定，是理论与经验的总结结果。印刷墨色确认时，企业都应按客户确认后的产品标样来确定墨色，应做色浓标准、色淡标准以及合格标准三个确认件，要求重复生产时的墨色在三个标准样品之内。这种确认，主要是印品与样品以眼睛观察比较而取得的。国家标准对同批同色色差作了 $\Delta E\leqslant5.0$ 的规定，但对不同批的色差允许值没有规定，在生产实践中不同批的色差应控制在 $\Delta E\leqslant3.0$ 的范围内较合适。企业一般要求 ΔE 控制在 1.0～2.0 之间。每一卷产品印完后，取一幅完整的样品，与标样详细对照无误后再继续印刷，若有差异，须纠正后才能继续生产。

（2）套版精度控制

① 贴版要准。不论是传统的装版机，还是用电脑控制的、带有摄像头的装版机，最重要的就是贴版要准，这是保证卫星式柔印机套版精度控制在 0.1～0.15mm 的基础。

在使用传统装版机贴版时，贴版的准确度完全取决于操作人员的熟练程度。采用光学反射镜控制原理，贴版的参照点是十字线，前后十字线对准，印版就基本贴准了。但是在印版周长方向上，由于不容易把握住同水平轴线的垂直度，常会出现误差。可采取的办法是：在印版两侧的压条外，上下各做 30mm 长的两条 0.1mm 检测细线，当印版包拢后，要求纵向压条上下接口平滑连接，压条外测检测细线对直连接，不得有歪斜，就可以保证垂直度。

用视频（带摄像头和显示屏）的电脑装版机，其精度控制就方便多了。

② 张力控制。塑料薄膜很容易拉伸，生产中常涉及的印刷张力有四个：放卷输入张力、放卷张力、收版输入张力、收卷张力。张力大小不同使塑料薄膜的拉伸变形有很大差别，这对套准的影响很大。张力太大，容易出现断膜、拉伸形变、套印等问题；张力太小，则容易出现原膜打折，收卷张力不够，影响后道工序。可见，所以合适的张力调节是套版精度的保障之一。

③ 烘干装置。中央压印辊四周的各组热风量调节是否正确也是影响套印精度的关键之一。卫星式柔印机各印刷单元间的热风干燥器，其进出风量是可以调节的，风量的调节若不适当，将会影响到套版精度。PET、PE、PVC、PA 等薄膜的干燥温度都最好不要超过 70℃。干燥速度与干燥温度、印刷速度有密切的联系。干燥速度与溶剂的类型有关，因而要选择合适高速柔印挥发干燥的油墨溶剂，调节干燥温度与印刷速度相适应。

④ 环境温湿度。柔印软包装印刷的温度、湿度变化会影响到套准精度，还会影响油墨的上墨量、带来印刷膜受潮、静电能问题。一般车间的温度设置在 20～25℃，常用的湿度为 60%～70%。

（3）印刷压力控制　柔性版印刷机的压力是指网纹辊对版滚筒的压力和版滚筒对压印滚筒的压力，调整这两组压力对印品的网点扩大至关重要。一个好的柔印机长，最重要的标准就在于如何掌握这两组压力，压力掌握不当，网点扩大严重，印迹明显，印品色相差异，而且印版易脏，高光部分的小网点容易粘连，或称之为"堵版"，需要不停地停机和擦洗印版。详细内容参见本章第三节的相关内容。

七、标签组合印刷

柔性版印刷不干胶标签的印刷工艺流程，如图 7 - 45 所示。

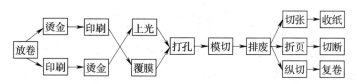

图 7 - 45　柔印不干胶的印刷工艺流程

（1）纸基基材不干胶标签的柔印　纸基基材的柔印分两种路线：

① 先烫金、后印刷。应用在无 UV 干燥的设备上，使用普通油墨。缺点是印刷图文必须同烫金版图文分开，因为电化铝不上墨，印后不干，标签图案设计受到限制。

② 先印刷、后烫印。应用在有 UV 干燥装置的设备上。油墨快速干燥后，在墨层上进行烫印，烫印图文可任意设计。

（2）薄膜基材不干胶标签的柔印　薄膜材料在印刷前需经表面处理，提高油墨的附着性。不干胶薄膜材料的柔版印刷基本方法是：

① 溶剂油墨柔印。这是传统的印刷方法，印刷品质量好。由于溶剂油墨表面张力低，对薄膜表面张力要求不太苛刻，所以墨层牢度强，工艺相对简单，但溶剂挥发污染环境，对人体有害，不符合环保要求。

② 水性墨柔印。这种印刷方法成本低，质量好，无环境污染。但工艺要求严格，薄膜张力必须达到 $40 \times 10^{-5} \text{N/cm}$ 以上，否则会影响油墨的附着性能。另外，印刷过程中，还要严格控制油墨的 pH 和黏度。

③ UV 墨柔印。这种方法印刷质量好，效率高，对薄膜表面张力要求不苛刻，但成本较高。一般厂家采用水性油墨印刷，UV 上光方式以降低成本，增强印刷效果。

（3）组合印刷（复合印刷）　这是当前世界上包装印刷行业中最先进的一种印刷方式。根据不同的图案设计，在同一图案上采用几种方法印刷，达到最佳的视觉效果。例如在标签上实地部分采用丝印，可避免出现白点及墨色不均匀，而网目调图文部分则采用柔性版网点印刷，提高清晰度。通过复合印刷的标签立体感强、层次分明，不仅质量好，而且具有防伪作用。在国外此类设备使用很普遍，德国阿索码公司的 Emo410 型高档柔印机可实现胶印、丝印、柔印组合印刷，适用于 $20 \sim 450 \mu\text{m}$ 厚的塑料薄膜、纸张、特种材料、不干胶和卡纸等多种材料的标签和包装装潢产品，还可与压痕、压凸、烫金、覆膜、模切等加工装置联机构成印刷加工生产线。

（4）不干胶标签背面印刷　不干胶标签背面印刷是指用印刷的方法在不干胶材料的粘接剂表面印上油墨或涂料。

背面印刷的目的：形成背面印刷图文。通过在粘接剂表面印刷少量的文字或图案，使其成为双面标签，将这种双面标签贴到装有透明液体的透明瓶体上或玻璃上，可通过透明瓶体或玻璃清晰地看到标签背面印刷的文字说明。一个标签正反两面可以分别起到不同的宣传作用，即节省了标签材料和费用，又使商品具有特殊的装潢效果，并起到一定的防伪作用。

不干胶标签背面印刷只能用凸版印刷（包括柔印），因为只需凸起部分同粘接剂在印刷瞬间接触。背面印刷的工序没有统一规定，既可在正面印刷前，也可在正面印刷后进行，印刷过程如图 7-46 所示。

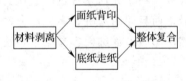

图 7-46　背面印刷过程

八、纸箱预印与直接柔印

目前，瓦楞纸箱常用的印刷方式有两种：一种是直接柔印工艺，过去仅仅是在纸箱上印刷一些简单的标记符号，如"小心轻放"、"向上"等，其作用也只是单纯的运输包装，印刷方式也以手工雕刻橡皮版的柔性版印刷为主。但随着市场经济的发展，大型超市采用仓储式货架销售，使瓦楞纸箱具备了运输和销售包装的双重功能，同时对食品和家电等产品的瓦楞纸箱包装的印刷质量提出了更高的要求，这类包装箱的印刷已从原来单色或多色实地印刷逐步向彩色层次印刷转变。另一种是预印工艺，在瓦楞纸板生产之前先对面纸（卷筒纸）进行印刷，然后再将印好的面纸送到瓦楞纸板生产线上与底纸贴合。无论采用哪种印刷方法，柔性版印刷都是瓦楞纸箱印刷的最佳方式。

1. 纸箱的预印工艺

所谓"预印刷"是指在瓦楞纸板生产之前先对面纸进行印刷，印刷后仍然收料成卷筒纸，然后将印刷好的卷筒纸作为面纸送到瓦楞纸板机上进行贴面、生产出纸板，再用模切机切成箱形。采用预印的方法，可以获得更高、更稳定的质量和更好的套准精度，当今，国外对于批量大、质量要求高的纸箱产品，采用柔性版预印刷的方法。预印已成为瓦楞纸板印刷的一个重要趋势，特别是高档纸箱，包括大型和重型纸箱更适合采用预印刷。

（1）工艺流程　瓦楞纸箱预印刷的工艺流程为：

卷筒纸预印刷面纸（柔印）→印刷面纸＋生产线生产的瓦楞复合黏合→电脑纵切→电脑横切→模切开槽→粘合钉箱。

形成卷筒印刷品后上瓦楞纸箱板生产线进行复瓦楞，后面的工序仍然要模切或开槽，钉箱成产品。

（2）贴面工艺　柔印面纸与瓦楞纸板裱贴的贴面工艺如图7-47所示。

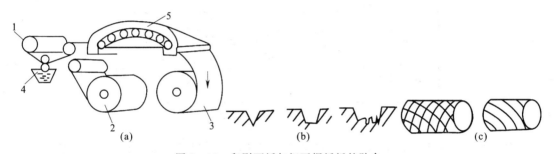

图7-47　印刷面纸与细瓦楞纸板的贴合

（a）贴面机结构示意　（b）涂胶辊网穴结构示意　（c）涂胶辊示意

1—卷筒印刷品　2—卷筒纸板　3—成品　4—黏合剂　5—烘干箱

目前国内用于彩色面纸与瓦楞纸板贴合的工艺手段主要有半自动和全自动贴合两种方法。

① 半自动贴合是利用半自动贴面机，通过人工送纸，完成瓦楞纸板涂胶，与面纸的对齐、贴合、最后压紧，粘结、输送。由于采用人工送纸的方式，生产效率相对也较低。

② 全自动贴合：全自动贴合利用全自动贴面机自动送出面纸与瓦楞纸板，并完成对瓦楞纸板的对齐、涂胶、贴合、最后压紧、粘结、输送、堆积、生产效率高。

这两种贴面工艺由于都采用自动对齐、涂胶、贴合、压紧、粘结、输送所以涂胶均匀，能保证瓦楞纸箱的质量，因而得到越来越多用户的青睐。

2. 瓦楞纸箱直接柔印工艺

柔性版直接印刷纸箱生产的工艺流程为：瓦楞纸板生产→纸板直接印刷→模切开槽→粘合钉箱。

（1）版材的选择　柔印版材一般选用感光树脂版，其厚度有2.84、3.94、7.00mm等多种，肖氏硬度为25～50。印刷过程中，应尽可能使用薄版，因为与厚版相比，薄版不仅可进行平整的实地印刷，而且网点扩大量小，套印精度高，印刷质量稳定，图像层次更精细。

杜邦赛丽瓦楞纸箱印刷用薄版有以下几种：

① 3.94mm 的 TDR，用于 B，C，BC 及低于 $150g/m^2$ 的 A 型瓦楞。

② 2.84～3.18mm 的 TDR，用于高于 $170g/m^2$ 的 B 型瓦楞或低于 $140g/m^2$ 的 E 型、EB 型瓦楞。

③ 1.70～2.84mm 的 TDR，用于 E 瓦楞。

瓦楞纸板质量较差时，应选用厚度较厚、硬度较低的版材；瓦楞纸质量较好、需印刷小字、网线版时，应选择硬度为肖氏 35～45 的薄版。薄版必须与衬垫一起使用才可获得优质效果。

（2）薄版加衬垫技术 传统柔印中，采用 7mm 厚型印版印刷，印版受压时凸起的图文部分的压强大，先被压缩，网点及文字线条易变形、网点扩大加剧，制版成本也较高。加上当瓦楞基材厚度不均匀时，压力太轻，可能使得传墨不均匀，容易造成印件实地露白，或出现瓦楞搓板状；而压力过重，则会造成基材变形、网点扩大，影响精细线条和网点套印，同时也使瓦楞纸箱强度遭到严重破坏。

若采用 3.94mm 薄版加 3.05mm 的气垫包衬，取代 7mm 印版，气垫包衬的硬度为肖氏 20～25，比印版硬度低（目前常用的印版硬度肖氏 35），在印刷受压时气垫包衬先压缩，因此印版变形小，如图 7-48 所示。印刷质量得到很大的提高，还可以降低制版成本。

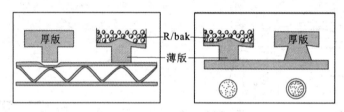

图 7-48 气垫式垫版的补偿作用

印刷压力过大时，印刷基材易变形甚至被损坏，同时树脂印版变形，印刷网点扩大；

印刷压力过小时，印刷基材容易产生瓦楞状和"搓板"样图案，而且影响实地及精细线条。

目前应用较多的是美国的 R/bak 气垫式包衬。R/bak 是一种聚氨酯型材料。由于其衬垫材料柔性高于树脂版或橡胶版的 2～10 倍，所以具有弹性高、不变形、受压复原快的优点。采用 R/bak 气垫式衬版技术，吸收印刷基材、印版和印版辊之间产生的压力，可有效防止印版变形和纸板损坏，使传墨更均匀，压印点面适印性更大，印刷图像层次更分明，如图 7-49 所示。

R/bak 气垫式包衬技术是目前瓦楞纸箱印刷中应用广泛的一项成熟技术，被大家视为一种提高瓦楞纸板印刷质量的最为直接、效果最为明显的解决办法。应用 R/bak 气垫式包衬技术已经成为国内外瓦楞纸箱印刷厂和机器制造厂提高产品档次的重要途径。这种薄版

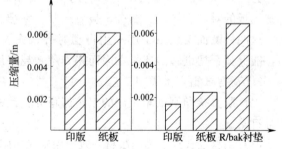

图 7-49 R/bak 衬垫可吸收的压缩量

工艺和 R/bak 气垫式包衬技术相结合，正在逐步取代传统的厚型印版。可见，薄型柔性版与 R/bak 衬垫相结合更适于印刷精细的图像。

（3）印刷压力的调节与控制　柔性版印刷属于轻压力印刷，印刷压力控制不当，会引起各种故障，因此印刷压力的控制和调整非常关键：压力过轻，印迹转移不充分，图文不清不实；而压力过大，柔性版容易被挤压变形，把有限的墨量挤到不需要墨的部位，线条、网点向外铺展、变粗，印刷时会出现硬口（野墨）、毛边、糊版等故障。如何控制压力，关键在于操作调整，调整实际上就是要控制好印版的压缩变形，印版变形越小，印刷质量就越高。

如图 7-50 中可以看出，在印刷过程中，有 3 个压力点（实际上是 3 条压印带），即墨斗辊与网纹辊、网纹辊与印版滚筒、印版滚筒与压印滚筒之间。这 3 个压力点在操作技术上都非常重要，而且应该在受控情况下进行印刷，不能仅凭经验操作。正确控制印刷状态应从以下几方面入手。

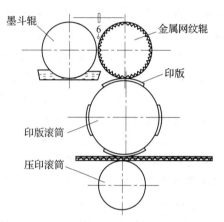

图 7-50　瓦楞纸箱柔印示意图

① 调整墨斗辊与网纹辊间的接触压力。墨斗辊的作用是把网纹辊表面的油墨挤掉，所以压力相对于网纹辊与印版滚筒、印版滚筒与压印滚筒的压力而言可以略大些。控制方法如下：

用 0.1mm 的厚薄规，在接触点上塞进去，可以多塞几个点，而且要在比较紧的情况下塞进去。也可将牛皮纸裁成 60～80mm 的长条，放在接触点上，按网纹辊长度，长则均匀放 4～6 条，短则放 3 条。将墨斗辊调整到牛皮纸在比较紧的情况下能够拉动，若拉起来感觉轻或厚薄规塞进去很轻松，则说明两者之间有间隙。

墨斗辊与网纹辊一定要在接触状态下进行工作。现在有的企业印刷时所使用的网纹辊线数偏高，达到 180l/in，在印刷色块、大的文字时，墨量不够，因此操作者常常采用加大墨斗辊与网纹辊间隙的方法来增加供墨量。但是上述二者之间一有间隙就失去了金属网纹辊定量供墨的作用，如果是这样的话，我们就可以用金属光辊代替金属网纹辊了。其实，早期的柔性版印刷传墨系统确曾使用过金属光辊，就是因为效果不理想，才发展到网纹辊。因此使用金属网纹辊一定要有"定量"供墨的概念，不能用间隙来调整墨量，有间隙墨量就控制不好，实地印不平服，会出现灯芯绒状条痕；网线版会产生色差。如果墨斗辊与金属网纹辊在正常接触状态下，金属网纹辊网墙上的油墨仍不能挤掉，则说明油墨的黏度过高，应调整油墨黏度，靠加大墨斗辊与金属网纹辊之间的压力是无济于事的。

② 调整网纹辊与印版滚筒间的接触压力。网纹辊与印版滚筒的接触压力要轻。从图 7-50 可以看出，网纹辊传墨给印版，印版受墨后才能进行印刷，如果网纹辊接触不到印版，印版就得不到油墨，印刷也无法进行。网纹辊应该怎样接触印版才最理想、才能符合轻压力要求呢？如图 7-50 所示，印版安装在印版滚筒表面，其安装厚度是可知的，如印版厚度为 3.94mm，包衬厚度为 3.05mm、双面胶为 0.11mm，挂版涤纶为 0.10mm，总厚度是 7.20mm。按照压力要轻的要求，最好是两辊相切刚好接触，即金属网纹辊与印版

滚筒间距保持在 7.20mm，但实际上由于网纹辊、印版与滚筒都有形位误差，所以相切状态是不可能的。经测试网纹辊不直度与径跳 0.02～0.04mm，印版滚筒径跳为 0.01～0.02mm，印版厚度误差为±0.02mm，最大误差是 0.08mm，再加上 0.02mm 的印刷压力，总量是 0.1mm。只要保证网纹辊能全面接触到印版，使网纹辊网穴里的油墨能传递到印版上，传墨的要求就达到了。所以，用 6mm 的塞尺和厚薄规，控制网纹辊与印版滚筒的距离为 7.10mm，即可达到压力的要求。

现在大多数印刷企业在瓦楞纸箱印刷过程中，印刷压力都大大超出 0.1mm。其实，压力过大，不仅影响印版的使用寿命，而且对提高印刷质量也非常不利。图 7-51（a）所示的网纹辊与印版刚好接触，印版变形小，符合轻压力要求。而图 7-51（b）由于压力过大，印刷时

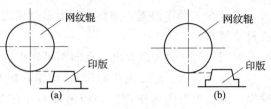

图 7-51　网纹辊与印版压力示意图
（a）压力轻　（b）压力重

网纹辊先接触印版的侧面，印版压缩变形后才受墨，致使印件图案、文字的前端出现硬口（野墨），毛边严重。目前在很多印件上都能够观察到这方面的质量问题。印刷网线版时，压力过大容易产生糊版，所以接触压力一定要轻。一般应将压力控制在 0.1mm，用户在实际操作中还是要视实际情况而灵活掌握，如果机器精度差，可适当加大压力；反之，可以减小压力。

③ 调整印版滚筒与压印滚筒间的压力。从理论上讲，印版滚筒与压印滚筒之间的接触压力也要轻，但实际上在瓦楞纸箱印刷中这一点不易做到。印版滚筒与压印滚筒的距离是印版总厚度加瓦楞纸板的厚度，印版的总厚度如前所述可以控制，但瓦楞纸板的厚度却难以控制，所以瓦楞纸箱的印刷质量与瓦楞纸板本身的厚度误差、平整度有很大关系。印刷基材中，瓦楞纸是最差的，不但每一张纸板的厚薄相差很多，而且同一张纸板的厚薄以及瓦楞高低误差也很大，在印刷时要满足所有瓦楞纸板的厚薄要求，达到良好的质量是比较困难的。

那么印版滚筒与压印滚筒的间隙量该如何控制呢？可以采用以下公式进行计算：

$$间隙量＝印版总厚度＋瓦楞纸板厚度－（0.5＋0.1）$$

式中 0.5 是测量出的瓦楞纸板厚度的误差量，0.1 是前面所说的滚筒与版材的误差量。这 0.6mm 是根据瓦楞纸板的质量及其他误差来控制印版的合理压缩量。用塞尺和厚薄规来控制印版滚筒与压印滚筒的间隙，在此控制范围内，已经可以保证瓦楞纸着墨部分全部印刷出来。但由于瓦楞纸存在厚度误差，当印刷厚的瓦楞纸板时，由于印版压缩量大，会对提高印刷质量不利，所以要保证印刷质量，就应尽量提高瓦楞纸板的质量，减少厚度误差。如果在操作上不加以控制，压力过重就会出现严重的硬口，实地印不平服，线条着墨部分墨色浅、非着墨边沿出现硬口而且墨色反而深。印网线版时压力过重会导致网点扩大糊版，三、四成网点有空心点等。

要保证瓦楞纸板的印刷质量，必须对以上三个方面的压力进行合理控制。

九、柔印质量控制

印刷过程中的质量控制是为了生产出符合要求的印刷产品，保证印刷生产的实施，并不

断改进，提高产品质量。控制过程分为三步：一是建立控制标准，印刷质量标准可依据国标，行标或企业标准；二是测定（检测）印刷样品与标准的偏差，这种偏差又有两种含义，样品与标准的偏差，另一种是样品与样品之间的一致性；三是控制，分析原因并采取措施。

1. 柔性版国家标准

柔性版装潢印刷品质量标准执行（GB/T 17497—1998）中的规定，对柔性版印刷品进行检测时，实验室温度在 $25℃±5℃$，相对湿度为 $60\%±5\%$，无紫外线光照环境 8h 以上，D_{65} 标准光源与试样台面距离 800mm 左右。

（1）外观质量　将试样放在色温为 5500～6500K 的 D_{65} 标准光源下，光源与实验台面相距 800mm 左右。观察者眼睛与目视部位相距 400mm 左右，视觉鉴定。① 印刷成品整洁，无明显脏污、残缺；② 文字印刷清晰完整，无缺笔断画，小于五号的字体不误字意；③ 不存在明显的墨杠，无糊版；④ 图面色泽鲜明，实地墨色平服厚实，版面均匀、整洁；网点清晰完整，与样张、复印样无明显差别；⑤ 瓦楞纸箱的图案无粘连，无重影，无漏底。

（2）实地密度　彩色层次版柔印印刷品的实地反射密度值如表 7-3。检测时，用反射密度计测量实地密度值；配合相应的测控条，测量图像密度反差、网点增大值。

表 7-3　　　　　　　　　　　　　彩色层次版印刷品的实地反射密度值

类别	颜色	纸张印刷品	塑料印刷品	销售包装纸箱印刷品
精细印刷品	黄（Y）	1.00～1.20	1.00～1.20	1.00～1.20
	品红（M）	1.20～1.50	1.20～1.50	1.20～1.50
	青（C）	1.30～1.60	1.30～1.60	1.30～1.60
	黑（BK）	1.40～1.80	1.40～1.80	1.40～1.80
	叠加色	1.50	1.50	1.50
一般印刷品	黄（Y）	0.80～1.10	0.80～1.10	0.80～1.10
	品红（M）	1.10～1.40	1.10～1.40	1.10～1.40
	青（C）	1.20～1.50	1.20～1.50	1.20～1.50
	黑（BK）	1.20～1.60	1.20～1.60	1.20～1.60
	叠加色	1.30	1.30	1.30

（3）印刷墨层结合牢度与耐磨性

① 塑料印刷品的印刷墨层结合牢度的要求。塑料印刷品的印刷墨层结合牢度的要求应符合 GB/T 7707 的规定，如表 7-4 所示。

表 7-4　　　　　　　　　　　　　塑料印刷品实地印刷墨层结合牢度

指标名称	符号	指标值	
同色密度偏差	D_S	≤0.06	
同批同色色差（CIEL*a*b*）	ΔE	$L^*>50.55$	$L^*<50$
		≤6.00	≤5.00
墨层光泽度/%	G_S（60）	≥35	
磨蹭将结合牢度/%	—	≥95	

注：仅薄膜表面与墨层之间的结合牢度。

② 纸张、瓦楞纸箱印刷品印刷墨层耐磨性的要求。纸张、瓦楞纸箱印刷品印刷墨层耐磨性的要求符合 GB/T 7706 墨层耐磨性的规定，如表 7-5 所示。

表 7-5　　　　　　　　纸张、瓦楞纸箱印刷品实地印刷墨层的耐磨性

指标名称	符号	指标值			
		精细产品		一般产品	
同色密度偏差	D_S	≤0.050		≤0.071	
同批同色色差/CIEL*a*b*	ΔE	$L^*>50.00$ ≤5.00	$L^*\leq50.00$ ≤4.00	$L^*>50.00$ ≤6.00	$L^*\leq50.00$ ≤5.00
墨层光泽度/%	G_S（60）	≥35		—	
磨蹭将结合牢度/%	—	≥95			

注：无光泽度要求的产品可取消此项指标

对于塑料、玻璃纸、复合膜等材料的印刷品，使用试验用玻璃胶带纸、胶黏带压滚机和圆盘剥离试验机来检测墨层结合牢度；对于纸张印刷品，使用摩擦试验机（耐磨仪）才检测墨层的耐磨性。

（4）套印精度　要求印刷图像轮廓清楚，套印允许误差如表 7-6 所示。

表 7-6　　　　　　　　套印允许误差

产品级别	纸张印刷品	塑料印刷品	纸箱印刷品
精细印刷品/mm	主要部位：<0.2 次要部位：<0.3	主要部位：<0.2 次要部位：<0.3	<1.5
一般印刷品/mm	主要部位：<0.3 次要部位：<0.5	主要部位：<0.3 次要部位：<0.5	<2

检测时，采用色温为 5500～6500K 的 D_{65} 标准光源，光源与试验台面相距 800mm 左右。测量仪器包括直尺（精度为 0.1mm）与放大镜（常规检验用 10 倍以上放大镜，定量检验用 30～50 倍读数放大镜）。在标准光源下，分别测试样主要部位和次要部位任二色之间的套印误差各三点，分别取其平均值，为主要部位和次要部位的套印误差。

（5）同批同色色差　检测指标主要是实地色。纸张、塑料、销售包装瓦楞纸箱印刷品同批同色色差应符合 GB/T 7705 的规定，如表 7-7 所示。

表 7-7　　　　　　　　同批同色色差

指标名称	符号	指标值			
		精细产品		一般产品	
同色密度偏差	D_S	≤0.050		≤0.071	
同批同色色差/CIEL*a*b*	ΔE	$L^*>50.00$ ≤5.00	$L^*\leq50.00$ ≤4.00	$L^*>50.00$ ≤6.00	$L^*\leq50.00$ ≤5.00
墨层光泽度/%	G_S（60）	≥35		—	

检测时，要求采用标准照明体 D_{65}，测色测量视场为 $10°$，采用积分球式测色色差计，采用《CIE1964 年补充标准色度观察者》数据。测量面积一般为直径 25mm 的圆孔，如被测部位较小，则允许采用小面积观察孔，其面积不得小于 $25mm^2$。以印刷样为基准，先测出 CIE $L^*a^*b^*$ 均匀色空间的 $L^*a^*b^*$ 值，然后测量试样稿为基准同色同部位的色差。

（6）网点增大值 要求印刷品网点清晰、角度正确，无重影。不同承印材料的印刷品的网点增大值也不一样，一般以 70％网点的增大值来评价，并通过反射密度计及测控条来测量，具体如表 7 - 8 所示。

表 7 - 8 　　　　　　　　　　　　70％网点的增大值 　　　　　　　　　　单位：%

产品级别	纸张印刷品	塑料印刷品	销售包装纸箱印刷品
精细印刷品	≤14	≤18	≤18
一般印刷品	≤18	≤21	≤21

2. 柔印质量的检测

柔印质量的检测手段和方法与胶印等其他印刷方法基本相同，只是检测元素略有差异。目前用于印刷质量检测的手段主要借助于测控条和检测版来检测产品质量。

（1）使用测控条检测 测控条是进行印刷质量控制的有效手段，测控条在使用过程中规定了标准状态及允许范围，即可用目测，也可用仪器检测，当超出允许范围时便发出"信号"，同时可以借助测试仪器进行测量、比较、计算得出数据偏差，对印刷过程中的各个环节都能够进行有效的控制。测控条不仅可进行定性判断的主观评价，还能进行定量判断的客观评价。对提高印刷质量，减少了不必要的损耗起到重要作用。

印刷测控条是印刷进行数据化和标准化生产的重要工具，是规范化控制印刷质量的有效方法。在印刷活件外上如图 7 - 52 所示的测控条，可以帮助监控印刷过程，及时发现问题并修正。FIRST 是美国 Flexographic Image Reproduction Specification & Tolerances 几个单词的首字母组合，指柔性版图像复制指标与容差，是美国 FTA 消费者协会咨询机构与 FIRST 委员会共同提出的，可以作为柔性版印刷中的事实标准使用。

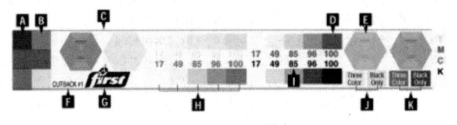

图 7 - 52 FIRST 测控条

图 7 - 52 中，A~K 分别代表的测试内容如下：

A：油墨叠印区 用以检测印刷中两个原色的叠印率。

B：实地区 为了保证叠印率计算的精确性，叠色块一般都嵌入两个单色块之间或附近。

C：曝光量控制 用于制版过程中曝光量大小的监控。

D：实地密度区 用以检测 Y、M、C、K 的实地密度，以及整个样张上的墨层均匀度。

E：重影区　用以检测重影以及重影的方向（也包括网点在某一方向上的伸长）。

根据水平和垂直两个方向的线条颜色深浅变化，判断印刷过程中是否发生了网点变形或重影。

F：参考代码

G：FIRST 标志

H：色调梯尺　由四色版灰梯尺组成，包括 17％，49％，85％，96％，100％五个并连在一起的灰阶色块。用反射密度计等测试仪器逐个测量灰梯尺上的色块，得到各灰阶值所对应的网点增大值，由此可对印版数据进行网点补偿。

I：网点扩大值　监控 85％处的网点面积变化，得出网点扩大值。

J：高光处灰平衡　用以检测高光处的灰平衡。一般在此网点块旁边放一块与三色叠印灰度相近的黑墨网点块，可通过对比方法进行目测评定。

K：暗调处灰平衡　为了控制全阶调的灰平衡，在高调、中间调和暗调都应放三色套印的网点块。

如果某一活件不想使用 FIRST 测控条，又要达到质量控制的目的，至少也应当包含图 7－53 中所示的最小管理指标。在这个最小管理指标中，含有四色及紫色高光和暗调的网点％测试区，监控高光处网点丢失，暗调处网点并糊情况。

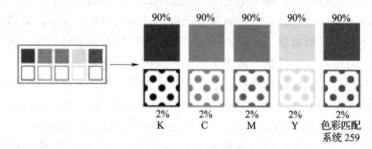

图 7－53　最小管理指标

（2）使用测试版检测　检测版是在测控条的基础上发展起来的。它包括了测控条所有的功能。检测版比测控条功能更为细化从而使质量检测更为精确。

影响柔性版印刷质量的因素较多，如印版、油墨、承印材料、柔版印刷机以及操作人员的技能水平等，为了得到高质量的柔性版印刷品，需要各种因素的相互配合，因此，全面了解和掌握不同情况下这些因素对印刷质量的影响就显得非常重要，印刷测试版能够充分体现这些印刷特性，它即可用于新机器的调机印刷测试，新油墨，新材料的应用测试，也用于机器性能的定期检测。

柔性版印刷测试版一般包含有网点增大测试条，油墨实地密度测试块，套印测试信息，阴、阳图文线条测试信息，渐变测试条，压力平衡测试信息，灰平衡测试信息，色彩管信息等。如图 7－54 所示为柔性版印刷的测试版。

3．统计质量控制方法

对影响印品质量因素的控制，除预先把前期作业处理得当之外，印刷时可使用具有依据性的统计质量控制方法科学控制，改进操作工艺参数，从而有效排除影响印品质量的不良因素。

（1）控制图 控制图是对生产过程或服务过程的质量加以测定、记录从而进行控制管理的一种图形方法。控制图根据质量数据的类型可分为：计量值控制图、计件值控制图和记点值控制图。在控制图中，包含上限（简称 UCL）和下限（简称 LCL）及中心线（简称 CL），此三条管制线，主要是研究印品品质趋势，让管理人员可以随时去监控印刷过程，使印刷生产过程随时保持在稳定的状态下。

控制图可以应用与印刷作业中的纸张伸缩性的变化情形、油墨黏度的变化情形、水斗液 pH 的变化情形、印刷压力变化情形等。

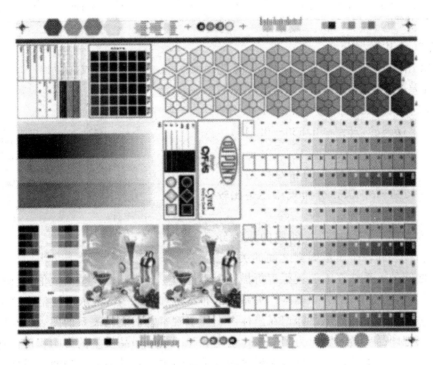

图 7 - 54　柔性版印刷测试版

控制图如图 7 - 55 所示，简单制作方法为：① 先收集问题的各种资料（数据）；② 将各种资料（数据）依次分类；③ 再把数据绘制成次序分配表；④ 依次序分配表计算平均值和标准差；⑤ 将分配表上的平均值加上三倍，所得到的数值就是管制上限（Upper Control Limit，简称 UCL），常以红色线来表示；⑥ 将分配表上的平均值减去三倍，所得到的数值就是管制下限（Lower Control Limit，简称 LCL），常以红色线来表示；⑦ 中心线（Central Line，简称 CL）就是由分配表上所计算出来的平均值，常用黑色线来表示。

（2）直方图 直方图是适用于对大量计量值数据进行整理加工、找出其统计规律。

通过直方图可以容易看出计量值的数据分布状况（如故障次数、次品数等），利用分析数据的规则

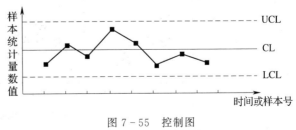

图 7 - 55　控制图

性，在生产中可以比较直观地了解产品质量的分布状态并判断工序是否处于受控状态，还可以对总体进行判断，分析其质量分布情况。

以相对反差为例，说明直方图的绘制。如：对某样张进行抽样检查，通过测试计算后得到日本 150g/m^2 铜版纸青版相对反差值见表 7-9。

表 7-9					青版相对反差值								
0.360	0.320	0.234	0.244	0.188	0.374	0.390	0.410	0.377	0.559	0.441	0.394	0.441	0.247
0.239	0.351	0.317	0.129	0.335	0.381	0.237	0.296	0.354	0.415	0.359	0.228	0.454	0.018

对表 7-9 中数据分组：

① 找出最大值为 0.559，最小值为 0.018，其差为 0.541；

② 取起点 $a=0.015$，$b=0.560$，共分 5 组，组距 $=(b-a)/5=(0.560-0.015)/5=0.109$

由图 7-56 可见，样张的相对反差值大部分都在 $0.233\sim0.451$，分布规律还是比较正常的。

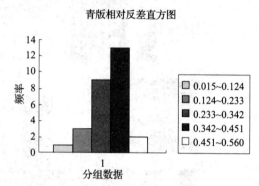

图 7-56　直方图

（3）散布图　在印刷质量问题的原因分析中，常会接触到各个质量因素之间的关系。这些变量之间的关系往往不能进行解析描述，不能由一个或几个变量的数值精确的求出另一个变量的值，我们称之为非确定性关系。散布图，如图 7-57 所示，就是将两个非确定性关系变量的数据对应列出，标记在坐标图上，来观察它们之间关系的图表。在印刷品质管理上可以把印品质量问题作为因变量，确定各种因素对印品质量的影响程度。通过分析各变量之间的相互关系，确定出各变量之间的关联性类型及其强弱。当两变量之间的关联性很强时，可以通过对容易控制（操作简单、成本低）的变量的控制，达到对难控制（操作复杂、成本高）的变量的间接控制。

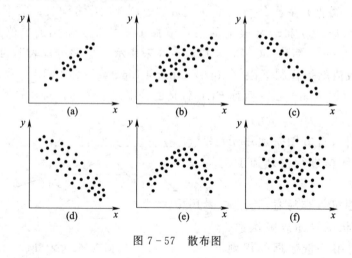

图 7-57　散布图

（4）因果图　在找出质量问题以后，为分析产生质量问题的原因，以确定因果关系的图表称为因果图（又称鱼骨图），如图 7-58 所示。它由质量问题和影响因素两部分组成。通常因果图中主干箭头所指的为质量问题，主干上的大支表示主要原因，中枝、小枝、细枝表示次要原因依次展开。

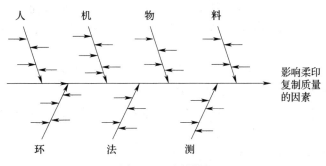

图 7-58　因果图

利用因果图可根据质量问题逆向追溯产生原因，由粗到细找出产生质量问题的原因。

以上这些统计质量控制方法可以单独使用，也可以综合使用。应结合印刷生产实际情况，选择一种适合的方法，达到预期的控制效果。

十、常见印刷故障及其排除

1. 纸包装柔印常见故障及解决办法

（1）印品糊版、堵版，网点堵死、挂须、糊笔道

可能原因：① 印刷压力太大；② 供墨量过多；③ 油墨黏度太高；④ 油墨颜料太粗；⑤ 油墨干燥过快。

解决方法：① 应正确调节金属墨辊、印版辊、压印辊相互之间的压力，轻微的接触，将压力减轻到最小程度，能印出即可；② 如实地部分与细小文字线条在一起的图文，应用粘贴胶带纸的方法将实地部分垫的高一些，增加压力；③ 在油墨中添加缓干溶剂；④ 对油墨需用 80 目筛网进行过滤后再用；⑤ 调整风热位置和角度，避免风吹到版面上，延缓油墨干燥时间。

（2）图文不清晰

可能原因：① 网纹辊与印版的压力太大；② 油墨太黏引起起毛；③ 印版磨损；④ 印速太慢；⑤ 油墨中颜料太多，分散不好。

解决方法：① 调整压力；② 降低油墨黏度，并清洗印版；③ 检查印版磨损与否，如有必要，应更换印版；④ 提高印速；⑤ 加入溶剂，并充分搅拌油墨。

（3）印品有龟纹

可能原因：网纹辊与印版的网线数不匹配而引起的。

解决方法：更换网纹辊。

（4）墨转移不到纸上

可能原因：① 油墨的选型不当；② 油墨的黏度不适当；③ 干燥速度太慢；④ 纸表面有油污。

解决方法：① 更换油墨；② 加入油墨或溶剂调节油墨的黏度；③ 加大热风干燥速

度；④ 更换纸材料。

（5）墨色不均匀

可能原因：① 油墨的 pH 不恰当；② 油墨黏度不恰当；③ 纸材料的吸收性不均匀；④ 印速不稳定；⑤ 供墨系统供墨不正常，墨槽内的油墨不足。

解决方法：① 假如新油墨或碱性溶剂调节油墨 pH；② 加入油墨黏度调节剂；③ 更换纸；④ 控制印速，使之稳定；⑤ 墨槽内加足油墨，使供墨系统供墨正常。

（6）印品起赃

可能原因：① 油墨的 pH 不恰当；② 油墨黏度不恰当；③ 印版上有多余的油墨；④ 油墨在印版上干燥；⑤ 纸材料本身就脏。

解决方法：① 假如新油墨或碱性溶剂调节油墨 pH；② 加入油墨黏度调节剂；③ 调节刮刀压力；④ 使用干燥较慢的溶剂；⑤ 换纸。

2．软包装柔印常见故障及解决办法

（1）套印不准　可能原因是承印材料收、放张力不当，机上固定压轮效果欠佳，滚筒齿轮松动移位，车速不一致。

（2）糊版发花　可能原因是油墨挥发太快，车速太慢，网纹辊和版滚筒压力过大，油墨黏度太高，印版太浅，气温太低，湿度太大。

（3）粘连　可能原因是溶剂挥发太慢，车速太快，承印材料电晕处理不够，油墨黏度太高。

（4）图案无光，网点不实　可能原因是油墨质量不佳，黏度太低，油墨内在比例失调，湿度太大，后印辊不洁，印版质量不好。

（5）收料折皱　可能原因是材料厚薄不匀，收料张力太大，机器水平移动等。

（6）脱色　可能原因是承印材料附着力差，油墨的黏性差。

（7）叠印不良　可能的原因是第一色干燥过度，第二色印压过强，第二色油墨黏度较低。

（8）印品上产生水流纹　可能原因是低黏度油墨给墨量大，油墨的平滑性不良。

上述几种常见故障，只要找到相应的原因，采用相应的措施就能解决。

3．不干胶标签常见模切故障分析

（1）模切清废时，标签与废边不分离，被一同带走　如果此故障发生在每一个重复长度的某一特定点或某一特定区域，则说明模切刀刃可能发生局部损坏或变钝。可适当增加模切压力，如果还不起作用的话，则需及时进行修理或修磨。对于刀刃上已产生的小缺口，则必须到专业厂家进行修补。

如果是偶尔发生标签与废边不分离，或者不是发生在每一重复长度的特定位置，则可能是模切机组出现了一些机械损坏，如轴承、齿轮、滚肩等磨损，或纸张进入了滚肩部分，也可能是模切刀刃刚刚发生磨损。这种情况下需稍加大模切压力，或将模切辊送去修磨。

（2）模切清废时，废边剥离困难，易断裂

① 开机速度太快，可适当降低开机速度。如果影响到印刷，则可考虑将印刷、模切和废边分离分两次走纸进行。

② 废边复卷张力过大，可适当减小张力值。废边分离的时机不合适也会产生此故障，特别是对于异形标签，最好的办法是对废边剥离处进行改进，调整废边分离辊的直径及位

置。最后可试一试给底纸稍加温，使胶的粘合力适当降低，但此方法用于薄膜标签时需慎重。

（3）进行线外平压平模切时，联机张切刀位不准　首先要调整张力，使印刷区张力与张切前段张力协调，再给张切刀粘贴足够的海绵包衬，还应尽量选用大直径的张切刀，张切刀位置基准线的印刷位置要尽量放在靠后面的印刷机组上，必要时，可安装全自动套准控制系统来控制张切刀位。

4. 纸箱印刷预印故障及解决方法

（1）纸箱预印中贴面"搓板"现象及解决办法　在彩盒生产过程中，裱合到单面瓦楞纸上的彩印面纸有时会出现一道道向内凹陷的形如搓板的皱褶，如图 7 - 59 所示。出现这种故障，一是影响成品美观，二是对纸箱的强度、厚度产生影响。

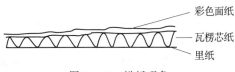

图 7 - 59　搓板现象

① 形成的原因。面纸和单面瓦楞纸板裱合过程中，黏合剂涂布不佳，挤聚到楞峰两侧的黏合剂余量过多，在粘结干燥过程中，导致面纸在楞峰两侧缩紧而形成。所以在开机贴面时要随时查看一下黏合剂的涂布量，若在面纸上出现一条条很细小的线，则涂胶为最佳状态，如图 7 - 60（a）所示，则不会出现搓板现象；若出现粗重的双线，说明涂胶量过大，如图 7 - 60（b）所示，则会出现搓板现象。定量低的面纸则更为严重。

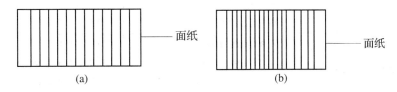

图 7 - 60　涂胶状态
（a）涂胶状态最佳　（b）涂布状态差

② 解决方法。如出现"搓板"现象可采用下列几种方法进行控制：

a. 最简便可靠的方法是更换定量高的面纸，能够明显消除搓板现象，但这样会增加成本，使纸箱的价格明显增高。

b. 提高玉米淀粉黏合剂的黏度，由 100ml 60s 提高到 70～90s，以减少楞峰背上的涂胶量，可明显减少搓板现象，而成本变化不大。

c. 使用定量低且干燥的面纸时，若胶水量摄取过多，也易出现搓板现象，可采用润湿法（吊晾、加湿等）使纸张吸附一定量的水分后再使用。

d. 调节控制好涂胶辊与压力辊之间的平行度和间隙。间隙要适度，一般以瓦楞纸板刚好通过为准。严格控制加压辊之间的压力，以减轻搓板现象的发生。

e. 充分利用纸张横向与纵向的纹理特性。面纸的纵丝缕与瓦楞纸板楞的方向呈"十"裱合，便能消除搓板现象，如图 7 - 61 所示。但有时会因卷筒纸张幅宽不符合纸箱尺寸而浪费纸张，增大成本。

5. 纸箱直接柔印常见故障及解决办法

纸箱直接柔印常见故障及解决办法如表 7 - 10 所示。

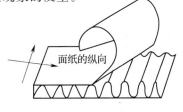

面纸的纵向

图 7 - 61　纸张方向

表 7 - 10　　　　　　　　　瓦楞纸箱柔性版印刷常见故障和处理方法

现象	产生的主要原因	补救和处理办法
印刷漏白	瓦楞纸板平整度差，特别是采用低定量面纸的 A 型瓦楞，容易出现透楞	适当减小印版滚筒与压印滚筒之间的间隙（即增加印版压力），但要防止纸板瓦楞被压塌。另外，对于大面积印版，可以用双面胶适当垫高印版中间部位，也可以消除漏白
叠色漏白（当在一种颜色上盖上另一种颜色时，通常为黑色，常会出现第二色印刷不上的情况）	油墨颜料的表面张力相差较大，上面油墨颜料无法均匀地覆盖在下面墨层上	1. 提高第一色干燥速度，可以适当添加酒精或氨水等 2. 降低第二色的黏度，或提高其附着力，适当增加印刷压力
黏度增加，颜色加深	油墨中氨水的挥发，使 pH 下降	在印刷过程中（特别是封样时），应控制油墨黏度，适当加点水，以保证色相前后一致
不能获得所定颜色的浓度	油墨的浓度过低 水墨容易发生分层、沉降 水墨转印不良	拼混原墨 充分摇匀后再使用或换墨 检查滚筒、版和纸板等因素
不能获得所定黏度	水墨存在较强的触变性 容易起泡 溶剂挥发严重	使水墨充分循环后再测定黏度 添加消泡剂 添加专用溶剂
印刷品干燥不良	水墨的黏度太高 印迹的边缘扩大 水墨的干燥性不良 纸张吸收性较差	进一步稀释 调整印版压力或换版 使用快干型的水性墨 选用吸收性良好的纸
印迹边缘或细小字迹不清晰	印版的精度不够 印版与网纹辊的压力过大 水墨黏度高	重新制版或调整版厚 调整压力 调整黏度、尽可能用低黏度水墨
对纸的转印不良	印刷压力不足 印版的硬度不匹配 纸的疏水性太强 辊筒磨损、老化等	增加印刷压力 检查、核实版的硬度 使用疏水性匹配的水性墨、检查更换胶辊、网纹辊
网点套印不良	前一色印刷压力过强 前一色墨黏度太高 前一色墨的干燥太慢	调整各色印刷压力的相对大小 降低前一色墨的黏度 调整各色墨间的干燥差异性
起泡	水墨的抑泡能力不够 墨的循环量不足 循环泵漏气	添加消泡剂 提高墨的循环量 防止泵漏
印迹（尤其实地区域）出现白点或针孔	消泡剂添加量过多 墨太稀薄	注意消泡剂添加量不能超过总量的 0.2% 配混原墨，重新调整
印刷品耐水性差	墨迹的耐水和耐磨擦等性能不良或所用纸张不合适	由油墨提供者指导解决或更换合适的油墨和适当的纸

习　　题

1. 柔性版印刷的定义是什么？柔性版印刷具有哪些特点？柔性版印刷的应用范围？柔性版印刷技术的发展趋势是什么？

2. 简述固体感光树脂柔性版的制作过程，并详细说明柔性版曝光的原理。

3. 何谓 CTP 和 CDI 技术？

4. 柔印机的基本形式有哪几种？有何特点？

5. 简述柔印机输墨装置的主要形式和特点。

6. 简述印机压印装置的基本组成和特点。

7. 水性油墨的组成是什么？水性油墨的印刷适性主要表现在哪几个方面？温度对水墨的黏度有何影响？水性油墨的 pH 对油墨的干燥性有何影响？

8. 网纹辊的作用是什么？套筒式网纹辊结构有何特点？

9. 什么是薄版加衬垫技术，此技术会给瓦楞纸箱印刷质量带来什么益处？

10. 瓦楞纸箱印刷压力如何调节？如何理解轻压力印刷？

11. 塑料薄膜软包装印刷常用的色序是什么？为什么要采用"里印"的方式？

12. 不干胶标签背面印刷的目的是什么？怎样实现背面印刷？

第八章 丝网印刷

第一节 概 述

一、丝网印刷原理与特点

1. **丝网印刷原理**

丝网印刷属于孔版印刷范畴。将丝织物、合成纤维织物或金属丝网绷固在具有一定刚性的网框上，采用手工制版、感光制版或计算机直接制版的方法制作丝网印版，制成的丝网印版上部分孔洞能够透过油墨，印刷时通过刮墨板（又称刮墨刀）的挤压，使油墨通过通透网孔转移到承印物上，形成与原稿信息一致的单色或彩色图文；而印版上其余部分的网孔被封堵，不能透过油墨，在承印物表面形成不着墨的非图文部分。

丝网印刷工艺过程离不开丝网印版、刮墨板、油墨、印刷台以及承印物。印刷时在丝网印版一端放置油墨，刮墨板对丝网印版上的油墨部位施加一定压力，同时向丝网印版另一端移动。在刮墨板的刮印移动过程中，油墨即被经印版上通透的网孔挤压到承印物表面形成图文，如图 8-1 所示。

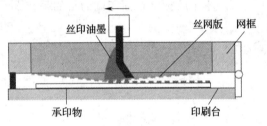

图 8-1 丝网印刷原理示意图

在丝网印刷过程中，刮墨板始终与丝网印版和承印物呈线接触，接触线随刮墨板移动而移动。由于丝网印版与承印物之间保持一定的间隙，使得印刷时的丝网印版通过自身的张力而产生对刮墨板的反作用力，这个反作用力称为回弹力。由于回弹力的作用，使丝网印版与承印物只呈移动式线接触，而丝网印版其他部分与承印物为脱离状态，保证了印刷尺寸精度和避免蹭脏承印物。刮墨板刮印过整个版面后抬起，丝网印版也随之抬起，再将多余油墨轻刮送回初始位置，同时用油墨封堵住图文部分的网孔，至此为一个丝网印刷行程。

丝网印刷可具体分为平面丝网印刷、曲面丝网印刷、轮转丝网印刷、间接丝网印刷、静电丝网印刷等。前三种方法均由印版对印件进行直接印刷，只限于一些规则的几何形体，如平、圆及锥面等。对于外形复杂、带棱角及凹陷面的异形物体，则要采用间接丝印方法。其工艺常常包括平面丝印和转印两个部分，即丝印图像先印在平面上，再用一定方法转印到承印物上。静电丝网印刷是利用静电引力使油墨从丝网印版面转移至承印面的方法，是一种非接触式印刷方法。它是用导电的金属丝网作印版与高压电源正极相接，负极是与印版相平行的金属板，承印物介于两极之间。印刷时，印版上的墨粉穿过网孔时带正电荷，并受负电极的吸引，落到承印面上，再用加热等方法定影成印迹。

2. **丝网印刷的特点**

（1）印刷方式灵活、承印范围广 丝网印刷适用于多种承印材料，如纸张、纸板、卡纸、塑料、金属、陶瓷、玻璃、织物等，有"万能印刷"之称。丝网印刷也不受承印物表面形状和面积大小的限制，可以在平面、曲面或球面上印刷，印刷面积可以在 $1400mm \times 1800mm$ 以上，甚至大于 $3000mm \times 7000mm$。丝网印刷对油墨的适应性很强，不论油性、水性还是合成树脂型油墨或涂料，只要能从网孔漏印下来，原则上都可用于丝网印刷。

（2）版面柔软、印刷压力小　丝网印刷版面柔软且具有一定的弹性，印刷时所用的压力小，适于在易破碎物体上印刷。但印版的耐印率较低，印刷速度不高，对于细小网点的再现力较差。

（3）墨层厚实、立体感强　丝网印刷墨层厚、色泽鲜艳、遮盖力强。印品具有重量感和立体感，有特殊的浮雕装饰效果。一般地，胶印墨层厚度仅为 $1 \sim 2\mu m$，凸印墨层厚度为 $5 \sim 7\mu m$，凹印墨层厚度为 $8 \sim 15\mu m$，柔性版印刷的墨层厚度为 $10\mu m$，而丝网印刷的墨层厚度可达 $10 \sim 100\mu m$，甚至更厚。

（4）耐光性强、耐候性好　由于丝网印刷可以使用各种油墨及涂料，不仅可以使用浆料、粘接剂，也可以使用颗粒较粗的颜料，可把耐光颜料直接放入油墨中调配，故丝印品有着耐光性强耐候性好的优势，更适合于在室外做广告、标牌之用。

（5）工艺相对简单、生产成本较低　在丝网印刷生产过程中，制版操作、印刷设备与印刷工艺都比较简单，所需设备投入也比较少，生产成本低。

二、丝网印刷技术的发展趋势

数字化丝网印刷制版技术因具有制版速度快、精度高、艺术效果好等诸多优点备受青睐，丝印计算机直接制版技术（CTS，Computer to Screen）将会在未来得到进一步完善和发展。

新型丝网印刷油墨的 UV 固化系统、双组分系统、溶剂系统等可以更好地满足高档印品的需要。新型珠光油墨、日光油墨、荧光油墨、芳香油墨、热敏油墨、亮/哑光油墨的使用，为新技术研发提供了条件，例如：将其用于安全包装和安全标签生产的丝网印刷工艺的开发。

网版印刷与其他印刷方式的组合印刷方式已有多个领域的应用，且呈不断增长之势。特别是轮转网印，可与平印、柔印、数字印刷相结合，配置先进的印后加工技术和设备，从而增加印品的精美度和防伪效果。在组合印刷中，丝网版印刷可以印刷奖券、彩票的刮奖遮盖墨层，可以使烟包、化妆品包装显现浮凸、磨砂、折光、冰花、金、银等效果，可以利用网印油墨提高各类证卡的防伪功能，还可以用于电池、油漆标签等较恶劣环境中使用的产品印制。

将印后加工手段与丝网印刷工艺的完美结合越来越受到人们的关注。加工壁纸、装饰纸、装饰板等印刷也都主要采用凹印、胶印、柔性版印刷、丝网印刷、静电印刷等方式，再辅以层压、压花、压纹、发泡或成型等印后加工手段，从而得到不同风格、不同功能的彩色印刷建材。而且，丝网印刷与电解工艺、烫金工艺、煅烧工艺、塑料成型工艺结合，可生产出不同类型的艺术品，该类技术方法也很受人们的关注。

丝网印刷设备的发展涉及平台式及滚筒印刷机、单色和多色生产线、热敏和 UV 固化丝网印刷机、容器丝网印刷机、圆盘式织物印花机以及其他特种印刷设备等的研发与应用，正向高精度、自动化方向发展。全自动丝印机通常也与其他设备联机使用，形成全部自动化丝印生产线，如与干燥、烫金、压痕、模切等装置中的一种或几种联机使用。由于联动机的全机组每个环节都有检控装置，各机组可单独控制或全机用微机进行程序控制，所以网印联动机不仅节省了车间场地，而且省去了承印材料在各工序前的定位麻烦，生产效率高，劳动力利用率高。高端丝网印刷机具有高生产效率、高品质、多样性的特点，会越来越多地占有国内丝印机市场。

第二节 丝网印刷机

一、基 本 构 成

丝网印刷机一般由给料部、印刷部、干燥部和收料部四个部分构成，其给料部和收料部与其他类型印刷机基本相同，印刷部包括网版、刮墨板、回墨板、印刷台和定位构件，干燥部的设置要与采用的油墨相匹配，如紫外线固化油墨（UV油墨）要采用紫外光固化烘干装置。丝网印刷机的主要机构包括传动装置、印版装置、支撑装置、套准装置、印刷装置、干燥装置、电气控制装置等。

1. 印版装置

丝网印版在丝印机中必须固定在印版装置上，在印刷过程中，实现揭书式起落或水平升降等运动。

（1）印版夹持器 印版夹持器要求夹持牢固，在夹持点上不破坏网框。夹持方式很多，但被广泛采用的是槽形体加丝杆压脚夹紧。

（2）印版起落机构 揭书式丝印机一般采用铰链式结构，起落版装置可采用机械式（如凸轮、曲柄连杆、拉簧、配重等）或气动液动式并辅以配重块。而水平升降式丝印机的起落装置必须保证网框与承印台的平行，一般采用凸轮导柱结构或气缸导柱结构，可通过机械平行连杆机构回转或机动、气动同步顶升实现。

（3）抬网精度保证装置 根据丝网印刷原理，要求刮墨板刮墨后油墨刚透过，网版即与印件离开，这一动作除借助于丝网本身的弹力以外，往往要依靠丝网印版离版装置来实现。最简单的结构为在丝印机工作台上设置一由弹簧控制的顶销与网框支架外端相接触，在刮墨过程中，借助弹簧作用，使顶销产生一向上的顶力，如图8-2所示。

2. 支承装置

支承装置即印刷工作台，用来安放夹具和承印物，工作台主要有平面工作台、T型工作台、吸气工作台、圆柱体工作台和椭圆体工作台等类型。T型工作台和吸气工作台印刷过程中处于静止状态，其他工作台则有上下动作。

平面工作台应满足如下方面的要求：有较高的平面度和印件定位装置，能保证套印重复精度；平台的高度应可调整，能适应不同厚度的承印物和保持一定的网距；承印平台在水平方向应可调节，使对版方便。典型的半自动平面网印机，其承印平台均带有真空吸附设施，即吸气式平面工作台，用以固定不透气的片状承印物，如

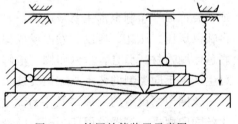

图 8-2 抬网补偿装置示意图

纸张、塑料薄膜等。

圆形滚筒支承装置根据承印材料规格不同，其滚筒结构也不同。印刷卷筒料的丝印机支承滚筒要求表面有足够高的光滑度，保证卷筒料的正常传递和支承。印刷单张料的丝印支承滚筒，因为在起到印刷时支承作用的同时还要传递单张料，所以滚筒上有空档，并在其上安装有叼纸牙排和闭牙板等装置，使其完成叼纸和放纸的动作。支承曲面承印物的方法主要有滚柱、支架、滚柱支架并用等。

3. 印刷装置

丝印机的刮墨板和回墨板通常安装在刮板座上，在印刷行程和回墨行程中，令刮墨板和回墨板作交替起落，分别实现刮墨和回墨动作。刮板的起落，在一般平面半自动丝印机上采用机械式换向，在精密半自动平面丝印机上则多采用气动控制。刮墨和回墨动作，有时也可采用一把刮板实现。如在手动丝网印刷时，刮墨板也用于回墨，只要控制好刮墨和回墨的不同压力，就能使其顺利完成刮墨和回墨。

刮板座的移动与滑轨配合进行，常见的滑轨有双圆柱式、圆柱滑块式和同步链条式，前两种用于印刷行程较短的平面丝印机，后者用于印刷幅面较大的丝印机。

4. 传动装置、电气控制装置及其他装置

丝网印刷机大多通过皮带、齿轮、蜗轮蜗杆减速及无级调速系统传动，也有采用针轮、凸轮曲柄机构、平行四连杆机构或链条机构传动的。前者结构简单，操作方便，但运动不够均匀；后者传动平稳，但结构较复杂。印刷装置的传动可以采用机电控制系统和气液电控制系统进行传动控制。

电气控制装置一般具备三种控制功能：① 工作循环控制：分单次循环控制、连续循环控制等；② 负压控制：如真空吸附装置的继续吸气、不吸气的控制；③ 每一个工作循环的刮板位置控制：如封网、不封网的控制。此外，有些丝印机出于安全考虑，设有紧急停车控制，也有些具备二次印刷和二次吸风控制装置。

二、分类及主要形式

1. 按自动化程度分类

（1）手动丝网印刷机 手动丝印机的给料、印刷和收料等全部工作均由手工操作完成，设备结构简单、操作容易，但印刷速度低，在每次印刷时，着墨量易发生变化。因此，在大批量印刷中一般很少使用，而在广告、标牌、服装、T恤衫等量少品种多的印刷中广泛应用。

（2）自动丝网印刷机 在手动丝网印刷机的基础上，将印刷时的刮墨与回墨往复运动、承印装置的升降、网框的起落、印件的吸附与套准等一些基本动作，按固定程序由一定的机构自动完成，即为自动丝网印刷机。

① 1/4自动丝印机。1/4自动丝印机只有刮墨板的运动是设备自动控制完成、其他操作均由手工进行。此机型多用于较小幅面的印件，其最大特点是将手工操作中最难掌握、最难保证质量的关键动作实现了机械化，有效地保证了刮墨和覆墨动作的均衡一致、稳定的刮墨角度和力度。

② 半自动丝印机。半自动丝印机除给料与收料有手工操作完成外，其他工作均由设备自动完成。传动方式一般采用电机驱动、机械传动、气动或液动、机械-气动或机械-

液动等。在自动化系列产品中，半自动丝印机是应用最多的一种，大小幅面印刷皆宜，质量能够得到保证、工作可靠、操作方便、效率不低、价格低廉，是很受欢迎的一种丝印机型。

③ 3/4自动丝印机。3/4自动丝印机除不带自动收纸装置外，其他操作均由设备自动控制完成。

④ 全自动丝印机。全自动丝印机的给料、印刷、收料等全部工作均由设备自动完成。此类机型结构先进，零部件精密，调节控制系统完善，带有自动上料、自动印刷、自动烘干及自动收料装置。全自动丝印机适合批量较大的印品，可在一机上印两色至五色，生产效率最快5000张/h。

2. 按网版与印刷台结构分类

按照丝网印版的结构不同，丝网印刷机可分为平形网版（平网）印刷机、圆形网版（圆网）印刷机和带式网版印刷机。平形网版印刷机的印版是平面的，其油墨的刮印运动方式是网版固定、刮板往返移动，或刮板固定、网版往返移动，即属于往复间歇式运动，供墨和刮印都不能连续进行，印刷速度较低，最高印速约为3000印/h。圆形网版印刷机的印版为圆筒形，采用金属丝网，刮墨板和油墨都置于圆网内，通过自动上墨装置从网内上墨。刮印运动方式为连续旋转运动，可以大大提高印刷速度，适于高速批量化生产，承印物一般为卷筒料的布匹、塑料薄膜、金属膜和墙纸等。印刷时，承印物作水平移动，圆网做旋转运动，圆网的转动和卷筒承印物的移动保持同步，刮墨板将墨从印版蚀空的部分刮出转印到承印物上。圆网印刷圆筒网版内的油墨均匀性、清洁性和黏度稳定性均优于平网机，印刷速度可达6000印/h（80m/min）。

按照丝网印刷机工作台的结构不同，可分为平台式丝网印刷机、滚筒式丝网印刷机、曲面印品专用工作台丝网印刷机。平台式丝网印刷机的工作台为平面状，印版可以是平面形或圆筒形，如图8-3（a）、（c）所示。滚筒式丝网印刷机的工作台为圆形滚筒状，印版

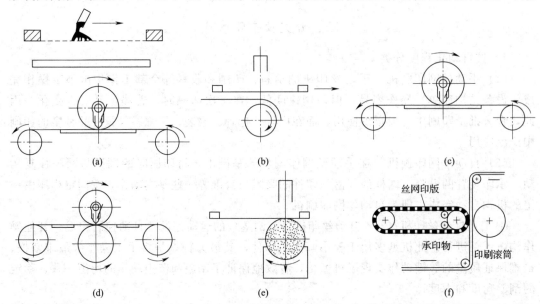

图8-3 不同网版和印刷台结构的丝网印刷装置

（a）平网平台式 （b）平网滚筒式 （c）圆网平台式 （d）圆网滚筒式 （e）平网曲面丝印 （f）带式丝印

可以是平面形或圆筒形，如图 8-3（b）、（d）所示。曲面印品专用工作台上，有可根据承印物尺寸和形状不同进行调换的附件，以适应不同承印物的印刷。在各种丝网印刷机机型中，只有曲面丝网印刷机有这种工作台，如图 8-3（e）所示。带式网版印刷机的印版为带状，它兼有圆网平台丝网印刷机和圆网滚筒丝网印刷机的优点，如图 8-3（f）所示。

（1）平网平台式丝印机

① 揭书式平网平台丝印机。揭书式平网平台丝印机的印版一边固定，它可绕固定边摆动，也称为合页式或铰链式平面丝网印刷机。印刷时，将丝网印版放下与印刷台平行，然后刮板在印版上作水平加压运动进行刮印，印刷完成后将丝网印版抬起，取出印件，如图 8-4（a）所示。揭书式平网平台式丝印机有手动和半自动两类机型。手动型的结构简单、维修方便、价格低廉、适应性广，但印刷精度不高，印刷效率低，适用于小批量的平面形印件。半自动型的除印件的给、收由手工操作完成外，其他工序均可由机械完成，印刷速度快，刮板压力、印刷行程等便于调节，稳定性好。由于该种类型设备采用斜臂网架，通常又将其称为斜臂式平面丝印机，如图 8-4（b）所示。

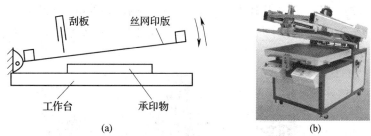

图 8-4 揭书式平网平台丝印机及其主运动形式

（a）揭书式丝印机主运动形式 （b）电动斜臂式平面丝印机

② 升降式平网平台丝印机。升降式平网平台丝印机在印刷过程中丝网印版做上下升降运动，或印版固定不动印刷工作台做上下升降运动，刮板做水平刮印运动，如图 8-5 所示。这种机型具有工作平稳、套印准确等优点，多用于印刷线路板、电子元件和多色套印。

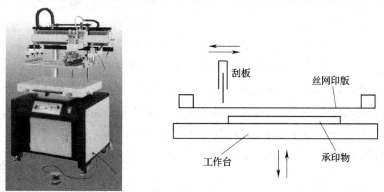

图 8-5 水平升降式丝网印刷机及其主运动形式

③ 滑台式平网平台式丝印机。滑台式丝网印刷机在印刷时印版固定不动，印刷工作台水平移动，刮板水平移动刮印，如图 8-6（a）所示。此机型由于印刷时取、放件均在印刷工作台滑出时进行，所以印件的定位、取放都较为方便，具有印刷平稳、套印准确等优点。如图 8-6（b）所示为双台型滑台式丝印机。

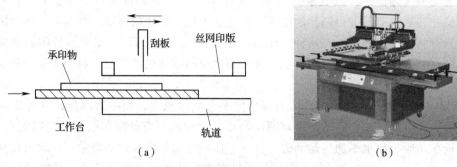

（a）　　　　　　　　　　　　　（b）

图 8-6　滑台式丝网印刷机及其主运动形式

（a）滑台式丝网印刷机的主运动形式　（b）双台型滑台式丝印机

④ 印刷台旋转式平网平台丝印机。印刷台旋转式（转台式）丝网印刷机的旋转印刷台上有数个吸盘，可一边旋转一边进行印刷，可精确的进行多色套印，可使用油墨、水浆、胶浆等多种印料。转台式丝印机在印刷时材料的供给、取出能同步进行，印刷效率高，适用于多品种、多颜色的印刷品，需要大批量印刷的各种电子元器件也都采用这种机型印刷。如图 8-7（a）、（b）所示为两种转台式丝印机，配备精密的微调对版工作坐标台，印刷快速可靠。

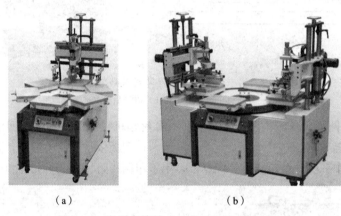

（a）　　　　　　　　　　　　　（b）

图 8-7　印刷台旋转式丝印机及其主运动形式

（a）六工位快速旋转盘单色丝印机　（b）四工位快速旋转盘双色丝印机

⑤ 联台式丝印机。联台式丝印机是在一块较大的平台上划分多个印刷工位，网版可在平台上进行多位印刷，也称多台式或跑版式。有自动和手动两种印刷形式，可进行单色或多色印刷。如图 8-8 所示为手工跑版丝网印刷，把承印物用胶黏剂固定或定位在跑台上，印刷人员按顺序进行套印。

（2）平网滚筒式丝印机　平网滚筒式丝印机是采用平面形网版和滚筒形印刷台，两者通过齿条和齿轮啮合。在整个印刷过程中，网版水平移动，刮墨板做上下移动实现刮墨和回墨，并配有自动给纸、输纸和收纸装置，如图 8-9（a）所示。平网滚筒式丝印机多为全自

图 8-8　手动跑版丝网印刷

动型，套准精度高且速度快，适用于大批量精美印刷，国内主要用于烟包、酒包、陶瓷贴花纸等印刷。承印物在印刷前被送到预备位置，然后在旋转滚筒带动下进入印刷位，滚筒圆周表面上开有很多真空孔并与气泵相连，可吸附承印物在其表面，印刷完成后承印物被送到收纸台上收纸，如图8-9（b）所示。

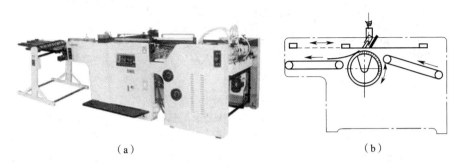

（a） （b）

图8-9 平网滚筒式全自动丝印机
（a）全自动平网滚筒式丝印机 （b）印刷和传料方式

（3）圆网平台式丝印机 圆网平台式丝印机的刮板安装在圆网印版内，印刷工作台为平面形。印刷时，印刷平台固定不动，圆网印版作旋转运动，直立向下的刮墨板与圆网内表面呈线接触，将油墨挤压通过圆网印版的过墨部分，漏印至作水平移动的承印物上，如图8-10所示。圆网是采用金属丝网制成无接头的圆筒形网版，其两端有加固端环和支撑轮辐，由中心轴贯穿两端的轮辐予以支承。圆网内部，有带喷嘴的加墨管道和空套在轴上的刮墨板。印刷时，油墨由专用泵自网筒中心的加墨管道经喷嘴注入网筒内，空套在轴上的刮墨板径向直立朝下正交于筒体内表面的一条母线上，并固定不动，当圆筒网版作连续的旋转运动时，实现油墨连续的漏印在承印物上，在整个印刷工作循环中印刷工作台固定不动，每一个网筒只能印一种颜色。圆筒形网版供墨系统如图8-11所示。

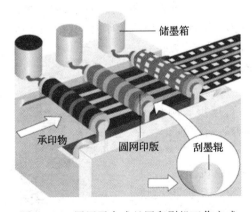

图8-10 圆网平台式丝网印刷机工作方式

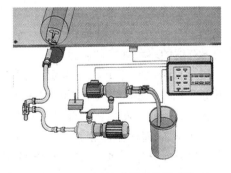

图8-11 圆筒形网版供墨系统

圆网平台式丝印机在印染行业得到普遍应用，适于印刷成卷的纺织物如丝绸、布匹、床单、手帕等。此机的前部有开卷装置，后部有烘干装置和收卷装置，中部还有张力控制和套印装置，烘干的方式为电热或蒸汽，如图8-12所示。

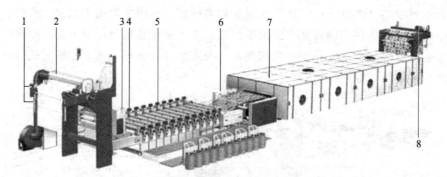

图 8-12 印染用圆网平台丝网印刷机

1—布料制动装置 2—除尘装置 3—布料边缘红外探测器 4—弓形电加热板
5—印刷装置 6—干燥装置倾斜入口板 7—干燥装置 8—平幅折布机

（4）圆网滚筒式丝印机 圆网滚筒式丝印机的圆筒形网版的结构和印刷原理与圆网平台式丝印机相同。按照印刷承印物规格的不同，圆网滚筒式丝印机可分为单张料和卷筒料丝印机。

① 单张料圆网滚筒式丝印机。单张料圆网滚筒式丝印机的承印材料呈单张的形式，其圆筒形的印刷台由空心轴支承，筒内套有气室，气室通过空心轴，用气阀和管道与真空泵相连。滚筒表面有许多吸气孔，气室可确定其吸附承印物的范围（约为圆筒圆周的1/4）。滚筒的起印线上装有叼纸牙排，起夹持印件和纵向定位规矩的作用。印刷时，刮墨板保持不动，吸附在滚筒上的承印物和网版保持等速同步运动；印刷后，印品能与网版迅速剥离。单张料圆网滚筒式丝印机多用于转印花纸及不干胶标签纸的印刷。

② 卷筒料圆网滚筒式丝印机。卷筒料圆网滚筒式丝印机一般用于多色印刷，其承印物为卷筒状。

3. 按承印物形状和规格分类

（1）平面丝网印刷机 平面丝网印刷机的承印物为平面状，其承印材料可以是单张或卷筒料。根据承印材料的幅面大小不同，还可分为不同印刷面积的丝印机，如单张纸丝印机有 200mm × 300mm、300mm × 400mm、600mm × 800mm、700mm×1100mm 等多种规格尺寸。卷筒料平面丝印机同样也有不同卷料宽度的多种规格丝印机。

（2）曲面丝网印刷机 曲面丝网印刷机是对球形、圆柱形、锥形等形状的容器或其他成形物进行印刷，其印版有平面形（平网）和圆筒形（圆网）两种形式。

① 平网曲面丝网印刷机。半自动曲面丝网印刷机如图 8-13 所示，比较适合于中小企业、小批量定单的厂家，品种更换快，易于操作，成本相对于自动丝印机为低。全自动曲面丝印机集自动上料、火焰表面处理、网印、固化、卸料为一体，印刷生产效率高，用人工少，但售价较高，适合于较大批量印刷。

② 圆网曲面丝网印刷机。圆网曲面丝网印刷机的网版为滚筒型，工作台为组合式曲面印刷台，每个工作台可围绕自身轴线作

图 8-13 半自动曲面
丝网印刷机

旋转运动。在印刷过程中，丝网印版滚筒作旋转运动，整组工作台按一定角度转动，当网版与第一个工作台上的承印物接触时，整组工作台停止转动，同时，承印物随工作台一起作与网版同步的旋转运动，当完成该承印物的印刷后，整组工作台继续转动使第二个工作台上的承印物与网版接触后，整组工作台又停止转动，此时第二个工作台上的承印物随工作台与网版作同步旋转进行印刷，此时若第一个工作台上的承印物刚好与第二个网版接触，重复其刚才的动作，即可完成承印物的套色印刷。圆网曲面多色丝印机在印刷工作中不断的重复这样的动作即可实现承印物的多色套印，如图 8-14 所示。

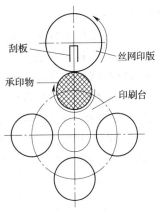

图 8-14 圆网曲面多色丝印机

三、套准装置

丝网印刷的套准装置主要包括承印物的定位装置（规矩部件）和丝网印版的定位系统。丝网印刷的动作方式有网版固定而承印物移动以及承印物固定而网版移动两种。网版固定承印物移动的印刷方式，承印物采用挡规定位。承印物固定网版移动的印刷方式也称为跑版印刷，网版采用定位销定位。

1. 承印物的定位

（1）规线定位　半自动、自动网印机上，一般设有定位装置，如自动给料定位装置、挡规（规矩）装置（如伸缩式、固定式及贴块式挡规）、销套系统、模具（窝套）式定位装置等。半自动、自动网版印刷机定规矩和手工印刷的方法基本相同。在套色印刷的对版时可旋动调整螺丝来移动网版印刷台，使印刷台上放置的底版（阳图）的十字规矩线和丝网印版上的十字规矩线相重合，达到承印物定位的目的。调整时，先将画有十字规矩线的阳图底版按要求位置放在印刷台上，再将固定在网框架上的丝网印版落到印刷台上，这时将固定螺丝松开，用调整螺丝来调整印刷台在横向、纵向（X、Y 方向）上的位置，直至丝网印版与底版上的十字规矩线完全重合，固定螺丝即可印刷，如图 8-15 所示。

（2）挡规定位　挡规多用于边缘整齐的承印物。如图 8-16 所示为可调式挡规，常用于印刷电路板丝印机。印台上的杆规，可沿沟槽滑动，能为不同尺寸、不同角度以及同时放置多块承印物配置所需的规矩。

挡规的形式应随承印物而异，如图 8-17（a）所示为片式挡规，用于薄片状承印物，采用比承印物稍薄的卡纸和塑料制作，并用黏合剂将它固定在印台上；如图 8-17（b）所示为折纸挡规，有一定的弹开度，以适应较厚承印物的需要；如图 8-17（c）所示为桩（或钉）形挡规。如图 8-17（d）所示为立方形挡规，可用于厚的承印物；如图 8-17（e）所示是将一张平挺的纸或塑料片固定在印台上，在适当位置上绘出承印

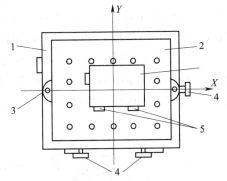

图 8-15 半自动丝网印刷机定规矩

1—印刷工作台　2—吸气式印刷台　3—固定螺丝
4—调整螺丝　5—挡规

255

物的位置线，并在三点定位处各刻一个 V 形活页作为挡规，并沿承印物的位置线朝外折叠过来，使活页居于承印物边缘先的外侧，放料时目视和手感并举，更为方便，活页还有助于承印物和网版的分离。

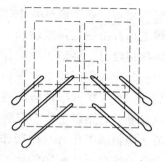

图 8-16　可调式挡规

（3）覆膜定位　当遇到不规则形状或软质承印物时，宜用图 8-18 所示的覆膜定位法，即先将一片透明薄膜固定在印台上，并印上图像，然后置承印物在它下面，即能直观地辨别图像和承印物的位置关系。

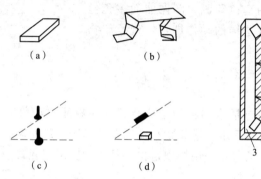

图 8-17　各种形式的挡规

（a）片式挡规　（b）折纸挡规　（c）桩（钉）形挡规　（d）立方形挡规　（e）V 形活页挡规
1—承印物　2—定位片　3—印刷台

（4）销套系统定位　某些精密印机的销套装置具有套准可靠和精度高的特点，如图 8-19 所示。定位操作程序如下：① 将承印物（或阳图底片）上的定位孔套到印台的定位销上；② 将一张绘有网框范围的透明胶片固定在印台的控制板上，移印台至印机的印刷位置上，装印版于网版支架内，并初步调正框位，使它与胶片上的框位大体套合，然后充分固定网框，进行试印，落印迹于胶片上；③ 用印台上的三个微调螺丝，精确调整印台位置，使控制板（胶片）上的承印

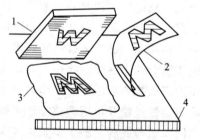

图 8-18　覆膜定位法
1—印版　2—透明薄膜
3—承印物　4—印刷台

物（或阳片）与胶片上的印迹完全套准，然后取下胶片，抹去印迹，开始正式印刷。

印刷销套系统用于精密网印中预先统一打孔的薄膜、金属、玻璃为材料的印刷电路板、米尺及表盘等印品。当印台为透明台面和承印物具有一定的透光性时，通过台面下的光照，能直观地进行承印物和印台对应标记的套准，无须制作定位装置。

（a）　　　　　　（b）　　　　　　（c）

图 8-19　印刷销套系统

256

（5）边角定位法　对于需要抽真空吸附固定的纸张、塑料薄膜等片状承印物，可以在测定的位置上用透明不干胶纸贴成一个与承印物大小相同的边框作为定位条，边框以外的小孔全部封死。在承印物面积大于抽真空面积时，可直接用不干胶纸作三点定位规矩，如图 8-20 所示。

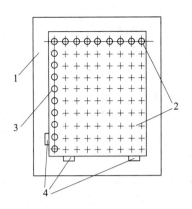

图 8-20　三点定位规矩

1—印刷台　2—吸气孔　3—承印物
4—三点定位规矩

对于不需要真空吸附的工件如金属板等只需用同样的材料制作一个曲尺形规矩，粘结在平台上测定出的位置即可。每个印品印刷时都放在该曲尺形规矩内，便可保证印制图案的一致，如图 8-21 所示。

如果印刷品是带有圆角的，则可作一带有圆角的曲尺形规矩。定位规矩的厚度不得高于承印物的厚度。

（6）两销定位法　对于印刷位置要求精度高或需双面印刷且位置精度要求很高的承印物，如双面印刷电路板，可采用两销法定位，如图 8-22 所示。

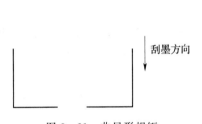

图 8-21　曲尺形规矩

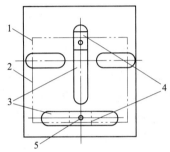

图 8-22　两销定位法

1—印刷台　2—工件　3—定位槽
4—中调定位块　5—定位销

在工件上冲孔或用模板钻出两个定位孔，根据定位孔的位置，在工作台定位槽内固定可调的定位销钉（$\phi 3\sim 5mm$），其高度不能大于印件厚度。销钉和定位孔为动配合。

（7）工装定位法　对于异形物的印刷，因其印品形状不规则，可作专门工装固定在工作台合适位置，每次印刷时把印件放入工装即可。

（8）其他定位法　工件固定的方法除真空吸附外，最简易的方法可用平板玻璃作为承印平台，采用边角定位，用湿抹布擦拭产生水膜，吸住纸张或塑料膜进行印刷。

对于针、纺织品的固定，在大批量机械生产中。承印装置为一连续或间歇运动的橡胶带，工件粘贴在胶带表面随之运动，印后即行剥离。

在局部手工印花中，承印装置为一玻璃平台，在上面包上绒布，用塑料布拉紧，表面是水性贴布，定期刷上科胶膜或贴上树脂布，粘附工件。

2. 网版的定位

对于承印物固定网版移动的跑版丝网印刷，可采用靠角定位法固定网版印刷的位置。对于软质、易变形及多孔的承印物，如织物等，则难以用挡规等方法定位。为此，须将若干承印物用粘贴法固定在长条印台上。印刷时，移动网版逐件施印，每印的网版定位如图 8-23 所示，即网版框上的定轨内侧，网版框上的接触片依靠导轨上的翼形夹，达到网版定位目的。

3. 对版机构

对版调整是指在丝网印刷机上对丝网印版与被印件之间的印刷精度调整，也就是确定印刷图文在承印物上的具体位置。定位包括两层意思，一是印件的坐标位置正确，另一层意思是在印刷过程中，印件始终保持这个正确位置，这是提高印件精度的环节之一。为了提高丝网印版与平台间的重复位置精度，有采用专门定位机构的，如双锥销、定位块、滚轮等。

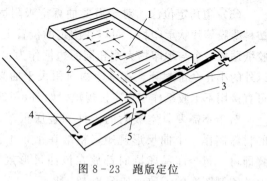

图 8-23　跑版定位
1—印版　2—接触片　3—可调定位销
4—导轨　5—冀形夹

对版机构一般有光照对版、机械对版、电子对版。对版机构放在支承装置内或者放在印版装置内都可以，但一般半自动机均放在支承装置内。

对版时可通过在 X、Y 方向移动平台或移动网版，达到位置精确对准的目的。平台位置的移动，一般是靠机械螺纹旋动来实现的，并应有可靠的锁紧装置和移位导向（燕尾槽或导向键等）。网版位置的移动一般在网版安装时，进行同时的位置调整。

四、干 燥 装 置

单色丝印印件在印刷完成后，采用晾架晾干或用烘干箱烘干，而自动线或多色网印机则必须配备干燥装置，即在多色自动丝印机的每两色机组之间都要有干燥装置。

1. 干燥方法

（1）自然干燥　自然干燥方法就是使印件在自然状态下干燥。该方法的优点是印件在自然条件下就能使溶剂挥发或靠油墨树脂的反应而干燥，不需要特殊的干燥能量，非常经济实惠的；缺点是干燥速度慢，需要有较宽的干燥场所。但使用干燥架能有效的减少印件干燥占用面积。也可以使用电风扇吹风加快空气的流通速度，实现较快速的干燥。

（2）加热干燥　加热干燥的温度通常介于常温与 100℃ 之间。在加热干燥设备上有专门的加温装置提供热量，一般以电、煤气和暖气为热源。

（3）红外线干燥　红外线干燥根据波长不同可将其分为近红外线、红外线和远红外线干燥。近红外线加热油墨表面、远红外线可加热油墨内部。

（4）紫外线（UV）干燥　当油墨经过紫外线照射后，其组分中的光引发剂吸收紫外线的光能，经过激发状态产生游离基，引发聚合反应发生，使油墨在数秒内由液态转化为固态，瞬间干燥。

紫外线干燥是比较实用的方法，尤其是对塑料等不耐高温的印刷品非常适合。与传统的自然干燥及红外线干燥方法相比较，紫外线干燥能达到高光泽、高硬度、耐磨损、耐溶剂的品质，且无需占用存放空间，无污染、低成本、效率高、节省能源。

（5）电子束辐射干燥　电子束辐射干燥是通过一批经加速的电子流所组成的电子束辐射在油墨上，产生自由基或离子基，并与其他物质交联成网状聚合物而使其固化。与紫外光相比，粒子能量远远高于紫外光，能够使空气电离，且电子束固化一般不需光引发剂，能够直接引发化学反应，对物质的穿透力也比紫外光大。

（6）微波干燥　微波干燥是通过微波与油墨直接相互作用将电磁能在瞬间转化为热

能，快速脱去油墨中的溶剂而使其固化。微波是一频率极高的电磁波（频率 300～300000MHz），电磁场方向随时间作周期性变化，而油墨中的溶剂大多为极性分子，在快速变化的电磁场作用下，其极性取向将随着外电场的变化而变化，使分子产生剧烈的运动。这种有规律的运动受到临近分子的干扰和阻碍，产生了类似摩擦运动的效应，从而使油墨温度升高并达到加热干燥的目的。在目前常用的网印干燥设备中较少使用这种干燥方式。

2．干燥设备的种类

（1）悬吊式干燥装置　悬吊式干燥装置由支架和挂钩等组成，用于加热后容易产生变形的承印物，或无法进入干燥机的大型承印物。

（2）通用晾晒架　晾架主要由格栅板和支架构成，格栅板一般用 6#～8# 的镀锌钢丝焊成网篮形，以搁放印张。每层格栅根部两侧都有销钉和拉簧与支架立柱相连。每层栅格可依次向上翻揭。

晾架有直立式和斜置式两种，直立式晾架用途较广。晒架的大小为（50cm×60cm）～（100cm×120cm），栅格一般有 50 层，层高 2.5～5cm，层层相连，每层翻起时，位置可拉簧锁定，支架底托还带有脚轮，使用时便于移动。为了使承印物尽快干燥，有时需要从侧面用电风扇及热风机送风，或把晾架全部放入干燥室或干燥炉中进行干燥。斜置式晾架用于自动干燥装置，该装置能把印件自动输入运动中的晒架，晾架移动通过干燥炉，从另一侧输出后印件干燥。

（3）传送带式干燥机　传送带式干燥机是使用热效率高的辐射加热法，把 10 个以上的远红外线或近红外线灯排列在干燥机内部，并配备有可将溶剂蒸汽排出的排气装置，传送带在下面或上面进行移动，能在短时间内使油墨干燥的装置。另外，传送带式干燥机也可以使用热风或电热的方法代替红外线干燥。

一般输送系统的传输带是耐热塑胶网带，网带上部一般有加热装置或吹热风装置。带下有负压电流，便于稳定带上的印张。传输带的驱动多采用直流电机，可以无级调速、全机温度实现自调自控，并外带罩盖结构。

（4）箱型干燥机　箱型干燥机是一种以空气为介质，把热传给印刷物的对流加热的干燥装置。热风在一定容积的箱中进行循环。这种干燥机有小型的，也有能装数台干燥晾晒架的大型的。热源一般为电力、煤气或油。

（5）紫外线干燥机　利用特定波长的紫外线对印品干燥的紫外线（UV）干燥机是 UV 油墨专用的干燥固化设备，它采用大功率的冷却风机、排热风机、进口铁氟龙输送带、大功率 UV 灯管，具有运动平稳、固化快、温度低的特点。紫外线固化机的传动原理大致与传送带干燥装置类似，由输送带、光源、通风系统和箱体组成。UV 干燥机主要部件名称如图 8-24 所示。

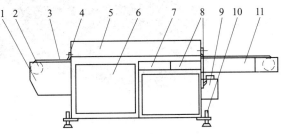

图 8-24　UV 固化机结构简图

1—动力部分　2—主动滚　3—铁氟龙网带
4—进出口挡板　5—上架　6—侧板
7—电器箱　8—空气开关　9—废气出口
10—可调支脚　11—运输架

五、典型丝网印刷机

1. 平网平台式自动输送进料丝印机

实际生产中，平网平台式印刷机的印刷台可以采用输送带式移动结构，将承印物输送至印刷工位进行印刷。如图 8-25 所示为上海世网丝印机械制造厂生产的 JGZDS4060 型自动输送式进料丝印机。

该机采用步进电机带动输送装置，并配合先进的自动定位装置，印速快，定位准确。配合自动给料配置，达到减少操作人数、减轻劳动强度。采用最新工艺的丝印刷装置：变频横刮、线性运动导轨、自锁式压力调节，全套微电脑联动，操作简单。其主要技术参数：印刷面积 350mm× 550mm，最大网框尺寸 750mm×850mm，印刷速度 2000 印/h，电源 3kW/380V。

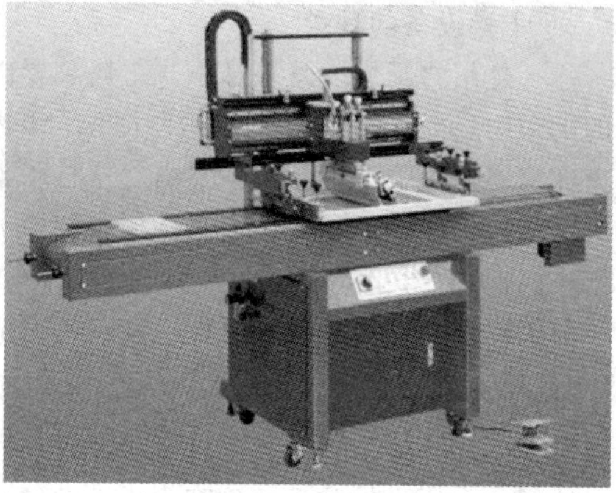

图 8-25　JGZDS4060 型自动输送式进料丝印机

2. 曲面丝印机

多色全自动曲面丝印机配有对准控制系统，可完成精确的套色印刷，如图 8-26 所示为高宝印刷机械科技有限公司生产的 LC-S-103 型三色全自动曲面丝印机。该系列机多台单机组合成双色、三色、四色印刷生产线。输送带自动入料系，转款及调校快捷，瓶子模具安装简易，印刷速度高达 5000 次/h，具有高效 UV 紫外光固化系统。其具备的电子传感器可实现"无瓶不印刷"之功能。具有圆瓶、扁瓶预先对位的功能，可对 PP 或 PE 瓶表面进行自动火焰处理。

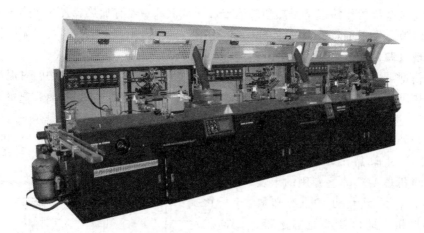

图 8-26　LC-S-103 型三色全自动曲面丝印机

3. 轮转丝印机

许多丝网印刷设备供应商也在不断的开发研制一些据有独特优势的滚筒和控制技术，使平网滚筒式丝网印刷机的印刷速度不断提高，印刷精度更加准确，如日本樱井 MS 系列和 SPS 滚筒丝印机。

（1）樱井 MS 系列滚筒式高速全自动网版印刷机 日本樱井丝网印刷机多为全自动轮转式印刷精度高，平均印刷速度 1500～3000 张/h，最高可达 4000 张/h。承印物厚度范围广，从 0.05mm 的薄膜胶片到 3mm 的卡板纸均可印刷。在樱井全自动丝网印刷机不仅印品质量高，且便于工人操作，人机操作界面友好，如图 8-27 所示。

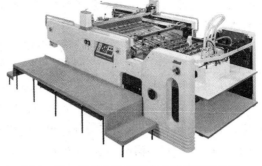

图 8-27 樱井 MS 系列全自动滚筒丝印机

该机型具体结构设计如下：

① 给纸部分。后吸纸式给纸装置与胶印机的飞达相同；真空的输纸板台以及输纸台上的下压输纸轮/毛刷保证承印物平稳、安全、快速地传输。

② 套准系统。前规和可变侧拉/推规保证每一张承印物的准确定位；选配前/侧规检测器及双张检测器更可保证印刷精度和安全性。

③ 印刷部分。精细抛光过的真空滚筒由特殊轴承支撑可承受印刷机高速运转；真空吸力可控性强以适应不同材质印刷；特殊硬质材料制造的叼纸牙能够稳定牢固地递送各种厚度的承印材料，如图 8-28 所示。具体的印刷过程动作如下所述：

a. 滚筒空档装有叼纸牙排，当纸张传递到滚筒位置时，滚筒停下叼纸牙排咬住纸张，保证接纸位置的准确。同时，网版已移动回刮墨起始位置，刮墨板下降接触网版，如图 8-28（a）所示。

b. 印刷刮墨开始，网版水平向前移动，刮墨板不动，滚筒作与网版同步的转动，刮墨板与滚筒间的印刷压力使油墨漏印到纸张上，如图 8-28（b）所示。

c. 当滚筒的叼纸牙排转到排纸台位置时，叼纸牙排放开纸张使其落在排纸台上，滚筒继续转动，直到叼纸牙排重新运动回接纸位置时停止转动，如图 8-28（c）所示。

d. 刮墨完成后，刮墨板抬起，网版进行返程水平移动，回到刮墨起始位置，执行①的动作。进行新一次的印刷循环，如图 8-28（d）所示。

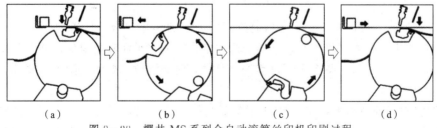

（a）　　　　　　（b）　　　　　　（c）　　　　　　（d）

图 8-28 樱井 MS 系列全自动滚筒丝印机印刷过程

④ 收纸部分。收纸台可下转便于操作者装卸网版或清洗、维修机器；真空收纸板台平稳地接收印品。

⑤ 操作及控制系统。控制面板方便操作，计数、调速、停机等功能使人机操作界面友好。

除以上标准配置外，樱井公司还提供许多选配件可帮助用户更好地完成印刷任务，包括：a. 收纸过桥，能够方便地将印品传送到后续的干燥装置中；b. 静电消除器，能够有效减少印品产生的静电，特别适合薄膜类承印物；c. 印刷材料防反弹装置，能够防止厚的材料在印刷过程中边缘翘起影响印品质量；d. 前/侧规套准传感器，避免歪张或破损张印刷，保证套准精度；e. 大容量给纸台，有利于长版活印刷或为胶印 UV 上光；f. 双张检测器，可以避免空张/双张故障发生。

（2）SPS 滚筒丝印机　德国 SPS 公司从 20 世纪 50 年代开始从事滚筒网印设备设计与生产，它独特的滚筒设计和控制技术为四色网点的还原提供了可靠的保障。SPS 滚筒丝印机具体设计和技术如下所述。

① 滚筒凹槽设计，网距近乎为零。在网版印刷中，合适的网距才能保证印刷过程中网版和承印物保持一致性线接触，从而达到良好的印刷效果，印刷面积越大，使用的网版越大，需要的网距就越高，而间距越高，套印精度就越低。相比较，普通的滚筒丝印机需要留置的网距大于 SPS 滚筒需要的网距，所以 SPS 滚筒丝印机，能满足多色套印的要求，如图 8 - 29 所示。

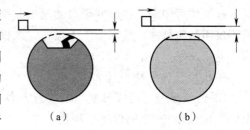

图 8 - 29　SPS 滚筒丝印机与
普通滚筒丝印机的网距
（a）SPS 滚筒丝印机网距　（b）普通丝印机网距

② 滚筒同向转动，达到平稳送纸和高速印刷。SPS 滚筒丝印机在每个印刷周期内滚筒 360°旋转，如图 8 - 30 所示，可达到更高的印刷速度，最快速度 4200 张/h。滚筒同向转动，也避免了摇摆状态下的冲击，减少了磨损，提高了设备的使用寿命，同时增加了承印物运送的平稳性，避免了因冲击造成的承印物损边而影响套印精度。

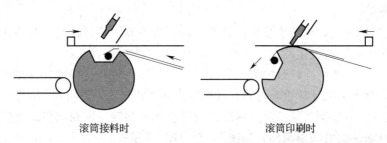

滚筒接料时　　　　　　　　　　滚筒印刷时

图 8 - 30　SPS 滚筒丝印机滚筒运转情况

③ 精密的三点对位系统。承印物通过真空吸气的传送皮带，传送到位于滚筒上的两个前端定位档上，带真空吸附和传感器的侧向定位装置将承印吸附定位，并向印刷机头传送"可以印刷"的信号。整个定位过程安全可靠，侧向定位装置的吸附力可调整，避免了承印物边缘的损伤。

④ 精密控制的刮墨板系统。PEH 重型刮墨板系统，结合了气压、液压、机械、光纤等多种先进技术、刮墨板换向气动控制，液压补偿，即使更换刮墨板也可确保在整个运行的过程中，刮墨板压力和角度不变；刮墨板高度自动调整系统，可根据承印物厚度不同自动调节；可调的设定点由电子定位装置，确保了印刷起点准确地落在滚筒夹纸器的后边；刮墨板电动垂直调整装置，精确保证刮墨板印刷面与滚筒表面平行。

⑤ RKS 刮墨板系统。带夹持器的 RKS 刮墨板为四色网点的真实还原提供了极大的方便。

⑥ 规格齐全。SPS 设备有三种类型十二个规格的产品，根据客户的不同要求可印刷 0.075～2.5mm 厚的平面柔性和半刚性的承印物。印刷行业涉及陶瓷花纸、薄膜开关、汽车仪表、防伪印刷、包装印刷等行业。

第三节 丝网印刷工艺及应用

一、丝网印刷工艺流程

一般而言，根据承印物的基本要求不同，可将丝网印刷工艺流程归纳为图 8-31 所示。

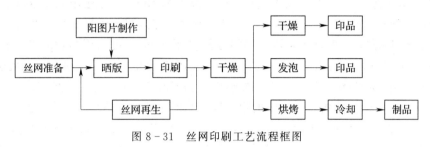

图 8-31 丝网印刷工艺流程框图

二、丝网印版制作

1. 丝网的准备

丝网的准备包括丝网的选择、网框的选择和绷网三个工艺过程。

丝网的选择主要应确定丝网的种类、丝网的号数和丝网的级数。

（1）丝网的种类 根据原稿的精度、承印物的形状及印刷基本要求确定丝网的种类。

到目前为止，按丝网材质不同可将丝网分成 4 种类型，即绢丝网、尼龙丝网、聚酯丝网和不锈钢丝网，表 8-1 为丝网的种类及其性能的对比。

表 8-1 丝网的种类及其一般特性对比

特性＼种类	绢丝	尼龙丝网	聚酯丝网	不锈钢丝网
耐热性	中	差	差	优
弹性	良	优	优	一般
尺寸精度	一般	一般	优	良
应用	基本不用	广泛采用	广泛采用	少数精密印刷采用

以上四种丝网是丝网的基本形式，此外还有几种特殊丝网，主要有染色丝网、碾平丝网、镀金属丝网、抗静电丝网等。

（2）丝网号数 丝网号数也称为丝网的目数，用单位长度所包含丝网的线数表示，即 lpi 或线/cm。实际上丝网号数可表示印刷时透墨量的多少。丝网号数越大，网线的线径越小，其透墨量则越小；丝网号数越小，网线的线径越大，其透墨量则越大。

丝网号数往往由印刷图文的精细度来确定，具体原则如下。

① 线条印刷。若是一般的线条印刷，原稿的线条宽度应为丝网间距 3 的倍以上，如图 8-32 所示，即丝网的号数 T 按以

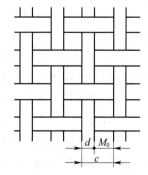

图 8-32 丝网号数的确定

下公式计算：

$$T = \frac{25.4}{c}$$

式中　c——丝网间距，c＝原稿线条宽度/3。

即丝网号数为：

$$T = \frac{3 \times 25.4}{原稿线条宽度}$$

例如：若印刷 0.3mm 宽的线条，则丝网号数为 254lpi，即应选用 254 号以上丝网。

② 网点印刷。若进行网点印刷，丝网号数原则上应为网点线数的 6 倍以上。

例如，若印刷 60lpi 的网点，则丝网的号数应为 360lpi，即选用 360lpi 以上的丝网。

③ 一般情况下，如要求墨层厚度较大时可选用 70～200lpi 的丝网；一般墨层厚度可选用 200～300lpi 的丝网；特殊要求的精细印刷可选用 300lpi 以上的丝网。

（3）丝网的级数。是指丝网网线的粗细度。粗网线的丝网透墨量较大，细网线的丝网透墨量较小，即丝网的级数与透墨量（墨层厚度）有密切关系。同样丝网号数相同的丝网，其丝网级数不同，则透墨量也就不同。每种丝网号数的丝网都可以分为 4 种不同的级数，即

S 级——细级，主要用于精细图文印刷；

T 级——中级，目前广泛采用；

M 级——中细级，即 S 级与 T 级之间的一级，其应用范围不广；

HD 级——粗级，要求墨层较厚，印刷速度不高时采用。

S 级的丝网网线细，线径较小，而丝网开口较大；HD 级的丝网网线粗，线径较大，而丝网开口较小。

2. 阳图片的制作

丝网印刷用底片，一般采用阳图片。阳图片的制作主要有以下几种方法。

（1）手工制作法　对于小批量、精细度要求较低的丝印产品，可以采用手工法制作阳图片。

① 手工描绘法。用不透明油墨在聚酯片或硫酸纸上直接描绘出所要印刷的图文，以完成阳图片的制作。这种方法工艺简单，不需要专用设备，但阳图片的精度不高，主要用于简单的标记或色块图案印刷。

② 切割底片法。用聚酯片基上的一层药膜的遮光胶片来制作阳图片。制作这种阳图片时要用专用的切割工具、丰富的经验和良好的切割技术。

③ 转贴法。对字体或符号等用转贴字符直接压贴在聚酯片上，即制成制版用阳图片。

（2）照相制作法　使用制版用照相机将印刷图文拍摄在胶片上制成阴图片，然后再将阴图片翻拍成阳图片。这种制作方法阳图片的质量较好。

（3）照相排字法　用照相排字机直接制作阳图片。这种阳图胶片质量较好，印刷图文清晰，目前得到了广泛应用。

（4）激光打印法　用激光打印机将印刷图文打印在硫酸纸上制成的阳图片。这种方法工艺简单，制作方便，但是阳图片质量一般，印刷细线条时比较困难。

对于阳图底片应严格检查线条宽度和长度以及图文质量。当要求精度较高时可先将原

稿放大 2～3 倍，再缩小拍摄成阳图片。

3．制版

（1）丝网的前处理　丝网印刷的网版在制版之前应进行前处理。前处理的具体内容包括以下 3 个方面。

① 粗化处理。对于新丝网采用间接制版法和直接胶片法，应对尼龙丝网或聚酯丝网表面进行粗化处理，以提高丝网对胶片的粘合性能。

粗化处理时可以选用硅碳化合物 500 号，用海绵蘸取，摩擦丝网的印刷面，使其表面粗化，然后用高压水枪将丝网清洗干净。由于一般砂粉之类的粗化剂的颗粒差别较大，所以，不可用一般砂粉或家庭用的砂粉摩擦丝网表面，以防止损伤丝网表面。

② 去脂处理。对所用的丝网，无论采用何种制版方法，一般都应进行去脂处理。去脂处理时应选用专用去脂剂，不可采用家庭用清洁剂或洗衣粉，以避免对感光胶片或感光剂的附着性带来不良影响，并减少对丝网表面的浸蚀。

丝网的去脂处理一般采用如下方法。先将 20％的苛性钠溶液用尼龙去脂刷涂丝网表面，然后再用 5％的醋酸液进行中和。去脂后不能再用手触摸丝网表面。去脂、干燥后应马上涂布感光剂，以免灰尘、杂物等重新污染丝网表面。

③ 染色处理。如果选用白色丝网，在制版前一般还应进行染色处理。

（2）制版　丝网印刷的制版方法如图 8-33 所示。

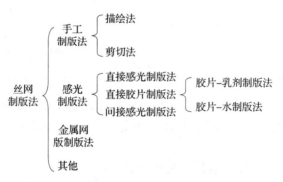

图 8-33　丝网制版法

① 手工制版法。手工制版法主要有描绘法和剪切法。

a．描绘法：将印刷图文用蜡笔或专用液直接描画在丝网上，然后涂布填缝液将网版空白部分的网孔堵塞。最后用石油把描画的图文部分蜡溶解，即制成网版。这种制版方法可以得到独特的晕映效果，主要适用于装帧设计作品的印刷。

b．剪切法：从专用的尼斯蜡纸上把要印刷的图文部分剪切下来，将其加热压贴在丝网上，其他部分经涂布后形成皮膜，再用水、乙醇或冲淡剂进行溶解，以形成印版图文。这种方法主要适用于尼龙丝网和聚酯丝网。

剪切制版法其制版精度较低，但因不用阳图底片，丝网再生时用热水就可剥离，所以制版成本较低，用于大规格的招牌、广告画印刷比较有利。

② 感光制版法。感光制版法是利用光硬化的感光性树脂将丝网网孔堵塞的制版方法。从制版的简便性以及满足精度要求等方面考虑，在印刷企业或其他工业部门中，这种制版方法都被广泛采用。

根据制版工艺过程不同，感光制版法主要有三种主要类型，即直接感光制版法、直接胶片制版法和间接感光制版法等。各种制版方法的特点及主要性能如图8-2所示。

表8-2 各类型感光制版法的特点及性能

制版方法 比较项目	直接感光制版法	直接胶片制版法		间接感光制版法
		直接胶片—乳剂制版法	直接胶片—水制版法	
工艺特点	先涂后晒	先贴（乳剂）后晒	先贴（水）后晒	先晒后贴
显影	常温清水或温水	常温清水	常温清水	温水
机械性能	优	优	良	一般
清晰度	良	优	优	优
膜厚均匀性	一般	良	良	优
制版简便性	一般	优	优	良
工时消耗	高	高	低	一般
脱膜	一般	一般	易	易
材料成本	优	一般	一般	一般
耐溶剂性	良	良	良	良
经济性	优	良	良	一般
适用性	广泛	综合性能优良	综合性能优良	精细印刷

③ 金属网版制版法。这里所说的金属网版制版法是指以金属板或金属箔片为板材的网版制版法。对尺寸精度要求较高的配线板印刷以及采用圆网印刷形式的网版一般采用这种制版方法。

金属网版的制作是电镀、电铸、光刻等诸项技术的综合应用。所用的金属板或金属箔主要有镍、铬、铜、不锈钢等。图8-34为金属网版的典型示例，其印刷面为箔片。

金属网版的尺寸精度较高，墨层厚度均匀，印刷图文锐利，耐印力强，印刷时网版间隔较小，一般仅为0.3mm左右，具有良好的稳定性

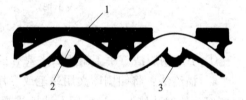

图8-34 金属网版的构成
1—镍箔 2—不锈钢丝 3—镍

和较高的套准精度。此外，因金属版材为电的良导体，因此，使用中不会产生静电。加之金属版材具有耐热性，可在高温下（160℃）下不变形，故可用热熔油墨或在热环境下进行工作。

这种制版方法制版工艺比较复杂，要求较高的工艺水平，一般的印刷厂很难掌握制版技术，大多由专业厂家提供印版。因此，金属网版除集成电路印刷或其他特殊场合下采用外，一般很少采用。

④ 其他制版方法。不属于上述制版方法，是以制版的快速及合理化为目标的制版方

法，其中红外线制版法现以得到采用。

红外线制版法也称为感热式制版法，它属于简易制版法，它不是靠感光材料的感光硬化和显影形成印版图文，而是靠感热材料受热收缩而形成印版图文。

在 40 线/cm 的聚酯丝网上，或在具有良好的油墨透过性的特制纸基上，粘贴一层薄的具有热收缩性能的聚偏二氯乙烯（氯乙烯与偏二氯乙烯的共聚物）胶片，或涂布一层具有热收缩性的合成树脂，从而在版基上形成热收缩性的树脂覆膜，以构成这种制版方法的专用版材。制版时，将含有碳黑的原稿与版材的胶片或覆膜面密附，当用红外线闪光灯进行瞬时照射后，即刻将原稿图文部分的碳素点燃，与图文部分接触的胶片或覆膜就会因吸热而瞬时收缩，直接形成网孔，从而完成印版的制作，如图 8-35 所示。

这种制版方法工艺简单，操作方便，可实现快速制版，可用于名片、明信片等印刷。此外，还有利用激光和半导体技术制作网版，以进一步扩大丝网印刷的使用范围。

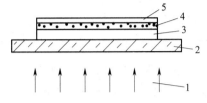

图 8-35　红外线网版制作原理
1—红外闪光灯　2—玻璃板　3—版材版基
4—版材的覆膜面　5—原稿

三、丝印油墨的印刷适性

虽然可以认为，任何类型的油墨均可以用于丝网印刷，但要得到理想的印刷效果，必须要考虑油墨的印刷适性。正确合理的选用印刷油墨是丝网印刷中一个重要的问题。

1. 丝印油墨的特点

根据丝网印刷原理及特点，与其他印刷方式相比，丝网印刷油墨应具有某些特殊性能，如表 8-3 所示。

表 8-3　　　　　　　　　丝印油墨与其他印刷油墨的性能对比

性能 油墨种类	黏度/（Pa·s）	屈服值/（10^{-5}N/cm^2）	墨层厚度/μm	油墨转移率/%
丝印油墨	10~100	10^2~10^3	10~100	90~100
凸印油墨	10~100	10^3~10^4	5~7	30~50
平版胶印油墨	100	10^4	1~2	30~50
柔性版油墨	0.1~0.2	1~10	3~5	50~70
凹印油墨	0.05~0.2	0~20	8~15	50~60

由以上数据可以看出，丝印油墨具有一定的黏度和较高的油墨转移率，因此，丝印墨层较厚，通过控制油墨的转移量可以提高印品的浓度范围，印刷出优良的有重量感的印刷品。

另外，丝网印刷油墨可以采用不同的干燥方式。如果能合理选用油墨，可广泛应用在各种不同承印物上，以保证合理的印刷适性。表 8-4 为不同印刷方式油墨干燥形式。

表 8 - 4　　　　　　　　　　　不同印刷方式的油墨干燥形式

干燥方式 印刷方式	蒸发干燥型	氧化聚合型	二液反应型	UV 硬化型
丝印油墨	良	良	良	良
凸印油墨	良	中	—	良
平版胶印油墨	中	良	—	良
柔性版油墨	优	—	良	—
凹印油墨	优	—	中	—

① 蒸发干燥型：通过油墨中溶剂的蒸发，使油墨皮膜干燥的方法。这种干燥方式的适用性较强，对几种主要印刷方式基本上均可采用。

② 氧化聚合型：通过氧化使油墨皮膜干燥的方法。在几种主要印刷方式中，凹印与柔版印刷不适合这种干燥方式。

③ 二液反应型：也称二液硬化型。通过化学反应使油墨皮膜干燥的方法。凸印和平版胶印不适合采用这种印刷方式。

④ UV 硬化型：通过 UV 光的照射，引起油墨产生化学反应，从而使墨皮干燥的方法。该方法不适用于凹印和柔版印刷方式。

由此可以看出，丝网印刷对于上述四种干燥方式均有良好的适应性。

2. 丝印油墨的种类

丝印油墨的种类繁多，有不同的分类方法，常用的主要有以下两种。

（1）按用途或承印材料分类　丝印油墨可分为纸张用丝印油墨、塑料用丝印油墨、织物用油墨、金属用油墨和玻璃用油墨等。

（2）按油墨的干燥方式分类。根据油墨的干燥方式不同，可将丝印油墨分为如下几类。

① 蒸发干燥型油墨。靠油墨中溶剂的完全挥发而干燥的丝印油墨，主要用于纸张、织物以及热塑性树脂印刷。

② 氧化聚合型油墨。依靠油墨中连接料吸收空气中的氧气产生聚合反应而干燥的丝印油墨，主要用于金属、硬质塑料、木材等承印材料印刷。

③ 二液反应型油墨。这种油墨以环氧树脂作为连接料，使用时应加入硬化剂才能进行印刷，在硬化剂的作用下，使油墨固化而干燥。因此使用这种油墨时，印刷后要在 120～170℃的温度下进行烘干处理，主要用于热固性树脂等承印材料印刷。

④ UV 硬化型丝印油墨。上述三种油墨都是通过有机溶剂来调节油墨的黏度和流动性，同样也是通过加热处理来实现油墨的快速干燥。UV 固化型油墨与上述溶剂型油墨相比，其干燥方式独特。它是通过紫外线的照射，在瞬间实现油墨的固化与干燥。

3. 油墨的选择与使用

在丝网印刷中，要想得到良好的印刷效果，必须根据不同承印物的性质和用途，合理的选择和使用油墨。

（1）油墨的选择　一般而言，应根据承印物的性质和用途，合理选择丝印油墨。

近年来，国外丝印油墨大量进入中国市场，特别是日本丝印油墨已在国内得到广泛采用。表 8 - 5 为不同承印物、不同用途丝印油墨型号示例，可供选择时参考。

表 8-5 不同承印物、不同用途的油墨型号示例（日本东洋油墨制造株式会社产品）

承印物	主要用途	所用树脂	油墨型号
纸张	宣传画，标签，商标等	丙烯类	SSNSA
聚乙烯 聚丙烯	以处理的聚乙烯	聚氨酯	SS16-00B
		环氧树脂类	SSUNIPE
	以处理的聚乙烯 聚丙烯容器	聚氨酯	SS16-000
		环氧树脂类	SS25-000
	未处理的聚丙烯	橡胶	SSPPNk
聚氯乙烯	软质乙烯	乙烯类	SS7GKFS
	硬质乙烯	丙烯乙烯类	SS8-000
苯乙烯类	PS，AS，ABS 及其制品	丙烯类	SSNSA
丙烯	招牌，标志等	丙烯-乙烯类	SS87-000
三醋酯纤维	标签	丙烯-乙烯类	SS8-000
聚酯	标签，模制品	聚脂类	SS60-000
热硬化塑料	模制品	氰尿酰胺类	SS35-000
		聚氨酯	SS16-000
		环氧树脂类	SS25-000
金属	铝，不锈钢，镀锌钢板	未处理环氧树脂类	SS25-000
布（织物）	服装，衣料，皮包	乙烯类	SSMP
		聚氨酯	SSNYG
玻璃	容器类	环氧树脂类	SS27-000

在选用油墨时，为得到良好的印刷适性，一般可按如下原则和步骤进行。

① 首先应满足承印物的一次性，即承印物对油墨的附着性，根据承印物的表面性能合理选用油墨。

② 在满足承印物的一次物性的条件下考虑其二次物性。二次物性主要包括以下几个方面，即

a. 机械性能：主要指耐摩擦性。

b. 热学性能：包括耐黏结性、耐热性、耐寒性、耐寒热重复性等。

c. 物理化学性能：包括耐气候性，耐光性，耐药品性（耐酸性、耐碱性、耐溶剂型），耐环境性（耐水性、耐热水性、耐湿度性、耐盐水性），耐物体性（耐油性、耐洗涤性）等。这些耐性要求主要通过选择不同性质的颜料加以保证。

③ 二次加工适性。这里说的二次加工适性是指承印物的加工成型性和焊接加工适性。

④ 最后考虑安全卫生性，即所选用油墨符合国家安全卫生法规的有关规定。

（2）丝印油墨的使用 要得到理想的印刷效果，必须合理的使用丝印油墨，这是获得

理想的印刷适性的先决条件。为此，应从以下三个方面入手。

① 合理使用稀释溶剂。稀释溶剂按照油墨种类不同有两种类型，即标准溶剂和慢干溶剂。

如果溶剂的挥发速度过快，虽然有利于油墨干燥，但容易在网版的细线、点状部位堵塞网孔，并在长时间保存时还会产生油墨黏度上升的现象。相反，如果溶剂的挥发速度过慢，虽然可以提高网版上油墨的转移性能，但容易产生干燥不良和油墨结块现象。因此，应根据印刷面积大小和季节温度的变化灵活使用稀释溶剂。

② 控制油墨的黏度。丝印油墨的黏度一般控制在 $10Pa \cdot s$ 左右，应根据印刷条件，如丝印机的种类、网版网孔的大小、印刷速度等因素合理进行调整。

当印刷面积较大时，可适当降低油墨黏度；当印刷面积较小时，为了提高图文再现性，可提高油墨黏度。另外，如果要提高细线和网点的再现性，还可提高油墨的屈服值，这样可得到良好的印刷效果。

③ 添加剂的使用。在丝印油墨中加入适量的添加剂，使油墨具有某些特殊性能。

a. 硬化剂：对于二液反应型丝印油墨必须添加硬化剂方可使用。硬化剂的类型、添加比例及适用油墨范围如表 8-6 所示。

表 8-6　　　　　　　　　　　硬化剂的类型及适用范围

硬化剂的类型	添加质量比（油墨/硬化剂）	适用油墨
SS25 硬化剂	80/20	SS25-000
SSEH COMPOUND	80/20	SS25-000
SS27 硬化剂	80/20	SS27-000
SSUNIPE 硬化剂	100/5	SSUNIPE
SSUNI T 硬化剂	100/5	SSUNIT
SSUR100B 添加剂	100/10	SS16-000
SSUR150B	100/5	SSFXS、SNYG

b. 消泡剂：丝印油墨中加入的消泡剂如表 8-7 所示。

表 8-7　　　　　　　　　　　消泡剂的类型及应用示例

消泡剂类型	添加率/%	适用油墨
SSYK 消泡剂	0.5～1.0	SS7GKFS，SS8-000
消泡剂	0.5～1.0	SSPPNK
添加剂 500	1	SS3-000，SUNI TSS35-000，SSNYG
添加剂 580	0.1～0.5	SS83-000，SS27-000

c. 其他添加剂：除上述硬化剂和消泡剂外，还有其他添加剂，即

ⅰ. 添加剂 100：为耐磨性增强剂，添加质量比一般为 5%～7%。全部丝印油墨均可使用。

ⅱ. SS25 耐水性添加剂：主要用于玻璃印刷，其添加的质量比为 3%，适用于 SS25-000 和 SSCTCL 系列的油墨。如果使用 SS27-000 油墨，可使用 SS27 玻璃添加

剂，其添加的质量比为 5%。

　　ⅲ．SS8－860 添加剂：使用 SS8－000 系列油墨进行软质乙烯树脂印刷时选用这种添加剂。其添加的质量比为 5%。

　　ⅳ．FDSS550 添加剂：为附着性增强剂，添加的质量比为 2%。选用 FDSS4－000 紫外线硬化油墨印刷聚乙烯瓶时使用。

　　ⅴ．FDSS501 添加剂：为附着性增强剂，添加的质量比为 3%。选用 FDSS6－000 紫外硬化油墨时使用。

四、纸包装丝网印刷

　　众所周知，由于丝网印刷具有墨层厚实、承印材料广泛等特点，所以在纸包装中，丝网印刷也得到了广泛应用。下面仅以纸标签和折叠纸盒的丝网印刷作一简要介绍。

　　1. 纸标签丝网印刷

　　丝网印刷是纸标签、不干胶标签和防伪标签的主要印刷方式之一，主要有平压平丝网印刷、圆压圆轮转丝网印刷以及在组合印刷生产线中的圆网丝印单元。此外，目前也广泛用于 RFID 标识（射频标签）的印刷，其主要特点和印刷方式如下。

　　（1）RFID 标签的特点　RFID 标签不仅具有可读写、反复使用和耐高温、不怕脏污等传统条形码所不具备的优势，而且处理数据的过程也无需人工干预。

　　（2）RFID 的基本工作原理　标准的 RFID 系统一般由标签、阅读器、天线三部分组成。当标签进入磁场后，可接收解读器发出的射频信号，凭借感应电流所获得的能量发送存储在芯片中的产品信息，或者主动发送某一频率的信号，解读器便可读取信息，并解码后传送到中央信息系统进行有关数据处理。

　　（3）RFID 标识与传统标签印制技术的区别　从印刷角度看，RFID 的芯片层可以用纸、PE、PET 等材料封装并进行印刷，制成不干胶贴纸、纸卡、吊牌或其他类型的标签，但芯片是关键，由其特殊的结构所决定，不能承受印刷压力，所以除喷墨印刷外，一般应采用先印刷面层，再与芯片层进行复合、模切工艺，而印刷方法，应以丝网印刷为首选，使用导电油墨。

　　（4）导电油墨的应用　一般情况下，导电油墨可在 UV 油墨、柔性版水性油墨或其他特殊油墨中加入导电的载体，使油墨具有导电性能。在 RFID 印刷中，导电油墨主要用于印制 RFID 天线，以替代传统的压箔法或腐蚀法制作的金属天线。因此，这种印刷方法高效快速，是印刷天线和电路中首选的既快速，又便宜的有效方法。

　　2. 折叠纸盒丝网印刷

　　目前，折叠纸盒的丝网印刷，大多在卷筒纸丝网印刷生产线上独立完成，如图 8－36所示。

　　在整个丝网印刷生产线上，可以连续完成烫印、丝网印刷、压凸、检测以及模切压痕、计数、成品检测等工艺过程，不仅具有 125m/min 的印刷速度，而且还具有生产率高、印品质量稳定等特点，实现了高速自动化和产业化丝网印刷。

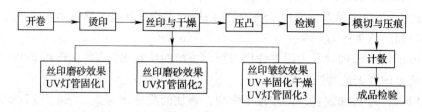

图 8-36　纸盒轮转丝网印刷生产线工艺流程

五、塑料包装丝网印刷

随着丝网印刷技术的不断进步与完善，丝网印刷在塑料包装印刷中也得到广泛应用。

根据承印物材料的形态不同，塑料包装丝网印刷主要有两种类型，即塑料薄膜丝网印刷和塑料包装容器丝网印刷。

1. 塑料薄膜丝网印刷

塑料薄膜丝网印刷主要有两种形式，即手工丝网印刷和卷筒薄膜丝网印刷。

（1）手工丝网印刷　塑料薄膜手工丝网印刷，除应该满足一般丝网印刷的基本要求外，还应注意以下几个方面。

① 木网框的选用。一般而言，丝网印刷塑料薄膜的印版，因其规格比较特殊，很少能重复使用，所以不宜采用诸如铝合金以及各种造价较高的网框，以选用硬木网框为宜。如果是大型网框，可在框架四角边用 T 形角铁加固，以提高网框的刚度。

② 承印台的设置。如果塑料薄膜手工丝印用来作为装饰印刷，可采用自制的长案台作为承印台，在承印台中间设置与其等长的规矩挡，台面由 5mm 厚的透明玻璃板拼装而成，并设置吹风装置，以加速印品的快速干燥。

③ 印品的放置。为了方便的放置印品，可在承印台上方设置若干条可移动的细绳，以备放置半干的印品。

（2）卷筒薄膜丝网印刷　卷筒薄膜丝网印刷的印件，一般都是各种塑料薄膜及编织带等。印件为成卷材料，采用连续送进方式，而印刷方式则可多种选择。

① 平网长平台网印。对单幅画面印刷，多采用平网长平台网印。送件和印刷时间错开，属间歇式印刷。一般收放卷机动，印版的起落和刮印的往复动作也多为机动，也有采用人工进行。印件的送进和丝网印版的安装都有定位控制，能实现多色套印，最常见的是床单、台布、窗帘、壁挂等的印刷。

② 卷筒式平网印刷。其丝网印版及框架按一定节距固定位置安排，俗称步移式网印机。丝网印版及框架的起落运动、刮板的往复牵引运动以及刮墨板、覆墨板交替升降运动等均由主传动输入传动。收卷、印件移动、间歇传动、光电套准、停机制动、印件自动纠偏、磁粉离合以及印件张力自动控制功能等，都具有较好的工艺控制性。

对于质地特别柔软，又不易舒展铺平、张力难以稳定的印件，如塑料薄膜等，在承印平台上还必须另设导带装置，导带表面用粘胶黏附印件，作为印件载体的导带。导带呈封闭形，自始至终单向定距离间歇送进。印件与导带同步运行，并连续不断的胶粘在导带上，直至终端套印完毕，才被收件滚筒从导带上剥离，再由卷筒收卷。

③ 圆网印刷机。连续画面的薄膜印刷，多采用圆网印刷方式。按照滚筒的排列方式，圆网印刷机分为卧式圆网印刷机、立式排列圆网印刷机和卫星式排列圆网印刷机。圆筒周长有 640、913、1018、1677、1826mm 等多种规格，如印刷特长印幅，超过单网圆周长时，可分为多网筒接版连印，最长可达 5m。

圆型丝网印版，其制作难度较大，一般有以下两种方式。

a. 涂胶圆网：先在钢制芯轴精细加工成胎，后用网点辊在铜轴表面轧出整面的网点坑穴，再用绝缘漆将坑穴填满，用刮刀将铜轴表面刮光，最后将铜轴置镍槽内电镀，以形成密孔的镍层，脱胎后即成圆网。在圆网上涂布感光胶后，便可制造出圆形丝网印版。

b. 电铸圆网：首先将图样制成网格负片，转移到一种通过气压可缩胀的弹性芯轴表面感光显影，然后在感光芯轴表面镀镍，最后将芯轴放气收缩，即可脱网成型。其网格大小根据图样深浅层次决定。其特点是印深浅层次网目调图形效果较好，圆网坚牢。缺点是色浆渗透不均匀，网面修理麻烦，一次性成本较高。

目前，国外已采用新型激光制版技术，直接通过电子扫描的原分色稿，在圆网上用激光雕刻出图形网点，取消了传统制版中的贴胶片、涂胶、感光、显影、冲洗等工艺，而且整版时不会出现接头等故障。

圆网印刷时，刮墨板朝下与滚筒内壁接触，操作时静态刮墨，或者用钢制圆棒代替刮板，圆棒能在印版上滚动，借助台板下磁铁的吸力而进行刮墨。色墨则通过泵和软管，再经输墨管，送到滚筒腔内刮墨板前侧。

圆网在印刷前为保证印件表面清洁，应有除尘装置或用真空吸附，或者采用胶辊黏附方式定期清洗胶辊表面，以保持印面质量的稳定性。

2. 塑料包装容器丝网印刷

塑料包装容器丝网印刷，目前应用比较方便的是曲面丝网印刷。

曲面丝网印刷，主要包括两个部分，即印刷前处理及曲面丝网印刷工艺。

(1) 印刷前处理　印刷前处理除要包括脱脂处理、除尘处理以及火焰处理。

① 脱脂处理。由于塑料包装容器表面沾有油污或脱膜剂后，会影响油墨的附着力，因此，可以通过碱性水溶液表面活性剂、溶剂的清洗或砂纸打磨，以达到清洁脱脂的目的。

② 除尘处理。灰尘的存在直接影响油墨在塑料包装容器上的附着，因此，可采用装有高压电极产生火花放电的压缩空气喷头吹掉灰尘，这种方法除尘操作方便，即可除尘，又可消除静电。

③ 火焰处理。火焰处理主要应用于较厚的小型塑料包装容器表面处理，其目的是使用高温除掉表面的污点，并熔化膜层表面，以改善表面黏附油墨的性能。首先，将待处理的包装容器投入煤气火焰中，火焰中含有处于激发状态的 O、NO、OH 和 NH 等自由基，它们能从高聚物表面把氢抽取出来，随后按照自由基机理进行表面氧化，并引入一些极性的含氧基团，发生断链反应。聚烯烃经火焰处理后形成了极性基团，润滑性得到了改善，而黏结性则由于极性基团润湿性及产生断链而相应得到改善。

火焰处理方法效果比较好，无污染，成本低廉，但操作要求严格，如不小心会导致产品变形，使产品报废。

(2) 曲面丝网印刷工艺　如前所述，圆柱体曲面印刷机主要用于印刷圆柱体成型物，根据丝网印版与承印物之间的传动方式不同，有摩擦传动式和强制传动式两种类型。圆锥体曲面丝网印刷机主要有丝网印版水平移动式和丝网印版扇形摆动式。

旋转体塑料印件主要指杯、罐、筒等，形状有圆柱、圆锥、椭圆等，印刷部位可以是正面或者是正反两面，也可能是全圆周。

如图 8-37 所示，旋转体塑料包装容器采用丝网印刷时，印件的定位是依靠承印台印面中央的一个旋转件承印支架，支架后部有一个与容器口径相吻合的锥塞管头，与压缩空气泵接通，以备对软塑料包装容器印刷时充气，使之有一个抗衡印压的力。支架中部还有一套与容器外径相吻合的支撑辊，指支架的前端有一个与容器底部相吻合的卡盘，卡盘上有定位销，与塑料包装容器底部注塑定位销槽相配，锥塞、支撑辊和卡盘与印版的刮印运动同步，印完一个版面，卡盘的定位销仍回归至定位点。

印刷时，要将旋转件承印物的母线与丝网印版下平面放置成平行状态，丝网印版移动和承印物始终呈线接触，丝网印版与承印物之间形成线滚动运动。

这种印刷方式，主要有以下两种形式，即圆锥体承印物印刷和椭圆体承印物印刷。

① 圆锥体承印物印刷。圆锥形塑料包装容器的印刷制版与圆柱形印刷制版不完全相同，圆柱形印刷展开面是直线平面图案，而圆锥形印刷展开面是扇形，是有弧度的。因此，在制版前要计算出锥体上下圆的周长相差数据，画出扇形图，如图 8-38 所示。如果将要印刷在承印物上的图案、文字模仿画在纸上，做成扇形图，再用剪刀剪下，围贴在锥体上，这样制成的丝网印版将更精确。

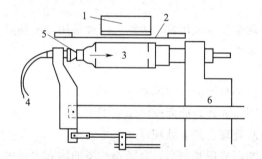

图 8-37 塑料包装容器的印刷
1—刮板 2—丝网印版 3—承印物
4—充入空气 5—套口 6—工作隔板

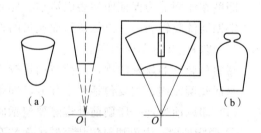

图 8-38 锥面器物扇形展开示意图

圆锥体印刷与圆柱体印刷也不尽相同。印刷圆柱体的丝网印版做水平直线运动，而印刷圆锥体的丝网印版是按锥顶垂直中心做水平摆动。圆锥形物体是一头大一头小，印刷时先把印刷机上的承印物放置支架与承印物调至与丝网印版成水平状，然后调准丝网印版运动的摆动半径，用类似圆柱体的印物操作方法印刷圆锥体承印物。

② 椭圆体承印物印刷。椭圆形塑料包装容器多用于清洗剂、药品、化妆品等包装容器，如图 8-39 所示。椭圆体印刷时，以 O 点为中心，以 R 为半径做圆周运动，因此，椭圆体印刷需要用特殊的承印卡具，经调整、试印符合要求后方可进行正式印刷。

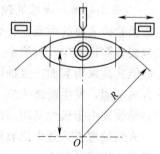

图 8-39 椭圆印刷

六、玻璃制品丝网印刷

玻璃制品丝网印刷是指以玻璃板或玻璃容器为主要产品的丝网印刷方式。

玻璃制品印刷主要采用丝网印刷，其主要理由有：① 玻璃表面平滑、坚硬，其制品大多为透明的，所以适于采用软接触的丝网印刷方式完成彩色印刷；② 玻璃是无机材料，化学稳定性好。它与油墨中连接料的有机物合成树脂的结合力很小，不符合附着性和耐久性的基本要求。因此，印刷后往往要进行烧结处理，这就需要油墨层应有一定的厚度和耐热性，而丝网印刷方式可以满足这一要求。

由此可见，玻璃印刷的根本问题是为了提高玻璃表面对油墨的附着力，如何正确选用特殊油墨和进行必要的后处理，同时采用合理的丝网印刷方式，以实现玻璃制品的精美印刷。

1. 玻璃丝印油墨

玻璃印刷最重要的是强化油墨与玻璃表面的结合力，使玻璃制品在使用过程中油墨不出现脱落或溶出现象，所以，油墨本身应具有良好的化学、物理耐久性。

根据油墨的成分和性能不同，玻璃丝印油墨主要有以下种。

(1) 玻璃颜料油墨

① 玻璃颜料。玻璃颜料能满足上述的基本要求．这种颜料含有低熔点的玻璃粉，用连接料（合成树脂及有机溶剂）来调整油墨的印刷适性，这些材料都已经商品化．不过这种油墨没有中间色，使用中应加以注意。

这种油墨印刷以后，要经过加热炉烧结处理，使油墨中的连接料蒸发、燃烧后玻璃粉软化固着在玻璃表面上。为使玻璃粉与玻璃承印物的物理性能差别不致于过大，应根据玻璃承印物的种类合理选用玻璃颜料，如表 8-8 所示。

表 8-8   承印物玻璃与玻璃粉的物理性能

玻璃的种类	玻璃的物理性能	线膨胀系数 (30～300℃) / (10⁻⁷/℃)	软化温度/℃
承印物餐桌 用玻璃器具	钠钙玻璃	90～110	650～700
	硼硅玻璃	32～53	650～800
	水晶玻璃	90～100	610～650
低熔点玻璃粉	硼酸、铅玻璃	50～80	350～560
	锌、硼酸、铅玻璃	45～50	600～650

玻璃承印物，如果加热到玻璃的软化温度以上，就会产生变形，一旦变形过大，就会影响玻璃制品的价值，因此，一般以取玻璃粉较低的软化温度为宜。当然也不能过低，否则会影响玻璃制品上印刷图文的耐久性和耐水性。

② 油墨中的连接料。油墨的连接料主要是合成树脂和有机溶剂，对连接料的基本要求是能否在低温下完全蒸发、升华和燃烧过程，避免在玻璃粉熔化时产生连接料的残留物，否则，印刷表面会发泡而失去平滑性。

玻璃颜料油墨一般采用如下方法进行配置，即把乙基纤维素、丙烯系合成树脂、硝化纤维素等用丁基二甘醇—乙醚、二甘醇—乙醚、醋酸酯松节油等进行溶解实现油墨的调整。

（2）**热塑性油墨** 热塑性油墨简称热墨。如上所述，采用玻璃颜料油墨进行分色、大批量印刷，因干燥速度较慢，不便于进行连续印刷，为此，特在油墨的连接料中加入热塑性树脂或石蜡，然后一边对油墨加热一边进行印刷，油墨的加热温度一般为 80～120℃。

油墨的加热方法一般采用不锈钢丝网，施以低电压，即在网版上直接对油墨进行加热。热墨印刷在承印物表面后，在常温下即可固化，油墨层的固化温度时间仅为 0.25～1.0s。因此，采用热塑性油墨可实现多色连续印刷。

热塑性油墨的主要成分如图 8-40 所示。

（3）**金液、银液和金膏** 这是将各种金属有机化合物作为主要成分加入油墨的连接料中组成的玻璃油墨。

所用的金属有机化合物主要有金属—硫化松节油、金属—硫醇等。银液中同样含有同样的有机化合物。

在金膏中，因金、银的含量非常少，作为印刷油墨使用还是可行的。另外，在使用中也可用钯盐和铑盐来代替。

（4）**彩虹釉** 在玻璃印刷中，若将锡、铋等有机化合物印刷在承印物表面，可呈现出彩虹的印刷效果，为此，将锡、铋等有机化合物加入液态的连接料中即制成彩虹釉。另外，若将金属树脂盐（金属皂）溶解在连接料中使用，也可以得到良好的印刷效果。

2. 印刷装置的基本形式

玻璃制品印刷主要指圆柱形和圆锥形成型物印刷，大多采用曲面丝网印刷机进行印刷，其印刷装置的基本形式如图 8-41 所示。

图 8-40 热墨的组成　　　　　　图 8-41 印刷装置的基本形式

在上述几种印刷装置中，为了扩大机器的使用范围，往往设计成圆柱、圆锥两用型曲面丝网印刷机，并设有承印物的充气装置。同时，为了使机构简单，操作方便，提高运动的平稳性，大多采用气动式设计方案。

3. 印后烧结

凡是采用玻璃颜料油墨或其他烧结用油墨印刷玻璃制品的场合，印刷后都要进行后加工—烧结。对于自动曲面丝网印刷机，印刷后应设自动输出装置，将印刷制品转入烧结炉进行烧结，以形成印刷—烧结自动生产线。

（1）**烧结炉的构成** 玻璃印刷烧结炉一般由热源、煤气控制阀、加热烧结室、温度自动控制装置以及制品输出带等部分组成，通过温度检装置传感器对烧结室内的温度进行检测，然后由温度自动控制装置发生温度调节指令，以调节煤气控制的阀门，从而输出不同的煤气量。

（2）烧结温度-时间关系曲线　在烧结工艺中，如果选择的玻璃颜料油墨不符合玻璃承印物的基本要求，就会造成烧结工艺的失败，所以应正确选择印刷油墨。同样，如果所选择的印刷油墨完全正确合理，若不能按烧结温度－时间关系曲线进行烧结，也会使印刷、烧结过程失败。因此，合理控制温度—时间关系曲线是烧结工艺中确保玻璃制品质量的关键。

所谓温度-时间关系曲线是指烧结炉内烧结温度随时间变化的关系曲线，即控制烧结炉内加热和冷却速度的规程。

当烧结温度达到玻璃燃料的软化温度（500℃）时，烧结炉内的温度－时间关系曲线如图 8－42 所示。

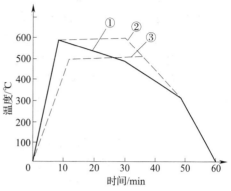

图 8－42　温度－时间关系曲线

实践说明，如果烧结温度－时间关系曲线按图 8－42 所示曲线①进行控制，即在 10min 内烧结温度达到 550℃左右（玻璃软化温度以上），然后迅速冷却，则可得到理想的效果，这时经初期烧结使玻璃表面层很快软化，结果在玻璃与油墨层接触面附近，由玻璃与玻璃粉形成一层很薄的中间玻璃层，使油墨牢固的附着在玻璃表面上，如图 8－43 所示。

如果烧结温度－时间关系曲线按图 8－42 曲线②进行控制，即在 10min 内烧结温度达到 550℃左右，然后进行常温冷却，这样增加了高温

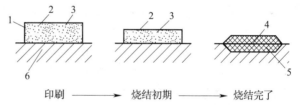

印刷　——→　烧结初期　——→　烧结完了

图 8－43　玻璃颜料油墨印刷烧结工艺过程
1—印刷后的油墨层　2—玻璃粉　3—连接料
4—附着后的墨层　5—中间玻璃层　6—玻璃承印刷

烧结时间，使玻璃承印物表面软化层加厚，不仅会引起玻璃制品的变形，降低商品价值，而且还会因中间玻璃层构成成分的线膨胀系数差异过大，造成应力集中，这就是所谓烧结过度而造成的墨层脱落现象的主要原因。

如果烧结温度－时间关系曲线按图 8－42 曲线③进烧行控制，即结温度偏低，未达到玻璃的软化温度，加热速度过慢，结果在玻璃与油墨层接触面附近未形成中间玻璃层，导致墨层表面光泽度下降，油墨的附着性大幅度降低等故障。若用小刀轻轻一刮，或轻轻摩擦印刷表面，油墨层便成为粉状从玻璃表面脱落下来。

由此可见，严格控制温度－时间关系曲线，是保证玻璃制品印刷、烧结质量必须解决的问题。

七、陶瓷容器丝网印刷

1. 概述

陶瓷容器印刷先后曾经历了手绘装饰、石版印刷、平版胶印等三个不同的发展阶段。由于其印品质量往往很难满足印刷基本要求，所以到 20 世纪末，上述印刷方式逐步被丝网印刷所淘汰，从此，使陶瓷容器印刷进入丝网印刷的新时代。

由于丝网印刷具有墨层厚实，又不受承印物的性质和形状的限制，所以，目前已成为陶瓷容器印刷的主要印刷方式。目前主要有直接法、间接装饰法和直间装饰法三种类型。

（1）直接装饰法。用丝网印版将图像直接印刷在陶瓷坯胎上，然后再经施釉，烧制成瓷的一种陶瓷装饰方法，大多用于瓷面砖与瓷壁画的印刷。

（2）间接装饰法。首先通过丝网印刷印成花纸后，再转贴到陶瓷器皿上面的一种陶瓷装饰方法。由于丝网贴花纸可以印制得非常精细，又能装饰在各种不同形状的陶瓷器皿上，所以这种装饰方法得到了较为广泛的应用。

（3）直间装饰法。也称为综合装饰法，采用丝网印刷与手工描绘相结合的装饰方法。当印刷有时达不到理想效果时，则需要利用丝网印刷与手工点缀相结合的方式，即可得到理想装饰效果。

以上三种陶瓷容器丝网印刷方式，有不少共同点，但也有一定区别。

① 共同点：a. 图像的印刷方式均采用丝网印刷方法。b. 陶瓷颜料均分为釉上、釉中和釉下，都有装饰图像，其装饰效果依次以釉下最好；c. 焙烧温度：釉上为 730～850℃；釉中为 1060～1250℃；釉下为 1250～1350℃；d. 丝网目数：一般在 200～240 目/in 范围内，对于精细印刷图像，可控制在 300～350 目/in；e. 都可以用转贴纸为印料的载体取代直接装饰法。

② 不同点：a 直接法：直接法是直接印在平面坯胎上的釉下装饰，一般采用水溶性印料，丝网目数一般不超过 200 目，而釉上、釉中则使用溶剂型印料；b 间接法：间接法又可称之为转移贴花纸法，印刷时可使用溶剂型印料，将印料印刷在转移纸上，然后再将其图像转移到陶瓷上；c 直间装饰法：这是一种丝网印刷与手工描绘以及与釉上粉彩装饰相结合的装饰方法，其工艺流程是用粉彩印料将图像的轮廓用丝印印在花纸纸基上，以形成淡、薄、虚的轮廓线，转贴在陶瓷器釉上手工描绘粉彩，以点缀画面，经烧制则会呈现出光亮的色彩。

2. 陶瓷贴花纸丝网印刷

图文的转印和陶瓷制作技术在中国有悠久的历史。到 20 世纪 20 年代，开始把印刷技术用于陶瓷彩色图文的转印，从此进入了陶瓷贴花纸印刷的新时代。

陶瓷印刷是用不同的版材和工艺方法制成不同的印版，采用特制的陶瓷颜料和连接料轧制成印刷油墨，直接印刷在陶瓷上，或先在贴花纸上，然后在转印到陶瓷上，最后再经高温焙烧，即可以制成精美的陶瓷制品。

由于陶瓷贴花纸印刷，不仅其所用的油墨不同于一般的印刷用墨，所使用的承印材料及承印物也与一般印刷方式有所不同，而且其显色原理也不同于一般印刷黄、品红、青三基色的叠印显色原理，所以，陶瓷贴花纸印刷，实际上属于特种印刷范畴。

（1）丝印陶瓷油墨的特点　陶瓷贴花纸印刷油墨由彩釉粉料与连接料和辅料混合而成，而彩釉粉料由着色料和和釉料组成。若将这些混合物再经研磨机反复轧研即可制成间接印料，经过 780～830℃ 高温烤烧后便呈现出其特定的色彩，并与陶瓷釉面紧密融合。若按丝印贴花工艺不同，可将其分为釉上丝印瓷墨和釉下丝印瓷墨，其特征如下。

① 丝印瓷墨虽然和普通彩印油墨一样，也具备色相、明度和饱和度这三个基本要素，也有明、暗、淡之分，但丝印陶瓷油墨的遮盖力较强，透明度较差，加之各种丝印瓷墨所含的助、溶剂不同，从而造成互混性较差，使烧烤呈色温度不一，甚至在烧烤过程中，相

互间易发生化学反应，呈现出极不理想的色彩，甚至出现爆花、冲金等现象，使陶瓷失去艺术价值。为此，在进行原稿设计、照相分色以及配制专用色印料时，应尽量避免网点叠印，而要多采用网点并列，以减少墨层重叠厚度。

② 陶瓷丝印油墨烧烤呈色温度有所差异，对于色彩淡的瓷墨含助熔剂较多，彩烧呈色温度较低，而色彩深的含助熔剂较少，彩烧的呈色温度就偏高。另外，不同的助熔剂，其 Ph 值也有所不同，对彩烧呈色的影响也比较大。如果使用酸性助熔剂，彩烧呈色效果较差，呈紫色而发暗。如果陶瓷丝印在油墨中加入助熔剂的目的是增加色素的亮度，使烤花彩烧后呈现的色彩更加艳丽，同时还可以使丝印瓷墨经烤花彩烧与陶瓷釉的融合。

③ 与普通彩印油墨相比，丝印陶瓷油墨的发色剂颗粒较粗，密度也较大，这时丝印陶瓷贴花纸的质量影响较大，特别是对照相网目版，细小的低成数网点很难实现良好的再现。因此，虽然丝印陶瓷油墨的细度指标规定，其颗粒细度在 $15\mu m$ 以下的不得少于 92%，最大颗粒不得超过 $30\mu m$，即使如此，但要复制精细原稿还是相当困难的，这是由丝网印刷本身的不足所决定的。所以，为了提高印品的精细程度，对丝印油墨的要求只能是其颗粒越细越好。另外，在印刷时，应每印一段时间后将丝网中的剩余油墨除净，换上新的瓷墨，有并认真清洗印版，把嵌入网孔中的颗粒除去，以保证有充足的油墨颗粒漏印到承印物上。

（2）陶瓷贴花纸　陶瓷贴花纸主要用于陶瓷器皿图案和色彩的装饰，以取代过去一直沿用的手绘和喷彩工艺，一般称其为陶瓷贴花纸。陶瓷贴花纸不仅能承印来自印版上的油墨，更重要的是能把印刷图文转贴到瓷坯上，经高温烧烤后，印墨中的颜料转化成釉，并最终把印刷图文转帖到瓷坯上，经窑中高温烧烤后，印墨中的颜料便转化为彩釉，其中更为重要的是把印刷图文转帖到瓷坯上，经窑中高温烧烤后，印墨中的颜料转化为彩釉，而作为承印物的纸，则完全燃烧后变成气体逸出，不会留下灰分，也不会影响彩釉的颜色效果。所以说贴花纸只是一个承受印墨，并把印墨转印到瓷坯上的中转媒介。

当陶瓷贴花纸上的丝印油墨图文贴在陶瓷器皿上后，必须在 $700\sim800℃$ 或 $110\sim1350℃$ 的环境下进行烧制，陶瓷表面上的图文才能附着牢固。

按底衬的性质不同，陶瓷贴花纸可分为缩丁醛薄膜花纸、釉下花纸以及水移贴花纸三种类型。

① 聚乙烯醇丁醛薄膜花纸。可缩写成 PVB 薄膜花纸，是先在厚纸上热压复合一层聚乙烯薄膜，然后用缩丁醛和酒精作原料，在薄膜上涂布比较薄的聚乙烯醇缩丁醛面膜作底纸，在底纸表面印刷图文，印后即可从厚纸上揭下面膜，即可制成陶瓷贴花纸，而留下的厚纸基还可以继续使用。

使用 PVC 薄膜花纸，不仅可以节约纸张，降低生产成本，改善劳动条件，而且经烧烤后基本不会留下灰分，釉彩质量较好，因此有较大市场。

② 釉下花纸。釉下花纸来源于石印花纸，是用简陋的容易吸水、质地柔软的纸张作底纸，在其表面上反印图文，然后反贴于陶瓷的坯胎釉面上。其工艺特点是便于一次烧成，不仅节省了成本，而且又具有光亮、耐磨性好的特点，符合国际卫生标准，但不足是其质量比较粗糙，图案不够精细，贴花和包装有一定困难。

③ 水移贴花纸。水移贴花纸也称小膜花纸，是目前国内陶瓷装饰中比较流行的一种贴花纸。其印刷方式除常用的丝网印刷外，还可以采用平印或钢版转印。

水移贴花纸所用的小膜底纸是一种吸水性强、表面又涂满了水性胶膜的纸张。当印刷好的花纸泡到水里，纸张吸收了水分后，溶解表面的水溶胶，就能使油剂的图案由纸张表面滑动分离，分离的图案还带有一定的水溶胶，就能使油剂的图案由纸张表面滑动分离。由于分离有的图案还带有少许水溶胶，就可以将其贴到瓷件上，所以也将其称为水移贴花纸。其制作工艺流程如图 8-44 所示。

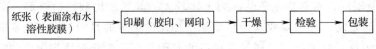

图 8-44　水移贴花纸制作工艺流程

由于水移贴花纸的底衬有良好的吸水性，如果在印刷过程中底衬吸收过多的水分，纸张就不便于整理和操作，反之，如果遇到干燥天气，纸张又会收缩变形。因此严格将车间内的温度与湿度控制在合理、稳定的状态下，这是保证水移贴花制作质量稳定性的必备条件。一般情况下，印刷车间的温度应为 22℃，相对湿度为 55％左右。

（3）陶瓷贴花纸丝网印刷　由于一般印刷方法，诸如凸印、平版胶印和凹印印刷陶瓷贴花纸，印刷膜厚只能达到 5～10μm。为使陶瓷上的图案纹样获得立体效果、印泽艳丽和久经耐用不会脱色的印刷效果，可以认为丝网印刷是唯一正确的选择，加之丝网印刷设备比较简单，操作技术也易掌握，因此，丝网印刷陶瓷已占有主导地位。

若按照贴花纸和上釉的先后顺序及烧结方式不同，陶瓷贴花纸印刷则可以分为陶瓷釉上贴花纸丝网印刷和陶瓷釉下贴花纸丝网印刷。

① 釉上贴花纸丝网印刷工艺。釉上贴花纸是将丝印瓷墨通过丝网印刷漏印在薄膜贴花纸上，以形成印刷图文，再将贴花纸转帖在陶瓷器皿已施釉烧结后的釉层上，最后再经780～830℃的高温烧结，薄膜便碳化分解，印刷图文便附着在陶瓷器皿釉上。丝网印刷的工艺过程主要包括以下内容。

a. 丝网框架的制作：一般情况下网框可以采用木材和铝合金材料。木质网框选用优质木材，以防止网框因接触油墨而产生变形。

b. 丝网的选择：一般选用 250 目/in 的尼龙丝网。

c. 绷网：可采用手工绷网，有条件的可采用机器绷网，有利于保证绷网力的均匀性。

d. 制版：对于简单的设计图形和线条，可以在普通透明胶片上进行描绘，注意要保证墨线浓厚，以获得良好的晒版效果，避免出现断线、漏色等缺陷，这是保证印花时套印准确的基本条件。另外，制版时必须划上"＋"字规矩线，以作为印花时套印的基准。

印版的制作，可采用重氮感光胶，并控制涂胶刮板的刃部角度，一般以 45°为宜。涂布后的丝网印版应在适当的温度下进行干燥，经检验合格后，便可以交付晒版。

晒版光源一般采用 10～15 支 40W 排装日光灯，灯距以 25～30cm 为宜，曝光时间5～7min。曝光后的印版可用温水进行冲洗显影，经检验合格后，便可交付使用，进入丝网印刷工序。

e. 刮印：刮印一般采用直角聚氨酯刮板，刮板胶条露出柄的部分 2～3cm 为宜。印刷环境温度一般为 20～25℃，相对湿度保持在 70％左右。

在丝网印刷中，决定丝网印刷精细程度的关键因素是丝网目数。对于全自动滚筒式丝网印刷机，一般使用 250～400 目/in 的丝网，能较好的改善丝网印版的印刷条件。普通印品用 250～350 目/in 的丝网，精细印品用 300～400 目/in 的丝网。过去贴花纸印刷一般多是线条、文字或色块印刷，很少应用加网技术，但是有了精细丝网用丝材后，100 线/in 的网点印刷也能在丝网上制版，只要满足加网线数与丝网目数的比值为 1：3 就可以保证印品质量。

② 釉下贴花纸丝网印刷工艺。釉下贴花纸丝印工艺是将釉下贴花纸连同载体先转帖到陶瓷坯胎上，揭去载体后施上一层透明瓷釉，使釉层覆盖整个瓷坯，然后将瓷坯经1350℃高温烧烤成瓷。在成瓷过程中，装饰图文焙烧呈色，即可达到装饰陶瓷的效果。

随着釉下贴花纸技术的不断进步与完善，不仅缩短了印刷周期，提高了产量，降低了成本，而且使装饰图文色彩更加艳丽，层次更加丰富，制作质量得到进一步提高。加上釉下陶瓷贴花纸图文印料无铅这一优越性，丝印陶瓷釉下贴花纸技术必将会有更大发展。

釉下贴花纸丝网印刷工艺流程如下，即：

原稿处理→照相分色→底版修整→拷贝拼版→大版修整→网版制作→底基裱合→印料加工→丝网印刷→揭纸。

以下仅将其主要工艺简述如下。

a. 照相分色：由于陶瓷贴花纸印料中的色料，其透明度很差，但遮盖力却很强。若按一般彩印的三原色叠色印刷，印出的贴花纸经高温彩烧呈色后的色相与原稿要求的色相相差很大，甚至有时会出现爆花。因此，在陶瓷贴花纸的照相分色时，应根据原稿画面的色相数，分成各色底版，尽量采用色彩拼制法，用率先配制好的专色印料进行拼色印刷。若需叠印，也应尽量采用网点叠压。

b. 小样套合试烧：修整后的图文底版往往一定要经过打样套合试烧，其目的是通过套合检查图文的准确性，通过试烧检查分色是否准确，其色相是否与原稿要求一致。若小样套合、试烧检查后，如果完全符合原稿要求，则可将底版交付下道工序进行拼版。

c. 丝网印版制作：釉下贴花纸丝网印版的制作与一般丝网印版制作相同。只是釉下贴花纸印料中的发色料的颗粒较粗，其颗粒的形状极不规则，因此，在选择丝网时，应注意网孔直径与印料颗粒粗细的比例。其孔径不可过小，以避免造成印料漏印困难或阻塞网孔，影响印品质量。同时还应合理控制绷网张力以及印刷时刮墨板的作用力，以避免因印料颗粒不规则而造成划破丝网等故障。

d. 载花纸的裱合：丝印陶瓷釉下贴花纸的图文载体是棉纸，又称皮纸，这种纸薄而软，给丝网印刷带来一定困难，为此，可将棉纸暂时滚合在衬纸上，印刷图文后，再将棉纸从衬纸上揭下即可。

e. 釉下贴花纸印料：丝印陶瓷釉下贴花纸印料属于水溶性，这种印料由发色料和连接料混合轧制而成。发色料以金属氧化物为主要成分，连接料为水溶性。发色料的颗粒较粗，密度较大，而形状又极不规则，因此，其印料的触变性比一般油墨更大。若从丝网印刷的角度看，则要求印料的触变性要小些为宜。为了减小印料的触变性，除充分粉碎印料的颗粒外，还应在配制印料时要反复进行研轧。此外，在印刷时更要先充分搅拌，印刷中对网框内的印料也要定时搅拌。另外，当印刷到一定数量后更应更换新的印料。

f. 釉下贴花纸丝网印刷：一般而言，釉下贴花纸丝网印刷操作与一般丝网印刷操作工艺基本相同，在实际工作中应注意以下几点。

印刷环境必须保持恒温、恒湿，环境温度保持在 22～26℃，相对湿度为 65%～70%。

在印刷过程中，为保证套印的准确性，裱合后的纸张运送到印刷车间后，应晾放 3～5 天，使纸张湿度与印刷车间的湿度相一致。对不需要套印的印件，则可免除晾放过程。

每色印完后，都要进行烘箱干燥，干燥过程中水分蒸发，印张收缩较大，如果立即进行下一色印刷，就会影响套印精度。因此，经烘箱烘烤的纸张需要进行晾纸，晾纸时间可以控制在 20h 以上，待纸张的含水量恢复原状后，方可进行下一色印刷。

印完后的印版，可在流水下洗刷干净，并检查印版质量。如果印版未经损坏，或有轻微损伤可进行修整，应对印版进行妥善保管以备下次印刷重新使用。

由上述可知，釉下装饰与釉上装饰的区别在于先装饰后施釉烧成，装饰在釉层的下面，若用手抚摸时，釉面光润滑腻，画面久固而不褪色。

习　题

1. 简述丝网印刷原理，其主要应用范围有哪些？
2. 丝网印版对网材有哪些要求？其主要品种有几种？
3. 绷网方法有几种？各自优缺点是什么？
4. 感光制版法制作丝印版时常用感光材料有哪几类？
5. 影响丝印版分辨力的主要因素有哪些？
6. 举例说明无软片直接丝印版新技术。
7. 丝网印刷机分哪几种类型？基本构成是什么？
8. 说明丝网印刷机的主要类别及其工作方式。
9. 丝印油墨的特点是什么？有几种类型？
10. 如何正确使用刮板装置？如何正确确定刮板压印力？
11. 玻璃印刷的主要方式及其特点是什么？
12. 分析玻璃印刷油墨的构成。
13. 试述玻璃印刷油墨的分类及其特点。
14. 简述玻璃容器印刷工艺流程，并说明圆柱形曲面丝网印刷设备和圆锥形曲面丝网印刷设备的原理和区别。
15. 论述玻璃印刷中特殊效果印刷的分类及特点。
16. 网印薄膜贴花纸的产品特点是什么？
17. 什么是陶瓷釉上印刷花装饰和釉下印刷贴花装饰？
18. 按底纸性质分，陶瓷贴花纸有几类？各自的特点和加工工艺流程是什么？
19. 陶瓷贴花纸印刷是如何运用平印和丝网印刷工艺表现画面不同区位和层次的？
20. 釉上贴花纸丝网印刷工艺和釉下贴花纸丝网印刷的工艺特点是什么？

第九章 数 字 印 刷

第一节 概 述

一、数字印刷的特点与应用

数字印刷是指将数字印前系统处理好的图文信息，通过网络直接传输到数字印刷机上印刷印刷品的印刷技术。

1. 数字印刷的特点

目前，数字印刷主要依托由数字印前系统、数字印刷机以及各种印后加工设备组成的数字印刷系统来完成，实现了从图文信息输入到印刷产品输出的全流程数字化作业，能够通过便捷的电子文件传送实现"先分发，后印刷"，整个生产可以由一个人来控制，实现一张起印，是满足小批量、可变数据以及按需印刷的最佳印刷生产方式。数字印刷的典型特点可概括如下：

（1）数字印刷的印刷品信息是100％的可变信息 数字印刷相邻输出的两张印刷品可以有不同的版式、不同的内容、不同的尺寸、甚至不同的承印材料。出版物可以选择不同的装订方式，包装可以采用不同的成型或表面整饰方法。

（2）数字印刷是一个图文信息从计算机到承印材料上或印刷品的信息转移过程（Computer‐to‐Paper/Print），是一个直接把数字文件/页面（Digital File/Page）转换成印刷品的过程，直接通过数字成像来获得印刷图文，无需制版。

（3）数字印刷采用数字成像方式来形成印刷图文影像，不需要任何中介的模拟过程或载体介入，通过数字图文信息来控制数字成像系统在承印材料上形成最终影像，数字成像方式多样，用户可根据印刷产品需要进行选择。

2. 数字印刷的应用

数字印刷技术的发展正在推动和引导传统印刷技术及其产业的转型，打破中国印刷工业几千年局限于复制加工的定式，通过建立数字网络化平台、整合IT技术、移动通讯技术以及文化创意的优势，依托各种个性化、功能化、高品质的数字复制产品来形成以数字为特征、以个性化定制为方向、以绿色环保为可持续的新兴产业。

目前，数字印刷已经成为小批量、多品种定制的主要印刷方式，并通过个性化的服务增值改变传统印刷工业的格局，推动各种印刷细分市场的完善，消除印刷与设计创意之间的行业界线，使印刷工业从制造业向服务业转型。其主要应用领域有出版、包装、纺织、商业印刷、影像以及文化创意。

二、数字印刷技术的发展趋势

在近10年全球数字印刷技术的发展中，基于喷墨成像的数字印刷技术和基于静电成像的数字印刷技术是真正满足中国印刷行业工业化生产要求的主流数字印刷技术，其技术发展和产业趋势可概括如下：

1. 基于喷墨成像的数字印刷技术及其发展趋势

喷墨印刷技术是数字印刷系统中采用最多、应用最普及的无压印刷技术，并随喷嘴系统及其处理技术的不断发展呈现出巨大的发展空间，推动数字印刷及其应用的创新，其未来技术发展趋势将主要集中在以下三个方面。

（1）喷墨打印头的精细化和阵列化　喷墨打印头的精细化是指喷墨打印头喷嘴孔径随喷墨打印分辨率的提高而不断降低，喷墨频率不断提升，喷墨成像墨点的点径逐步达到相片级水平。喷墨打印头的阵列化是指将小尺寸单个打印头集成制造为页面阵列宽度的多个打印头集成阵列，使喷墨成像宽度与印刷幅面宽度相一致。从而使得喷墨印刷机的印刷质量与印刷速度达到或超过传统单张或卷筒纸印刷机的作业水平，具备替代传统单张或卷筒纸印刷机的能力。未来阵列式喷墨打印头的宽度将与实际印刷幅面相一致，印刷速度达到或超过现有印刷机的水平。

（2）喷墨打印油墨或墨水的通用性与可替换性　印刷材料的通用性与可替换性是印刷企业极其关注的要点，也是印刷企业选择设备和技术的前提。由于大多数喷墨打印头与喷墨印刷油墨或墨水的研发都是整体性的，在通用性和可替代性上都存在先天不足，突破和解决这个应用瓶颈，将是喷墨印刷设备普及应用的关键所在。目前，无论是喷墨印刷设备制造商，还是喷墨印刷材料制造商，特别是喷墨打印油墨或墨水的制造商都在积极寻找解决方案，以获得技术的普及和更大的市场回报。

（3）自适应与智能化的色彩管理系统与生产管理系统　基于喷墨成像的数字印刷技术采用全数字化的印刷过程控制、色彩管理与生产管理来实现高品质、高效率、低成本、高增值的印刷生产。应用自适应与智能化的色彩管理系统与生产管理系统是数字网络时代、高增值、可变数据印刷的个性化产品的前提。这种自适应与智能化的色彩管理系统与生产管理系统将从适应用户色彩设计环境，保证用户色彩复现精度的品质保障层面来确保喷墨数字印刷系统能够满足多元化色彩设计环境和色彩再现需求，并从智能化地优化生产作业流程，保证印刷买家个性化印刷材质需求、产品成型加工需求以及表面整饰需求来确保每一个印刷买家产品按时交付以及生产作业冗余与成本最低。

2. 基于静电成像的数字印刷技术及其发展趋势

基于静电成像的数字印刷技术是数字印刷中最普及和最广泛的印刷新技术，随静电成像载体——光导体的发展而进步，其未来技术发展趋势将主要集中在：

（1）光导体及其制造技术的发展　目前，数字印刷机的光导体主要采用有机光导体（OPC）、单晶硅（α-Si）以及三硒化二砷（As_2Se_3）或含硒的类似化合物。其中，有机光导体（OPC）和单晶硅（a-Si）的应用日益普及，而含硒化合物的应用逐年减少。

数码印刷机的成像器件（感光鼓/感光带）主要采用在铝质鼓或易弯曲带的表面上涂布多层光导体涂层来制造完成。所制造感光鼓/感光带的幅面宽度、感光涂层的均匀性以及耐印率是数字印刷机能够生产高品质、大幅面和高生产率的关键，也是数字印刷机替代传统印刷机的核心所在。

（2）色粉及其制造技术的发展　目前，基于静电成像数字印刷机的油墨，即色粉是由着色剂、树脂以及添加剂构成。主要通过物理研磨和化学研磨来制造，所研磨的色粉颗粒形状、尺寸一致性、呈色性以及介质附着力是关键。色粉制造技术的发展正在向纳米技术应用、高饱和度呈色以及绿色化方向发展，其中，色粉颗粒形状设计与呈色剂筛选是最关键的技术。

（3）网络化、数字化的色彩管理技术发展　基于静电成像数字印刷机的应用关键是色彩管理的网络化与数字化，简言之就是通过数字化的网络平台，依托类似 Fiery 的色彩管理引擎，将印刷买家、设计师以及数字印刷机有机联系起来，共同组成一个全数字化印刷流程所控制的色彩复制系统。色彩管理的自适应与智能化将是未来主要的发展方向。

3. 数字印刷产业及其发展趋势

近年来，随着数字印刷技术的逐步接近印刷工业的生产要求与产品品质要求，数字印刷产业正在成为改变传统印刷企业内涵与外延的新发展模式，形成一个具有广阔市场前景、高市场附加值以及产品化的新产业领域。其产业的未来发展将集中在：

（1）数字出版和数字影像　目前，数字出版和数字影像已经成为出版业和商业型录出版发展的主流趋势，数字出版和数字影像的产品形态主要包括电子图书、数字报纸、数字期刊、网络原创文学、网络教育出版物、网络地图、数字音乐、网络动漫、网络游戏、数据库出版物、手机出版物（彩信、彩铃、手机报纸、手机期刊、手机小说、手机游戏）以及个人藏品。这些以有线互联网、无线通信网和卫星网络为传播途径的数字出版产品，对出版的实时性、内容更新的便利性、产品外观的多样性提出了更多的要求，从而为数字印刷产业的发展提供了强有力的产品需求与价值创造的支撑，使数字印刷产业成为数字媒体产业、文化创意产业不可或缺的要件。

（2）数字化功能印刷与物联网智能包装　随着数字印刷技术与产品制造的日益融合，数字化功能印刷与物联网智能包装正在成为数字印刷产业发展的重要发展领域。采用数字印刷方法能够将许多功能性的材料和信息嵌入到各种测试试样、包装、标签以及食品等产品中，使所复制的产品具备某些特定的、个性化的功能，如温致变色；也能够使产品外包具备与物联网以及数字防伪的特殊识别功能，如二维码。从而形成满足集成现代 IT 技术和新材料应用的高附加值新兴数字印刷产业。

第二节　数字成像技术

数字成像技术是数字印刷应用与发展的基础，也是满足各种按需印刷复制产品需求的前提。目前应用在包装印刷中的主流数字成像有：静电成像技术、喷墨成像技术、磁记录成像技术、电凝聚成像技术、离子成像技术、热敏成像技术、电子成像技术以及不断发展和诞生的"X"成像技术。

一、静电成像技术

静电成像技术是当今数字印刷中应用最广泛的数字成像技术，于 1939 年由奇斯特·卡尔松（Chester Carlson）发明。

1. 静电成像的基本原理

静电成像是指利用某些光导体材料在暗环境下为绝缘体，在光照环境下电阻值下降的特性来成像的技术。静电成像的过程是先在暗环境下对光导体充电，使光导体表面均匀布满电荷，其次是将图像信号以激光扫描方式在光导体表面成像，使得光照部分的光导体电阻下降，致使电荷通过光导体流失，未见光部分依然保留着充电电荷，从而形成二值的"静电潜像"。其三是让这种静电潜像与带相反电荷的色粉或油墨接触，两者之间在所带正负电荷库仑力的作用下，色粉或油墨就会吸附到光导体表面上形成（显影）可见的图像。其四将这些可见的色粉或油墨的图像转移到承印材料上，并加热固化（定影），从而获得基于静电成像的印刷品，如图9-1所示。

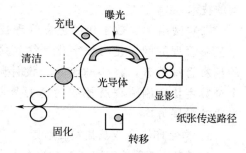

图 9-1　静电成像的基本原理

2. 静电成像技术

静电成像技术是指以光导体为静电成像载体，通过成像、着墨、色粉转移（印刷）、定影以及清洁为印刷过程的数字印刷方法。

（1）光导体　光导体即静电成像载体，是静电成像数字印刷机的关键技术。目前，广泛应用的光导体主要有：As_2Se_3（三硒化二砷）或含硒的类似化合物、有机光导体（OPC）以及单晶硅（a-Si 或 α-Si）。其中，有机光导体（OPC）和单晶硅（a-Si）应用最广，含硒化合物的应用正在减少。

在数码印刷机中，静电成像器件（感光鼓或感光带）大都采用在铝质鼓或易弯曲带的表面上涂布多层光导体涂层来构成，图9-2是OPC的涂层结构的示例。

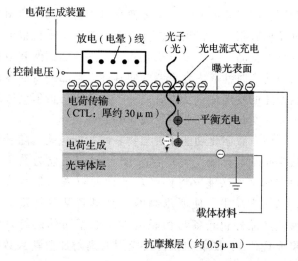

图 9-2　OPC 的涂层结构

（2）静电成像系统　静电成像系统是静电成像数字印刷的核心部件，四种典型的静电成像系统分别是旋转镜系统、LED 阵列系统、数字微镜 DMD 系统和多束光阀系统。

① 旋转镜系统。图9-3是旋转镜系统的基本工作原理的示意图。它采用栅格输出装置（ROS）进行成像，激光光源输出的单个或多个光束通过多面镜和分束镜头高速旋转进行成像。

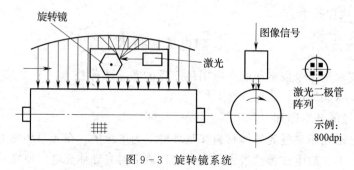

图 9-3　旋转镜系统

② LED 阵列系统。图 9-4 描述了 LED 阵列系统的基本工作原理。它采用波长范围 660～740nm，适应成像载体光导体表面特性与页面宽度相同的固定 LED 阵列进行成像。

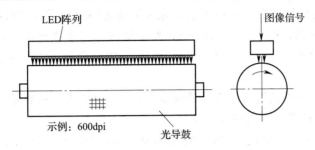

图 9-4　LED（发光二极管）阵列系统

③ 数字微镜（DMD）系统。图 9-5 是数字微镜（DMD）系统的基本工作原理图。它采用德州仪器的数字微镜 DMD 阵列的成像系统进行成像。

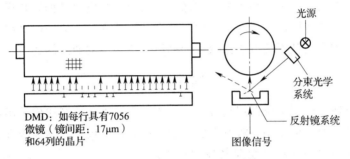

图 9-5　数字微镜（DMD）系统

④ 多束光阀系统。图 9-6 描述了多束光阀系统的工作原理。它采用电子—光学陶瓷制造的特殊光阀进行成像，是一种实现高解象力和高速度的成像组件。

（3）基于静电成像的印刷流程　基于静电成像的印刷流程包括成像、着墨、色粉转移、定影和清洁等 5 个步骤。各个步骤所完成的作业内容分述如下：

① 成像。在基于静电成像的数字印刷机中，成像是指先在合适光导体表面充电生成均匀电荷，再控制光源成像的过程。

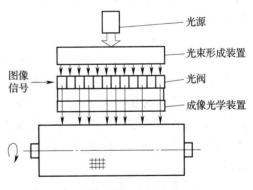

图 9-6　多束光阀系统

目前，大多数高品质数字印刷机的成像都采用激光扫描或 LED 陈列发射的光扫描方式。而中低品质复印机的成像多采用卤素灯光对模拟原稿照明的直接光学投影方式。由于静电感光涂层必须与成像装置的波长范围相适应，曝光光源中应用最多的波长是 700nm。

② 着墨。静电成像的专用油墨是指固态或液态的色粉。色粉的组成成分因厂商而不同，各具特色。色粉中颜料或染料的呈色方式是决定印刷图像品质的关键要素。

着墨是指通过电子潜像，以非接触方式将约 8μm 的细小色粉微粒转移到光导鼓上的过程。着墨后，光导鼓上的电荷潜像吸附色粉而变得清晰可见。

③ 色粉转移。色粉转移是指将着墨的色粉转移到承印材料表面的过程。

色粉既可以直接转移到承印材料上，也可以通过中间介质（转移鼓或转移带）间接地转移到承印材料上。将充电色粉微粒从光导鼓（带）转移到承印材料上主要通过放电（电晕）装置产生的静电力为主，也可以辅之以光导鼓（带）与承印材料之间的接触压力。

④ 定影。定影是指通过向承印材料施加热能与接触压力，使油墨/色粉熔化并固定在承印材料上，形成稳定印刷图像的过程。

目前，大多数数字印刷机采用热辊定影方式，定影温度在 180～230℃。

⑤ 清洁。清洁是指采用机械和电子方式，清除图像从光导鼓转移到承印材料后感光鼓上所残留剩余电荷和少量色粉微粒的过程。

清洁是高质量连续生产的基础，是光导鼓为下一次印刷所必须做的准备工作。

基于静电成像的印刷常出现由电荷图像误差与色粉静电力辅助转移误差导致的印刷质量波动，这种波动比有版印刷更大。因此需要设计更精密、更复杂的高技术组件来保证印刷质量的稳定。这也是基于静电成像数字印刷机亟待突破的瓶颈问题。

二、喷墨成像技术

喷墨成像是数字印刷系统采用最普遍的无压印刷技术。喷墨成像采用极微小、极精细的喷墨功能组件，通过极短路径将所需要印刷的信息，以极微小的墨滴方式转移到承印材料上。喷墨成像技术随喷嘴系统及其控制技术的发展而不断进步，正在成为主流数字印刷技术，并呈现出巨大的发展空间。

1. 喷墨成像的基本原理

喷墨成像是指不需要图像载体，通过喷嘴直接喷射油墨在承印材料上成像的计算机直接印刷技术。喷墨成像的基本原理如图 9-7 所示，采用数字印刷活件的数据直接控制喷墨成像装置，通过喷嘴将油墨转移到承印材料上形成印刷图文的过程。

（1）喷墨点阵 喷墨点阵是喷墨成像中再现图文信息的基础。通过对喷嘴阵列根据一定的方式进行布局与排列，并控制打印头的运动方向与承印材料的输送方向，就能够提升图像再现的分辨率，获得更高生产能力。

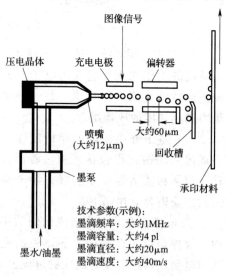

图 9-7 喷墨成像的基本原理

图 9-8（a）是将两列喷嘴组合设置成一行喷嘴来简单地倍增分辨率的示意图，图 9-8（b）是采用 6 行喷嘴，每行 100dpi 分辨率产生 600dpi 分辨率的示意图，图 9-8（c）是喷嘴阵列按印刷方向排列，通过单列喷嘴来增加分辨率的示意图。

（2）喷墨灰度值 在喷墨中，单个网点的尺寸取决于喷射/转移到承印材料上单个墨滴的体积。采用不同方式可产生不同的油墨体积。

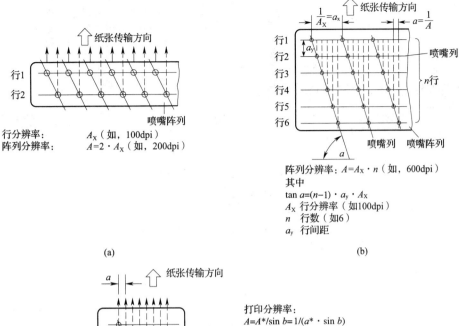

图 9-8　喷墨的点阵结构

在按需喷墨中，通过控制脉冲强度和选择单独喷嘴控制器，可以选择性地配置单独喷墨通道来使喷嘴喷射出不同数量的油墨。图 9-9 描述了三种形成不同灰度值的墨滴生成方式，（a）是多个单独墨滴在飞行中组合方式，（b）是热泡喷墨中喷嘴释放的几个墨滴组合单个墨滴的方式，（c）是连续喷墨中极高频密度调制的单独墨滴选择性聚集的方式。

（3）喷墨油墨及其干燥　喷墨油墨通常液态油墨或墨水。由于使用液体油墨可产生体积极小的墨滴，可获得极薄的墨膜，对极高质量的多色印刷十分有利。喷墨印刷的承印材料一般需要采用专门涂层来防止油墨的羽化，控制墨滴在承印材料上的扩散、渗透和干燥，使之具备良好的印刷适性。

图 9-10 描述了喷墨成像中墨滴和承印材料的相互作用，承印材料的表面特性决定了墨滴在承印材料上的扩散与渗透。由色料（颜料或染料）和连接料组成的水基型或溶剂型油墨，在油墨基液挥发或吸收后，能生成小于 $1\mu m$ 的极薄墨层。

289

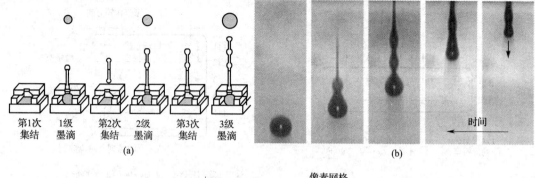

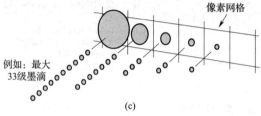

图 9 - 9　喷墨灰度值的形成

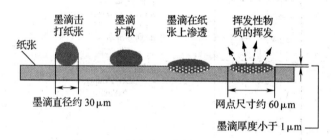

图 9 - 10　墨滴在承印材料上形成网点

2. 喷墨成像技术

喷墨成像技术分为连续喷墨和按需喷墨两类，其基本分类如图 9 - 11 所示。

（1）连续喷墨技术　连续喷墨技术是指喷墨头连续不断地生成墨滴，但只有与图像对应的墨滴直接转移到承印材料上。图 9 - 12 描述了连续喷墨墨滴的形成原理，依据所设计的数学模型，通过喷嘴直径、液体黏度、表面张力和激励频率能够计算出墨滴的尺寸和间隙，并根据流体动态相关效应，使单独墨滴从液流中分离，形成所需要的连续墨滴。

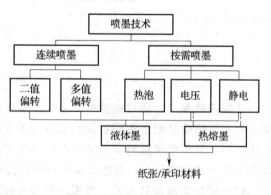

图 9 - 11　喷墨技术的分类

连续喷墨技术分为二值偏转和多值偏转两种类型。在如图 9 - 13 所示的二值偏转中，墨滴只能处于能够被电场偏转，而不能转移到承印材料上的充电状态，或者不被电场偏转，能够转移到承印材料上的不充电状态。简言之，采用相同电压充电控制单独墨滴偏转，使墨滴处于只有充电与不充电二值偏转的两个充电状态。而在如图 9 - 13 所示的多值

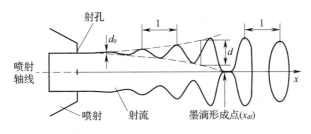

图 9 - 12 连续喷墨墨滴的形成

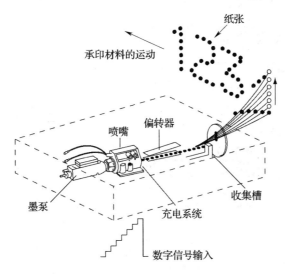

图 9 - 13 多值偏转连续喷墨

偏转中，充电系统能赋予墨滴不同电荷，使墨滴在偏转板之间根据所赋予电荷的强度不同而产生不同的偏转大小。当它们通过电场时，产生不同偏转，并转移到承印材料的不同位置。

（2）按需喷墨技术 按需喷墨技术是指只在信息需要印刷时，才产生直接转移到承印材料上对应墨滴的喷墨技术。根据单个墨滴生成的方式，按需喷墨可分为热泡喷墨技术、压电喷墨技术和静电喷墨技术三种。

① 热泡喷墨技术。热泡喷墨技术是指通过加热使液体油墨至蒸发状态形成气泡，气泡所施加的压力将一定量的油墨从喷嘴中射出，形成喷墨墨滴的技术，如图 9 - 14 所示。惠普和佳能是最先进热泡喷墨技术的代表，可在 $5\sim8\text{MHz}$ 的墨滴频率范围内，达到大约 $3.5\times10^{-14}\text{m}^3$ 的最小墨滴容量。

② 压电喷墨技术。压电喷墨技术是指通过墨腔内压力效应造成的体积变化来产生墨滴，并导致墨滴从喷嘴系统中射出的技术，如图 9 - 15 所示。

在电场下通过"切变模式"来改变形状或体积的压电陶瓷是最合适的压电喷墨材料，如图 9 - 15 所示。在切变模式工作中，这种材料的体积保持不变，但几何形状变化。目前，爱普生是最先进压电喷墨技术的代表，可在 $5\text{MHz}\sim8\text{MHz}$ 墨滴频率范围内，达到大约 4 微微升的最小墨滴容量。

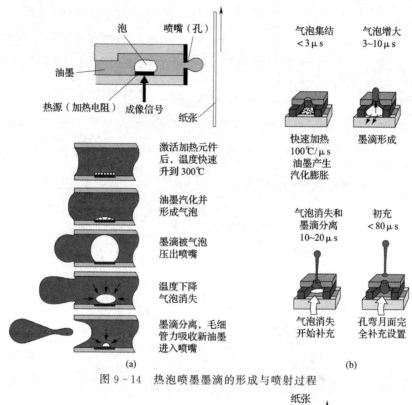

图 9-14 热泡喷墨墨滴的形成与喷射过程

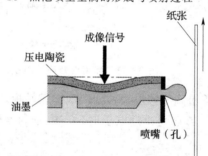

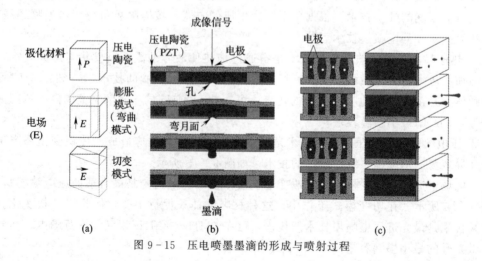

图 9-15 压电喷墨墨滴的形成与喷射过程

③ 静电喷墨技术。静电喷墨技术是指在喷墨系统和印刷表面之间构建一个电场，通过向喷嘴发送一个基于图像的控制脉冲来改变油墨与喷嘴孔之间的表面张力比率与力平衡，并导致墨滴沿指定路径释放，通过电场转移到承印材料上的喷墨技术，如图 9－16 所示。

静电喷墨技术分为采用"泰勒（Taylor）效应"的静电喷墨技术（如图 9-17 所示）、采用热效应改变黏度控制的静电喷墨技术（如图 9-18 所示）和采用静电墨雾的静电喷墨技术（如图 9-19 所示）。

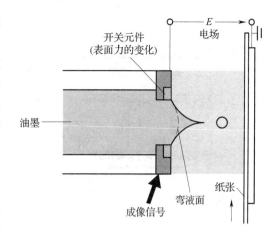

图 9－16　静电喷墨技术

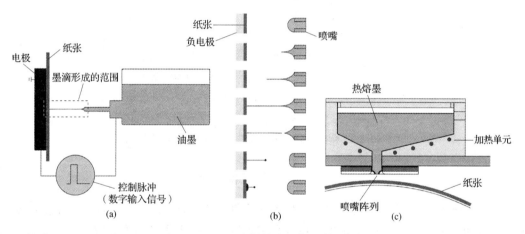

图 9-17　基于泰勒效应的静电喷墨技术

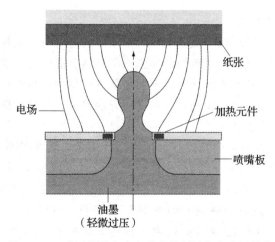

图 9－18　采用热效应改变黏度控制的静电喷墨技术

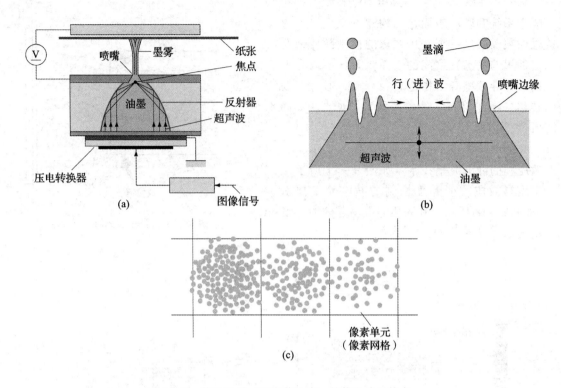

图 9-19　静电墨雾（超声波生成）的静电喷墨技术

三、磁记录成像技术

磁记录成像是无压印刷技术中具有代表性的数字印刷方法之一，已经在大批量可变数据产品上获得广泛应用。磁记录成像技术利用磁性可变的原理来形成二值机制，通过磁性记录装置对有磁材料的选择性吸附与转移，将需要印刷的图文信息转移到承印材料上，形成固定影像。

1. 磁记录成像的基本原理

磁记录成像是指以磁性材料的磁场变化为基础，通过对磁记录材料磁场的控制以及对磁性色粉的选择性吸附与转移，将色粉转移到承印材料上成像的计算机直接印刷技术。

磁记录成像的基本原理是根据材料显磁偶极的方向特性，将磁性图像传递到成像载体表面，形成能够保存与多次重复印刷相同图文内容的潜像，并通过磁性色粉在承印材料上显影与定影后，获得印刷的图文。

磁性材料显磁偶极方向的变换过程如图 9-20 所示，根据外部磁场（H）可使磁畴里磁场方向反转的特性，在磁记录体表面产生磁场的成像层中导入了磁化强度（M），从而形成磁场强度和磁化强度之间的磁滞回线，使之具有二值的图文记录特性。在采用改变磁场强度和降低幅值的磁滞回线的循环过程中，可以采用一个特殊的擦除磁体擦除已有的磁性图案，即致使磁畴恒定磁性反转，使得磁记录体表面达到中性无磁状态（$H=0$、$M=0$）。

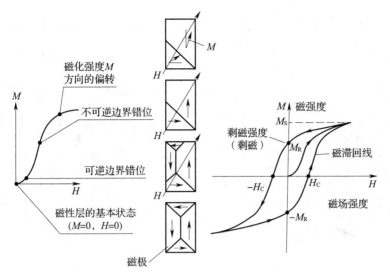

图 9 - 20 磁记录成像的基本原理

2. 磁记录成像技术

（1）磁记录成像头 磁记录成像头是一个在无磁鼓芯表面涂有约 $50\mu m$ 软磁性 Fe－Ni 层、$25\mu m$ 硬磁性 Co－Ni－P 层和 $1\mu m$ 高度耐磨性保护层的可磁化鼓，如图 9－21 所示。

磁记录成像头采用机械接触方式，具有硬性、抗腐蚀表面，可准确导入复制磁场图案。在针状记录极上磁通量密度极大，能改变磁畴的方向，而在记录极其他区域上，磁通量

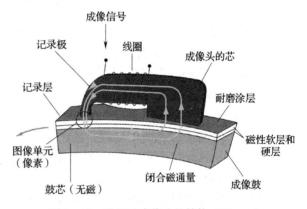

图 9 - 21 磁记录成像头的结构（Nipson）

密度相近，不会产生磁畴极性的任何明显变化。磁记录成像头的分辨力、可靠性和经济性是磁记录成像技术的关键指标。

目前，磁记录成像头的宽度与印刷页面的宽度一致，由宽度 36mm 左右，分辨力 240dpi，排列成两列的数百个独立记录极（成像单元）组成，如图 9－22 所示。印刷时，通过独立的微机械单元和电子控制系统来进行图像信号的调制，形成所需要的磁记录图文。

（2）色粉 在磁记录成像技术中，色粉是一种由氧化铁核及其表面覆盖有色颜料所构成的单组分磁性色粉，如图 9－23 所示。

色粉所覆盖的颜料与氧化铁核的体积比率大约是 40：60，色粉所包含的氧化铁核（黑芯）会影响色彩再现的水平，无法产生纯色，特别是明亮的颜色。在色粉制造的最后阶段色粉会被磁化，而产生极性。在磁记录成像中，大约有 10％的氧化铁核会通过磁棍转移到承印物表面，并在高压下转移到承印材料表面，经热辐射后色粉熔化而固定为印刷图像。

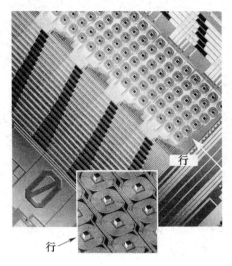

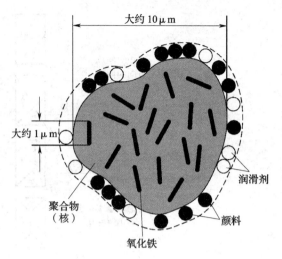

图 9-22　磁记录成像系统
　　　　　　[6×80＝480（dpi）]

图 9-23　磁性单组分色粉的结构

四、电凝聚成像技术

电凝聚成像技术在二十世纪九十年代开始发展，是一种基于电凝聚将溶于液体中极小油墨微粒形成较大微粒的直接成像技术。

1. 电凝聚成像的基本原理

电凝聚成像是一种通过电场所形成的图像电流脉冲，对由水基载体组成的特殊油墨进行处理，使成像滚筒表面的金属离子（如铁）引发化学变化，在成像鼓表面凝结成较大微粒（图像像素）的成像技术，如图 9-24 所示。这种水基载体液是一种由颜料极好分布的短链聚合物及其添加剂混合而成的胶体溶液。

成像电流脉冲决定了电凝聚成像所凝结油墨微粒的数量，可以使每个像素转移不同的油墨数量，每个成像像素可以产生无数灰度级，从而使得再现的图像具有良好的图像品质。

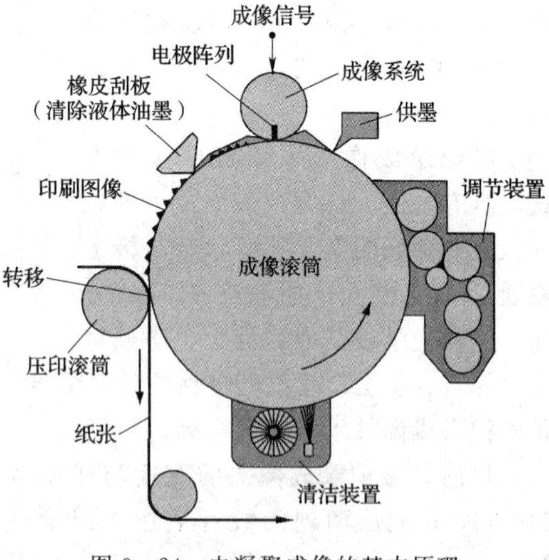

图 9-24　电凝聚成像的基本原理

2. 电凝聚成像装置

电凝聚成像装置（如图 9-25 所示）是利用电凝聚化学-物理过程和成像鼓上油墨的沉积过程来实现小微粒的高迁移率，通过由电极构成的成像阵列以及基于图像信号控制电极和滚筒表面之间的电场来进行电凝聚成像，在滚筒上形成的与图像匹配的电凝聚油墨微粒、载体液以及未电凝聚的油墨，采用适当系统从表面滚筒除去载体液以及未电凝聚油墨后，由电凝聚油墨微粒组成的图像，最终通过压印滚筒转移到承印材料上。

五、其他数字成像技术

数字成像技术在新技术和新材料的不断创新与推动下，在包装印刷领域除了常见的静电成像、喷墨成像、磁记录和电凝聚成像之外，还有热敏成像、离子成像与电子成像等。

1. 热敏成像

热敏成像是指通过热能，将单张或卷筒油墨供体上所再现图像的油墨，以直接或间接方式转移到承印材料上的数字印刷技术。在包装印刷中，热敏成像的技术分类如图 9-26 所示，其中转移热敏成像分为热转移和热升华两类。

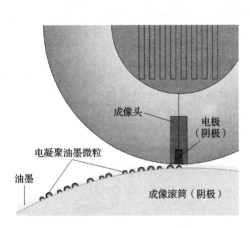

图 9-25　电凝聚成像装置

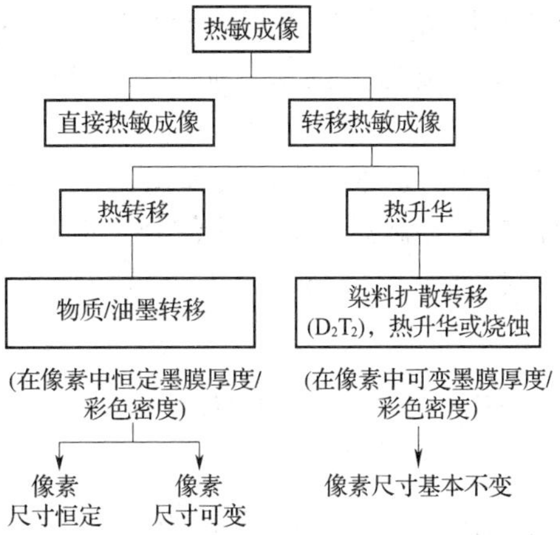

图 9-26　热敏成像技术的分类

（1）直接热敏成像　直接热敏成像是指在已涂布特殊涂层的承印材料上，施加根据图像信息所生成的热能，并致使承印材料色彩发生改变的数字印刷技术。

直接热敏成像在传真、标签和条码等热敏打印机应用广泛，需使用与热能相匹配的特殊承印材料。

（2）转移热敏成像　转移热敏成像是指在一个储存油墨的供体上，施加根据图像信息所生成的热能，使供体中的油墨转移到承印材料上的技术。简言之，在所施加热能的作用下，部分油墨从供体上分离，并"热转移"到承印材料上。若油墨通过热升华从供体扩散转移到承印材料上，则称为"染料扩散热转移"或"D_2T_2"。

在转移热敏成像中，选择适合涂布承印材料和供体材料的油墨层连接料是关键。图 9-27

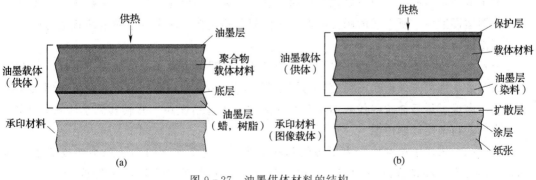

图 9-27　油墨供体材料的结构

（a）热转移　（b）热升华

描述了油墨供体的结构，图（a）表示承印材料与供体材料始终保持接触的热转移，图（b）表示接收层和油墨层之间有一个小间隙的热升华。

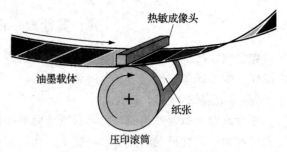

图 9-28　热转移成像的工作原理

（3）热转移成像的基本工作原理

热转移成像的基本工作原理如图 9-28 所示。多色复制时，采用图像来控制热打印头的加热元件，使 CMYK 彩色供体上的油墨从供体转移到承印材料上，完成彩色复制。目前，热敏打印头广泛采用了精密机械和微电子技术，能够很容易对所控制的图像区域加热，并转移不同数量的油墨。

热升华的基本工作原理如图 9-29 所示。多色复制时，热敏打印头会根据像素或网点的信息来控制温度或加热信号，使不同数量油墨转移到承印材料上。采用热升华 $D_2 T_2$，根据油墨扩散数量，不仅每个网点能产生多个灰度值，而且网点直径基本保持不变。

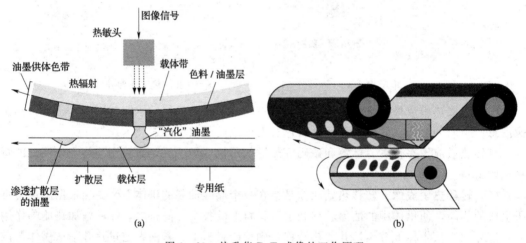

(a)　　　　　　　　　(b)

图 9-29　热升华 $D_2 T_2$ 成像的工作原理

2. 离子成像

离子成像是指采用将充电处理和成像处理合二为一的成像装置，直接在图像载体上生成电荷图案即潜像，所生成的图像潜像电荷吸附色粉微粒，使图像潜像电荷转变为可视的彩色图像的数字印刷技术。

（1）离子成像的基本原理　离子成像的基本原理是先由离子源生成带正电或带负电的原子或分子，即离子。再在图像信号的控制下，将与图像所对应的离子数量传输到成像表面而形成潜像。最后使这些代表图像信息的潜像吸附色粉微粒，并转移到承印材料表面，经定影后获得最终印刷图像。

图 9-30 描述了典型独立离子源的基本结构。只要将独立的离子源构建成离子源阵列，就能够实现高精度图像的离子成像。目前，离子源阵列的分辨率在 600～1000dpi，寿命高达数百万印。

（2）离子成像系统　离子成像系统的基本结构，如图9-31所示。通过离子源成像，可获得分辨力600dpi，约310mm的页面宽度阵列。与静电成像类似，离子成像采用色粉显影，并将色粉转移到承印材料上，经定影来获得最终印刷品。离子成像系统可根据需要进行各种功能组合，满足双面印刷、单面高亮度彩色或专色印刷等不同印刷需求。

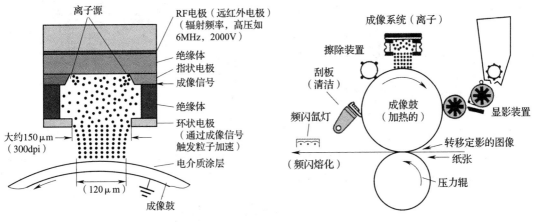

图9-30　离子源的基本结构　　　　　图9-31　离子成像印刷装置的基本结构

3．电子成像

电子成像是一种通过电极直接在特殊涂层纸上转移电荷图像，即采用电场将图像信息转移到承印基材上的数字印刷技术。

（1）电子成像的基本工作原理　电子成像的基本工作原理如图9-32所示，包括成像、显影和定影等三个环节。目前，电子成像的电极阵列可达到400～600dpi的分辨率。

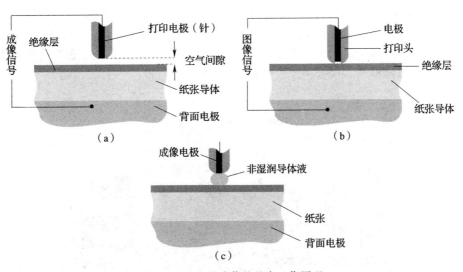

图9-32　电子成像的基本工作原理
（a）打印电极不与承印材料接触
（b）打印头与承印材料接触　（c）打印头通过导体液与承印材料接触

（2）电子成像系统 图 9 - 33 是一个采用 400dpi 分辨率、印刷宽度 1330mm、印刷速度约 1m/s 的四色电子成像系统。它通过一个成像装置向承印材料的电介质层输送电荷图像，采用重复成像和显影来完成多色印刷，还可以根据需要增加专色成像装置。

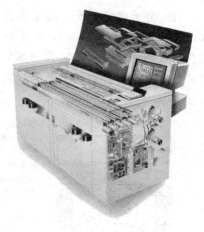

第三节 数字印刷机

数字印刷机是数字印刷的核心，直接决定了数字印刷在消费需求日趋差异化与多样化、小批量、短交期、个性化需求日益凸显的印刷领域中能否成

图 9 - 33 电子成像的成像和着墨过程

为改变整个印刷市场重要驱动力的关键。当今无论是在商业印刷、出版印刷，还是在包装印刷，数字印刷机正在成为适应市场变革，满足多元化市场需求的核心设备。

一、静电成像数字印刷机

静电成像数字印刷机是指采用静电成像数字印刷技术，印刷品质和产能能够达到工业化印刷生产要求的印刷系统。这种印刷系统不仅需要具备高性能的印前数据处理系统、高质量的静电成像印刷装置，还需要具备调整印刷装置温度和湿度的控制系统以及防止表面灰尘与系统内循环灰尘的设施。目前，最具代表性的静电成像印刷系统，按照色粉特性可分为采用液态色粉的静电成像数字印刷机和采用固态色粉的静电成像数字印刷机两类。

1. 采用液态色粉的静电成像数字印刷机

Indigo 多色印刷系统是采用有机光导体和液态色粉成像的静电成像数字印刷机，如图 9 - 34 所示。主要技术参数包括：高速 22 束激光头 812dpi，775M 像素/s，印刷速度 120 页/min（A4. 全彩色）或 240 页/min（黑白或双色）、月输出量高达 350 万页彩页或 500 万页（黑白/双色）页，7 个供墨站支持 Pantone 四色、六色、七色彩色和专色的模拟印刷，6000 页纸张堆叠器，内置密度计（ILD）闭环色彩校准。

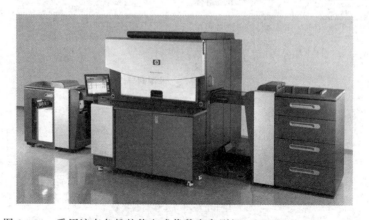

图 9 - 34 采用液态色粉的静电成像数字印刷机（HP Indigo press 7000）

2．采用固态色粉的静电成像数字印刷机

采用固态色粉的静电成像数字印刷机按照色粉的构成可分为双组分色粉、单组分色粉以及高亮度色粉三类。

（1）采用双组分色粉的静电成像数字印刷机　富士施乐、佳能和 Xeikon 是双组分色粉的主流制造商，采用双组分色粉的静电成像数字印刷机具有多色、印刷质量高和产能大的特点，如图 9-35 所示。主要参数包括：彩色打印速度 100ppm、最大打印幅面 361mm×519mm、打印分辨率 600dpi×4800dpi、纸张容量 2500 页×12 个纸盘＋手推纸盘 3000 页×4 个纸盘。

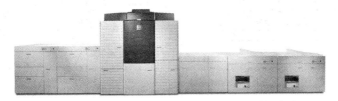

图 9-35　双组分色粉的多色静电成像数字印刷机（富士施乐 iGen3）

（2）采用单组分色粉的静电成像数字印刷机
采用单组分色粉的静电成像数字印刷机主要用于高生产能力需求的领域。但可更换色粉盒的无磁单组分色粉数字印刷机主要用于低速、多色的静电复印领域，如图 9-36 所示。

（3）高亮度色粉的静电成像数字印刷机　高亮度色粉的静电成像数字印刷机能够在涂布有机光导体的光导鼓（带）上形成"三级"图像，即高电压级潜像的彩色图像、低电压级潜像的单色图像以及不允许任何色粉转移的平均电压潜像。这种三级成像方式能够相邻生成黑色半色调图像和蓝色半色调图像，特别适合强调标识或部分文字的双色多灰度产品，如图 9-37 所示。

图 9-36　单组分色粉的静电成像数字印刷机（OKI）

图 9-37　高亮度色粉的静电成像数字印刷机

3．静电成像数字印刷机的结构

静电成像数字印刷机将分色图像转移到承印材料上可以采用不同的结构来完成。最典型的结构分为四种。其一是顺序式排列的机组式结构，油墨从成像装置通过成

301

像鼓直接转印到承印材料上，如图9-38（a）所示；其二是间接转移方式，即印刷图像通过中间滚筒转移到承印材料上，如图9-38（b）所示；其三是先在中间载体上收集分色图像，然后再将叠印好的分色图像转移到承印材料上，如图9-38（c）所示；其四是分色成像直接收集于成像鼓上，4个分色系统图像的成像与着墨同时完成，如图9-38（d）所示。

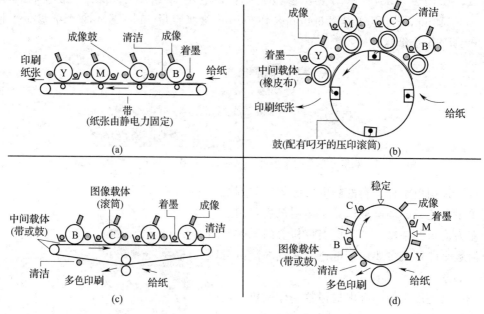

图9-38　静电成像数字印刷的结构
（a）直接，无中间载体（机组设计）　　（b）通过中间载体（卫星式设计）
（c）收集在中间载体上　　（d）在成像表面收集

二、喷墨数字印刷机

喷墨成像数字印刷机是指采用喷墨成像数字印刷技术，印刷品质和产能能够达到工业化印刷生产要求的印刷系统。

1. 连续喷墨数字印刷机

典型的连续喷墨数字印刷机如图9-39所示，每个喷头1色，采用4个喷头依次打印黑青品黄（KCMY）就能够实现彩色印刷，喷墨打印的分辨率300～1500dpi。喷墨印刷时将承印材料固定在一个鼓上，通过轴向移动的喷墨打印头，纵向快速旋转鼓来实现墨滴在承印材料上的叠印，每个像素可根据需要采用二值或多灰度来再现。随着喷墨打印头技术的进步，与打印幅面相同的阵列式喷墨打印头正在成为技术主流，同时也快速提升了喷墨打印的速度，使之成为替代传统印刷的主流技术。

图9-40是采用多值偏转喷墨的连续喷墨数字印刷机，墨滴在充电系统中被赋予不同电荷，使带不同电荷强度的墨滴在偏转板之间因电荷强度而形成不同的偏转大小。因此，采用一个喷嘴就能够成像一条偏转10mm，复制大约16个高度位置的短线。采用这种方式绘制的线条高度取决于喷墨头和纸张表面的距离，随该间距的增加绘制高度也相应增加，印刷方向的分辨率由承印材料速度和墨滴频率共同决定。

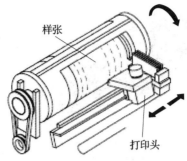

图 9-39　连续喷墨数字印刷机（彩色多值图像）

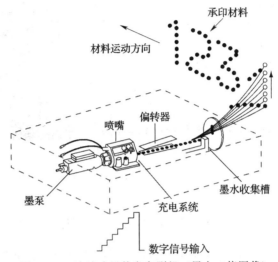

图 9-40　连续喷墨数字印刷机（黑白二值图像）

2. 按需喷墨数字印刷机

按需喷墨数字印刷机有三个典型代表，其一是采用压电喷墨技术如图 9-41 所示，爱普生是压电喷墨技术中以质量和色彩取胜的代表，主要应用在高品质海报与相片级的打印领域，其最小墨滴 4×10^{-12} L，最高打印分辨率 2400dpi。其二是采用热泡技术，以速度和效率取胜的惠普，如图 9-42 所示，主要应用于报纸、书刊、直邮和商业票据等打印领域。其三是采用 Stream 技术，以质量与速度兼顾的柯达公司，如图 9-43 所示，主要用于在线方式高速打印，既可在预印卷筒纸上叠印可变信息，也可直接高速打印可变信息，其采用阵列打印头模式，确保了打印幅面与打印速度的双优。

图 9-41　威特 UltraVu 5000（压电喷墨技术）

303

图9-42　HP＿T360喷墨
（热泡喷墨技术）

图9-43　柯达versamark VL2000
喷墨印刷机

3. 大幅面喷墨印刷机

大幅面喷墨印刷机主要应用于海报、广告牌以及墙面贴标等大幅面产品领域。主要采用宽幅喷墨打印头，印刷宽度从常用的135cm到超大幅面的5～8m，在分辨率300～600dpi时，印刷速度3～110m²/h，如图9-44所示。

大幅面喷墨印刷机可采用各种材料，包括纸张、织物和塑料膜，但需要采用与材料相匹配的油墨来印刷。

图9-44　多色大幅面喷墨
印刷系统（NUR）

三、包装与广告用数字印刷机

随着小批量短交期包装、个性化包装以及用于防伪或物流系统监控标识的可变信息包装的普及，数字印刷正在成为包装市场新需求，包装用数字印刷机开始进入包装工业化生产应用领域，展示出广阔的发展潜力。典型的包装数字印刷机分述如下：

1. 标签行业应用的数字印刷机

（1）Xeikon 3300　Xeikon 3300是Xeikon公司推出的首款专门为标签印刷开发的5色数字印刷机，特别适合中短版印刷，尤其是交货很急的业务。Xeikon 3300有5个色组，其中4色标准四色印刷、第5色组用于专色印刷或者印刷不透明的白色或特殊安全色，分辨率1200dpi（1200×3600dpi），最高速度19.2m/min，可实现24h连续生产，月产能70万m。

Xeikon 3300采用融合化学生产色粉和传统色粉优点的FA色粉，网点密度可调，可用于生产食品标签，幅宽可升级，可印刷材料广泛。

（2）意大利道斯特TAU150连续纸喷墨数码轮转印刷　Durst Tau150是意大利Durst Phototeckink AG公司推出的一款采用XAAR1001喷头的UV喷墨数码标签印刷机，如图9-46所示。标配5色（CMYK＋W），最高8色，印刷速度48m/min，卷筒纸宽度10～16.5cm，印刷精度为1000dpi，内置自动打印头清洁和自动喷嘴故障弥补等持续性功能，可显著提高机器产能，显著缩短交货周期，改善印刷机投资回收率。

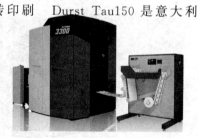

图9-45　Xeikon 3300标签

图 9-46 Durst Tau 150 及其产品

Durst Tau150 独有 1 次 5 色或 8 色的快速喷墨印刷技术专利，采用 ESKO 的自带支持可变数据的 RIP 流程，可模拟 90％以上的 PANTONE 色，支持条形码、文本文字和图片等可变数据类型，为短版个性化标签印刷提供了更多的灵活性，具有 7x24 连续生产的可靠性。它所支持的承印材料广泛，包括：预涂和非预涂纸张，PE PET PP PVC 等。适用于纸类标签（超市零售，服装吊牌，物流标签，条码打印等）、合成纸或膜类标签（商品标签，电器产品，化学产品等）以及特种纸标签（防伪标签，红酒标签等）的印制。

2. 广告行业应用的数字印刷机

（1）Epson SureColor S70680　Epson SureColor S70680 是一款品质型弱溶剂打印机，如图 9-47 所示。它采用智能墨滴变换技术的双 TFP 微压电打印头，最高分辨率 1440×1440 dpi、每色 720 个喷嘴、最小墨滴尺寸 4.2pl、CMYKLcLmLk08 个标准色＋白色/银色，打印速度 6.7～26.8m²/h、打印幅宽 300～1625.6mm、卷纸尺寸（最大外径）250mm、最大厚度 1mm。

Epson SureColor S70680 以满足高端专业设计需求为己任，支持高端广告设计行业的影像级别品质广告片输出，可满足奢侈品、知名企业对其自身形象展示的苛刻要求，在不同介质上广告影像细节都完美如真，效率和成本优势显著。

（2）爱博纳 AnapurnaM2540 FB 高速平板打印机　爱博纳 AnapurnaM2540FB 是一台高速平台式 UV 喷墨打印机，如图 9-48 所示。最大打印尺寸 2.54m×1.54m、最大介质厚度 4.5cm、最高打印速度 45m²/h、六色打印＋预印白墨。特别配备的 11 个伸缩定位销，可完美地对介质进行精准的定位，轻松实现双面打印。8 个独立抽真空平台控制可保持最有效最均匀的抽真空，确保了极其精准可靠的墨滴落位。

图 9-47　爱普生 SureColor S70680　　　　　图 9-48　爱博纳 AnapurnaM2540FB

第四节 数字印刷材料

数字印刷材料的性能是影响数字印刷产品质量的关键因素之一。数字印刷的图文转移方式与传统印刷不同,在技术上突破了传统印刷技术的图文传递方式,实现了快捷灵活的个性化印刷,缩短了印刷周期,降低了成本。数字印刷多样性的印刷方式决定了印刷材料的多样性,数字印刷的成像原理不同,采用的成像材料就有很大的不同。本节重点对数字印刷的承印材料和数字印刷油墨进行介绍。

一、数字印刷承印材料

理论上而言,数字印刷对承印材料几乎没有限制,但由于数字印刷的成像原理和印刷油墨的特殊性,若不考虑承印材料和数字印刷系统的适应性,往往无法得到完美的印刷品。目前,由于市场的需求,数字印刷的主要承印材料还是纸张,其中用的最多的是涂布纸。

涂布纸(coated paper),俗名铜版纸,种类较多,可用于各种各样的彩色印刷品的印刷,是目前文化出版、广告设计、印刷装订及工商业界最常使用纸种之一。涂布是指将糊状聚合物、熔融态聚合物或聚合物熔液涂布于纸、布、塑料薄膜上制得复合材料(膜)的方法,可以起到防腐、绝缘和装饰等目的。涂布纸是在原纸上涂上一层涂料,使纸张具有良好的光学性质及印刷性能等。根据涂布涂料的种类可以分为普通涂布纸和特殊涂布纸两大类。普通涂布纸是采用普通涂布方式把涂料涂布于原纸表面,经干燥后再进行压光处理,最后裁切或复卷成平板纸或卷筒纸,如铜版纸、亚光纸、轻量涂布纸等;特殊涂布纸是指采用特殊涂料或特殊的加工方式制成的印刷涂布纸,如铸涂纸(玻璃卡纸)、压花纸和无光涂布纸等。

1. 数字印刷对涂布纸的要求

近年印刷实践表明,对涂布纸的一般性能要求,主要集中在运行性、印刷性和外观质量三个方面。运行性能是涂布纸最重要的性能,若纸张运行性能不好,印刷就无法正常进行,涂布纸的挺度、平滑度、洁净度和强度性能对其运行性能的影响很大。数字印刷对涂布纸的总体要求包括以下几个方面。

(1)纸张表面平滑特性 一般而言,纸张表面的平滑度较高时对改善印刷设备的运行性能有利,有助于印刷质量良好的图像。平滑度是指在一定的真空度下,一定容积的空气通过受到一定压力的试样表面与玻璃面之间的间隙所需的时间,以秒表示。纸张表面平滑度越高,空气流入的时间就越长,反之,平滑度低,空气流入的时间就短。平滑度决定于纸张的表面状况。一个平整而光滑的印刷表面可以表现精细的网点变化,相对印刷质量较高;而在相对粗糙不平的纸张表面上,图像质量将会降低,并可能导致实地与半色调质量的降低。卷筒纸数字印刷机对纸张平滑度要求更高,过分粗糙的纸张表面往往导致墨粉熔化不完整,甚至熔化工艺不能完成,印刷图像质量很差。过于光滑的表面对于进纸是不利的,会造成纸张的打滑。

(2)纸张的光泽度 纸张光泽度指的是纸张表面的镜面反射程度,用百分率表示。纸张的光泽度越高,越容易获得理想的印刷密度,印品的墨色越鲜艳,墨色的视觉效果就越好。

（3）纸张的强度和挺度　　纸张的强度高才能承受来自不同方向的张力的作用，保证印刷操作的正常进行；强度不够，会导致纸张掉粉掉毛等现象，影响印刷质量，甚至严重到纸毛中的坚硬小颗粒会进入设备内部，造成硒鼓划伤，出现印刷故障。

由于数字印刷越来越多地应用于明信片和商业卡片领域，所以要求选用挺度高的高密度涂布纸进行印刷。但是在选用高挺度纸的同时要兼顾墨粉转移性能、摩擦力和导电率与纸张挺度的关系。因为，卷筒纸挺度很高时，则纸会出现不能与光导鼓正确接触的现象。

（4）纸张湿度的控制　　为了确保墨粉的均匀转移，防止纸张在静电照相数字印刷后期处理和高温熔化时发生卷曲现象，必须控制纸张的湿度。纸张湿度过大会导致过度卷曲、卡纸及质量等问题，湿度过低则会引起静电问题，机器无法正常启动，从而导致卡纸、送纸不良等问题。印刷时发生的大多数纸张问题与车间的温度和湿度有关，因此要控制好纸张与车间的温度和湿度。数字印刷系统必须在有空调的条件下走纸或提供相对湿度为44%～45%的纸张。

（5）纸张的耐高温能力　　在静电照相数字印刷工艺中，墨粉熔化是一个重要过程，这种高温熔化工艺会导致在涂布纸表面转印墨粉的困难，因为在高温作用下涂层本身已经软化，某些部分甚至会黏结到印刷机上。基于此，在静电照相数字印刷设备上使用的涂布纸的涂层配方应具有防高温软化效应的性能。

（6）纸张均匀的导电性　　由于数字印刷大多是静电印刷，会造成纸张带电。为了避免在印刷过程中纸张带电，要求纸张具有较好的导电性，及时将印刷过程中的电荷导走，避免纸张相互吸附，给纸张输送带来困难。导电性差的纸张可能造成纸张上静电聚集，导致送纸不良、卡纸以及接受盘的堆纸问题。但是，导电性过高的纸张可能导致缺损和其他成像缺陷。因此，均衡的、控制在一定范围内的导电性对于数字印刷用纸来说是较为重要的属性之一。

（7）纸张的其他特性　　研究结果表明，除以上提到的特性外，还需要控制数字印刷用纸的其他特性，例如控制纸张的表面电阻、无折痕和耐湿性等。正确的电阻和表面能对保持纸张的绝对湿度成分和平滑的表面形状至关重要，这些因素的组合对获得高质量的印刷图像有很特殊的密切关系。

2. 数字印刷用涂布纸的种类

目前，国际造纸商已经开发成功的新型数字涂布纸的种类包括：

（1）利用电子成像印刷技术印刷的涂布纸——光泽全化浆涂布纸　　与传统印刷技术相比，电子成像数字印刷技术对涂布纸技术要求更高，如：高速四色激光打印中，由于上色剂用量大，熔化温度高，会在原纸水分快速蒸发过程中使涂层起泡，涂布纸光泽度越高，起泡现象起严重，而且印刷品在高温条件下还会失色。这种新的高光泽涂布纸生产与传统高光泽涂布纸不同，关键是使用了新型黏合剂。传统高光泽涂布纸适用于胶版印刷，涂料中含有苯乙烯－丁二烯黏合剂，但是，在高温条件下，黏合剂中具有黏着力的丁二烯会分解失效，使涂层被呈色剂黏着起泡。

为了适应新的要求，在利用电子成像技术打印时，使用一种新的热稳定性、抗起泡性好、能提高纸页挺度的聚乙烯醋酸酯（Polyvinyl－acetate）黏合剂，这种黏合剂成本低、黏着力强，已广泛应用于需要具有良好黏着力的纸板涂布中。为了提高涂料的热稳定性和抗起泡性，也可选择丙烯或苯乙烯－丙烯或聚乙烯醋酸酯－丙烯共聚物（Acrylic or styrene‐acrylic or polyvinyl acetate‐acrylic Copolymers）。采用新黏合剂的唯一不足是使涂布纸的光泽度略微降低，但在涂布配方中使用沉淀碳酸钙和塑料颜料，通过压光就可以轻易达到所需要的光泽度，而不需过大的压光强度，这对于保持纸张的平滑度、松厚度和亮度都是有好处的。

（2）喷墨打印机使用的涂布纸——各种喷墨打印纸　喷墨印刷已经成为生产高质量彩色数字图像的常用的低成本方法。喷墨印刷的特殊性导致了它的承印材料种类很多，如纸张、塑料和金属等，但印刷时必须选用与承印材料相匹配的油墨。喷墨印刷最终影像的形成取决于油墨与承印物的相互作用，因此，喷墨成像系统一般需要使用专用的墨水和承印物，以便实现油墨与承印物在性能上的最佳匹配。

喷墨打印纸是喷墨打印机喷嘴喷出墨水的接受体，在其上面记录图像或文字。其与一般纸张有很大区别，因为彩色喷墨印刷通常使用水性油墨，而一般纸张接受到水性油墨后会迅速吸收扩散，导致印刷品无论从色彩上还是从清晰度上都达不到印刷的要求。彩色喷墨打印纸是纸张深加工的产物，它是将普通印刷用纸表面经过特殊涂布处理，使之既能吸收水性油墨又能使墨滴不向周边扩散，从而完整地保持原有的色彩和清晰度。它的基本特性是吸墨速度快、墨滴不扩散。由于目前喷墨打印机的种类很多，打印机的结构不同，对打印纸的要求也就有所不同。

① 喷墨打印纸通常应该满足以下要求：

a. 要求有一定的拉力、挺度和平滑度，特别是纸张的紧密程度，既不能太紧密，也不能太疏松，因为这是直接影响印刷油墨渗透、扩散和干燥的因素。纸张的表面吸收性和施胶度也是至关重要的，此外，还要求纸张容易输送和耐摩擦。

b. 在印刷适性方面，要求喷墨印刷用纸具有对印刷油墨吸收能力强、吸收速度快、油墨干燥快、墨滴在纸上形成的点直径小、扩散因素小、墨点形状近似圆形等性能，这样才能保证高的分辨力。同时还要求喷墨后颜色的密度要大、密度阶调的连续性好、颜色鲜明，这样才能保证高质量的彩色喷墨效果。因此，必须保证纸面有能足够吸收油墨的毛细孔间隙，并且要求细孔的形状、大小和分布比较均匀。

c. 在保存性方面，要求图像有一定的耐水性、耐光性和图像室内外的保存性，以及纸本身的保存性，不变色和不褪色等。

② 喷墨打印纸的构成可以分为三层：纸基、表面涂层、防卷曲涂层。

a. 纸基：主要成分由漂白浆与碳酸钙等组成。

b. 表面涂层：主要作用是改变纸面的均一性，提高成品适应性，以满足不同用途的性能要求。对喷墨纸而言，需要纸张吸收墨水要快，图形、图像要艳丽逼真，并具有一定的牢度。这种纸的涂层是高吸收的白色颜料和亲水树脂的混合物。涂层可分为粉质涂层和胶质涂层，粉质涂层为亚光面，表面较粗糙、着墨性好、墨水附着力强、色彩不鲜艳，多用于户外环境；胶质涂层为高光面，表面平滑、墨水附着力强、色彩鲜艳，多用于室内环境。表面胶层的主要成分有颜料、黏合剂和树脂。颜料主要是一些有吸墨性的多孔性的白色矿物质颜料，或能在涂层中形成多孔性结构的材料，可以是高岭土、碳酸钙、二氧化硅、氧化锌、氢氧化铝、二氧化钛等。涂布纸所用的胶黏剂种类也很多，如聚乙烯醇、丁苯胶、羟甲、羟甲基纤维素和吡咯烷酮等，胶黏剂中加入适量低黏度羟甲基纤维素类，能防止颜料粒子的凝聚和沉降，以提高其涂层的流变形及混合均匀性。涂层中的树脂采用功能性高的吸收树脂，它具有很好的耐候性、光泽度、附着力和保色性，它是喷墨专用纸很重要的成分。

c. 防卷曲涂层：该涂层吸附在基质上，用来防止打印过程中纸张的卷曲。

此外，在涂布纸料的配方中，还应加入一些助剂，如分散剂、润湿剂、消泡剂、紫外线吸收剂、抗氧化剂、保水剂、荧光增白剂等物质。例如，分散剂可以使涂料中的颜料粒子充分分散；润湿剂可以改进涂料的流动性，使涂层颗粒分布均匀；涂层涂布均匀紫外线吸收剂和抗氧化剂有助于纸张本身和图像色泽老化和耐褪色；而加入阳离子表面活性剂则有助于提高图像颜色的鲜明度和抗水性等。

③ 根据基层材料和涂层材料的不同，目前市场上常用的喷墨打印纸的种类有如下几种。

a. 高光喷墨打印纸：采用 RC（涂塑纸）纸基，适于色彩鲜明、有高质量画面效果的图像输出。有较高分辨率，一般在 720dpi。利用其打印的图像清晰亮丽、光泽好，在室内陈设有良好耐光性和色牢度。一般适用于高档喷墨打印机。

b. 亚光喷墨打印纸：采用 RC 纸基，有中等光泽，分辨率较高，适于有较高画面效果的图像输出，色彩鲜艳饱满、有良好耐光性。

c. 特种专用喷墨打印纸：采用 RC 纸基，内含荧光剂和磁性材料，有防伪、防复制等保密功能，抗紫外线、有耐光性。适于有较高画面效果的图像输出及特种制作。

d. PVC 喷墨打印纸：是塑料薄膜和纸的复合制品，机械强度好、输出的画面质量高、吸墨性好，有良好的室内耐光性。

e. 高亮光喷墨打印纸：采用厚纸作为纸基，有照片一样的光泽，纸的白度极高，有良好的吸墨性。特别适于照片影像输出和广告展示版制作。输出的图像层次丰富、色彩饱满。

（3）用于商业数字印刷机（液体显影）印刷的涂布纸——表面处理全化浆涂布纸　从纸张生产商的角度考虑，以 HP Indigo 为代表的液体显影数字印刷技术与胶印工艺非常相似，墨粉颗粒尺寸在放大镜下观察时与胶印油墨几乎相同。与液体显影静电照相数字印刷工艺有关的最重要的特性是纸张的表面强度、表面能和吸油性能。几乎所有的非涂布纸和大多数涂布纸必须在印刷前经过特别的表面处理，以获得良好的墨粉粘结能力。否则，墨粉很容易从纸张上剥离下来，就像形成了一层独立的墨粉薄膜，将严重影响数字印刷质量。

液体显影数字印刷系统中，纸张以直线方式通过转印间隙，加之此种印刷机多采用真空给纸技术，导致低密度承印材料在液体显影数字印刷机上使用起来有一定的困难，多采用高密度的纸张。同时需要考虑承印材料的丝缕方向，以获得最优的设备运转性能。该印刷系统要求的另一个重要特性是纸张的静电性能，避免因低湿度而导致的双张给纸。

以液体显影静电照相数字印刷工艺为例，其对纸张的具体要求如下：具有与电子油墨性能匹配的正确表面能；纸张良好的吸油能力；纸张足够的表面强度；纸张表面光滑度高；纸张的疏松度低；纸张的长丝缕方向或短丝缕方向取决于印张的受力特点；双面印刷时印张必须裁切成 100％的直角；相对湿度控制在 45％～55％。

3. 其他数字承印材料

数字印刷材料除了纸张以外还有很多其他承印材料。布匹、金箔、标签、塑料、陶瓷制品、地毯、皮革、木板、大理石、玻璃、电路板以及有机板材在内的、厚度不超过80mm 的任何材料基本上都可以用来进行数字印刷，材料的最大重量可达 $250kg/m^2$，喷印速度可达 $200m^2/h$。

纺织物是除纸张外的另一种重要的承印材料。为了提高纺织品喷墨印花的效果，得到清晰的图案，在进行数码喷墨印花之前，必须对需要印制的布料进行预处理，预处理工艺和配方对印花效果影响很大，预处理可采用浸轧法用不同浓度的海藻酸钠、碳酸氢钠、碳酸钠、尿素的浆料来处理织物。

数字喷墨印刷中采用的合成树脂薄膜主要为聚酯薄膜、聚乙烯、聚苯乙烯、聚丙烯薄膜等。以聚酯薄膜作为主要承印物的喷墨或热敏印刷主要用于广告、会展、特种艺术摄影及医学影像等领域。通常有透明型、不透明型和半透明型等品种。

随着人们生活水平及消费水平的提高，个性化印刷成为人们的一种必需，这将直接导致数字印刷的承印材料大大扩展，从普通的纸张到一些根本想象不到的承印物，将极大地丰富我们的生活。

二、数字印刷油墨

根据数字印刷的成像原理可知，每一种数字印刷方式都采用了特定的成像材料，特别是印刷油墨与传统油墨差异非常大。数字印刷油墨工业中使用的油墨油在油墨中占有20％左右的份额，油墨油的质量直接关系到数字油墨的品质。随着人们环保意识不断增强，环保法规日趋严格，环保型油墨越来越受到人们的关注。

1. 数字印刷对油墨的要求

为使数字印刷能顺利完成高质量的印刷转移成像过程，数字印刷油墨必须具有与相应数字印刷技术相适应的性能，这些性能要求主要包括以下几个方面：

（1）光泽度好　油墨的光泽度是指油墨膜面有规律地反射出来的能感觉到的细孔结构和平滑度、光泽度以及油墨微观不平整度和墨层厚度。一般要求油墨光泽度要好，然而适合静电数字印刷的油墨光泽度一般不高，因为油墨颗粒的直径比较大，所以在图像暗调和亮调区域会产生不同的光泽度表现。

（2）耐水、油和溶剂　数字印刷要求墨膜在水、油、溶剂等物质侵蚀下，能保持相对的稳定性。耐水性或耐油性不好的印刷品在遇到水和油这类物质时，就会发生变色，影响印刷复制效果。耐溶剂性不好的印刷品将无法完成后续工序，如上光、覆膜等。耐溶剂性对于静电数字印刷技术来说也是极其重要的。

（3）耐光、热　由于数字印刷品需要长期暴露在日光下，所以要求油墨具有较好的耐光性是非常重要的。有些数字印刷方式在印刷过程中或油墨干燥时需采用加热方式，因此要求油墨颜料必须能够承受高温而不变色。

此外，各种数字印刷油墨（墨水）还必须在稳定性、pH值、电导率、黏度、渗透性、表面张力、密度、不溶物、色差等方面与该复制技术相适应，并且还要求无毒、环保。从成像质量的角度考虑，数字印刷油墨经印刷成像后，要能在图文边缘清晰度、光学密度、油墨的干燥时间、与基材的黏附性、油墨墨滴的不偏离性、干燥油墨的防水性、防其他溶剂性及存放稳定性等方面满足相应要求，并要求长期使用不腐蚀或阻塞印刷器件如喷嘴等。

2. 数字印刷油墨的组成

数字印刷油墨在组成结构上均为油包水型乳液，属于渗透挥发干燥型油墨。数字印刷机的应用是基于快速和低成本，因此要求使用的油墨具有廉价、环保、稳定、快干等特点。数字印刷油墨与其他油墨的基本组成相似，但又有自身的特点：油墨由油相和水相组成，油作为分散相，水作为分散质，组成油包水的细小颗粒，成为纸上速干油墨。油相由连结料、颜料、助剂、乳化剂等组成，考虑到数字印刷油墨的流动性和滤过版性，一般不加入填料。水相由纯水、吸水剂、保水剂（防干剂、保湿剂、抗冻剂）和防腐防霉剂组成。

针对数字印刷机的特点，油墨中的配方满足：组成整体结构的内在合理性、印刷的适用性（不同机型使用不同性质的油墨）、印刷图文的实用性（黑度、快干等）等条件，以达到在印版上涂布均匀、受到适当挤压力能顺利通过三层微细网孔、易于附着在承印物上、在印版与承印物分开时不产生拉丝和飞墨现象、承印物上干燥速度快、不产生蹭脏和粘连、油墨存放稳定性好、不出现油水分离和油墨变质等要求。总之，数字油墨必须稠而不黏、有适当的渗透能力，是一种具有触变性小、黏性低、稀稠适中的软性油膏状的胶凝态分散体。

根据油墨的组成不同，数字油墨主要有以下类型：

（1）水性油墨　水性油墨简称水墨，主要有水溶性树脂、有机颜料、溶剂及相关助剂经复合研磨加工而成。其主要成分是：色料（颜料或染料）12％～40％，连结料（树脂）20％～28％，溶解载体（水和少量醇）33％～50％，助剂（消泡剂等）3％～4％，碱（胺或氨）4％～6％。

水性油墨最大的优点是可以实现非常精细的图像再现，并且它含水溶剂，大大减少了VOC（有机挥发物）的排放，从而减轻了空气污染，改善了印刷操作人员的环境。此外，它还可以降低由于静电和易燃溶剂引起的失火危险和隐患，可以减少印刷品表面残留的毒性，使印刷设备清洗更方便。因此，近年来，水性油墨设备普遍应用与替代胶印的短版解决方案及数字打样。

但水性油墨耐性差（如不耐晒、不防水等），对承印物的要求比较苛刻，所以其应用也受到一些限制。例如为了保证室内及户外印刷品的使用寿命，水性油墨印刷品必须进行覆膜处理，为保证印刷图像的质量，需在有涂层的承印介质上印刷。

水性油墨一般可用于食品包装印刷或其他包装印刷、新闻印刷。同时由于溶剂为水溶剂，特别适用于对卫生条件要求严格的包装印刷品，如：烟、酒、食品、饮料、药品和儿童玩具等，同时，由于它的耐晒及防水性能差，不宜用于户外包装产品。

（2）溶剂型油墨　溶剂型油墨是指用有机溶剂（如醇、酯、酮、苯类）来溶解油墨中的树脂连结料，用高溶解性物质溶解颜料颗粒的一种油墨。当油墨喷射到承印物表面时，溶剂渗透和挥发，颜料迅速在材料表面干燥。

在干燥性方面，溶剂型油墨干燥速度快，在印刷过程中还可根据需要加入不同的溶剂调节干燥速度，一般不需要热风干燥装置。而且，油墨干燥后的印刷品对承印物的附着度高，对环境的温湿度不敏感，光泽度好。由于颜料颗粒不溶于水，还可以防止紫外线照射发生颜色变化。

但因为溶剂型油墨中可挥发有机物含量高，一般有较浓的气味，污染环境，对人体也有一定毒害，按国家有关规定，这类油墨的使用应有一定的环境保护措施（如强排风、溶剂回收等），并且这种油墨还存在一定的火灾隐患。

溶剂型油墨对人体有一定的危害，所以一般用于标牌和户外广告等于人体接触少的包装印刷品。此外也适用于非涂布材料的印刷，如：乙烯基、丝网、玻璃和纸张等。

（3）UV 油墨　所谓 UV 油墨，是指经 UV 光线照射瞬间固化的油墨。UV 油墨的主要成分包含有机颜料、光聚合性预聚物、感光性单体、光聚合起始剂、添加剂等。UV 油墨种类比较多，包括：UV 磨砂、UV 冰花、UV 发泡、UV 凸字、UV 折光、UV 宝石、UV 光固色墨、UV 上光油等多种特种油墨。

这种油墨采用紫外光固化干燥，在喷墨的同时，通过紫外线的照射，使墨滴在承印物表面瞬间干燥。UV 油墨的固化成分，是环氧丙烯酸酯等丙烯酸系的低聚物和单体，这些低聚物和单体不断地聚合，从而完成油墨的固化。印品从印刷机出来已经有 90% 的油墨完成了固化，所以 UV 油墨印刷的产品具有别具一格的视觉效果：色彩鲜艳、醒目，纹理细腻、高贵、儒雅。为了保证印品图像有更好的牢固度，UV 油墨印刷的成品需要做印后处理。

UV 油墨固化速度较快，耐久性较强，非常适合按需喷墨技术的应用，如：零售店展示广告、电话卡、信用卡和频繁使用的购物卡等。其次，由于它的墨滴能在瞬间固化，使印品色彩精美，非常适合高档烟、酒、化妆品、保健品、食品、药品等的包装印刷。

3. 数字印刷油墨的种类

（1）喷墨印刷油墨　喷墨印刷对油墨的要求有：① 黏度适当。如果油墨黏度高，流动性就差；黏度过低，则会发生阻尼振荡，影响喷射速度。一般较为理想的油墨黏度为 $1.5\sim3.0Pa\cdot s$（帕·秒）；② 干燥速度快。油墨喷射到承印物表面后应迅速干燥，干燥时间在 $0.1\sim50s$ 为宜；③ 油墨颗粒分布均匀。油墨内不含有影响印刷或堵塞喷嘴的颗粒，要求颗粒的尺寸不大于 $0.1\mu m$；④ 油墨中的着色剂容易渗入纸张。这样油墨能准确地以所需要的尺寸记录在纸张表面，构成清晰的图像；⑤ 其他性能指标。油墨的密度为 $0.8\sim1.0g/ml$，表面张力为 $(2.2\sim7.2)\times10^{-4}N/cm$，能导电且电阻率为 $1\sim5\Omega\cdot m$，耐 $-20℃$ 低温，pH6.5～8.5。同时还应具备无腐蚀、不易燃烧、不易褪色、性能稳定、无毒等特性。

喷墨印刷油墨和常用的油墨一样，也是由呈色剂、连结料、挥发性溶剂及助剂组成。用于喷墨印刷油墨中的呈色剂一般是水溶性的染料，主要包括酸性染料和直接染料。连结料必须完全溶解于溶剂中，其黏度在 $2\sim10mPa\cdot s$，浓度（质量分数）在 20% 以上。喷墨油墨中的挥发性溶剂主要有甲乙酮、甲基异丁基酮等，还含有少量的助溶剂，以得到所需要的黏度、表面张力和干燥性等。喷墨印刷油墨常用的助剂有表面活性剂、pH 调节剂、电导率控制剂、防腐剂、黏度调节剂等。

由于大多数喷墨打印头和喷墨印刷油墨或墨水的研发都是整体性的，在通用性和可替代性上存在很大不足。目前，喷墨印刷设备制造商、喷墨印刷材料制造商和喷墨印刷油墨制造商都在积极寻求解决方案，从而实现喷墨印刷油墨或墨水的通用性和可替代性，以获得该技术的普及和更大的技术回报。

（2）静电照相数字印刷固体墨粉　静电照相数字印刷借助于多层墨粉的叠印呈现千变万化的颜色，复制效果与墨粉的光谱特性密切相关，墨粉对最终印刷质量的影响是最重要的。由于墨粉配方和制备工艺、系统配置、显影和转印技术等方面的差异，即使基于相同的静电照相复制原理，最终印刷品的颜色可能相差也很大。目前，基于固体墨粉显影的静电照相数字印刷机的彩色复制质量得到了大幅度地提高，达到可以与传统印刷媲美的水平。

磨粉制备工艺从机械研磨过渡到化学工艺后，颗粒直径和形状均匀性大为改善，但颗粒尺寸和形状完全相同的墨粉事实上很难生产出来，因而彩色静电照相数字印刷大多采用调幅网点，这对于补偿墨粉颗粒尺寸和形状的非均匀性以及提高印刷质量是有好处的。柯达 NexPress S3000 提供了五种加网技术供用户选择。

按固体墨粉的结构成分，静电照相复制系统使用的墨粉划分成单组分和双组分两大类别，后者是着色剂颗粒和载体颗粒的混合物。单组分墨粉既是着色剂，又是墨粉本身；双组分墨粉的着色剂其实就是墨粉，因为显影时载体颗粒不转移，真正转移的是着色剂，可见着色剂就是墨粉，只是为了与载体区别。

（3）电子油墨　电子油墨是数字印刷领域出现的一种新型油墨，它是用于印刷涂布在特殊片基材料上显色的一种特殊油墨，通过电场定位控制带电液体油墨微粒的位置，形成最终影像。以电子油墨为转移图文信息的中间介质是 HP Indigo 数字印刷机的关键技术之一。HP Indigo 数字印刷机与其他印刷设备的区别主要在于其全部采用独特的电子油墨。HP Indigo 电子油墨的核心是带电油墨颗粒，它使电子控制数字印刷中印刷颗粒的位置成为可能。

电子油墨能达到极微小的颗粒，使得印刷分辨率和光滑度更高，锐化图像边缘，形成极薄的图像墨层。独特的电子油墨技术可使各种纸质表现出极为出色的彩色影像，使印刷图文质量能在纸张上完美地呈现。电子油墨由于其成像过程的特殊性，与传统油墨有所不同，使其具有色彩再现性好、物理性能稳定和承印材料广的优点。

目前，HP Indigo 公司是电子油墨的主要研发商，HP Indigo 电子油墨是唯一被PANTONE 认可的数字印刷颜色，可实现 95% 的 PANTONE 色域的颜色。HP Indigo 电子油墨主要有标准 CMYK 色、HP 六色（增加了橙色和紫罗兰色）、HP Indigo 专色三类配置。为了提高客户的印刷附加值，HP Indigo 还开发了不透明白色油墨、荧光油墨、特殊的防伪油墨等多功能电子油墨。现在 HP Indigo 电子油墨还应用到了卷筒纸印刷领域，在其他领域的应用也在不断地探索中。

（4）热成像油墨　根据成像机理的不同，数字印刷具有多种成像记录方式。热转移成像技术在数字印刷中的应用比较广泛，其中又以热升华技术为主。热成像油墨是热转移成像方式印刷所使用的油墨，它既可以是水性油墨，也可以是溶剂型油墨。

（5）干粉数字印刷油墨　干粉数字印刷油墨是由颜料粒子、可溶性树脂与颗粒荷电剂混合而成的干粉状油墨，带有负电荷的墨粉被曝光部分吸附形成图像，转印到纸上的墨粉图像经加热后墨粉中树脂熔化，固着于承印物上形成图像。由于干粉数字印刷油墨在生产过程中对色粉的颗粒属性以及尺寸都要求较高，经过精心地控制才能满足印刷性能，所以干粉数字印刷油墨发展缓慢。

（6）环烷基环保型油墨　近年来，实现绿色印刷、减少环境污染、开发环保型油墨已经提到议事日程。法律、法规也促使人们倾向使用环保型油墨。欧洲及美国、日本等发达国家环保法中增加了与油墨印刷有关的条文，对油墨的挥发性、芳烃含量、重金属含量等有明确的规定。因此，油墨对环境的污染成为人们当前关注的焦点。

克拉玛依石化公司根据用户对数字印刷油墨油的要求，参考国外数字印刷油墨油的质量指标，采用世界先进的生产工艺技术，对环烷基馏分油进行深度的精制，降低 PCA 含量，脱除异味，研制并生产除环烷基环保型数字印刷油墨油。该环保型数字印刷油墨油具有无色、无味，外观清亮，颜色水白，硫、氮含量低，多环芳烃的含量小于 3% 等特点。

使用该油墨油生产的数字印刷油墨产品与油墨连结料中的树脂溶解能力好，制成的油墨保质期长，符合与人体接触的健康安全要求。该油墨与国外数字印刷油墨的性能相当，能够满足用户的使用要求，完全可以替代国外数字印刷油墨。

（7）其他新型油墨　杜邦喷墨油墨推出了新的品牌产品——Artistri Solar Brite，该油墨可以用于室外的纺织品数字印刷，如室外的旗帜广告等。Artistri 是杜邦公司特有的纺织品数字印刷系统，具有很好的渗透力。特殊配方的该新型油墨技术及其预处理技术，使得产品具有很好的耐紫外线能力，较高的色牢度，经久耐用，色彩的渗透力更强。

第五节　数字印刷工艺

数字印刷系统是与传统印刷概念迥然不同的现代化印刷系统，数字印刷不用胶片，不用印版，省略了原有拼版、修版、装版对位、调墨、润版等传统工艺过程，不发生胶印工艺中的水墨平衡问题，从计算机的数字信息直接输出到数字印刷系统，完成数字化信息转变为可视印刷品的印刷工艺，从而大大简化了传统的印刷生产工序，实现了可以短版印刷、快速印刷、可变信息印刷，达到了现代印刷追求的实用、精良而经济的印刷工艺。

由于数字印刷工艺具有可变信息印刷、个性化印刷、定制印刷和按需印刷等特色优势，使得人们认为它更加适合能够对市场快速做出反应、交活快捷以及短版作业的出版印刷和商业印刷，并逐步取代部分传统印刷工艺。但经过十几年的数字印刷工艺推广和市场应用，人们逐步认识到数字印刷工艺只是与传统印刷工艺形成互补，与传统印刷工艺并驾齐驱的新型印刷工艺。同时，随着数字印刷技术的不断进步，数字印刷产品的质量和生产效率有了显著的提高。因此，数字印刷工艺已成为不可忽视的主要印刷工艺之一。

然而，由于包装印刷工艺的特殊性和数字印刷工艺的特色，人们对数字印刷工艺应用于包装印刷领域一直心存疑虑。传统包装印刷工艺具有以下一些突出的特点：

① 印刷幅面普遍较大。包装纸盒等常见包装印刷品的印刷幅面最大可达超全张纸或几米幅宽，对印刷设备有着较高要求；

② 承印材料的范围较广。从常见的纸张、纸板和瓦楞纸，到塑料薄膜、铝箔、金属等，承印材料的特性和表面性质的不同，决定了单一印刷工艺无法满足印刷需求，需要印刷工艺具有较高的印刷适性；

③ 印刷图像的色域宽广。包装印刷不满足于传统的四色印刷，产品要求印刷图像具有更加鲜艳的色彩、宽广的色域和颜色效果，印刷色彩往往高达五色、六色以上；

④ 印刷图像的分辨率较高。配合高档包装产品的包装印刷往往要求较高的印刷图像分辨率，要求更高印刷质量的印刷工艺；

⑤ 印刷联线加工。包装印刷基于承印材料的特性和印刷品质量的要求，常常在印刷之前需要涂底、定型、冷烫、压箔加工，印刷之后需要上光、覆膜、压凸、压痕、模切、分切、烫印等加工，包装印刷工艺能够具备联线加工能力是保证印刷质量和提高印刷效率的基本要求；

⑥ 印刷速度快。包装印刷的传统印刷工艺普遍具有较高的印刷速度，高速生产才能够保证印刷工艺在包装印刷领域大批量生产的优势；

⑦ 印刷批量大。由于包装印刷服务于包装产品，具有印刷单批量较大的特点，要求印

刷工艺具有较高的稳定性，印刷产品质量具有较好的一致性，印刷生产成本较低的高效性。

由于数字印刷技术和传统模拟印刷技术加工处理的是两种不同形式的信息数据，采用的信息处理也是不同的加工原理，所以以印刷复制工艺当然也有所不同，其工艺应用领域也就不会完全相同。迄今为止，人们对数字印刷工艺的特色优势认识为：

① 数字印刷生产的工艺准备时间短，能够对市场做出快速反应，生产周期短；

② 数字印刷工艺能够完成可变信息印刷、个性化印刷、定制印刷和按需印刷；

③ 数字印刷工艺为无版非接触印刷，可在广泛的承印材料上复制，避免图像易于发生变形的现象，确保较高的印刷质量；

④ 数字印刷工艺可以高效率的工艺完成数字样张和短版作业的生产，印刷成本不取决印刷数量和批次；

⑤ 数字印刷工艺可以实现四色以上的多色印刷和专色印刷；

⑥ 数字印刷工艺对印刷工艺中的色彩叠印及陷印的要求不高，印刷工艺操作方便，可以与其他传统印刷工艺组合，优势互补；

⑦ 数字印刷工艺无需采用胶片或印版作为转换媒介，缩短印刷工艺的加工路线和减少印刷加工环节，全流程数字化减少生产累计误差，印刷质量有保证，生产成本低；

⑧ 数字印刷工艺应用的生产材料、生产工艺和印刷产品更加绿色环保；

⑨ 数字印刷工艺的色彩匹配更加准确，易于实现高精度、高保真印刷工艺；

⑩ 数字印刷工艺可以实现大幅面、全景作品的复制生产，达到特殊印刷效果；

⑪ 数字印刷电子文件应用方便，便于传输和通讯，既可以实现多地点的异地快速作业生产，也方便互联网、CD-ROM、视频、印刷品和多媒体的跨媒体应用；

⑫ 数字印刷工艺灵活性大，扩大企业的市场应变能力，充分满足客户需求。

但是，数字印刷工艺并非具体工艺都能够具有以上十几项优势，如数字静电印刷工艺就受到印刷幅面偏小的严重制约，喷墨印刷工艺受到承印材料特性的制约，数字印刷工艺的联线加工仍然受到技术发展的制约，数字印刷工艺在印刷质量和印刷效率之间的矛盾仍然。

综合包装印刷工艺特点和市场需求，数字印刷工艺的特色优势仅仅只在包装印刷某些方面得以满足，而在另一些方面甚至不足大于优势，导致数字印刷工艺的应用尚未全面展开，数字印刷工艺在包装印刷领域的应用仍然处于摸索和探索阶段。

任何事情的发展都是具有双重性的，虽然现有的数字印刷工艺不能够完全满足包装印刷工艺的需求，但随着数字印刷技术的发展，与包装印刷工艺需求之间的差距正在逐步缩小，正在越来越多的接近包装印刷工艺需求。同时，包装印刷领域近年来也在发生着明显的市场变化，市场需求也在越来越与数字印刷工艺靠近，供给和需求正在越来越靠拢，发展前景正在越来越清晰。

包装印刷领域正在发生着的变化主要反映在：

① 小规格、小尺寸、多功能的销售包装越来越普及，与传统的大包装、单品牌格局进行竞争，包装印刷的幅面正在向大幅面和小幅面两端发展，多规格、多尺寸、小批量的包装印刷业务正在增多，包装印刷市场出现细分化发展趋势；

② 同一品牌商品下的包装印刷出现多元化设计，针对不同性别、年龄、职业和爱好的市场细分推动鲜明特色的包装印刷业务增多，个性化包装印刷市场起步；

③ 包装产品的更新换代加快，产品生命周期缩短，包装印刷生产批次增多、批量减

少，加工周期缩短，按需印刷市场逐步扩大；

④ 包装印刷市场竞争激烈，要求缩短加工流程，降低工艺复杂性，减少生产浪费，从而降低生产成本，抢占较大市场份额；

⑤ 客户对包装印刷质量的要求越来越高，宽色域、高光泽、多色彩、高精细的印刷要求已使传统包装印刷工艺难以达到，或者导致印刷成本急剧升高，面临失去重要客户的风险；

⑥ 包装印刷设计越来越多地应用新材料、新工艺和新方法，装潢设计手段层出不穷，传统包装印刷工艺的实现越来越困难，甚至阻碍了新产品、新设计的应用；

⑦ 随着包装印刷产品承担的储存、运输、销售等产品链中的鉴真、防伪、安全、追溯、保质等法制、规章要求，强制包装印刷内容逐步增多，可变数据印刷需求加大；

⑧ 近年来的绿色环保要求对包装印刷材料的来源、包装印刷生产过程和包装印刷品的回收再生提出了更高要求，传统包装印刷工艺的印刷适性越来越不适应，对新型数字印刷工艺的绿色环保适性有着极大的期待；

⑨ 人力资源的成本不断上涨，包装印刷工艺的生产管理成本飞涨，包装印刷工艺原有的基于人海战术的人口红利优势正在转变为劣势，正在急于寻求减少生产人员、降低生产成本的有效印刷工艺。

近年来，已有越来越多的包装印刷企业在继续发展传统包装印刷工艺的同时，引入数字印刷系统，以满足不同包装印刷客户的特殊需求，逐步形成了一种非常良好的包装印刷互补生产模式。他们与数字印刷系统的供应商们合作，或者自主开发方式，推动数字印刷技术的升级和包装数字印刷工艺的优化。近年来，不断推出生产型的数字印刷设备和系统，如 B2 幅面的数字印刷设备、与传统胶印质量媲美的高质量数字印刷技术、达到传统柔凹印速度的高速数字印刷机、与数字印刷机配套的印后装潢加工设备，将数字印刷系统的改造和发展与包装印刷市场的需求紧密结合，依靠数字印刷的技术进步和工艺优化，切入包装印刷市场，满足包装印刷生产的需求，使得数字印刷工艺在包装印刷领域的应用正在从点到面的日益扩大。

目前而言，数字印刷技术在包装印刷工艺中的应用还十分有限，所占有的市场份额还比较小。主要应用领域还局限在辅助传统包装印刷方面，如采用柔印或胶印工艺进行包装图像的生产，再利用喷墨印刷、热转印印刷等数字印刷工艺，进行包装条形码、客户信息、生产日期、保质期、电子码、验证码及其他一些可变信息的印刷。数字印刷工艺在包装印刷领域较多应用的集中于包装标签印刷、个性化印刷和特殊用途印刷。

一、标签数字印刷

Pira 发表的最新研究报告显示，2009 年全球采用数字印刷的包装和标签估计 24 亿美元。市场份额为：瓦楞纸印刷占 13.2%；标签占 56%；折叠纸盒占 7.8%；纸材软包装占 1.7%；塑料软包装占 4.9%；硬塑料包装占 0.8%；其他包装占 0.3%；吊牌占 15.4%。报告称，到 2014 年，采用数字印刷方式印刷的包装和标签将达到 68 亿美元，比 2009 年增长 182%。2010～2014 年，年平均增长率约为 23%。Pira 预测，2009～2014 年，数字印刷在软包装领域的应用将增长四五倍。

一些品牌所有者和零售商正在不断努力，他们通过降低成本和提高速度来改善供应链，所有品牌商都在探索能够吸引客户的新方式。包装供应商所考虑的是用最低的成本吸引消费者的眼球。通过后期定制将品牌和市场的具体信息印刷到包装或标签上，为许多设备制造商打开包装市场提供了机遇，避免了库存所带来的成本和灵活性缺乏的问题。

在传统印刷工艺中，大批量的标签印刷必需一次性完成才能降低单个标签的成本，导致印制出的标签并不能短时间用完而需要堆积库存，不仅占用资金和库房，而且无法适应瞬息多变的包装市场。而数字印刷技术的特点正好满足了包装生产商小批量标签按需印刷的需求，印制成本也相对降低。同时对于一些特殊商品的标签，如零售业的个性化包装标签、智能标签等，数字印刷也是最合适的选择。针对印刷标准较高的标签印刷，数字印刷的分辨力最高可达 2400dpi，可印刷高达 230 线/in 的高精度图像，最多可达 7 色的高保真印刷和专色印刷，并且保证油墨色彩的持久，使得数字印刷在包装印刷领域受到高度重视。因此，许多药品供应商已经不再按后续订单印刷存放成批的产品，而是先生产大量的通用产品，然后为特定的应用或产品定制包装。在吸塑包装、纸盒或小瓶上，以数字印刷方式在特定的位置印上目标语种的文字，以减少供应链中的库存和营运资金。喷墨印刷技术正越来越多地加入到现有的包装生产线中，取代速度慢的、有局限性的热转印印刷方式，提供更好的质量和灵活性。数字印刷对品牌保护相当有效，透明的 UV 荧光色粉或油墨能提供隐蔽和公开的防伪功能。可变数据可以提供代码标识，实现了包装从整个供应链到使用点的可追溯性。

日化、电子、电器、医药、食品、物流行业是标签行业的生力军。然而，在日益激烈的市场竞争中，许多日常消费品、食品和药品制造商推出新产品的周期越来越短，越来越频繁地更换包装和标签设计。希望标签印刷商能够在最短的时间内、以最新的印刷设计、最快的印刷速度、最便宜的价格制作数量有限标签。其次，市场竞争不断加剧，企业利润下降，商品生命周期变短，库存缩减，促销和消费者的需求多样化，单一订单量不大等，都要求印刷商以更加迅速的反应来面对市场变化。

随着按需印刷的客户不断增多，印数与品种将随着市场发生变化，在不降低印刷品质的前提下，快速、灵活已成为另一项衡量市场竞争力的重要指标。数字包装印刷具有兼顾长短版印活、提高印品防伪功能、承印物广泛、实现个性化印刷等优点。主要表现在以下几个方面：

① 生产成本降低。以 HP Indigo 为例，印刷 1 张 A3 幅面印刷品，纸张、墨水等耗材成本在 0.90 元左右，可实现按需印刷，不会造成浪费。由于全部采用数字化生产，整套流程的操作只需一个人，维护费用也较低。

② 数字印刷技术可实现长短版兼顾，扩大企业的业务范围。能够为客户提供 1 张起印的低成本解决方案，满足用户对产品细分的需求。

③ 提供更安全的防伪印刷产品。标签印刷工艺中的专色印刷、缩微文字印刷、UV 油墨印刷、单色或彩色可变信息印刷、水印、条码印刷、立体图像印刷以及以上各种方式的任意组合，增强了标签和包装的高科技含量和防伪功能。

④ 可以保证良好的印刷品质。数字印刷技术可实现分辨力为 2400dpi、230 线/in 的高精度图像印刷，专利电子油墨使印刷图像更加锐利、清晰，网点没有虚化的边缘及扩散，并能够保证标签和包装的色彩长久，为标签的个性化图案及文字赋予了更加丰富的内涵。

⑤ 提高生产效率。目前，许多新开发的数字印刷机都可进行标签印刷，其印刷速度、

印刷幅面、可变数据输出能力满足了高度自动化、规模化、集约化的标签生产需要，确保产品生产的无缝衔接，减少了制版、晒版、清洗橡皮布等多道工序，节省时间和物料成本。

⑥ 承印范围和服务范围扩大。数字印刷适合铜版纸、胶版纸、不干胶纸、特种纸、合成纸、塑料薄膜等多种包装材料的印刷。也可在皮革、织物、木器、有机玻璃、塑胶、石材、金属、塑料等任何材质上打印，服务领域涉及食品、医疗器械、计算机、建材、电器、礼品、珠宝首饰、五金工具、汽车配件、机床模具、服装服饰等各种材质的标签印刷。

⑦ 实现专色印刷。数字标签印刷机最多可进行 7 色印刷，特别适合有专色和特殊色要求的标签印刷，如企业品牌专色或防伪专色等。

⑧ 对生产环境的适应性强。数字标签印刷的整体设计工艺确保了在各种工业生产环境中都能运行自如。

⑨ 实现包装产品的追踪和计数。数字印刷可以做到每个标签的印刷内容均不一样，甚至每个小标签的印刷内容也不一样，如序列号、验证码等，可变数据部分还可采用 UV 及水印等不同处理工艺等。在提高标签印刷美观性的同时，还实现了对产品的跟踪、鉴定、防伪、计数等多项新功能，适应标签和包装市场不断变化的需要。

彩色数字印刷工艺符合标签印刷发展需求，为标签印刷工业带来了革命性的变化，应用数字印刷机印刷数字包装标签已成为标签印刷厂商的新选择。

① HP Indigo 静电数字包装印刷解决方案。HP Indigo 数字印刷机是采用静电数字技术，按照传统印刷机的原理、构造设计生产，使用 ElectroInks 电子液体油墨的数字胶印技术，产品的印刷质量拥有真正的胶印品质。

其主要特点是不用出胶片、打样、制版、实现直接印刷，立等可取；无需专业人员干涉，品质完全由电脑自动控制，张张品质相同；不需印前排版调整，具有完美的对齐套准与自动的油墨墨量平衡；不需过版纸；标准配置可提供四色印刷、五色、六色、七色和专色的选择；使用可完全回收再利用的专利电子油墨，有效降低生产成本；具有 800dpi 的标准输出和 2400dpi 的高精度输出，完全可达到所有客户的品质要求；油墨颗粒 1～2Microns，印刷时油墨浓度达到饱和，无羽状网点及网点扩大产生，其着墨性与网点情况较传统平版印刷更佳；一张起印，自动双面印刷，极大地提高了印件转换速度及生产效率；无噪音污染，占地面积少，适合各种办公环境；具有多达 8 种的防伪印刷功能，如专色、荧光墨、字母数字组合、水纹、微缩字、可变数据、UV 墨、立体三维等，特别适合产品假冒较严重的市场和企业；承印物范围广、易于获得；可连续 24h 生产，提高了市场竞争力。亦可作为打样机使用；可实现网络连接、传输、远程、异地印刷、分发印刷。

基本型卷筒标签印刷机 HP Indigo Press WS2000 可进行六色印刷，印刷速度为 437m/h（四色），可用于打样或小批量标签印刷。专业型卷筒标签印刷机 WS4000，以最新的 HP 激光成像技术为基础，印刷色数最多达到七色，印刷速度为 1000m/h（四色），可用于较大批量的标签印刷。

目前 HP Indigo Press WS2000 和 Press WS4000 数字印刷机已广泛应用于日化、计算机、食品、医药和烟酒等产品包装和标签的印制，如帮宝适、雀巢、卡夫、德芙、高露洁、联合利华、西门子等国外品牌产品的包装和标签印刷，也有应用于广东美的、四川太极、贵州茅台、广州自云山等国内品牌产品的包装和标签印刷。

② XEIKON 静电数字包装印刷解决方案。XEIKON 系列数字印刷设备也是采用静电数字印刷技术，它不仅具备数字印刷的全部优点，还具有自己独特的技术特性，在个性化印刷、按需印刷、可变数据印刷等多个领域。XEIKON 的专利技术"一次通过，双面印刷"，以及卷筒印刷设计，在标签印刷、账单印刷、直邮印刷和包装印刷等应用领域优势显著。在 40～350 克重宽范围印刷能力，包括水印纸、宣纸、无纺布、胶片、合成纸和热转印材料等广泛承印物上的灵活应用，配合包括透明碳粉和可定制的专色碳粉，给客户的产品创新和高附加值产品的设计和生产提供了极大的便利和广阔的应用空间。

数字印刷产生和发展的源动力主要来自个性化的需求、短版的需求以及即时性的需求三个方面，而目前标签印刷市场所体现出来的正是这样的一种发展趋势。一方面，标签的设计和印刷越来越精美，新品种的标签在不断涌现，而单一品种标签的数量却在下降。以前常规的标签印刷业务动辄几十万个，现在一批标签却经常只要几万个，甚至是几千个，并且业务催得非常急。同时，现代标签上体现的可变数据也越来越多，对数字化印刷的要求也越来越大。凡此种种，都为数字印刷在标签领域的应用提供了良好的空间，数字印刷工艺必将在标签印刷领域发挥越来越大的作用。

专有的磁粉成像技术，高质量的挂网技术，强大的颜色生成工具以及精确的套准控制是保证数字印刷机印刷出优异印刷品的基础。针对标签和包装印刷领域，Xeikon 公司推出的彩色数字印刷机主要有 DCP320S、DCP 500SP 和 DCP 500SF。

DCP320S 数字印刷机主要用于标签印刷，印刷速度为 430m/h，能够处理多种承印物，如普通纸、不干胶纸、合成纸、特种纸以及 PP、PET 薄膜等，承印物厚度为 20～200μm；有专门的进纸设备，最大幅宽 330mm；印刷图像分辨力 600dpi。

DCP 500SP 数字印刷机主要用于折叠纸盒、纸杯、液体包装的印刷，印刷速度为 630 张/h，分辨力 600dpi。DCP 500SF 是一款专为塑料薄膜印刷市场设计的彩色数字印刷机，应用灵活，可进行透明薄膜五色印刷，其中一色用于白墨打底。承印物的最大幅宽为 500mm；采用独特的成像技术，图像输出精度高，600dpi 图像效果等同于 2400dpi。

二、个性化包装数字印刷

重视和创新品牌包装的个性化，不仅具有强大的广告宣传效果，更能展示企业的品牌形象，印刷技术的进步和印后加工的多样化，使产品包装的色彩更为丰富多彩、外观随心所欲，正好迎合了时尚、紧追时代发展的个性化包装，满足了消费者尤其是年轻人的消费心理和品位。同时印刷不仅仅是产品包装最重要的装潢加工手段之一，它还起着传递信息、宣传介绍产品，体现着使用者的个性和品位的作用。对于一些商品来说，印刷还起着重要的防伪作用。如今的包装印刷更是朝着更加精美和提高商品附加值的方向发展。

随着经济的飞速发展和人们生活水平的不断提高，为了促进商品的销售，人们一直在研究包装装潢设计，在商品同质化现象日趋严重的今天，个性化的包装印刷会以强烈的视觉冲击力吸引消费者的眼球，使消费者留意、观察、赞赏并最终产生购买行为。在一家经营 15000 个产品项目的普通超级市场里，一般消费者大约每分钟浏览 30 件产品，也就是说，品牌包装相当于做了 5 秒钟的广告。研究表明，消费者根据包装装潢而进行购买决策的占到 36%。

近两年来，个性化印刷发展很快，有从大众市场向大众定制市场以及细分市场转变的趋势。此外，还出现了更为个性化的一对一营销模式。生产商对于不同客户的不同需求更为敏感，对客户的需求做出更为积极的响应。

自第一台彩色数字印刷机于 1993 年出现以来，数字印刷技术发展很快。特别是在近两年，支持个性化印刷的数字印刷机变得更为成熟，速度更快，质量更高，并且性能更可靠，每页的印刷成本也迅速下降。新技术和工作流程使生产流程更为完善并可实现自动化，国际互联网的迅速成长使个性化的优势凸现，同时也为个性化印刷所需要的数据处理流程提供了支持。数字印刷技术的发展为个性化印刷的迅速发展提供了基础。

（1）个性化印刷品市场　印刷品的个性化是一种文化潮流，设计精美的个性化印刷品需求比例正在越来越多。如果能够把个性化数据库与个性化印刷工艺、客户管理服务系统有效结合起来，将能满足一部分特殊行业或特定人群的需要。譬如个性化产品目录、个性化商业广告、防伪产品、个性化礼品、个性化标签等。

目前已有越来越多的形式多样、设计自由、根据不同客户而设计的个性化包装走进我们的生活，送给朋友礼物的礼品包装也成为个性化包装的一个新领域。数字印刷工艺的到来给包装领域开拓了一个新市场，用户可以对设计的包装产品随意进行修改，即使在准备开始印刷的最后一分钟，也可以提出修改意见，这是在传统印刷中几乎无法做到的事情。同时这种可变数据的印刷技术在防伪包装领域显得更为突出。

企业将自己的品牌以及企业文化融合进印刷设计中，在宴请客户的同时又无形中宣传了自己。个性化定制酒市场的不断发展促进了数字包装印刷的发展。可口可乐公司发起一项耐人寻味的市场营销活动，它利用横跨整个欧洲的数字与传统印刷商网络加工出 8 亿枚个性化印刷标签，彻底改写了营销市场的游戏法则。从可口可乐到零度可乐、再到健怡可乐，这种个性化包装充分应用了数字包装印刷工艺，取得极大成功。

（2）数字打样市场　随着数字印刷技术的发展，国际上的数字打样方式已经占到印刷打样方式的约 70%。中国城市和城镇众多，数字打样技术非常适合印刷企业用来取代传统的模拟打样方式，实现全数字打样。这项应用正在扩展到广告公司等印刷品设计企业，具有很大的增长空间。

（3）工业化领域应用　随着数字印刷承印材料的日益扩大，数字印刷工艺已从单纯的纸张、不干胶承印材料扩展到特种纸、塑料薄膜、无纺布、箔，甚至玻璃、木材和金属，印刷产品也从出版印刷、商业印刷迈进包装印刷和特种印刷领域，继而进入工业化印刷领域。这几年，3D 打印、太阳能电池板印刷、平版电池印刷、电路版印刷、智能卡天线印刷、荧光显示屏印刷、标志牌印刷等，正在成为数字印刷新领域，发展前景十分看好。

在个性化数字包装印刷领域，数字喷墨技术深受专业人士欢迎。瓦楞纸箱目前已成为商品个性化包装、提高企业形象的手段之一。而且，数字喷墨印刷还是 POP 展示品印刷的最佳选择，它不但不需要制版，而且完全没有数量的限制，真正做到了单张起印，特别适合小批量、个性化的订单生产。

赛天使公司在数字喷墨行业一直处于领先地位，并将其独有的 Aprion（多阵列图像彩色喷墨）技术应用到瓦楞纸板印刷领域，推出了宽幅瓦楞纸板数字印刷解决方案——赛天使 CORjet。Aprion 技术包括新一代的环保型水性油墨和 Aprion 喷头技术，图像精度高达 600dpi；从定稿到出成品只需要 5min，批量生产速度可达到 79 张/h，可印刷瓦楞纸板的厚度达 10mm，最大幅面达 $1.55m \times 3.2m$，可以达到 $150m^2/h$ 的印刷速度，色彩的亮丽程度及饱和度可以达到或超过传统印刷工艺。另外，采用水性油墨不但具有防水、防紫外线的特性，并且无污染，无异味，可适用于食品、化妆品的包装及个性化展示，是小批量生产、市场营销测试、促销活动和个性化定制的极好选择。

爱克发的子公司 Dotrix 在数字印刷设备的开发方面拥有丰富的经验，当了解到包装和标签印刷市场对高产量数字印刷有着日益迫切需要，而采用着色剂的数字印刷方案并不能满足这种需求后，Dotrix 公司致力于研究能够满足工业应用的数字印刷方案，开发出了业内领先的 SPICE（Single Pass Inkjet Color Engine）技术。SPICE 技术采用压电按需喷墨方式，印刷时喷墨头固定不动，承印材料移动，提高了设备的稳定性和可靠性，延长了设备的使用寿命。目前 SPICE 技术已应用于爱克发 the.factory 数字印刷机及 Mark Andy 的 DT2200 印刷设备。

the.factory 数字印刷机可用于装饰材料、软包装、销售点纸盒、广告牌及票据印刷等。the.factory 数字印刷机采用灰阶压电按需喷墨头，印刷质量能够与凹版印刷、柔性版印刷媲美。the.factory 数字印刷机对承印物的适应性广泛，包括各种纸张及合成材料，能够印刷薄至 $30\mu m$ 的 BOPP 薄膜以及 $450g/m^2$ 的厚纸板。

喷墨印刷与包装有着无穷尽的结合点。喷墨印刷的无接触式印刷使得无论是没有预涂层的超薄膜层，还是热感、压感、模内标签材料都可直接印刷。喷墨印刷对材质的种类、幅面、厚薄、长度宽容度要求非常高，塑料袋、多层包装、铝罐盖、吸塑包装等软包装材料印刷均不在话下。喷墨印刷油墨的种类也逐渐丰富，溶剂型油墨、染料型油墨、水性颜料油墨、UV 油墨等，几乎所有的油墨类型都涵盖其中，完全满足食品、药品包装等对油墨的特殊需求。除了可以实现普通多色印刷外，专色油墨应用也非常方便，极大地扩展了包装印刷的色域。新的喷墨印刷质量已经证实可以比肩胶印质量，甚至超越传统印刷在色彩、分辨率、套印和一致性等方面的印刷质量，而这并没有以损害印刷速度为代价，相反高速度正是喷墨印刷的独特优势，对包装印刷生产效率提高有很大促进。可变数据印刷与传统印刷的结合又为包装印刷吹来新阵风，如爱克发公司推出的 Dotrix 模块化工业喷墨印刷机，显示了在软包装及纸盒印刷的强大功能。Dotrix 喷墨印刷机预留有连线的柔版接口，使得印刷专色或如金属、荧光以及高密度白墨和光油成为可能。Dotrix 成为全球首台可处理软包装市场所需要的不同介质的喷墨印刷系统，对不同介质的广泛适用性使其成为软包装印刷市场的有力竞争者。其特点之一是操作者可快速转换活件，使得中小印量印刷更为经济和迅速，使其成本竞争力不容小视。据测算，在印量高于 1.5 万 m 时，其成本依然比传统柔印更为经济。

三、特殊用途包装数字印刷

1. 试销包装新产品

为了适应更加激烈的市场竞争，日用消费品、食品、药品等生产商推出新产品的周期越来越短，更换产品包装的频率越来越快。产品生产厂商在正式推出一种新产品或更换新包装时，往往会选择个别有代表性的地域、门店进行试销，投放数量极少的产品来试探消费者对这种新产品或新包装的反应，以便及时调整销售策略。另外，在促销活动期间推出的产品和礼品数量有限，但对包装印刷的质量要求却很高。数字印刷技术正合适在最短时间内、以最快的速度和最低的成本提供数量不多的高质量包装。

2．展示包装产品

很多知名企业或大卖场都用个性化很强的 POP 展示台架作为商品促销的手段，而仅需要为数不多的展示品。若采用传统的印刷方式非常不经济。如果采用数字印刷方式则能够以合理的价格获得高质量的展示产品，如瓦楞纸制放的大牙膏盒、洗衣粉罐或咖啡盒等。

3．分散印制包装

随着越来越多的国外厂商来中国投资建厂，一些国际知名品牌，如宝洁、联合利华、雀巢、德芙等都进入中国市场，其包装一般为统一设计、产地生产，这就对产品包装的本地化生产提出了更高的要求，不管批量大小，包装印刷质量必须保证全球一致，以提高和维护企业形象。有了数字印刷解决方案，在得到客户电子文档后，就能够迅速通过采用数字化工作流程及色彩管理系统的控制打出实样，实现所见即所得，不仅保证了企业的全球包装一致性，同时也能够保证不同批次生产产品的色彩一致性。

包装印刷市场对数字印刷技术开始感兴趣是由于数字印刷技术能够提供传统包装印刷之不能，可以提供不同寻常的附加价值；而数字印刷技术应用包装印刷领域则是因为包装印刷领域具有巨大的市场和机遇，能够创造更高的价值。

包装作为成为一种信息载体已经得到客户广泛认可。通过包装印刷，产品的生产者可以让人们认识其商标，了解其品牌，使消费者通过产品外包装区别于竞争产品。在过去的 5 年里，包装市场对数量更少的订单、更快的周转速度、更多的语言版本、更复杂的可变信息的需求一直在稳步上升。此外，消费者不希望公司因为增加包装特征而提高产品价格。市场拓展经理也一直把包装看作是产品不可分割的一部分，正不断努力增加包装的个性化特征，最大限度地展示和宣传自己的产品。

涉足包装行业的印刷商、加工商和贸易商正在面临一个快速变化的时期。创新的包装形式不断推出，包装装潢越来越复杂，客户期望无论使用哪种承印材料、采用哪种印刷工艺或者在什么地点加工都能保证品牌色彩的准确性和一致性。贸易商和加工商需要简化和提高其生产效率，以适应短版印刷的灵活性、更快投放市场以及具有价格竞争力的包装。包装印刷商正在采用更多的色彩和更多种类的承印材料，加工生产的周期越来越短。为了适应更加激烈的市场竞争，厂商往往要求能够迅速、反复多次地改变原有的设计图案以及有关产品信息，而数字印刷所具有的可变数据印刷以及短版活件印刷的能力，是最能满足上述苛刻要求的印刷方法。因此，包装印刷无疑成为数字印刷技术应用的一个重要市场。据有关资料介绍，全球标签业产值每年为 13 亿美元，市场正以每年 7％的速度持续增长。从全球的范围来看，各种规模的包装印刷商正在转向数字包装印刷的解决方案。

随着数字印刷技术和包装技术的不断发展，数字印刷技术在包装印刷领域的应用比重将会逐渐增加，小批量、个性化的包装产品将是数字印刷工艺在包装领域发挥作用的主要市场。

近几年，数字印刷技术的发展可谓日新月异，数字印刷工艺在包装印刷领域的进步的确给业界带来了不小的惊喜。技术进步主要体现在以下几个方面：

① 幅面更大。无论是静电成像数字印刷，还是喷墨印刷，B2 幅面渐成主流，如 HPIndigo 20000/30000 数字印刷机、宫腰 8000 数字印刷机、富士胶片 JetPress F 数字喷墨印刷机等设备的相继推出，让数字印刷设备的幅面得到了相应的提升，使得一些幅面稍

大的包装印刷活件不再受限。

②　承印材料范围更广。在喷墨印刷领域，白墨印刷的实现，使得喷墨印刷的承印材料范围扩大至透明薄膜、金属箔等材料；UV 喷墨印刷凭借广泛的承印材料适应性逐渐成为主流，如富士胶片在 drupa2012 推出的 JetPress。数字喷墨印刷机配备了其最新研制的快干 UV 喷墨印刷油墨 VIVDIA，可以满足折叠纸盒印刷的特殊性能需求，而且高能量、低能耗、低发热量的 LED - UV 固化技术越来越受关注。在静电成像数字印刷领域，专为软包装印刷领域全新研发的 HP Indigo20000 配置了在线涂布单元，使其兼容的承印材料范围变得更为广泛。

③　色域更广、印刷分辨率更高。印刷色域日益扩大，不少数字印刷机已经可以达到 7 色印刷，如 HP ElectroInk 可支持多达 7 种颜色，包括白色和专色；赛康公司最新推出的 Trillium 卷筒纸数字印刷机采用了新型高精细液体墨水（实际上是微细的高黏度固体墨粉），使静电成像数字印刷的质量堪比胶印；日本宫腰和利优比联合研发的新款宫腰 8000 数字印刷机也采用了高精细液体墨水，通过胶印系统将墨水传递到承印材料表面，印刷分辨率高达 1200dpi。

④　印刷速度更快。印刷速度不断提升，宫腰 8000 数字印刷机的速度已可达 8000 张/h，号称目前全球 B2 幅面同级别产品中速度最快的。更令人振奋的是，就连专注于柔印及印后加工设备制造领域的"包装巨头"博斯特公司也称，将于 2013 年秋季正式推出一款适用于包装印刷的工业级单张纸数字印刷机。相信这款设备一旦推出，将对包装印刷市场产生较大的震动，甚至具有里程碑意义。

数字印刷在全球包装印刷市场正形成一定趋势，Pira 公司最新发布的一项调查报告显示，2011 年全球数字印刷包装和标签市场产值达到 48 亿美元，预计到 2016 年，这一数字有望接近 122 亿美元。其中，数字印刷在欧美包装印刷市场已渐成气候。例如，美国 Menasha 集团拥有多台数字印刷机，主要用于瓦楞纸板直接印刷，专为客户提供小批量、测试、个性化包装；Odyssey 数字印刷公司目前已在短版 CD、DVD 包装、个性化高尔夫盒子以及特殊包装等方面建立了专业的数字印刷业务。

虽然国外已有很多先行者在包装数字印刷的道路上迈出了坚实的步伐，但相比传统印刷的成熟与广泛应用，作为"新手"的数字印刷工艺，在包装印刷领域的发展仍存在以下瓶颈：

①　承印材料范围较窄，幅面较小。承印材料范围较窄一直是困扰数字印刷的主要问题之一，为此，数字印刷设备厂商推出了诸多创新解决方案，但对于承印材料范围更广的包装印刷而言，可能还要在此基础上进行提升与完善，以真正实现承印材料不受限制的目标。

数字印刷设备的幅面虽然有所提升，但包装印刷领域需要更多更大幅面的设备，以满足不同产品的需求。可喜的是，对于包装数字印刷机幅面较小这个问题，市场已有所反馈，相信随着技术与市场的双重提升，大幅面数字印刷设备将不再遥远。

②　连线数字印后加工技术不够成熟。包装印刷生产经常会涉及许多印后加工工序，如上光、烫印、模切、压痕等，这些工序对于传统印刷而言已经非常成熟。然而，对于数字印刷而言，数字印后加工技术目前还不够成熟，尤其是连线数字印后加工技术是阻碍数字印刷发展的短板之一。采用离线印后加工方式，就会因印刷与印后加工速度匹配方面的差异而影响整体生产效率，从而无法体现出数字印刷快速、便捷的优势，因此推出更多创新的连线数字印后加工解决方案迫在眉睫。

对此，一些设备厂商潜心研究，以期尽快将这块短板补齐。例如，惠普公司与德国印后设备厂商 Kama 公司建立合作关系，将 Kama 公司的 B3 模切系统与 HP Indigo 数码印刷系统集成在一起；艾司科公司的 Kongsberg 数字模切工作平台已与纸盒数字印刷生产系统实现联机生产。虽然连线数字印后加工技术受到越来越多设备厂商的关注，但要想真正实现完整的数字包装印刷端到端的解决方案，在技术方面还需不断磨合与完善。

习　题

1. 简述数字印刷的特点。
2. 试述静电成像的基本原理。
3. 图示说明喷墨印刷的技术类型。
4. 试比较主流静电成像数字印刷机的结构异同。
5. 简述按需喷墨数字印刷机的特点。
6. 数字印刷对涂布纸有何要求？
7. 数字印刷油墨有哪些种类？
8. 喷墨式数字印刷机用墨水有何特点？
9. 何谓电子油墨？电子油墨有何特点？
10. 数字印刷工艺有哪些主要特色优势？
11. 标签印刷应用数字印刷工艺的优势有哪些？
12. 简述个性化数字印刷应用的市场领域。

第十章　特种印刷

第一节　全息印刷

随着光学技术、材料技术的发展，20 世纪 80 年代在印刷工业领域诞生了能够在二维载体上清楚并且大量地复制出三维图像的全息印刷技术。

全息印刷是以全息照相技术为基础发展起来的，所谓全息照相就是记录和再现物体三维立体信息的照相方法。自 20 世纪 70 年代研制成功能够在自然光照环境下观察再现图像的彩虹全息、真彩色三维彩虹全息和全息模压等新技术后，为全息印刷奠定了技术发展基础。

全息照相与普通照相不同之处是普通照相是通过照相镜头或摄影机镜头将景物上各点反射来的光记录在感光底片上，感光底片上记录的只是光的强弱（即光线的振幅）。在经过光化学反应后，感光底片上的乳胶呈现出黑白图像，经过相纸上的显影和定影处理后，在相纸上可以看到被摄景物的平面图像。普通照相仅仅把景物散射光的振幅记录下来，所以得到的是与真实物体差距较大的二维图像。而全息照相是采用光干涉的方法，把待记录物体的散射光波的振幅和位相全部以干涉条纹的形式记录下来，也就是将物体的整体信息（包括文字、图案或三维物体的外形）记录在一种载体上。实际上，全息照相得到的全息图也是一张软片，但其图像是由密密麻麻、人眼无法辨认清楚的、形状复杂的相间条纹组成的图像，我们通常将这种条纹结构称为光栅。光栅可以有三种类型，即透光与不透光相间的条纹，表面凹凸起伏的沟槽（也称浮雕型条纹）和物质密度大小相间的透明条纹。正是这些似乎毫无意义的光栅图像记录着物体的所有信息。当光束以一定角度照射在全息光栅图上时，物体信息将以某种光的形式从全息图上释放出来。在再现光下观察时，可以从全息相片周围各个不同角度观察到逼真的、立体的和色彩变化的景物立体图像，它与普通相片的平面图像有着本质的不同。

全息印刷就是对全息图的复制。全息图的复制方法主要有拷贝法和模压法，其中的模压法是采用具有浮雕型光栅的全息图作为原稿，制作出模压模具，在塑性较强的薄膜表面压出浮雕型光栅，实现大批量复制全息图的方法。

全息印刷工艺就是如何把激光摄影记录下来的物体的全息图像，能够大量复制在特定承印材料上的加工工艺。全息印刷工艺的工艺流程如下所示：

全息摄影→涂布导电层→电铸镍版→剥离→压印复制→真空镀铝→涂料复合→分切。

一、全息印刷原理

1. 全息照相与图像再现原理

全息印刷是大量复制全息照相图像的工艺。全息照相也称"全息摄影"，是记录被摄物体反射（或透射）光波中全部信息（光学振幅、相位）的新型照相技术。普通照相是利用透镜成像原理，在感光胶片上记录被摄物体表面光强弱变化的平面像。全息照相不仅记录了被摄物体的反射光波强度（振幅），而且还记录了反射光波的位置（相位）。

20 世纪诞生的激光技术是实现全息照相的技术基础。激光是与普通光源截然不同的相干光源，其高方向性、高单色性、高强度性的特点，在许多领域中得到广泛的应用。由于有了这种理想的单色光源，利用激光全息干涉法进行照相，既能记录光波的振幅信息，又能记录光波的相位信息，这种包含光波全部信息的照相就是全息照相。

全息照相的制作过程分为两步进行，第一步是拍摄全息相片，称为波前记录。第二步是再现全息相片，称为波前再现。

（1）拍摄全息相片　如图 10-1 所示。将一束足够强的激光分成两列光波，一列光波照射到被摄物体上，从物体反射的光波再折射到感光胶片上，称之为物体光波；另一列光波直接或由反射镜改变方向后射到感光胶片上，称之为参考光波。同样来源的光波，经过景物反射后变化了的物体光波和未变化的参考光波在感光胶片上相遇，由于它们的振幅和相位不同而发生物理干涉，形成的叠加干涉图样就是全息图像，再经过显影和定影处理，就得到了全息相片。全息相片上记录的是许多明暗不同的花纹、小环和斑点之类的干涉图样。干涉图样的形状记录和代表了物体光波和参考光波之间的相位关系，其明暗对比程度则反映了光波的强度关系，从而将物体光波的全部信息都记录了下来。

（2）再现全息图像　如图 10-2 所示。将一束激光采用与拍摄时参考光波相同的角度照射到全息相片上，就会被相片上的干涉图像所衍射。全息相片的后面会出现一系列零级、一级、二级衍射波。零级波可看成衰减的入射光波，而两列一级衍射波构成了物体的两个再现图像。其中，一列一级衍射波和物体在原位置发出的光波完全一样，构成物体的虚像；另一列一级衍射波虽然也是物体波精确再现，但是其曲率与原物体波的曲率相反，因而构成了前后倒置的物体实像，这个物体实像可用感光胶片拍摄下来。此时，具有干涉图样的全息图宛如一块复杂的光栅，产生的衍射光波中包含着原来的物光波，观察者迎着再现光波方向即可观察到一个逼真的、立体感很强的物体再现图。如果再现光束与原来的参考光束同向，得到的物像是虚像。如果用原物体光波反向照射全息图，得到的物像是实像。如果不用激光而用白光照射时，由于白光是由多种波长的光混合而成，全息照片上的干涉条纹就会同时对各种波长的光发生衍射，出现许多重叠错位的再现图，使人们无法看清全息图像。只有在全息图拍摄过程中采用专业技术，才可以获得白光照明下的原物像再现。

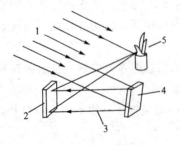

图 10-1　全息相片拍摄

1—激光　2—照相底片

3—参考光　4—反射镜　5—物体

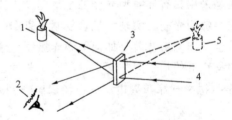

图 10-2　全息相片再现

1—实像　2—观察立体像

3—全息照片　4—激光　5—虚像

（3）数字激光全息（Digital Laser Holography）成像原理　数字激光全息是一种全新的全息图记录和再现方式。与传统全息相比，数字激光全息技术摒弃了传统全息图麻烦的前处理过程，将数码相机或摄像机记录的数字图像输入到计算机中，或用数字图像技术由计算机直接生成的图像处理成为合成全息所用的二维图片，在计算机控制下，通过空间光调制器将图片输入到光路中，然后用一套程控系统完成全息图的自动记录。数字激光全息技术不仅摆脱了实验室实物拍摄的束缚，而且在仿真显示和虚拟景物显示方面有了新的突破。

数字激光全息技术的发展，使其原有技术的复杂性和局限性得到克服，在实现图像的三维动态显示、真实地记录与再现客观事物领域的优势得以充分发挥，并且能够进行自动记录，制作成本也大幅下降，这一切为数字激光全息技术的广泛应用打下良好基础。数字激光全息技术近几年来在数字激光全息成像和印刷领域的应用受到了极大的关注，并取得了很大的进展。

数字激光全息成像技术是通过计算机程序控制、全智能化设计和制作动态激光全息图像与文字的高新技术。1999 年美国 ZEBRA IMAGING 公司推出了真彩色数字化大面积大视场大景深光聚合物反射全息图，推动了三维显示全息图的进一步发展和市场化。ZE-BRA 全息图将全息技术和计算机技术结合起来，形成新的数字化自动像素全息图技术，全息图的颜色鲜艳逼真不变，水平和垂直动态视场分别可达 100°，全息图面积可以任意大，使全息三维显示技术在空间显示、广告宣传、文物、人像、标本、模型、实物图像、抽象图像、工业数据、工业设计等方面的三维逼真空间显示推进了一大步，显示了全息图应用光辉灿烂的前景。

2001 年，我国科学家又研究出一种基于超复数系的数字全息图像生成方法。制作过程是先在计算机上采用 Visual C5.0 设计分形数字图像序列生成系统，生成模拟物体运动的数字图像序列，并经过过滤波变换和动感测试，将分形数字图像按生成顺序输出到透明片上。然后，对透明片进行全息照相，就能得到一张浮雕型的白光再现彩虹全息图，该全息图再现时可看到不同层次的图案，产生出运动的效果。由于分形数字全息图像生成过程具有较好的参数可控制性和不可逆转性，以及采用了多层曝光，使合成的防伪标志难以仿制。在计算机技术、激光全息技术、数字图像处理技术、精密光学控制技术、衍射光学制造技术和工艺发展的基础上，无油墨激光印刷技术有了突破性的发展，成为激光防伪包装印刷新技术，在包装、印刷和防伪行业有着巨大的发展空间。

2. 全息照相材料

全息记录材料可分为无机和有机两大类，主要有卤化银乳胶、重铬酸盐明胶、感光性高分子、光导热塑性塑料、光致各向异性材料、光致折变材料等，其中应用最广泛的是卤化银乳胶和重铬酸盐明胶感光材料。根据记录材料吸收光后材料性能变化的类型，大致可分为投射型、折射型、浮雕型和混合型四种。在全息印刷中主要使用的是投射型的卤化银、折射型的重铬酸盐明胶和浮雕型的光致抗蚀剂，以及折射和浮雕混合型的以漂白处理方式使用的卤化银材料。

二、全息印刷制版

1. 全息印刷制版原理及工艺

用全息照相方法拍摄的全息相片，大多数都可作为原版或母版，制作可大批量生产的"白光反射式全息图片"。当用日光或灯光在图片前部照明，就可看到精彩逼真的图像画面，这种大量复制全息图片的方法就是全息印刷术。其中模压法加工全息图片是一种目前应用最广、最有发展前途的生产方法。目前，模压全息图片加工方法还不能直接在纸上完成，而是在极薄的金属化的 PVC 或 PET 薄膜上实现，既可以精确地粘贴在任何形式的印刷品上；也可以利用热压转印设备，将全息图像直接压印到纸上。它的发行量可达上百万，而成本只与凹印价格相近。

常规印刷图片是通过图像区域油墨对白光中不同波长光波的吸收，由图像区与非图像区反射出的光波进入人眼后形成的二维平面图像形象，即印在塑料薄膜上的图像不是客观物体，只是在某一平面上的投影和色调。而模压全息图片可以认为是近似凹凸压印的无油墨印刷，其整个图片是由许多极微细的密密麻麻、错综复杂的凹凸条纹组成，记录了客观物体的三维图像信息。模压全息图片虽不需着色，但在一定光线和角度下，却能显现出五彩缤纷的立体景物。全息图片的印刷复制方法主要有两类，即激光印刷和模压印刷。

（1）激光印刷　用激光照相原始全息图，以再现的像光束作为物体光，直射光作为参考光，记录下全息图。以这样方式获得一张优质的全息图后，就可以用一束照明光进行复制。这种方法的光路简单，适用于小批量复制。

国外已研制出全息摄影复制机，它属于非模压的全息复制技术，是通过一套反射型全息拍摄装置，将所需要的全息信息逐次拍摄在记录材料上，与通常的摄影复制器相似，从而使成本大大降低，制作数量在 10 万张以下时，价格可与模压全息制作工艺的成本竞争。

（2）模压复制　全息图的模压复制技术于 1979 年提出，以后在美国、日本、英国等国家获得迅速发展，1981 年在日本举办了首届模压全息图展览。模压全息图的制作可分为三个阶段：首先记录浮雕型原始全息图，然后将其上的干涉条纹沟槽转移到金属模上制成金属压模，最后在透明塑料上压制出浮雕全息图。模压全息图本身是透射型的彩虹全息图，由于其显像材料上镀以高反射率的金属膜，可以用反射光方便地观察。一个高质量的镍压膜，可以连续压印 100 万次以上。因此，这种复制方法最适合于大批量复制，但工艺上较为复杂。

2．全息金属模压版制造工艺

全息图的模压复制与传统的凸版印刷在工艺上十分相似，不同的是凸版印刷属于冷加工，通过油墨进行文字和图像的转印。而全息图模压复制属于热加工，通过加热加压将金属模版上的浮雕条纹转印到热塑性材料上。另一个显著的差别是全息图模压复制属于微细加工范畴，所转移的浮雕条纹具有十分精细的结构，其空间频率通常在 1000 线/mm 以上，而浮雕的平均深度仅有光波长的几分之一。因此，全息金属模版与印刷凸版相比，有更高的质量要求。可以说，全息模版的质量在很大程度上决定了全息图片复制成品的质量优劣。所以全息模版的制造是全息模压复制的关键工艺。

全息金属模版的制造工艺分为三步，即首先在光致抗蚀剂全息图上形成第一层导电层，然后通过电铸方式在第一层导电层上形成一层稍厚的金属支撑层，最后利用第一版（母版）翻铸工作模版。

（1）在光致抗蚀剂的全息图表面形成金属导电层　这层金属导电层的作用为：第一，通过在光致抗蚀剂表面沉积极微细的金属颗粒，可将浮雕全息图上的干涉纹槽真实地转移到金属表面上，形成全息金属模版的雏型；第二，光致抗蚀剂表面的导电层在以后的加厚电铸中作为阴极芯，将吸引源源不绝的金属离子在其上进行沉积，达到加厚金属模版的目的。

在光致抗蚀剂表面形成金属导电层的通常方法：

① 真空镀银。这种方法适宜制造尺寸较小的金属模版。其操作程序是把仔细处理过的光致抗蚀剂全息图正面朝下固定在真空室的顶部，从底部蒸发纯净的银，使气化银在全息图表面沉积。这种工艺效率较低，当全息图尺寸超过一定面积时，难于获得均匀的导电层；

② 化学镀银。化学镀银是在非金属材料表面形成导电层的最常用方法之一。化学镀银有两步浸渍过程：第一步对被镀表面敏化，通过敏化处理的被镀面吸附了一层易于氧化的金属离子，能引发金属银的快速、均匀沉积，并增加镀层与基材的结合强度；第二步通过在镀液中浸渍，实现银的沉积；

③ 喷银。喷银的反应机理与化学镀银相同，只是在操作上不是通过浸渍，而是将 A 液和 B 液通过带两个喷嘴的喷轮同时喷射到光致抗蚀剂表面上，使还原的银迅速沉积。在喷镀时，通常要使被镀层处于高速旋转状态，这样可以获得较均匀的导电层。这种方法的生产效率较高，适合制造大尺寸的全息金属模版；

④ 化学镀镍。化学镀镍也是一种催化还原反应，它和化学镀银在工艺上的差别是化学镀镍是一个两步过程。在镀前处理中除了需要敏化之外，还需要做活化处理。在化学镀镍中常用的活化剂是氧化钯，是在加热的容器内通过浸渍进行化学镀镍。

（2）电铸金属模版 经过导电层加工处理后，浮雕型全息图表面附着一层仅有 $0.05\sim0.2\mu m$ 厚的金属银，这层薄膜还不能够进行规模化的复制，必须对这层金属膜进行加厚处理——电铸加工。电铸版采用电化学原理在电铸槽内进行，其工作原理如图 10-3 所示。当外加电源在两极板之间施以一定电位时，阳极镍板上的镍被电离而在阴极光刻原板上还原成镍，形成足够强度的凹凸形状的镍镀层，其厚度一般为 $50\sim100\mu m$。

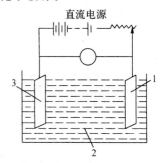

图 10-3 电铸原理
1—阴极 2—电解液 3—镍阳极

（3）翻铸工作模版 所谓翻铸工作模版是指为满足大规模全息模压印刷，仅有一套工作模版是不足够的，必须拷贝几套模版。翻铸第二代、第三代工作模版的电镀工艺和设备与制作母版基本相同。

实验表明，一个母版最多可翻铸 100 多块高质量的第三代工作模版。

三、全息模压印刷与印后加工

模压复制是生产模压全息图的最后一道工序，其工艺过程是将全息金属模版加热到一定温度，以一定的压力在热塑性材料上压印，将全息金属模版上的精细浮雕条纹转印到热塑性材料的表面，待冷却定型和分离之后，热塑性材料的表面上形成了与全息金属模版完全相同的条纹，这就是复制出的模压全息图。

1. 全息模压印刷工艺

（1）全息模压工艺流程

① PET、PVC→模压复制→涂膜、复合→模切→成品

② PET、PVC→涂胶→模压复制→涂膜、复合→模切→成品

③ 镀铝 PET→电铸→涂膜、复合→模切→成品

④ 镀铝 PVC→模压复制→制造转印膜→热冲压转印→成品

（2）全息模压薄膜材料

① 聚氯乙烯 PVC 薄膜或片材（透明的或镀铝的）；

② 聚酯 PET 薄膜或片材（透明的或镀铝的）；

③ 适用于向纸张、织物或塑料上转印的烫印金属箔。

采用不同种类、不同厚度的材料模压加工时，需要配合不同的设备和工艺条件。目前在制造模压全息图中使用最多的材料是聚氯乙烯（PVC）和聚酯材料（PET）。

（3）压印工艺

① 分切。将宽幅模压材料分切成所需宽度的窄幅材料，宽度至少要比成品宽 20mm 左右。分切好的窄幅卷材要求端面整齐、卷曲张力合适。

② 模压。与其他有压印刷方式相比，全息印刷的印刷设备无需输墨装置，而是借助压印机上的压印装置，通过金属模版完成印刷的。压印按照热压、冷却、剥离的工艺过程进行，通过压印将模版上的干涉条纹转移到承印材料上。

模压复制分为平压平和圆压圆两种基本加工方式。

a. 平压平。平压平印刷过程加压时，整个全息模压版表面同时受压，对金属模版的要求很高。如果模版的厚度不均匀，无论怎样加大压力都无法完成高质量的全息印刷。

b. 圆压圆。圆压圆式印刷属于连续式生产，不仅生产效率高，而且可以完成很大面积的全息印刷，多用于大批量的规模化生产。

圆压圆式是目前最先进的一种加工方式，如图 10-4 所示。

（4）生产工艺控制要点　在加工生产过程中应着重控制以下工艺环节。

① 压印材料的安装。模压前要先装好待压印材料，使全息图案位于薄膜中央。对于不符合要求的材料，如卷材偏心、松脱等，需处理合格后方可上机，否则会影响同步调节。

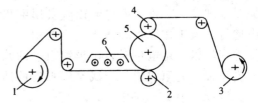

图 10-4　圆压圆式压印

1—给料　2—压印　3—收料
4—冷却　5—印版　6—加热

② 金属模版的裁切与安装。全息金属模版的裁切与安装对模压生产工艺极为重要，在很大程度上决定了全息模压的质量。首先要根据实际图案裁切金属模版。模版厚度要仔细测量，每边至少取三个测量点。不符合要求的模版不能上机。装版时应尽量将模版装在模压机的中央位置，便于压力均匀调整。

③ 温度设定。模压温度应根据原材料的种类、压力和生产工艺速度而设定。温度过高会造成压印材料变形；温度过低则造成模压图像不清晰完整。如聚酯薄膜模压温度在 150℃左右、PVC 硬膜在 70～150℃时的模压质量最好。圆压圆压力辊的温度设定在 100℃左右为好，模压辊温度在 150℃左右。

④ 卷材张力与模压压力的调节。对于模压用卷材，模压前要调节好放卷与收卷张力，使薄膜张紧不抖动，能平整地压印出全息产品。张力过大卷材易起皱，产生"暴筋"现象。张力过小卷材不平整，易于产生皱褶。模压压力应根据原材料的种类、模压温度和模

版的情况而定。压力过高，模版易损坏。压力过低，模压图像不清晰完整。圆压圆式压力辊的压力一般初始为 70kPa 左右，模压开始后，慢慢均匀地加大到 0.34~0.41MPa。

⑤ 其他。热塑性材料在加工过程中会产生大量的静电，吸附粉尘，影响模压质量和模具寿命，所以模压环境应保持适宜的无尘和干湿度。

2. 全息模压的印后加工

模压复制的全息图经过加护面和适当剪裁之后，就可以在某些场合下直接应用（例如作为工艺品）。但如果要大规模应用于物体表面（例如应用于出版书刊、包装盒袋等的防伪标记），手工操作粘贴显然效率太低。近年开发的热冲压转印技术可以有效地解决上述问题。

应用机械化操作，可以高效率地把全息图转印到纸张、织物、金属、陶瓷或其他塑料材料上，既方便省力，又保证质量。具体工艺如下：

（1）反射层蒸镀　为了使压印的全息图像便于在白光或自然光下观看，在压印好彩虹全息图的 PET 薄膜上再镀一层铝膜构成反射层，镀层厚度一般为 40~50nm。利用金属铝对光的反射作用，可以以反射方式清晰看到五颜六色的全息图像，称为反射型全息印刷图像。

如不用金属铝而改用无机化合物，如氧化物或硫化物等，经过真空蒸镀形成反射层后，可在一定角度下看到全息图像，而在其他角度只能看到底层印刷物，这就是透明型全息印刷图像。

（2）热冲压转印　转印是用间接方法，借助带有全息图像的转印材料，在被印刷物体上转印出图像的复制方式。主要适用于全息产品的大量复制，是目前普遍采用的复制方式。转印一般有两种方法，不干胶贴合法和热冲压转印法。

① 贴合法。经模压、镀铝加工后成卷的全息图像，为方便每个全息图像逐个分离转移于不同制品上，可在镀铝层上再涂布一层压敏胶，便于采用压力贴合方法将全息图贴合在制品上。贴合型全息图基本构成如图 10－5 所示。

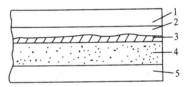

图 10－5　贴合型复制全息图
1—基材　2—衍射层
3—反射层　4—粘接层　5—剥离层

② 热冲压转印法。热冲压转印技术实际与金属箔热烫印相似。首先在模压全息图的片基表面复合一层离型层和一层基底材料。离型层材料是具有离型性、成膜性和粘合性的树脂，基底材料通常采用 PET。再在模压全息图的金属反射层上覆上一层粘合层，通常为具有特殊性能的热固性树脂。热冲压转印工艺过程由专用烫印设备完成，利用光电定位装置将转印膜上的全息图与被转印材料重合并精确定位，然后用加热的金属模向下冲击，使热固性树脂与被转印的材料粘合在一起，同时离型层以下部分与基底分离。图 10－6 给出了转印过程的原理图。

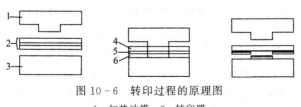

图 10－6　转印过程的原理图
1—加热冲模　2—转印膜
3—被转印材料　4—PET 基底　5—离型层、全息图　6—粘合层

由全息照相、电铸金属模版、模压印刷复制和热冲压转印四个部分的有机组合，可形成一条高效率的大规模的模压全息图像产品生产线。

四、其他激光全息印刷

1. 一次性使用的透射/反射型模压全息印刷

透射/反射全息图的成像原理如图 10-7 所示。图中作为全息图工作的功能层 2 是一层高折射率介质层，它和低折射率的保护层 1 构成了 LH 单层膜系。利用传统的热模压工艺，可在此复合材料上形成高质量的浮雕全息图。工艺的第二步是在浮雕全息图的表面涂布一层透明胶，使膜压全息图无需镀铝，即可在透射和反射方向的很大角度范围内观察到明亮而清晰的再现图像。

在图 10-7 中，将透射/反射全息图粘附在表面带有印刷图案的商品上，在全息图的 ±1 级衍射范围内，可以观察到由光束 $2'$ 形成的彩虹全息像和由光束 $3'$ 形成的背景图案组成的 2D/3D 图像。而在全息图的衍射范围之外，虽然观察不到全息图再现图像，但仍可以看到衬底上清晰的印刷图像。这种衬底上的印刷图像和全息图的再现图像互相协调合理时，可达到别具一格的特殊呈像效果。

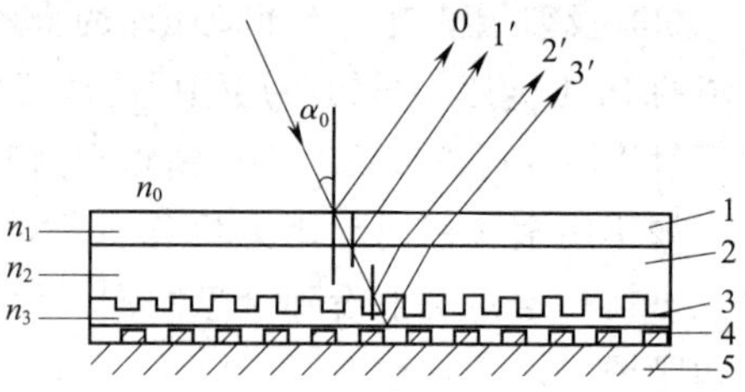

图 10-7 透射/反射全息图的成像原理
1—保护层 2—全息功能层 3—胶层
4—印刷图案 5—包装件
α_0—入射角 n_1、n_2、n_3、n_0—折射率

2. 挤出成型激光全息印刷

挤出成型激光全息印刷复制技术生产的全息膜适用范围广，并且能够通过覆膜方式将全息图转移到纸张上形成全息复合纸。全息复合纸可以使包装件的全表面都为全息图像，提高防伪水平，又有良好的印刷适性，并具有环保功能。

挤出成型激光全息膜工艺融合薄膜挤出工艺和全息模压工艺，是在热熔树脂挤出成膜的冷却过程中同时进行激光全息模压成型，再进行真空镀铝即可得到反射式激光全息膜。

3. 透视激光全息印刷

透视激光全息图是由网点作局部反射层，其结构分别为网点层、信息层和 PET 聚酯层组成。其中信息层是激光全息图文信息的载体，网点层由真空镀铝层组成，不仅是图文反射的单元，也是构成图文信息的基本单元。

透视激光全息图制作网点可以采用曝光法和凹版法。曝光法制作网点的优点是网点再现性好，整个版面网点均匀，网点质量高，防伪性好。但不足之处是工艺复杂，生产率低。凹版法制作网点的优点是工艺简单、周期短、速度快，成本低，质量稳定，是比较理想的方法。但环境条件和油墨特性对印刷网点大小、印刷适性有影响。

五、激光全息印刷技术及应用

激光全息材料是一种富含高新技术的新型材料，是目前包装和防伪工艺中常用的材料之一。它不但提供了商品包装的装饰效果，而且具有很好的防伪功能。激光全息材料将具有良好防伪效果的激光全息图像与烫印、模压等印刷装饰技术融为一体，使产品在提高装饰装潢的同时更增添了防伪性能。由于激光全息图像的色彩神气、层次明显、图像生动逼真、光学变换效果多变、信息及技术含量高，因此，在 20 世纪 80 年代就开始应用于防伪领域。随着加密全息、三维全息和真彩色全息等高新技术的引入，以及用防揭型和烫印型两种电化铝薄膜制作模压全息图的推广应用，更加加大了激光全息材料的防伪力度。目前，已研制开发出多种激光全息材料，应用于不同的包装和防伪印刷领域，见图 10-8。

1. 激光全息材料的特点和主要应用类型

激光全息材料是全息模压技术与光学、化学、机械及真空技术相结合的当代高新技术产品。激光全息模压产品与一般照片大不相同，不但可以再现原物的

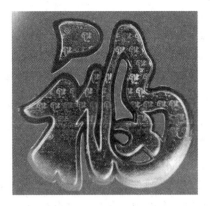

图 10-8 激光全息招贴

主体形象，利用白光衍射光栅的原理，呈现出绚丽多彩的画面，给人以更加形象、鲜艳、逼真的动感和美感；还可以随视线方位的不同，显现出原物不同侧面的形态，甚至随着视线角度的变化，其图像也发生变化，使呆板静止的印刷图像具有动感，使包装商品引起消费者的注意。激光全息包装材料的制作技术高，工艺复杂，经加工后的产品极易破坏，因此它具有很高的装饰性和观赏价值，并且对包装的产品具有很好的防伪效果。激光全息材料拓展了激光模压全息的技术和用途，可以把栩栩如生、光彩夺目的三维全息图像和各种色彩斑斓的全息光栅图案转移到各种塑料薄膜和纸基材料上。此外，随着科技的发展，加密全息（利用特殊的光学编码技术在全息图像中进行加密）、三维全息（用特殊的三维物体模型作为目标拍摄的全息图像）和真彩色全息（以高新技术再现与客观物体颜色一致的图像技术）等新型的激光全息材料的应用，更增添了产品的装潢效果和防伪性能。目前激光全息图像材料主要有如下几种类型。

（1）激光全息薄膜 最常见的激光全息薄膜有聚酯薄膜（PET）、聚丙烯薄膜（OPP）、双向拉伸聚丙烯薄膜（BOPP）、聚氯乙烯薄膜（PVC）和水洗膜等。品种有激光镀铝膜、激光透明上光膜等系列，颜色有金、银、红、蓝、绿、黑等。厂商可以根据应用需求选购不同的材料，不同的材料其应用范围有所差异。

① PET 激光全息膜 由于材料稳定、印刷适性较好而且符合环保要求，PET 激光全息膜是目前应用最广、用量最大的一种材料，它可以与卡纸贴合，印刷后制成各类包装盒、提袋等，也可以提供各类软包装市场使用，如食品软包装或软管包装等。透明的 PET 激光全息膜则可制作成形包装。同时 PET 激光全息膜也经常用来印刷成自黏性贴标。

② OPP 激光全息膜。OPP 激光全息膜的印刷适性不如 PET 和 PVC 材料，使得它在包装印刷的应用上受到很大的限制。但是，通过对 OPP 材料表面处理的提高，可使得 OPP 激光全息膜的印刷适性有较大的提高，很容易实现精美的印刷。

③ PVC 激光全息膜。虽然 PVC 的使用在环保意识强烈的欧美国家受到限制，但是由于其具有非常理想的印刷适性，因此在印刷品上仍然得到相当高的应用。PVC 激光全息膜更是经常制成各种圣诞饰品、春联、贺卡等，闪亮耀眼的激光全息光泽更能增添节日的喜庆气氛，因此很受消费者喜爱。

④ 激光全息水洗膜。激光全息水洗膜是利用 PET 激光全息膜、OPP 激光全息膜和 PVC 激光全息膜制成。所谓水洗膜是利用氢氧化钠去除膜面部分的电化铝，使膜面除激

光全息光泽外，同时呈现独特的透空花纹或特定商标、图文等，可直接作为包装纸，或经贴合后制成纸盒、提袋、书刊封面等，不仅美观，而且还具有防伪的效果，主要适用于品牌包装。

⑤ 原子核机密激光全息膜。核径迹防伪作为一项科技含量较高的高新防伪技术，与"重离子微孔防伪"一起被称为防伪领域的两个"核武器"。核径迹防伪技术是利用核反应堆和其他核材料对塑料薄膜进行裂片辐照，在塑料薄膜中形成径迹损伤，然后通过成像技术形成精细的商标标识所需要的核径迹微孔防伪图案，最后经过后期商品加工得到核径迹微孔防伪标识或其他形式的核径迹微孔防伪技术产品。它具有科技含量高、仿造难、易识别、大量制作成本低廉、与其他技术共融性好等优点，可谓是引导当今和未来防伪技术发展的一个潮流。核径迹防伪技术产品可进行多重识别，提高普通识别的可靠性。并具备一线、二线防伪功能。如性能优越的一线防伪标识高分子纳米材料 VCC-核径迹防伪，只要用一滴水或水笔，普通消费者便能直接轻易检验出商品真假。目前已在名优烟酒、音像、书刊、高档名牌产品等的包装商标中得到应用，还在护照、证卡、票证的防伪等方面广泛应用。将核径迹与激光全息技术结合，即在激光全息膜上形成原子核迹径防伪加密图像，可极大地提高激光全息膜的防伪效果。

（2）激光全息纸　为适应不同市场的需求，激光全息纸可分为膜贴纸和纯纸两种。

膜贴纸是以激光全息 PET 或 OPP 膜贴合不同类型的纸而造成，经过贴合的卡纸不仅更挺，不易撕裂，而且膜面可防水。

激光全息纯纸是通过先进的压印技术直接将激光全息图纹压印在纸张上，其最大的特点是符合环保。因此在环保要求日益高涨的今天，是一种很受欢迎和具有广阔市场前景的材料。

激光全息纸的印刷适性较好，不论是激光全息膜贴纸还是激光全息纯纸，都适用于一般油墨或 UV 油墨的印刷。除了绝佳地应用于纸盒、书刊杂志封面或海报材料外，在礼品包装纸、口香糖、肥皂等包装上也有很好的效果。标签也是激光全息纸应用的一个主要领域，为适应这个市场的需求，企业又推出了激光全息湿强纸，它虽然也是纯纸材，但不会受低温或潮湿的气候所破坏，而且可以制成自动水洗标，因此特别适合应用于回收类酒瓶和冷藏食品的标签。

（3）激光全息烫印箔　激光全息烫印箔是对具有烫印功能的薄膜箔进行全息激光处理，形成二维、三维、二维/三维、点阵、旋状、合成全息等图像，并具有高光泽、五彩缤纷和变幻万千的色彩。目前已推出二维全息图、三维全息图、线性几何全息图、分色阴影效果全息图、线状勾勒全息图、双通道效果全息图、旋转全息图等图像，应用于印刷品或纸张的表面整饰。

烫印技术在印刷品包装装潢中的应用由来已久，在包装装潢设计印刷或标签上都有广泛的应用，是设计师经常用来提高印刷品美感和价值感的材料，除了在高级化妆品、香烟、酒类的包装盒上广泛应用外，在书刊封面、证卡、贺卡、月历上也经常利用烫印来创造出金碧辉煌的精雅效果。与普通电化铝烫印箔相比，激光全息烫印箔的厚度可以满足烫压的基本要求，显示色彩或图像的不是颜料，而是在转印层表面微小坑纹（光栅）形成的全息图案，激光全息烫印膜由于反射性佳，亮度更胜于传统电化铝烫印，更能突出包装设计效果。

激光全息烫印箔可分普通烫印箔和透明激光全息烫印箔。透明激光全息烫印箔是应用先进的磁控溅射技术，用高折射率的介质替代了常规镀铝技术中的铝层，其最大的特点是能在不影响原有印刷品所携带信息（如文字、图案）的整体效果条件下，叠加上透明激光全息图案。也就是说，烫印之后透过全息图仍然可以清晰地看到被烫物上底层的印刷颜色，它在不影响品牌识别的基础上增加装潢效果，而且较普通烫印箔具有更好的防伪效果。

此外，在激光全息烫印箔中，不同的全息效果之间也可以互相组合，同时还可以加上双通道、部分镀铝、分色效果、微刻字、隐藏信息等多种防伪元素，在对印品和纸张进行表面整饰加工中，以有效的高等级的防伪技术达到独特的版权保护作用。烫印膜还可以通过激光全息压印技术为客户生产具有特定图文或商标的专用烫印材料，并通过定位烫印将图案烫印在包装盒上，提高防伪的效果。如今，烫印箔的应用范围早已从早期钞票等有价证券防伪领域扩大到价值较高、生产量较大的普通产品，如烟、酒、药品、化妆品、时装、钟表、电脑软件等的包装上，作为印刷后的表面特殊整饰手段，成为产品形象的重要部分。在奖券、电话卡、信用卡等应用上，激光全息烫印膜还推出了激光全息刮刮乐烫印，适用于奖券、电话卡等的密码保护，它同时具有防伪和装潢的效果。与直接使用激光全息纸或膜为基材相比，激光全息烫印的最大差别在于激光全息纸或膜为全面使用激光全息材料，而激光全息烫印则是局部应用。

（4）冷烫箔 冷烫箔是利用印刷和压合的技术，将激光全息箔转移到承印物上。冷烫箔主要由两个薄层即聚酯薄膜基片和转印层构成。其基本结构分为基膜层、醇溶性染色树脂层、镀铝层、胶粘层。由于传统的热烫印在加工工艺、烫印质量和绿色环保等方面都存在问题，因此，随着科技发展和绿色环保印刷的要求，冷烫印技术得到了充分的重视和较大的发展，它是近年来欧美印刷行业中的最新科技成果。冷烫印技术打破了传统烫印必须依靠热压转移金箔的传统工艺，而使用一种全新技术——冷压印技术来转移金箔。冷烫印技术不仅解决了热烫印印刷中难以解决的加工工艺问题，并且避免了制作金属印版过程中对环境造成的污染，还能大量地节约能源。冷烫印技术也是近几年来印刷技术上的一个重要突破，它结合了传统印刷及冷压合技术，工艺操作简单，印刷厂使用原有的印刷机器再添加一些简单的附属设备就可以灵活运用冷烫印加工，创造出与众不同的效果，不仅能降低生产成本，还提升了产品的附加价值。所以，冷烫印印刷技术已成为未来发展的新趋势。冷烫印技术是利用胶水将箔转移到基材的方法，与传统热烫印工艺相比，冷烫印具有加工速度快，生产周期短，材料适用面广，印刷精度高、防伪效果好，节约成本特点，并可充分利用原有设备、提高生产效率，符合环保印刷要求等众多优点。激光全息冷烫箔同样可以采用透明冷烫，达到防伪和品牌标识的统一性。

（5）激光全息铝箔 激光全息铝箔就是在普通铝箔上加印激光全息图像，从而提高包装品的防伪功能和外观效果。铝箔具有较高的抗张强度、较低的伸缩性、无毒、高阻隔、质量轻、印刷适性良好，在包装线上具有良好的加工适应性等特点，非常适合于机械化生产。铝箔主要应用的对象是药品、食品包装，由于它具有优良的遮光性、防潮性、阻气性和保味性，对药品的光、气、湿、味起着几乎绝对的阻隔保护作用，从而大大提高了药品的保质期。但是一般铝箔没有防伪功能，而激光全息铝箔由于多了一道激光全息加工工艺，使仿冒者无法轻易取得材料或进行复制，因此，可提高药品的防伪性能。

2. 激光全息材料在包装印刷中的主要应用

最早应用激光全息技术研制推出的激光全息图像产品，主要应用于防伪印刷上，例如证件和有价证券的防伪标签、防伪包装材料等，但是近年来在包装上的应用日渐普及，尤其是许多知名品牌应用的成功例子，鼓励了越来越多的厂商争相使用。据统计，从1996年至2001年，全息图像产品在包装印刷上的应用增长了3倍，仅次于有价证券防伪的应用。目前，使用激光全息图像的包装应用大致为包装盒、成形包装、软包装、标签、包装纸等。

（1）包装盒　激光全息材料用于包装盒应用，一般是先将激光全息膜或激光全息纸与普通的卡纸贴合后，再进行裁切印刷、模切压痕后折合成型。激光全息纸盒包装很早就得到国际品牌的青睐，从1999年开始，国际品牌高露洁便决定采用激光全息包装，也成为第一个将激光全息技术融入其全球牙膏包装设计的跨国企业。如今，佳洁士牙膏、黑人牙膏以及其他高级消费品如香水、高尔夫球盒等，也都采用激光全息纸盒包装。而高级烟、酒、保健品等品牌更是将激光全息包装视为必需的手段。

（2）成形包装　成形包装也称为真空包装、塑壳包装等，如今已成为一股包装的新趋势。成形包装除了因透明的外包装让消费者可以清楚地看见内容物外，防盗、提高保质期和装潢效果也是一个重要的因素。而且这类包装一般尺寸都比较大，也使偷盗者不易挟带离开。至于如何利用激光全息材料加强成形包装的视觉吸引力，除了对贴盒纸板应用激光全息纸材料外，塑壳也可以应用透明激光全息材料，达到突出品牌特色、强化品牌形象的目的。

（3）软包装　软包装在食品、化妆品、洗涤清洁用品的包装上皆有广泛的应用。应用激光全息膜于软包装取得成功的最早例子是Cadbury巧克力棒产品。在改用激光全息包装后，Cadbury的巧克力销售量立刻上升了25%。激光全息软包装除了美观之外，还具有实用功能，激光全息膜上的电化铝层有助于提高对空气中氧、潮湿气体的阻隔性，因此能有效地延长激光全息软包装产品的贮运时间。

（4）标签　今日的商品标签正扮演着越来越重要的角色，除了提供标识资讯外，也已成为商品整体形象、品牌识别的一部分。许多企业应用镀铝纸材就是为了提高标签的美观性。而激光全息纸的效果可谓更胜一筹，例如，某啤酒在首次推出激光全息标签时，成功地使销售量比上年同一时期高出180%。可以预计，市场未来使用激光全息标签的比例将会越来越高，而使用的方式可以通过激光全息纸，也可以由局部烫印或冷烫的方式达到美化标签的效果。

（5）礼品包装　商品需要借包装来提升价值，礼品也一样需要通过包装达到豪华效果。激光全息包装纸和礼盒利用独特的激光全息材料，让简单的礼品包装变得精雅别致，提高档次，令人爱不释手。传统包装设计只局限在颜色、形状、图案和文字的变化上，而如今激光全息材料的应用，给设计者带来了全新的光感和动感的设计创意空间，设计者甚至可以与激光全息材料供应厂商共同设计开发专用的激光全息图案，提高包装装潢和商品的防伪效果。可以预测，激光全息材料将是今后礼品包装的一个主要应用材料。

第二节　喷码印刷

近年来，标识技术逐渐深入每一个角落，尤其在工业产品方面的应用范围越来越广泛，标识已经成为各种行业生产质量管理中不可缺少的重要组成部分。市场对于标识技术的应用已经远远超过当初简单地在容器或制品上标一个生产日期或者标几个数字，对相关技术和设备的需求正在不断激增，喷码印刷技术及其系统即应运而生。

喷码印刷系统是借助喷码机利用数字式数据存储方式，可以根据需要任意改变输出内容，具有快速、易于组合、低污染等优点。喷码机是一种通过软件控制，以非接触方式在产品上进行标识的设备。它可清晰准确地在纸、金属、木材、橡胶、塑料、铝箔材料以及各种产品包装上喷印英文字母、阿拉伯数字、特殊符号、汉字字条、图标等，可作为印字工序配备在各种产品生产流水线上，喷印出各种类型的商标、生产日期、批号、规格、防伪标识和图文等。

喷码印刷可以实现可变数据印刷，能够按照用户的时间、地点、数量、成本要求以及某些特定要求向用户提供相关服务。目前，主流喷码印刷技术分为墨水喷码技术和激光喷码技术，墨水喷码技术按墨滴喷射机理和方式的不同可以进一步分为连续喷码技术和按需喷码技术等。

一、喷码印刷技术原理

1. 墨水喷码技术

墨水喷码是采用"喷墨编码"技术使非常微小的油墨滴从喷头中喷出，墨滴穿过空气，最后落在被喷印物的表面形成喷印图文。它采用的是一种计算机直接控制输出技术，喷码印刷过程无接触、无压力、无印版，具有无版数字印刷的特征。

追溯产品上的数字、条形码、图案或文字的印刷史，在未发明非接触式喷码印刷以前，往往采用丝网印刷机、移印机甚至更原始的机械式滚轮凸模来完成印刷。结果是图文清晰度差、费时费力、生产效率低，而且因为产品的品质因印刷质量不高而丢失越来越多的客户和消费者，使生产企业蒙受损失，因此急需先进的技术和设备来替代它们。

墨水喷码技术与设备不受承印表面的限制，能在不同材质、不同厚度的平面、曲面和球面等异形承印物上印刷。实际上，墨水喷码技术原理是部分喷墨印刷技术机理的沿用。

喷墨印刷可分成连续式喷墨和间歇式喷墨两大类，根据墨滴控制方式、墨滴的形成以及喷射的机理不同，还可以进一步细分成不同的喷墨类型。连续式喷墨按实现技术的不同可分成 Sweet 喷墨、Hertz 喷墨和微滴喷墨三大类。由美国斯坦福大学 Sweet 教授提出的连续喷墨技术通过偏转电场的控制区分喷射和不喷射墨滴，按偏转控制方式不同而有双态偏转和多态偏转之分。瑞典罗德理工学院的罗德技术研究所是 Hertz 喷墨的发源地，工作小组以 Hertz 教授为主而得名，这种连续喷墨工艺以环状电极控制墨滴飞行。而微滴喷墨打印机由日立公司生产，但应用范围较窄。间歇式喷墨的种类比连续式喷墨更多。按墨滴喷射的实现方法不同，间歇式喷墨有热气泡喷墨、压电喷墨、静电喷墨和超声波喷墨之分。其中热气泡喷墨又可进一步细分为直接喷射（顶喷和侧喷）和间接喷射（相变喷墨）。压电喷墨以剪切模式效果最好，弯曲和拉压模式次之。静电喷墨分为泰勒效应喷墨、热效应黏度控制喷墨和超声波墨雾喷射三类，实际应用较少。墨水喷码技术原理主要沿用了偏转式喷墨、压电喷墨、热气泡喷墨等喷墨印刷技术机理。

（1）连续喷码技术　连续式喷码是指喷码印刷过程中，其喷嘴连续不断地喷射出墨滴，再采用一定的技术方法将连续喷射的墨滴进行分流，使对应图文部分的墨滴直接喷射到承印物上，而对应非图文部分的墨滴则被送到回收槽中转移回收。连续式喷码技术包括偏转式喷码技术和二元式喷码技术。

① 偏转式喷码技术。偏转式喷码技术从 20 世纪 70 年代早期开始商业化，它也许是

应用在生产环境中发展程度最高的一种技术。其原理相对简单，经过多年来的技术改进，将大量的控制电路组合在一起，保证了偏转式喷码系统工作的较高可靠性和方便性。

偏转式喷码技术基本原理如图10-9所示。原稿信息首先由信号输入装置输入到喷码喷嘴印刷主机部分的系统控制器，然后由它来分别控制喷墨控制器和承印物的驱动装置。喷嘴控制器首先使连续喷射的墨水射流粒子化，形成单个墨滴，接着墨滴经过设在喷嘴前部位置的根据图文信号变化的充电电极板感应静电并使之带电，这时带电的墨滴通过一个与墨滴运动方向垂直的偏转电场，或发生偏转最终到达承印物表面形成图文信息，或被墨滴收集器捕获进入循环回路。

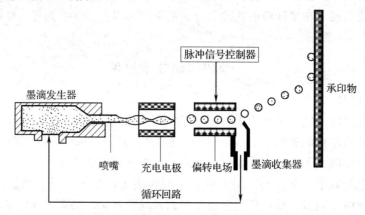

图10-9　偏转式喷码技术基本原理示意图

具体地，油墨是在加压后被送至喷嘴，形成了一个约20m/s的墨流。喷嘴后有一个压电装置，加上电压后会通过墨腔体积的变化对墨流产生扰动。如果加在压电装置上的电信号频率与墨流喷射频率谐振，墨流就会断裂成相同大小、相同间距的墨滴。在连续的墨流断裂为一系列墨滴的位置，有一个充电电极。如果充电电极上脉冲电压的频率与墨流断裂的频率相同，每一个墨滴就会带上相应的电荷，是否能使墨滴带上电荷取决于驱动充电电极的印刷图文信号。墨滴继续前行，经过一对偏转板。偏转板上的电压为定值（比如说，±kV），形成一个静电场。在该静电场作用下，带电油墨滴根据自身所带电量的不同，朝着其中一个偏转板方向产生相应量的偏转。最终，墨滴穿过空气，落在经过喷头的被喷印物表面上。而未被充电的墨滴不产生偏转并被回收在喷头下方的回收槽，最后经过一个油墨贮液器再循环至喷嘴再次使用。这样，这种连续式喷码的墨滴喷印的模式就与加在充电电极上的脉冲电压对应起来。但实际过程却并非如此简单，必须使墨滴断裂与对充电极板充电同步，也必须考虑带电墨滴之间的相互排斥，甚至墨滴飞行中的空气动力学问题。

因为偏转式喷码技术中油墨喷射是连续式的，所以喷码机可以使用许多类型的油墨，特别是那些干燥速度非常快的油墨（如在1s以内干燥）。因此连续式喷码技术对于那些在喷码后需要迅速处理的具有非渗透性表面的产品（比如说罐头包装和塑料制品）的喷码是非常理想的。此外，还可以使用颜色更鲜明的颜料油墨。

由于连续式喷码印刷具有相对较高的喷射速度，通常连续式喷码印刷的喷印距离比脉冲式喷码印刷的喷印距离（一般超过10mm）远得多，而喷码印刷的质量却不会下降，这样喷头位置的放置就可以有较大的选择余地。

连续式喷码技术有着广泛的应用范围，它也许是最具多样性的技术。20世纪70年代中到70年代末，早期的连续式喷码机操作复杂、故障频出。现在最新的连续式喷码印刷系统只需操作者按一下开/关键和每周做一次例行维护，而且维护比其他一些易耗设备所需的维护要少得多。

② 二元式喷码技术。二元式喷码技术的概念与偏转式喷码技术一样悠久，这种技术早期是朝着高速、高成本、大面积喷码印刷的商业印刷领域发展。随着技术发展进步，二元式喷码技术在很短时间内就变得更为实用化。

二元式连续喷码技术的油墨从一系列紧密排列的喷嘴中喷出，喷码印刷解像度为4~8点/mm。其墨流由压电装置断裂为墨滴，断裂方式与偏转式喷码相似，不过二元式喷码有更多的墨流。二元式喷码技术与偏转式喷码技术不同的是，不需喷印的墨点被充电、偏转，然后由回收槽回收。需要喷印的墨点不被充电，不发生偏转，直接打在被喷印物表面上。这样，喷印图案的宽度便由喷嘴数或墨流数决定。

二元式喷码印刷的喷印距离要小于偏转式喷码印刷，但仍比按需喷码技术中的阀门式喷码印刷方式大得多。原则上，各种各样应用于偏转式喷码印刷的油墨都可以应用于二元式喷码印刷。选择使用二元式喷码还是偏转式喷码技术方式，将取决于用户所要求的喷码印刷效果侧重于印刷的信息行数还是速度与成本。在同时喷印3行以上的信息时，二元式喷码无疑比偏转式喷码速度快。然而，二元式喷码更加昂贵，在早期应用中还会需要较多的人工操作，特别是在使用不同特性油墨的时候。

总的看来，二元式喷码技术与偏转式喷码技术将会共存，它们在在线喷码领域给用户提供了多样化而且有效的标识类图文印刷解决方案。

(2) 按需喷码技术　按需喷码又称间歇式或指令式喷码。按需喷码技术是一种根据图文信号使墨滴从喷嘴中喷出并立即附着在承印材料上的方法，即喷嘴供给的墨滴仅在需要喷墨的图文部分才会喷出，而在空白部分则没有墨滴喷出。这种喷码技术中的墨水喷射方式无须对墨滴进行带电处理，也就无须充电电极和偏转电场，喷头结构简单，容易实现喷头的多嘴化，输出质量更为精细，但一般墨滴喷射速度较低。

常见的按需喷码技术有阀门式喷码技术、脉冲式喷码技术，后者又分为压电式喷码技术和热气泡式喷码技术等。

① 阀门式喷码技术。阀门式喷码技术是最易实现的墨水喷码印刷方式。在过去的20年中，该类喷码机主要用在外包装箱施的喷码印刷。一般地，一个阀门式喷码印刷装置包括一个低压油墨系统，一个电子控制机箱和一个用软性导管与机箱相连的喷头。油墨系统中的油墨经过简单的开/合阀门被送到喷头中的喷嘴中（一个喷头一般有7~18个直径200μm的喷嘴或更多）。当一个油墨滴需要被喷出时，电子元件打开相应的开/合阀，油墨滴就被喷射出来。

由于阀门式喷码印刷设备结构简单，所以阀门式喷码印刷系统是最易于建立的。用户一般通过比较该类喷码设备的用户界面操作方便与否、喷码机的喷码能力、喷码质量和适用的油墨系列来选择供应商即可。

阀门式喷码印刷的图文喷印质量不稳定的原因之一是由于油墨在被射出之前一直停留在喷嘴里，如果油墨在管道中干结就会产生阻塞，所以该系统使用水基油墨在渗透性表面上喷码印刷时效果最好。尽管许多阀门式喷码印刷系统制造商也生产提供干燥速度快于水基油墨的能够用于非渗透性表面喷码的油墨，但阻塞现象也可能还会发生，干燥时间也仍然较长，大约需要 15～30s。总而言之，如果对喷码印刷质量要求不高，并且能够经常清洗喷头，阀门式喷码印刷系统都可以表现良好。

阀门式喷码印刷系统一次性购置成本较低，但一两年后，阀门式喷码印刷系统的使用成本计算下来还是较高，所以这种技术有逐渐被脉冲式喷码印刷技术所替代的趋势。

② 脉冲式喷码技术。虽然脉冲式喷码技术在概念上比较简单，但直到 20 世纪 70 年代，才有人获得最初的专利，而且尽管佳能、惠普等公司做了大量的研究，但直到 90 年代，才有便宜可靠的产品投放市场，所以脉冲式喷码印刷技术的实现并非看起来那么简单。脉冲式喷码印刷的喷头由办公打印领域发展而来，虽然脉冲式打印现在在办公打印领域已经被广泛接受并取得很好的效果，但从在办公室里在固定喷印距离向干净的纸上喷印到在工厂较恶劣的环境中完成喷码印刷，还有很多需要进一步改进之处。同属于脉冲式喷码技术的压电式喷码技术和热气泡式喷码技术，在实现工艺上也存在很大差别。

a. 压电式喷码。压电喷码是基于压电喷墨机理，采用压电晶体的振动来产生墨滴，如图 10 - 10 所示。在墨水腔的一侧装有压电晶体，印刷时，压电晶体在图文信号控制的电流作用下产生变形，表面凸起成月牙形，变形到一定程度后，借助于变形所产生的能量将墨滴从喷嘴中喷出，然后压电晶体恢复原状，墨水腔中重新注满墨水。在此过程中，压电晶体的变形量，决定了喷墨量的多少。

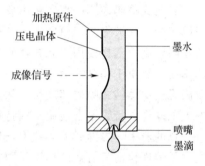

图 10 - 10　压电喷墨原理示意图

脉冲式喷码技术首先出现的即是压电式喷码方式。简单地说，喷嘴中的油墨压力必须足够低（甚至是负压），因为是油墨的表面张力将油墨保持在喷嘴中，需要喷印时，一个脉冲电压加在压电晶体上，压电晶体产生变形，使喷嘴油墨腔的容积减少。这样，一滴油墨便从喷嘴中喷射出，然后，压电晶体恢复原状，由于表面张力作用，新的油墨进入喷嘴。通过并排排列大量喷嘴，就可以获得理想的喷码印刷宽度和解像度（一般 6～8 点/mm）。虽然可以通过倾斜放置喷头（这样会牺牲打印高度）来提高喷码印刷解像度，但喷码印刷解像度根本上还是由喷嘴间距决定的。更加精密的改进可以使每个压电晶体驱动更多的喷嘴（比方说 8 个），这样 32 个压电晶体可以驱动 256 个喷嘴中的油墨，就会有更大的喷印范围。当然，在被喷印表面上只有 32 个可编程落点。

因为压电式喷码印刷系统油墨不是连续式喷出，就是说油墨必须在喷嘴中保持为流体状态，而在被喷印到喷码印刷的表面上后应该迅速变干。压电式喷码印刷使用的油墨通常上是油基或石蜡基的，这两类油墨在喷嘴中不会变干，但可被喷印表面吸收而干燥。

压电式喷码印刷也使用一些快干油墨，但快干油墨仍然需要较长的时间（大约 10s）才会变干。故当产品在喷码印刷后需要迅速处理而又禁止产生污迹的时候，使用这些油墨就容易产生问题。

另一种解决压电式喷码印刷油墨不速干的方法是加热喷头，同时使用热溶性油墨。这样，在喷嘴中保持为流体的油墨在较冷的被喷印物表面上就会固化。这种压电式喷码印刷系统在许多被喷印表面上都能得到好的效果，但在触碰的过程中容易被刮掉。

为了避免油墨在喷嘴中变干，还可以在压电晶体上加上一个较低的脉冲电压，这样就会对喷嘴中的油墨产生轻微的扰动，喷嘴中的油墨就不会变干。

除了油墨在喷嘴中会变干的问题，这种喷码技术方式另一个需要注意的问题是喷头对振动很敏感。振动可使油墨被振出喷嘴和油墨腔，以至于表面张力无法使油墨充填到喷嘴中，这时系统必须重新启动。显而易见，发现振动问题时，喷码印刷质量已经受到了影响。

从根本上说，这些技术上的改进方法是依赖于油墨成分的改变或设备机械上精密化程度的提高。

b. 热气泡式喷码。热气泡式喷码技术是基于热气泡式喷墨机理。热气泡喷墨系统中，墨水腔的一侧为加热元件，另一侧为喷嘴，如图10-11所示。在加热脉冲（记录信号）的作用下，喷头上的加热元件温度急剧上升，使其附近的油墨溶剂汽化生成数量众多的小气泡，在加热时间内气泡体积不断增加，到一定的程度时，所产生的压力将使油墨从喷嘴喷射出去，最终到达承印物表面，再现图文信息。一旦墨滴喷射出去，加热元件冷却，而墨水腔依靠毛细作用由贮墨器重新注满。

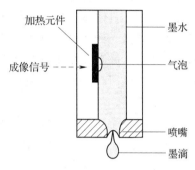

图10-11 热气泡喷墨原理示意图

热气泡式喷码印刷技术是被广泛应用于办公领域的一种较新的技术。在热气泡式喷码印刷系统中，一个电压加在2个端子上，由于端子间的阻抗，油墨被加热，从而形成了一个蒸气泡，由于热泡的膨胀，一滴油墨被挤压而喷出喷嘴。去掉端子间的电压时，气泡消失，由于油墨表面张力作用，新的油墨充填到喷嘴中。与压电式喷码印刷技术一样，将一系列喷嘴排列在一起，就会得到更大的喷印范围。喷码解像度很大程度上由喷嘴排列的密集程度决定。

热气泡式喷码印刷中油墨特性对于气泡式喷印系统的正常工作起着特别重要的作用。在办公室环境里，可以控制打印物表面，使之与油墨相配，但在生产环境中情况往往有所不同。因此，热气泡式喷码印刷技术在产品编码及包装领域的应用受到了一定限制。不过，在热气泡式喷码印刷油墨适合使用的场合，仍然可以得到出色的喷码印刷效果。

2. 激光喷码技术

激光喷码技术相对于墨水喷码技术来说是一种更先进的技术。激光喷码形成的标记清晰永久，不可擦涂和更改。除了普通信息标注功能外，激光喷码技术的防伪功能更为显著。目前激光喷码应用较多的是在烟草行业，其他如饮料、食品、制药、电子等行业的应用也在不断扩大。激光喷码技术正在以高速、高可靠性、运行成本低廉、安装操作简便和条码印制精密的特点而日益赢得广阔的市场。

激光喷码系统与墨水喷码系统相比，其运行费用更低，喷码效果更好，是目前最经济有效的喷码方案。该系统工作无需油墨，大大节省了运行费用，属于环保性新一代产品，而且清洗喷头和易耗件更换工作也不复存在。事实上，对于一些特殊的印刷领域，如烟草业，其对生产系统机器设备的使用有着严格的应用标准，既要满足包装线高速、清洁的要求，又要满足每天庞大的产量。所以，高清晰、高附着力的激光喷码系统更能满足这类生产系统的实际要求。

在激光喷码领域，一些国际巨头（如多米诺公司），有自己研发的技术和设备构件。

区别于行业中大部分生产商外购激光管，多米诺自有的激光管技术，就可以使特殊表材的标识应用更加灵活、更加广泛。同时他们特有的控制技术，使二氧化碳划线式的技术设备能够达到非常高的速度。多米诺的激光头是目前世界上最小的，因此在安装和使用方面会带来很大的灵活性，可以适应各种各样的安装，包括实现各种方向的打印。

激光喷码的工作原理是将激光以极高的能量密度聚集在被刻标的承印物体表面，在极短的时间内，将其表层的物质气化，并通过控制激光束的有效位移，精确地灼刻出精致的图案或文字。具体地，激光喷码是通过划线式激光刻蚀或点阵式激光刻蚀来实现的。

划线式激光刻蚀是采用镜片偏转连续激光束的原理，由高速旋转的微电机控制镜片的偏转，使折射激光打在被加工产品的表面进行高速标刻。该方法可以用于静止产品的标识加工，也可以用在高速生产线上，信息输出方向和图形类型均不受限制，喷码效果均能够达到质量要求。

点阵式激光刻蚀是采用多根激光管的技术，由激光产生多个垂直方向的独立圆点能量，依次打在产品表面汇聚烧灼形成标识，通过产品的移动得到点阵式字符的标刻，适合在高速生产线上对近似印刷字体的文本信息进行打码。

二、喷码印刷设备

各类喷码印刷技术原理不同，但最终都要靠相应的喷码印刷设备（也称为喷码印刷系统）来实现。喷码印刷系统以喷码机为主体，由相应的硬件和软件组合构成。

喷码机是一种由单片机控制，非接触式喷墨标识系统。其通过控制内部齿轮泵或由机器外部供应压缩气体，向系统内墨水施加一定压力，使墨水经由一个几十微米孔径的喷嘴射出。并由加在喷嘴上方晶体振荡信号将射出连续墨流分裂成频率相同、大小相等、间距一定的墨滴。然后，墨滴在经过充电电极时被分别充电，其所带电量大小由中央处理器CPU根据标识信号进行控制，再经过检测电极检测墨滴实际所带电量与相位是否正确。最后，带电墨滴在偏转电极形成的偏转电场中发生偏转，从喷头处射出，分别打印在产品表面不同位置，形成所需各种文字、图案等标识。而另一部分墨滴则打入回收槽，重新进入机器内部的墨水循环系统。喷码机可以单机使用，也可以与其他印刷机联机作业，用于包装印刷的产品流水线上。

喷码印刷系统的工作方式如图10-12所示，墨水在喷墨控制器的控制下，从喷头的喷嘴喷出，喷印在承印物上，承印物驱动机构驱动承印物按要求上料，系统控制器负责整个协调。喷

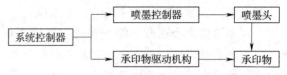

图10-12　喷码印刷系统工作方式示意图

墨头在整个系统中的角色相当于丝网印刷中的丝网，墨水通过它有控制地印在承印物上。

当前，喷码机主要分为墨水喷码机和激光喷码机两大类。墨水喷码机产品开发早，价格相对激光喷码机便宜，仍占据喷码印刷市场的主导。墨水喷码机按工作原理不同可以分为连续式喷墨喷码机和按需（指令式）喷墨喷码机；按喷码字体大小不同分为小字符喷码机和大字符喷码机；按喷印速度的高低不同分为超高速、高速、标准速、慢速喷码机；按动力源不同则分为外部气源和内置齿轮泵式喷码机。

1. 连续喷墨喷码机

连续喷墨（CIJ，continue ink jet）喷码机大都使用在成像要求低、需要高速度的包装喷码印刷市场。应用 CIJ 技术，墨滴流以线状产生，并通过一个偏转板，形成印刷标识。工业化的 CIJ 系统速度可达到 1000ft/min（304.8m/min），比按需喷墨喷码机的印刷速度快得多，但是喷码质量不如采用按需喷墨技术的喷码印刷质量。

CIJ 喷码机对于大量直邮订单操作以及食品、饮料、药物和美容的包装印刷产品的编号和标记，是最佳的解决方案。它还可用于彩票的标记和编码印刷。

2. 按需喷墨喷码机

工业化按需喷墨（DOD，drop on demand）喷码机的供墨系统喷头由多个高精密阀门组成。在喷字时，字型相对应的阀门迅速启闭，墨水依靠内部恒定压力喷出，在运动的承印物表面形成字符或图形。一个数字信号在承印表面上产生的是一个滴墨，而不是一条墨流。

最新的 DOD 喷头，在纸上可以以更精确的网点集合形成颜色，与传统胶印较为近似，喷印质量最佳。若用于四色高精密印刷，DOD 是最理想选择，可以产生接近照相质量的效果。DOD 喷码机的印刷速度在 100～300ft/min（30.5～91.4m/min）之间。

DOD 喷码机可用于大幅面标识印刷，但在工业包装行业，由于受印刷速度的限制，还无法应用在高速包装流水线上。

3. 小字符喷码机和大字符喷码机

小字符喷码机主要用于将较小文字、数字和图形等喷印到产品上。大字符喷码机，顾名思义，用于将大文字、数字和图形等喷印在外包装纸箱上。小字符喷码机和大字符喷码机工作可靠性高，软件版本容易升级，在产品上喷码印刷一次的成本很低，在工业生产各个行业均可广泛应用。很多这类喷码机还带有历史故障记录，即使发生故障，维修人员也能迅速找到故障原因，快速解决。这两类非接触式喷码机较以前的印刷设备和技术相比，至少有以下八大共同的优点：

① 字迹清晰持久。电脑控制，准确地喷印出所要求的数字、文字、图案和条形码等。

② 自动化程度高。自动实现日期、批次和编号的变更，实现喷印过程的无人操作。

③ 应用领域广泛。能与任何生产线匹配。可在塑料、玻璃、纸张、木材、橡胶、金属等多种材料、不同形体的表面喷印商标、出厂日期、说明、批号等。

④ 编程迅速方便。通过电脑或编辑机输入所要求的数字、文字、图案和行数等信息，改变打印信息，只轻按数键便可完成。

⑤ 字符大小可调。喷码印刷字体宽度、高度均有合适的范围可调节，也可任意加粗字体。

⑥ 喷印行数可调。喷印行数在 1～5 行可调，并可任意搭配。

⑦ 喷印速度极快。最快可喷印 800 字符/s 或 120m/min。

⑧ 满足特殊需求。用隐形墨水喷印时，可将隐形信息或防伪识别符完美地喷印于产品上。

食品、饮料、烟酒、电缆、药品及化妆品等包装印刷企业需要频繁或高速地将数字、条形码、图案或文字喷印于产品或外包装纸箱上。实践证明，使用小字符喷码机、大字符喷码机等可大大提高生产效率和喷印文字的清晰度，从而提升产品的品质，使企业赢得更广阔的产品市场和更好的经济效益。

（1）小字符喷码机　小字符喷码机的油墨在高压力作用下进入喷腔，喷腔内装有晶振器，其振动频率约为 62.5kHz，通过振动，使油墨喷出后形成固定间隔点，同时在充电极被充电。带电墨点经过高电压电极偏转后飞出并落在被喷印表面形成点阵。不造字的墨点则不充电，故不会发生偏转，直接射入回收槽，被回收使用。喷印在承印材料表面的墨点排成一列，它们可以为满列、空列或介于两者之间。垂直于墨点偏转方向的承印物件移动则可使各列形成必要的间隔。

小字符喷码机使用加热喷头技术，使墨水始终处于最适宜黏度。其喷头的自动清洗功能也能够保证喷嘴不会因为生产线的频繁开启而发生堵塞。

由于小字符喷印机的工作方式是所喷射的油墨墨滴不与承印物表面直接接触，故具有以下优点：

① 喷码速度快。以汽水可乐的生产为例，每分钟可达 1000 瓶以上。不用停止生产线即可更换墨水箱（几秒内完成），保证了喷码的一贯性。

② 喷码信息数据可变。由于由计算机控制喷码信息数据，所以可以很轻易的变化组合，其内容中可加入日期、时间、流水号码、批号等可变动性的信息。

③ 可喷码表面材质多样。喷码机有各种不同的墨水可供选择，不论是纸张、塑胶、金属、玻璃、坚硬的表面或是柔软易碎的表面，均可得到良好的喷印效果。

④ 高质量的标识效果。在不平整或弯曲的承印表面一样实现喷码并保证质量。

目前市场上典型的小字喷码机有 Metronic 德国美创力、VIDEOJET 美国伟迪捷、Imaje 法国依玛士、DOMINO 英国多米诺和 EBS 德国易必捷公司的产品，其性能与质量都相当好。

（2）大字符喷码机　大字符喷码机的工作方式与小字符喷码机不同的是其油墨喷出的方式是利用每一个单独的阀门控制开关实现。如果是 7 个点的喷头，就有 7 支独立的阀门控制。即大字符喷码机喷腔内装有 7 只能高速打开和关闭的微形电磁阀，要喷码印刷的文字或图形等通过计算机处理，输出一连串的 7 组电信号给 7 只微形电磁阀，使墨点喷印在被喷印表面形成点阵，形成印刷文字、数字或图形。

大字符喷码机喷印的字体较大，一般应用于外箱、外包装上或是大型的工件上，如粗水管或石棉板、隔热板等工件。其优点与小字体相似，只是其工作速度较慢，平均 60m/s，具体根据需要喷印的字体宽度而定。

典型的纸箱喷码用大字符喷码机有 EBS 德国易必捷、IINX 英国领新达嘉公司的产品等。

4. 高解像喷码机

高解像喷码具有高清晰喷印特点，使喷印清晰美观，增加产品的附加值。产品外表的美观化可以帮助用户识别正牌商品，保障厂家的合法权益。高解像喷码机可从多角度对承印物体进行喷印，180°范围内任意可调，即可从上向下或从侧机对物体喷印或斜喷。

高解像喷码机主要有以下特点：

① 低污染。高解像喷码机皆使用"环保型油墨"，无高挥发性之有机溶剂。机器不使用稀释液，没有挥发性的问题。而传统 CIJ 喷码机，使用 MEK 溶剂（甲乙基酮），属高挥发溶剂，机器一旦开机，就开始持续性地在工作场所的环境中挥发此溶剂。

② 低成本。因为不需要油墨稀释液，所以耗材之总消耗量为传统 CIJ 喷码机的

1/3～2/3以上，大大地降低生产成本。而且每个墨点大小只有90pl，油墨用量非常地少。而传统CIJ喷码机使用的稀释液会以每小时15～20ml的挥发速度挥发至工作场所环境中，无形中地浪费成本。以一天工作8h为例，大约一周就会用掉一瓶稀释液。

③ 低故障。设备内部无繁琐的油墨管路和阀门设计，降低了抖动组件（马达/阀门）所造成的故障率。因为不使用稀释液，所以没有因为混合浓度比（即油墨黏稠度）不均而造成墨水偏转错误、出现漏墨等故障。而传统CIJ喷码机的管线长且阀门多，相对地故障率也就随之提高。

④ 低保养。使用最新技术的工业级喷头大大地降低了保养率。而传统CIJ喷码机，因为墨水需回收循环再利用，有时会因为回收孔阻塞，而常需清洗喷头。需定期地更换滤网和定期地校正偏极板，偏极板有时也会因为保养不当而造成变形，使得油墨漏射不停。

5. 手持式喷码机

一般喷码机工作时，都是产品移动，而喷码机喷头不动。但有的喷码印刷场合并不能适用，如仓库出货时需即时喷印经销商代码，或大件产品、大重量产品，如大润滑油桶等就无法使用移动产品的方式进行喷码印刷。手持式喷码装置的出现彻底解决了这个难题。

顾名思义，手持喷码机是可以用手握着喷吗装置，改变了普通喷码机工作时只是承印物体移动而喷码机不动的状态，实现了喷码机动而承印物体不动的突破。使用手持式喷码机，通过操作平台，控制输出特殊字符，标识产品发派地点。将其用于库房中的产品出库装车时，可以达到防串货功能。

这种喷头手持装置轻巧实用，先进的同步装置可以保证无论移动速度快慢，都可使字体、标识喷印均匀、美观。手持喷码机具有一机多用、清晰度高、性能稳定，喷印速度快、使用寿命长、字迹清楚、耗电量小、耗材经济等多种优点，仅耗材一项每年能为用户节省万元。

手持喷码机的结构特点是：

① 小巧的手持喷头装置。在装置内部有特制符合力学原理的力学装置，且小巧可以手握操作，左右移动灵活，使用力均匀，使用方便。

② 稳定的速度同步器。在手持喷码机内部安装速度同步器保证了打印速度均匀，不滑动，打印质量好。

③ 可移动的供电和供气装置。采用了蓄电池和逆变电源，而且手持喷码机自身配备了小巧的气泵，这种特殊的供电、供气设计使手持喷码机克服了普通大字符喷码机使用交流电源，不能移动，拖着长长气源管的缺点，可实现整套移动，方便使用。

6. 激光喷码机

尽管上述提及的各类喷码机已具有卓越的喷印性能，但当今世界科学家和科技工作者精益求精的创新精神又使目前世界上最先进的激光喷码机诞生了。

激光喷码机结合了墨水喷码和激光打印两者的优点，具有强大的计算机处理能力，可以实现原尺寸图标显示、内建键盘提供广泛的图标标记选项。仅需要简单培训，操作维修人员就能熟练使用。有图标和文本编辑的外部个人计算机可被用于产生复杂的图标等字符，然后传输到喷码机系统。全范围的标记选项可轻松为选项序列数字、日期和时间、喷码字体和方向作标记，而且有事先查看喷码效果的能力。因此，激光喷码机的应用范围更广，具有小字和大字喷印一体化的能力，有望成为包装工业喷码的新型应用设备，广泛应用在各种包装材料上，如在纸张、卡纸、铝箔、金属、塑料等表面提供平稳、连续字码喷印。

激光喷码机的工作特点包括：

① 适应更高线速度，高达 300m/min；

② 喷码能力更强，高达 1800 个（产品）/min；

③ 打字尺寸范围更大，100mm×100mm，最小线宽 0.18mm；

④ 图形尺寸可按照需要设定 0.5%～100%的缩放范围；

⑤ 安装容易，上千操作小时免维护。

三、喷码印刷材料

由于喷墨喷码设备具有高速、高效、低成本的优势，目前在市场上的应用远远多于基于激光喷码技术的喷码设备。而对于喷墨喷码设备而言，喷码的效果与其墨水的性能息息相关。所以，目前喷码印刷材料主要包括喷码墨水和溶剂等耗材。

1. 喷码墨水的特点

在印刷适性方面，由于喷墨类喷码印刷装置的特殊性，需要将直径微小的墨滴以30000～50000 滴/s 的喷射速度从喷嘴中喷出，这就要求所用的墨水必须具有适合喷墨印刷的某些特殊性能，如油墨要求是低表面张力、低黏度、密度低，具有适当的电阻性，干燥性能好等。对于某些油墨而言，还要求足够的耐高温性。喷码印刷所用墨水是黏度适中的专用墨水，具有无毒、稳定、不堵塞喷嘴、喷射性良好、对喷头的金属构件不腐蚀等性能。目前墨水喷码机常用的墨水有快干墨水、环保型墨水和隐形墨水。

在高速喷码印刷生产中，首先要求墨水具有快干性。即喷码印刷所用墨水喷印至产品表面后应该立刻干燥，同时牢牢地附着在产品表面，不会移印到其他位置和弄脏物体的表面，可保证每一个被喷印产品的标识清晰、完整和易分辨，不影响整个生产过程，有效减少故障时间。

隐形墨水印迹在正常的光线下不会显示，只有在紫外线下才可显示出来，主要用于产品防伪。可见，作为产品标识的载体，喷码印刷墨水也承担起这一重任。国内对于小字符和大字符防伪隐形油墨都有一定研究，北京赛腾动力科技有限公司研发手持喷码机用的大字符防伪隐形墨水，使手持喷码机的作用发挥到了极致。这种防伪隐形墨水不仅过滤精度高、干燥速度快、附着力强，而且产品喷印编码具有在紫外线照射下显示蓝光的特殊防伪功能。

此外，墨水的环保性也是大众非常关心的话题。墨水及溶剂是高挥发性物质，会产生较多的化学有毒残留物，污染环境。特别对于食品包装而言，墨水的环保性更为重要，其化学成分及气味有可能透过薄膜及包装渗入食品中，危害人体健康。为杜绝此后患，美国甚至禁止在药品的内包装上使用喷墨喷码机。目前，多米诺、伟迪捷等公司都非常注重环保墨水的开发。另外，在食品包装领域，有些食品还要求墨水具有可食性，以便直接在食品表面或者在其内层包装上喷码印刷。而对于那些需要冷藏的食品，则要求标识可以在食品经过 0℃左右的冷藏后字符仍然保持不变，因此墨水的耐低温性能也非常重要。即要求环保型墨水的应用，气味淡，污染小，安全可靠，适合卫生标准高的产品和车间或仓库环境。

2. 喷码墨水的种类

喷码墨水一般是由色料、连结料和添加剂组成，连结料占总组分的 40%～90%，色料一般占总组分的 1%～10%，其余的部分都称作是添加剂，主要用来改善墨水的黏度、附着强度、热稳定性、耐光性和表面张力等。喷码墨水中的连结料可以是水、油性物质、溶剂、树脂等，一般根据连结料的不同将墨水分为水基、油基、溶剂型和热固型喷码墨水。

（1）水基墨水　水基墨水通常用于带孔和非涂布的承印材料上，如纸板和纸张，也经常用于直邮产品的印刷和其他商业印刷市场。水基墨水也可分为颜料型和染料型，颜料因为不溶于水，会沉淀，因此颜料粒子要磨得非常细小，要小到 30μm 以下，才会有比较好的喷印效果，否则使用时容易造成阻塞。颜料型本身的耐候性、耐光度、耐水洗牢度、耐磨牢度都非常好，染料型的优点是溶解度良好，而且色彩种类非常多，鲜艳度较好，但是牢度较差。

（2）油基墨水　油基墨水使用植物油或矿物油成分，最适宜在带孔的材料上印刷，属于吸收式干燥，在纸板包装领域的应用效果尤为突出。但不适合用在密闭的办公室环境使用，因为会产生空气污染。它所用的色料也可包括颜料型和染料型两种。

（3）溶剂型墨水　溶剂型墨水用途比较广泛，从标牌印刷到条形码印刷到户外广告。使用这种墨水，经济效益很高、快干，可在多种材料上印刷，尤其适乙烯基材料、玻璃和纸张等。

（4）热固性墨水　热固性墨水适合在各种软性和硬性承印材料上印刷，如瓦楞纸板和金属箔等。它固化速度较快、耐久性较强，非常适合 DOD 印刷中使用，如零售点展示广告、电话卡、信用卡和频繁使用的购物卡的印刷。

3．喷码机耗材的安全使用

喷码机的耗材使用需要注意以下三点安全问题：

（1）墨水的使用　喷码机因为需要对墨点进行精确的充电，所以喷码机墨水对水分特别敏感。在使用过程当中，一定要注意防止火灾发生。任何使用过的清洗材料，例如擦拭用的纸巾等，都是火灾隐患，这些材料在使用后必须及时回收并采用安全的方法进行处理。不得用水扑灭电器引发的火灾，如果只能用水扑灭（如硝化纤维素墨水等引发的火灾）时，则必须先断开电源。

（2）墨水和溶剂的腐蚀性和挥发性　尽量避免喷码机用墨水和溶剂沾染皮肤、眼睛、鼻子等。如果不慎碰触到，要迅速用大量的清水冲洗 15min 以上，如果清洗后感觉不适就要及时就医。而且多数墨水都含有很容易挥发成分并易被人吸入肺部，所以在喷码机使用的现场必须保证良好的通风设备。

（3）喷码机接地　喷码机和其他设备不同，其工作原理是靠静电偏转墨滴，所以一定要接地良好。如果接地不好，静电积累到一定程度可能引起火花，引发火灾。同时，如果接地不良，有可能引起墨滴分裂不好，将会影响喷码印刷质量。

四、喷码印刷技术及应用

1．喷码印刷技术及应用

喷码印刷技术是为了在产品或产品包装上高效、快速灵活地喷印编号、生产日期、有效期、批号、徽标、品名、条形码以及商标图案、防伪标记和文字字样等等各种信息而发展起来的一种技术。目前，喷码印刷技术广泛应用于两方面，一是产品包装行业，如食品、饮料、酒类及医药等行业；其次是产品本身，即在产品上标注其规格型号等，使其成为产品本身的一部分内容，主要分布在电线电缆、建筑材料、电子产品和商务印刷等行业。

随着进出口贸易规模的不断扩大，客观上要求中国商品标识及识别技术与国际标准接轨，对喷码技术的要求也随之越来越高，国家对各种标识的要求也越来越严格。这就迫使各厂家寻找一种有效的方法来解决标识问题，对现代化大规模生产的厂家来说，能解决该问题的首选就是喷码印刷技术和相应的设备。

据统计，自1989年到1995年，我国每年从国外进口喷码机2000台左右，1995年到2000年期间上升到5000台左右，2001年以后上升到每年8000台左右。我国为引进喷码机耗费了大量外汇。为改变现状，国内厂家也研制出国产喷码机和耗材。喷码机应用范围不断扩大，增长速度快。据调查，中国市场喷码机年均增长率为30%～50%，发展前景非常看好。

喷码印刷技术以其在喷码印制方面使用灵活、效率高、成本低的优点对提高企业和产品的形象、促进产品销售、提高工作效率、增加经济效益均起到了很大作用，因而其应用与发展可谓日新月异。而且，随着人们环保意识的不断增强，对墨水的安全性和低污染性的要求越来越高，尤其是要将喷码直接喷印在一些食品，例如水果、鸡蛋等上面时，更是如此，这也为绿色环保喷码墨水的应用发展提出了新的要求。

2. 符合不同要求的喷码技术解决方案举例

食品包装上的标识信息按照印制方式可分为两大类：其一为直接接触方式，如打码、压码、印码等方式，其特点是设备与承印物体直接接触，承印面需承受一定压力，对于像鸡蛋、蛋糕这样的不能承受压力，且形状不规则的物体就不能采用了；其二为间接接触方式，主要体现为喷码印刷技术，其特点是设备不需接触物体，而将信息喷印在承印物体表面即可，避免了内容物受到压力作用而破损的危险，也能够适应各类形状物体的喷印需求。同时，喷码印刷技术具有高速的特点，非常适合食品行业现代化高速生产的需要。针对喷码印刷技术在食品行业的应用，需要考虑到食品包装的多样性需求，北京赛腾公司提供了具体解决方案。

方案一：北京赛腾推出Microdot系列小字符喷码机用于制作食品包装上的生产日期、批号等标识。该机在国内同类产品中处于技术领先地位，并率先通过了CE认证。Microdot系列机采用全封闭机壳设计，无散热孔，且耗电功率小，可适应潮湿、炎热、多粉尘的生产环境。另外，为配合产品生产线的高速运转，Microdot的最高速度可达双行95m/min，完全满足高速生产线的需求。为了保证食品生产的连续性，最大限度地减少因更换墨水而带来的生产中断，Microdot无须停机，可即时更换墨水瓶，快捷干净。

方案二：为了方便储存流通，大部分食品成品都是装于纸箱中的，所以在纸箱包装的表面制作标识信息也是喷码机厂家需要解决的一个课题。北京赛腾引进美国Matthews大字符喷码机，该机采用先进的电磁阀技术，可在外箱表面喷印各种文本及图案。在产品的流通过程中，使用DOD大字符喷码机在外包上喷印不同的地区代码以防止窜货现象，效果显著且使用方便。另外，配合大字符隐形防伪墨水，还可实现产品的防伪功能。针对一些大的外包装箱不适宜流水线的现象，北京赛腾在大字机的基础上，开发出一种小巧的手持式喷码机，整机放置于配套的小推车上，只需推动小推车，便可做到"机动货不动"，使用起来非常方便。

方案三：近年来，人们对食品卫生状况越来越关注，政府也出台了一些相应的法律法规来规范食品市场。随着人们环保意识、健康意识的提升，不光是食品本身，食品包装也成为人们关注的焦点。喷码机一般采用普通酮基墨水，这种墨水在挥发时会产生对人体有害的气体，不利于人体健康。如果将其喷印在食品表面，很可能会直接渗入内部造成污染。相比较而言，使用醇基墨水可以避免这种问题发生。醇基墨水挥发物质为乙醇，对人体无毒害。目前，北京赛腾研制开发的100％醇基墨水已经投入市场。可见，此类喷码墨水在今后的食品生产行业中应该有着广阔的发展与应用前景。

第三节 立 体 印 刷

一张三维效果的海报、一张漂亮的明信片、一个富于创意的设计会吸引你驻足观看，这就是当下颇为流行、客户需求不断看涨的立体印刷。立体印刷使人们依靠肉眼即可在平面图像上直接观看到立体图像，其技术含量高，宣传效果好，能够带来较高的附加值。

人们日常生活中所熟悉的照相、印刷、电影，电视等应用的技术均属图像显示技术，以图像的忠实再现为主要目标，已实现了由单色图像向彩色图像的过渡。但是这些图像都没有超出二维显示的范围，而人的视觉能够获得的信息属于三维信息。因此，常规图像的显示技术并未真实反映出人们能够看到的多姿多彩的立体形象。近年来，图像显示技术正在由二维显示向三维显示发展，印刷界也一直致力于复制出从三维空间再现现实物体立体图像的印刷品，如图10-13所示。

图 10-13 三维效果的立体印刷品

立体印刷的定义是模拟人的两眼间距从不同角度观察同一物体，从不同的角度对同一物体进行拍摄，将左、右不同角度观察到的像素记录在感光材料上，经制版印刷后，得到裸眼无法正常观察的特殊印刷品，只有在配合凹凸柱镜状光栅板后，才能形成完整可视的立体印刷品。人们在观看立体印刷品时，左眼看到的正是胶片上拍摄到的左像素、右眼看到的正是胶片上拍摄到的右像素，仿真人眼左右眼距的观察方式，将左右眼睛看到的图像在头脑中合成形成立体图像。按照这一仿真原理和方法制作出立体印刷品的技术被称为立体印刷技术。

立体印刷的特点：① 能逼真地再现物体形象，具有很强的立体感，产品图像清晰、层次丰富、形象逼真、意境深邃；② 立体印刷的原稿往往是造型设计或景物拍摄而成，印刷品一般选择优质的铜版纸和高级油墨印刷，光泽度好，颜色鲜艳，不易褪色；③ 印刷产品表面覆盖一层凹凸柱镜状光栅板，可以在自然光下直接观看全景画面的立体效果。

一、立体印刷原理

1. 立体视觉

人们如何对物体产生立体视觉，是人的生理因素、生活经验和心理因素等的综合反映。实际上，立体视觉是人在视觉过程中把上述复杂因素综合在一起而形成的立体信息。

（1）生理因素　人的视差有两眼视差和单眼运动视差之分。

在观察物体时，由于两眼所处的角度不同，左右两眼所看到的物体图像就会产生差异，这就是两眼视差，正是视差给予了我们物体的立体感。通常，我们最多能识别 250m 内物体的前后位置，其距离越近，视差效果则越显著。但是，对于视角接近零的物体，几乎没有视差效果。

不仅两眼能产生视差，即使是单眼，如果被观察物体的位置发生运动变化也会产生视差，从而可得到一定的立体感。特别是当观察者处于运动状态下，其立体视觉效果更加显著，这被称为单眼运动视差。

当人的两眼注视某一点时，左、右两眼的视线相交角，我们称为交叉角，即辐辏角，用 α 表示，如图 10 - 14 所示。通过两眼肌肉不同的紧张程度使左、右两眼的视线相交，就给予我们一定的立体视觉。

为了两眼能够聚焦好观察物的焦点，人眼就要改变眼睛水晶体的曲率。若眼睛睫状肌肉有紧张感，聚焦焦点没有对好，物体的清晰度就要下降。实际上，人的眼球相当于焦点成像的高级光学系统。

（2）生活经验与心理因素　人的生活经验和心理因素对立体视觉也会产生直接影响，主要有以下几个方面：

① 视网膜成像的大小。同一物体在视网膜上成像的大小随着距离的改变而变化。特别是当画面内有标准尺寸的物体做参照物时，这种经验与心理因素的作用更加明显。

② 空气透视。一般近处的物体能够看得清晰、鲜明，而

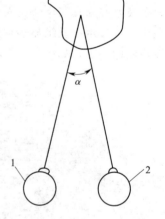

图 10 - 14　辐辏
1—左眼　2—右眼

远处的物体由于受到空气中微粒子散射的影响，其鲜明度就会下降，而且远处反射物体所看到的颜色会有些变蓝。由于视觉上的这一效果，在清晨和傍晚时，拍摄的风景相会产生较强的立体感。

③ 密度梯度。观察均匀分布的图形就不会使人产生立体感，而观察如图 10 - 15 所示的具有密度梯度的图形时，就会使人产生一定的纵深感。

④ 阴影。在画面上利用阴影也可以得到立体感。

⑤ 重叠。将两个物体的图形重叠放置时，由于前方的图形遮蔽住后方的部分图形，会使我们感到所看到的轮廓线连续的图形离自己近一些。

⑥ 不均匀构图。不均匀构图如图 10 - 16 所示。随着对称性的降低，其立体视觉会从 (a) ～ (d) 逐渐增强。

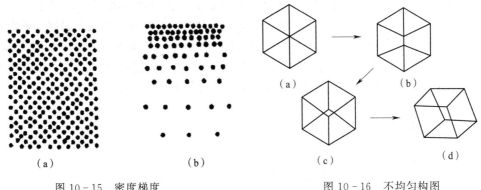

图 10 - 15　密度梯度　　　　　　　　　　　图 10 - 16　不均匀构图
(a) 均布图形　(b) 密度梯度图形

⑦ 视野。画面上的框线会影响立体视觉。假如像电影宽银幕那样没有感到周围框线的存在，立体视觉就会强一些。所以框线感的减弱，现场感就会增强。即视野越大，立体感越强。

⑧ 前进色与后退色。当把红、黄系的颜色与蓝、绿系的颜色等距离放置时，人们会感到红、黄色离我们较近，而蓝、绿色离我们较远。所以，利用颜色的错觉效应也可以增强立体感。

2. 立体显示技术

立体显示是指对图像在三维空间的立体信息的再现，是获得立体视觉的又一基本条件。

立体显示能够得到实现主要有两种方法：两向显示法和多向显示法。

(1) 两向显示法　两向显示法有以下四种类型：立体镜法、双色滤色片法、偏光滤色镜法及交替分割法。无论采用哪一种方法，都是利用两眼视差的原理，靠左右眼分别观察图像而获得立体视觉信息。

① 立体镜法。立体镜法的基本原理是使用立体眼镜分别观察左、右图形，合成后形成立体感的图像。这种方法自 19 世纪出现以来一直得到广泛的应用，但观察时人们必须使用特殊的立体眼镜，否则就得不到图像的立体视觉。

② 双色滤色片法。将左、右记录图像分别用红、蓝油墨印刷在同一平面内，再通过红、蓝滤色片观察印刷图像。由于滤色片与油墨颜色互为补色关系，所以通过滤色片观察的图像并不是红色和蓝色，而是黑色图像。这种方法借助颜色错觉观察，仅仅限于黑白相片的立体观察。再加上不同波长的光分别进入两眼，容易使人眼疲劳，所以除了制作航空地图外一般很少使用。

③ 偏光滤色镜法。将左、右记录的图像分别通过相互直交的偏光滤色镜投影在同一平面上，在观察图像时，人的左、右眼也用同样的偏光滤色镜进行观察，也能获得立体图像。这种方法需要使用专用偏光滤色眼镜，在立体电影和立体电视中已得到应用。

④ 交替分割法：将左、右图像交替呈现在同一平面上，并将同期不必要的部分进行遮蔽，从而产生图像的立体感。由于残像效果会引起闪光，遮蔽用眼镜的价格较高，所以

这种方法至今未能得到普及。

（2）多向显示法　多向显示法主要有视差屏蔽法和柱面透镜法两种类型。

① 视差屏蔽法。视差屏蔽法也称视差狭缝法，其工作原理如图 10-17 所示。将左眼图像和右眼图像由狭缝进行分割并在软片上曝光，然后进行显影、晒版和印刷。若将其放置在摄影时相同的位置，两眼也分别置于放置图像的位置，就可看到主体图像。应用视差狭缝法，若将图 10-17 所示的两个图像进行合成，就能得到视差立体图像。如果降低狭缝的开口比，可完成多个图像的合成，就可获得视差全景图像，如图 10-18 所示。

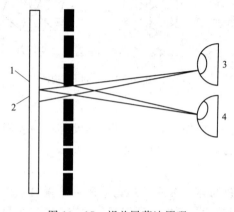

图 10-17　视差屏蔽法原理

1—左眼像　2—右眼像　3—左眼　4—右眼

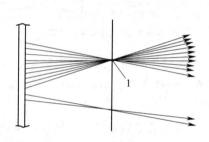

图 10-18　视差全景图像

1—狭缝

② 柱面透镜法。柱面透镜可以看成是由许多长柱凸透镜片并排构成的透镜板，如图 10-19 所示。它具有分像作用，其成像特性如图 10-20 所示，此镜片的平直背面与焦点平面相重合，由于凸透镜片的分像作用，可将各方向的图像 A、B、C、D 分离成 a、b、c、d 并在焦点平面上记录下来，观察时只要将左、右两眼置于 B、C 的位置，就可以看到立体图像。一般而言，柱面透镜是在图示有效角 β 的范围内连续成像的，所以只要在 β 角之内，即使改变观察位置也不会影响立体视觉效果。另外，有效角 β 与柱面透镜的节距 P、曲率半径 R 及厚度 t 等参数都是通过最佳设计和计算而确定的。

图 10-19　柱面透镜

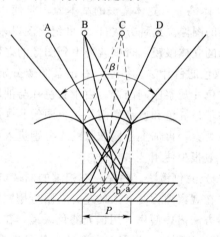

图 10-20　柱面透镜成像特性

二、立体印刷的摄影方法

1. 基本摄影方法

如前所述，柱面透镜法完成立体印刷，需要有从各个方向看到被照物体的图像，其摄影方法如图 10-21 所示。① 圆弧移动法。这种方法以被摄景物上的某一点为圆心，从此点到照相机的距离为半径作圆弧，照相机沿此弧线移动，连续或间断地进行拍摄，得到一组不同角度的物体像；② 平行移动法。将镜头围绕物体的中心线作平行移动，连续或间断地进行拍摄，同样得到一组不同角度的物体像。这种方法进行拍摄时，其精度不易掌握；③ 直线摇动法。将镜头围绕物体的中心线作平行移动，但镜头角度

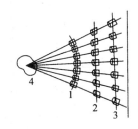

图 10-21 立体摄影基本原理
1—圆弧移动法 2—平行移动法
3—直线摇动法 4—被摄物体

始终以被摄景物上的某一点为准，连续或间断地进行拍摄，得到一组不同角度的物体像。此时图像会有些变形，如不要求较高精度时，也是一种简便的拍摄方法。

2. 不使用柱面透镜的摄影方法

使用这种方法立体摄影时与普通相机摄影一样，边移动边摄影，然后把各方向拍摄的图像通过柱面透镜合成。因而各个方向（6～9 张）的像不是连续的。① 瞬间摄影法。使用带有多个（6～9 个）透镜的特殊照相机直接拍摄。由于相机携带方便，最适于户外摄影，特别是对移动物体的摄影。只是若不经后期合成，则不能够形成立体相片。② 普通相机移动法。将普通相机上装设一个电动滑槽，边滑动边摄影。与上述瞬间摄影法相比，突出的优点是无需特殊的相机，方法简单。

3. 使用柱面透镜的摄影方法

这种方法可在有效角度内进行连续地摄影，一次拍摄即可得立体图像，只是摄影后想放大非常困难，而且曝光时间较长，不能拍摄移动的物体，且照相机的体积较大，不宜搬运。

（1）被摄体移动法 此法与移动相机正相反，是使被照物体旋转并直线移动。放置物体的大型转盘中心与被摄物体中心相一致，转盘移动的同时进行摄影。此方法要求使用室内专用照相机，不能拍摄移动的物体。

（2）照相机平行移动法 用平行移动式相机对被摄物体进行等距拍摄，在相机的平行移动过程中，相机总是对准被摄体的中心，可以获得良好的图像。但相机由于构造上的限制，只可室内摄影采用。

（3）照相机直线摇动法 这是比上述平行移动法稍为简化的方法。照相机作直线左右移动，镜头反复摇动对准被摄体的中心。此方法室内及户外摄影均可。

（4）快门移动法 这种拍摄方法需采用室内近距离摄影相机。快门移动法是使用大口径镜头相机，随着镜头内快门的移动，可摄制各方向的立体图像。这种方法镜头的移动距离少，可在短时间内曝光，同时近距离摄影不会损伤图像的立体感，特别适合肖像类的摄影。

目前常用于拍摄立体印刷原稿的方法有圆弧立体摄影法和快门移动法两种方法。

① 圆弧移动拍摄法。把柱面透镜板直接加装在感光片的前面，用一台照相机进行

拍照，使照相机的光轴始终对准被摄物的中心。照相机运动的总距离以满足图像再现的要求为准，一般控制在夹角为 3°～10°。照相机感光片前的光栅板与感光片随机同步移动，每次曝光都会在光栅板的每个半圆柱下聚焦出一条像素。当相机完成预定距离的拍摄，像素布满了整个栅距，经冲洗即可得到立体相片，见图10－22所示。

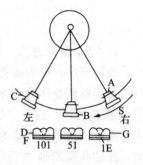

图 10 - 22　圆弧移动拍摄

② 快门移动拍摄。拍摄时，快门从镜头一头移到另一头的距离约为 60mm，相当于人两眼间的间距。同时使紧贴于感光片前的栅板也相应移动，每次移动的距离为一个栅距，即 0.6mm，由此获得多次曝光的立体相片。

三、立体印刷的制版与印刷工艺

立体印刷是印刷工艺的一个分支，它把三维立体成像技术与印刷工艺精华融为一体，使平面印刷图像呈现立体动画和异变图的奇特视觉感受，从根本上打破了传统印刷品平面、静态、单一的形态，为印刷设计艺术和工艺技术增添了新的内涵与活力。

立体印刷是平面印刷工艺的提高和补充，它并非是单一图像的简单复制，而是多幅图像的压缩组合。一幅立体印刷品是由不同视角的单一视差像素有序排列而成，并达到万象归一的视觉效果。由于立体图像的原稿信息大于平面图像十几倍，因此无论在印刷技术标准的控制上，还是印刷工艺流程的管理中，都必须更加精确、严谨。基本印刷工艺包括原稿制作、制版、印刷和印后加工。

1. 原稿制作

要制作有纵深感觉的立体印刷品，最根本的问题是被摄物本身应具备实物效果，才能获得真正三维的立体印刷图片。目前立体原稿的常见制作方法有立体照相法和软件制作法两种。

（1）立体照相法　该法操作的关键是拍摄立体照片，且需要在拍摄前对拍摄物的布局、距离、角度、中心点等进行精确的计算，分为直接法和间接法。

直接法是直接通过柱镜光栅板进行照相，在一定的视野内移动相机（或采用大光圈镜头，依靠变化镜头上的光圈进行拍摄，无须移动相机），将被摄物连续拍摄下来。

间接法则是以特定位置拍摄两张以上的照片（或用多镜头专业相机拍摄物体不同角度的影像），然后将它们准确地合为一张。此法比直接法立体效果好，但比较费事，一般不采用。

立体照相法需要现成的被摄物或场景才能制作，而且不能拍摄动态影像（多镜头相机除外），是该技术的难点和不足所在，但优点是制作出的立体照片自然、逼真，立体感好。

（2）软件制作法　印前图像处理与平面印刷品的不同之处是需要根据所使用的光栅参数对图像进行多像合成。对于用普通相机摄取的单视角图像，还必须首先生成视差图。早期的印前图像处理主要依靠摄影技术，在摄影及洗印加工环节进行多像合成。由放大机把成对的图像底片通过柱镜光栅片成像在感光片上，制成光栅合成图。这种方法采用的加工设备复杂，成本昂贵，因此，相当长的时期内，光栅立体成像技术没有得到明显发展。

近十年来，数字印前技术的普及应用，实现了在计算机环境下利用软件平台进行印前制作，可针对光栅立体印刷完成对原稿图像的颜色与阶调层次处理、视差图的生成、多像合成等作业。印前制作的关键是生成视差图序列，并将其按照设置好的光栅参数进行多像合成，得到一幅光栅图像。

将用于制作前后景的多幅平面图像在 Photoshop 中按前后景顺序分层放置，然后导入立体制作软件（如 3D MAGIC、PSDTO3D、3D4U 等）中进行处理。在软件环境中，首先将原稿中的景物按凹凸视觉效果勾画等高线，然后选定主体中心，将前后景物进行一定量的位移，形成不同视差角度的图像序列 [12，13]。

多像合成是通过一定方法，将视差图序列合成为一幅光栅图像。在多像合成之前，首先要对光栅进行测试，获取准确的光栅栅距。目前多像合成方法有两种：专用软件生成法和通用图像处理软件处理法。专用软件生成法根据光栅图像的制作原理编写软件程序，通过读取多幅视差图序列直接生成一幅光栅图像，是专为立体印刷开发的用于原稿分层处理的软件，大家比较熟悉的立体印刷软件有 HumanEyes 公司最近推出的 PrintPro 2.0 三维立体软件解决方案以及软件创新产品 Creative3D，Creative3D 是一种三维立体设计工具，可以进行个性化的三维立体设计。Photo Illusion 公司也可以提供类似的软件。通用图像处理软件处理法在 Photoshop 等图像处理软件中，使用手工操作的方法分割图像序列中的每一帧，然后再拼贴合成所需的光栅图像。采用立体图像软件后，只要是平面印刷可用的图片就能制作出立体印刷品。具体步骤是按照软件的指引，输入必要的数据，通过立体软件对数字化原稿进行立体分层，即可轻松快速地将普通的平面照片转化成 3D 图片。用专业软件处理原稿的优势是无须构建模型，较易取得各种景物的立体处理，而且出片方便、快捷。使用该方法虽然原理简单，但操作较麻烦。在多像合成之后，要对图像进行水平方向压缩处理，使视图每组影像的宽度等于光栅栅距。由于光栅立体图像是通过将图像像素分离重组得到的，图像数据量大，对计算机性能要求较高。

2. 立体印刷制版

立体印刷所选用的印刷方式应满足下列条件：① 不因印刷方式而损失图像的立体感；② 套印精度好；③ 大批量的印刷。

表 10 - 1　　　　　　　　　　　立体印刷工艺比较

印刷方式	立体感	制版质量	印刷精度	耐印力	印刷品质量比较
胶印	良好	良好	良好	良好	立体感低，制版稳定，宜大量生产
凹印	良好	套印精度差	不良	良好	立体感良好，多色印刷效果差
凸印	良好	细网线制版困难	良好	偏低	细网线制版困难，印版易污化

表 10 - 1 为各种立体印刷工艺的优劣比较。就上述条件的比较，立体相片通常采用胶印制版印刷。由于立体印刷图像的像素细腻和柱镜光栅的放大作用，印刷制版的网线数要求在 120 线/cm 以上，精度要求较高。

立体印刷和普通彩色印刷的加网角度不同，而且青色、黑色版要求采用相同的网目角度。

另外，不同栅距的立体印刷要有不同的黄、品红、青、黑四块印版的网线角度组合，以避免干涉条纹的产生。表 10 - 2 所列为某厂家立体印刷时采用的加网角度。

表 10-2 立体印刷的加网角度

栅距/mm	分色加网线数/（线/cm）	加网角度/（°）			
		Y	M	C	B
0.60	100	81	36	66	66
0.44	58	50	20	65	65
0.31	81	66	22	51	51

由于立体印刷原稿是由一条条紧密排列的像素组成的胶片，经制版、印刷后还要复合柱镜板，所以选择每色的网线角度时，除了要考虑网版之间可能形成的龟纹外，还要注意各网屏角度与像素线、柱镜板棱线形成的龟纹。例如立体印刷的色版就不宜选择 0°加网，因为横向网线的龟纹最明显，且 0°与像素线、柱镜线会出现正交，干扰了图像的清晰度和深度感。

由于立体印刷品最终要与柱镜板复合，而柱镜板大都带有一定的灰度，又因立体印刷使用的是极精细的 300 线/in 网屏，在晒版时只需晒到八五成或九成点子，否则印刷时十分容易出现糊版故障，这样就需要加大暗调区域的色量，以达到显示九～九五成点子的效果。所以，立体印刷比普通四色印刷时的彩色印墨的实地密度要高一些。

立体印刷中青色版、黑版的加网角度一致是由其本身特点决定的。如果三色印墨叠印后接近中性灰，为减少第四次套印带来的误差，可以不必再印黑版，将黑版与青版取同样的角度，以便灵活掌握。

在 20 世纪数字技术引入印刷领域后，原稿的来源不再完全依靠传统的照相方法，图像处理也更多地应用数字技术，使立体印刷的制版技术发生了较大的变化。依靠计算机硬件与图像处理软件，高质量的 CTP 数字制版，可以使立体印刷原稿处理和制版大大简化，效果大大提高，从而能够实现更高层次的立体图像印刷、立体动画印刷和立体异变图像印刷。

（1）立体图像印刷　将原稿中的景物按凹凸视觉效果分层，然后选定主体中心，将其他景物进行前后相对位移，形成不同视差角度的有序排列。全图的景物、景深效果取决于分相位移和角度的大小，位移越大，浮出越多，景深越小，两者必须协调。景深效果也要符合物体大小、透视关系及景物之间的比例，使前物浮而不虚，后景深而不糊，达到最佳视觉的立体效果。

（2）立体动画印刷　全图设计后，将图内需要动作的物体在动态范围内按比例排列成不同动作的单一图像，确立静态主体后，输入电脑进行动态物体交换位移，即可形成立体动画图像原稿，如立体画中人眼的睁开和闭眼动作。

（3）立体异变图像印刷　将不同画面的图像输入电脑，根据设定的光栅数据进行计算、等分，确定不同视角的像素排列，即可制出一幅异变效果的立体影像，而后进入制版印刷工序，复制出不同角度不同立体画的立体异变图像。

3. 立体印刷材料

（1）光栅片材料　不同的场合，立体印刷需要使用不同尺寸的专门的光栅材料。例如：70 线/in、75 线/in、80 线/in、100 线/in 的光栅是最流行的，适用于明信片、名片等中小尺寸图像的制作。60 线/in、62 线/in 的光栅适用于近距离观察的中小尺寸图像或观察距离为 0.3~3m 的大幅面图像。40 线/in 的光栅是针对室内应用而开发，也能应用于四开以上至对开幅面的印刷品，三维效果非常理想。20 线/in 的光栅是针对户外大型广告而开发，也能应用于室内广告产品，其三维效果同样非常理想，观察距离为 1.5~6m。

① 硬塑立体光栅片。采用聚苯乙烯原料经过注塑加工得到凹凸柱镜状光栅片。聚苯乙烯无色透明、无延展性，透明度达 88%~92%，折射率为 1.59~1.6，其高折射率使聚苯乙烯光栅片具有良好的光泽，透明的塑料可产生良好的双折射应力——光学效应。聚苯乙烯光栅片不会轻易发黄变色，成品率高。

② 软塑立体光栅片。主要采用聚氯乙烯片基经过金属光栅模压版或光栅压板，压制成软塑立体光栅片。聚氯乙烯能制成无色透明有光泽的薄膜，并能根据增塑剂含量的多少，制造出各种柔软度的薄膜。这种材料可经过脉冲热封、高频热合方法与立体印刷品粘合，粘合的牢度较大。聚氯乙烯光栅片具有较好的耐化学腐蚀性，但热稳定性和耐光性较差。由于含有聚氯乙烯不利于环保，且其精度和稳定性不够，因此近年已较少采用。

（2）立体印刷油墨　立体印刷并不采用任何发泡油墨，印刷油墨任何可见程度的发泡都会影响到图像的清晰度及三维效果。立体印刷的油墨应具有和标准胶印油墨一样的优良质量，印刷图像才能色彩鲜明、层次和边缘清晰、墨膜光滑。

（3）立体印刷纸张　立体印刷用纸张要求紧密、光洁、平整、伸缩性小，铜版纸和卡纸应用较多。

（4）胶黏剂　胶黏剂的作用是使印刷品与光栅片能够牢固地粘贴在一起。其次，还能够保护油墨层在高温下的不变色。

4. 立体印刷工艺

立体印刷一般采用平版胶印工艺印刷。立体印刷的质量好坏，对立体图片的直观效果有着十分明显的影响。由于光栅的聚焦和散射作用，要求立体印刷必须网线清晰、套印准确，套色误差不得超过 0.02mm，要求印墨光洁不褪色。

立体印刷工艺中的五大控制要素。

① 数据统一：原稿、像素数据及印品图像始终要与柱镜光栅的栅距保持统一，避免数据差异在成品图像中产生干涉条纹，影响视觉效果。

② 套印准确：像素与光栅之间的误差不得超过 0.0001‰。因为任何一个色版的印刷偏离，都会在光栅复合时产生明显的异色图像虚影，使图像的色、像离异，无法观赏。

③ 层次丰富：印刷网点应清晰、饱满，密而不糊，疏而不丢。如网点失控将会造成印刷密度的两极分化，直接影响到图像在立体与空间的理想再现。

④ 严禁伸缩变形：严格控制印刷品的伸缩量，是确保立体图像能够完美再现的关键。印刷图像的伸缩过大将会使图像脱离光栅栅距的制约，造成图像视觉定位的改变，出现反像、错像和视觉上的眩晕感。

⑤ 调整好网线角度：立体印刷用各色版的网线角度之差应当小于普通胶印，如 300 线/in 的网线角度分别为黑色 37.5°、青色 37°、品红色 20°、黄色 22.3°，目的是使网点组合后，在柱镜光栅的柱面中形成色线的横向排列，以保证色相层次的均衡过渡，避免由于网线角度与垂直的光栅条纹相等而产生撞版，出现异常龟纹，影响彩色立体图像的平稳再现。

立体印刷工艺有传统模拟印刷、直接印刷和数字印刷几种。

（1）传统模拟印刷　印刷方式多样，每种印刷方式各有特点，但所选用的印刷方式要保证不因印刷而损失立体感、套印精度好、适宜大量印刷。

其中平版胶印的制版、印刷套印精度高，耐印力比较好，印品立体感较佳，适合大量生产，广泛采用高精度的四色胶印机印刷，套印准确。但印刷车间需要具备恒温、恒湿条件。

凹版印刷的耐印力较高，单色印品的立体效果良好，但制版成本高，多色印刷效果不理想。

（2）直接印刷　指利用高档胶印机直接在光栅板的背面印刷。具体立体印刷工艺是用海德堡等高档胶印机，用 UV 油墨直接在光栅板的背面印刷，此时无需对印刷机进行任何调整。光栅的输送方式与普通纸一样，印刷用光栅的厚度有 0.6、0.475 和 0.3mm 规格。在光栅上直接印刷的套印精度比普通印刷要求更严格，对印刷设备的精度要求也非常高，见图 10-23。

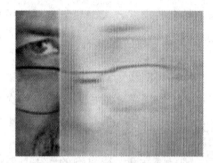

图 10-23　光栅板背面直接
印刷的立体印刷品

（3）数字印刷　数字印刷机除了可满足印刷精度（达到 $180 \sim 230$ 线/in）的要求外，还可实现"按需印刷"。其印刷方法是将相关软件处理后的立体图像数据输入数字印刷机（例如 HP-Indigo），并直接印刷于光栅背面，最后再涂布或印刷一层白墨做底，干燥之后即可成为色彩斑斓、空间层次丰富的三维立体图片。

自 20 世纪 80 年代来，数字技术的发展带动了立体印刷的发展，立体印刷制作技术也日益完善和稳定。由此，立体印刷进入了一个崭新的时代——数字技术时代。采用新型的立体多像合成技术，运用电脑软件和计算机直接制版（CTP）技术，使印版质量有了很大提高，可以更加准确地复制精细网点和丰富的色彩层次。CTP 制版技术的应用更加便于图像采用调频加网或局部加网，加上高精度胶印机的普及，使得立体印刷质量有了质的飞跃，已逐步大规模应用于商业印刷和包装印刷。如今，立体印刷应用范围进一步扩大，已应用于包装装潢产品、商业广告、科教卡通、明信片、贺年卡、防伪标记、商标吊带、鼠标垫、各类信用卡等。

四、光栅板的制作与贴合

光栅板的制作一般是将模具与塑料片密合后进行加热加压，将塑料片压制成凸球面的柱镜状光栅板。光栅板与印刷品的复合成像工艺是将印刷品与柱镜光栅板粘合为一体，通过柱镜光栅板还原印刷品的立体效果。具体的粘合成像工艺有三种。

（1）UV 印刷光栅　采用 UV 印刷油墨将立体图像直接印刷在柱镜光栅的背面（正图反晒），一次性完成立体图像的完美再现。此工艺不仅省略了粘合工序，而且图像的立体效果佳，是立体印刷工艺的发展方向。

（2）滚压复合法　属于冷粘合工艺，将立体印刷图像与柱镜光栅根据规矩线垂直对位，送入冷裱机滚压粘合成型，工艺操作简便，已经得到普及。

（3）热压复合法　把光栅模具安装在专用复合机的热压板上，如图 10 - 24 所示。将卷筒聚氯乙烯塑料薄膜一面预热一面附在涂有黏合剂的印刷品上，一起送入复合机进行复合热压，塑料薄膜受到模具的压制，在成型为凸起的球面柱镜光栅板的同时，也与印刷品热压粘合在一起。实际上，实现了光栅板的成形与印刷品的粘合同时完成，两步合为一步。

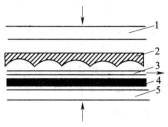

图 10 - 24　光栅复合成型
1、5—热压板　2—模具　3—塑料片
4—印刷品

经验表明，软膜型光栅材质薄软、传热快、易弯曲，以同步热压复合工艺为好；而硬板型光栅材料厚而硬，不易弯曲，且传热慢，更加适宜采用滚压复合工艺。上述两种工艺方法都需要用到黏合剂，而直接 UV 印刷光栅工艺无需黏合剂，印刷图像直接与光栅板结合在一起，不仅加工工艺简单，立体效果也好，是近年重点研究的立体印刷工艺。但不论采用何种加工方法，粘合时都必须使光栅板的柱线和印刷品上相应的网线精确对准，这样光栅板的凹凸面才能把印刷图像等距地分隔成无数个像素，并分别映入人眼的左右眼，使人眼看到有立体感的图像。

虽然，采用 UV 油墨在硬质光栅板上直接印刷的新工艺是最为科学、精准的立体印刷工艺，但实际上对印刷工艺的要求更高，难度也最大，需要在印前图像处理、制版技术和印刷工艺方面设计完整的加工流程，才能取得优异的立体印刷效果。

五、立体动画片印刷

立体照相印刷一般是将六幅以上图像拼组在透明光栅片的一个单元之中，而立体动画片则是将图像主要拼组在光栅透明片的两个单元之中，形成两个立体像。立体动画片在印刷后并粘合柱镜光栅片后，不但可得到立体画片的效果，而且可以通过变动一定画面角度而得到具有活动效果的立体动画片，即通过变动观察角度而得到动态画面。

还有一种是在同一画面上的几个部分作不同变换的动画片。首先，准备一张与众不同的动画相片，用 18 幅影片画面依次重叠晒成一张相片。用这张相片作原稿，在照相机的感光片前加凹凸的薄透明塑料板，再在这块塑料板前，以适当距离安置一个 300 线/in 的网屏。一切安排妥当后，相片的反射光透过网屏和塑料板到达感光材料，即制成一张由像素分解成的连续像合成的照相底片，用它制版印刷即可获得具有动感的画面。但是必须在画面上粘合上透明的柱镜片，才能满足用裸眼直接观看的立体动画。

将立体画与动画结合起来制得的立体动画片，将动感的因素加进去，使立体感和动感结合起来，得到了超越三维空间立体印刷品的四维空间动态印刷品。这种立体印刷品更具新颖性，目前已有很多的应用。

六、立体印刷的应用

立体印刷产品有立体图像、立体动画图像和立体异变图像，所产生的立体变幻效果完全不同于传统的平面印刷。立体印刷产品因其图像的精湛及新颖动人，抓住了人们的视线，吸引了那些追求新奇活力的顾客。立体印刷品的特性能够提高产品的附加值，已成为客户推广商品和提高市场形象的极佳手段，利用立体印刷的商业产品在欧美已风行多年，需求量很大。目前，市场上不断出现很多可以发展的立体印刷应用领域，拓展了立体印刷的应用领域。

① 大幅面广告。立体印刷的灯箱广告现在并不常见，但人们早已作过尝试。由于大幅面广告印刷对光栅及油墨等均有较高要求，这种应用在国内并不多，主要原因是制作成本高。但许多业内人士都十分看好这种应用，在灯箱类广告市场竞争激烈的今天，广告商必须拿出一些新颖的、更具诱惑力的表现形式才能吸引客户。目前，立体印刷的表现形式是最好的，而且不需要投入过多的成本，只要在

图 10-25　立体印刷灯箱广告

技术上严格把关，就可以生产出精美的立体印刷品。因此，在不久的将来，这样一种崭新形式的宣传媒体肯定会得到广告商的青睐，如图 10-25 所示。

② 防伪功能。立体印刷本身的成像技术相当于采用了光学加密防伪方法，它不像普通印刷品一样能够简单地仿制、仿造，因此此项技术已应用在烟酒、饮料、化妆品、服装、药品等产品的防伪标识上。有专家大胆预言，在不久的将来，立体印刷商标必将成为最主要的商品防伪方式。

③ 装潢功能。立体印刷可广泛应用于包装装潢产品、商业广告、科教卡通、明信片、贺年卡、防伪标记、商标吊牌、鼠标托、各类信用卡等。还应用于各种产品的装饰、装潢。其所印图案连续、无接缝，有极好的保真性。既可以在已成形物体的不规则表面上印刷，还同时可以进行多角度的立体印刷。现在还可仿真各种名贵木材、玉石、玛瑙、蛇皮纹、大理石纹等天然花纹，与天然材质的物品一起，达到了真假难辨、效果极佳的仿真效果。

立体印刷的附加值比普通平面印刷的加工利润要高出数倍，其市场应用前景十分广阔。立体印刷技术也一直在不断地探讨更新和完善工艺流程。在我国，有许多勇于技术开发的印刷企业始终在从事立体印刷技术的发展和研究，采用计算机技术等科学手段，创造性地发展立体印刷新技术。我国运用先进印前设计和印刷技术与设备，生产制作出来的立体印刷图文、立体防伪商标、立体彩虹包装等众多新型立体印刷产品，其立体影像效果已达到世界领先水平。

虽然立体印刷汇集多重光环于一身，但立体印刷并不是一项简单的印刷技术，比起普通塑料印刷，其印刷工艺更复杂、更困难，印前处理需要更精细。但是，立体印刷与塑料印刷毕竟存在一些相似之处，如在印刷过程中，塑料会发生收缩或膨胀。此外，塑料表面对油墨的吸收性较差，印刷后油墨不易附着在塑料上。所以，除非采用 UV 印刷或其他干燥方法，否则印刷速度会非常缓慢。因此，很多立体印刷专家认为使用 UV 固化油墨和 UV 固化技术能使立体印刷工艺变得更加容易。

对立体印刷商的另外一个挑战就是时间。一般来讲，立体印刷比传统印刷花费的时间要长一些，从印前到印刷，再到立体效果的最终呈现至少需要 3～10 个工作日，影响到立体印刷的效益。

立体印刷正在围绕如何提高光栅立体图像的表现效果、提高成图速度和产品质量、降低印刷成本等方面开展技术创新。

① 亟待开发专业印前图像处理软件。目前国内从事立体印刷的企业中，真正应用立

体印刷专业软件制作立体图像的只占少数，大多数都是应用一般图像处理软件，依靠设计人员的经验水平。国内立体印刷印前设计主要采用普通图像处理软件 Photoshop 或立体图像制作专用软件 3D4U 等。实际上，国外已有一些提供立体印刷软件的公司，如 HumanEyes、PhotoIllusion 公司等，软件功能强大。但软件价格昂贵，国内应加大立体印刷专用软件的开发研制力度，进一步提高印前图像处理技术水平。

② 提高数据处理速度。印前数据处理过程中，由于图像的数据量大，对设备性能要求过高，即使采用高档设备，数据处理速度也很慢。为此，数据处理过程中如何压缩图像以减少数据量，是一个值得深入研究的问题。目前，有一种方法是先将图像的纵向进行尺寸压缩，待多像复合作业完成后，再将纵向恢复为成图尺寸。但该方法手工作业量大，操作不慎会出现错误，应研制更合理的数据处理流程和运算机制，提高数据处理速度。

③ 提高软件智能化操作水平。光栅立体印刷比普通平面印刷在精度上要求更高，光栅与多视图的位置匹配关系要求非常准确，但由于光栅线数、图像分辨率、加网线数、网点形状、输出设备分辨率、印刷时纸张（光栅片）的变形等因素会造成匹配时出现误差。必须由人工进行计算，通过手工或软件辅助等手段实现这种关系匹配，导致各项操作十分烦琐，稍有不慎出现偏差甚至错误，直接影响立体印刷产品的质量。立体印刷印前图像处理软件研发过程，应注重提高软件的智能化操作水平，尽量减少人为因素的过多干预。

④ 研制新型加网技术。传统的加网软件都是针对普通平面印刷开发的，用传统加网软件的调幅或调频网点均无法做到多视图与光栅的高精度匹配，直接影响图像的清晰度和立体感。目前，虽然靠提高输出加网线数（高于 400 线/in）的方法能缓解这一问题，但并没有从根本上解决问题，反而增加了印前数据处理量，还会因网点过小，印刷时阶调丢失严重，从而降低了产品质量。光栅立体印刷新型加网技术需要满足由图像像素值转换为网点时，不能产生各视差图之间像素的混合运算；多视图与光栅位置能够准确对齐；网点尽量采用聚集态网点，有较好的阶调再现特性；保持足够的阶调级数；保证油墨最大叠印率；以及网点排列与光栅条纹排列之间不产生明显龟纹。

⑤ 印刷及印后加工技术应向一体化方向发展。采用 UV 印刷机，直接在光栅板上印刷，一次完成印刷与光栅复合作业的一体化加工是目前最佳印制工艺。但是，光栅不同于纸张，成本高、印刷适性差、要求印刷套合精度高，与平面印刷相比，印刷作业难度加大，需对质量控制过程与方法作进一步研究。

⑥ 研发新型光栅材料。光栅的质量直接决定成图质量。目前，国产柱镜光栅（光栅膜、光栅片、光栅板）的精密度和批量加工稳定性较差，而进口（如美国）柱镜光栅的批量生产误差小，稳定性好。国内市场上的精品印刷仍大量使用进口光栅，成本较高，应加大光栅材料的研发力度，在品种和质量上进一步向国际水平靠拢。同时，要研发高折射率材料以实现薄光栅、大景深效果的新型光栅材料。

⑦ 制定统一技术质量标准。光栅立体印刷技术在我国已具备一定的生产规模，但由于它与平面印刷有很多不同之处，在光栅等材料质量、印刷质量、过程控制以及环保措施等方面有其特殊性。另外，目前能完成从印前制作到印刷成图全过程的企业很少，多数企业自身只进行印前图像制作和印后加工处理，而将发排、制版、印刷过程交给印刷厂，未能形成完整的生产质量控制链，造成产品质量波动较大的不利局面，需要尽快制订和实施统一的技术和质量标准。

第四节　移　印

一、移　印　特　点

1. 移印的定义

移印是特种印刷方式之一，属于间接印刷。移印是指承印物为不规则的异形表面（如仪器、电气零件、玩具等），使用铜或钢凹版，经由硅橡胶铸成半球面形的移印头，以此压向版面将油墨转印至承印物上完成转移印刷的方式。

2. 移印的特点

移印工艺是上世纪 80 年代传到中国的特种印刷技术。由于其在小面积、凹凸面的产品上面进行印刷具有非常明显的优势，弥补了丝网印刷工艺的不足，所以，近年来发展非常快。90 年代初期，随着中国市场的进一步开放，大批以电子、塑胶、礼品、玩具等传统产业为主体的外资企业相继进入中国市场，移印技术和丝网印刷技术作为主要的装饰方式更是得到超常的发展。据不完全统计，移印技术和丝网印刷技术在上述四个行业中的应用已分别达到 27%、64%、51% 和 66%。移印技术在包装印刷领域起着重要的作用。总体来说，移印具有如下的特点：

（1）工艺原理简单　采用钢或铜凹版，利用硅橡胶材料制成的曲面移印头，将凹版上的油墨蘸到移印头的表面，然后往承印物表面压一下就印刷出文字、图案等。另外，由于移印工艺属于间接印刷方式，因此对印版和承印物的相对位置没有严格要求，简化了装版工艺。

（2）承印物材料和形状的范围广泛　除了可进行平面印刷外，移印工艺主要适用于各种成型物的印刷，例如：玻璃制品、塑料制品、金属制品、钟表以及电子、光学制品等。特别是对于采用其他印刷方式困难甚至不可能的不规则表面来说，移印橡胶头容易变形成和承印物表面走势吻合的形状，对于凹凸不平面、磨砂面及球形面、弧面等的印刷具有其他印刷工艺不可替代的优势。另外，由于移印橡胶头可以制作得比较小，所以非常适合很小的工件印刷。

（3）印版制作容易　传统制版是采用腐蚀凹版的制版技术，酸腐蚀的操作过程容易掌握，成本低。但由于存在对环境的污染，目前，激光雕刻制版和树脂版已经得到广泛地应用。树脂版以尼龙感光胶为主，浇铸在铜或钢的表面，进行曝光而成。尼龙具有非常好的耐磨性，感光固化后能够经受刮刀的反复摩擦。采用树脂版更容易获得精细的网点，是印制精美小型物品的首选。

（4）可实现多色套印　由于移印油墨为快干型溶剂油墨，干燥时间一般不超过 15s，所以有利于实现多色的套印，可实现多色精美的印刷。

（5）墨层较薄　移印工艺属于间接印刷，移印胶头从印版凹处蘸取的墨量和转移到承印物上的墨量都有限，导致移印获得印刷品的墨层较薄。如果需要增加墨层厚度，可以采用多次印刷的方法，但要注意套印准确。

（6）印刷图文变形大　移印胶头是移印工艺所特有的，它具有优异的变形性和回弹性，移印胶头在压力的作用下能够和承印物的表面完全吻合来完成印刷。移印过程中，一方面移印胶头靠压力产生的变形来传递油墨，另一方面，移印胶头的变形也会造成印迹变形，这是对印刷不利的。一般情况下，印刷图文的面积较小，对于圆柱形或圆锥形的承印表面，印刷图文的弧长一般不超过圆心角为 100°的范围，以避免产生较大的图文变形。根据变形规律，在制作晒版胶片时，应先进行补偿处理。

（7）应用灵活，可实现多胶头组合印刷　一台移印机 8h 可印刷 8000～10000 次，因此对于小产品来说采用移印是比较理想的印刷方式。有些工件的承印面不在一个水平面上，印刷区域大小也不同，可采用高低不同、横截面积不同的胶头组合在一起或制作成一个特殊胶头，实现多个胶头一次印刷完成，是其应用更加灵活。

二、移 印 头

移印头又称为转印头，是移印机重要的组成部分，其作用是转印印版上的图文信息，移印头的选择直接影响油墨的转移率和印刷质量。移印头一般选用硅橡胶及聚氨基甲酸乙酯树脂之类具有弹性的材料经浇铸而成。通常采用硫化硅橡胶加入适量的助剂，如促进剂、增塑剂和固化剂等，然后用真空浇注模制，在室温下固化，根据承印物表面形状即可制得各种规格和形状的移印头。

1. 移印头的要求和选用原则

移印中，移印头的选用要综合承印物的形状、材料特点以及油墨、设备等诸多因素考虑，选用原则是：移印头与承印物密合时变形越小越好；选用移印头的有效投影面积应大于印版上的图文面积，以保证印刷图文较小的变形量；曲率大、硬度高的承印物应选用硬度大的移印头，印刷细线条应选用相对软一些的移印头；承印物外形有高低变化的，可选用表面较平缓的移印头，而平面承印物则可选用陡形移印头；保证移印头表面的光滑度，避免表面的小污点或气泡。

为了完成印刷图文转移的工艺，要求移印头具有良好的弹性、一定的柔软性、较高的表面光洁度、较好的吸墨和脱墨能力以及一定的耐抗性等特点。

（1）具有良好的弹性　一般要求弹性模量参数为 0.005，移印头的弹性不好会使移印图文墨膜上产生气泡（小针孔）等现象。

（2）具有一定的柔软性　一般来说，移印头的硬度大印刷效果好，使用寿命也长。但大多数情况下不能使用太硬的移印头，以免损伤印刷材料。软的移印头适用于表面不平整的印件印刷，如承印面曲率大的工件等。移印头硬度的选择还取决于移印时压力的大小，压力太大承印物会出现小裂纹，且易出现污点；压力太小不能保证油墨的正常转移。

（3）具有较强的吸附油墨的性能　移印头由有机硅橡胶及聚氯基甲酸乙酯树脂等具有弹性的材料浇铸而成。有机硅橡胶的表面张力较低，可在聚合物链中引入苯基和乙烯基等集团，提高其表面张力，以改善其对油墨的吸附性。

（4）具有一定的耐抗性　移印头的耐抗性主要有耐油墨及溶剂性（与油墨及溶剂接触不溶胀、不发粘）、耐老化性（存放一年内不发粘、不发脆、不开裂等）。

2. 移印头的类型和形状

目前所有的移印头按其硬度大小不同主要有两种类型，即软型移印头和硬型移印头。硫化硅是移印头的主要材料，在硫化过程中可通过调节软化剂的含量来控制移印胶头的硬度。软型移印头主要用于一般单色（色块）印刷或曲面印刷以实现比较大的变形；硬型移印头用于网点套印或平面印刷，以获得较小的变形和较低的网点扩大。

移印胶头与印版和承印物的接触呈面接触，最大的缺点就是容易夹进空气，形成气泡。为此，所有标准的移印头一般都是弧形，即印刷表面是凸的或类似球形，在压印时中间部位先接触印版或承印物，随着压力的增大逐步延伸至全部图文区域，将空气一步步挤出，以获取完整饱满的印刷图案。移印胶头的形状有球体、抛物线体和近似等椎体等，还可制作成各种特殊的形状，对其进行组合来完成各种复杂承印面的印刷。如图 10-26 所示为四种常用的移印头类型。它是根据印刷图案的大小和承印物的形状要求来制作的，每种形状的移印头都有从大到小的几十种规格，以便印刷时正确选用。移印机上使用移印头的数目是根据多色套印的印刷色数来决定。

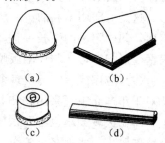

图 10-26　移印头基本形状
(a) 标准形　　(b) 楔形
(c) 环形　　(d) 带形

3. 移印头的储存和保养

移印头直接影响到移印质量，它的使用和保养比较重要。其使用和存放的最佳温度为 5~10℃，存放时要求放在干燥、阴凉和通风的环境中，移印头的存放期一般在一年左右。使用时，需要注意防止碰到尖锐的物体，以免造成移印头的损伤。

三、移 印 凹 版

移印工艺中制版是非常重要的工序，移印版常采用的是金属凹版和树脂版，有些移印企业为了降低成本也使用某种材料制作成简易移印凹版。

1. 金属凹版

移印机所用金属凹版多用钢或铜作为版材，其制作过程分为版材的预加工和凹版的制作两个工艺过程。

（1）版材的预加工　版材预加工一般包括平面机械加工、表面处理和研磨等。板材表面经预加工后，其表面应平整、光洁，具有良好的表面质量。

版材预加工主要工序如下：金属板材→锻造→平面加工→热处理→平面研磨→镜面研磨。

（2）凹版的制作　移印凹版的制作方法与照相腐蚀凹版方法基本相同，印版的质量直接决定着移印的效果。根据承印物表面的粗糙度决定凹版图文的腐蚀深度，一般腐蚀深度为 $15~30\mu m$，若承印物表面比较粗糙，腐蚀深度以 $40~150\mu m$ 为宜。

移印凹版的主要制作工艺流程如下：配制感光液→涂布感光液→晒版→显影→烘干→腐蚀→去膜→清洗→干燥→移印凹版。

移印凹版具有较高的耐印力，一般可达 100 万印。如果选用树脂版材制作移印印版，其成本较低，耐印力也可达 5000~10000 印。

2. 移印树脂版

金属移印版在制版过程中存在环境污染的问题，特别是腐蚀过程有强酸溶剂的存在，生成物一氧化氮和二氧化氮对空气和操作人员均不利，在国外一些较大型的工厂都被限制使用。

移印树脂版在环保方面具有很大的优势。另外，在网点图像和高精细的文字制版方面，其优势更明显。所以，近年来，欧美发达国家比较重视使用移印树脂版，申请ISO140001 的企业则严格限定使用金属版。移印树脂版在开放式的油盘移印机和封闭式的油盅移印机都有使用。

移印树脂版通常是在钢基材表面涂布尼龙感光胶，存放于密闭处，使用时直接打开即可。尼龙感光胶用水和酒精显影，其图像层建立在感光胶的表面，不存在腐蚀程序，精度较高。

3. 简易移印凹版

对于一些产品外观设计变更频繁或者移印产品的品种较多而加工数量较少的零件，采用钢制凹版会造成成本费用较高的问题。为了降低物料消耗节约成本，可以用一些廉价的制版材料来代替钢制移印凹版。常用的替代材料有三种：

（1）覆铜箔层压板或黄铜板　覆铜箔板的铜箔厚度通常有 $35\mu m$ 和 $50\mu m$ 两种，因而蚀刻深度也就是铜箔厚度，可以满足移印凹版的深度要求。黄铜板可选用 1mm 以上的材料，要求材料表面平整光滑、无划痕、无腐蚀点。覆铜箔板材料的表面硬度较低，故这类材料制作的简易印版仅适用图形比较简单、印刷面积小且数量较少的单色加工零件的印刷。

（2）锌板　多采用厚度在 1mm 以上的锌板来制作简易移印凹版，要求材料表面平整光滑、无划痕、无腐蚀点。印版制作方法和印制电路板的制造方法类似，需使用锌板专用蚀刻液。锌板的表面硬度较低，同样只适用于批量较小的移印零件的印刷。

（3）不锈钢带　0.4mm 厚的 1Cr18Ni9Ti 国产高硬度不锈钢带是一种较好的移印凹版材料的替代材料，其制作方法和钢制凹版的制作工艺相同。虽然高硬度不锈钢带的硬度远低于钢制凹版，但如果使用得当，耐印力也可达万次以上，适用较大批量零件的移印。

四、移 印 油 墨

移印机所用油墨一般为移印专用油墨，通常是一种以挥发干燥为主的快干型油墨。

1. 移印油墨的印刷适性

根据移印工艺和移印凹版的要求，移印油墨应具有如下的印刷适性：

① 合适的干燥速度。总体来讲，移印油墨是一种快干型油墨，但相对来说，移印油墨又有快干和慢干两种，一般印迹在 2～5s 内干燥的称为快干型移印油墨，在 5s 以上干燥的称为慢干型移印油墨。

② 较好的脱墨能力。脱墨能力是指移印油墨对移印头的脱墨能力，也就是油墨从移印头转移到承印物上的能力，这与移印头的脱墨能力也有关系。

③ 良好的油墨附着力。由于移印的范围广，承印材料的种类多，就要求移印油墨对不同的承印材料都要具有良好的附着力。

④ 移印油墨的安全性。要求移印油墨对移印头和印版不能具有腐蚀作用，因此在移印油墨中使用的溶剂，通常是乙酸丁酯、环己酮和松节油等。

⑤ 移印油墨的存放条件。由于移印油墨具有挥发干燥的特性，因此一定要将油墨存放在密封的容器中，存放温度一般在 20℃左右。

2. 移印油墨的类型

移印油墨有多种分类方法，根据承印物种类分为塑料移印油墨、金属移印油墨、玻璃移印油墨和陶瓷移印油墨等。塑料移印油墨又分为聚氯乙烯材料移印油墨、工程塑料移印油墨、聚丙烯移印油墨和聚乙烯移印油墨等，分别适用于不同塑料材料。玻璃陶瓷移印油墨分为有机油墨和无机油墨两种，使用无机油墨时，一般印刷以后都要进行高温烘烤。

为得到良好的油墨转移性能，应用溶剂对油墨进行稀释。根据所用溶剂的干燥速度不同分为快干型、中干型和慢干型三种类型，可根据印刷环境温度和干燥速度的具体要求加以选用。

根据干燥类型来分，目前比较适用的移印油墨有热固化型油墨、UV 固化型油墨、水性油墨等。移印油墨的转移主要依靠溶剂蒸发使油墨膜粘结。多色转移印刷时，材料可通过通风系统加速干燥，但要注意不可直对油墨吹，否则稀释剂蒸发太快影响油墨的转移和附着力。UV 固化油墨一般应用于高品质移印领域，其优点是在印版上油墨不干燥，对印版的磨损小，干燥速度快，不含溶剂等，但其具有能量要求高、对移印头清洁的要求高、黏性要求不如溶剂型油墨等缺点。

对于中档以下的印刷物可使用国产移印油墨，也可用丝印油墨代替，但要进行合理调整，使其具有一定的印刷适性。对于中档以上的印刷物，可选用进口移印油墨，虽其价格较高，但因油墨的消耗量较小，对于中等以上批量的印刷品来说，在经济上还是可行的。

移印的油墨与丝印油墨有较大的区别，尤其在干燥速度及其受温湿度、静电等的影响方面具有突出的特点。专门为移印配制的油墨包括单组分油墨、双组分油墨、烤干型、氧化型和升华型油墨等，下面重点对这几种类型的油墨进行介绍。

（1）单组分油墨　单组分油墨也叫溶剂挥发型油墨，靠溶剂的挥发进行干燥。这种油墨不一定要加入催化剂。单组分油墨有光泽型和非光泽型两种，它们主要用于塑料承印物的印刷。

（2）双组分油墨　双组分油墨也叫化学反应型油墨，印刷之前一定要加入催化剂，催化剂和油墨中的树脂发生反应，通过聚合反应来达到油墨干燥的目的。催化剂的添加比率一定要严格掌握，加的过多，会大大缩短油墨的"适应期"，加的过少，可能会导致油墨在干燥时达不到最佳的干燥性能。

（3）烤干型油墨　烤干型油墨分为两种：一种是在标准双组分油墨基础上添加另外的催化剂，另外一种是专门调配用于玻璃、陶瓷和金属等承印物的油墨。烤干型油墨必须在一定温度下进行干燥，干燥温度和干燥时间很重要，干燥温度越高，干燥时间就越短，但干燥温度太高会使墨膜产生脆性。所以要在能够保持油墨柔性的温度下烤干油墨。

（4）氧化型油墨　氧化型油墨通过吸收周围环境中的氧气进行聚合反应形成墨膜进行干燥，不需要添加催化剂。氧化型油墨典型应用是软包装承印物和合成材料承印物，如橡胶制品或键盘。由于氧化型油墨的干燥速度慢、时间长，所以使用量有限。

（5）升华型油墨　升华型油墨在使用过程中需要特殊的加工，即在印刷之后对其进行加热，使承印物呈现出多孔性。这样当染料接触到加热的承印物表面时，油墨中的染料变成气态，然后进入到承印物表面，改变承印物的表面颜色，承印物冷却后油墨就在承印物的表面了。尤其注意的是，因为升华型油墨实际上是改变了承印物的表面颜色，所以承印物的颜色必须比最后印刷出来的颜色浅，如果承印物颜色较深，通过印刷改变其颜色往往不太明显。

（6）特种油墨和助剂　移印特种油墨包括可食性油墨、硅酮树脂油墨、润滑油墨、耐蚀油墨、导电油墨和 UV 光固化油墨，这些油墨迅速变粘的能力将决定是否能够有效地把油墨转移到承印物表面上。同时，为了调节油墨的印刷适行，除了添加溶剂和催化剂外，还有可能会使用很多助剂，如黏度调墨剂、抗静电剂、流变剂等。助剂的使用将对油墨的印刷性能产生很大的影响，使用时需要谨慎。

五、移　印　机

1. 移印机的类型

移印机的分类没有固定的标准，可以按胶头移动方式、供墨方式和印刷色数对其进行分类，下面对各种类型进行简单介绍。

（1）按胶头移动方式分类

① 平动压印式移印机。绝大多数移印机都采用平移式结构，移印胶头蘸取油墨后移动到印刷位置。根据平行运动原理，印版上的图文与承印物上的图文距离相等，移印胶头的每次行程等距。平动压印移印机往往占地面积较大。

② 转动压印式移印机。转动压印式移印机是把移印胶头固定在旋转轴上，移印胶头只能围绕中心轴转动。印版装置和承印物工作台设置在移印胶头旋转运动轨迹的两个极限位置。这时印版与承印物相差一定的角度，呈扇形排列。转动压印式移印机占地较小，但结构相对复杂。

③ 固定压印移印机。固定压印式移印机常用在手动移印机上，移印胶头只能上下运动，印版装置和承印物工作台固定在滑台上，可来回移动。当印版装置位于胶头下方时，胶头下落蘸取油墨，然后移动滑台使承印物位于胶头下方，胶头下落进行印刷。

（2）按供墨方式分类

① 油盅式移印机。油盅式移印机是将油墨封闭于油盅内，油盅利用其自身的磁力紧紧吸住移印印版，由气缸推动在印版表面往复移动，完成供墨的同时刮去印版空白处的油墨。

油盅式移印机满足了环保要求，它将油墨内的有机溶剂封闭起来，在印刷过程中的挥发量极少，对环境和人的健康影响很小。但是油盅式移印机的制造精度要求高。

② 墨辊式移印机。墨辊式移印机结构比较简单，墨辊固定于刮刀装置的后端，刮刀抬起前移时，墨辊从墨盘中推出，均匀地在印版表面涂布一层油墨，印刷完毕，胶头退回时，刮刀下落刮去印版表面的油墨，为胶头下落蘸墨做准备。

墨辊供墨移印机的供墨和刮墨分别由两组装置完成，而油盅式移印机的供墨和刮墨则由油盅一次性完成。

（3）按印刷色数分类

① 单色移印机。只有一套印版装置和一套胶头装置的移印机称为单色移印机，其只能完成一个颜色的印刷，多机组联后才可以完成多色套印。

② 多色移印机。由两组或两组以上印版装置和胶头装置组成的移印机称为多色移印机。常用的有双色移印机、三色移印机、四色移印机、五色移印机和六色移印机等。多色移印机的套准精度仍然是有待解决的技术问题。

另外，移印机还可以分为机械式移印机和气动式移印机。其中气动式移印机具有机构简单，操作方便，运动平稳等特点，所以在国内外得到广泛应用。

随着社会的进步和技术的发展，电子产品、纺织品、玩具等的加工逐步由手工操作向机械化方向发展，为了提高产品的竞争力，使用特种印刷设备进行产品的装饰加工是必由之路。因此，移印技术将逐步向高速化、操作方便和环保的方向发展。

2．移印机的构成

移印机主要由机体、供墨和刮墨机构、印刷机构和输送装置等几部分组成。

（1）机体　机体由底座、角铁架、立柱、横梁、印版台、输送带和升降台等组成。底座固定在角铁架上，立柱固定在底座上，导轨、刮刀机构和施印机构安装在横梁上，它们可以在横梁上左右移动。

其中工作台用来安放夹具和承印物。单色移印机的工作台通常是能进行三维位置调节的三部件机构；双色移印机工作台以梭动工作台为主，能够在两个印刷位置来回移动以实现两种颜色的套色印刷；多色移印机除了梭动工作台，还有一种转盘工作台，可以进行连续化的套色印刷，生产效率较高。

承印物自动上下的工作台是现代移印机的发展方向，它大大降低了工人的劳动强度，降低了生产成本，提高了劳动生产率，特别是针对专业产品的移印机如光盘移印机等大都采用自动工作台。

（2）供墨和刮墨机构　移印机的供墨方式有两种：墨盅供墨和墨辊供墨。墨盅供墨是将油墨与稀释剂调好后封装于墨盅中，倒放于移印印版上，利用自身的磁力吸住印版，墨盅往复移动以实现供墨和刮墨。现在国内市场上大部分的移印机是墨辊供墨的方式，由刮刀承架、刮墨刀和毛刷等组成。刮刀和毛刷安装在刮刀承架上，而刮刀承架则安装在横梁的导轨上，它可以沿导轨进行往返水平移动。此外，刮刀和毛刷从墨盘中取出油墨并向前铺刷到整个印版上，接着毛刷上抬刮刀下落与版面接触后水平退回，刮去印版表面上多余的油墨，完成一次上墨动作。

（3）印刷机构　印刷机构是移印机的核心，主要由移印头及其运动机构组成，它可以根据施印物及印版图文的具体情况做上下、左右运动。印刷时，移印头向下运动对凹印版施以一定的压力，将图文部分的油墨吸上并上抬做水平运动抵达承印体上方，然后向下与承印体表面施以一定印刷压力完成印刷过程。

印刷机构中移印头下落行程的调节是通过调节机器侧壁的磁感应开关的位置来进行，移印头下落的行程直接影响印刷压力的大小。

（4）输送装置　输送装置由链条、链轮、导轨和定位块等组成。它安装在升降台上起到传送承印物体至施印工位的作用，一般输送装置可以配置多个工位，以便放置多个被印刷物体。

3．移印机的工作过程

移印机的工作过程是：首先将印版上的图文信息移到硅橡胶的移印头上，再通过移印头的位置移动，完成印刷过程。其基本构成原理及工作过程如图 10-27 所示。

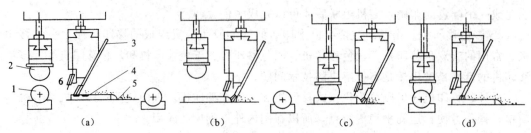

（a）　　　　　　（b）　　　　　　（c）　　　　　　（d）

图 10-27　移印机基本构成原理及工作过程

1—承印物　2—移印头　3—上墨刷　4—凹印版　5—墨斗槽　6—刮墨刀

（1）左移铺墨　印刷、刮墨装置向左运动，由上墨刷对凹版完成上墨，同时已上墨的移印头向下运动，在承印物表面上进行印刷，最后移印头向上运动。如图 10 - 27（a）所示。

（2）右移刮墨　印刷、刮墨装置向右运动，由上刮墨刀对印版进行刮墨，将凹版上空白部分的油墨刮净。如图 10 - 27（b）所示。

（3）移印头着墨　移印头向下运动，对施墨凹版施以一定压力，将凹版图文部分的油墨转移到移印头上。如图 10 - 27（c）所示。

（4）压印　移印头上升，印刷、刮墨装置向左运动，一方面由上墨刷向版面上墨，另一方面移印头向下运动，并对承印物表面施以一定印刷压力完成油墨转移的印刷过程，而后移印头向上运动，回到图 10 - 27（a）的工作状态，完成一个循环。如图 10 - 27（d）所示。

六、移印工艺及应用

1. 移印工艺

（1）印刷过程　移印作业主要是印版的安装和刮墨刀、毛刷和移印头的调试，主要步骤为：

接通电源和气源→空气压力的调整→移印印版的安装调试→刮刀和毛刷的调试→移印头的调试→承印物的定位

移印工艺的主要操作内容如下：

① 主机的操作。移印机的控制面板上有各种工作状态按键及显示灯，可根据操作的需要来选择某种工作状态，操作时首先要关掉其他的动作开关，不能把选择和不需要选择的开关同时打开，否则可能损坏控制系统，影响正常工作。

② 移印印版的安装。移印印版分为单色版、双色版、三色版和四色版等，色版上安装有套印规矩，其中单色版的安装较为简单，即把印版固定在油墨盘中间，再调整被印件的夹具，使移印头既对准图文正中，又对准被印件的施印位置，即可完成印版的安装任务。对于多色版一般分为粗调和精调两步，以套印规矩重合，能印出清晰的图文为准。此外，安装印版时还应注意印刷版上长、细线条与刮刀应成一定角度，避免刮墨刀下落至印版图文的凹处油墨被过多地刮去，影响图文的质量。

③ 移印头的调试。移印头的调试主要是指压力的调试工作，如果移印头压力过小，则不能完整地转移图文，造成图文的缺损，但压力过大也会使图文的失真过大，甚至使油墨产生挤压移动，使油墨不能均匀地附着在移印头上，严重影响图文的再现质量。移印头的调试一般以移印头接触区超过图文边缘 2mm 左右即可。此外，还要注意让移印头的中心最好落在无图文或图文比较少的地方，以尽量避免中间区域图文的严重失真。

④ 刮墨刀和毛刷的调试。刮墨刀的质量评价指标包括硬度、厚度、弹性、刀口的平直度等，其中刀口的平直度对印刷质量的影响尤为显著。如果刀口不锋利或有缺损，就会造成刮墨不净而粘附在图案边缘或产生刮刀墨痕，甚至刮坏移印印版。如果发现刮刀与钢板接触不平，就要用 600 号左右的金刚砂纸修磨。刮刀的调节应该是在能刮净印版上非图文部分油墨的前提下使用最小的压力，一般为 147～245kPa。

毛刷的作用是把油墨铺刷到印版上，因此，毛刷的调试应该以印版上图文能刷上油墨为准，即毛刷蘸墨时，毛刷下端以插入油墨中 5mm 左右为准。刷墨时，尽可能减少毛刷对印版的压力，只要能将印版铺上油墨即可。

（2）主要印刷工艺的控制

① 移印油墨的调配。通常，油墨生产商会给出油墨适用于哪种承印物的指导意见供参考。要选择一种合适的油墨，需要确定以下几点：使用什么材料的承印物；承印物是否需要印前的预处理；需要印什么样的颜色；油墨的耐磨性、耐化学性、耐气候性等印刷要求；油墨的推荐干燥或固化方式。要求按照油墨生产商推荐的方法来调配油墨，注意要合理选择油墨溶剂的类型和溶剂添加的量，并控制好环境的温湿度。

② 印刷环境的控制。研究发现，移印的最佳环境是：温度 20～22℃，相对湿度 50％～60％。但是，在现实工作环境中，很少能打到这样最佳的工作环境。温度和相对湿度的变化会明显地影响整个移印过程，因此有必要尽可能地减少环境因素对移印工艺的影响。注意以下几点：把机器和材料放得离房间的墙壁远一些；不要让机器和材料受到阳光的直接照射和避免直接吹到空调的冷热气流；同一批印刷活件需要用到的油墨、移印头、催化剂和承印物等存放在同一个地方；尽可能保持车间环境的清洁。

2. 移印的应用

目前移印机的自动化和专业化水平都比较低，根本无法与其他印刷技术相提并论。以目前自动化程度相对比较高的转盘式输送移印机来说，虽然印刷过程是完全自动的，但安放和取下工件仍然靠手工操作，这就严重影响了自动化的程度。其实移印机的自动化实质上意味着产品输送的自动化，至于转移印刷的部分，变化很小。未来印刷的发展，都必须向着自动化、智能化、专业化和多功能组合化的方向发展，这是提高生产效率、稳定印刷质量和降低成本的根本出路，也是未来移印从劳动密集型向技术密集型产业转化的必然要求。因此，加大移印机的自动化进程，生产出智能化多功能的移印机是未来的发展方向。

在移印的新技术方面，其他印刷的高新技术的渗入使移印技术产生许多新的灵感和新的思路。虽然目前通用多功能全自动移印机还比较少见，但是以特定产品为对象的全自动移印机还是给人很多惊喜，比如，印刷 CD 光盘的全自动移印机、印刷酒瓶盖的全自动移印机等。

具有多种特殊功能和用途的移印机已投入生产和应用。例如：卷筒纸的移印机、带有清洗装置的多功能移印机等。任何印刷工艺都面对着单张纸和卷筒纸两种输纸方式。移印技术是唯一没有和纸张印刷融合的技术，更谈不上印刷卷筒纸。虽然移印工艺在纸张方面没有优势的主要原因是由于纸张幅面太大，而像常规的不干胶纸张这种类型的印刷若用移印工艺还是有一定优势的。因为它不存在纸张印刷的技术问题，它的印刷面积很小，相比树脂版不干胶印刷机，移印卷筒纸制造难度小，操作更方便，机器价格更低。从技术角度来讲，既然网版印刷能够用在卷筒纸的印刷上，那么移印用在卷筒纸印刷上应该更没有什么问题。目前一些厂家已在着手研制开发这种单色的卷筒纸移印机。日本最早在移印机上加装了胶头清洗装置，从而改善了印刷质量。在印刷过程中，由于胶头表面的油墨不可能完全转移到印刷品上，残存的油墨会逐渐改变胶头表面的图文痕迹边缘，引起清晰度下降。解决这个问题主要是改善胶头的脱墨能力和加装胶头清洗装置。改善胶头的脱墨能力需要研究改善移印胶头的性能，而加装胶头清洗装置则是为移印机增添新的功能。

此外，绝大多数生产企业在印刷中出现质量问题时所采取的对策不尽完善，在移印中主要的问题有：图文变形失真、转墨色淡或露底、印迹边缘模糊等。图文变形失真主要是由胶头的负荷、硬度、表面的曲率半径与图文的粗细、大小、深浅以及转印时相对中心位置有偏差造成的，需要多选择几种规格的胶头排除故障源，选定正确的工艺；转墨色淡或露底主要是油墨选择与使用不当造成的，油墨不要太稀或加入浓色浆；印迹边缘模糊时需要检查刮刀是否锋利或有缺口，油墨是否过稀，胶头和印版是否有磨损等问题。

移印最大的特点是适于异形曲面物体的表面印刷，从而填补了丝网印刷和其他印刷的空白。随着高新技术的融入和印刷向多元化方向的发展，移印也必将具有广阔的发展前景，绽放出绚丽的色彩。

习　题

1. 全息照相与普通照相获得原稿的原理有何不同之处？

2. 试写出全息印刷的工艺流程。并详述每一环节的主要作用。

3. 全息印刷主要采用模压复制工艺的优势是什么？

4. 何谓反射型全息印刷？

5. 如何将全息印刷图案与产品包装结合在一起？

6. 什么是喷码印刷？喷码印刷包括哪些技术方式？

7. 说明各种喷码印刷技术原理及其应用。

8. 目前典型的喷码机有哪些？各自的机理和用途是什么？

9. 移印工艺有何特点？为何移印过程中移印头上的油墨不会滴落？

10. 简述移印头的功能、基本要求和选用原则。

11. 简述气动式移印机的特点。

12. 简述两种移印的工艺故障并分析故障原因。

13. 简述立体印刷的定义和特点。目前常用来拍摄立体印刷原稿的方法和原理有哪些？

14. 简述立体印刷适用的印刷方法。与普通印刷方法对比在印刷工艺上有何不同？

15. 立体印刷的印前处理有什么特殊要求之处？

16. 直接在柱镜光栅背面的立体印刷具有什么优点？

第十一章　包装印后加工

第一节　上　　光

随着印刷产品日趋高档化、彩色化和多样化，上光技术得到了迅速发展。上光，是在印刷品表面涂（或喷、印）上一层无色透明的涂料，经流平、干燥、压光、固化后在印刷品表面形成一种薄而匀的透明光亮层的加工，干燥后起到增强载体表面平滑度、保护印刷图文的精饰加工功能的工艺。

一、上光的分类

1. 上光的分类

上光工艺可按不同方式综合分类：按上光方式可分为脱机上光工艺和联机上光工艺；按上光涂料可分为氧化聚合型涂料上光、溶剂挥发型涂料上光、光固化型涂料上光和热固化型涂料上光；按上光产品类型可分为全幅面上光、局部上光、消光（哑光）和艺术上光；按印刷品输入方式可分为手工输纸和自动输纸等。

（1）按上光机与印刷机的关系　按上光机与印刷机的关系，上光可分为脱机上光和联机上光。脱机上光又称单机上光，有专用上光设备上光和印刷机上光设备上光，采用专用的上光机对印刷品进行上光，即印刷、上光分别在各自的专用设备上进行，这种上光方式比较灵活方便，设备投资小，较适合专业印后加工生产厂家使用，但这种上光方式增加了印刷与上光工序之间的运输转移工作，生产效率低。印刷上光通过上光版将上光油涂布在印品上，因此可进行局部上光，目前常采用的有凹版上光、柔性版上光、胶印方式上光及丝网上光。联机上光则直接将上光机组连接于印刷机之后，即印刷、上光在同一机器上进行，上光速度和印刷速度同步。上光和印刷质量都由质量控制中心监控，所以质量稳定、速度快，生产效率高，加工成本低，减少了印品的搬运，克服了由喷粉所引起的各类质量故障，但联机上光对上光技术、上光油、干燥装置以及上光设备的要求很高。

（2）按上光产品类型　按上光产品类型分，上光可分为全幅面上光、局部上光、消光上光及艺术上光等。

全幅面上光的主要作用是对印刷品进行保护，并提高印刷品的表面光泽，全幅面上光一般采用辊涂上光的方法进行。

局部上光一般是在印刷品上对需强调的图文部分进行上光，利用上光部分的高光泽画面与没有上光部分的低光泽画面相对比，产生奇妙的艺术效果，局部上光采用印刷上光的方法进行。局部上光对印版的选择和制作精度、局部上光的线条、图案的设计、光油品种、厚度选择和操作人员的水平。

消光上光采用的是 UV 亚光油，与普通上光的效果正相反，它是降低印刷品表面的光泽度，从而产生一种特殊效果，由于光泽度过高对人眼有一定程度的刺激，因此消光上光是目前较流行的一种上光方式。

艺术上光的作用是使上光产品表面获得特殊的艺术效果，如使用 UV 珠光上光油在印品表面进行上光，会使印品表面产生珠光效果，使印品显得高贵典雅。

2．上光的应用

上光后的印刷品表面显得更加光滑，使入射光产生均匀反射，油墨层更加光亮。在印刷以后对印品进行最后加工之前，采取适当的措施对纸张或纸板印件的表面进行保护性处理。上光不仅可以增强表面光亮，保护印刷图文，改善印刷品的使用性能，提高商品档次、增加附加值，而且不影响纸张的回收和再利用。因此，被广泛的应用于包装纸盒、书籍、画册、招贴画等印品的表面加工。随着印前数字网络化、印刷多色高效化的技术创新，印后加工只有运用高新技术达到精美自动化，才能完成印刷技术的整体革命。上光技术的应用范围有：① 书籍装帧，如护封、封面、插页以及年历、月历、广告、宣传样本等，经过上光能够使印刷品增加光泽、色彩鲜艳。② 包装装潢纸品，如纸袋、封套、商标等，上光后起到美化和保护商品的作用。③ 文化用品，如扑克牌、明信片及印金图案上光后能起到抗机械摩擦和防化学腐蚀的作用。④ 日用品、食品等。如卷烟、食品、洗涤剂等商标上光后可以起到防潮、防霉的作用。⑤ 硬封面上压铜箔，可使外观美观，它的亮度很高，很像金色。如果铜少和基料结合得不牢，经过上光后可以获得良好的附着性能。

二、上　光　材　料

上光涂料（俗称上光油）由主剂（成膜树脂）、助剂和溶剂等组成。

主剂是上光涂料的成膜物质。印刷品上光后，膜层的品质及理化性能，如光泽度、耐折性、后加工适性等均与选择的主剂有关。主剂为天然树脂的上光涂料，成膜的透明度差，易泛黄，还易发生回粘现象；以合成树脂作主剂的上光涂料，成膜性好，光泽度和透明度高、耐磨、耐水、耐老化，而且适用性强。常用的合成树脂有氯乙烯—醋酸乙烯共聚树脂、氯乙烯—偏酸乙烯共聚树脂、聚偏二氯乙烯、醇酸树脂、酚醛树脂、丙烯酸树脂、聚氨酯树脂。助剂是为改善上光涂料的性能而加入的一些辅助材料。溶剂的作用是分散溶解稀释主剂和助剂。上光涂料主要有氧化聚合型上光涂料、光固化型上光涂料、热固化型上光涂料、溶剂挥发型等几类。

助剂是为改善上光涂料的理化性能和工艺特性而需加入的一些辅助物质。如为改善主剂树脂的成膜性、增加膜层内聚强度而加入的固化剂；为提高上光涂料的流平性、降低其表面张力而加入的表面活化剂；为便于上光涂料的合成和涂布操作而加入的消泡剂；为提高膜层弹性，增强耐水、耐折性能而加入的增塑剂等。

溶剂的作用是分散、溶解、稀释主剂和助剂。常用的溶剂有芳香类、酯类、醇类等。而上光涂料的毒性、气味、干燥、流平性等理化性能同溶剂的选用直接有关。芳香类溶剂蒸发热量比较低、挥发速度快、溶解性能高，但该类溶剂毒性较大；酯类溶剂溶解性能好、挥发速度快、成本低，但气味比较大；醇类溶剂在溶解性能、挥发速度上都不及以上两类，但是无毒、无味，没有污染。如能用水作为上光涂料的溶剂，则成本最低，来源最广，对人体无危害，且不污染环境。故近年来开发水性上光涂料正在引起国内外的高度重视。

上光涂料除了具备无色、无味、光泽感强、干燥迅速、耐化学药品等特性外，还应具备以下性能：

① 流平性好。为使上光油在不同的产品表面都能够形成平滑的膜层，要求其流平性好，成膜后膜面平滑。

② 透明度高、不变色。上光后装潢印刷品要干燥后图文不变色，且不能因日晒或使用时间长而变色。

③ 柔弹性良好。任何一种上光油在印刷品表面形成的亮膜都必须保持较好的弹性，才能与纸张或纸板的柔韧性相适应，不致发生破损或干裂、脱落。

④ 对印品表面具有良好的黏合力。为防止光油膜层在使用中干裂、脱膜，要求膜层黏着力强，并且对油墨及辅料均有一定的黏合力。

⑤ 耐磨性好。有些印刷品要求上光后具有一定的耐磨性及耐刮性，这是因为采用高速制盒机、纸盒包装机等流水线生产的需要。

⑥ 耐环境性好。上光后的印刷品有些用于制作各类包装纸盒，为能够对被包装产品起到好的保护作用，要求上光膜层耐环境性一定要好。例如：食品、卷烟、化妆品、服装等商品的包装必须具备防潮、防霉的性能。另外，干燥后的膜层化学性能要稳定。不能因同环境中的弱酸或弱碱等化学物质接触而改变性能。

⑦ 印后加工适应性好。上光后，印品一般还需经过后工序加工处理，例如：模压、烫印电化铝等，而各种加工影响因素不同。例如：耐热性要好，烫印电化铝后，不能产生粘搭现象；耐溶剂性高，干燥后的膜层，不能因受后加工中黏合剂的影响而出现起泡、起皱和发粘现象。因此，要求上光膜层应具有良好的加工适应性。

如今，上光涂料已形成多样化、多品种的系列产品，不同的上光涂料有各自不同的特点。

(1) 溶剂型上光涂料　溶剂上光涂料为醇溶合成树脂，通过醇、酯、醚类溶剂分散成粘稠、透明液体。当这类上光涂料涂布于印刷品表面后，通过红外加热，涂层中部分有机溶剂挥发析出，成膜树脂留在印刷品表面结成光亮薄膜。溶剂上光的设备小、成本低，适用于大宗印刷品的上光。由于溶剂上光油的耐水性、耐磨性、反黏性、干燥性等方面的功效略差，而且醇类溶剂易于挥发，会影响环境和人身健康。

普通上光油一般整体效果不太好。在包装印刷领域，一般只用在功能性要求很普通的包装上，或只是为了防止印刷墨层被划伤。

(2) 油性上光涂料　油性上光涂料是早期在胶印机上光使用的涂料，其性质同胶印油墨的性质相同。涂料通过印刷方式对印刷品表面进行整幅面上光，涂料与空气中的氧发生氧化聚合反应结膜干燥。胶印用油性上光涂料，印刷速度快，涂层薄，光亮度和保护作用都一般，适用于档次不太高的大宗印刷品上光。

(3) 水性上光涂料　水性上光涂料是以水基性上光油为主体的各种水性树脂涂料，以功能性高光合成树脂和高分子乳液为主剂，水为溶剂，无毒无味，消除了对人体的危害和对环境的污染。水性上光油的环保特性越来越受到食品、医药、烟草纸盒包装印刷企业的重视。水性上光的包装产品防水性、防潮性、耐折性都较好，但是耐磨性较差。水性上光的主要特点有：干燥迅速、膜层透明度好、性能稳定，不易变黄、变色；上光表面耐磨性好、不掉色、斥水、斥油，能满足用纸盒高速包装香烟生产线的要求；无毒、无味，特别适合食品、烟草包装纸盒的上光；成品平整度好、膜面光滑；印后加工适性宽，模切、烫印均可加工；耐高温、热封性能好；使用安全可靠、储运方便。水性光油主要包括专用上光机用水性光油、柔性版水性光油、凹版水性光油、水性磨光油（亚光胶）以及水性薄膜复合胶黏剂等。

（4）UV 上光油　UV 上光涂料是指在一定波长的紫外光照射下，能够从液态转变为固态的上光油和油墨 UV 干燥上光油和油墨主要是由颜料、感光树脂、活性稀释剂、光引发剂及其他助剂组成。UV 光油由丙烯酸盐聚合物、稀释剂、光引发剂组成，固含量为 100％，丙烯酸盐聚合物使其具有优良的光泽度、硬度和耐摩擦性。UV 光油的固化原理同 UV 油墨一样，在极短的时间内产生光化学交联。在紫外光的作用下，光引发剂分解咸高能的活性分子，将光能转换并使丙烯酸盐聚合物发生链接反应，在这个反应结束之后，就会产生一层完全交联的上光油膜层，其化学性能可与有机玻璃相比。

UV 上光是（紫外线固化上光）依靠 UV 光的照射，使 UV 涂料内部发生光化学反应，完成固化过程。固化时不存在溶剂的挥发，不会造成对环境的污染。使用 UV 上光油的印品表面光泽度高，耐热、耐磨、耐水、耐光，但由于 UV 上光油价格高，目前只用于高档纸制品的上光。

UV 上光，必须在装有紫外干燥装置的机器上使用。对于纸箱、纸盒类包装，UV 上光不失为一种理想的选择，因为 UV 上光后的印品防水性、防潮性和耐磨性都比较好。UV 上光的缺点是上光包装制品气味较重，对人体有一定刺激性；UV 上光油对纸张和油墨的附着力较差，后加工适应性差，不易糊盒，模切和折叠时容易爆裂等。其特点是空气污染小、固化速度快、上光质量好耐磨性高、无需喷粉、可以避免塑料覆膜工艺经常出现的缺陷、可以再回收等。在国外，书刊，杂志，封面，磁带封套等印刷品的光泽加工方面得到了广泛的应用并且书刊杂志封面的光泽加工普遍采用UV 上光。

UV 上光迅速兴起并在许多产品上大有取代塑料覆膜和溶剂型上光之势，这主要取决于其本身具有的下列特点：① UV 上光油几乎不含溶剂，有机挥发物排放量极少，因此减少了空气污染，改善了工作环境，也减少了发生火灾的危险；② UV 上光油不含溶剂，固化时不需要热能，其固化所需的能耗只有红外固化型油墨和红外固化型上光油的 20％ 左右。另外，这种上光油对油墨亲和力强，附着牢固，在 $80\sim120w/cm$ 紫外线灯照射下固化速度可达 $100\sim300m/min$；③ 经 UV 上光工艺处理后的印刷品，色彩明显较其他加工方法鲜艳亮丽，而且固化后的涂层耐磨，更具有耐药品性和耐化学性，稳定性好，能够用水和乙醇擦洗；④ UV 上光油有效成分高，挥发少，所以用量省。一般铜版纸的上光油涂布量仅为 $4g/m$ 左右，成本约为覆膜成本 60％ 左右；⑤ 可以避免塑料覆膜工艺经常出现的缺陷，如翘边起泡起皱脱层等现象，UV 上光产品不粘连，固化后即可叠起放有利于装订等后工序加工作业；⑥ 可以回收利用，解决了塑料复合的纸基不能回收而形成的环境污染问题。

目前国内市场上的 UV 上光油除少量是欧美进口产品外，大部分为台湾生产的产品。

（5）珠光颜料上光　珠光颜料上光是将一种具有色泽和半透明性、有部分遮盖力的片晶状结构的颜料均匀涂布到印品表面。

云母钛型珠光颜料是不同于目前常见的吸收型色料和反射型金属颜料的另一类光学干涉型颜料。珠光效果来自于其云母内核与金属氧化物构成的层状结构，二氧化钛、氧化铁以及氧化铬等与云母之间的光学折射率差异是形成光干涉效应的主要原因。

层状的珠光颜料如能平行地沿承印物表面分布的话，入射光线就能在这些不同光学折射率的物质组成的层面上发生多重折射，从而产生珠光效果；珠光涂层越厚，颜料越多，珠光效果也就越强。在纸张上形成涂层以后，珠光颜料呈现出一种柔和而富有层次感的视觉效果。珠光颜料既可单独与无色透明连结料调和后印刷，又可与其他油墨混合以后使用，还能与其他墨层叠合使用。在现代印刷业中，珠光效果是一种不可取代的专色光泽效果。在高档包装如香烟、药品、食品、化妆品的包装折叠纸盒和标签印刷领域，有良好的应用前景。

不同的印刷方式有不同的珠光效果。丝网印刷方式油墨层厚实，珠光效果表现最充分。其次是凹版印刷、柔性版印刷和上光。胶印方式的转移油墨量最低，转印到纸面上的颜料也相应最少，另外，由于胶印中有润版液（水）的存在，会影响珠光效果。因此，对于要求珠光效果强、较大批量的印刷品，最好采用凹版或柔性版印刷；对于要求珠光效果强、但批量不大的印刷品，应该考虑用丝网版印刷；如果对珠光效果要求一般，数量有限的急件，可以选用胶印方式。

在涂层中要达到良好效果，需满足珠光颜料的分布特点。设计时要选择不同色彩光泽的珠光颜料、选择不同颗粒度的颜料、合理设计整体或局部上光。在柔性版印刷中，要根据所用珠光颜料的颗粒度合理选择网纹辊，以保证良好的转移率；根据上光油的性能，选用合适的柔性版材，以避免发生堆版。选择上光涂料时，要能最大程度地表现出珠光的光泽，如水性上光涂料是目前胶印上光发展的主流。

（6）热固型上光涂料　这类涂料中含催化剂，成膜树脂高分子结构中含有活性官能团，当涂层遇热会发生交联反应干燥成膜。热固型上光涂料主要用于卷筒纸胶印轮转印刷机，印刷完后立即上光。

压光涂料与一般上光涂料一样。其特点一是要与纸张、油墨能很好地结合，同时又要能在不锈钢抛光带上很容易的剥离；二是必须要有很好的热塑性，在一定的温度和压力下能够软化，压缩变薄，有利于在经过适当冷却后能定型为镜面光泽。

三、上光设备

上光机是专门用来对印刷品表面上光的设备。上光机主要有涂布装置、干燥装置、输纸装置、收纸装置、传送装置和机体。按上光方式不同，上光设备可分为脱机（离线）上光和联机（在线）上光。脱机上光是印刷、上光分别在专用机械上完成，上光需要使用专用上光机或压光机。而联机上光是印刷、上光一次完成，具有速度快、效率高等特点，不但节省了资金，还提高了工作效率，并减少了因半成品周转而造成的印品损失和所带来的麻烦。柔印机、凹印机和部分胶印机目前都采用联机上光。

联机上光设备流行采用辊式涂布装置，将光油转移到承印物上。罗兰公司和海德堡公司采用先进实用的封闭刮墨刀上光系统，由陶瓷网纹辊和封闭式刮墨刀以及柔性树脂涂布版辊组成。该系统的主要优点是通过选择不同的陶瓷网纹辊,精确地按需要的涂布量完成涂布和上光,即能快速更换网纹辊和上光涂布版,又能在整个印刷幅宽内均匀涂布或进行精确的局部上光。使用封闭刮墨刀系统上光,类似于在胶印机的后部配置一个柔印机组,不仅可以获得饱满厚实的上光涂层,又可以灵活地采取局部上光,更为珠光等特殊光泽提供了充分表现的空间。

1. 单机上光

(1) 专用上光机上光 上光机主要包括涂布装置、干燥装置、输纸装置、收纸装置、传送装置和机体。涂布机构的作用是在待涂印刷品的表面均匀地涂敷一层涂料。由涂布系统和涂料输送系统组成。常见的涂布方式有三辊直接涂布式、浸入逆转涂布式。图 11-1 是三辊直接涂布示意图,涂布量由施涂辊与计量辊之间的间隙控制、施涂辊与衬辊之间的速比,比值为 0.8~4,值越大涂布量越大。涂布辊组装有压力调整机构。

浸入逆转式涂布示意图如图 11-2 所示,由贮液槽、上料辊、匀料辊、施涂辊和衬辊组成。根据干燥机理可分为固体传导加热干燥、辐射加热干燥。干燥装置在干燥过程中,不能引起油墨、上光油和承印物的颜色发生变化,更不能造成承印物尺寸发生变化。干燥装置要体积小,使用方便,灵活,对人与环境无害。固体传导加热干燥由加热源、电器控制装置、通风系统等构成。加热源包括电热管、电热棒、电热板等。干燥源产生热能后,由通风系统将热能送入密封的干燥通道中,使干燥通道升温。进入通道的印刷品表面涂层受到周围高温空气的影响,其分子运动加剧,从而使涂层中的溶剂挥发速率增大,达到迅速干燥成膜的目的。辐射加热干燥有红外线、紫外线、微波辐射,由辐射源、反射器、控制系统以及其他系统组成。红外线干燥机理是进入涂层的红外线部分被涂层吸收,转变为热能,使涂层的原子和分子在加热时加剧运动,原物质中处于基态的电子,有可能被激发二跃迁到更高级的能级。若红外线的波数恰好等于涂料分子中的原子跃迁的波数时,产生激烈的分子共振,使涂料温度升高,起到加速干燥的作用。紫外线辐射干燥机理是,上光涂料经紫外光辐射后,光引发剂被引发,产生游离基或离子;这些游离基或离子,与预聚体或不饱和单体中的双键起交联反应,形成单体集团,单体基团开始连锁反应聚合成固体高分子,从而完成上光涂料的干燥。

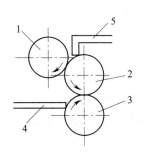

图 11-1 三辊直接涂布示意图
1—计量辊 2—施涂辊 3—衬辊
4—印刷品输送台 5—出料孔

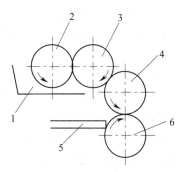

图 11-2 料槽供料浸入逆转式
1—贮料槽 2—上料辊 3—匀料辊
4—施涂辊 5—输纸台 6—衬辊

（2）单色胶印机上光　利用平版印刷机上光涂布一般有两种方式，一种是利用平版印刷机的润湿系统稍加改进，进行上光涂布；二是利用输墨系统上光涂布。利用输墨系统上光涂布是把上光涂料像油墨一样，先放在墨斗槽中，经过输墨系统、印版、橡皮布将上光涂料转移到印刷品上，可涂布油性、水性和 UV 上光涂料。

如图 11-3 所示，利用印刷机润湿装置进行上光时，将上光涂料置于水斗槽中，预先将水辊上的水绒套取下，露出胶辊原状，通过水辊向印版涂布上光涂料，用调节上水量的方法控制上光涂料的量。考虑到上光涂料较稀，避免滴落在印刷品上，可适当将水槽加宽。

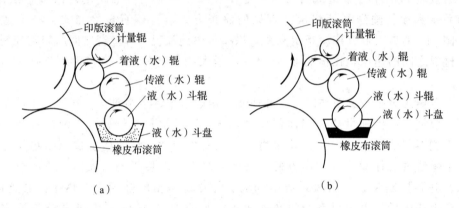

图 11-3　利用印刷机润湿装置进行上光
（a）顺向运转作业状态　（b）逆向运转作业状态

顺向运转上光，即着水辊与传水辊呈顺向运转状态，水斗辊将以传液辊 1/3～2/3 的转速运转，通过这种转速差就形成预上光，而真正的上光量还是需要通过调整液斗辊的转速来实现。逆向运转上光，即着水辊与传水辊呈逆向运转状态。通过这种逆向运转处理，能获得更为均匀的上光墨层，并更好地消除鬼影现象，特别在进行局部上光时，这种上光形式的优越性更为明显。

2. 联机上光

多色平版印刷机上光可根据产品结构和要求、上光工艺选择配置。从 4+1、5+1、到 4+2、6+2，上光机组多，不仅上光效率高，上光质量好。比较常见的联机上光有，辊式上光和刮刀上光两种。

（1）辊式上光　　海德堡 Speedmaster102-4CD 型机、ROLAND700、三菱 DIA-MOND3000、小森 LITHRONE40 型机采用的都是辊式上光装置。

这几种机型的辊式上光机构基本上原理相同，如图 11-4 所示，这类印刷机联机上光单元的上光量、压力等均是印刷机控制中心进行控制的，像海德堡印刷机上光装置的上光液供给机构可控制上光的全过程。上光液由电子双隔膜从储液桶中经过软管抽送到上光液斗盘中，液面高度和上光液的循环由电位计循环监控，确保上光液均匀供给，超声波监测可随时监控上光液的上光量。KBARapida105 型机上光机组可作为顺向运转的两辊式系统，也可作为逆向运转的三辊式系统使用。如图 11-4（b）和（c）所示，两辊式顺向运转工作时，计量辊 6 被脱开，这时上光液通过上光液斗辊 2 和着液辊 3 之间的压力调节上光量，结构简单。三辊式逆向运转工作时，上光滚筒和液斗辊逆向运转，可得到很好的光

泽度，同时在使用高黏度上光液时不必过于提高辊子间的压力来达到薄而均匀的涂布
目的。

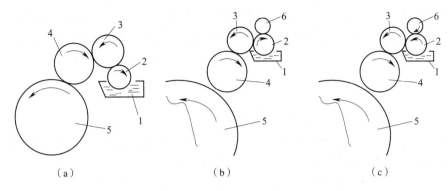

图 11 - 4　辊式上光装置

（a）海德堡 SM102 - 4CD　（b）KBA Rapida 105　（c）KBA Rapida 105

1—液斗滚盘　2—液斗盘　3—着液辊　4—上光涂布滚筒　5—压印滚筒　6—计量辊

这种辊式上光的好处是，上光液从液斗盘到上光滚筒的传递路线非常短，接触点比
较少，是直接从液斗辊传给上光涂布滚筒，这样上光液不容易在上光单元内部干结，可
使用快干上光液。即使是传递接触点少，也可使很厚的上光液能均匀传递，上光液湿膜最
厚可达到 $8g/m^2$，上光液干后厚度也能达到 $3 \sim 4g/m^2$；更换作业或换上光液的操作简单
方便。

（2）刮刀式上光　刮刀式上光装置在现代印刷设备上越来越得到了广泛的应用。它
通常是由两个上光刮刀组成的封闭刀片箱和起计量辊作用的陶瓷网纹辊构成。上、下刮
刀与网纹辊组成封闭的"上光箱"，上光液经管线输入，海德堡 SM102 - 4CD、RO-
LAND700、KBARAPIDA105、三菱 DIAMOND3000、小森 LITHRONE40 等均带有刮刀
式上光装置，它们的机构也基本相同，如下图 11 - 5 所示为海德堡 SM102 - 4 型机刮刀式
上光装置。

刮刀式上光装置具有以下优点：a. 稳定、优良的上光质量。刮刀式上光结构中的上、
下刮刀以气动方式与网纹辊离合。由于上刮刀的作
用，可使上光液的涂布量均匀一致，不受印刷速度
变化的影响，即使是连续多日的印刷作业，上光效
果也能保持恒定一致。传统上光结构中，由于涂层
厚度变化而带来的色调变化在此机构中也不复存在。
b. 有利于环保。刮刀式上光的结构是一个闭合结构，
只需很少量上光液量循环，也不存在异味散发的问
题，要清理的废料也被减少到最低程度。c. 上光经
济性更强。一般在换版作业时，上光液可直接用清
洗剂清洗，只有在由普通上光转化为金色或银色上
光时才需要手工清洗刮刀系统。如果采用多个这样
的刮刀式上光装置替换使用，换版和清洗作业时间
可进一步缩短。选用合格的自动清洗装置也能大大

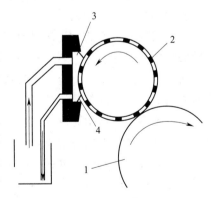

图 11 - 5　海德堡 SM102 - 4

刮刀上光装置

1—上光涂布滚筒　2—网纹辊

3—上刮刀　4—下刮刀

提高工作效率。d. 采用封闭系统结构，即使使用极低黏度的上光液，也可在高速印刷的同时进行上光。e. 正是由于使用了网纹辊，可在纸张的整个宽度上很精确地设定上光液层厚度进行上光，保证印刷品具有稳定的上光效果，特别对薄纸上光时控制上光涂布量为最低范围，同时又涂布均匀。改变涂层的厚度是由网纹辊的网线疏密决定的。f. 上光印金。这种上光装置能适应含有不同元素成分的金银色上光印金，达到相当高的耐磨性。

四、上光质量影响因素

上光涂布过程实质是上光涂料在印刷品表面流平并干燥的过程。主要影响因素有印刷品的上光适性、上光涂料的种类和性能、涂布加工工艺条件等。

（1）印刷品的上光适性　印刷品的上光适性是指印刷品承印的纸张及印刷图文性能对上光涂布的影响。在上光涂布中，上光涂料容易在高平滑度的纸张表面流平。在干燥过程中，随着上光涂料的固化，能够形成平滑度较高的膜面。故纸张表面平滑度越高，上光涂布的效果越好，反之亦然。纸张表面的吸收件过强、纸纤维对上光涂料的吸收率高，溶剂渗透快，导致涂料黏度变大，涂料层在印刷品表面流动的剪切应力增加，影响了上光涂料的流平而难以形成较平滑的膜层；相反，吸收过弱，使上光涂料在流平中的渗透、凝固和结膜作用明显降低，同样不能在印刷品表面形成高质量的膜层。

纸张对上光质量的影响，主要表现在纸张平滑度对上光质量的影响。高平滑度的纸张，经上光后效果显著，而平滑度低的纸张或纸板，上光后的效果就较差，因为上光油被粗糙表面的纸张或纸板几乎全部吸收了。为了解决这个问题，可在上光前先上一次底料，或者上两次光。

（2）上光涂料　上光涂料的种类不同，其性能也不同，即使在相同的工艺条件下，涂布、压光后得到的膜层状况也不相同。如上光涂料的黏度对涂料的流平性、润湿性有着重要的影响。同一吸收强度的纸张对上光涂料的吸收率与涂料黏度成反比，即涂料黏度越小，吸收率越大，会使流平过早结束，引起印刷品表面某些局部大涂料而影响到膜层干燥和压光后的平滑度和光亮度。

不同表面张力值的上光涂料对同一印刷品的润湿、附着及浸透作用不同，其涂布和压光后成膜效果差异很大。表面张力值较小的上光涂料，能够润湿、附着、浸透各类印刷品的实地表面和图文墨层，流平成光滑而均匀的膜面；表面张力值大的上光涂料，对印刷品表面墨层的润湿受到限制，甚至上光后的涂层会产生一定的收缩而影响成膜质量。溶剂的挥发性也有影响。挥发速度太快，会使涂料层来不及流平成均匀的膜面；反之又会引起上光涂料干燥不足，硬化结膜受阻，抗粘污性不良。

（3）温度　上光的温度在 $18\sim20℃$，能够取得最理想的效果。冬季，上光油很容易凝固，上光产品的表面亮膜不均匀。为了解决这个问题，上光油需要存放在保温的地方。如果上光油的温度过低，必须适当地加入溶剂稀释。

（4）印刷油墨　印刷后需上光的产品所使用的印刷油墨，必须具备耐溶剂性和耐热性，否则印刷品图文就会变色或产生起皱皮等现象。解决方法是在选择印刷用墨时注意以下几点：① 要选用耐醇类、酯类溶剂，耐酸碱的油墨。② 要选用经久不变色而且光泽良好的油墨。③ 要选择对纸张有良好的黏着性的油墨。印刷品油墨的质量也直接影响上光涂料的涂布质量和流平性。油墨的颗粒细，其分散度高，图文墨层就容易被上光涂料所润湿，在涂布压力作用下，流平性好，形成的膜层平滑度高。反之，油墨颗粒粗，印刷墨层铺展差，涂布中不易形成高质量的膜层。

（5）印刷品晶化　印刷品晶化现象主要是由于印刷品放置时间过久、印件底墨面积过大、燥油加放过多的原因，墨膜在纸张表面产生晶化现象，往往会使上光油印不上去或者产生"花脸"、"麻点"等现象。为了解决这个问题，一般在上光油中加入 5％ 的乳酸，经搅拌后即可使用。这种改性后的上光油涂到印刷品上，使印刷品表面玻璃化晶膜受到破坏，就能够使上光油均匀地涂布到印刷品的表面上，形成亮膜。

（6）涂布工艺条件　涂布工艺条件的选定对涂布质量也有很大影响。涂布量太少，涂料不能均匀铺展整个待涂表面，干燥、压光后的平滑度差；涂布量太厚会影响干燥，增加成本。为干燥较厚膜层，要相对提高涂布和压光时的温度。干燥时间要加长，这会导致印刷品含水量减少，纸纤维变脆，印刷品表面易折裂。

第二节　覆　　膜

一、覆膜的作用及特点

覆膜工艺是一种表面加工工艺，又称为印后过塑、印后裱胶或印后贴膜，是指用覆膜机在印品的表面覆盖一层 0.012～0.020mm 厚的透明塑料薄膜而形成一种纸塑合一的产品加工技术。一般来说，根据所用工艺可分为即涂膜、预涂膜两种，根据薄膜材料的不同分为亮光膜、亚光膜两种。即涂型覆膜是指覆膜操作时，以塑料薄膜为原材料，先在它上面涂布黏合剂，经干燥处理后，紧接着将塑料薄膜与印品热压复合的工艺方法。预涂型覆膜是指覆膜时以预先涂布黏合剂并干燥后的塑料薄膜为原材料，直接与印品进行热压复合的工艺方法。

覆膜的作用主要有：① 覆膜作封面可以保护纸张。纸张经覆膜后可以延长其封面寿命，多用于学生课本封面。② 印痕不易被破坏。覆膜后可对彩色图文封面起到同样的保护作用，而不易被磨损。由于有这些优点所以有利于出版社的美术编辑进行封面设计。覆膜工艺在我国广泛应用于各类包装装潢印刷品，各种装订形式的书刊、本册、挂历、地图等，是一种很受欢迎的印品表面加工技术。

二、覆　膜　材　料

覆膜用材料主要包括黏合剂、塑料薄膜和纸张。覆膜材料有很多种，其特点和性能、用途各异。根据工艺条件和特点、性能，进行合理选择，才能生产出合格的产品。

1. 常用覆膜用塑料

覆膜常用薄膜有聚氯乙烯（PVC）、聚丙烯（PP）、聚酯（PET）和醋酸酯（CA）薄膜，尤其以双向拉伸聚丙烯膜（BOPP）最常用。

① 双向拉伸聚丙烯（BOPP）。气密性、耐热性、防潮、透明性好，无毒无味。

② 聚丙烯膜（PP）。主要用于商品包装、书刊封面等。

③ 聚氯乙烯膜（PVC）。造价低廉，但易污染环境，不用于食品包装。

④ 聚酯膜（PET）。一般与聚乙烯、聚丙烯和铝箔制成复合材料，制作包装。

⑤ 醋酸酯膜（CA）。也可制成复合材料，复合后印刷色彩更鲜艳，用于食品包装。

覆膜用塑料的性能要求：

① 厚度。厚度在 0.01～0.02mm 较合适；

② 表面张力。表面张力应达到 0.04N/m，以便有较好的润湿性和黏合性能；

③ 透明度和色泽。透明度越高越好，一般为 90% 以上；

④ 耐光性。具有良好的耐光性，即便经过长期使用和存放仍然透明如故；

⑤ 机械性能。必须使薄膜具备一定的机械强度和柔韧特性；

⑥ 几何尺寸稳定。要求塑料薄膜的几何尺寸要稳定；吸湿膨胀系数小，热膨胀系数小；热变形温度高；抗寒性好；

⑦ 化学稳定性。具有一定的化学稳定性，不受化学物质的影响；

⑧ 外观。膜面平整、无凹凸不平及皱纹；薄膜无气泡、缩孔和针孔以及麻点等，膜面清洁、无灰尘、无杂质、无油脂（斑）等。

2. 覆膜用黏合剂

覆膜用常用黏合剂有溶剂型、醇溶型、水溶型和无溶剂型等。溶剂型黏合剂主要有EVA（乙烯—醋酸乙烯共聚物）树脂类、丙烯酸酯类、聚氨酯类、丁苯橡胶类、异丁烯橡胶类等。醇溶型黏合剂主要有丙烯酸类、聚氨酯类、聚酯类等。水溶型黏合剂主要有EVA 树脂类、丙烯酸酯类、聚氨酯类等。

（1）干式覆膜用黏合剂　干式覆膜广泛应用于热固型黏合剂，如环氧树脂和聚氨酯类黏合剂。热塑型黏合剂中的聚醋酸乙烯和聚氯乙烯树脂也可用于干式覆膜，但不常用。溶剂型黏合剂都可以用于干式覆膜。热固型黏合剂柔软，耐热，黏合力大。

（2）湿式覆膜用黏合剂　湿式覆膜采用水溶性黏合剂，这些黏合剂主要有：聚乙烯醇、硅酸钠、淀粉、聚醋酸乙烯、乙烯—醋酸乙烯共聚物、聚丙烯酸酯、天然树脂、聚氨酯树脂、聚酯树脂、丙烯酸酯等。水溶性黏合剂可以用水做介质，均匀涂布在塑料薄膜上，具有无毒、无公害、无污染、不燃、成本低等特点。橡胶树脂型和丙烯酸酯型黏合剂在国内较为常用。水溶型、水混合型黏合剂由于环保和质量方面具有一定优势，很有发展前途。

（3）预涂膜黏合剂　预涂膜黏合剂是把黏合剂预先涂布到塑料薄膜上，使之成为一种新的复合材料。预涂膜覆膜可以采用溶剂型黏合剂，但是需要在烘道里烘干。黏合剂在薄膜表面形成一层胶膜，胶膜内部的溶剂可能来不及挥发出来而被包容起来，形成"假干"现象，影响预涂膜使用。目前预涂膜使用的是热熔胶，常温下呈固态，加热熔融呈液态。

三、覆膜工艺

覆膜加工工艺，主要有半自动操作和全自动操作两类。半自动操作除上胶、热压复合等部分是机械操作外，输纸、分切等部分作业都由人工操作，劳动强度大，生产效率不高。全自动操作从输纸开始，到涂胶、复合、分切、成品收齐均由机械完成，省时省工，生产效率高，尽管有上述差异，但它们的工艺流程却是相同的。首先用辊涂装置将黏合剂均匀地涂布在塑料薄膜上，经过烘箱（道）将溶剂蒸发掉，然后，将已印刷好的印刷品牵引到热压复合装置上，并在此将塑料薄膜和印刷品压合，成为纸塑合一的覆膜产品。

覆膜工艺按所采用的原材料及设备的不同，可分为即涂覆膜工艺和预涂薄膜工艺。即涂覆膜工艺操作时先在薄膜上涂布黏合剂，之后再热压，为目前国内所普遍采用。预涂覆膜工艺是将黏合剂预先涂布在塑料薄膜上，经烘干收卷后，在无黏合剂涂布装置的覆膜设备上进行热压，从而完成覆膜过程。预涂覆膜工艺因覆膜设备不需要黏合剂加热干燥系统，大大地简化了覆膜工艺，而且操作十分方便，可以随用随开机，生产灵活性大；同时无溶剂气味，无环境污染，改善了劳动条件；更重要的是它完全避免了气泡、脱层等覆膜故障的发生，覆膜产品的透明度极高，具有广阔的应用前景和推广价值。

预涂膜是一种预先将塑料薄膜上胶膜布复卷后，再进行与纸张印品复合的工艺。预涂膜是由预涂膜加工厂根据使用规格幅面的不同先将胶液涂布复卷后供使用厂选择再与印刷品纸张进行复合。预涂膜有三种：即热膜、压敏膜和特种膜。覆膜机可分为即涂型覆膜机和预涂型覆膜机两大类。即涂型覆膜机包括上胶、烘干、热压三部分，其适用范围宽，加工性能稳定可靠，是目前国内广泛使用的覆膜设备。预涂型覆膜机，无上胶和干燥部分，体积小、造价低、操作灵活方便，不仅适用大批量印刷品的覆膜加工，而且适用自动化桌面办公系统等小批量、零散的印刷品的覆膜加工，很有发展前途。

1. 即涂覆膜机

即涂覆膜机分为干式覆膜机和湿式覆膜机。

（1）干式覆膜机　干式覆膜法是目前国内最常用的覆膜方法，它是在塑料薄膜上涂布一层黏合剂，然后经过覆膜机的干燥烘道蒸发除去黏合剂中的溶剂而干燥，再在热压状态下与纸质印刷品黏合成覆膜产品。如图 11-6 所示，干式覆膜机主要由放卷部分、上胶涂布、干燥、复合、收卷五个部分以及机械传动、张力控制、放卷自动调偏等附属组成。

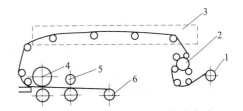

图 11-6　干式膜覆膜机示意图

1—放卷部分　2—涂胶部分　3—干燥部分
4—复合部分　5—压力部分　6—收卷部分

涂布装置是薄膜放卷后经过涂辊进入上胶部分。涂布形式有滚筒逆转式、凹式、无刮刀直接涂胶以及有刮刀直接涂胶等，如图 11-6～图 11-10 所示。

（2）湿式覆膜机　湿式覆膜法是在塑料薄膜表面涂布一层黏合剂，在黏合剂未干的状况下，通过压辊与纸质印刷品黏合成覆膜产品。自水性覆膜机问世以来，水性覆膜工艺得到了推广应用，这与湿式覆膜工艺所具有的操作简单，黏合剂用量少，不含破坏环境的有机溶剂，覆膜印刷品具有高强度、高品位，易回收等特点密不可分。湿式覆膜是在塑料薄膜表面涂布一层水溶性黏合剂，在黏合剂未干的情况下，通过压辊与纸或纸板复合，成为覆膜产品。由于湿式覆膜用水溶性黏合剂，故又称为水溶性覆膜、水性覆膜。湿式覆膜的塑料薄膜与纸张复合后，有的经过热烘道干燥，有的不经干燥直接卷取。

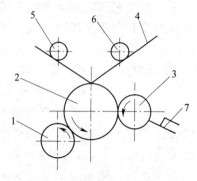

图 11-7　滚筒逆转式刮胶示意图

1—供料辊　2—涂胶辊　3—刮胶辊

4—塑料薄膜　5、6—反压辊　7—刮胶辊

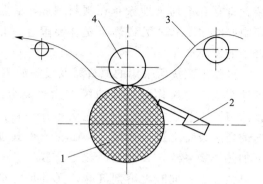

图 11-8　凹式涂胶示意图

1—网纹涂胶辊　2—刮胶刀　3—塑料薄膜

4—反压辊

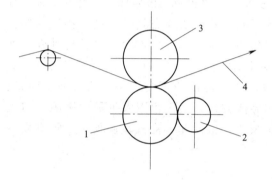

图 11-9　无刮刀辊挤压式涂胶示意图

1—涂胶辊　2—加胶辊

3—压胶辊　4—塑料薄膜

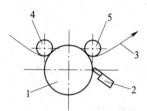

图 11-10　有刮刀辊挤压式涂胶示意图

1—涂胶辊　2—刮胶刀

3—塑料薄膜　4、5—反压辊

湿式覆膜的特点是工艺操作简单，黏合剂用量少，成本低，覆膜速度快，一般速度可达到 40m/min，不含残留溶剂，有利于环境保护。覆膜产品表面不易起泡、起皱。

湿式覆膜的工艺原理与干式覆膜基本相似。所不同的是干式覆膜是将涂布黏合剂的薄膜经过烘道加热，将黏合剂中有机溶剂发挥后再与复合材料热压、粘合。而湿式覆膜是将涂布黏合剂的薄膜直接与纸张复合后，在进入烘道干燥或不经干燥直接卷取：干式覆膜采用有机溶剂黏合剂，湿式覆膜采用水溶性黏合剂。

2. 预涂覆膜机

预涂型覆膜机由预涂塑料薄膜放卷、印刷品自动输入、热压区复合、自动收卷四个主要部分，以及机械传动、预涂塑料薄膜展平、纵横向分切、计算机控制系统等辅助装置组成。

（1）印刷品输入部分　自动输送机构能够保证印刷品在传输中不发生重叠并等距地进入复合部分，一般采用气动或摩擦方式实现控制，输送准确、精度高，在复合幅面小的印刷品时，同样可以满足上述要求。

（2）复合部分　包括复合辊组和压光辊组。复合辊组由加热压力辊、硅胶压力辊组成。热压力辊是空心辊，内部装有加热装置，表面锻有硬铬，并经抛光、精磨处理；热压辊温度由传感器跟踪采样、计算机随时校正；复合压力的调整采用偏心凸轮机构，压力可无级调节。压光辊组与复合辊组基本相同，即由镀铬压力辊同硅胶压力辊组成，但无加热装置。压光辊组的主要作用是：预涂塑料薄膜同印刷品经复合辊组复合后，表面光亮度还不高，再经压光辊组二次挤压，表面光亮度及粘合强度大为提高。预涂型覆膜机复合部分机构示意图和复合压力调整机构，如图 11-11 和图 11-12 所示。

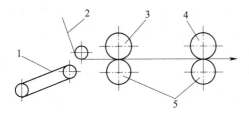

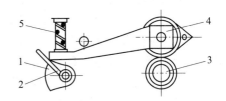

图 11-11　预涂型覆膜机复合部分机构示意图
1—自动输纸部分　2—预涂薄膜　3—热压力辊
4—压力辊　5—硅胶压力辊

图 11-12　复合压力调整机构
1—离合凸轮　2—手柄　3—硅胶辊
4—热压辊　5—压簧

（3）传动系统　传动系统是由计算机控制的大功率电机驱动，经过一级齿轮减速后，通过三级链传动，带动进纸机构的运动和复合部分及压光机构的硅胶压力辊的转动。压力辊组在无级调节的压力作用下保持合适的工作压力。

（4）计算机控制系统　计算机控制系统采用微处理机，硬件配置由主机板、数码按键板、光隔离板、电源板、步进电机功率驱动板等组成。

四、覆膜质量控制

覆膜效果不仅同覆膜原材料、覆膜操作工艺方法有关，更重要的还同被粘印刷品的墨层状况有关。印刷品的墨层状况主要由纸张的性质、油墨性能、墨层厚度、图文面积以及印刷图文积分密度等决定，这些因素影响粘合机械结合力、物理化学结合力等形成条件，从而引起印刷品表面粘合性能的改变。

1. 影响覆膜质量的因素

（1）印刷品墨层厚度　墨层厚实的实地印刷品，往往很难与塑料薄膜粘合，不久便会脱层、起泡。这是因为，厚实的墨层改变了纸张多孔隙的表面特性，使纸张纤维毛细孔封闭，严重阻碍了黏合剂的渗透和扩散。黏合剂在一定程度内的渗透，对覆膜粘合是有利的。

另外，印刷品表面墨层及墨层面积不同，则粘合润湿性能也不同。实验证明，随着墨层厚度的增加或图文面积的增大，表面张力值明显降低。故不论是单色印刷还是叠色印刷，都应力求控制墨层在较薄的程度上。

印刷墨层的厚度还与印刷方式有直接关系，印刷方式不同，其墨层厚度也不同。如平印产品的墨层厚度为 $1\sim2\mu m$，凹印时可达 $20\mu m$。从覆膜的角度看，平印的印刷品是理想的，其墨层很薄。

（2）印刷油墨的种类　需覆膜的印刷品应采用快固着亮光胶印油墨，该油墨的连结料是由合成树脂、干性植物油、高沸点煤油及少量胶质构成。合成树脂分子中含有极性基团，极性基团易于同黏合剂分子中的极性基团相互扩散和渗透，并产生交联，形成物理化学结合力，从而有利于覆膜；快固着亮光胶印油墨还具有印刷后墨层快速干燥结膜的优势，对覆膜也十分有利。但使用时不宜过多加放催干剂，否则，墨层表面会产生晶化，反而影响覆膜效果。

（3）油墨冲淡剂的使用　油墨冲淡剂是能使油墨颜色变淡的一类物质，常用的油墨冲淡剂有白墨、维利油和亮光油等。

白墨属油墨类，由白墨颜料、连结料及辅料构成，常用于浅色实地印刷、专色印刷及商标图案印刷。劣质白墨有明显的粉质颗粒，与连结料结合不紧，印刷后连结料会很快渗入纸张，而颜料则浮于纸面对粘合形成阻碍，这就是某些淡色实地印刷品常常不易覆膜的原因。

印刷前应慎重选择白墨，尽量选用均匀细腻、无明显颗粒的白墨作为冲淡剂。

维利油是氢氧化铝和干性植物油连结料分散轧制而成的浆状透明体，可用于增加印刷品表面的光泽，印刷性能优良。但氢氧化铝质轻，印刷后会浮在墨层表面，覆膜时使黏合剂与墨层之间形成不易察觉的隔离层，导致粘合不上或起泡。其本身干燥慢，还具有抑制油墨干燥的特性，这一点也难以适应覆膜。

亮光油是一种从内到外快速干燥型冲淡剂，是由树脂、平性植物油、催干剂等混合炼制而成的胶状透明物质，质地细腻、结膜光亮，具有良好的亲和作用，能将聚丙烯薄膜牢固地吸附于油墨层表面。同时，亮光油可以使印迹富有光泽和干燥速度加快，印刷性能良好。因此，它是理想的油墨冲淡剂。

（4）喷粉的加放　为适应多色高速印刷，胶印中常采用喷粉工艺来解决背面蹭脏之弊。喷粉大都是谷类淀粉及天然的悬浮型物质组成，喷粉的防粘作用主要是在油墨层表面形成一层不可逆的垫子，从而减少粘连。因颗粒较粗，若印刷过程中喷粉过多，这些颗粒浮在印刷品表面，覆膜时黏合剂不是每处都与墨层粘合，而是与这层喷粉粘合，从而造成假粘现象，严重影响了覆膜质量。因此，若印后产品需进行覆膜加工，则印刷时应尽量控制喷粉用量。

（5）印刷品表面里层干燥状况　印刷品墨层干燥不良对覆膜质量危害极大。影响墨层干燥的因素，除了有油墨的种类、印刷过程中催干剂的用量与类型及印刷、存放间的环境温湿度外，纸张本身的结构也相当重要。如铜版纸与胶版纸其结构不同，则墨层的干燥状况亦有区别。

无论是铜版纸还是胶版纸，在墨迹未完全彻底干燥时覆膜，对覆膜质量的影响均是不利的。油墨中所含的高沸点溶剂极易使塑料薄膜膨胀和伸长，而塑料薄膜膨胀和伸长是覆膜后产品起泡、脱层的最主要原因。

2. 覆膜常见故障和解决办法

影响覆膜质量的因素较多，除纸张、墨层、薄膜、黏合剂等客观因素外，还受温度、压力速度、胶量等主观因素影响。这些因素处理不善，就会产生各种覆膜质量问题。

（1）粘合不良　因黏合剂选用不当、涂胶量设定不当、配比计量有误而引起的覆膜粘合不良故障，应重选黏合剂牌号和涂覆量，并准确配比；若是印刷品表面状况不善如有喷粉、墨层太厚、墨迹未干或未干彻底等而造成粘合不良，则可用干布轻轻地擦去喷粉，或增加黏合剂涂布量、增大压力，以及采用光热压一遍再上胶，或改用固体含量高的黏合剂，或增加黏合剂涂布厚度，或增加烘干道温度等办法解决；若是因黏合剂被印刷油墨及纸张吸收，而造成涂覆量不足，可考虑重新设定配方和涂覆量。

（2）起泡　其原因若是印刷墨层未干透，则应先热压一遍再上胶，也可以推迟覆膜日期，使之干燥彻底；若是印刷墨层太厚，则可适当增加黏合剂涂布量，增大压力及复合温度；若是复合辊表面温度过高，则应采取风冷、关闭电热丝等散热措施，尽快降低复合辊温度；覆膜干燥温度过高，会引起黏合剂表面结皮而发生起泡故障，这时应适当降低干燥温度；因薄膜有皱折或松弛现象、薄膜不均匀或卷边而引起的起泡故障，可通过调整张力大小，或更换合格薄膜来解决；黏合剂浓度高、黏度大或涂布不均匀、用量少，也是原因之一，这时应利用稀释剂降低黏合剂浓度，或适当提高涂覆量和均匀度。

（3）涂覆不匀　塑料薄膜厚薄不匀、复合压力太小、薄膜松弛、胶槽中部分黏合剂固化辊发生溶胀或变形等都会引起涂覆不匀；故障发生后，应尽快查出原因并采取相应措施，是调整牵引力、加大复合压力，或是更换薄膜、胶辊或黏合剂。

（4）皱膜　其原因一般是薄膜传送辊不平衡、薄膜两端松紧不一致或呈波浪边、胶层过厚或是电热辊与橡胶辊两端不平、压力不一致、线速度不等，对此可分别采取调整传送辊至平衡状态、更换薄膜、调整涂胶量并提高烘干道温度、调整电热辊与橡胶辊的位置及工艺参数等措施。

（5）覆膜产品发翘　原因是印刷品过薄，张力不平衡、薄膜拉得太紧，复合压力过大或温度过高等；相应的处理办法是尽量避免对薄纸进行覆膜加工；调整薄膜张力，使之达到平衡；适当减小复合压力，降低复合温度。

第三节　烫　　印

借助一定压力，将金属箔或颜料箔烫印到纸类、塑料印刷品或其他承印物表面的工艺，称为烫印工艺，俗称烫箔、烫金。这是一种表面整饰加工工艺，目的是提高产品包装的装饰效果，提高产品的附加值，并更有效地进行防伪。其使用范围正在越来越广泛，形式越来越多样。烫印一直是印后加工的关键环节，我国包装产品大多采用这一工艺。

一、烫　印　分　类

烫印工艺有多种分类方式，常见的分类方法主要有以下几种。① 根据烫印版是否加热，可分为热烫印和冷烫印两种；② 根据烫印材料的类型，可分为全息烫印和非全息烫印；③ 根据烫印后的图文形状，可分为凹凸烫印和平面烫印；④ 根据烫印材料在印刷面上是否需要套准，分为定位烫印和非定位烫印；⑤ 根据烫印工位与印刷机是否连线，分为连线烫印和不连线烫印。

普通烫印是指借助压力，利用温度对烫印版加热，来实现非全息类箔材平面烫印的工艺。它也被称为热烫，是最常见的烫印方式。普通烫印工艺有平压平烫印和圆压平烫印。由于圆压平烫印为线接触，具有烫印基材广泛、适于大面积烫印、烫印精度高等特点，应用比较广泛。而冷烫印是不用加热金属印版，而是利用涂布黏合剂来实现金属箔转移的方法。冷烫印工艺成本低，节省能源，生产效率高，是一种很有发展前途的新工艺。

常用的烫印工艺主要有普通烫印、冷烫印、凹凸烫印和全息烫印等方式。

二、烫　印　材　料

1. 电化铝

电化铝箔由基膜层、离型层、保护层、镀铝层和色层构成，。基膜层通常为 PET 薄膜，厚度为 $12\sim16\mu m$，是支撑材料。色层为醇溶性染色树脂层，主要决定电化铝的颜色，由三聚氰胺醛类树脂、有机硅树脂等材料和染料组成，主要颜色有金、银、蓝、红绿等。镀铝层使用纯度为 99.9% 的铝，在真空状态和高温（温度为 1400～1500℃）下进行气态喷涂而成。铝反射性好，可以使颜色呈现金属光泽。烫印时，胶粘层能保证在压力作用下铝层能粘接在被烫印材料上，其成分主要是甲基丙烯酸酯、硝酸纤维素、聚丙烯酸酯等和虫胶，要根据需要选择。

电化铝应满足以下基本技术要求：① 色泽均匀，无明显色差，亮度高；② 胶粘层涂布均匀、平滑，无明显条纹、氧化现象、砂眼；③ 在烫印温度下可保持色泽和光亮度。

2. 激光全息膜

激光全息膜使用的原材料主要有 PVC、PET、OPP、BOPP 等，品种有激光镀铝膜、激光透明上光膜、激光烫金纸、激光转移纸等系列，颜色有金、银、红、蓝、绿、黑等。激光全息材料将具有良好防伪效果的激光全息图像防伪技术与烫印、模压等印刷装饰技术融为一体，使产品在提高整饰装潢效果的同时更增添了防伪性能。此外，激光全息技术还与其他技术结合，产生出诸如激光全息加荧光防伪膜、柔性透明激光全息防伪膜、原子核机密防伪激光全息膜等高新技术的产品，更提高了激光全息膜的质量和防伪效果。

3. 冷烫箔

冷烫印所使用的电化箔是一种特种电化箔，其背面下涂胶，胶黏剂在印刷时直接涂在需要装饰的位置上，转移时，电化箔同胶黏剂接触，在胶黏剂的作用下，电化箔附在印刷品表面上。

全息冷烫印箔是指以 PET 薄膜为基材，经涂布离型层、着色层，模压而形成的激光全息效果，镀膜后再次涂布、复卷、分切而制成的一种全息冷烫印材料。

绍兴虎彩激光材料科技有限公司牵头起草的"防伪全息冷烫印箔"标准，规定了全息冷烫印箔的外观质量（如表 11 - 1 所示）、产品规格（如表 11 - 2 所示）、特性指标（如表 11 - 3 所示）。

表 11 - 1　　　　　　　　　　　　　　外观质量

指标名称	质 量 要 求
涂层	均匀一致，不能有泛彩、条纹、暗影、橘皮等
色相	和客户要求一致
全息效果	图像清晰、立体感强、色泽饱满、亮度均匀、整批一致
版缝	产品有效版面内不允许出现
镀铝白条	产品有效版面内不允许出现
黑点	产品表面不允许有面积 >0.3mm^2 的黑点（白点），允许有 0.2mm^2 ≤面积≤0.3mm^2 的黑点每个版面 2 个，且间隔 10cm 以上。面积 0.2mm^2 以下的黑点 4 个，且间隔 6cm 以上，不能连成线或密集存在。面积 0.1mm^2 以下的黑点忽略不计，但不能密集存在
透光点	允许有 ϕ≤0.2mm 的透光点平均每米长度内 1～2 个
擦伤	每个周期版面内擦伤线条（线条宽≤0.05mm，长≤20mm）≤2 条（间距在 40cm 以上）
卷绕质量	整卷产品卷绕平整，无木耳边或表面凹凸不平现象，收卷张力均匀，收卷两侧端面误差≤1mm。不允许有严重纵向条纹、暴筋现象
接头	允许每卷接头数≤3 个，但接头数为 3 个的卷数不能超过总卷数的 20%，接头间连续长度≥500m。接头要求光滑平整，不能外露

表 11 – 2 产品规格

卷芯直径	产品规格			
	基本尺寸		允许偏差	
	长/m	宽/mm	长/m	宽/mm
76.2mm（3in）	0～18000	100～800	±10	±1.0
152.4mm（6in）	0～18000	100～800	±10	±1.0

表 11 – 3 特性指标

	指标名称	要 求
产品性能	厚度/μm	13±1
	铝层厚度/nm	25～45
	光泽度（G_s, 60°）/%	≥30
	色差 ΔE（Lab）	≤3
	剥离力/（kN/m）	0.012～0.12
	铝层附着力	用黏性均匀稳定的胶带拉揭，不能有铝色分层（胶带黏合力为2.91～3.33N/19mm）
	老化试验	−20～60℃放置24h不能有色相及性能变化
	挥发性有机化合物（VOCs）	满足 YC 263—2008《卷烟条与盒包装纸中挥发性有机化合物的限量》规定，其中苯≤0.002mg/m²
应用性能	冷烫印速度/（m/min）	100～150
	冷烫印清晰度	应符合 GB/T 10456—1989 中 3.4 的规定
	套印精度/mm	±0.01
	切面/μm	90
	网点还原率/%	≥95
	冷烫印精细度/mm	0.2
	冷烫印镀层耐磨性	摩擦后受损面积不大于2%
	烫印牢度	产品烫印放置24h后，用12mm宽的黏性均匀稳定的胶带拉揭，烫印镀层和基材结合强度好，不能被拉起（胶带粘合力为2.91～3.33N/19mm）
	油墨附着牢度	产品烫印放置24h后，用12mm宽的黏性均匀稳定的胶带拉揭，油墨层和冷烫印镀层结合强度好，不能被拉起（胶带粘合力为2.91～3.33N/19mm）
	烫印性能	能够同时烫印线条、网点、文字、实地，完美体现渐变效果，层次感强

说明：

（1）冷烫印全息防伪箔具有通用的防伪特性（GB/T 23808—2009 全息防伪膜、GB/T 22467.3—2008 防伪材料通用技术条件第 3 部分：防伪膜、GB/T 18734—2002 防伪全息烫印箔中包含的防伪特性）。

（2）冷烫印全息防伪箔除了上述通用的防伪特性外，还具有如下防伪特性：① 冷烫印性能：能够同时烫印线条、网点、文字、实地，完美体现渐变效果，层次感强；② 冷烫印箔剥离力：0.012～0.12kN/m；③ 冷烫印速度：100～150m/min；④ 冷烫印套印精度：±0.01mm；⑤ 冷烫印网点还原率：≥95%；⑥ 冷烫印精细度：0.2mm；⑦ 冷烫印切面：90μm。

三、烫印工艺

1. 普通烫印

普通烫印的箔材是电化铝。根据压印副的形状,烫印设备有如下几种不同型式,即平压平、圆压平、圆压圆三种。无论是哪种型式,都由机身机架、烫印装置、电化铝传送装置组成。机身机架包括机身、输纸台(或放卷架)和收纸台(或收卷架)等。烫印装置包括电热板、烫印版、压印版和底板,电热板内装有一定功率的电热丝,烫印版是铜版或锌版,它安装在厚度约为 7mm 的铝制底板上,压印版通常是铝版或铁版。电化铝传送装置由放卷轴、送卷轴、收卷轴和进给装置组成。电化铝放在放卷轴上,送卷轴的间歇转动带动材料进给,进给的距离为烫印图案的长度,烫印后的电化铝卷在收卷轴上。

影响烫印质量的关键要素有烫印温度、烫印压力和烫印时间。这三个因素不是相互独立的,要综合判断和确定。

电化铝烫印质量与电热温度密切相关。温度过低会使胶粘层熔化不充分,导致无法烫印或烫印不牢;温度过高会使胶粘层过度熔化,导致糊版、发花和变色。一般情况,烫印温度应控制在 $70\sim180℃$。实际温度的确定要根据电化铝的型号和性能、烫印面积、烫印压力、烫印时间、承印材料的种类、印刷墨层的厚度等因素来综合考虑。

烫印压力比一般的印刷压力要大,它一要保证电化铝能够粘附在承印材料表面,二是对烫印部位的电化铝进行剪切。压力过小则电化铝无法和承印材料粘附,同时烫印边沿发花;压力过大则会造成糊版,并可能导致发生变形。一般应将压力控制在 $2450\sim3430kPa$($25\sim35kgf/cm^2$)范围内。

烫印时间是指电化铝与承印材料的接触时间。在一般情况下,电化铝烫印时间与烫印牢度成正比。

2. 冷烫印

冷烫印技术取消了传统烫金依靠热压转移电化铝箔的工艺,而采用一种冷压技术来转移电化箔。冷烫印技术可以解决许多传统工艺难以解决的工艺问题,不仅可节省能源,并避免了金属印版制作过程中对环境的污染。

如前所述,传统烫印工艺使用的电化铝背面预涂有热熔胶,烫印时,依靠热滚筒的压力使黏合剂熔化而实现铝箔转移。而冷烫印所使用的电化铝是一种特种电化铝,其背面不涂胶。印刷时,黏合剂直接涂在需要整饰的位置上,电化铝在黏合剂作用下,转移到印刷品表面上。

(1)冷烫印工艺流程 在印品需要烫印的位置先印上 UV 压敏型黏合剂,经 UV 干燥装置使黏合剂干燥,而后使用特种金属箔与压敏胶复合,于是金属箔上需要转印的部分就转印到了印刷品表面,实现冷烫印。由于转移在印刷品上的铝箔图纹浮在印刷品表面,牢固度很差,所以必须给予保护。在印刷品表面上光或覆膜,以保护铝箔图纹。

(2)冷烫印工艺的特点 与传统烫金工艺相比,冷烫印工艺具有烫印速度快、材料适用面广、成本低、生产周期短、消除了金属版制版过程的腐蚀污染等特点,但也存在一些缺点,如明亮度较差、冷烫印后需要上光或涂蜡,以保护烫印图文。

3. 凹凸烫印

即所谓的凹凸烫印,也称三维烫印,是利用现代雕刻技术制作的一对上下配合的阴模和阳模,烫印和压凹凸工艺一次性完成的工艺方法。

电子雕刻制作的模具可以曲面过渡,可以达到一般腐蚀法制作的模具难以实现的立体浮雕效果。凹凸烫印的出现,使烫印与压凹凸工艺同时完成,减少了工序和因套印不准而产生的废品。但凹凸烫印也有其局限性,需要根据实际生产的工艺要求来决定。比如印品表面需要压光处理或者上 UV 光时,由于烫印的压力会破坏凹凸效果,且凹凸对铝箔有特殊要求,通常还是将烫印与压凹凸分开,即先烫印,后上光/压光,再压凹凸或压凹凸与模切一次完成。

4. 全息烫印

全息烫印是一种将烫印工艺与全息膜的防伪功能相结合的工艺技术。

激光全息图是根据激光干涉原理,利用空间频率编码的方法制作而成。由于激光全息图具有色彩夺目、层次分明、图像生动逼真、光学变换效果多变、信息及技术含量高等特点,因此,在 20 世纪 80 年代就开始用于防伪领域。全息烫金的机理是在烫印设备上通过加热的烫印模头将全息烫印材料上的热熔胶层和分离层加热熔化,在一定的压力作用下,将烫印材料的信息层全息光栅条纹与 PET 基材分离,使铝箔信息层与承烫面粘合,融为一体,达到完美结合。

全息烫印工艺是大批量应用全息图的主要方法,在安全防伪和与包装印刷的结合中更是如此。烫印在承印物上的全息图非常薄,与承印物融为一体,与其上的印刷图案和色彩交相辉映,可以获得很好的视觉效果。

对于全息烫印,要求记录全息图的介质具有很高的分辨力,通常要能够达到 3000 线/毫米以上,并要求全息烫印箔的成像层能够保证高分辨力激光全息图的信息不损失,以保证烫印后的全息图仍具有很高的衍射效率。

常用的全息烫印主要有连续全息标识烫印、独立全息标识烫印和全息定位烫印等三种型式。

(1)连续全息标识烫印 由于全息标识在电化铝上呈有规律的连续排列,每次烫印时都是几个文字或图案作为一个整体烫印到最终产品上,对烫印精度无太高要求。连续全息标识烫印是普通激光全息烫印的换代产品。

(2)独立全息标识烫印 将电化铝上的全息标识制成一个个独立的商标图案,且在每个图案旁均有对位标记,这就对烫印设备的功能与精度提出了较高的要求,既要求设备带有定位识别系统,又要求定位烫印精度能达到 $\pm 0.5mm$ 以内。否则,生产厂商设计的高标准的商标图案将出现烫印不完全或偏位现象,以致达不到防伪效果及增加包装物附加价值的目的。

(3)全息定位烫印 在烫印设备上通过光电识别将全息防伪烫印电化铝上特定部分的全息图准确烫印到待烫印材料的特定位置上。全息图定位烫印技术难度很高,不仅要求印刷厂配备高性能、高精度的专门定位烫印设备,还要求有高质量的专用定位烫印电化铝,生产工艺过程也要严格控制才能生产出合格的烟包产品。由于定位烫印标识具有很高的防伪性能,所以在钞票和重要证件等场合都有采用。

全息定位烫印技术要求最高、防伪力度最大,需要保证在较高的生产效率条件下,将全息图完整、准确地烫印在指定的位置上,定位精度已可达到不低于 $\pm 0.25mm$。

在全息定位烫印技术不仅已经在我国的烟包印刷中得到了非常广泛的应用,还正在逐步被药品、高档日化用品和化妆品包装采用。

全息定位烫印技术发展过程中，又出现了所谓定位镂空定位烫印技术。它是采用全息镂空技术在全息烫印箔固定的位置上刻蚀出透明的花纹、图案或文字，然后烫印在包装上，它更能展现出特殊视觉的防伪效果。

四、烫印质量控制

传统的烫印是通过加热，在高温下将电化铝上的金属转移到印刷品上。随着技术的发展，冷烫印技术已经广泛的应用在不干胶标签印刷中。冷烫印技术使用冷压技术来转移电化铝箔，不仅能节约能源，而且能避免制作金属印版过程中对环境产生的污染。

1. 冷烫印原理及工艺

传统烫印工艺使用的电化铝背面预涂有热熔胶，烫印时，依靠热滚筒的压力使黏合剂熔化而实现铝箔转移。而冷烫印所使用的电化铝是一种特种电化铝，其背面不涂胶，黏合剂在印刷时直接涂在需要装饰的位置上，转移时，电化铝同黏合剂接触，在黏合剂的作用下，电化铝黏附在印刷品表面上。

如图 11-13 所示，首先在不干胶标签表面需要烫印的部位印刷 UV 固化黏合剂，通过 UV 干燥装置，形成一层高黏度的、非常薄的压敏胶，然后进行冷烫印。在一对金属滚筒的作用下，使铝箔同黏合剂接触并压合为一体，并留在印刷品表面，从而完成冷烫印工艺。图 11-13（a）为湿法冷烫工艺流程，图 11-13（b）为干法冷烫工艺流程。

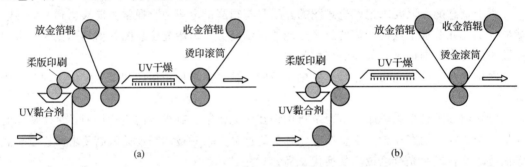

图 11-13　冷烫工艺流程图
（a）湿法冷烫工艺　　（b）干法冷烫工艺

2. 冷烫印的与传统烫印（热烫印）的区别

（1）冷烫印的优点　与传统的烫印工艺相比，冷烫印工艺具有以下优点。

① 冷烫印用的烫印版就是普通的凸印版，通常是柔性版，而传统烫印必须使用可加热的金属烫印版。

② 冷烫印需使用液态的 UV 黏合剂和特种结构的电化铝，而传统烫印所用的热熔黏合剂是预涂在电化铝背面的。

③ 在烫印质量基本相同的条件下，冷烫印工艺的速度大约是传统烫印工艺的几倍，最快速度可达 50～60m/min，而一般的圆压圆烫印速度只有 20～30m/min。所以说冷烫印工艺提高了生产率。

④ 冷烫印的材料适用面广，如可在热敏类纸张和一部分薄膜材料上进行冷烫印。

⑤ 由于使用一般柔印版代替昂贵的金属版滚筒，所以大大降低了烫印版的制作成本，

冷烫印的成本大约仅为普通烫印的十分之一。

⑥ 不使用加热滚筒，节省能源，降低消耗。由于印版不需加热，不仅降低了能源消耗。更重要的是可以加工传统烫印工艺所不能加工的一些材料，如热敏材料和薄的遇热易变形的薄膜材料。

⑦ 由于不制作金属版滚筒，摒弃了化学腐蚀工艺，因此减少了污染，有利于环境保护。

⑧ 制版周期短。传统烫印版需要由专业厂家加工，需要一定的周期，生产速度受到限制，而冷烫印制版仅需很短的时间，印刷厂自己可以制作普通树脂版，使生产周期大大缩短。

（2）冷烫印工艺的缺点　冷烫印工艺受黏合剂、金属箔等条件的限制，也存在如下缺点。

① 印刷品冷烫印后必须上光或覆膜，用以保护烫印图文，增加了烫印成本和工艺的复杂性。

② 冷烫印工艺不适合应用在有收缩特性的薄膜材料上，如 PVC、PE 等材料。

③ 由于 UV 黏合剂流平性差，所以干燥后的表面有些不是绝对的平面，导致转移在其上面的金属箔表面亮度差，有漫反射现象。也就是说，冷烫印的效果不如传统的热烫印。

冷烫印工艺适于应用在各种类型的窄幅轮转印刷机上，由于工艺简单、附加设备安装方便，是一种很有发展前景的烫印新工艺。冷烫印工艺的技术关键是 UV 黏合剂和特种电化铝金属箔。目前，进口和国产的 UV 黏合剂在我国市场上已有销售，而不涂布热熔胶的电化铝生产工艺很简单。应该相信，随着印刷工业的发展和各行业应用的需要，冷烫印技术在我国的应用也会获得较大的发展。

3. 冷、热烫印工艺烫印质量比较

（1）分类比较

① 图文清晰度。传统烫印是将局部的固态热熔胶熔化，在压力的作用下实现图文转移，图文转移彻底，排废效果好，效果清晰、边缘整洁。而冷烫印工艺中，印刷后的黏合剂图文有增大现象。同时在黏合剂未干燥的情况下，由于复合时有压力，图文会出现变形。所以，冷烫印工艺的图文排废后周围有毛刺和不整齐现象，图文清晰度明显不如传统烫印。

② 烫印牢固度。传统烫印的牢固度比冷烫印好。因为传统烫印的图文是凹进印刷品表面的，而冷烫印的图文浮在印刷品表面。为保护烫印图文，通常在冷烫印图文表面采用覆膜或上光的方法。

③ 烫印效果。传统烫印由于是图文局部受压力，所以图文有凹凸感和立体效果。而冷烫印的图文和非图文部位一样全部受压。所以烫印后的图文只是粘在材料表面缺乏立体效果。具体原因有以下三点：a. 传统烫印图文表面平整，光线反射性好。而冷烫印使用的 UV 黏合剂固化后，表面不平整有轻微的波浪。所以烫印表面有光线的漫反射现象，光泽效果不如传统烫印；b. 由于冷烫印箔的密度低于传统烫印箔，所以传统烫印图文的效果比冷烫印图文好；c. 网目调烫印是冷烫印工艺的最大特色，从我们见到的样品上观察，最高的网线数可达 100 线/in，网点阶调范围为 5%～40%。网点烫印丰富了印刷品的装潢方式，是一种很有发展潜力的装饰方法。

（2）综合特性比较　烫印工艺的综合特性比较参见表 11-4。

工艺	最大速度	成本	图文质量	设计变化	生产适应性
冷烫印	200m/min	低	从网点到实地	有灵活性	长版和短版定单
平压平热烫金	120印次/min	中等	局限于文字和线条	有灵活性	短版定单
圆压圆热烫金	45m/min	高	局限于文字和线条	变化困难	长版定单
铝箔纸印刷	200m/min	高	局限于装饰效果	有灵活性	长版定单

表 11-4　　　　　　　　　冷、热烫印特点对比

目前，冷烫印工艺在国内还处于开发阶段。国外油墨公司在国内的分支机构已能够提供 UV 黏合剂，而专用的电化铝在国内还是空白，需要国产化或者进口。印刷机上的相应硬件配备不存在任何问题，机组式柔印机或卫星式柔印机上的 UV 装置可以变换位置，以适应冷烫印的输纸路线。

相信在很短时间内，冷烫印工艺会在中国的印刷行业中发挥其长处，为我国包装装潢印刷增添一项新技术。

第四节　模切压痕

一、模切压痕工艺流程

模切压痕工艺是指根据要求，使用模切刀（即钢刀）、压痕刀（即钢线）排成模版，利用模压机产生一定压力，将印刷品冲切成一定形状的工艺。模切刀使印刷品产生裂变，压痕刀使印刷品产生形变。对纸包装制品而言，模切是指将纸或纸板用带有模切刀（即钢刀）的模切版切成一定形状的工艺方法；压痕是指利用压痕刀（即钢线）在纸或纸板上压出痕迹或槽痕，以便对纸或纸板进行弯折。

模切与压痕两道工序可在模切机和压痕机上分别完成，也可在模切压痕机上一次完成。一般情况下，把模切刀（钢刀）和压痕刀（钢线）嵌排在同一板面上，同时完成模切、压痕作业。通常情况下把模切压痕工艺简称为模切工艺，把模切压痕机简称为模切机。

模切压痕不仅可以增强纸包装制品的艺术效果、节约原材料，还能增加纸盒、纸箱等制品的使用价值、提高生产率。广泛应用于纸盒、纸箱、商标、标牌、纪念品等产品的成型加工。如纸盒、纸箱等纸包装制品的外形需要通过模切来完成、折弯处和结合部位需要通过压痕工艺来实现。

凹凸压印工艺流程为：制凹版→翻凸版→装版＋试压印→正式压印。

模压版装好，初步调整位置后，根据产品质量要求对应调节模切压力。最佳压力是保证产品切口干净利索，无刀花、毛边，压痕清晰，深浅合适，压力的大小主要与被压印材料的厚度有关。对于平压平模切机，压力的调整是确定底版上衬垫的厚度，对圆压圆模切机，调节模切滚筒和下滚筒间中心距的大小。

对于平压平模切机，模切位置的确定要依据印刷品的位置而定，一旦位置确定好要将模压版固定好，以防止压印中错位。而圆压圆模切装置是安装在凹印机印刷机组的后面，只要张力确定，模切装置就不会切错位。

一切调整完毕，先试压模切几张进行仔细检查，如需折成盒型，还应做成成品进行规格、质量等方面的检验，一经确认，留出样张，进行正式模切。平压平模切压痕的工艺流程如图 11 - 14 所示。

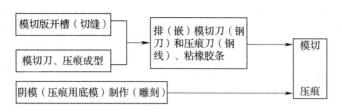

图 11 - 14　平压平模切压痕的工艺流程图

二、模切版制作

1. 模切版基材及类型

（1）模切版基板材料　模切版基板材料要求有良好的质量和加工方便性、平整性、坚固性，尽可能轻而硬，模切刀、压痕刀嵌入模切版槽缝要可靠，保证多次更换新模切刀、新压痕刀后与模切版仍能良好地结合，模切版上所有尺寸不发生变化。平压平模切版的基板材料主要有多层木胶合板、玻璃纤维强化塑胶板和钢板（钢制底面板＋合成塑料夹层）等三种。在基板上开槽、排（嵌）模切刀、压痕刀、粘海绵橡胶条后，即制成模切压痕版（简称模切版）。

（2）模切版基材类型　从目前国际纸盒加工业来看，常用的平压平纸盒模切版主要有多层木胶合模切版（Multiplex）、纤维塑胶模切版（Durama）和三文治钢塑模切版（Sandwich）三种类型，其主要特点和性能如表 11 - 5 所示。

表 11 - 5　　　　　　　　　　　　　　模切版性能比较

项目 基本类型	木胶合模切版	纤维塑胶模切版	三文治钢塑模切版
材料	优质多层木胶合板	玻璃纤维强化塑胶板	钢制底面板＋ 合成塑料夹层
切割形式	激光切割	高压水喷射	激光切割
可换刀次数	2～3 次	6～7 次	12 次以上
受湿度、温度变化	受湿度及温差影响大	不受湿度及温度变化影响	
误差范围/mm	（0～100）±0.15 （100～200）±0.20 （200～200）±0.30 （200～300）±0.40 （200～400）±0.50 （200～500）±0.60 ＞1000±0.70	单一纸盒±0.13 整体尺寸±0.03	单一纸盒±0.10 整体尺寸±0.20
价格比较	1	2～3 倍	4～5 倍

多层木胶合模切版是国内包装印刷（或制盒）企业常用的平压平模切版，具有加工容易、价格低廉等特点，目前在国内除中高档纸盒加工使用激光切割的模切版外，也有相当数量的纸盒加工使用手工锯槽或半机械开槽的模切版。对于高质量的长版活件，由于多层木胶合板材易受环境温度和湿度变化的影响而产生变形，尺寸稳定性差（$\pm 0.15 \sim \pm 0.70$ mm），使多层木胶合版的模切压痕精度和使用寿命都会受到一些影响。德国 Marbach 公司的 Wolfang Grebe 博士开发研制的纤维塑胶板材，即使在温度和相对湿度有明显变化的情况下，也不会产生明显的尺寸变化。模切版的寿命主要取决于模切刀的质量和换刀次数。

纤维塑胶版的材料为玻璃纤维强化塑胶，三文治钢塑模切版材料的上下为钢板、中间采用合成塑料填充料结构，与之相配套使用的阴模（压痕用底模）也采用钢板材料，其优点是寿命长，精度高。

纤维塑胶模切版和三文治钢塑模切版不仅精度高，还克服了多层木胶合模切版易受湿度和温度变化影响的缺点；而且换刀次数分别为多层木胶合版的 3 倍和 6 倍以上。而对于单一纸盒而言，纤维塑胶版和三文治钢版的尺寸误差分别为 ± 0.13 mm 和 ± 0.10 mm，对于整个排料模切版，尺寸误差分别为 ± 0.30 mm 和 ± 0.20 mm。

2. 模切版基板开槽（切缝）

模切版基板开槽（切缝）的常用方法有以下三种。

(1) 机械锯槽法　机械锯槽法是在画有纸盒盒片模切排料图的优质多层木胶合板上用专用机床界缝的开槽方法。首先在每个线条和桥位起止点处钻孔，以便锯条顺利穿入木胶合板，然后在画好的线条上界缝，最后安装已加工成型的模切刀、压痕刀即可。与原来采用的手工锯槽法相比，采用机械锯槽法提高了加工效率和准确性，虽然锯条由机械控制，但线条导向仍由人工掌握，所以锯缝仍然不够平直，重复性不好。

(2) 激光切割法　一般来讲，多层木胶合模切版的基板常采用激光切割方法制作。

① 激光切割原理。利用聚焦后的高功率密度激光束来切割"模切版"的基板——多层木胶合板，并由计算机控制激光束与木胶合板的相对移动，在木胶合板上切割形成由 CAD 设计的图案缝槽，作为嵌刀模具。

普通光源产生的光波向所有方向发射，它的能量密度在离开光源后迅速降低，很难得到在某一方向指向性优越的光。而激光的四大特性：单色性、相干性、方向性和高能量密度，决定了它的聚焦性能。经光学透镜聚焦后，可以将激光的巨大能量聚集到直径 0.1mm 的光斑上，形成极高的能量密度（达 10^3 kW/mm²），从而使激光切割木胶合板成为可能。

木胶合板对波长为 10.6 μm 的 CO_2 红外激光吸收率高而自身导热性差，可燃温度低。这样，聚集光束的能量密度可全部传送到材料的光斑区域，使材料表面温度瞬间达到沸点以上，形成过热状态，引起熔融和蒸发。当输入材料的热量大于材料反射、传导或扩散增加的热量，将引起该点材料温度的突然上升。一旦该点温度大于材料的可燃温度，输入热量就能够在汽化材料上开一个孔洞，这个强热能随材料的移动进行了切割，模具嵌刀工艺要求激光束与木胶合板表面应始终在法线方向。

激光束作用于木胶合板所引起的快速热效应加工过程，称为激光热加工。激光热加工系统把聚集光束的热能和辅助气体通过一个同轴喷嘴一起照射在材料上。高速辅助气体采用经干燥过滤的压缩空气，它的作用是：a. 加速激光能量传递；b. 及时排走碳化残渣；c. 冷却加工面；d. 保护聚焦透镜免遭喷射飞溅。

激光切割的原理示意图如图 11-15 所示。激光加工头由聚焦透镜、气体喷嘴、高度传感器等构成。高度传感器控制焦点的空间位置。

② 激光切割系统的组成及功能。激光切割木胶合板是光学、机械、电子学和材料学相结合的综合技术，该系统由激光器、计算机辅助设计（CAD）软件、计算机数控装置（CNC）、工作台等组成。

激光器（LASER）是整个制造系统的核心，一般选择 CO_2 激光器并兼有连续和脉冲两种工作方式，稳定性应优于±2%。光束模式以低阶模（接近于高斯曲线分布的激光束能量剖面图）为好，因为它能使激光束聚焦在最小的光斑区域内并得到最高的能量密度。对一束发散角为 θ、光束直径为 D 的激光束，经过焦距为 f 的透镜聚焦后，在聚焦平面上的光点直径可由下式计算：

$$d = \frac{4\lambda f}{\pi D}$$

聚焦后的光束应为圆偏振光，这样可在不同切割方向上保证切口质量一致。

工作台用来装夹支承和移动被切割材料（木胶合板）。通过它与激光束的相对运动切割出图形来。如图 11-16 所示，通常采用三维坐标工作台，由电机及同轴丝杆的转动来驱动滚珠导轨工作台移动。从激光束与木胶合板相对运动方式来看，又可分为工件移动式（激光束固定不动）、激光束移动式（工件固定不动）以及这两种方式的复合方式，激光束移动是通过调节光路的机械传动部分来实现的。光路系统是激光器和机床的连接桥梁，它包括光束的直线传输通道、光束的折射移动机构和聚焦系统。

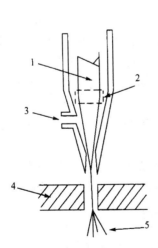

图 11-15　激光切割原理示意图
1—初始激光束　2—聚焦透镜　3—高压喷气
4—木胶合板　5—碳化残渣

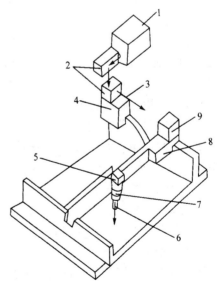

图 11-16　激光切割系统示意图
1—激光器　2—固定反射镜　3—激光束
4—X 方向驱动电机　5—Y 方向移动反射镜
6—喷嘴　7—聚光透镜　8—Y 方向驱动电机
9—X 方向移动反射镜

计算机数控装置（CNC）是整个系统的指挥中心，采用微处理器控制的可编程逻辑控制（PLC）技术，专家系统能根据材料的种类、性能、厚度及加工要求自动选择最佳过程参数（功率、速度、压力等）。将 CAD 产生的数控软件送入 CNC，它能实时控制木胶合板的激光切割，包括故障检测、伺服驱动与定位，辅助气体压力控制等。整个过程无需人工干预，实现了完全自动化。

CAD 系统能将客户提供的纸盒图纸迅速转换成数控语言，并在那些封闭的曲线段上加上适当数量的 2～8mm 长的辅助过桥，使切割材料在装刀之前不致脱落。在盒片库内可以放数百个纸盒样品供客户选用，大大方便了图形设计，避免了编程的重复劳动。

③ 木胶合板切割工艺。木胶合板的切割工艺流程为：留桥→搭桥→切边框。

激光切割前，应按切割工艺要求编写留桥、搭桥和切边框程序，确定模切版激光切割的最佳路径。由于桥位、桥长和桥数直接影响模切版的承受力和使用寿命，在编制留桥程序时，要考虑木胶合板和纸板的种类、厚度以及模切排料图的复杂程度、尺寸大小、设置坐标原点，计算有关点在坐标系中的 X 值和 Y 值。在编制搭桥程序时，要重新设置坐标系和原点，计算并输入各桥端点的 X 值和 Y 值。程序编写完后要绘制所需图形，以便检查编程过程中有无差错。

a. 留桥。留桥切割时，工艺数据可采用工艺实验结论，但因为木胶合板的质量不同，在每块模切板正式切割前还应进行预切处理：即在木胶合板的边角处分别沿 X、Y 方向切一段，然后将钢线镶嵌到切缝中；试一试手感力量是否适中，在 X、Y 方向是否一致。如果效果不满意，就要对工艺数据及系统进行调整。正式切割时，桥位光闸应关闭，切割头空运行；走过桥的长度后，光闸开启，激光继续切割。这样，直到完成除桥以外所有 0.7mm 宽的切缝切割。为避免工料的浪费，留桥切割操作一定要确定好开始点的位置，这对多联版尤为重要。

b. 搭桥。镶嵌到位的钢线，下端和木板底面平齐，所以缺口深度应和木板的厚度相等。搭桥切割实际是使留桥部位用半通槽连接，即在桥位切一定的深度。因此，搭桥的切缝宽必须和桥位保持一致，连接处不能出现错位。搭桥的深度一般由用户提出，通常小于板厚的 1/2。搭桥时激光功率要低于留桥，同时调整速度达到要求的切割深度。切割宽度的微量变化，可通过调整离焦量来补偿，搭桥深度在 10mm 时，激光功率 650W，速度为 2.75m/min，离焦量为 6.7mm，气压仍保持在 120kPa 以上。搭桥切割作业按搭桥程序运行：在桥位，光闸开启，激光进行切割；走过桥的长度后，光闸关闭，切割头空运行。这样，直到把所有的桥搭完。

c. 切边框。根据模切机的尺寸要求确定，可切出整齐的边框，有利于模切版安装和固牢。边框切割作业是焦面切割，离焦量为 0，保持搭桥时的功率，把速度降低 1/3 左右即可。激光切割模切版基板（木胶合板），用激光切割头代替锯条，用 NC、CNC 装置代替手工推移木板，从而使锯切法遇到的技术难题得到完美的解决。

④ 影响切割质量的主要因素。影响模切版质量的加工工艺与多方面因素有关，如光束模式、偏振状态、聚焦透镜、焦点与胶合板表面的距离、机床的运行速度、编程方式、辅助气体压力及胶合板材料的性能等。当设备调整完好后，还应注意以下要素：

a. 激光功率。激光功率一般应选择在 400～2000W，因为多层木胶合板对 CO_2 激光束吸收率高而自身导热性差，所以激光功率必须足够大才能使被加工的材料汽化。利用动态功率控制稳定激光输出功率，可以避免在长时间连续加工过程中出现的局部过烧（碳化）或切不断现象。适当提高功率，同时放大运行速度会使效率提高，对改善切割质量，减少缝槽断口碳化也有益处。

b. 工作台运行速度。工作台运行速度选择在 0.5～20m/min 范围内，速度越高，生产效率也越高，但同时还需观察材料有否穿透，以选择最佳速度。

c. 焦点与胶合板表面距离。可选用焦距为 127mm 的透镜，由于焦斑直径通常为 0.1mm 左右，切割时向下调整焦点位置，使切缝达 0.7mm 为最佳，同时通过对传输光路的调试，保证切缝上下同宽，且总是垂直于材料的表面，还要高速调整喷嘴位置，使其距离材料表面 1～1.5mm，此时能使辅助气体充分发挥作用。

d. 辅助气体压力。压力选择在 49～98kPa 范围内，使用经过干燥过滤的压缩空气。气压的选择要结合功率、速度综合考虑。

e. 编程方式。同样一种图形，按不同路径编程就会得到不同的切割质量，例如在尖角、圆弧、直线等处，软件应设置不同的切割速度。对成批量和重复切割率高的图形还要考虑总轨迹长度越短越好，有利于提高生产率、降低成本，延长压刀、切刀使用寿命。

f. 胶合板材料性能。胶合板应选用干燥、表面平整、内部均匀和厚度标准的材料，并保证批量材料性能的一致性。要根据材料纹理选择最佳切割移动的方向。

⑤ 激光切割模切版基板的技术要求。

a. 精度。盒型尺寸精度≤0.1mm ，切缝宽度为 （0.70±0.05） mm。以保证切缝的直线度、圆度，使模切出的盒坯规矩；保证钢线镶嵌松紧程度适宜，过紧时钢线镶嵌困难，模切版整体易变形，过松时钢线镶嵌不牢，大大降低模切版使用寿命；保证切缝和印刷图样套准，不产生积累误差，以解决多联版的切割加工。

b. 垂直度。切缝的两个侧面要同时垂直于木板表面，以保证切缝上口和下口宽度一致，使镶嵌的钢线不出现晃动，保证模切作业时钢线垂直于纸板平面，以避免印线棱边压痕和刀线倾斜切断。

c. 粗糙度。切缝的两侧面要有一定的粗糙度，且碳化程度轻。以保证切缝对钢线有足够的触面，从而产生足够的夹紧力；模切时有耐冲击性，从而提高模切版的使用寿命；多次模切后重换钢线，使模切版体得到多次使用，以降低成本。

⑥ 激光切割模切版基板的优越性。应用激光切割模切版，不仅速度快、精度高（设备的重复精度为±0.02 mm，定位精度为±0.04 mm），而且重复性好，特别是切割多联版和重复制作模切版时，更为优越。如德国 ELCEDE 公司研制的 LCS300—4TR DC020 激光切割系统，既可切割平模版 （最大加工尺寸为 3000mm×1500mm），又可切割圆型模切版 （版筒直径范围为 174～696mm，宽 2500mm），最大速度达 30m/min。

在国内纸盒印刷市场，除使用 Marbach 公司等国外著名模切版制造厂商所提供的高品质的模切版外，和兴、嘉洛、华樱、锐利达等公司从国外引进了先进的纸盒盒型结构 CAD 软件和模切版、阴模 （压痕用底模） CAM 专用系统，使国内大部分包装印刷厂淘汰了传统的手工设计、制版和加工工艺。采用 CAD/CAM 先进技术，可印制精美的包装纸盒。

（3）高压水喷射切割法　高压水喷射切割技术主要用于玻璃纤维强化塑胶板（简称纤维塑胶板）的切割。采用计算机控制的高压水喷射切割纤维塑胶板工艺，既保证了加工精度，又避免了激光切割开槽时因产生气体和烟雾带来的环保问题。高压水喷射切割后，可嵌入已加工成型的模切刀、压痕刀。

3．刀具及成型系统

（1）模切刀（钢刀）　模切刀是影响模切版质量的关键，应具有锋利、耐磨损、易弯曲等特性。模切刀材料有软硬、薄厚之分，模切刀刃口形状也有高、矮之分。根据被模切的对象不同，可灵活选用，保证切口光滑，不允许粘连。用于纸盒加工的模切刀，其高度一般为 23.8mm。模切刀选择不当，会造成切边不齐、出现毛边等现象。

（2）压痕刀（钢线）　压痕刀材料要具有耐磨损、易弯曲等特性。根据不同压痕需要，可选不同的压痕刀形状（如单头线、双头线、圆头线、平头线、尖头线等）。

用于纸盒加工的压痕刀，其高度和厚度要根据模切刀高度和纸板厚度来计算。如图 11-17 所示，

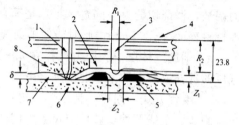

图 11-17　模切刀、压痕刀安装
尺寸（mm）计算示意图
1—模切刀　2、7—纸板　3—压痕刀
4—模切版　5—阴模（压痕用底模）
6—钢板　8—海绵橡胶条

δ——纸板厚度，mm

R_1——压痕刀厚度，mm

R_2——压痕刀高度，mm

Z_1——阴模（压痕用底模）厚度，mm

Z_2——压痕槽宽，mm

当 $\delta < 0.5$mm 时，取 $R_1 = 0.7$mm，$R_2 = 23.3 \sim 23.4$mm，$Z_1 = 0.5$mm，$Z_2 = 1.5\delta + R_1$；（或取 $Z_2 = 1.1 \sim 2.0$mm）

$\delta = 0.5 \sim 0.8$mm 时，$R_1 = 1.0$mm，$R_2 = 23.0 \sim 23.2$mm，$Z_1 = 0.7 \sim 0.9$mm，$Z_2 = 1.5\delta + R_1$；（或取 $Z_2 = 2.1 \sim 2.4$mm）

对于瓦楞纸板，$Z_2 = 2\delta + R_1$

当压痕线与纤维方向垂直时，取 $Z_2 = Z_2 + (0.1 \sim 0.15)$。

在加工厚纸板盒时，如果选择的压痕刀厚度不够，压痕线宽度太窄，不易折叠，会影响成型精度。

（3）刀具成型　由于被模切产品形状各异，需要将模切刀（钢刀）和压痕刀（钢线）弯成各种各样形状。排（嵌）模切刀、压痕刀前，先将模切刀和压痕刀按设计打样的规格与造型，切割成若干成型段，然后进行刀具成型加工。刀具成型加工时，不论弯曲成任何弧度和形状，都必须使模切刀和压痕刀的刀口与刀底（铁台）相互平行，保证刀具刀锋面上的各点都处于同一平面，以获得相同的压力。

为了保证模切版的制作精度，利用 CAD 软件自动计算模切刀和压痕刀长度及搭桥缺口尺寸，并传送给由计算机控制的刀具成型机进行开槽、切角、弯曲和切断。由于采用了液压弯刀、液晶显示、液压传动和游标定位，有效地保证了刀具成型的精度。

4．排（嵌）模切刀、压痕刀

排（嵌）模切压痕刀具（简称排版或排刀），是将成型后的模切刀（钢刀和压痕刀钢线）嵌入槽缝中并固定。嵌好模切压痕刀具后，将海绵橡胶条粘贴在模切刀两边的胶合板上。其作用是把模切的纸板从模切版上弹回去。

排列模切压痕刀具时，纵向和横向须相互垂直，各边线须相互平行，才能使版面平整。

海绵橡胶条的种类很多，只有选配合适硬度的海绵橡胶，才能保证模切时纸张与模切刀迅速分离。

三、阴模（底模）制作

为了使纸盒的压痕线更清晰、易于折叠，且折叠后无皱褶和裂痕，纸盒成型准确，通常使用一种与压痕刀具配套的阴模（即压痕用底模）。粘贴在钢板底台上的阴模（压痕用底模），其材料和加工方法有多种多样，除常见的绝缘合成纤维板、硬化纸板、酚醛塑料胶纸板、钢板等，通过铣床、计算机雕刻等方法开槽外，还可使用自粘底模线。

1. 采用计算机雕刻制作阴模（压痕用底模）

用计算机辅助雕刻仪加工阴模（压痕用底模）时，压痕槽宽与切割深度、精度应满足要求，且雕刻速度、深度应可调。德国 ELCEDE 公司开发的 NCC107—4T 阴模（压痕用底模）雕刻系统，其最大加工尺寸为 1070mm×1070mm，重复精度为 ±0.02mm，最大速度为 30m/min。应用 CAD/CAM 技术，不仅能缩短设计和制作周期，提高市场竞争能力，而且由于采用了同一设计程序和参数，保证了阴模（压痕用底模）雕刻版、激光切割版尺寸精度的一致性，从而提高了纸盒的设计和制造精度。

2. 使用自粘底模线制作阴模（压痕用底模）

自粘底模线具有出线快捷，压痕线饱满等特点，不同厚度的纸张应选用与其相对应的底模线，其基本结构由压线模、定位胶条、保护膜组成，如图 11-18 所示。压线模一般由金属底板、硬塑料模槽、胶粘底膜构成。

如图 11-19 所示，使用自粘底模线时，先截取适当长度底模线，将其套于压痕刀（钢线）上，并揭去保护膜 [图 11-19（a）]；然后将带有自粘底模线的模切版放在模压机上合压 [图 11-19（b）]，底模线便牢固地粘贴在模切版上；离压 [图 11-19（c）]后，除去定位胶条，便可制成压痕用底模版 [图 11-19（d）]。

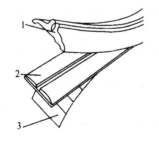

图 11-18　自粘底模线结构示意图

1—保护膜　2—压线膜

3—定位胶条

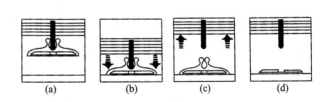

图 11-19　自粘底模线的粘贴工艺流程

四、模切压痕原理与工艺

纸盒盒片的模切工艺是在纸盒坯料（纸板）上根据图文、折叠等要求进行压痕、切割，使之形成所需纸盒形状。按其模切压痕的形式来分，有平压平、圆压平和圆压圆模切机，常用的有平压平、圆压圆模切机，其中平压平模切机应用最广泛。卧式平压平模切机由于具有生产成本低、换版容易、安全防护好、易实现自动化、模切精度较高、价格适宜、适合小批量多品种生产及操作维修简便等优点，在我国得到了快速发展，市场占有率很高。

1. 平压平模切机

平压平模切机的基本构成如图 11-20 所示。首先将模切刀、压痕刀排（嵌）在模切版上，并使模切版固定在上平台 2 上，将阴模（压痕用底模）粘贴在下平台（钢板）1上，当纸板 3 由供给装置传送到模切版和阴模版之间，并定位后，电机驱动施压机构 6 使部件 1 上下运动，使上、下压板接触，位于其间的盒片纸板坯受到压痕、切割，切除多余料块，压出折叠边，模切过的盒片纸板由自动清废装置 4 脱掉废边。并自动清除弹射到输送带上，留下的盒片送到收纸台 5 上堆码整齐。

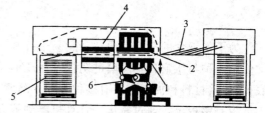

图 11-20　单张纸平压平模切压痕机示意图
1—下平台（钢板）　2—上平台　3—纸板
4—排废装置　5—收纸台　6—施压机构

（1）平压平自动模切机的组成和主要功能。平压平自动模切机由主传动系统、压力模切部件、输纸牙排机构、定位部件、输纸和收纸等部件组成。其主要功能有：采用可编程序控制器、人机对话触屏控制、微机集中控制；机械传动系统采用气动离合器和扭力安全控制器；不停机给纸收纸、自动定位、自动套准、自动清废、自动分离盒片。

（2）平压平自动模切机典型机构

① 模切施压机构。模切是在压力的作用下完成的，施压机构是模切机压力模切部件的重要部件。常用的施压机构有肘节驱动压力系统、凸轮轴驱动机构、双肘节机构等。模切压力调节由专门的调压机构来完成，并可随意调节。因此，可以在任意时刻改变模切压力，以增加机器模切不同纸板厚度的灵活性。由于双肘节施压机构具有较长的保压时间，所以能够获得良好的印品质量，因此在平压平模切机中，肘杆压力机构被广泛采用。

如图 11-21 所示，模切时，由上版框和模切压痕版组成的上平台是静止不动的，下平台上装有阴模（压痕用底模）版，通过主传动系统和肘杆压力机构完成上下运动，由最低点到最高点逐渐向上顶压。为了使模切压痕到位，加压时整个平台受力均匀，应保证上下两个平台的工作表面平行。由于长时间磨损或其他原因造成上、下平台不平行时，应对平台进行调整。

② 输纸间歇定位机构。平压平模切单张纸板时，纸张由输纸牙排上的叼纸牙叼住进入模切位置。纸板在模切时处于静止状态，所以牙排应是间歇运动。为了保证合适的模切精度，必须确保纸板传输准确，并保证每排牙排停留在准确的位置上。输纸牙排的运动是由主传动轴传来的动力经间歇机构和齿轮链条运动来实现的。因此，平压平模切机的间歇机构广泛采用平行分度共轭凸轮机构。在凸轮的推程段，

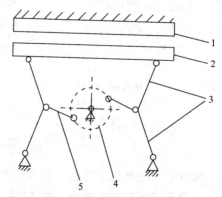

图 11-21　平压平压力模切部件机构简图
1—上平台　2—下平台　3—肘杆
4—曲轴　5—连杆

每一个凸轮都依次推动若干个滚子；而在凸轮的休止段，滚子从动盘静止。每个滚子都有一段相应的凸轮轮廓曲线，这些轮廓曲线推动相应的滚子进行运动，实现输纸牙排的运动和静止。为了保证模切的定位要求，间歇机构中的齿轮传动要求是无齿隙运动。这样就尽可能地避免了轮齿间的相互冲击，进而使传动更加平稳、准确。同时，要求平行分度凸轮机构的凸轮和各个滚子的轴线平行。否则，会影响凸轮与滚子接触，导致破坏模切的精度。

③ 输纸牙排机构。为保证套印精度，模切机除了纸张的定位外，还有牙排定位装置，以保证使得每一个牙排在前规处和模切处都能准确定位，通常采用靠规和锁紧钩装置。模切精度要达到 ± 0.1mm，必须设计合理的传纸系统和定位系统。若采用机械式前规和侧规定位的单张纸平压平模切机，其模切精度受到限制。

④ 清废装置。清废装置安装在模切机的模切部件和收纸部件之间，负责将模切下来的废料自动剥离与收集。清废装置主要由上清废框（也叫上部框架）、下清废框（也叫下部废框）和阴版。这三大部件分别装有上清废针、弹性牙块或下清废针等工具。清废是通过固定在机构上方的清废针和下方装在弹性牙块上的伸缩清废针的"夹"和"冲"两个动作和阴模版的运动，清除模切过的纸板下的废边、废孔块等完成的。当承印物上抬运动时，废料与承印物剥离。清废装置可减轻劳动强度，提高工作效率。当模切的纸张到达清废装置时，上部框架是固定不动的，由于下部框架向上托起，使活件的废边、废孔块被上、下清废销夹住，使其不能上下运动。这时，阴模向上运动，将活件托起并高于上清废针的下端面，使废边、废孔块与活件脱离，从阴模版各相应的孔或边缘处落入废料车里。有时，活件在去除叼口时，还要经过"二次清废"。当纸张到达收纸台时，递纸牙并没有放开纸张，而是由一块板下压在叼口边缘处，将纸张与叼口切断，递纸牙排叼着叼口继续前进，当到达输送带位置时，由间歇机构控制的递纸牙排的上部活动牙被弹开，叼口下落到输送带上。这样，叼口被去除，"二次清废"结束。

⑤ 清成品装置。20 世纪 70 年代后，由于欧美发达国家人力成本上升，竞争中用户对准时交货的要求逐渐提高，迫使包装印刷厂要求模切机生产商提供能够自动清成品的模切机，以进一步降低对人工的占用，并减少工序，以利于准时交货。在欧美发达国家，这种带清成品功能的模切机已占据了模切机市场中 50％以上的市场份额。

除了可减少工序，准时交货和节省人力的优点外，这种模切机还具备一特殊性能，满足了市场的需求。如：对于加工食品、药品包装盒的厂家，用户通常要求其对卫生加以控制。全清成品的模切机能够大幅度减少人手接触盒片的机会，提高了卫生标准。但印刷排版限制了全清成品模切机的应用，如走纸方向有双刀而横向为单刀的排版方法，就无法使用全清成品模切机。

（3）平压平自动模切机的选择与调整　性能稳定、精度良好且精度可持久保持的模切机，是保证压痕饱满、均匀以及压痕线平行的关键。因此，应确定合适的模切压力并选择合适厚度的垫纸，尽量保证同一产品在相同的工作环境和压力条件下进行模切压痕，这是可靠的工艺保障。压力过大会造成爆色或爆线，压力过小则压痕不饱满，而压力不均匀会导致局部切不穿等。为了有效保证模切压痕质量，应按模切次数定量补充压力。另外，要牢固安装模切版，并定期检查模切版框及底模版边缘的磨损情况。切版和底模错位，易造成压痕线单边、爆色、爆线、压痕不清晰、不顺畅等故障。

（4）平压平自动模切机典型机型及特点

① 博斯特 SP EVOLINE 102 - E 平压平自动模切机。模切速度 7500 张/h，纸张规格：80～2000g/m² 的纸板和 4mm 瓦楞纸板。主要特点有：a 传送纸装置，由偏心双凸轮控制下的叼纸牙排传输装置，保证了纸张以最高速流畅地传送，它可最大程度地减少纸盒联结点的数量和微化联结点尺寸；b 锁定刀模系统，确保精确定位和精确锁定板框及刀模；c 在坚固的链条上载有轻型叼纸牙排的独特组装，保证了机器无论以何种运转速度，精确度总能保持准确，恒定和持久；快速锁定工具：d 用中心线定位系统（Centerline）和快速锁定工具装置，可最大程度地减少工序间的工作准备时间；e 具有定位精度高、高速高效、操作简便、具有快速装卸模切工具和清废工具等特点。

② 长荣 MK920SS 双机组烫金模切机。最大工作速度 5000 张/h，纸张规格：90～2000g/m² 的纸板、0.1～2mm 卡纸、4 mm 以下瓦楞纸板；模切精度：≤±0.075mm（模切和普通烫印）、≤±0.20mm（全息定位烫印）。通过牙排的间歇运动和活动平台上下运动，并以活动平台与固定平台的短暂接触，实现纸张模切、压凸或烫印功能。通过增加模压机组，实现一次走纸完成重复烫印或完成烫印后再模切，突破传统模切烫金机只能一次走纸实现一次烫印或一次模切的局限。减少纸张的走纸次数，缩短多次加工的间隔时间，最大限度的降低纸张因加工造成的变形，提高重复烫印的套准精度，有效的控制印品的废品率，扩大烫印工艺的制作范围。主要特点：a 采用一种同步传动机构实现两个模压机组的同步运动；b 采用循环封闭的传动链条带动叼纸牙排将纸张依次传送到两个模压机组实现烫印、压痕或模切工艺。在第二模压单元上增加一种横向铝箔控制单元，实现更多的制品加工功能；c 能自动检测、显示故障，不停机取样；d 具有模切压力大，套准精度高等优点；e 可用于烟盒、酒盒、礼品盒、小家电盒、化妆品盒等包装制品的凹凸压痕。

2. 圆压圆模切

圆压圆自动模切的基本形式有压切式和剪切式两种。

（1）压切式模切辊　压切式模切辊的上辊是刀辊，下辊为光辊。如图 8 - 23（a）所示，上下辊间隙调整范围为 0.003～0.005mm，刃口宽度为 0.02～0.04mm，辊刀角度为 40°。具有制造成本低、刀辊安装方便、刀辊调整容易等优点，但刀口不如剪切式的平整、模切刀具使用寿命较短。压切式模切辊有整体式和全塞块式两种。目前国内使用的凹印生产线大多采用全塞块压切式模切辊，各种烟盒、酒盒、食品包装盒以及不干胶商标等产品的模切基本上使用整体压切式模切辊。

（2）剪切式模切辊　剪切式模切辊的上、下辊均为刀辊，它是利用剪刀的原理实现模切的。如图 8 - 22（b）所示，上下辊间隙调整范围为 0.02～0.03mm，刀口间隙调整范围为 0.0052～0.010mm。由于剪切式模切辊避免了金属与金属之间的直接接触，延长了模切辊的使用寿命（为压切式模切辊的 3～5 倍）、模切辊可作调整、切口平整、模切质量高，但制造成本较高。剪切式模切辊的辊体结构大部分为整体式，只有在某些需要更换的图案处、压凹凸处和易磨损部位、内切用压切刀刃以及处理特殊图案时，才选用组合塞块式模切辊。剪切式模切辊主要适用于生产烟盒、饮料包装盒、药品包装盒、快餐盒等产品。

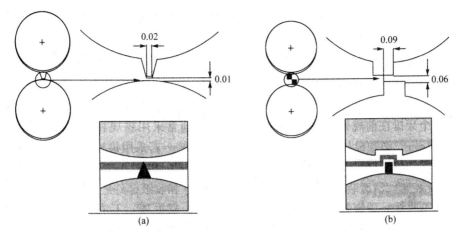

图 11 - 22　圆压圆自动模切原理

（a）CRC（压切式）　　（b）RP（剪切式）

圆压圆模切是线接触，模切时线压力要比平压平的面接触压力小得多，从而设备功率小，而且运行平稳性明显大于平压平模切；由于是连续滚动模切，生产效率高，生产速度可达 100m/min 以上，国外卷筒纸印刷生产线中的圆压圆模切机组最大模切速度可达 300～350m/min。而平压平模切由于是间歇式运动，模切速度受到很大影响。如图 8 - 23 所示，比较平压平模切和压切式、剪切式两种

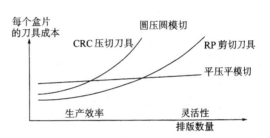

图 11 - 23　平压平模切和压切式、

剪切式圆压圆模切比较

圆压圆模切辊可知：圆压圆模切为线接触，模切压力小、平稳性好、生产效率高。德国的 MARBACH 公司以及上海的伯奈尔·亚华公司，应用 CAD/CAM 技术生产的各种圆压圆模切辊，为折叠纸盒的单机模切以及凹印、柔性版印刷模切生产线提供高质量的模切装置或单元。

（3）联机圆压圆模切生产线　专门用来生产高档烟盒的卷筒纸圆压圆模切、烫印联动生产线，其主要特点是对已印好的卷筒纸板进行烫印、全息烫印、压模、模切、清废等一系列操作，从而将印张一次性地加工成最终产品。避免了以往采用老工艺必需的裁单张、烫印、全息烫印、压模、模切、人工清废等多道印后加工所引起的表面蹭脏、烫印和全息烫印定位不准、废品率高等一系列质量问题，并减少了设备投资和占地面积，又节省了大量的操作人员，缩短了生产周期。由于烫印材料性能的不断改进和高品质新材料的开发应用，卷筒纸圆压圆模切、烫印联动生产设备目前的最高速度已能达到 180 m/min。圆压圆模切机因有高精度的套准装置及模切相位调整装置，可获得相当高的模切精度。

配有自动控制装置的圆压圆模切机可以与轮转印刷机联动，以流水线形式生产纸盒，不仅能提高印刷、模切、压痕的定位套准精度，而且还可以控制纸卷的张力变化，从而保证了纸盒图案的正确套准。例如博斯特公司生产的 BOBST - CHAMPLAIN 卷筒纸生产线，在高速下能一次完成纸板的印刷、模切、清废等工作，整个生产过程由 BOBST - REGISTRON 套准控制系统实现，最大模切速度可达 300 m/min，该生产线还能自动剔除卷筒纸接头和废品，具有高效率、高精度、高产量、低成本等优点。应用滚压模切技

术，避免了刀刃与压切钢板之间的接触，使模切辊的使用寿命达 2.5 亿转次，国外先进的印刷生产线速度可达 400m/min。

可见，卷筒纸圆压圆印刷模切生产线具有效率高、速度快、模切精度高、总压力小、运动平稳等特点，是包装纸盒印刷的发展方向。

五、折叠纸盒 CAM 系统

1. 盒型打样

为了验证纸盒结构设计的合理性，在正式批量生产前，使用多功能纸盒样品 CAM 设备试制 5～10 个纸盒样品，征求用户及消费者意见后，再进行修改或重新设计，避免批量投产后纸盒结构设计、制造不合理的现象；也可以检查设计是否符合用户要求。多功能纸盒样品 CAM 系统配有组合式切刀、压痕刀，当控制部分接收到执行指令后，执行部件按其纸板类型自动选择压痕、切割刀具，并按计算机辅助设计的结构数据及程序自动进行绘图、压痕、切割，并能实现自动换刀。MARBACH 公司开发的 MARPLOT 多功能纸盒样品 CAM 系统，其最大加工尺寸为 1020mm×1420mm，最大速度为 40m/min。ELCEDE 公司所开发的 NCP280-4S 系统，不仅能在白纸板、瓦楞纸板、橡皮等材料上制作纸盒样品，又可雕刻阴模（压痕用底模）版、绘制模切版、阴模（压痕用底模）版以及排废版设计图。该系统配有 9 个工作头，具有 17 种功能。最大加工尺寸为 2800mm×1700mm。

2. 折叠纸盒激光加工系统

德国 MARBACH 公司于 2001 年 3 月所推出的 Boardeater 折叠纸盒激光加工设备（系统），在欧洲被称为是折叠纸盒加工的一场革命。该机应用 CO_2 激光束直接在纸板上加工纸盒的折叠压痕线和切边，速度快、精度高。可加工克重小于 $1500g/m^2$ 的纸板以及 B 瓦楞至 3 层瓦楞厚的纸板；尺寸幅面为 500mm×600mm 到 1500mm×3100mm；使用的激光功率为 100～240W。

要加工一批纸盒，若使用目前市场上所采用的加工工艺（即用 CAD 软件设计纸盒盒片结构及模切排料图等、用纸盒样品 CAD/CAM 系统制作样品、用激光切割模切板、用计算机技术雕刻阴模（压痕用底模）、用全自动模切机加工折叠纸盒），一般需要 8 天，而用 Boardeater 折叠纸盒激光加工设备加工工艺（即用 CAD 软件设计纸盒盒片结构及排料图、用 Boardeater 设备加工纸盒样品及批量纸盒等），只需要 1 天。在加工小批量的标准纸盒，使用 Boardeater 设备也可大大降低加工成本。例如同样加工 100 个标准纸盒，用目前市场上所采用的加工工艺需要 210～250 欧元，而使用 Boardeater 设备，只需要 85～168 欧元。

六、标签模切工艺

1. 不干胶标签的模切

由于不干胶材料是一种复合材料，故不干胶标签的模切只是不干胶材料的半切，即不干胶标签的表面材料被切断成标签形状，而底纸仍保持其原有状态。这样，不仅排废时可方便地去掉多余的纸边，而且模切后的标签在贴标时也能很方便地从底纸上揭下来。

（1）不干胶材料的模切过程

① 模切过程。模切时不干胶标签面纸发生断裂，因此，模切过程是面纸在模切刀作用下，被压缩、挤压、切断的过程。此时不干胶材料受四个方向的力，即模切刀刀尖向下

方向的压力、模切装置底部（底辊）向上方向的反作用力、模切刀刃两侧向左右方向的挤压力。在上述各种力的作用下，完成了不干胶材料的模切过程。除了对不干胶标签表面材料进行模切之外，有时还要对不干胶标签的底纸进行背切。

②不干胶标签的背切。不干胶标签的背切是指对不干胶标签按正常情况模切或不模切，而对底纸进行的某种切断。

a．背切的主要目的

ⅰ．去掉多余的底纸：某些标签要求应用时两侧边缘只留有很窄的底纸，如各类打印标签。但如果在窄纸边情况下印刷标签，排废时纸边很容易被拉断，造成停机和加大浪费，而且不利于高速生产。为解决这一问题，一般在轮转机上加工标签时，卷筒纸的两侧都要保留一定宽度的纸边，这样可增大纸边的强度。排废前，通过用圆刀在底纸上连续背切多余的底纸并配合正面模切，然后在最后排废时把多余的底纸和纸边一同去掉，就可使标签既有窄的底纸边，又不会由于纸边强度低而影响生产。上述背切也可在排废后再切断多余的底纸边，这种方法适用于各种印刷形式的标签印刷机。

ⅱ．便于揭去底纸：某些整体标签或大标签在应用时要求能快速揭掉底纸，若从标签的一端揭开底纸，会给使用者带来麻烦。为快速去掉底纸，就需要在不干胶标签加工过程中将底纸的中间切断，这样，在贴标时就很容易去掉底纸了。如某些特快邮递用的标签就是采用背切工艺，使其在应用时可快速去掉底纸。

ⅲ．达到某些特种工艺目的：有些用于特种场合的标签，如袜子上的标签、食品封口标签、机场上使用的行李标签等，其背面底纸需以某种封闭图形整体切断，即采用局部背切，在圆压圆式模切装置上正反面一同模切。当标签从底纸上揭下时，背切切断的底纸（封闭图形内的底纸）将同标签面料结为一体被揭下，这就相当于在不干胶标签背面有一部分未涂胶。此种标签为特种标签。

b．背切的主要方式

ⅰ．单张纸背切在单张纸背切机上进行，由操作者手工续纸，通过改变圆刀位置来改变背切位置。一般采用先背切，然后再正面模切、排废的工艺。

ⅱ．卷筒纸背切卷筒纸连续背切可在标签印刷机上进行，也可在卷筒纸背切机上进行。卷筒纸局部背切由安装在底纸下面的模切辊完成封闭图形的底纸模切。

（2）不干胶标签的模切方式　不干胶标签的模切方式有单机模切和联机模切两种，大多数情况下，采用在一条生产线上完成印刷与印后加工的联机圆压圆模切方式。因此，这里仅介绍有关圆压圆模切方面的装置和技术。

①圆压圆模切装置。圆压圆模切装置主要有以下三种形式。

a．三辊式模切装置。三辊式模切装置由三根圆辊组成，各辊间的稳定性高，传感器可保证整个模切辊的压力均匀一致，用于模切较厚而坚韧的不干胶材料。

b．两辊式模切装置。两辊式模切装置上只有一对模切辊和作用在机架两侧轴瓦上的压力调整机构。通过调整螺栓，在弹簧的作用下，可调节模切辊的压力。两辊式结构简单，属于轻型模切结构，适宜模切纸张类强度低的不干胶材料。

c．可调式模切装置。可调式模切装置由一对装有锥形轮的模切辊、压力调节组件、传感器和支撑底辊组成。锥形轮的作用是：当调节模切辊和底辊间的距离时，两者之间的受力关系可保持不变，使该装置能适应不同厚度材料的模切。转动模切底辊轴上的手轮可使底辊水平移动，同时，在锥形轮的作用下，模切辊在垂直方向移动，从而可改变模切刀同底辊的间距。此外可调式模切装置为加重型结构，稳定性好，模切质量高，适宜模切各类不干胶材料。

②模切辊种类。圆压圆模切辊根据结构可分为三种类型，即镶嵌式（组合式）、一体式和磁性模切辊。每种类型的模切辊都有各自的特点。

a. 镶嵌式模切辊。镶嵌式模切辊上的各组模切刀片通过压板用螺钉固定在辊体上，并可更换新形状的刀片。其辊体和连接部件由高强度的碳素钢制造，要求各零件间配合紧密，以确保组装精度。

b. 一体式模切辊。一体式模切辊是最常用的模切辊，其模切刀是在金属辊表面用某种方法加工出来的。由于刀片和辊体为同一材料、一体加工，所以模切精度高，强度大，使用寿命长。但加工成本高，制造周期长，适合模切大批量长版印件。

c. 磁性模切辊。磁性模切辊由磁性模切版辊和柔性模切版组成。其模切版可更换，具有制作成本低、使用灵活、换版方便、模切精度较高等特点，正越来越多地为人们所应用。

ⅰ. 磁性模切辊是圆压圆标签印刷机上最常用的一种模切辊。在永久性磁铁的作用下，模切版被牢固地安装在磁性版辊上，可对各类不干胶材料进行模切。磁性模切版辊的主体部分为不生锈的铬钢，滚枕部分由高硬度的合金钢制造，磁铁部分同上述一样，为永久性的硬质铁碳体磁铁。其他技术指标同磁性版台一样。磁性模切版辊不仅用于安装模切版，而且其两侧的滚枕还要同模切底辊作用，产生压力，所以对其材质的硬度、热处理都有一定的要求。

ⅱ. 柔性模切版是安装在磁性版台或磁性版辊上的切削刀具，厚度一般为 0.3～1mm。像胶印中的 PS 版一样，柔性模切版很容易弯曲后安装在模切版辊上。柔性模切版由硬质弹簧钢制成，其加工工艺为：首先采用金属腐蚀工艺，加工出模切版的外形，即去掉模切刀刃的周围部分，然后用机械法精细切削加工模切刀外形并用机械方法精细磨削、抛光模切刀刃。最后对模切刀片进行硬化处理。柔性模切版可加工成 50°～100° 的各种角度，以适于模切不同材质的不干胶。由于采用计算机辅助加工，所以加工精度很高。柔性模切版由于具有使用方便、加工周期短、加工费用低、重量轻、便于携带和邮寄等特点，应用范围正在逐步扩大。

2. 模内标签的模切

模内标签的模切与扑克牌的模切方式极其相似，为切断式模切。由于模切是模内标签的最后一道加工工序，模切时的静电去除非常重要。如果静电去除不够理想会影响堆叠的整齐性，从而引起贴标位置不准确及双张等问题。

模内标签模切，按材料类型可分为单张纸和卷筒纸模切；按模切形式可分为平压平和圆压圆模切。具体选择哪种方式，要根据厂家的设备和模内标签材料而定。在这两种模切方式中，卷筒纸模切又分为连线模切和离线模切。

（1）单张纸平压平模切 由自动输纸机输纸，模切后自动排废，最后成品标签经机械手放置在堆放工位上。也可采用酒标机冲切方式：印刷后的单张材料或卷筒材料分切成单张后，经切纸机切成包含标签的方形坯，再放入酒标机加工成型。适用于单张纸模切标签材料，这是一种离线模切方式，加工精度一般，由自动输纸机输纸，模切后自动排废，成品标签经机械手放置在堆放工位上。

（2）单张纸圆压圆模切 在专用设备上完成，设备分为自动输纸和手动输纸两种，手工排废。

（3）卷筒纸平压平模切方式 间歇式输纸时，模切装置仅上下运动；连续式输纸时，模切装置不仅上下运动，还前后摆动。两种方式模切后的标签都经传送带送到堆放工位上。适用于卷筒模内标签材料，通常采用离线模切方式（即在专用的模内标签模切机上完成），自动排废、模切精度高。输纸张方式有间歇式和连续式两种输纸方式摆动。

（4）卷筒纸圆压圆模切方式 有单独模切和连线模切两种形式，模切质量好、生产效率高，但成本高、消耗大，适合大批量的长版活生产。适用于卷筒模内标签，有连线模切和离线模切两种，通常多选用在线模切（即印刷和模切一次完成），也可先印刷后在圆压圆模切机上完成模切，自动排废。圆压圆模切方式，模切精度高，但模切辊制作成本较高，适合 10 万套以上的长版活模内标签加工。这种模切方式用在柔性版印刷连线加工生产中，效率高，在美国较为流行。

第五节 分 切

随着包装自动化的提高，以及消费品厂家注重减少中间环节的低效和污染，都要求包装生产厂家提供膜卷产品以进行自动化包装，而从吹塑机上卸下的塑料薄膜母卷的尺寸不能满足用户的使用要求，所以，在出厂前都要依据客户要求进行分切。

分切是将尺寸不符合使用要求的材料经专用切割设备加工成合格材料的工艺方法。一般来说，分切在包装生产加工中的作用主要体现在四个方面：一是可以得到所需规格的薄膜产品；二是可以使复卷获得良好的表观和内部品质；三是可以纠正母卷的跑偏或母卷在收卷过程中造成的端部、表观等缺陷，提高产品的品质；四是可以对整个母卷质量进行再次检验，大幅度提高产品表观和复卷质量，为下游用户提供优质产品。

一、分 切 设 备

分切机的功能是将宽幅卷筒包装原材料分切成所需规格的卷筒包装材料，使之适合印刷，或将已印刷复合的包装材料分切成窄幅的卷筒材料，是分切工序中的专用设备。由于原材料的品种、规格及用途的不同，所适用分切机的机型也不同。常见分切机的国外品牌有 KAMPF、埃特拉斯、GOBLE、西村、不二铁等。图 11 - 24 所示为现代分切机结构示意图。

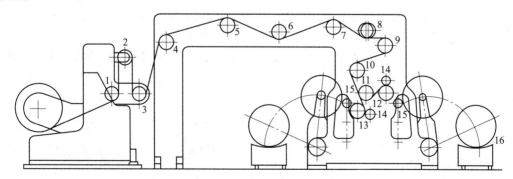

图 11 - 24 现代分切机结构示意图

1、4～7、9、11～13—导向辊 2—张力控制辊 3—展平辊
8、10—刀槽辊 14—压辊 15—压紧辊 16—装卸料卷小车

1. 自动装卸卷芯

由于薄膜母卷较大，根据薄膜生产可采用双速桥式起重机或自动装卸卷芯的小车进行运送、装卸母卷与空卷芯。虽然双速桥式起重机吊运方法设备投资成本低，但效率低，不安全，所以常采用装卸卷芯小车主要有转臂式和折叠升降式两种形式。

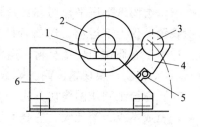

图 11-25　转臂式自动装卸小车
1—升降支座　2—母卷　3—卷芯
4—旋转臂　5—油缸　6—小车

（1）转臂式装卸小车　其基本构成如图 11-25 所示。工作时，先利用小车前端的两个旋转臂，将分切机放卷臂上用完的空卷芯端部托住，然后将空卷芯转到接近地面的位置；然后将小车向分切机内缓慢推进，直到母卷轴心到达放卷臂中心线的正下方，母卷在升降支架控制下升高至分切机夹头，并将母卷卷芯夹住；最后落下支架，退出小车，完成装卸工作。

（2）折叠升降式装卸小车　这种装卸小车卷芯的过程与转臂式小车完全相同，只是卷芯的装卸是利用液压油缸的伸缩来完成折叠架升降。这种自动装卸、运输母卷和卷芯的优势是安全、速度快、便于维修，对保证正常生产十分有利。但是设备投资较大。

2. 放卷

放卷由放卷臂完成，主要位于分切机入口处，由左右两个液压油缸驱动，可以横向移动。每个放卷臂上都装有一个夹头，其作用为卡紧卷芯并驱动旋转。夹头用交流伺服马达或直流马达驱动，驱动速度受张力控制系统控制，无论分切速度和放卷直径如何变化，都可以保证薄膜放卷线速度基本不变。

3. 薄膜导向控制

薄膜导向控制主要依靠导向辊，它的作用是控制塑料薄膜从放卷至收卷的走向。不同分切机导向辊位置与数量有所不同。有些分切机的导向辊安在操作平台底下，薄膜穿过接近地面的导向辊进入分切收卷区。目前，大多数大型分切机的导向辊都是放在操作者的顶部。虽然这两种排列方式都不影响分切质量，但薄膜从顶部通过，更便于操作、易于检查薄膜的质量。

4. 薄膜张力控制

在分切过程当中，一个可靠的张力控制系统决定着分切机的分切质量，也控制着放卷、牵引、分切、收卷等相互之间的张力，使分切材料在分切过程中始终处于一种平稳状态中，避免在机器升降速度的过程中发生材料变形、漂移等现象。

张力控制系统主要包括张力控制辊、张力控制器、张力检测器、制动器及离合器等。如图 11-26 所示。张力控制辊一般安装在分切机放卷轴之后，主要有浮动式张力辊和压力式张力辊两种形式。浮动式张力辊是靠近放卷轴安装在两个固定导向辊之间的一个辊。浮动辊的两端分别装在两个旋转臂上，两臂均装有气缸，非工作时气缸将浮动辊推到最高位置。分切时由于薄膜张力的作用，将浮动辊压下。薄膜张力不同，浮动辊在空间停

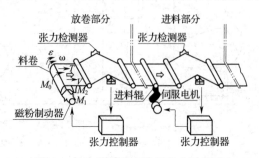

图 11-26　薄膜张力控制基本示意图

留位置也不同。浮动辊的位移使支撑浮动辊的臂旋转，臂轴上的电位计发生变化，以控制放卷轴的转速。浮动辊的位置越低，放卷速度越快。反之，浮动辊的位置达到最高点时，放卷轴就停止不动。压力式张力辊利用工作辊下的压力传感器直接控制放卷轴的转速，这种控制方式的精度较高，使用可靠性较高。

张力控制器分为闭环式全自动张力控制器和开环式半自动张力控制器。全自动张力控制器通过张力检测器直接检测卷材张力，控制器根据检测信号调整制动器或离合器，从而使卷材张力保持恒定。半自动张力控制器又称卷材检出式张力控制器或开波式张力控制器，通过检测卷径变化来调整卷材张力。

在张力控制系统中，制动器及离合器作为终端执行机构，其性能的优劣对产品质量和成本有直接影响。

5. 薄膜摆边控制

薄膜分切摆动是借助于张力控制辊组后面、牵引辊机架上摆动的光电检测器，完成膜卷左右摆动的控制。摆动大小是通过调节光电检测器横向移动量而实现。新式的检边传感器采用超声波检测原理，它可用于包括透明薄膜、胶片在内的几乎所有卷材的卷边检测。超声波传感器内置两组超声波控测源，一组用于边缘检测，一组用于环境补偿。当环境条件变化时，补偿部分随同检测部分一同变化，从而抵消环境条件对系统的影响，补偿温度、湿度、灰尘和其他因素而引起的检测误差。分切机放卷轴的横向摆动取决于薄膜的质量，与薄膜收卷状况有关；如果在收卷时母卷已具有足够的摆动，分切时也可以不必再摆动。

6. 薄膜分切

薄膜分切主要依靠刀槽辊来完成。刀槽辊一般是多条 2～2.5mm 宽、2.5～3mm 深的环槽金属辊。在刀槽辊上方装有一条横轴，横轴上安有多个可移动的切刀臂，每个臂上有可安装不同刀片的切刀盒。分切时，先要根据产品的规格，设定各工位的间距，然后精确地调节切刀的位置。先进的分切机可通过计算机设定好各工位的宽度，启动传动系统就可以自动调节刀位。这种方法调位速度非常快，产品宽度准确，节省人力，但设备费用十分高昂。目前最常用的还是手工调位法，利用人工将切刀逐一调到需要的位置。

分切刀片主要有通用剃须刀片、标准工业刀片、镀锡工业刀片、特殊涂层刀片等，刀片厚度以 200μm 为主。分切质量取决于刀片和薄膜的摩擦力。刀片越光滑，能提供光滑的收卷和减少皱纹，分切越好。当薄膜和刀片之间有摩擦力存在，造成薄膜沿着分切的边拉长，在严重的情况下，薄膜的边看起来像邮票的边一样。性能好的刀片应具备的特点为：一是安全性，长寿命的刀片意味着可以很少换刀片，换刀片总是有安全风险；二是能够获得高品质膜卷的同时，提高印刷和复合产量；三是能减少灰尘的产生，提高印刷和复合等工序的效率，减少清洁工序和维修频率。

分切方式可分为平刀分切、旋刀分切和挤压分切三种方式。

平刀分切是像剃刀一样，刀尖为 90°，材料多为特种钢，也有使用陶瓷材料。将单面刀片或双面刀片固定刀架上，在材料运行过程中将刀落下，使刀将材料纵向切开，达到分切目的。这种切刀刀刃薄而锋利，适合切割薄的塑料膜或复合膜。

旋刀分切又称为圆刀分切。这种刀具刚性好，散热快，切口十分平直，在切割较厚薄膜时可以避免分切产品出现两边翘曲的现象，主要用于纸张、无纺布、材质较厚及精度要求比较高的产品。旋刀分切可分为切线和非切线分切。切线分切为材料沿上下两圆盘刀的切线方向分切，上下圆盘刀可以根据分切宽度要求，很容易地直接调整上下刀的位置，对刀较方便，但在分切处很容易发生漂移现象，导致分切精度不是很高。非切线分切就是材料与下圆盘刀有一定的包角，上圆盘刀落下将材料切开，分切时材料不易发生漂移，分切精度高，但使用时下圆盘刀间必须装垫刀片，这样才能使材料经下圆刀时，不容易被拉变形，而且安装也不方便。

挤压分切主要由与材料速度同步并与材料有一定包角的底辊和调节方便的气动刀组成。它的底辊一般都有很高的硬度要求，不是普通硬度的钢辊。这种分切方式是分切工艺的发展方向，它既可以分切比较薄的塑料膜和复合膜，也可以分切厚的纸张、无纺布等其他包装材料。但由于它成本相对较高，国内目前没有厂家来生产这种刀片，处于空白阶段。

7. 压紧辊（或称接触辊）

压紧辊是包有橡胶的从动辊，其作用是排除分切薄膜与薄膜之间的空气。压紧辊工作时根据分切速度、薄膜卷径、薄膜宽度及材质等因素，在控制台上设定或调节气压及压力变化，利用计算机自动控制压紧辊对分切薄膜的压紧力。通常，随着卷径的增大压紧力也不断增加。

8. 收卷

收卷由收卷臂完成，一般安装在分切机的最外侧，在转轴上可以任意横向移动。收卷臂在使用时根据分切薄膜的品种、宽度、厚度、收卷长度来选择收卷臂。分切机卷芯卡紧的方法有气胀式和滑楔式两种。

二、分 切 工 艺

分切工艺的基本工艺流程如图 11-27 所示。

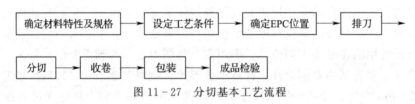

图 11-27 分切基本工艺流程

1. 确定材料特性及规格

（1）材料的性能 对分切的薄膜应考虑其刚性强度、延伸性、平滑性、厚度等，以便针对性地设定分切工艺参数。

（2）材料的规格 仔细认清分切成品的规格，如长度、卷径、宽度；了解特殊要求，如卷芯要求接膜方式与数量标记方式等。

接膜方式是指上下两片膜的搭接方式，一般有顺接及反接两种。接膜方向接反，会造成自动包装机走膜不畅、卡膜、断料等，因而造成停机，严重影响生产效率，所以，必须根据客户包装机的要求，来明确正确的接头方式。这一点在与客户签定合同时必须提出来予以明确，往往客户自身并不清楚的了解包装要求，但是，作为包装厂家，必须为客户考虑全面。

接头粘接一般采取图案或光标对接的方法，这样可以充分保证包装膜在走膜过程中不受接头影响，可以连续生产，而不会造成生产效率下降。自动包装成品卷粘接胶带两端不允许翻边，要求与膜宽对齐、粘牢。制袋半成品卷一般要求胶带一端翻边，以便于制袋时注意接头位置，严格控制接头袋混入成品袋中。

胶带是指用于粘接薄膜的普通聚丙烯塑料胶带，为了便于自动包装识别及制袋识别并检出，通常使用与所生产产品底色对比度较大颜色的胶带，这一点一般客户没有特殊规定，但软包装厂必须明确一点：即同一厂家的同一种产品必须使用同种颜色胶带，不能多种多样，以便于管理和控制，防止混乱。从胶带使用上进行有效控制，可以充分避免接头产品流落市场或客户手中，带来不必要的麻烦。

2. 设定工艺条件

（1）张力设置　张力设置是分切机中最重要的参数，分切本身就是一个退卷和重新卷取的过程，张力控制决定了分切产品的质量，同时包括卷取压力和锥度。

放卷张力是指放卷轴与输送夹紧辊之间的张力。在放卷部进行张力控制的主要目的是根据膜卷直径的变化来调整适当的张力，在张力作用下实用切割，并把复合薄膜平整地输送到收卷部分。进给张力是指从输送夹紧辊至接触辊之间的张力。原则上，放卷、进料张力应设定在较低范围内。如果放、进料张力太大、剩余应力大，会使薄膜卷绕太紧，退卷使用时就会松弛，同时还会使单元图案拉伸，影响下道工序生产或使用。

收卷接触压力是指由接触辊施加在收卷膜卷上的压力。在接触压力下收卷产品，可以限制、调整被卷进收卷层间的空气。如果接触压力较大，补卷进的空气量减少，就容易造成卷太紧；反之如果接触压力较小，被卷进的空气量增大，则容易造成卷得太松，同时还容易造成偏卷现象。

收卷张力是指对卷芯施加收卷转矩，通过收卷层间的摩擦传达力，就可在复合卷的最外层产生的张力。收卷张力＝转矩/膜卷半径。靠近卷芯的部分，与外层相比，由于表面积小，摩擦传达力相应也较低。因此如果收卷转矩过大，在层间将会产生滑动，结果在最外层不能形成所设定的收卷张力。

卷取锥度的设定至关重要，如果锥度过大，膜卷的芯部较硬、外部较松弛。如果锥度过小，形成菊花状花纹，膜卷过紧。

（2）卷径的预估计　复合膜或单层薄膜的卷径估算公式为：

$$D = \sqrt{d^2 + 4LT/\pi}$$

式中　D——卷径，m

L——膜长，m

T——胶厚，m

d——纸芯外径

（3）分切位置　分切位置是指分切切刀的下刀位置。任何分切机都有一定的分切偏差，为保证产品图案的完整性，在分切时必须充分考虑下刀位置，分切位置错误，会导致自动包装膜跟踪困难或图案缺陷。比如，一般的产品设计都有光标，通常是 5mm×10mm 或 4mm×8mm，而分切位置一般是沿光标分切或一分为二，但是往往有些设计是相邻图案的色相相差很大或因自动包装要求，某些背封线上有文字，必须充分保证文字的位置，所以在分切时就必须考虑位置的偏向，不能完全按正常情况进行，需依据具体情况而进行详细、明确的规定。很多时候是因为机台不清楚分切位置，而按照常规进行分切，导致产品损失。所以在产品设计及制作分切作业文件时，必须将分切位置要求严谨、明确的表达清楚。

（4）分切方向　分切方向是指自动包装成品卷或制袋产品半成品卷的开卷方向。分切方向的正确与否直接影响自动包装机的喷码位置及制袋产品封口位置或特殊形状切刀位置等方面，当然，方向错误可以通过自动包装机或制袋机调整而进行调整，但是，这将会极大降低自动包装或制袋速度，严重影响生产效率，所以，在与客户签定合同时，必须问清自动包装膜卷的开卷方向，对于制袋产品必须考虑封口位置及制袋机的工装要求，明确正确的分切方向，避免退货及二次复卷。

3. 确定 EPC 位置

检查 EPC 光电是否灵敏，确定 EPC 跟踪位置。选择并正确安装刀片，轻拿轻放，不碰坏刀架和导辊，换下的刀片一定要立即放到指定的地方处理掉，以防刀片掉入膜卷，造成重大事故。

4. 排刀

要认真排刀，确认切刀位置准确，国标要求一般薄膜的分切宽度偏差为±2mm。检查薄膜收卷用管芯，如果用的是纸质管芯，要特别注意确认其表面光滑，管壁厚薄均匀，内径一致。如果是 PVC 管芯，则要考虑到可能会导致收卷后膜卷容易滑移脱离管芯。

5. 分切

分切主要涉及的参数有分切刀片的选择、分切刀的角度调整、残留膜边的处理、分切尺寸的调整、分切质量的判别等。

（1）分切刀片的选择　分切刀片主要有单面和双面之分。选择根据分切复卷的结构和厚度进行，如果复合膜厚度在 $70\mu m$ 以下，建议选用双面刀片，$70\sim130\mu m$ 建议选用单面刀片。因为双面刀片比较柔软，适合薄材料分切，这样膜边平整性得到保证，同时也可以延长使用寿命。单面刀片较厚、刚性强，分切厚膜时较好。因为在分切高速情况下硬刀片不容易发生位移，保证产品质量；刀片韧口要锋利并且无缺口。

（2）刀片安装角度　一般都是手工进行固定也只是旋转螺丝。建议角度在 45°，角度大刀片韧口不能充分利用，角度过小担心分切不完整、产品毛边。

（3）残留膜边的处理　分切机现在都配有一根空心管，该管一直通到机械外 0.5m。该管也是残留膜边处理的通道，由于膜边质量轻，所以制造商很聪明的加装电吹风机，在一定风速下将膜边吹走。

（4）分切尺寸的调整　根据实际要求进行，最终满足客户的需要。一般分切膜边在 0.5cm，太大说明复合厂家产生浪费，太少会给分切带来困难。实际分切的有边封产品，中封产品，还有所谓的自动包装（如方便面类包装）。

（5）分切质量的判别　主要通过看、摸和敲来验证。看，分切复卷边是否平整、表面是否干净、是否有凸筋现象。摸，产品不仅仅平整，手感应该是无毛刺等现象，产品不应该松紧不一。敲，产品当当响说明收卷张力太大，如果分切 PAC 等片材很易发生粘连现象，所以张力的控制十分重要。

（6）收卷

收卷主要包括选择卷芯、张力的控制、收卷压力辊的调整。卷芯要求圆滑、平整度好。这有利于产品的整体质量，卷芯尺寸要与分切膜尺寸一致。张力的控制同样由磁粉制动器完成，原理同上述一样。不同的是张力的大小要与放卷张力一样。太大、太小都会发生质量问题如凸筋、不平整等。收卷压力辊的作用是进一步使产品平整度变好。压力辊选择一般比实际复卷长 5cm。

（7）包装

一般对食品企业进行的复卷包装。包装时由于复卷怕湿、不耐温、不耐酸碱。所以建议先内包装，再外包装。内包装一般用柔软的 PE 膜袋进行，外包装用纸箱。注意的是包装上要写名称、重量、日期、检测人等。其实从产品的外包装可以体现该企业的管理水平。

（8）检测

检测主要是外观的检测。复卷两边平整性好无毛刺、无凸筋；产品应该干净无油污、没有划痕；产品直径大小要均匀，保证批次产品一致性。需要计量产品必须贴好提示，方便下道工序记录操作；对有接头处要有明显的标识，并附相关说明等。

三、分切应用

在软包装生产过程中，分切是既简单又重要的生产环节，只要充分把握分切工艺的要领，做好各项工序准备，就能分切出高质量的产品。下面以片岗 SL‐KE70 分切机为例，说明针对不同材料分切时的条件设定，如表 11‐6 所示。

表 11‐6 　　　　　　　　　　　　　SL‐KE70 分切机工艺参数

具体指标	工艺参数	
材料	BOPP/PE 复合膜	单层 PE 膜
规格	1000mm×0.05mm	1000mm×0.03mm
上卷取张力刻度	3	1.5
下卷取张力刻度	—	1.5
锥度	20%	30%
接触力	2.2kg/cm²（上）	2.4kg/cm²
进料张力	5～6kg（上）	0.81g
卷出张力刻度	2	—
速度	300m/min	300m/min

不论属于哪种情况，分切后的材料都应达到相应的技术指标。表 11‐7 是成品卷外观质量检测标准。

表 11‐7 　　　　　　　　　　　　　成品卷外观质量检测标准

项目	优级品		合格品
暴筋	无		无
条纹	≤30 厚度的薄膜		允许有轻微纵向条纹
跑偏	≤2mm		≤4mm
松紧度	两边松紧一致	平放	松紧性有差异
翘边	无		有
膜卷长度/m	≥规定长度－200		≥规定长度/2
接头数	无		≤2 个
端面划痕	无		无
膜面花斑	无		有
星形	轻微		无

第六节 复 卷

薄膜复卷也是薄膜加工生产很重要的环节之一，其加工质量的好坏影响到分切后成品的质量。

一、复 卷 设 备

复卷机是在薄膜的生产线中，把生产出来的薄膜卷绕在卷芯上成为一卷的辅助设备。通常，把复卷设备按照工作原理又可分为中心复卷、表面复卷和间隙复卷三种类型。

中心复卷机在卷绕轴上有一台大型驱动电机，可以方便地反向卷绕共挤出膜或精致膜，任意一端伸进或伸出。

间隙复卷机在压辊和卷绕辊之间有一个 0.25in 的空气间隙。在间隙模式下，接触辊不接触卷绕辊；而在表面模式下，接触辊接触卷绕辊。间隙收膜机可能通过夹入空气卷绕疏松的膜卷，因此适合卷绕黏性或者不均匀的薄膜。间隙收膜机通常用于张力高、速度低于 800fy/min 的窄卷筒。

表面复卷机是利用表面卷取辊与被卷取材料的表面摩擦，来实现对膜卷的驱动而实现收卷的，所以又称为接触式复卷机或者摩擦式复卷机。表面收膜机的优点是结构简单，膜卷由表面驱动辊支撑，卷取轴受力小，不需要大的刚性；控制方便，膜卷的线速度基本跟表面卷取辊一致，收卷的速度可以通过改变驱动卷取辊的电机转速来达到。卷径的大小对收卷的速度没有影响；表面收卷对一般薄膜都能收卷紧密。其缺点是不适用特别光滑、易于出现擦痕的材料和卷取厚度较大的薄膜。常用的表面摩擦卷取形式有单辊表面复卷机跟双辊表面复卷机两种。

1. 单辊式表面复卷机

单辊式表面复卷机的结构如 11-28 所示，收卷轴跟卷芯靠在卷取辊上，卷取辊在电机的驱动下转动时，卷取辊与卷芯之间的摩擦力带动卷芯与芯轴一起转动从而实现对薄膜的收卷。随着膜卷直径的增大，膜卷沿着导轨逐渐往外移动。芯轴一般多数采用气胀式芯轴，操作方便，夹紧可靠。膜卷的表面速度基本上等于卷取辊的表面速度，卷取的速度可以通过改变卷取辊的转速来实现，与膜卷直径的大小变化无关。

根据摩擦力 $F = fN$（f 为摩擦因数，N 为正压力），在收卷过程中膜卷跟表面辊间的摩擦因数 f 不变，正压力 $N = mg\cos\alpha$，（m 为膜卷的质量，α 为芯轴与导轨面接触点的切线与水平线的夹角），膜卷的质量随着直径的增大而增大，为了保持膜卷里外的紧密性一致，导轨面跟水平线的夹角要逐渐减少，使膜卷作用于卷取辊上的正压力能够基本保持不变。同时膜卷移动过程中必须保证收卷轴的轴线跟表面辊的轴线平行，也就是膜卷跟表面辊必须始终保持线接触，才有足够的卷取力，才能收卷紧密、平整。

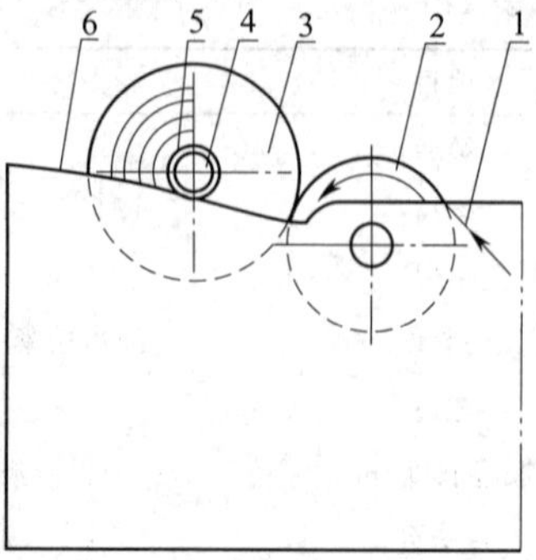

图 11-28 单辊式表面复卷机

1—薄膜 2—卷取辊 3—膜卷
4—芯轴 5—卷芯 6—导轨

　　单纯依靠收卷轴跟膜卷的重力产生的摩擦力有时是不够的，特别是对于宽幅的薄膜收卷。所以一些收卷机采用如图 11-29 所示的结构，采用两个压臂作用在收卷轴的两端，通过调节气缸的压力，可以改变膜卷跟卷取辊间的摩擦力，从而达到调整收卷紧密程度的需要。

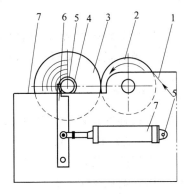

图 11-29　宽幅单辊式表面复卷机

1—薄膜　2—卷取辊　3—膜卷

4—芯轴　5—压臂　6—卷芯　7—导轨

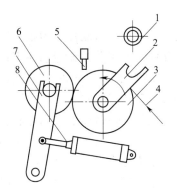

图 11-30　自动换卷表面复卷机

1—备用卷芯　2—探臂Ⅰ　3—表面卷取辊

4—薄膜　5—切刀　6—膜卷

7—探臂Ⅱ　8—气缸

　　当收卷形式只提供单个收卷位置时，无法实现自动换卷。如图 11-30 所示是单辊自动式的表面收卷机的结构，该结构提供了两个收卷位置，可以实现不停机换卷。其过程是开始时芯轴跟卷芯在摆臂Ⅱ上进行收卷，当膜卷直径达到要求时，气缸驱动摆臂Ⅱ往外摆动，将膜卷放置到卸卷的位置。这时切刀动作，将薄膜切断。在切断膜料时，备用的卷芯下降到摆臂Ⅰ上，卷芯上预先贴有双面胶纸，切断的膜料被卷入到新的卷芯上。摆臂Ⅱ将膜卷放置到卸卷的位置上，然后在气缸的作用下往回摆，靠近卷取辊。摆臂Ⅰ旋转，将已经打底好的膜卷交换到摆臂Ⅱ上继续收卷。这样就实现了一次循环。设置好程序，收卷机就可以自动连续的动作，实现自动切断，自动换卷。

　　2. 双辊驱动表面复卷机

　　如图 11-31 所示，由表面卷取辊Ⅰ和Ⅱ驱动膜卷进行收卷，随着卷径的增大，膜卷的中心垂直上升。在膜卷的顶部设置压辊，该辊通过气缸或油缸作用在膜卷上，起到增加膜卷跟表面收卷辊之间的摩擦，特别是在膜卷的直径很小时其作用更加重要。随着膜卷质量不断增大，膜卷跟卷取辊之间的摩擦力也不断增大，这样会使膜卷越卷越紧，从而会把膜压出皱纹。为了避免这个缺陷，膜卷直径逐渐增大时，压辊的压力应该逐渐减小，保持气压或液压力跟膜卷的重力和为一恒定常数。为了使收卷辊对薄膜有足够的牵引拉力，薄膜跟表面收卷辊Ⅰ要有一个较大的包角。为了卷取紧密，卷取辊Ⅱ的表面线速度应该稍大于卷取辊Ⅰ。

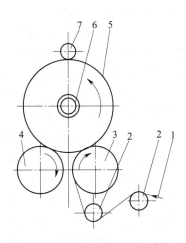

图 11-31　双辊式表面复卷机

1—薄膜　2—导向轴　3—卷取辊Ⅰ

4—卷取辊Ⅱ　5—膜卷　6—卷芯　7—压辊

双辊表面复卷机通过增加卷取辊可以改为三辊或四辊收卷机，其作用是增加收卷的工位。要进行换卷时，将膜卷移到后面的辊上，在原来的位置上重新放上新的卷芯，然后就可以将膜料切断，卷入到新的卷芯上，从而减少换卷时所占用的时间。

二、复 卷 工 艺

复卷工艺也是薄膜加工中很重要的环节之一，其生产质量的好坏影响到分切后成品的质量。薄膜复卷工艺主要包括薄膜在复卷机的张力控制辊、展平辊、压紧辊（接触辊）等机构辅助下缠绕在复卷机的卷芯上，完成薄膜的成型加工。

1. 薄膜张力的控制

为了使拉伸的薄膜能卷到卷芯上，必须给薄膜施加一定拉伸并张紧的牵引力，薄膜张紧力即称为张力，其大小取决于卷芯表面的线速度（复卷速度）和分切机的出膜速度之差。复卷张力过大，薄膜容易产生皱纹；张力不足，带入膜层的空气量过多，母卷料卷的密度小，容易导致薄膜在卷芯上轴向滑移或严重的错位，以致造成无法卸卷。所以，复卷张力控制系统应注意控制以下参数。

（1）张力设定　薄膜复卷前，需要针对薄膜的性能及选用的复卷方式，设定复卷张力的大小。通常，设备具备的张力调节范围为 $100\sim600N$。

（2）调节张力衰减值　复卷张力衰减值的控制，也是影响薄膜复卷质量的重要因素之一。薄膜复卷后，随着复卷直径增大，如果卷芯旋转速度不变，薄膜的复卷张力就会越来越大。而薄膜与薄膜之间又都夹有一定的空气，即使在恒定的张力条件下，外层薄膜也会将内层薄膜压皱，影响薄膜的表观质量。所以解决的方法为改变薄膜的复卷速度，并根据薄膜的生产速度及薄膜的厚度变化，按一定的规律将薄膜的张力自动进行衰减。

（3）张力补偿　复卷过程中的张力变化，必然影响换卷的平稳过渡，经常出现换卷断膜现象。因此，必须设有张力补偿装置。薄膜的张力是通过张力辊两端轴承下方的压力传感器进行检测的，检测的信号通过电子线路，控制复卷电机的转速。

2. 复卷压力的控制

当薄膜受到的拉伸张力很均匀时，它在辊面上一定是十分平整的。但在离开辊面后，如果薄膜位于较长的空间里，又受到一定牵引力的作用，其表面就会出现许多皱纹。如果利用一个压紧辊（也称接触辊），将薄膜压靠在复卷卷芯上，实行接触复卷或小间隙复卷。就可以将平整的薄膜迅速地转到卷芯上，实现平整复卷目的。薄膜复卷时，薄膜与卷芯或外层薄膜与内层薄膜之间都有一定的夹角，在高速复卷的状况下，夹角间的空气很容易被带入膜层中间，使复卷变松。因此借助压紧辊对复卷施加一定的压力，及时排除膜层间的空气。所以压紧辊（也称接触辊）就是通过调节辊与复卷之间的距离或对复卷表面施加的压力，实现膜卷复卷过程中的薄膜防皱和膜间排气的功能。

在复卷时，可以选用接触复卷，也可以选用间隙复卷。当选用接触复卷时，需要预先设定接触压力，调好压力随母卷直径变化的递变参数。当采用间隙复卷时，可借助于光电探测器来控制压紧辊与母卷之间的间隙。此时，压紧辊的轴承座可以在平行轨道上纵向平稳移动。压紧辊紧度取决于薄膜的厚度及膜间间隙，由计算机进行自动控制。通常，生产较薄的薄膜选用接触复卷，生产较厚的薄膜则选用间隙复卷。

3. 薄膜复卷

薄膜复卷用直流或交流电动机驱动。目前，先进的薄膜生产线都是采用电机安装在固定的机座上，通过减速箱、齿形皮带与复卷轴相连。这种方式控制电机的电缆是固定的，可靠性较高。

4. 复卷摆动控制

在生产拉伸薄膜时，如果切割废边的切刀固定不动，就可以发现，无论怎样精心地调节和控制薄膜的横向厚度，母卷上都会有或多或少肉眼可以看到的微小厚度偏差叠加的结果（出现局部凸凹）。而且复卷张力越大，薄膜横向厚度偏差越大，凸起或皱纹就越明显，这些缺陷将直接影响产品的外观质量。

现代化的薄膜复卷机都具有卷轴可以横向摆动的功能。这种复卷机是将双工位复卷台、压紧辊系统、展平辊及有关的导向辊等都安装在一个重型钢制底架上，其底部装有滚动轴承利用光电探边器或气动探边器（EPC）接收薄膜边部偏斜的信号，在液压系统的推动下能够灵活地横向摆动。其移动距离小于±100mm。

5. 消除静电、计量复卷长度

在薄膜的加工过程中，由于绝缘的薄膜经过电场和受到摩擦的作用，必然要产生静电现象。静电不仅影响复卷时的操作性能，也影响复卷质量和薄膜的后加工。因此，在薄膜复卷之前，在薄膜通道的上下两侧都要装有一只静电消除器。

现代化的复卷机上都装有薄膜长度计数器——米数计。通过装在传动轴上的传感器，计量辊子的转数，确定复卷薄膜的长度，并通过数字表或计算机显示屏显示出来。

6. 自动换卷

当复卷机上的薄膜达到预定长度后，米数计将发出信号，使压紧辊自动退出工作位置，新卷芯的转数加速到薄膜生产速度，复卷机开始更换工位，压紧辊靠近新的卷芯，进行自动切割换卷过程。

自动切割换卷必须具备三个条件：一是可以自动横向切断薄膜；二是能将切断后的薄膜迅速贴附在新的卷芯上；三是当切刀返回原位而不损伤薄膜。

由于切割方式不同，自动切割分为快速横向切割，慢速横向切割和全幅垂直切割等类型。

7. 装卸卷芯

先进的薄膜生产线，复卷机装卸卷芯均选用小车装卸，这种方法装卸速度快，安全可靠，维修方便。

第七节　涂　　布

涂布是在基材单面或双面涂上另一种与基本性能不同的聚合物，而形成一种具有新功能的薄膜的工艺。它可单独使用，也可作为复合膜的基材，与其他薄膜复合而得到新的复合薄膜。常用的涂布方式主要有自计量涂布方式（如浸渍涂布）、计量修饰涂布方式（如刮刀涂布）、预计量涂布（如条缝涂布）、混合涂布（如凹版涂布）等。涂布机是实现涂布工艺的设备，主要由放卷单元、张力控制系统、纠偏系统、基材处理单元、涂布单元、真空吸附装置、干燥单元、储料架、收卷单元等部分构成。由于市场要求的提高和高新材料的发展，涂层的均匀度要求越来越高，厚度要求越来越薄，因此，涂布机向超薄涂层、高速、更加精密的方向发展。

一、涂 布 方 式

涂布方式按涂布装置的特点不同有多种型式，如有凹滚涂布、胶辊涂布、逆辊涂布、张力吻涂、逆张力吻涂、气刀涂布、挤压辊涂布和绕线辊涂布等。采用哪种复合方式，一般应根据基材种类表面状态以及涂布剂的形态、涂布量、黏度等来决定。实际中多采用凹滚涂布和逆辊涂布法，凹滚涂布法操作方法容易，逆辊涂布法均匀效果好。本节只对这两种方法加以介绍，其他涂布方式可参考相关资料。

1. 凹滚涂布

如图 11-32（a）所示，凹滚涂布是指采用雕刻凹版滚筒进行涂布的工艺方法，它可以用来进行满版或局部的底层涂布、普通涂布、黏合剂涂布等，使用范围非常广泛。凹版滚筒表面凹孔形状有锥形、格子形和斜线形，主要使用格子形。能定量、均匀地进行涂布。涂布单元是一个标准的凹印单元。不过，在热熔涂布（涂蜡）中采用的凹印系统有一些微小变化，因为胶槽、涂布滚筒和刮墨刀通常需要加热。

黏合剂采用凹版辊涂布法时，涂布量要根据复合基材的特点来选择，通常未经印刷或印刷面积较小的基材，涂布量在 $1.5 \sim 2.5 g/m^2$；纸张等基材或印刷面积较大的基材，涂布量在 $2.5 \sim 3.5 g/m^2$；包装干燥类食品的基材，涂布量在 $2 \sim 2.5 g/m^2$；包装含水食品的基材，涂布量在 $2.5 \sim 3 g/m^2$；耐蒸煮的基材，涂布量在 $2.5 \sim 4 g/m^2$；铝箔蒸煮的基材，涂布量在 $4 g/m^2$ 以上。

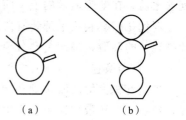

（a）　　　　　　（b）

图 11-32　两种涂布方式
（a）凹滚涂布　（b）逆辊涂布

2. 逆辊涂布

如图 11-32（b）所示，逆辊涂布也是一种常见的涂布方式，其涂布量可以比凹滚涂布量更大。它是以橡胶辊和涂布辊之间的间隙及涂布辊与复合基材间的速度比来调整涂布量，这种涂布的长处是不需经常更换辊子，清洗方便，但涂布量不易控制，橡胶辊易膨胀变形。

二、涂 布 工 艺

常用的涂布工艺主要有以下几种。

1. 热封涂布

热封涂布可用于纸张、薄膜或铝箔上，主要应用在杯碗盖市场，可为如 PET、PS、HDPE 和 PP 等材料的刚性容器提供可撕开的封口。

热封涂布采用凹滚涂布，辊式涂布或绕线棒涂布。热封涂布常见涂布量为 $2.0 \sim 3.0 lb/$令（$1lb = 0.453592kg$）。为达到最佳性能，通常涂布滚和胶槽都要加热到 $48.89 \sim 60℃$（$120 \sim 140℉$）。

2. 冷封涂布

冷封涂布可用于纸张、薄膜或铝箔上，主要应用在糖果、面包、医药等市场，可为包装提供不需加热就能封口的包装。涂层在包装机的压力作用下自己粘合在一起。

水性涂料是 EVA 和乳胶混合体、丙烯酸和乳胶混合体、或某种合成材料。它采用雕刻凹版滚筒涂布在印刷料带的背面。通常情况下，涂布在包装上与正面图案位置相对应的封口位置。冷封涂布常见涂布量为 2.0～4.0lb/令。

3. 胶黏剂涂布

胶黏剂涂布常用于干式复合中，涂胶黏剂的料带，在干燥通道将全部溶剂或水分去除后，与另一料带粘合为一体。胶黏剂可以是溶剂性、水性或无溶剂性的。涂布取决于待复合料带的类型、最终包装用途以及可采用的涂布方法。一般情况下，溶剂性和水性胶黏剂可以采用同样的复合设备，但是对水性胶黏剂建议采用抹匀辊装置。

对溶剂性和水性胶黏剂来说，最好的涂布方法是凹滚涂布。当需要涂布量较小时，凹滚的网目较细，同时采用黏度较低的涂料。而当需要涂布量较大时，凹滚的网目较粗，同时采用黏度较高的涂料。这样才能得到满意的效果。溶剂性和水性胶黏剂的涂布量一般在 1.5～2.5lb/令。

对于无溶剂复合则需要特殊的复合设备。胶黏剂的涂布是通过一组以不同速度转动的辊筒、对胶黏剂进行计量再涂布到基材上的。速度差产生的剪切力使得胶黏剂在涂布到基材之前就达到适当的量。而无溶剂复合的涂布量通常比溶剂性和水性胶黏剂涂布量要小。

4. 底层涂布和表层涂布

底层涂布（常称为打底）无论是水性还是溶剂性的，都是为了提高薄膜表面和油墨或涂料之间的结合力。底层涂料不含色料或蜡料，只是在必须时才使用。

表层涂布使用在已经干燥的油墨之上，可以增加光泽度、耐热性、耐磨性，使表面不滑动。这类涂料含有蜡料和其他添加剂，但不含有色料。

5. 塑料涂布

根据所用涂布材料不同，塑料涂布主要有以下几种。

（1）PVDC 涂布　PVDC 乳液可以采用几种方式进行涂布，取决于基材的特点和设备条件。在不需要精确计量的场合，常采用逆向辊式涂布。在需要较精确涂布量的情况下，应该采用气刀式涂布或绕线棒涂布。前者涂布过程中与基材没有物理接触，可用于在高速。后者则容易操作，但只适合较低的速度。

PVDC 涂布量一般在 1.5～3.0 g/m² 范围内。涂布量低于上述推荐值可能会降低阻隔性，而涂布量高于上述推荐值却不一定能提高阻隔性。既可单面涂，也可双面涂，基材可使用双向拉伸聚丙烯薄膜、双向拉伸聚酯薄膜、铝箔、纸张等；根据用途选择，制成各种不同的阻隔性薄膜。

PVDC 乳液可以用于在纸张、玻璃纸、PP、PET、PE 和尼龙上涂布，应用在包括快餐食品、奶酪、肉类和医药等的包装上。

PVDC 涂层具有出色的阻隔性，和很低的氧气、气味和水分透过率。PVDC 涂层还具有良好的热封性、耐油性、耐溶剂性、耐磨性、柔软性、光泽度和阻燃性等。但 PVDC 涂层也有缺点，其复合材料在低温下不够稳定，其基材和成品应该保存在相对湿度为约 50% 的室温环境中。

（2）PVOH 涂布　PVOH 是一种涂布到包装膜上的聚乙烯醇，可为包装提供特别的氧气阻隔性能。它雾度很低，不发黄，具有优良的光学性能。采用逆向凹滚涂布方式。在

PVOH涂布前，需要先底涂以使涂布固着力最佳。

PVOH涂层应该包含在复合层中间以防止涂层受潮，因为一旦受潮，PVOH的氧气阻隔性将会降低。

（3）氧化硅（SiO$_x$）涂布　将氧化硅/二氧化硅涂布到包装材料上，可得到类似铝箔的阻隔性。通常称为"玻璃"涂层，因为硅是制造玻璃容器的主要成分。涂硅薄膜具有优良的阻隔性，而且明亮度好。这些涂层是为了替代铝箔复合材料，特别是在包装要求透明性的场合。氧化硅涂层在高温和高湿条件仍具有出色的耐折性和恒定的阻隔性。一般采用蒸发涂布方法，涂层与基材表面之间为机械结合。

（4）丙烯酸（Acrylic）涂布　丙烯酸涂布用于塑料薄膜旨在获得更佳的热封性、包装物机械性能、气味阻隔性、美观和稳定性等。这种涂布膜雾度低、光泽度高、具有闪光效果。

丙烯酸涂布可以在基材的单面或双面涂布。可以是水性或溶剂性涂布。一般采用逆向凹滚涂布。在丙烯酸涂布前，常常需要先进行底涂，以获得最佳的涂布固着力。

三、微凹版涂布机

1. 微凹版涂布机的组成

微凹版涂布机的主要技术参数有：基材走向、最大料卷直径、基材宽度、最高涂布速度、收卷放卷直径、涂布精度、张力控制范围、干燥方式、机器总功率、总重、主要尺寸等。图 11-33 为典型的微凹版涂布机。

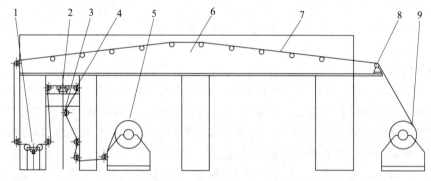

图 11-33　微凹版涂布机

1—微凹版涂布单元　2—纠偏装置　3—张力传感器　4—静电处理

5—放卷单元　6—烘箱　7—基材　8—真空吸附辊　9—收卷装置

2. 微凹版涂布单元

在超薄涂层领域中，常用的涂布方法有凹版涂布、钢丝刮棒涂布、挤出涂布等方式。目前市场上的微凹版涂布单元主要有两类：普通微凹版涂布单元和封闭刮刀式涂布单元，其原理如图 11-34 所示。普通微凹版涂布单元的工作原理为：微凹版辊安装在墙板上，部分浸在液体槽中，通过旋转带起涂布液，经过刮刀定量后，由反向运动的基材带走涂布液。涂布过程中涂布液从凹孔转移到基材上需要接触、剪切、取出等三个过程。

微凹版涂布工艺中，涂层厚度、涂层质量非常关键。在高端膜材中，涂层过厚或过薄都会影响膜材性能，涂层的均匀性也直接影响膜材的质量。

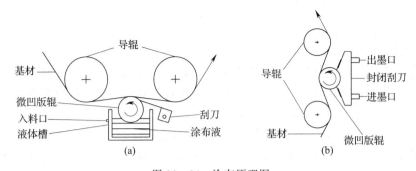

图 11-34　涂布原理图

(a) 普通微凹版涂布单元　　(b) 封闭刮刀式涂布单元

第八节　复　合

所谓复合，是指通过胶黏剂涂布和加压方式，把两层或两层以上的材料粘合在一起而形成一种新材料的工艺方法。由于复合是将一层一层材料粘合在一起，因此也常称为层合。由复合加工得到的新材料称为复合材料。

单一包装材料常常无法满足使用要求，因此常需要对不同材料进行复合加工。复合材料一般保持原有单一材料的优点，同时又具备一些新的特性，可弥补单一材料的不足。例如，BOPP 薄膜强度好，阻隔性优良，但热封性较差，而 LDPE 薄膜热封性好，将这两种材料复合后可得到强度、阻隔性和热封性俱佳的复合材料。

复合的目的是对基材性能进行选择性组合，从而得到综合性能更优的新材料。在多层复合的情况下，最外层材料应具有良好的印刷适性和机械性能，最内层材料应具有良好的热封性能，中间层材料应具有良好的阻隔性能，如阻光性、阻氧性和防潮性等。

一、复合材料

未复合的包装基材主要有塑料薄膜、纸张、铝箔或金属化膜等，相应地可构成如下几类复合材料。

（1）塑/塑复合材料　即由两层或两层以上塑料组成的复合材料。各种塑料都有其优缺点，将它们适当组合可得到同时具有优良的阻隔性、耐油性、热封性等性能的复合材料。根据被包装产品的要求，通过塑/塑复合还可形成三层、四层甚至更多层的复合材料。

（2）铝/塑复合材料　即指由铝箔和塑料薄膜组成的复合材料。铝箔阻隔性极强，与塑料薄膜复合，可组成阻隔性能和热封性能优良的材料。

（3）纸/塑复合材料　即由纸张和塑料组成的复合材料。纸张印刷适性好，透气性好，但防潮性差；塑料薄膜阻隔性较好，但印刷适性较纸张差。纸塑复合材料可具有良好的印刷适性、防潮性和热封性。

（4）纸/铝/塑复合材料　即由纸张、铝箔和塑料组成的复合材料。纸铝塑复合材料可具有突出的印刷适性、阻隔性、热封性和机械性能。

包装材料的复合方法主要有干式复合法、湿式复合法、无溶剂复合法、挤出复合法、和热熔复合法等。

二、干 式 复 合

1. 干式复合工艺流程

干式复合法，也称干法复合。是指在复合基材上均匀涂布一层胶黏剂，经干燥通道除去黏合剂中绝大部分挥发性成分，在热压状态下使其与另外一种材料粘合而形成一种新材料的工艺过程或方法。其工艺流程如下：

放卷→涂胶→干燥→复合→收卷

在目前生产实际中，放卷包装至少有两种待复合基材的放卷；干式复合胶黏剂大部分为溶剂型黏合剂，但水性黏合剂开始受到广泛关注。

2. 干式复合设备

最常见的干式复合机主要由放卷单元（两个）、涂布单元、干燥单元、复合单元和收卷单元等组成，如图 11-35 所示。

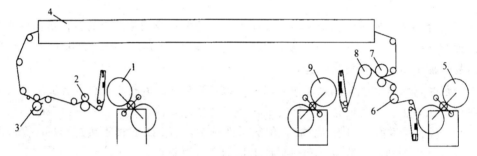

图 11-35　干式复合机的构成

1、5—放卷单元　2—牵引单元　3—涂布单元　4—干燥单元
6—预热单元　7—复合单元　8—冷却单元　9—收卷单元

干式复合机的工作原理是：待复合的两种基材分别安装在两个放卷单元 1 和 2 上，放卷单元 1 上的基材经过涂布单元上胶，经过干燥通道后，与来自放卷单元 2 上的基材在一对复合滚组的压力下粘合，被粘合的材料再经过冷却装置，最后到达收卷单元完成卷取。

(1) 放卷单元　干式复合机的放卷单元和收卷单元与卷筒料凹印机的同名单元结构相同，有自动或半自动型。与卷筒料凹印机主要区别是，干式复合机有两个放卷单元，且两者必须保持料带边缘的一致，一般副放卷料带应跟踪主放卷料带。

(2) 涂布单元　涂布单元的功能是将胶黏剂均匀地涂布在复合基材上。干式复合机最常用的涂布方法是凹滚涂布。涂布凹滚表面均匀地分布凹孔形状，能定量、均匀地转移黏合剂。凹孔形状有锥形、格子形和斜线形等。凹滚方式涂布量非常均匀，但涂布量更改、胶黏剂黏度改变时要更换滚筒。

(3) 干燥单元　干燥单元由桥式干燥通道和温度自动控制系统组成。一般桥式干燥通道由多段独立温控室组成。为降低能耗，所有干燥单元都配备了热风循环系统，其热风循环比例可以调节。但为降低溶剂残留量、保证干燥室内溶剂浓度在安全范围内，各干燥室的热风循环比例是分别设定的。一般第一干燥室不采用热风循环或循环比例很低，而后面的干燥室循环比例依次增加。

(4) 复合单元　复合单元的功能是通过压力完成基材的粘合。复合滚一般配备加热装置，以使复合基材表面更平整、复合强度更均匀。在复合滚之后安装 1~2 个冷却滚，以

424

进一步提高复合强度。

（5）收卷单元 收卷单元的功能是完成对复合好的材料松紧适度、整齐的卷取。

国产干式复合机目前常见的速度为 150~200m/min，国外同类设备最高速度已达到 300~350m/min。

上述干式复合机功能单一，但实际生产中也有使用功能组合的所谓特殊干式复合机。如连线干式复合机和多功能复合机。

① 连线干式复合机。即与凹印机连线作业的干式复合机。绝大多数干式复合机都是单机作业，但与凹印机连线的复合机在国外却很常见。实际上它只是一个干式复合单元。凹版印刷＋连线复合机如图示。一般复合单元可位于印刷部分之后或之前。这种印刷复合连线设备特别适合产品比较定型的场合。

② 多功能复合机。即除了干式复合之外，还能进行其他复合的设备。实际使用的包括干式＋湿式复合机、干式＋无溶剂复合机、干式＋湿式＋无溶剂复合机等。

3. 复合胶黏剂

干式复合胶黏剂法应具备的特征主要有：① 粘合力强；② 溶剂残留量要少、溶剂挥发后毒性少；③ 耐油性、耐水性、耐高温性、耐冷性等性能优异；④ 透明性高，不会变色，展示效果优良；⑤ 价格适中、便宜。

聚氨酯胶黏剂使用较为普遍，它对塑料薄膜、铝箔、橡胶等材料具有较好的粘合性，固化后具有很高的凝聚力。聚氨酯胶黏剂分为单组分（一液型）和双组分（二液型）两种。

在干燥状态下的复合基材、湿度低的环境和涂布量较多的情况下，单组分聚氨酯黏合剂容易出现固化不完全或需要较长固化时间，但它具有操作简便，不需要配合的优点，缺点是不能用于耐高温蒸煮复合材料的生产。以高分子末端带有—OH 的聚二醇类为主剂，异氰酸酯基团—NCO 为固化剂配合使用的称为双组分聚氨酯黏合剂。作为主剂的聚二醇类主要有聚酯聚二醇、聚酯聚氨基甲酸酯聚二醇、聚醚聚氨基甲酸酯聚二醇等。一般而言，聚酯类黏合剂比聚醚类胶黏剂要好，应用广。双组分比单组分使用广泛，粘合力强，粘接性能好，特别在高温蒸煮和超高温蒸煮复合材料的生产中双组分完全符合要求。

干式复合一般采用凹滚涂布方式，也有通过调节涂布滚与其他辊筒的间隙、速差或改变橡胶辊和涂布滚之间的压力及相互的速度差来控制涂布量的大小 。与凹滚涂布相比，这种涂布方式的优点是不需经常更换涂布滚筒，清洗方便，但涂布量不易精确控制，橡胶辊易膨胀变形。

胶黏剂涂布量是根据复合基材的类型和用途来确定。通常未经印刷或印刷面积较小的基材，涂布量为 1.5~2.5g/m²；纸张等基材或印刷面积较大的基材，涂布量为 2.5~3.5g/m²；包装干燥类食品的基材，涂布量为 2~2.5g/m²；包装含水食品的基材，涂布量为 2.5~3g/m²；耐蒸煮的基材，涂布量为 2.5~4g/m²；铝箔蒸煮的基材，涂布量为 4g/m² 以上。

选择好合适的胶黏剂及稀释剂，还要选择合适的复合压力和干燥温度。通常复合压力在 0.4~1.2MPa，塑—塑复合温度控制在 50~60℃，铝—塑复合温度控制在 80~100℃，其余为 70~80℃。

复合后，要立即连线进行冷却，以提高初期复合强度和平整度。然后可在 50~65℃

下放置一定时间进行熟化处理，以保证胶黏剂充分交联固化，达到预期的粘合强度。

4. 干式复合的主要特点

① 与其他复合工艺相比，干式复合有如下优点。a. 复合强度高；b. 适用范围广、应用灵活；c. 生产效率高（速度可达 300m/min 或更高）。

② 干式复合法的主要缺点有：a. 存在污染环境和溶剂残留问题；b. 质量控制难度大，容易产生气泡、皱纹、隧道、复合强度不均匀等现象。

随着对食品药品越来越严格的卫生要求，水性黏合剂的使用正在迅速增加，这将替代溶剂性黏合剂，彻底消除溶剂残留的问题。当然同时这也对复合设备提出了新的要求。

三、湿 式 复 合

1. 湿式复合工艺流程

湿式复合法是指在复合基材的表面涂布水性胶黏剂或水分分散型胶黏剂，在胶黏剂处于湿润状态下与另一基材进行粘合，再经过干燥通道形成一种新材料的工艺过程或方法。其工艺流程如下：

放卷→涂布→复合→干燥→收卷

湿式复合法与干式复合法原理有相似之处，但也存在一定的差别。前者是涂胶后先复合后干燥，后者是先干燥后复合；前者使用水溶性胶黏剂，后者多使用溶剂型胶黏剂；前者最少要求一层为透气性复合基材，后者对材料无特殊要求。

2. 湿式复合设备

一般湿式复合机主要由放卷单元、涂布单元、复合单元、干燥单元和收卷单元等组成，图 11－36 所示。

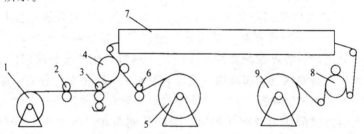

图 11－36 湿式复合机的构成

1—薄膜或铝箔放卷单元　2、6—牵引单元　3—涂布单元　4—湿复合单元
5—纸张放卷单元　7—干燥单元　8—冷却单元　9—收卷单元

（1）工作原理　待复合的两种基材（可分为主基材和辅基材）分别安装在两个放卷单元 1 和 2 上，放卷单元 1（常称为主放卷单元）上的基材经过涂布单元上胶，与放卷单元 2（常称为副放卷单元）上的基材经过复合滚压合，再经过干燥通道进行干燥，然后经过冷却滚冷却，最后复合好的材料到达收卷单元完成收卷。

（2）放卷和收卷单元　与干式复合机的同名单元结构基本相同，有自动或半自动型。但由于常采用纸张或卡纸作为基材，因此一般湿式复合机的放卷和收卷直径较大，相应的张力控制和卷取方式有所不同。

（3）涂布单元　涂布单元的功能是将胶黏剂均匀地涂布在复合基材上。干式复合机最常用的涂布方法是三滚涂布，其次是凹滚涂布。涂布凹滚表面均匀地分布凹孔形状，能定量、均匀地转移胶黏剂。凹孔形状有锥形、格子形和斜线形等。凹滚方式涂布量非常均匀，但涂布量更改、胶黏剂黏度改变时要更换滚筒。

（4）复合单元　复合滚一般配备加热装置，以使复合基材表面更平整、复合强度更均匀。

（5）干燥单元　干燥单元由桥式干燥通道和温度自动控制系统组成。一般桥式干燥通道由多段独立温控室组成。在干燥通道之后安装 1～2 个冷却滚，以进一步提高复合强度。

国产湿式复合机目前常见的速度为 150～200m/min，国外同类设备最高速度已达到 300～350m/min。

3．胶黏剂

湿式复合法中使用的胶黏剂主要有聚乙烯醇、硅酸钠、淀粉、聚乙酸乙烯、乙烯-乙酸乙烯共聚物、聚丙烯酸酯、天然树脂等。目前常用的为水分散乳剂型黏合剂主要有聚乙酸乙烯、乙烯-乙酸乙烯共聚物、聚丙烯酸酯、聚氨基甲酸酯。

在进行湿式复合时，应将胶黏剂的浓度控制在 25%～30%，黏度性质接近于牛顿流体的性质；并不能产生飞胶、结皮、泡沫等不良现象，同时，和乙醇、甲苯等添加剂具有良好的互溶性。

湿式复合主要用于纸/纸、铝箔/纸、玻璃纸/纸、塑料薄膜/纸等材料的生产。

四、无溶剂复合

无溶剂复合，是指采用 100% 固体的无溶剂型胶黏剂，在无溶剂复合机上，将两种基材复合在一起的一种方法。1974 年，德国的 Herberts 公司将单组分无溶剂胶黏剂投入工业化生产，标志着无溶剂复合开始正式推广。随着人们环保与安全卫生意识的提高，无溶剂复合技术已成为复合工艺中最受关注的关键技术。无溶剂复合在欧美已发展成为主导的复合工艺，近年来在全球得以迅速增长，亚洲也开始日益关注此项工艺技术。无溶剂涂布复合设备可用于塑-塑、铝-塑、纸-塑的复合，其制品广泛用于干燥的食品、茶叶、肉制品、医药的包装。各类 100% 固含量涂料的涂布，如硅胶树脂涂布，紫外线辐射医疗涂布等均可应用无溶剂涂布复合机，应用前景广阔。

1．无溶剂复合工艺流程

无溶剂复合工艺是用固含量 100% 的胶黏剂在加热加压状态下将两种基材粘合成一种复合材料的制造技术。无溶剂复合工艺的质量主要包括涂布质量、涂布精度、复合效果以及收卷质量等方面，其中涂布系统的精确设计以及涂布量的控制是制约无溶剂复合机发展的关键因素。如图 11-37 所示为无溶剂复合工艺无溶剂复合工艺流程，关键工艺有：放卷、涂布、复合、收卷。

2．无溶剂复合设备

无溶剂复合机与常见的干式复合机组成大致相同（如图 11-38 所示），但有两个明显的差异。一是没有干燥单元；二是涂布单元结构不同。实际上，涂布单元是无溶剂

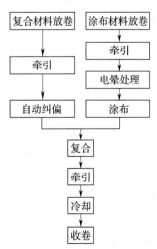

图 11-37　无溶剂复合工艺

复合机的最关键部分，通常采用五辊或四辊涂布机构。无溶剂复合机的生产效率高，其运转速度常可达 400m/min 以上。

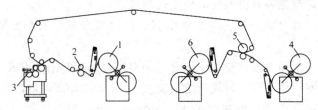

图 11-38　无溶剂复合工艺流程示意图

1、4—放卷单元　2—牵引单元　3—涂布单元　5—复合单元　6—收卷单元

无溶剂涂布复合机主要结构包括：两个放卷装置、一个收卷装置、无溶剂胶黏剂涂布装置、复合装置和一套无溶剂供胶装置，如图 11-39 所示。

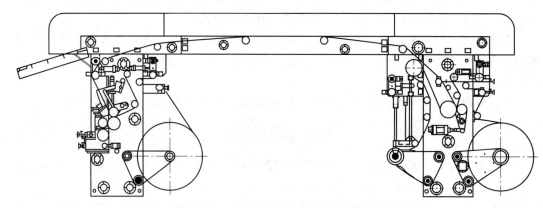

图 11-39　广州通泽无溶剂复合机结构图

（1）涂布单元　国产无溶剂复合设备多采用五辊涂布系统，如图 11-40 所示，包括计量辊、转移钢辊、转移胶辊、涂布钢辊和涂布压辊。利用间隙、速度和压力来控制涂胶量，对零部件加工安装精度、控制要求都更高。三个涂布用辊筒（转移钢辊、转移胶辊、涂布钢辊）都可独立调节速度。工作时胶黏剂在转移钢辊、转移胶辊、涂布钢辊之间均匀渡料。根据制品要求，只需调节转移钢辊、转移胶辊相对涂布钢辊的速度即可得到所需涂布量。

在涂布系统中，计量辊和转移钢辊之间有一套橡胶浮动辊装置，计量辊和转移钢辊为一组镀铬的钢辊，两辊间的间隙可精微调节。涂料储存在两辊之间的上部并由挡料板挡住，以保持一定的液位。计量辊固定不转动，其作用是对转移胶辊起刮胶作用，必要时用手转动此辊以便清洗而无需停机。转移胶辊、转移钢辊和涂布钢辊分别由单独伺服电机驱动，涂布钢辊与主机速度相同，转移胶辊、转移钢辊的转速与主机转速成一定比例，可调节来控制上胶量，转移胶辊为橡胶辊，转移胶辊的速度比主机的速度慢，因而传递到涂布钢辊的涂料就更少，涂布层更薄。

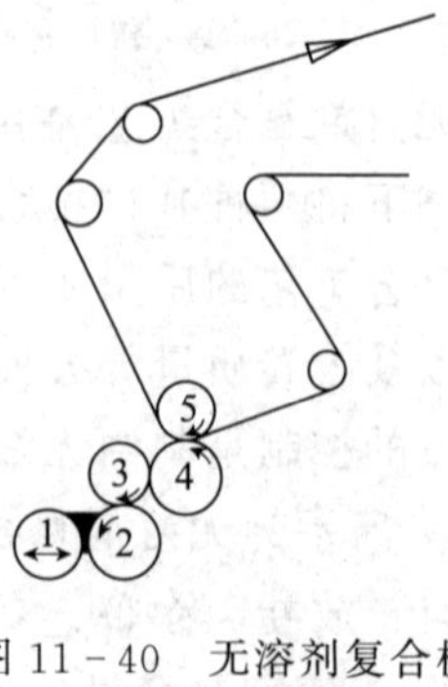

图 11-40　无溶剂复合机五辊涂布系统

1—计量辊　2—转移钢辊

3—转移胶辊　4—涂布钢辊

5—涂布压辊

428

五辊结构的涂布系统适宜黏度为 $500\sim10000\mathrm{mPa\cdot s}$ 的无溶剂胶液，涂布量范围可达到 $0.5\sim5\mathrm{g/m}^2$，五个辊全为光面辊，其中三条钢辊，两条胶辊，辊面宽度从 $650\sim1300\mathrm{mm}$，涂布量的变动只需要调整辊的间隙和辊间的转速比，就可达到理想的涂布效果。

无溶剂复合中均匀的涂层、足够的涂布量尤为重要。涂布量的大小主要由转移钢辊、转移胶辊与涂布钢辊之间的速比、间隙量、压力等因素决定，不同的速比、辊间间隙和涂布温度对应不同的涂布量。在无溶剂复合加工中，胶黏剂的涂布量直接影响复合膜的质量。涂布量不足，会导致复合膜粘接力不大，易剥离甚至脱层；涂布量过大也不利于复合，而且增加了生产成本。

（2）复合单元 复合单元包括一个钢制热辊，一个高密度橡胶辊和一个与其他两个压合的背压辊，可以使复合透明而且无气泡。无溶剂复合机构是一种恒温复合机构，复合后使膜面保持一定的余温，收卷后卷内外保持相近的固化温度加快固化速度，涂胶膜和复合膜以一定的包角进入复合辊和压辊复合，恒温辊的温度可根据胶黏剂固化温度任意设定，使膜面两侧加热到固化温度，其固化速度相对一致，保证复合质量。

（3）张力控制 无溶剂胶黏剂一般初始固化比较慢，复合膜初粘力都较低。复合后产生的隧道效应，则会影响制品成本和质量。因此，张力控制是非常重要的。一般张力设定在涂布卷材产生变形值的 25%，实际控制在 ±10 以内。易拉伸的材料如 PE，CPP 张力应较小，拉伸程度中等的 OPP 张力应该适中，而不容易拉伸的 PET，尼龙、铝箔等材料则需要很高的张力。同样条件下，厚度越厚则张力越大，当然程度要比不同材料间的区别小得多。而对于预复合好的材料，则张力需要增加 $20\%\sim50\%$。在无溶剂复合张力匹配中需要注意的是，原来经过烘道的主放卷材料由于在无溶剂复合中没有加热烘道，所以张力要相应的降低一些或增加副放卷张力。而副放卷如果进行了电晕处理则电火花产生的热量可能使薄膜有所延伸，放卷张力可以降低或涂布张力可以相应地增加。

（4）配胶输送系统 涂布复合机的配胶输送系统由适用范围很广的双组分精密计量混胶机和储料桶组成，混胶均匀、计量准确、输胶平稳。配胶机构为双储料桶，两桶设有恒温保温、加温机构，按胶液的涂布工况要求设定温度，胶桶出胶口设有精密的输胶泵，输胶速度可任意调整，输胶时可按胶液的配比要求恒定精准地向涂布机构输液。胶液混合器可将胶泵输送过来的胶液进行充分的混合，输胶头将混合的胶液打到计量辊和上胶辊上进行涂胶。

3. 无溶剂复合胶黏剂

无溶剂复合使用的胶黏剂是 100% 的固体，没有挥发性物质存在。以前常用的主要有单组分和双组分聚氨酯胶黏剂。紫外固化型胶黏剂是一种新型胶黏剂，含有光引发剂，在紫外光激发下，由基态跃迁至激发态，产生路易斯酸分解，引发胶黏剂中的环氧嵌段交联聚合，最终固化。这种胶黏剂比前两种反应速度要快得多，复合效率大大提高。

双组分聚氨酯胶黏剂通常含有羟基—OH 的聚氨酯多元醇，固化剂往往是多元醇和异氰酸酯—NCO 的加减物。使用时，两组分按比例混合后，主剂—OH 的与固化剂的—NCO 进一步氨酯化反应。固化剂组分（含—NCO）很容易与水反应影响胶黏剂配比，对产品的复合质量造成影响。无溶剂聚氨酯胶黏剂分子间吸引力大（可形成氢键），易受温度影响而变化。胶黏剂的温度会随着时间的推移而增大，而温度的增大同时会造成其黏度的变化。

4. 无溶剂复合的主要特点

（1）环保、卫生、安全　由于不含溶剂，从而消除了溶剂对大气环境的污染，生产环境大为改善；复合膜没有残留溶剂，因此特别适合卫生要求越来越严格的食品药品等产品的包装；此外，由于没有挥发性溶剂带来的火灾隐患，生产也更加安全。

（2）经济、高效　无溶剂复合采用涂胶后直接复合，不需干燥系统、且涂胶量少，从而可节省能耗，降低成本；无溶剂复合机的生产效率高，其运转速度可达400m/min。

（3）控制简单，产品质量高　无溶剂复合走纸路径明显缩短，料带不经过高温干燥通道，尺寸更加稳定，便于张力控制；便于提高成品率和产品质量，同时更容易满足一些特殊产品要求。

当然，就目前技术发展水平而言，无溶剂复合存在有其本身的不足之处，如复合张力要求较高，尤其对 PET/AL，PET/VMPET 的复合难度较大，需要选用初黏较好的黏合剂和精确的张力控制；另外，由于没有溶剂的清洗作用，对基材的表面张力要求更严格。因此，生产厂家必须根据自己的实际情况，选用适当的黏合剂和设备型号。

采用无溶剂复合替代干法复合，无论在环境保护、生产安全、确保产品质量方面，都表现了明显的优势，特别是降低生产成本、提高经济效益方面的明显效果。虽然与溶剂型复合相比无溶剂复合在国内应用还比较少，但由于其在环境保护、降低成本、提高复合速度、产品无溶剂残留等方面占有的优势并且无溶剂复合产品的各方面性能正逐渐接近或达到溶剂型复合产品的水平，因此，发展无溶剂复合工艺将会形成一种趋势。

五、挤 出 复 合

1. 挤出复合工艺流程

挤出复合是通过挤出机将某种热塑性塑料加热熔融后作为黏合剂，与一种或两种基材通过压辊层合在一起，经冷却后形成复合膜的工艺方法。实际生产中，挤出复合经常又被称为淋膜或流涎。挤出复合的工艺流程如下，即

放卷→AC涂布→干燥→挤出涂布→复合→收卷

或放卷→挤出涂布→复合→收卷

在挤出复合中，AC 剂（也称增黏剂）涂布使用在挤出涂布和复合工序之前，其目的是增强复合强度。但它有时可以不采用。

2. 挤出复合设备

挤出复合机有多种不同的结构型式，其主要组成是：一个主放卷单元、一个涂布单元、一个干燥单元、一个挤出单元、一个副放卷单元、一个复合单元和一个收卷单元等，其中最重要的是挤出单元，其次是涂布单元。最常见的结构如图 11－40 所示。

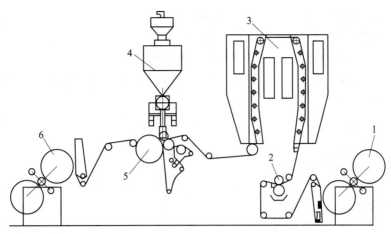

图 11 - 41　挤出/复合机的构成

1—放卷单元　2—涂布单元（AC 剂）　3—干燥单元

4—挤出单元　5—复合单元　6—收卷单元

挤出复合机的工作原理是：热塑性树脂经加热熔融后在挤出螺杆的压力下进入 T 形口模，流出口模的树脂成厚薄均匀的膜状。

胶粘层厚度在 $4\sim100\mu m$，是通过 T 形口模（常称为 T—die）来完成的。T 形口模的作用是控制热塑性树脂的流量，使其保持一致，并使流出树脂的厚度均匀不变。

树脂在到达冷却滚之前，与空气接触完成氧化，再与基材进行复合。与空气接触时间越长，氧化时间越长，它与复合基材间的粘合力越好，但材料的热封性可能下降。因此要合理确定 T 形口模与冷却滚间的距离。

挤出复合工艺可以一台挤出机进行复合，也可以数台挤出串联进行复合。在串联复合时，可以生成多种多层的复合材料。PVA、PVC、PT、PC、PVDC、EVAL、纸、铝箔等都可以通过这种方式进行复合，可以生成 $3\sim7$ 层的结构。

值得注意的是，纸张类吸湿性较大的复合基材与高温塑料胶黏剂进行复合时，会影响其粘合强度，在用此类材料时要考虑预先进行干燥。

3. 胶黏剂

挤出复合法使用的胶黏剂主要是 LDPE，此外还有 PP、EVA、EEA、Surlyn 等。为提高基材间的复合强度，过去常预先涂布 AC 剂。

AC（Anchoring Coating）涂布，也称结合剂或增黏剂涂布，可以提高基材间的复合强度。AC 剂的种类和特点如表 11 - 8 所示。涂布 AC 剂时可选用凹版辊涂布。

表 11 - 8　　　　　　　　　　　　　常见 AC 剂的种类和特点

AC 剂种类	特　　点
钛类	通用性好，初黏性好，但使用挥发性溶剂，不能长时间存放
亚酰胺类	价格低，但只能在 PT、OPP、铝箔等材料上使用
聚氨酪类	通用性、耐水性好，能用于蒸煮型复合材料的生产，但初黏性较差
聚氨酯类	通用性好，黏合力优于聚醚型

4. 挤出复合的主要特点

（1）成本低　热塑性塑料既可为胶黏剂层，又可为复合层，材料价格便宜；黏合剂的涂布量少，通常仅为干式复合法的 1/10 左右。

（2）适用性较广，采用挤出复合的基材可进行里印。

（3）生产过程环境污染小，复合后材料中无溶剂残余。

由于挤出复合具有成本低、无污染、效率较高等优点，被认为是一种环保的复合工艺，正被越来越广泛地应用。

六、共 挤 复 合

1. 共挤复合法工艺流程

共挤复合法是采用两台或两台以上挤出机共用一个复合模头，生产出多层复合薄膜的工艺过程，也常称为多层共挤复合。

共挤复合与生产单层塑料薄膜工艺流程相似，也分管膜法和平膜法，即分别使用共挤圆筒形复合吹塑口模和共挤 T 形流延复合口模，则最终得到管状薄膜和片状薄膜。

2. 共挤复合设备原理

多层共挤复合机一般是与别的工艺单元组合成生产线（如图 11-42 所示）。

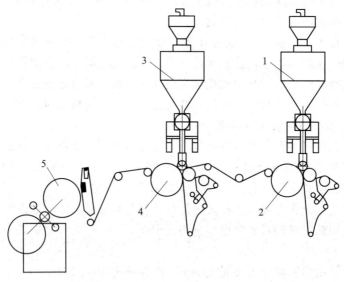

图 11-42　共挤复合机的构成

1、3—挤出机　2—冷却单元　4—复合单元　5—收卷单元

3. 黏合剂

多层共挤复合最常用热封基材是低密度聚乙烯（LDPE）膜和聚丙烯膜。常用塑料薄膜层合时的粘附特性如表 11-9 所示。

表 11-9　　　　　　　　　常用塑料薄膜复合时的粘附特性

塑料品种	PE	PP	PVDC	PET	PVA	PA	塑料品种	PE	PP	PVDC	PET	PVA	PA
PE	优良	优良	优良	无	无	无	PET	无	无	良好	优良	良好	无
PP	优良	优良	优良	无	无	无	PVA	优良	无	无	良好	优良	优良
PVDC	优良	优良	优良	良好	无	无	PA	无	无	无	无	无	优良

4. 共挤复合法的主要特点

① 复合强度好，且材料性能多样化；② 不使用 AC 剂，没有环境污染；③ 与干式复合法和挤出复合法相比，共挤复合生产成本最低。采用多种树脂制成的多层结构的复合膜，材料成本不会有明显增加。而材料性能明显提高，产品品质大幅提升，应用领域也不断得到扩大；④ 只能选用具有相容性的热塑性塑料，如果塑料间不能相容，则需加入另一种与这些塑料都能相容的粘接性树脂；⑤ 对各层薄膜厚度控制较困难；⑥ 生产出的复合薄膜只能进行表印。

七、热　熔　复　合

1. 热熔复合法工艺流程

热熔复合法是指把不含水或溶剂的热熔性树脂加热熔融后，涂布在一基材表面，然后立即与另一基材粘合，经冷却后得到一种新材料的工艺过程。热熔复合工艺流程如下：

放卷→热熔涂布→复合→收卷

热熔复合与无溶剂复合相似，涂布后直接复合，且无干燥系统，但热熔涂布需要对树脂加热熔融，因此其涂胶系统需要有相应的加热装置及温度控制。

2. 热熔复合设备

热熔胶复合机的基本构成如图 11-43 所示。热熔复合机与无溶剂复合机相似，熔融树脂在涂布后，直接复合，再到收卷单元，不需要干燥系统。

热熔复合机的最大特点在于它的涂布单元必须配备加热装置和温度控制系统。热熔涂布方式有两种：凹滚涂布或半柔性涂布（也称三滚涂布），但涂布滚、刮刀板、供胶系统都需要加热，橡胶压辊和抹匀辊（如果采用）最好也都加热。

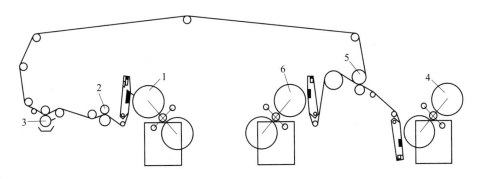

图 11-43　热熔胶复合机的构成

1、4—放卷单元　2—牵引单元　3—涂布单元　5—复合单元　6—收卷单元

3. 热熔黏合剂

热熔复合黏合剂应具备如下几个条件，即加热熔融后分解物少；熔融后黏度较低；对复合基材的润湿性好，并具有较强的粘接力。现在主要使用乙烯-乙酸乙烯共聚物（EVA）、乙烯-丙烯酸共聚物（EEA）、聚烯烃、蜡和少量的松脂类树脂、石油类树脂混合后的黏合剂，其中 EVA 的加入量达 80% 之多，聚烯烃包括聚异丁烯、聚丁烯等，蜡包括石蜡、微晶蜡、聚乙烯蜡等。

习　题

1. 纸制品的表面整饰有哪几种？
2. 简述 UV 上光的原理和特点。
3. 普通烫印与冷烫印有何区别？普通烫印时，如何选择烫印温度和压力？
4. 何谓冷烫印？冷烫印有何特点和优势？冷烫印与普通热烫印有何区别？
5. 模切和压痕的作用有何不同？简述模切压痕的原理与工艺特点。
6. 简述激光制作模切版的原理和方法。
7. 圆压圆自动模切的基本形式有哪几种形式？有何区别和特点？
8. 常用的阴模（压痕用底模）材料有哪些？
9. 塑料薄膜为什么在印刷前要进行表面处理？
10. 简述电晕处理塑料薄膜的机理。
11. 何谓塑料薄膜的里印工艺？里印工艺与一般印刷有何不同处？
12. 薄膜复合工艺分哪几种？
13. 薄膜复合黏合剂的主要品种有哪些？影响复合粘结力的主要因素有哪些？

参 考 文 献

[1] 许文才等. 包装印刷与印后加工 [M]. 北京：中国轻工业出版社，2006.

[2] 许文才等. 包装印刷技术 [M]. 北京：中国轻工业出版社，2011.

[3] 许文才、智文广. 现代印刷机械 [M]. 北京：印刷工业出版社，1999.

[4] 许文才、智川. 特种印刷技术问答 [M]. 北京：化学工业出版社，2005.

[5] 许文才、王利等. GB/T 4122.6—2010 包装术语 第六部分：印刷. 北京：中国标准出版社，2010.

[6] 陈虹、许文才、赵吉斌，等. 印刷设备概论 [M]. 北京：中国轻工业出版社，2010.

[7] 智文广、许文才、智川. 柔性版印刷技术问答 [M]，北京：化学工业出版社，2006.

[8] 傅强. 不干胶标签印刷技术问答 [M]. 北京：印刷工业出版社，2000.

[9] 何晓辉. 印刷质量控制与检测 [M]. 北京：印刷工业出版社，2008.

[10] 王建清等. 包装材料学 [M]. 北京：中国轻工业出版社，2009.

[11] 赵秀萍、高晓滨. 柔性版印刷技术 [M]. 北京：中国轻工业出版社，2003.

[12] 金杨. 数字化印前处理原理与技术 [M]. 北京：化学工业出版社，2006.

[13] 何晓辉. 印刷原理与工艺 [M]. 北京：印刷工业出版社，2008.

[14] 傅强. 不干胶标签及膜内标签印刷技术问答 [M]. 北京：印刷工业出版社，2008.

[15] 姚海根. 数字印刷 [M]. 北京：中国轻工业出版社. 2010.

[16] 智文广、何晓辉、智川. 特种印刷技术 [M]. 北京：中国轻工业出版社，2007.

[17] 刘浩学. 印刷色彩学 [M]. 北京：中国轻工业出版社，2008.

[18] 智文广. 包装印刷 [M]. 北京：印刷工业出版社，1996.

[19] 金银河. 包装印刷 [M]. 北京：印刷工业出版社，1997.

[20] 王强. 印前图文处理 [M]. 北京：中国轻工业出版社，2001.

[21] 刘尊忠、黄敏、姜东升. 防伪印刷与应用 [M]. 北京：印刷工业出版社，2008.

[22] 张改梅等. 纸盒和纸袋印刷 300 问 [M]. 北京：化学工业出版社，2005.

[23] 贾静茹等. 实用丝网印刷技术 [M]. 北京：化学工业出版社，2001.

[24] 卑江艳. 凹版印刷 [M]. 北京：化学工业出版社，2001.

[25] 金银河. 柔性版印刷 [M]. 北京：化学工业出版社，2001.

[26] 郑德海. 网版印刷技术 [M]. 北京：中国轻工业出版社，2001.

[27] 周建平. 平版印刷工艺 [M]. 北京：石油工业出版社，1997.

[28] 美国柔性版技术协会基金会. 柔性版印刷原理与实践 [M]. 北京：化学工业出版社，2007.

[29] 钱军浩. 特种印刷新技术 [M]. 北京：中国轻工业出版社，2001.

[30] 金银河. 印后加工 [M]. 北京：化学工业出版社，2001.

[31] 吴学政、陈娜. 特种印刷 [M]. 北京：化学工业出版社，2002.

[32] 张逸新. 数字印刷原理与工艺 [M]. 北京：中国轻工业出版社，2007.

[33] 周奕华. 数字印刷 [M]. 湖北：武汉大学出版社，2007.

[34] 杨净. 数字印刷及应用 [M]. 北京：化学工业出版社，2005.

[35] 张逸新. 印刷与包装防伪技术 [M]. 北京：化学工业出版社，2006.

[36] 唐正宁、李飞，安君. 特种印刷技术 [M]. 北京：印刷工业出版社，2007.

[37] 江谷、朱雨川. 软包装印刷及后加工技术 [M]. 北京：印刷工业出版社，2007.

[38] 伍秋涛. 软包装结构设计与工艺设计 [M]. 北京：印刷工业出版社，2008.

[39] 江谷. 复合软包装材料与工艺 [M]. 南京：江苏科学技术出版社，2003.

[40] 伍秋涛. 软包装实用技术问答 [M]. 北京：印刷工业出版社，2008.

[41] Helmut Teschner,. Druck & Medien Technik. Fachschriften Verlag Gmbh，2003.

[42] Helmut Kipphan. Handbuch der Druck Medien [M]. Springer Verlag Berlin Heidelberg，2000.

[43] K. —H. Meyer. Technik des Flexo drucks. COATING Verlag，1999.

[44] GEF & GAA. Gravure Process and Technology. 2003.

[45] GAA. Gravure Process and Technology. 1991.

[46] 许文才等. GB/T 25160—2010，包装 卡纸板折叠纸盒结构尺寸. 北京：中国标准出版社，2010.

[47] 许文才、刁鸿珍编译. 高清晰柔印与平顶网点制版技术 [J]，印刷杂志，2013 (07)：34—38.

[48] 白松芳. 移印工艺概述 [J]. 印刷技术，2002 (5)：54—56.

[49] 叶洪勋. 简易移印版的制作和使用 [J]. 丝网印刷，1998 (4)：31—32.

[50] 白松芳. 三种移印版的比较 [J]. 丝网印刷，2009 (8)：42—43.

[51] 齐成. 直接转移印刷中移印头、钢版和油墨的使用 [J]. 网印工艺，2007 (4)：32—36.

[52] 孙帮勇. 移印油墨与印刷质量 [J]. 印刷世界，2005 (11)：12—15.

[53] 白松芳. 移印机械 [J]. 今日印刷，2002 (10)：85—86.

[54] 王守鸿. 移印中油墨印刷适性的控制 [J]. 今日印刷，2002 (9)：33—34.

[55] 诸应照. 浅谈数字印刷纸张的特性 [J]. 印刷世界，2003 (10)：45—46.

[56] 郑小利. 范锦文. 数字印刷油墨及其应用现状 [J]. 今日印刷，2007 (7)：52—53.

[57] 刘红莉，刘冲. 数字印刷油墨性能及应用 [J]. 丝网印刷，2008，4：32—34.

[58] 刘冲，刘红莉. 谈谈喷墨印刷用纸张和油墨 [J]. 网印工业，2007 (11)：27—30.

[59] 罗峥. 喷墨印刷油墨性能大比拼 [J]. 今日印刷，2009 (1)：44—45.

[60] 杨宝玉、陈宇、陈洁. 数字印刷涂布纸简介 [J]. 纸和造纸，2001 (5)：61—62.

[61] 王菁、熊良铨，彭瑜. 环保型数字印刷油墨油的研制 [J]. 今日印刷，2008 (1)：61—62.

[62] 谢活勇. 固体墨粉静电照相数字印刷机复制特性研究 [J]. 印刷杂志，2010 (10)：57—62.

[63] 王强. 远眺德鲁巴 2012 放眼数字印刷发展 [J]. 印刷工业，2012 (4)：63—64.

[64] 左光申. 无溶剂复合设备工艺的关键因素分析 [J]. 塑料包装，2008，24 (5)：14—16.

[65] 吕玲，许文才，高德，等. 无溶剂复合技术的特点及相关设备结构分析. 中国塑料 CN11—1846/ TQ2010.10，9—16.

[66] 吕玲，许文才，高德，等. 国内外无溶剂复合设备的现状与发展趋势 [J]. 包装工程 2010，31 (9)：87—93.

[67] 徐树波，许文才. 精密涂布在印刷电子领域的应用进展 [J]. 北京印刷学院学报，2013，21 (4)：13—15.

[68] 徐树波，许文才，高勇. 微凹版涂布单元振动测试与分析 [J]. 中国印刷与包装研究，2013，5 (5).

印刷包装专业　新书/重点书

本科教材

1. 印后加工技术（第二版）——"十三五"普通高等教育印刷专业规划教材　唐万有　主编　16开　48.00元　ISBN 978 - 7 - 5184 - 0890 - 0

2. 印刷原理与工艺——普通高等教育"十一五"国家级规划教材　魏先福　主编　16开　36.00元　ISBN 978 - 7 - 5019 - 8164 - 9

3. 印刷材料学——普通高等教育"十一五"国家级规划教材　陈蕴智　主编　16开　47.00元　ISBN 978 - 7 - 5019 - 8253 - 0

4. 印刷质量检测与控制——普通高等教育"十一五"国家级规划教材　何晓辉　主编　16开　26.00元　ISBN 978 - 7 - 5019 - 8187 - 8

5. 包装印刷技术（第二版）——"十二五"普通高等教育本科国家级规划教材　许文才　编著　16开　59.00元　ISBN 978 - 7 - 5184 - 0054 - 6

6. 包装机械概论——普通高等教育"十一五"国家级规划教材　卢立新　主编　16开　43.00元　ISBN 978 - 7 - 5019 - 8133 - 5

7. 数字印前原理与技术（带课件）——普通高等教育"十一五"国家级规划教材　刘真　等著　16开　32.00元　ISBN 978 - 7 - 5019 - 7612 - 6

8. 包装机械（第二版）——"十二五"普通高等教育本科国家级规划教材　孙智慧　高德　主编　16开　59.00元　ISBN 978 - 7 - 5184 - 1163 - 4

9. 数字印刷——普通高等教育"十一五"国家级规划教材　姚海根　主编　16开　28.00元　ISBN 978 - 7 - 5019 - 7093 - 3

10. 包装工艺技术与设备——普通高等教育"十一五"国家级规划教材　金国斌　主编　16开　44.00元　ISBN 978 - 7 - 5019 - 6638 - 7

11. 包装材料学（第二版）（带课件）——"十二五"普通高等教育本科国家级规划教材　国家精品课程主讲教材　王建清　主编　16开　58.00元　ISBN 978 - 7 - 5019 - 9752 - 7

12. 印刷色彩学（带课件）——普通高等教育"十一五"国家级规划教材　刘浩学　主编　16开　40.00元　ISBN 978 - 7 - 5019 - 6434 - 7

13. 包装结构设计（第四版）（带课件）——"十二五"普通高等教育本科国家级规划教材国家精品课程主讲教材　孙诚　主编　16开　69.00元　ISBN 978 - 7 - 5019 - 9031 - 3

14. 包装应用力学——普通高等教育包装工程专业规划教材　高德　主编　16开　30.00元　ISBN 978 - 7 - 5019 - 9223 - 2

15. 包装装潢与造型设计——普通高等教育包装工程专业规划教材　王家民　主编　16开　56.00元　ISBN 978 - 7 - 5019 - 9378 - 9

16. 特种印刷技术——普通高等教育"十一五"国家级规划教材　智文广　主编　16开　45.00元　ISBN 978 - 7 - 5019 - 6270 - 9

17. 包装英语教程（第三版）（带课件）——普通高等教育包装工程专业"十二五"规划材料　金国斌　李蓓蓓　编著　16开　48.00元　ISBN 978 - 7 - 5019 - 8863 - 1

18. 数字出版——普通高等教育"十二五"规划教材　司占军　顾翀　主编　16开　38.00元　ISBN 978 - 7 - 5019 - 9067 - 2

19. 柔性版印刷技术（第二版）——"十二五"普通高等教育印刷工程专业规划教材　赵秀萍　主编　16开　36.00元　ISBN 978 - 7 - 5019 - 9638 - 0

20. 印刷色彩管理（带课件）——普通高等教育印刷工程专业"十二五"规划材料　张霞　编著　16开　35.00元　ISBN 978 - 7 - 5019 - 8062 - 8

21. 印后加工技术——"十二五"普通高等教育印刷工程专业规划教材　高波　编著　16开　34.00元　ISBN 978 - 7 - 5019 - 9220 - 1

22. 包装CAD——普通高等教育包装工程专业"十二五"规划教材　王冬梅　主编　16开　28.00元　ISBN 978 - 7 - 5019 - 7860 - 1

23. 包装概论——普通高等教育"十一五"国家级规划教材　蔡惠平　主编　16开　22.00元　ISBN 978 - 7 - 5019 - 6277 - 8

24. 印刷工艺学——普通高等教育印刷工程专业"十一五"规划教材　齐晓堃　主编　16开　38.00元　ISBN 978 - 7 - 5019 - 5799 - 6

25. 印刷设备概论——北京市高等教育精品教材立项项目　陈虹　主编　16开　52.00元　ISBN 978 - 7 - 5019 - 7376 - 7

26. 包装动力学（带课件）——普通高等教育包装工程专业"十一五"规划教材　高德　计宏伟主编　16 开　28.00 元　ISBN 978 - 7 - 5019 - 7447 - 4

27. 包装工程专业实验指导书——普通高等教育包装工程专业"十一五"规划教材　鲁建东　主编　16 开 22.00 元　ISBN 978 - 7 - 5019 - 7419 - 1

28. 包装自动控制技术及应用——普通高等教育包装工程专业"十一五"规划教材　杨仲林　主编　16 开 34.00 元　ISBN 978 - 7 - 5019 - 6125 - 2

29. 现代印刷机械原理与设计——普通高等教育印刷工程专业"十一五"规划教材　陈虹　主编　16 开　50.00 元　ISBN 978 - 7 - 5019 - 5800 - 9

30. 方正书版／飞腾排版教程——普通高等教育印刷工程专业"十一五"规划教材　王金玲等编著　16 开　40.00 元　ISBN 978 - 7 - 5019 - 5901 - 3

31. 印刷设计——普通高等教育"十二五"规划教材　李慧媛　主编　大 16 开　38.00 元　ISBN 978 - 7 - 5019 - 8065 - 9

32. 包装印刷与印后加工——"十二五"普通高等教育本科国家级规划教材　许文才　主编　16 开 45.00 元　ISBN 7 - 5019 - 3260 - 3

33. 药品包装学——高等学校专业教材　孙智慧　主编　16 开　40.00 元　ISBN 7 - 5019 - 5262 - 0

34. 新编包装科技英语——高等学校专业教材　金国斌　主编　大 32 开　28.00 元　ISBN 978 - 7 - 5019 - 4641 - 8

35. 物流与包装技术——高等学校专业教材　彭彦平　主编　大 32 开　23.00 元　ISBN 7 - 5019 - 4292 - 7

36. 绿色包装（第二版）——高等学校专业教材　武军等　编著　16 开　26.00 元　ISBN 978 - 7 - 5019 - 5816 - 0

37. 丝网印刷原理与工艺——高等学校专业教材　武军　主编　32 开　20.00 元　ISBN 7 - 5019 - 4023 - 1

38. 柔性版印刷技术——普通高等教育专业教材　赵秀萍　等编　大 32 开　20.00 元　ISBN 7 - 5019 - 3892 - X

高等职业教育教材

39. 印刷材料（第二版）（带课件）——教育部高职高专印刷与包装专业教学指导委员会双元制示范教材　艾海荣　主编　16 开　48.00 元　ISBN 978 - 7 - 5184 - 0974 - 7

40. 印前图文信息处理（带课件）——教育部高职高专印刷与包装专业教学指导委员会双元制示范教材　诸应照　主编 16 开　42.00 元　ISBN 978 - 7 - 5019 - 7440 - 5

41. 包装印刷设备（带课件）——教育部高职高专印刷与包装专业教学指导委员会双元制示范教材　国家精品课程主讲教材　余成发　主编　16 开　42.00 元　ISBN 978 - 7 - 5019 - 7461 - 0

42. 包装工艺（带课件）——教育部高职高专印刷与包装专业教学指导委员会双元制示范教材　吴艳芬　等编著　16 开　39.00 元　ISBN 978 - 7 - 5019 - 7048 - 3

43. 包装材料质量检测与评价——教育部高职高专印刷与包装专业教学指导委员会双元制示范教材　郑美琴　主编　16 开　28.00 元　ISBN 978 - 7 - 5019 - 9338 - 3

44. 现代胶印机的使用与调节（带课件）——教育部高职高专印刷与包装专业教学指导委员会双元制示范教材　周玉松　主编 16 开　39.00 元　ISBN 978 - 7 - 5019 - 6840 - 4

45. 印刷包装专业实训指导书——教育部高职高专印刷与包装专业教学指导委员会双元制示范教材　周玉松　主编　16 开　29.00 元　ISBN 978 - 7 - 5019 - 6335 - 5

46. 印刷概论——"十二五"职业教育国家规划教材　国家精品课程"印刷概论"主讲教材　顾萍编著　16 开　34.00　ISBN 978 - 7 - 5019 - 9379 - 6

47. 印刷工艺——"十二五"职业教育国家规划教材　国家级精品课程、国家精品资源共享课程建设教材　王利婕　主编　16 开　79.00　ISBN 978 - 7 - 5184 - 0598 - 5

48. 印刷设备（第二版）——"十二五"职业教育国家级规划教材　潘光华　主编　16 开　39.00 元　ISBN 978 - 5019 - 9995 - 8

49. 印刷色彩控制技术（印刷色彩管理）——全国高职高专印刷与包装专业教学指导委员会规划统编教材　国家精品课程主讲教材　魏庆葆　主编　16 开　35.00 元　ISBN 978 - 7 - 5019 - 8874 - 7

50. 运输包装设计——全国高职高专印刷与包装专业教学指导委员会规划统编教材　曹国荣　编著　16 开　28.00 元　ISBN 978 - 7 - 5019 - 8514 - 2

51. 印刷质量检测与控制——全国高职高专印刷与包装专业教学指导委员会规划统编教材　李荣编著　16 开　42.00 元　ISBN 978 - 7 - 5019 - 9374 - 1

52. 食品包装技术——高等教育高职高专"十三五"规划教材　文周　主编　16 开　38.00　ISBN 978 - 7 - 5184 - 1488 - 8

53. 3D 打印技术——全国高等院校"十三五"规划教材　李博　编著　16 开　38.00 元　ISBN 978 -

7 – 5184 – 1519 – 9

54. 包装工艺与设备——"十三五"职业教育规划教材　刘安静　主编　16 开　43.00 元　ISBN 978 – 7 – 5184 – 1375 – 1

55. 印刷色彩——全国高职高专印刷与包装类专业"十二五"规划教材　朱元泓　等编著　16 开　49.00 元　ISBN 978 – 7 – 5019 – 9104 – 4

56. 现代印刷企业管理——全国高职高专印刷与包装类专业"十二五"规划教材　熊伟斌　等主编　16 开 40.00 元　ISBN 978 – 7 – 5019 – 8841 – 9

57. 包装材料性能检测及选用（带课件）——全国高职高专印刷与包装专业教学指导委员会规划统编教材　国家精品课程主讲教材　郝晓秀　主编　16 开　22.00 元　ISBN 978 – 7 – 5019 – 7449 – 8

58. 包装结构与模切版设计（第二版）（带课件）——"十二五"职业教育国家级规划教材　国家精品课程主讲教材　孙诚　主编　16 开　58.00 元　ISBN 978 – 7 – 5019 – 9698 – 8

59. 印刷色彩与色彩管理·色彩管理——全国职业教育印刷包装专业教改示范教材　吴欣　主编　16 开　38.00　ISBN 978 – 7 – 5019 – 9771 – 9

60. 印刷色彩与色彩管理·色彩基础——全国职业教育印刷包装专业教改示范教材　吴欣　主编　16 开　59.00　ISBN 978 – 7 – 5019 – 9770 – 1

61. 纸包装设计与制作实训教程——全国高职高专印刷与包装类专业教学指导委员会规划统编教材　曹国荣　编著　16 开　22.00 元　ISBN 978 – 75019 – 7838 – 0

62. 数字化印前技术——全国高职高专印刷与包装专业教学指导委员会规划统编教材　赵海生　等编　16 开　26.00 元　ISBN 978 – 7 – 5019 – 6248 – 6

63. 设计应用软件系列教程 IllustratorCS——全国高职高专印刷与包装专业教学指导委员会规划统编教材　向锦朋　编著　16 开　45.00 元　ISBN 978 – 7 – 5019 – 6780 – 3

64. 包装材料测试技术——全国高职高专印刷与包装专业教学指导委员会规划统编教材　林润惠　主编　16 开　30.00 元　ISBN 978 – 7 – 5019 – 6313 – 3

65. 书籍设计——全国高职高专印刷与包装专业教学指导委员会规划统编教材　曹武亦　编著　16 开　30.00 元　ISBN 7 – 5019 – 5563 – 8

66. 包装概论——全国高职高专印刷与包装专业教学指导委员会规划统编教材　郝晓秀　主编　16 开　18.00 元　ISBN 978 – 7 – 5019 – 5989 – 1

67. 印刷色彩——高等职业教育教材　武兵　编著　大 32 开　15.00 元　ISBN 7 – 5019 – 3611 – 0

68. 印后加工技术——高等职业教育教材　唐万有　蔡圣燕　主编　16 开　25.00 元　ISBN 7 – 5019 – 3353 – 7

69. 印前图文处理——高等职业教育教材　王强　主编　16 开　30.00 元　ISBN 7 – 5019 – 3259 – 7

70. 网版印刷技术——高等职业教育教材　郑德海　编著　大 32 开　25.00 元　ISBN 7 – 5019 – 3243 – 3

71. 印刷工艺——高等职业教育教材　金银河编　16 开　27.00 元　ISBN 978 – 7 – 5019 – 3309 – X

72. 包装印刷材料——高等职业教育教材　武军　主编　16 开　24.00 元　ISBN 7 – 5019 – 3260 – 3

73. 印刷机电气自动控制——高等职业教育教材　孙玉秋　主编　大 32 开　15.00 元　ISBN 7 – 5019 – 3617 – X

74. 印刷设计概论——高等职业教育教材/职业教育与成人教育教材　徐建军　主编　大 32 开　15.00 元　ISBN 7 – 5019 – 4457 – 1

中等职业教育教材

75. 印前制版工艺——全国中等职业教育印刷包装专业教改示范教材　王连军　主编　16 开　54.00 元　ISBN 978 – 7 – 5019 – 8880 – 8

76. 平版印刷机使用与调节——全国中等职业教育印刷包装专业教改示范教材　孙星　主编　16 开　39.00 元　ISBN 978 – 7 – 5019 – 9063 – 4

77. 印刷概论（带课件）——全国中等职业教育印刷包装专业教改示范教材　唐宇平　主编　16 开　25.00 元　ISBN 978 – 7 – 5019 – 7951 – 6

78. 印后加工（带课件）——全国中等职业教育印刷包装专业教改示范教材　刘舜雄　主编　16 开　24.00 元　ISBN 978 – 7 – 5019 – 7444 – 3

79. 印刷电工基础（带课件）——全国中等职业教育印刷包装专业教改示范教材　林俊欢等　编著　16 开　28.00 元　ISBN 978 – 7 – 5019 – 7429 – 0

80. 印刷英语（带课件）——全国中等职业教育印刷包装专业教改示范教材　许向宏　编著　16 开　18.00 元　ISBN 978 – 7 – 5019 – 7441 – 2

81. 印前图像处理实训教程——职业教育"十三五"规划教材　张民　张秀娟　主编　16 开　39.00 元　ISBN 978 – 7 – 5184 – 1381 – 2

82. 方正飞腾排版实训教程——职业教育"十三五"规划教材　张民　于卉　主编　16 开　38.00 元

ISBN 978 – 7 – 5184 – 0838 – 2

83. 最新实用印刷色彩（附光盘）——印刷专业中等职业教育教材　吴欣　编著　16 开　38.00 元　ISBN 7 – 5019 – 5415 – 5

84. 包装印刷工艺·特种装潢印刷——中等职业教育教材　管德福　主编　大 32 开　23.00 元　ISBN 7 – 5019 – 4406 – 7

85. 包装印刷工艺·平版胶印——中等职业教育教材　蔡文平　主编　大 32 开　23.00 元　ISBN 7 – 5019 – 2896 – 7

86. 印版制作工艺——中等职业教育教材　李荣　主编　大 32 开　15.00 元　ISBN 7 – 5019 – 2932 – 7

87. 文字图像处理技术·文字处理——中等职业教育教材　吴欣　主编　16 开　38.00 元　ISBN 7 – 5019 – 4425 – 3

88. 印刷概论——中等职业教育教材　王野光　主编　大 32 开　20.00 元　ISBN 7 – 5019 – 3199 – 2

89. 包装印刷色彩——中等职业教育教材　李炳芳　主编　大 32 开　12.00 元　ISBN 7 – 5019 – 3201 – 8

90. 包装印刷材料——中等职业教育教材　孟刚　主编　大 32 开　15.00 元　ISBN 7 – 5019 – 3347 – 2

91. 印刷机械电路——中等职业教育教材　徐宏飞　主编　16 开　23.00 元　ISBN 7 – 5019 – 3200 – X

研究生

92. 印刷包装功能材料——普通高等教育"十二五"精品规划研究生系列教材　李路海　编著　16 开　46.00 元　ISBN 978 – 7 – 5019 – 8971 – 3

93. 塑料软包装材料结构与性能——普通高等教育"十二五"精品规划研究生系列教材　李东立　编著　16 开　34.00 元　ISBN 978 – 7 – 5019 – 9929 – 3

科技书

94. 纸包装结构设计（第三版）　孙诚　主编　16 开　58.00 元　ISBN 978 – 7 – 5184 – 0449 – 0

95. 科技查新工作与创新体系　江南大学　编著　异 16 开　29.00 元　ISBN 978 – 7 – 5019 – 6837 – 4

96. 数字图书馆　江南大学著　异 16 开　36.00 元　ISBN 978 – 7 – 5019 – 6286 – 0

97. 现代实用胶印技术——印刷技术精品丛书　张逸新　主编　16 开　40.00 元　ISBN 978 – 7 – 5019 – 7100 – 8

98. 计算机互联网在印刷出版的应用与数字化原理——印刷技术精品丛书　俞向东　编著　16 开　38.00 元　ISBN 978 – 7 – 5019 – 6285 – 3

99. 印前图像复制技术——印刷技术精品丛书　孙中华等　编著　16 开　24.00 元　ISBN 7 – 5019 – 5438 – 0

100. 复合软包装材料的制作与印刷——印刷技术精品丛书　陈永常编　16 开　45.00 元　ISBN 7 – 5019 – 5582 – 4

101. 现代胶印原理与工艺控制——印刷技术精品丛书　孙中华　编著　16 开　28.00 元　ISBN 7 – 5019 – 5616 – 2

102. 现代印刷防伪技术——印刷技术精品丛书　张逸新　编著　16 开　30.00 元　ISBN 7 – 5019 – 5657 – X

103. 胶印设备与工艺——印刷技术精品丛书　唐万有　等编　16 开　34.00 元　ISBN 7 – 5019 – 5710 – X

104. 数字印刷原理与工艺——印刷技术精品丛书　张逸新　编著　16 开　30.00 元　ISBN 978 – 7 – 5019 – 5921 – 1

105. 图文处理与印刷设计——印刷技术精品丛书　陈永常　主编　16 开　39.00 元　ISBN 978 – 7 – 5019 – 6068 – 2

106. 印后加工技术与设备——印刷工程专业职业技能培训教材　李文育　等编　16 开　32.00 元　ISBN 978 – 7 – 5019 – 6948 – 7

107. 平版胶印机使用与调节——印刷工程专业职业技能培训教材　冷彩凤　等编　16 开　40.00 元　ISBN 978 – 7 – 5019 – 5990 – 7

108. 印前制作工艺及设备——印刷工程专业职业技能培训教材　李文育　主编　16 开　40.00 元　ISBN 978 – 7 – 5019 – 6137 – 5

109. 包装印刷设备——印刷工程专业职业技能培训教材　郭凌华　主编　16 开　49.00 元　ISBN 978 – 7 – 5019 – 6466 – 6

110. 特种印刷新技术　钱军浩　编著　16 开　36.00 元　ISBN 7 – 5019 – 3222 – 054

111. 现代印刷机与质量控制技术（上）　钱军浩　编著　16 开　34.00 元　ISBN 7 – 5019 – 3053 – 8